전기기능사

실기

유인종 지음

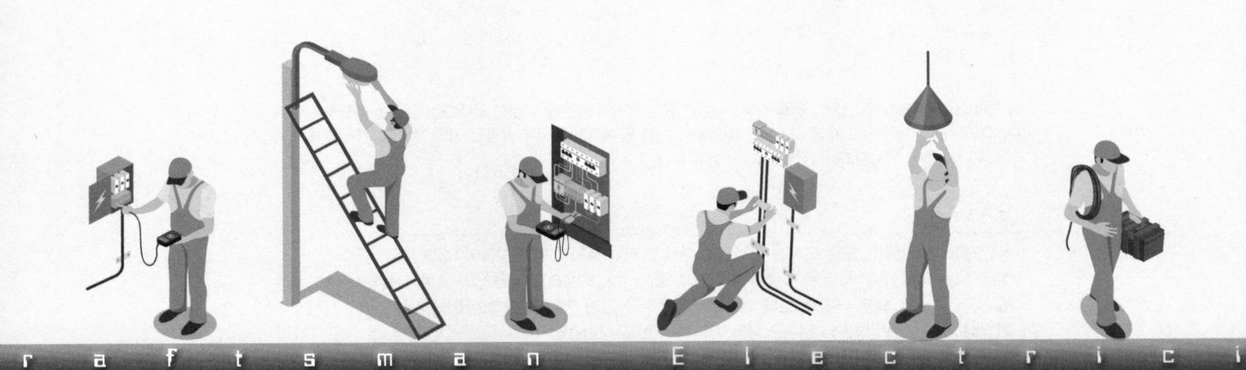

BM (주)도서출판 성안당

2018. 1. 15. 초 판 1쇄 발행
2025. 5. 14. 5차 개정증보 5판 3쇄 발행

지은이 | 유인종
펴낸이 | 이종춘
펴낸곳 | BM (주)도서출판 성안당
주소 | 04032 서울시 마포구 양화로 127 첨단빌딩 3층(출판기획 R&D 센터)
10881 경기도 파주시 문발로 112 파주 출판 문화도시(제작 및 물류)
전화 | 02) 3142-0036
031) 950-6300
팩스 | 031) 955-0510
등록 | 1973. 2. 1. 제406-2005-000046호
출판사 홈페이지 | www.cyber.co.kr
ISBN | 978-89-315-1348-6 (13560)
정가 | 32,000원

이 책을 만든 사람들
기획 | 최옥현
진행 | 박경희
교정·교열 | 김원갑, 이은화
전산편집 | 정희선
표지 디자인 | 박현정
홍보 | 김계향, 임진성, 김주승, 최정민
국제부 | 이선민, 조혜란
마케팅 | 구본철, 차정욱, 오영일, 나진호, 강호묵
마케팅 지원 | 장상범
제작 | 김유석

■ **도서 A/S 안내**

성안당에서 발행하는 모든 도서는 저자와 출판사, 그리고 독자가 함께 만들어 나갑니다.
좋은 책을 펴내기 위해 많은 노력을 기울이고 있습니다. 혹시라도 내용상의 오류나 오탈자 등이 발견되면 **"좋은 책은 나라의 보배"**로서 우리 모두가 함께 만들어 간다는 마음으로 연락주시기 바랍니다. 수정 보완하여 더 나은 책이 되도록 최선을 다하겠습니다.
성안당은 늘 독자 여러분들의 소중한 의견을 기다리고 있습니다. 좋은 의견을 보내주시는 분께는 성안당 쇼핑몰의 포인트(3,000포인트)를 적립해 드립니다.
잘못 만들어진 책이나 부록 등이 파손된 경우에는 교환해 드립니다.

• 저자 문의 e-mail : yoo001@naver.com
• 본서 기획자 e-mail : coh@cyber.co.kr(최옥현)
• 홈페이지 : http://www.cyber.co.kr 전화 : 031) 950-6300

머리말

이 책은 전기인이 되기 위한 첫 번째 자격증인 전기기능사 실기를 준비하기 위한 전문교재로, 누구라도 이해하기 쉽게 설명한 기초적인 이론과 표준화된 작업방법을 제시하여 순서대로 공부하다 보면 학습의 메커니즘과 시퀀스 제어의 원리를 스스로 깨우치게 구성하였다.

따라서 이 책은 전기기능사 실기시험을 준비하면서 전기에 대해 전혀 모르는 초보자부터 전기를 전공하는 학생, 교사 및 시퀀스 제어를 공부하고자 하는 모든 분들에게 도움이 될 수 있는 교재이다.

이 책의 특징

1 전기공사에 사용되는 재료를 사진으로 제시하여 설명하였다.

2 요소작업을 정확하게 할 수 있도록 상세한 방법과 사실적인 그림으로 설명하였다.

3 교재 곳곳에 저자만의 노하우를 수록하여 쉽고 빠르게 이해할 수 있게 하였다.

4 공개문제 실제 작업도면을 통해 작업의 순서와 방법을 스스로 터득하게 하였다.

이 책을 통해 수험자, 학생, 교사 모두에게 조금이나마 도움이 되길 바라며, 부족한 점이 있으면 보완하여 충실한 교재가 되도록 계속해서 노력할 것이다.

이 책의 출판을 위해 애써 주신 성안당 직원분들에게 감사의 말씀을 드린다.

저자 씀

차 례

PART I 핵심이론

SECTION 01 배선용 재료와 공구 24

SECTION 02 단자와 접점 32
1 단자 32
2 접점 33
3 접점의 종류 33
4 단자의 전선 접속 35

SECTION 03 제어용 기구 및 계전기 36
1 푸시버튼 스위치(Push Button Switch : PB 또는 PBS) 36
2 셀렉터 스위치(selector switch : 선택 스위치) 38
3 파일럿 램프(pilot lamp : 표시등) 40
4 리밋 스위치(limit switch : 기계적 접점) 41
5 센서(sensor) 41
6 버저(buzzer) 42
7 전자계전기(relay : 릴레이) 42
8 플리커 릴레이(flicker relay : 점멸기) 43
9 타이머(timer) 43
10 온도조절기(temperature controller) 44
11 플로트레스 스위치(floatless switch) 44
12 전자접촉기(magnetic contactor) 45
13 전자식 과전류계전기(EOCR) 46

SECTION 04 릴레이 접점번호 부여 49
1 릴레이(relay) 49
2 8핀 릴레이 접점이 1개 사용된 경우 50
3 8핀 릴레이 접점이 2개 사용된 경우 52
4 8핀 릴레이 접점이 3개 이상 사용된 경우 54
5 11핀 릴레이가 사용된 경우 55
6 14핀 릴레이가 사용된 경우 57

SECTION 05 계전기 접점번호 부여 59
1 전자식 과전류계전기(EOCR) 59

2 전자접촉기(MC, PR) 62
3 플리커 릴레이(FR) 63
4 타이머(T) 64
5 플로트레스 스위치(FLS) 66
6 온도조절기(TC) 67

SECTION 06 제어함 단자대 이름 부여 69
1 단자대 이름 부여 69
2 단자대 이름 정리 73
3 단자대 이름 적어넣기 74

SECTION 07 외부기구 결선방법 83
1 전원측 단자대와 부하측 단자대 처리 83
2 리밋 스위치, 센서 처리 84
3 플로트레스 스위치(FLS) 처리 85
4 온도조절기의 열전대 86
5 표시등 결선법 87
6 셀렉터 스위치 결선법 88
7 푸시버튼 스위치(2구 box에 설치되는 경우) 89

SECTION 08 회로 구성방법 93
1 기호 읽는 법(⇒:순서대로 연결, ⇔:순서에 관계없이 연결) 93
2 기구류의 표시방법 93
3 전자접촉기 회로 94
4 경보 회로 104

SECTION 09 기초 회로 구성 117
1 릴레이 회로 117
2 전자접촉기 회로 126
3 경보 회로 140

SECTION 10 회로의 구성과 점검 156
1 회로의 연결 156
2 육안점검 방법 157
3 육안점검으로 틀린 부분 찾기 162
4 벨 시험기로 점검하는 방법 164

차 례

SECTION 11 배관 · 입선 · 결선작업 166
1 배관작업 166
2 입선작업 171
3 결선작업 173

PART II 공개문제 작업과정

SECTION 01 수험자 유의사항 176
SECTION 02 외부기구 결선방법 179
SECTION 03 공개문제 1 : 전기 설비의 배선 및 배관 공사 185
SECTION 04 공개문제 5 : 전기 설비의 배선 및 배관 공사 209
SECTION 05 공개문제 10 : 전기 설비의 배선 및 배관 공사 233
SECTION 06 공개문제 15 : 전기 설비의 배선 및 배관 공사 257

PART III 공개문제 실제 작업도면

전기 설비의 배선 및 배관 공사

전기기능사 실기시험 출제기준

과 목	전기설비 작업	실기검정방법	작업형	시험시간	5시간 정도

주요항목	세부항목	세세항목
전기 설비 공사	1. 전기공사 준비하기	(1) 전기공사를 수행하기 위하여 전기공사 도면을 이해할 수 있다. (2) 전기공사 수행을 위한 필요 자재물량을 산출할 수 있다. (3) 전기공사를 수행하기 위해 공구를 용도에 맞게 준비할 수 있다.
	2. 전기배관 배선하기	(1) 배관 · 배선 공사를 위해 전선관 및 전선을 원하는 사이즈로 재단할 수 있다. (2) 배관 · 배선 공사를 위해 도면을 이해하고 금속관, PVC관 배관을 할 수 있다. (3) 전기배선을 위해 전선 접속을 정확하게 수행할 수 있다.
	3. 전기기계기구 설치하기	(1) 각종 장비의 매뉴얼에 따라 해당 장비가 정상적으로 동작되는지를 판단할 수 있다. (2) 설계도면에 따라 선로의 시공의 적합성에 대하여 판단할 수 있다. (3) 기기의 설치위치 및 관로의 구성을 파악하여 문제점을 판단할 수 있다.
	4. 전동기제어 및 운용하기	(1) 시퀀스 원리를 활용하여 작업지침서에 따라 시퀀스 회로를 완성하고 제어용 기기(전자접촉기 등)를 설치할 수 있다. (2) 전동기 정회전, 역회전 원리를 기초로 작업지침서에 따라 전동기 단자에 전원선을 연결할 수 있다. (3) 전동기 기동원리를 기초로 작업지침서에 따라 전동기 기동장치를 설치 및 기동 운전할 수 있다. (4) 전동기 운전조건을 활용하여 운전지침에 따라 전동기를 기동하고 정지할 수 있다. (5) 전동기 정격운전조건을 기초로 하여 전동기 운전지침에 따라 전동기 운전값을 계측, 기록, PC에 모니터링을 할 수 있다.
	5. 전기시설물의 검사 및 점검하기	(1) 계측기를 활용하여 지정된 운전정격값에 따라 운전값(전압, 전류, 역률, 전력 등)을 측정할 수 있다. (2) 계측된 값을 활용하여 운전지침에 따라 운전값을 기록, 저장, 컴퓨터 모니터링을 할 수 있다. (3) 계측된 값을 활용하여 정상 운전값에 따라 계측된 값을 비교하여 기록할 수 있다. (4) 운전지식을 활용하여 운전지침에 따라 전력시설물을 정지 또는 가동시킬 수 있다.

전기기능사 실기시험 작업순서

❶ 실제 작업

이 작업은 공개문제 1번 전기 설비의 배선 및 배관 공사 회로를 구성한 것으로, 제어판의 크기는 400×420을 사용했다.

① 재료점검 : 재료점검 시간이 주어지면 도면의 지급재료 목록과 실제 지급된 재료를 비교해 수량을 확인해야 한다.

② 도면에 요구사항이나 주의사항 중 중요한 내용에 밑줄을 그어 놓고 작업이 끝난 후 반드시 도면대로 되었는지 확인해야 한다.

③ 시험이 시작되면 계전기 내부 접속도를 참고하여 도면에 접점번호를 적어 넣는다.

④ 배관 및 기구 배치도를 보고 단자대 이름을 부여한다.

① 지급재료 확인

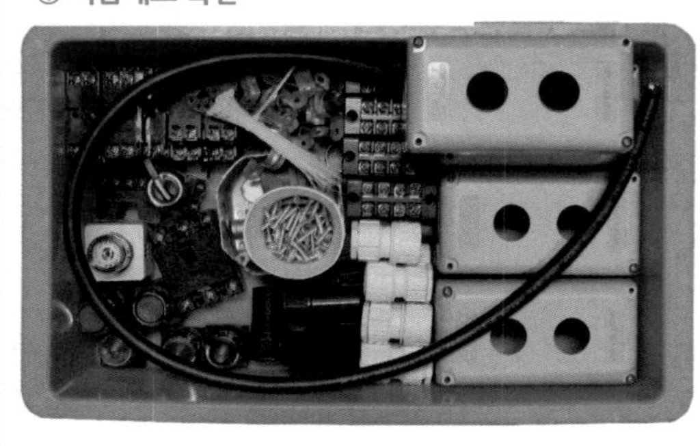

② 지급재료 목록

		자격종목	전기기능사		
일련번호	재료명	규격	단위	수량	비고
1	합판	400X420X12mm	장	1	
2	케이블타이	100mm	개	25	
3	나사못	3.5X25	개	4	납작머리
4	나사못	4X12	개	96	납작머리
5	나사못	4X16	개	16	둥근머리
6	나사못	4X20	개	18	둥근머리
7	케이블	4C 2.5mm^2	m	1	
8	케이블 새들	4C 케이블용	개	2	
9	케이블 커넥터	4C 케이블용	개	1	
10	유리관 퓨즈 및 홀더	250V 30A	개	1	퓨즈 10A 2개 포함

③ 접점번호 적어 넣기

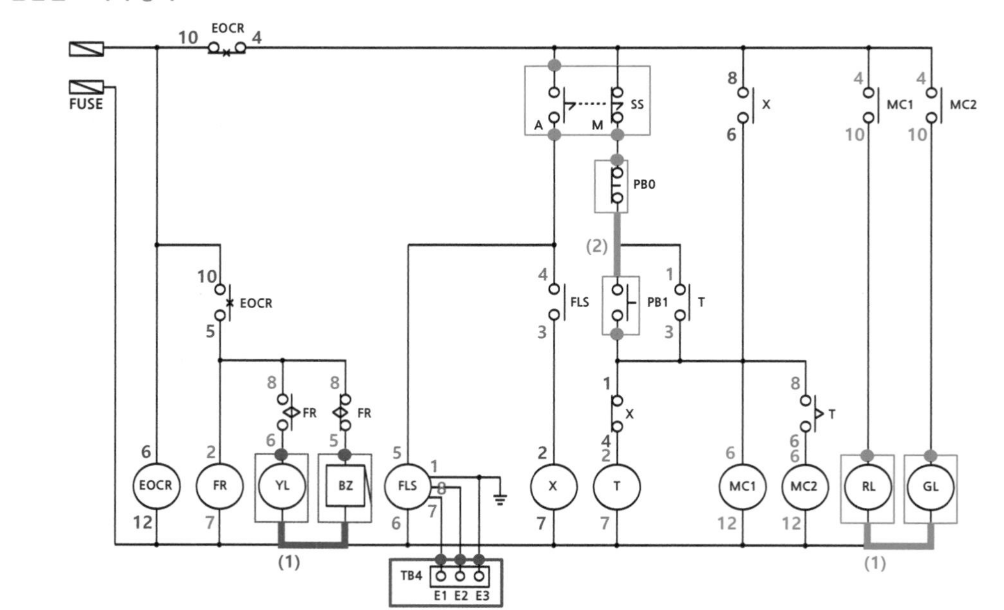

❷ 제어함 제도 및 기구 부착

① 제어함 내부 기구 배치도를 보고 치수에 맞게 제도한다(분필 또는 연필 사용).
② 기구 배치도에 맞게 기구를 배치하되 좌우 균형을 맞추어 고정시킨다.
③ 종이테이프를 붙이고 단자대 이름과 기구의 이름을 적어 넣는다.
④ 배선이 지나갈 자리에 종이테이프를 붙이면 수직·수평 배선을 맞추기 편리하다.

① 제어판 제도

② 기구 부착

③ 단자대 이름 부여

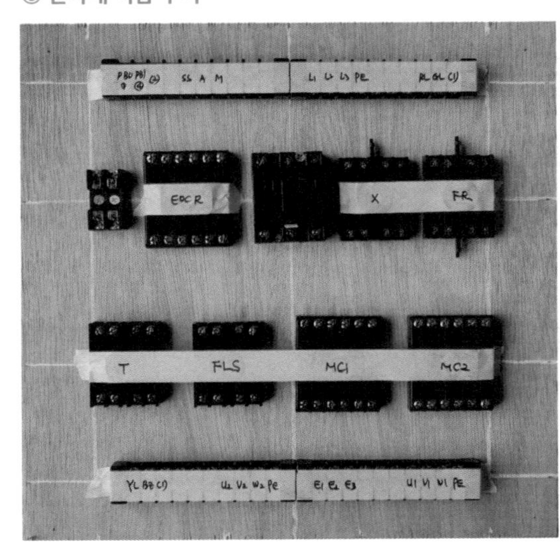

④ 배선 라인 표시

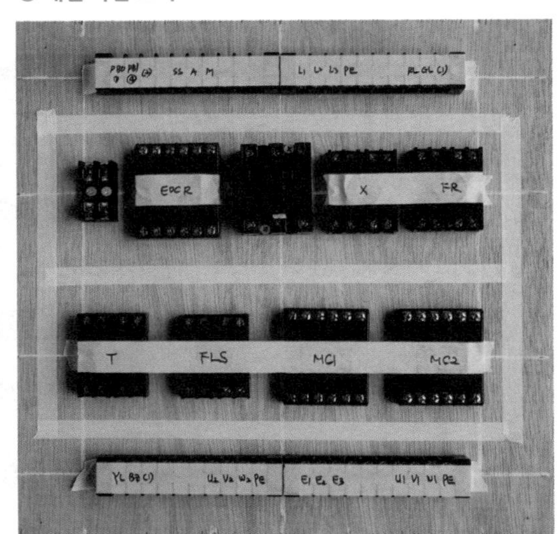

③ 주회로 배선작업

① (가) · (나)회로를 배선한다. 주회로는 2.5[mm^2] 전선을 사용한다.
② (다) · (라)회로를 배선한다. 퓨즈의 1차측도 주회로 전선을 사용한다.
③ (마)회로를 배선한다. 전선의 색상을 맞추어 작업해야 한다.
④ (바) · (사)회로를 배선한다.

① (가) · (나)회로

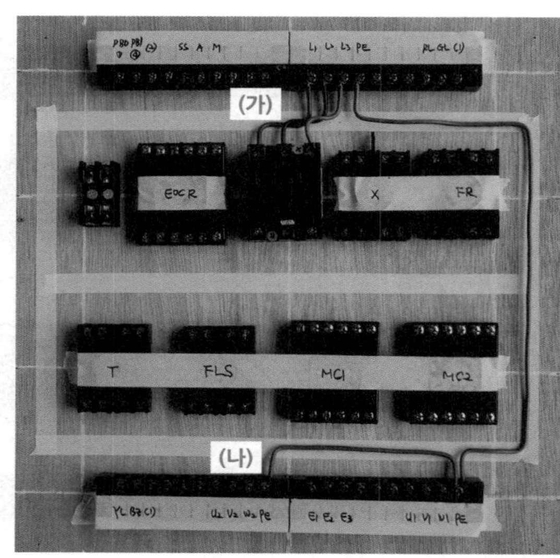

② (다) · (라)회로

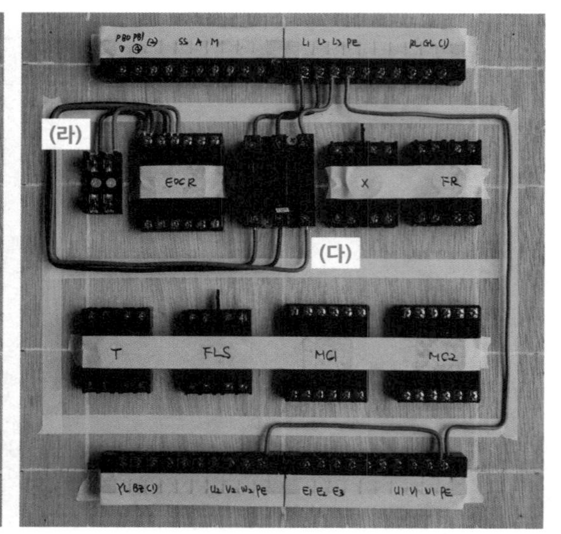

③ (마)회로

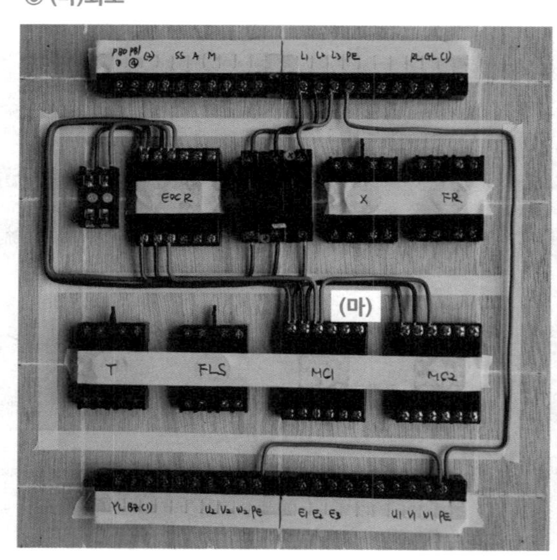

④ (바) · (사)회로

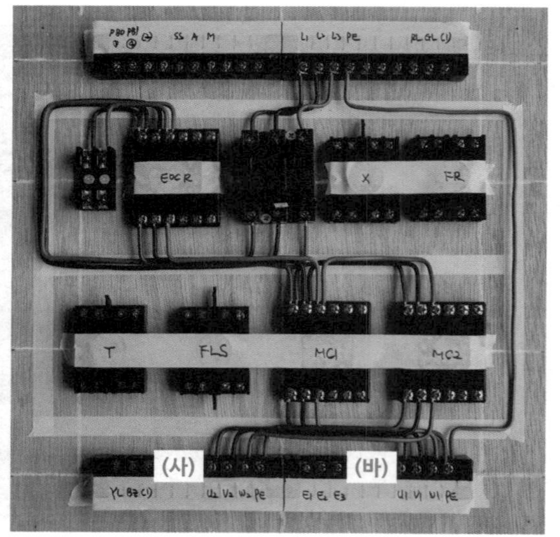

④ 제어회로 배선작업

① 아래쪽 모선을 배선한다. 종이테이프를 이용하여 연결해야 할 단자를 표시한다.
② 위쪽 모선 (2)·(3)번 회로를 배선한다.
③ (4)~(14)번 회로를 차례대로 배선한다.
④ (15)~(18)번 회로를 차례대로 배선하여 제어함 작업을 완성한다.

① 아래쪽 모선 (1)번 회로

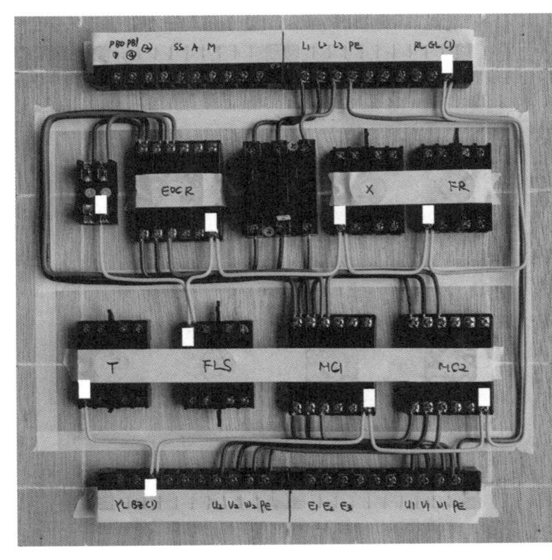

② 위쪽 모선 (2)·(3)번 회로

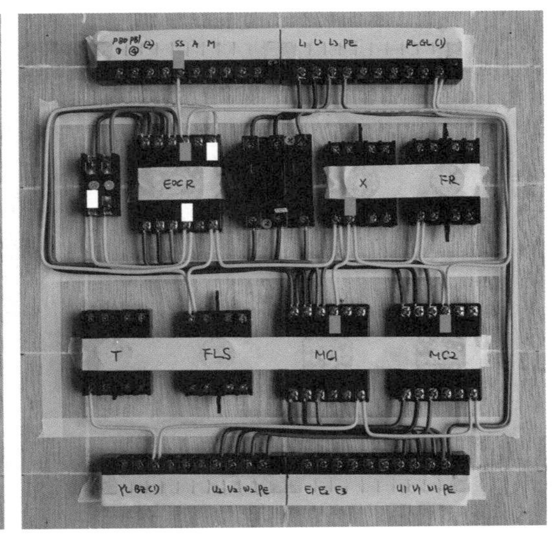

③ (4) ~ (14) 번 회로

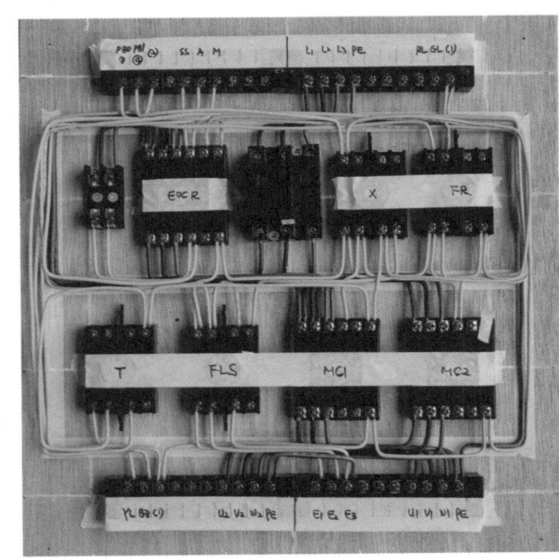

④ (15)~(18)번 회로

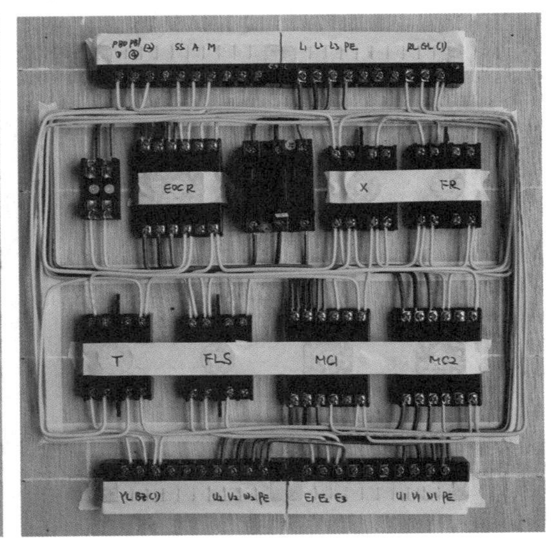

5 벽판 제도 및 기구 부착

① 배관 및 기구 배치도를 참고하여 벽판에 제도한다. 50[cm] 자를 이용하고 컨트롤 박스의 옆에 설치해야 하는 기구의 이름을 적어 넣는다.
② 컨트롤 박스와 단자대를 부착한다.
③ 새들의 위치는 제어함, 컨트롤 박스, 직각 배관 부분은 각각 15[cm] 지점에 표시하고 단자대와 케이블 부분은 10[cm] 지점에 표시하면 된다. 2구 컨트롤 박스의 뚜껑을 대고 표시하면 편리하다.
④ 배관의 종류에 맞게 컨트롤 박스에 커넥터를 조립해 놓는다.

① 벽판 제도

② 기구 부착

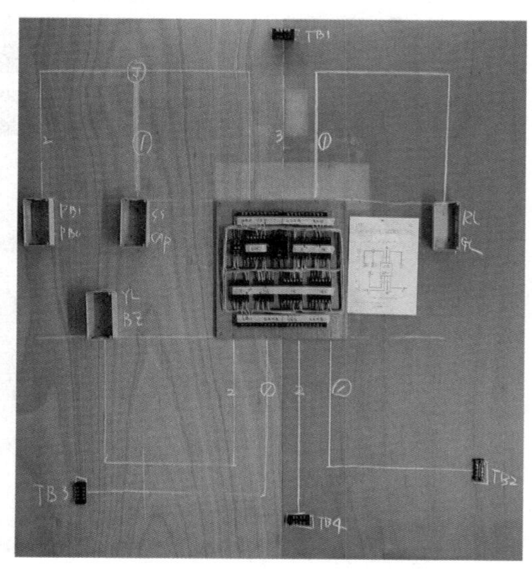

③ 새들 위치 표시

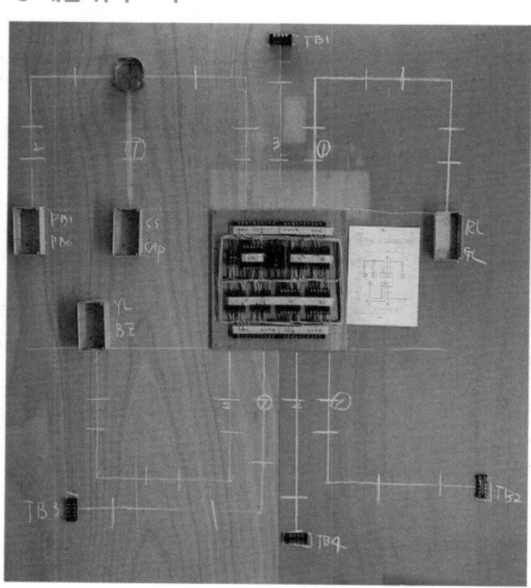

④ 커넥터 조립

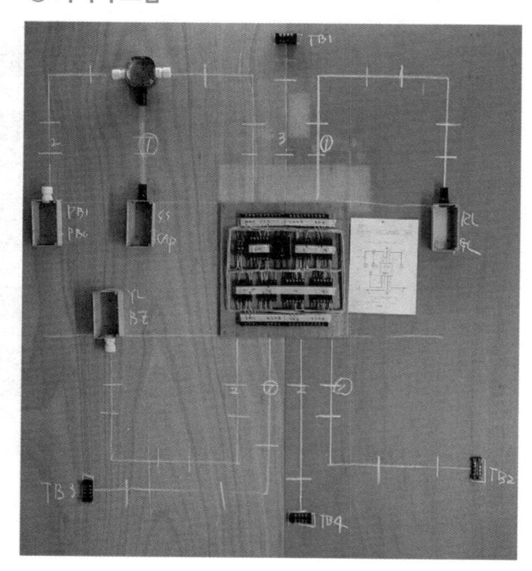

6 PE 전선관 배관

① 필요한 길이만큼 전선관을 잘라 안쪽에 스프링을 넣은 후 반듯하게 펴준다. 직각 배관해야 할 곳을 표시하고 무릎 위에서 2~3회 정도 강하게 구부려 준다.
② 새들 2개로 고정하고 직각 배관해야 할 곳에 스프링을 넣고 강하게 구부려 주면 직각 배관의 모양이 유지된다.
③ 위쪽을 새들로 고정한다. 나머지 전선관을 제어함 위쪽에서 2[cm] 정도를 잘라낸다
④ 커넥터를 끼우고 제어판 위로 5[mm] 정도 올라오게 조정한 후 새들로 고정한다.

① 전선관 굽히기

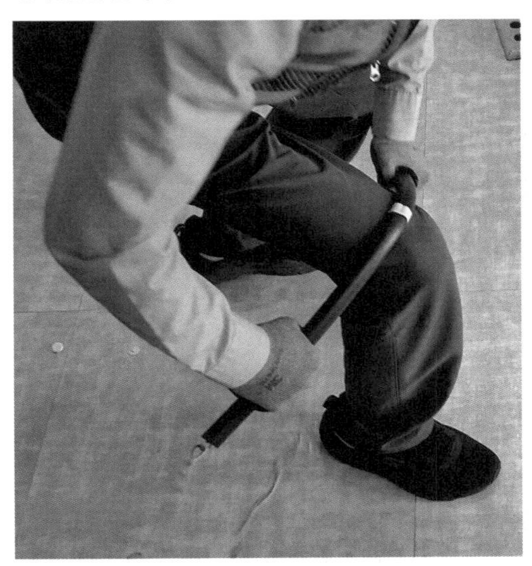

② 직각 배관 부분

③ 커넥터 끼우기

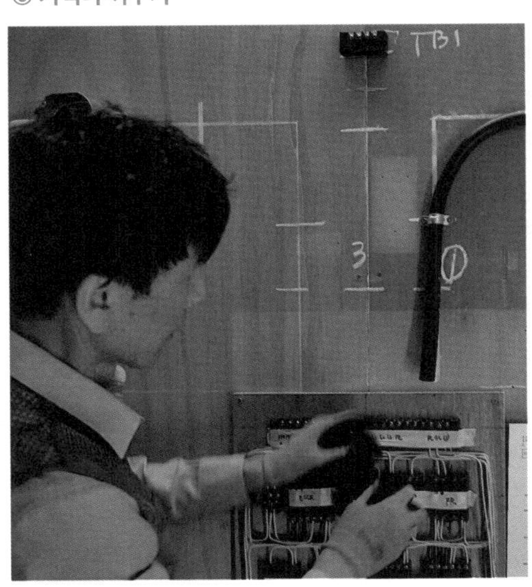

④ 새들로 고정

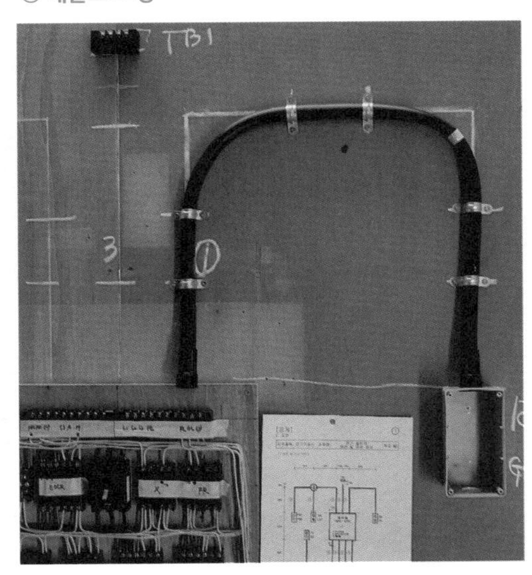

⑤ 직선 배관의 경우 길이를 맞춰 전선관을 자르고 위쪽 커넥터에 끼운 다음 2구 박스를 뜯어내고 전선관을 삽입한 후 다시 설치하는 것이 편리하다.
⑥ 새들의 위치는 2개를 표시했지만, 이 부분은 새들 1개도 가능하여 1개로 고정했다.
⑦ 고정된 커넥터가 없는 경우 새들의 한쪽을 미리 박아 놓으면 배관이 편리하다.
⑧ 전선관에 커넥터를 끼우고 제어함 부분에서 작업을 시작하여 단자대에서 마무리한다.

⑤ 직선 배관

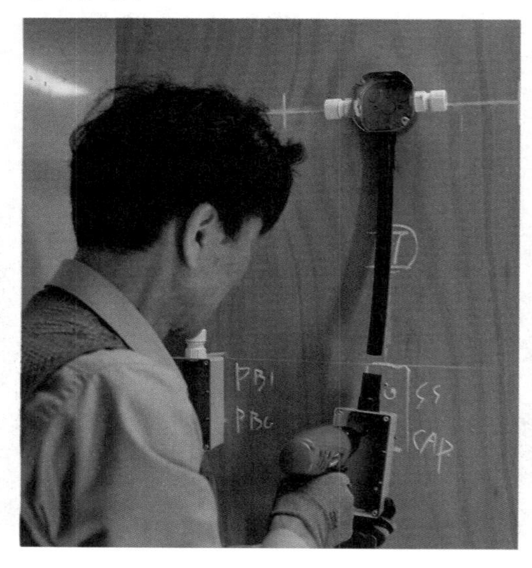

⑥ 새들로 고정

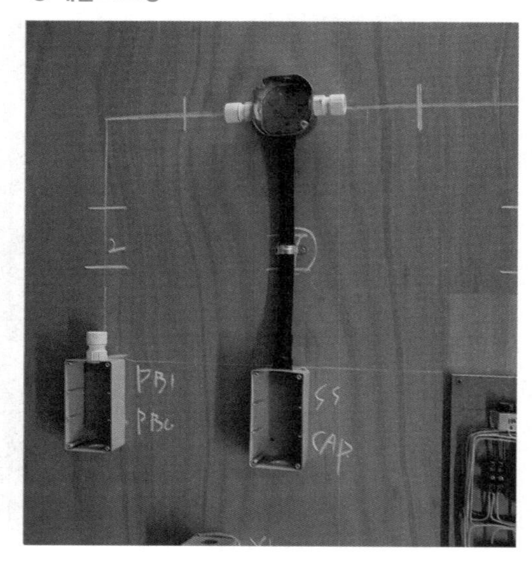

⑦ 단자대 부분

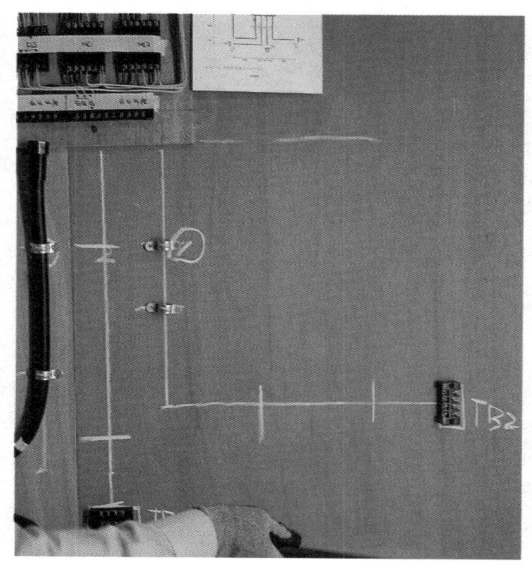

⑧ 배관 완성

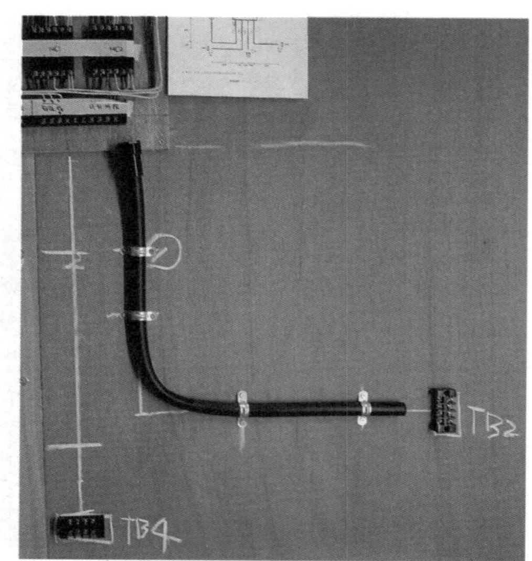

7 CD 전선관 배관

① 전선관을 커넥터에 삽입하고 새들로 고정한다. 전선관을 치수에 맞춰 자르지 말고 지급된 그대로 사용하면 된다.
② 직각 배관 부분에는 적당하게 반경을 잡아 구부린 후 새들로 고정한다.
③ 커넥터에 삽입할 수 있도록 전선관을 컨트롤 박스의 위쪽 2[cm] 정도를 자른 후 커넥터에 삽입하고 새들로 고정하여 배관을 완성한다.
④ 제어함 부분에는 커넥터가 제어판 위로 5[mm] 정도 올라와야 한다.

① 커넥터에 삽입

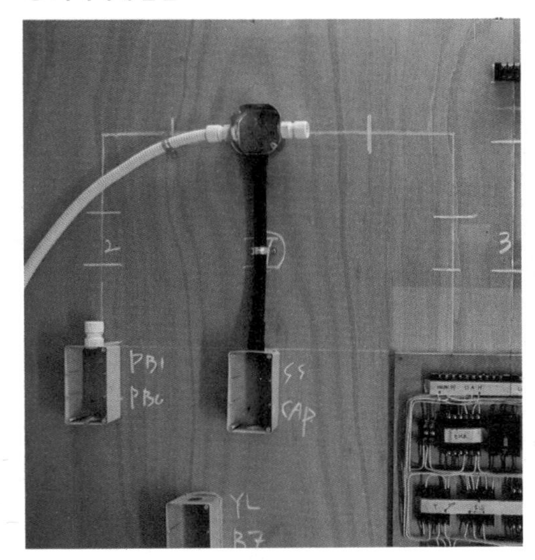

② 직각 배관

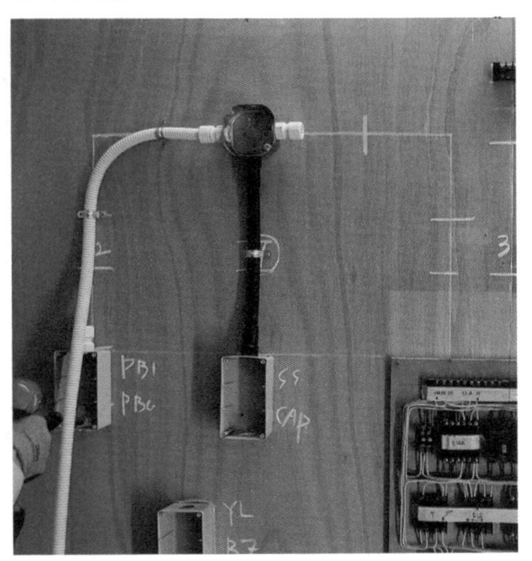

③ 컨트롤 박스 부분

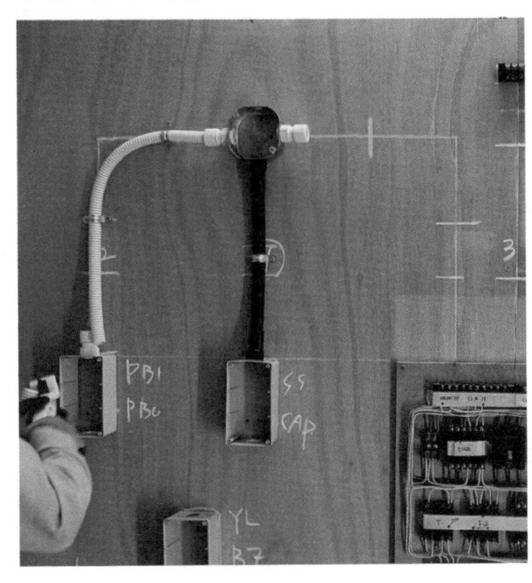

④ 제어함 부분

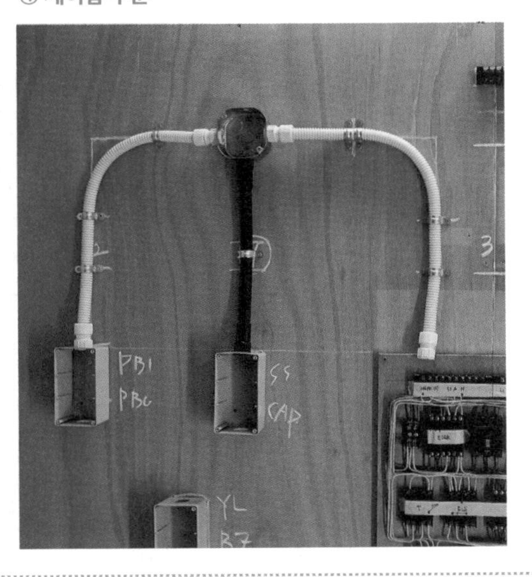

8 케이블 배선

① 결선할 여분을 고려하여 피복을 벗겨낸다. 파이프 커터기를 이용하여 가볍게 칼집을 넣고 케이블을 돌려주면 피복을 쉽게 제거할 수 있다.
② 케이블 안쪽의 개재물을 모두 잘라내고 전선 4가닥만 남겨 놓는다.
③ 케이블 그랜드의 방향에 주의하여 케이블에 고정한다. 육각 너트 부분 쪽이 제어판 위로 5[mm] 올라오도록 위치를 조정한 후 필요한 길이를 계산하여 케이블을 자른다.
④ 단자대 끝에서 5[cm]까지 피복을 벗기고 결선하여 케이블 배선을 완성한다.

① 피복 제거

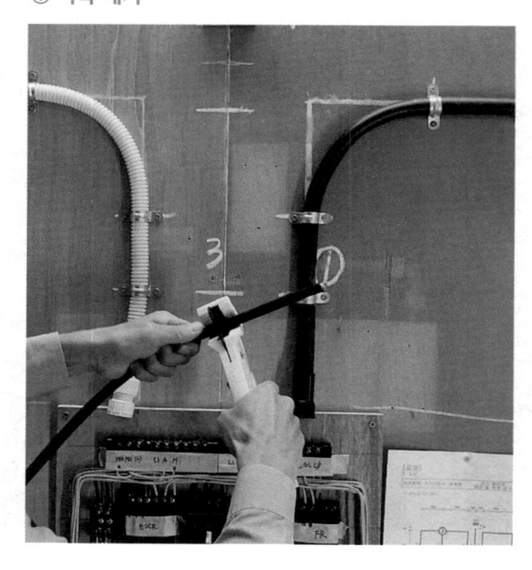

② 개재물 제거

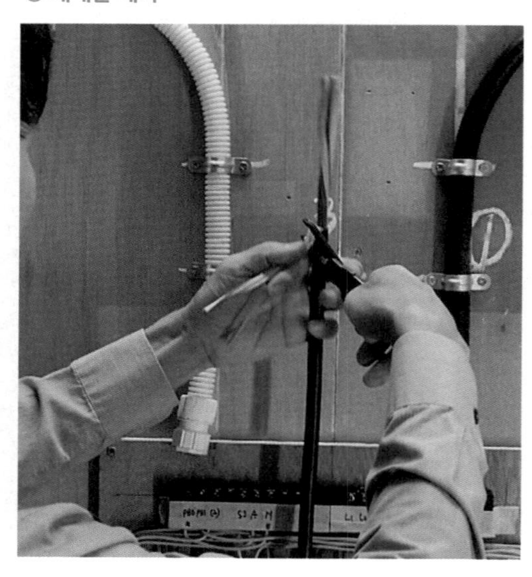

③ 커넥터 고정

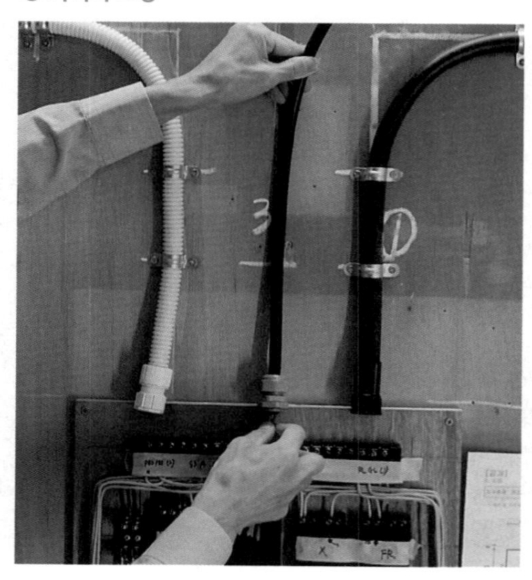

④ 케이블 배선

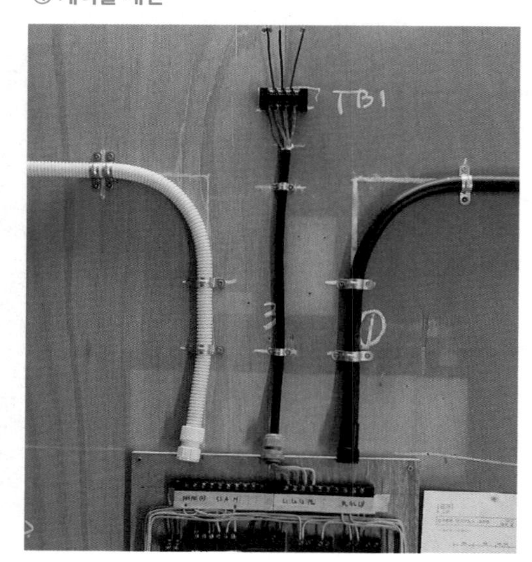

9 입선작업

① 배관 라인을 따라 결선에 필요한 전선의 길이를 측정한다. 제어함과 컨트롤 박스 내에서 충분히 여유를 주어야 한다.
② 길이를 측정했으면 전선을 구부려서 입선에 필요한 가닥수를 준비한다. 홀수 가닥의 전선은 끝을 구부려 놓아야 입선이 쉽다.
③ 전선을 한꺼번에 밀어 넣으면 쉽게 입선이 된다.
④ CD 전선관에도 밀어 넣으면 된다. 만일 들어가지 않으면 전선 한 가닥을 먼저 입선한 후 끝에 나머지 전선을 연결해 한쪽에서는 밀고 한쪽에서 당기면 쉽게 입선이 가능하다.

① 길이 측정

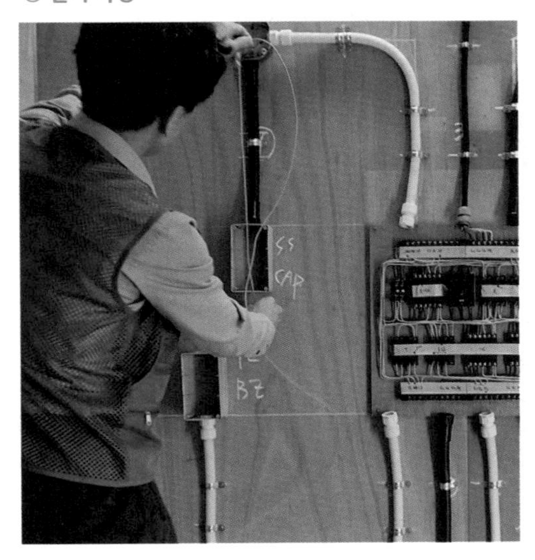

② 전선끝 구부려 놓기

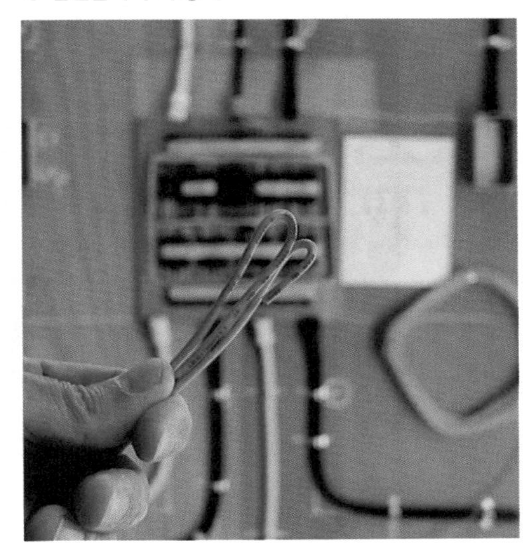

③ 전선 밀어넣기

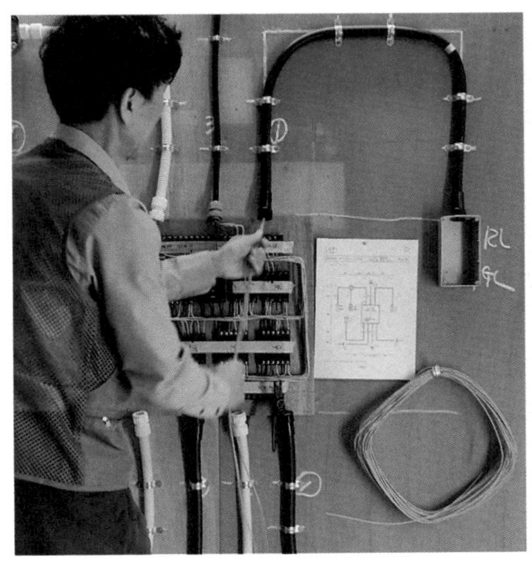

④ 입선 과정

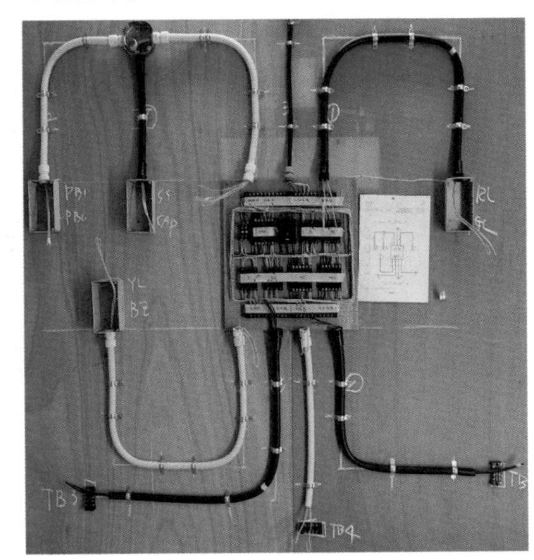

⑩ 결선작업

① 컨트롤 박스의 뚜껑에 필요한 기구를 고정하고 공통 단자가 있으면 연결해 놓는다.
② 결선작업 시 제어함 단자대 부분을 먼저 결선한다.
③ 전선 끝의 피복을 벗기고 벨 시험기로 공통선을 찾아 미리 연결해 놓은 공통단자에 연결한다.
④ 나머지 PB1, PB0 단자를 찾아서 연결한다.

① 기구 조립

② 제어함 부분

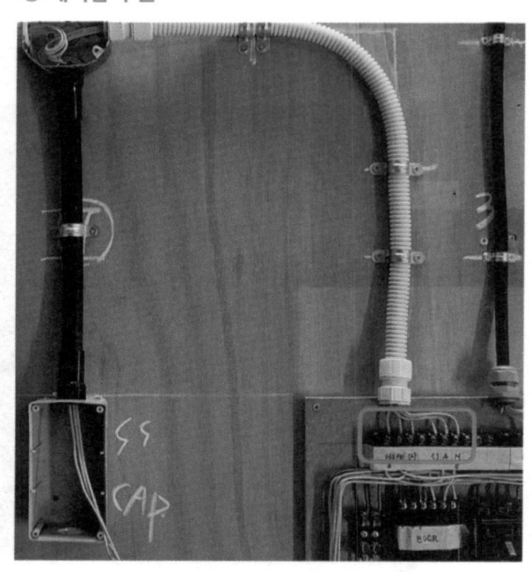

③ 공통선 연결

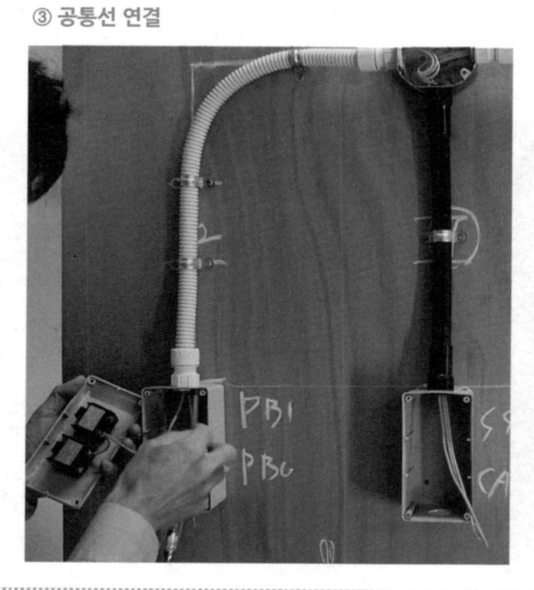

④ PB 연결

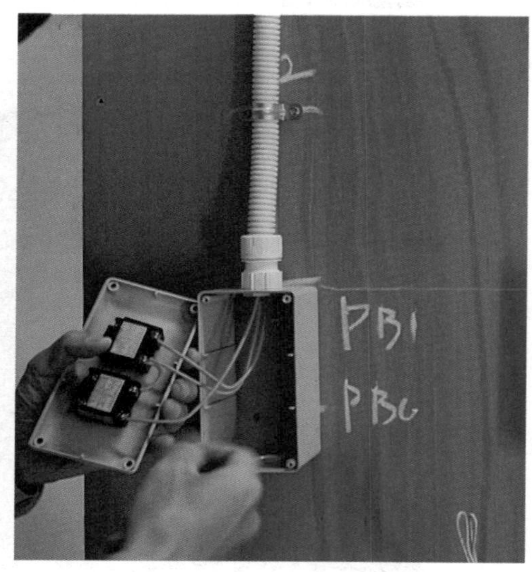

⑤ 기구의 위치가 맞는지 확인하고 뚜껑을 닫은 후 나사못으로 고정한다.
⑥ 표시등 부분도 공통단자를 먼저 연결하고 나머지 단자를 찾아 연결한다. 색상이 바뀌지 않도록 주의한다.
⑦ 주회로 부분도 제어함 단자대 부분을 먼저 결선한다. 갈색, 흑색, 회색, 녹-황색이 바뀌지 않도록 주의해야 한다.
⑧ 단자대가 가로인 경우는 왼쪽부터, 세로인 경우는 위쪽부터 상의 순서대로 색상에 맞춰 배선한다.

⑤ 뚜껑 닫고 고정

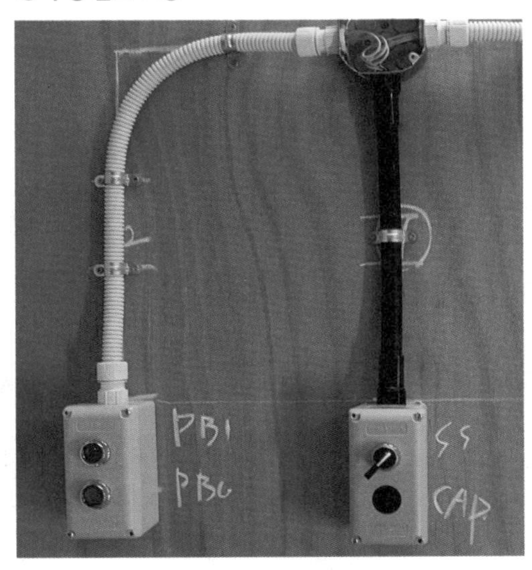

⑥ 공통선 연결

⑦ 제어함 부분

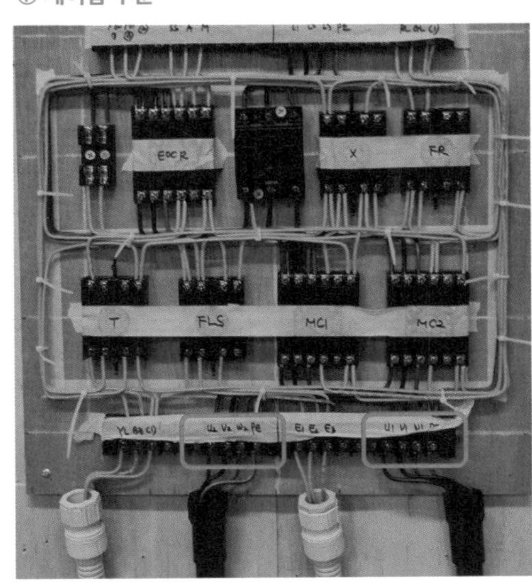

⑧ 단자대 부분

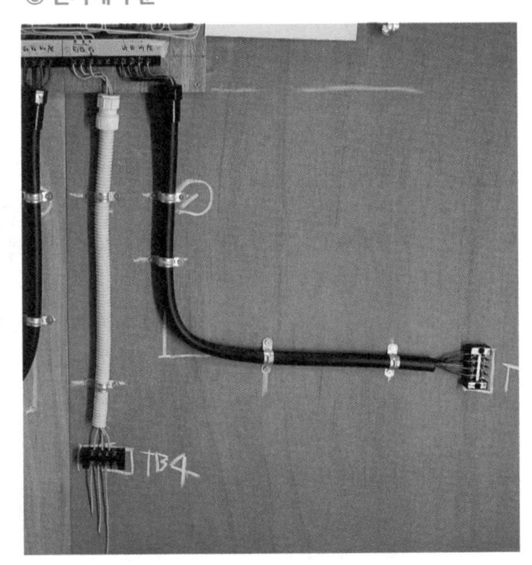

11 마무리 작업

① 전원 단자대에는 동작시험을 할 수 있도록 100[mm] 정도의 선을 붙이고 끝부분 10[mm] 정도 피복을 벗겨 놓는다.

② 회로에 이상이 없으면 케이블 타이를 이용해 선이 흐트러지지 않게 적당한 간격으로 묶어주고 나머지 부분을 잘라낸다. 이 작업은 제어함이 완성되었을 때 바로 해도 좋다.

③ 퓨즈를 삽입하고 차단기를 올린 후 L1상과 퓨즈 2차측 왼쪽 단자를 벨 시험기로 확인하고, L3상과 퓨즈 2차측 오른쪽 단자도 확인한다.

④ 작업이 완성되었으면 요구사항대로 되었는지 확인한다. 최종 퇴실 전에 종이테이프를 제거하고 주변을 정리한다.

① TB1 단자대 마무리

② 케이블 타이 작업

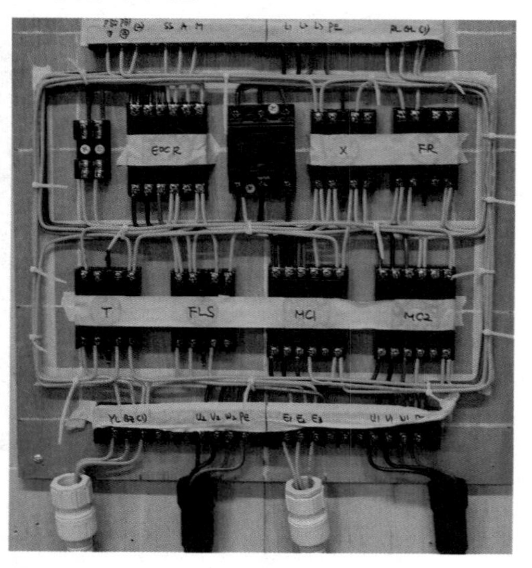

③ 최종 점검

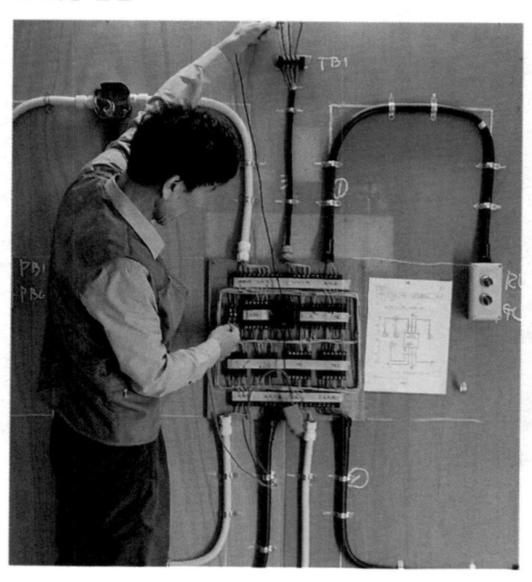

④ 최종 완성

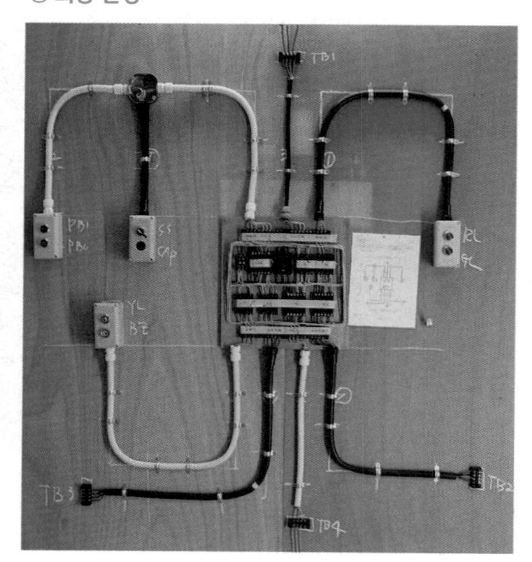

합격을 위하여!

START

PART
I

핵심이론

Section 01 배선용 재료와 공구
Section 02 단자와 접점
Section 03 제어용 기구 및 계전기
Section 04 릴레이 접점번호 부여
Section 05 계전기 접점번호 부여
Section 06 제어함 단자대 이름 부여
Section 07 외부기구 결선방법
Section 08 회로 구성방법
Section 09 기초 회로 구성
Section 10 회로의 구성과 점검
Section 11 배관 · 입선 · 결선작업

SECTION

01 배선용 재료와 공구

1 배선용 차단기

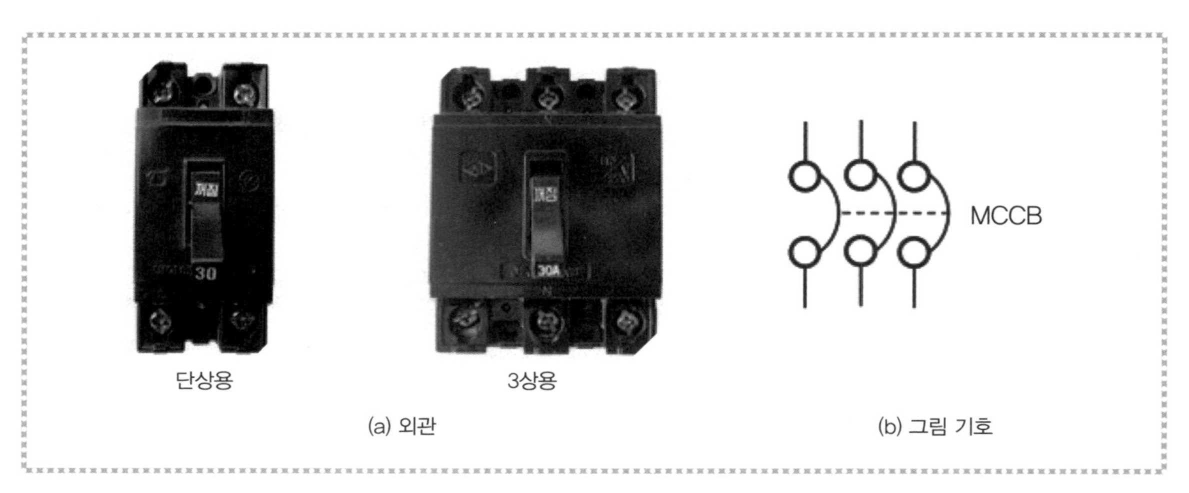

단상용 3상용

(a) 외관 (b) 그림 기호

(1) 배선용 차단기는 회로에 과전류가 흐를 때 전로를 차단하여 전선을 보호한다.

(2) 단상 차단기와 3상 차단기가 있다.

2 퓨즈 홀더

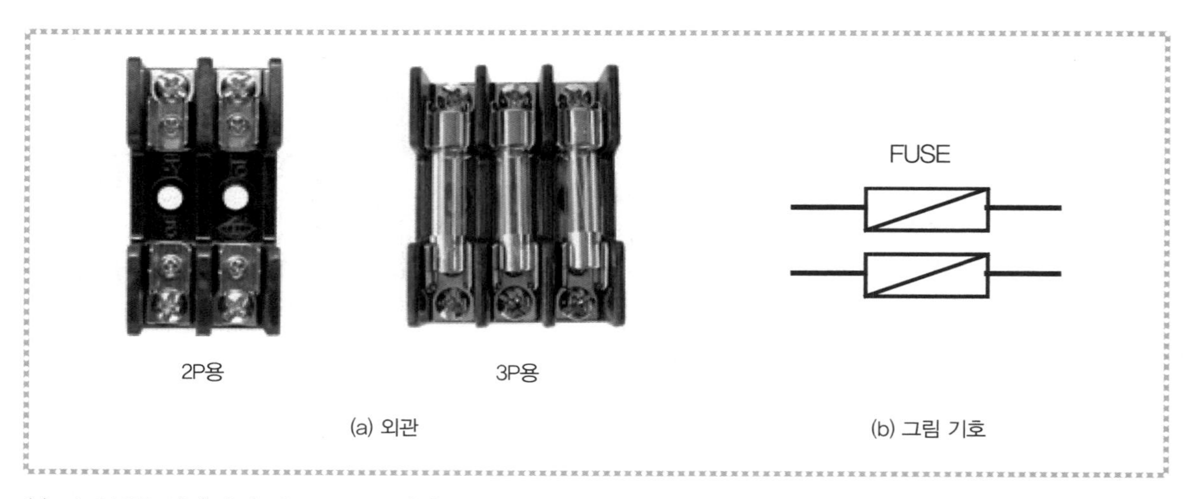

2P용 3P용

(a) 외관 (b) 그림 기호

(1) 과전류를 차단하여 회로를 보호한다.

(2) 2P용과 3P용이 있다.

③ 타이머 소켓

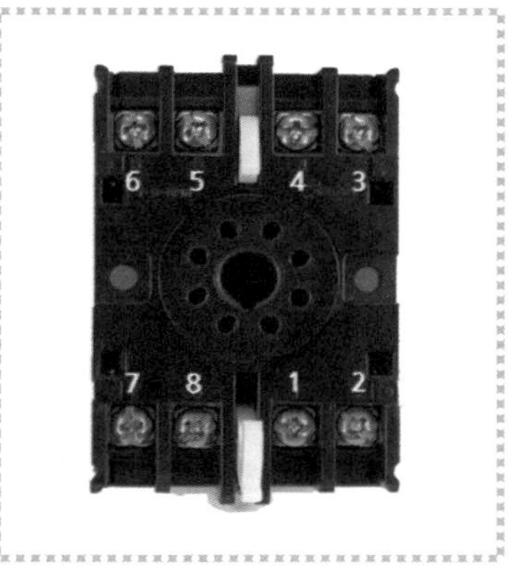

(1) 8핀 타이머, 플리커 릴레이, 온도 조절기, 플로트레스 스위치 등의 배선용으로 사용한다.

(2) 계전기가 소켓에서 빠지지 않도록 고정시키는 장치가 있다.

(3) 릴레이 소켓과 호환이 가능하다.

(4) 소켓의 단자번호는 반시계 방향으로 되어 있다.

④ 릴레이 소켓

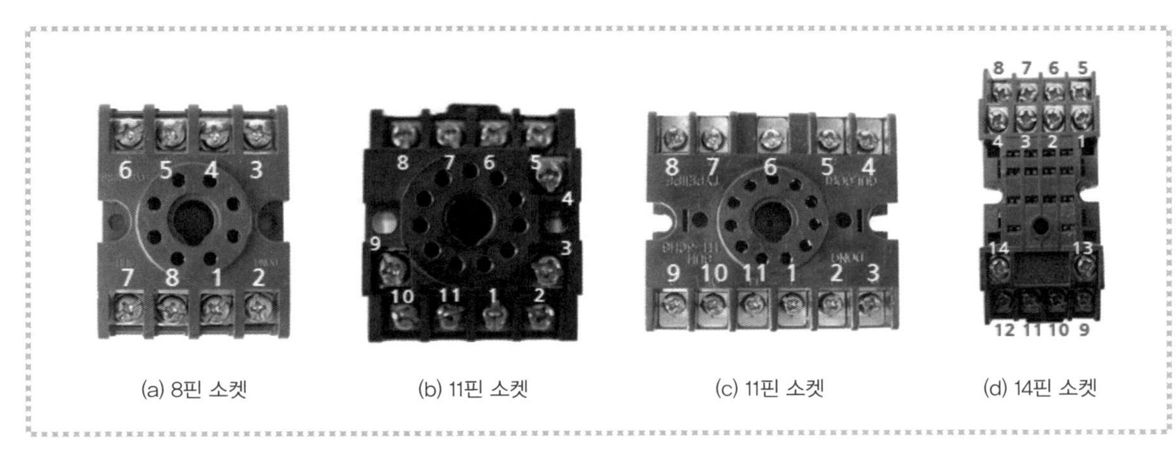

(a) 8핀 소켓 (b) 11핀 소켓 (c) 11핀 소켓 (d) 14핀 소켓

(1) 각종 릴레이의 배선용으로 사용한다.

(2) 핀의 개수에 따라 8핀 소켓, 11핀 소켓, 14핀 소켓이 많이 사용된다.

(3) 11핀 소켓은 두 가지 종류가 사용된다.

(4) 소켓의 단자번호는 반시계 방향으로 되어 있다.

⑤ 12핀 소켓(MC 소켓, PR 소켓, EOCR 소켓)

(1) 12핀 전자접촉기나 전자식 과전류계전기(EOCR)의 배선용으로 사용한다.

(2) 12핀 전자접촉기에 사용하면 MC 소켓 또는 PR 소켓이라고 한다.

(3) 12핀 EOCR에 사용하면 EOCR 소켓이라고 한다.

6 14핀 소켓, 20핀 소켓

(1) 14핀 소켓은 14핀 EOCR에 사용된다.

(2) 20핀 소켓은 20핀 전자접촉기에 사용된다.

(3) 최근에는 잘 사용하지 않는 소켓이다.

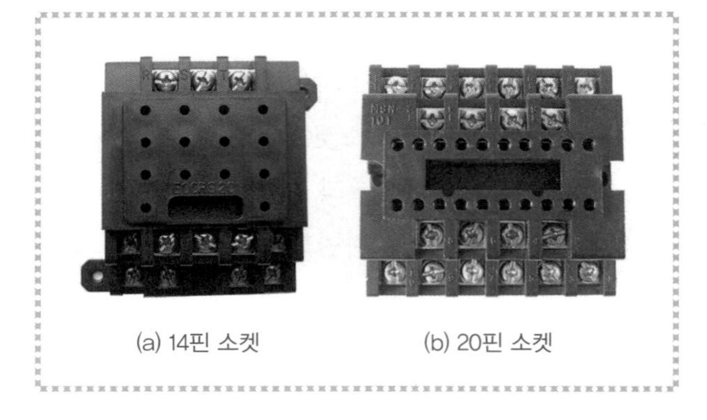

(a) 14핀 소켓 (b) 20핀 소켓

7 컨트롤 박스(control box)

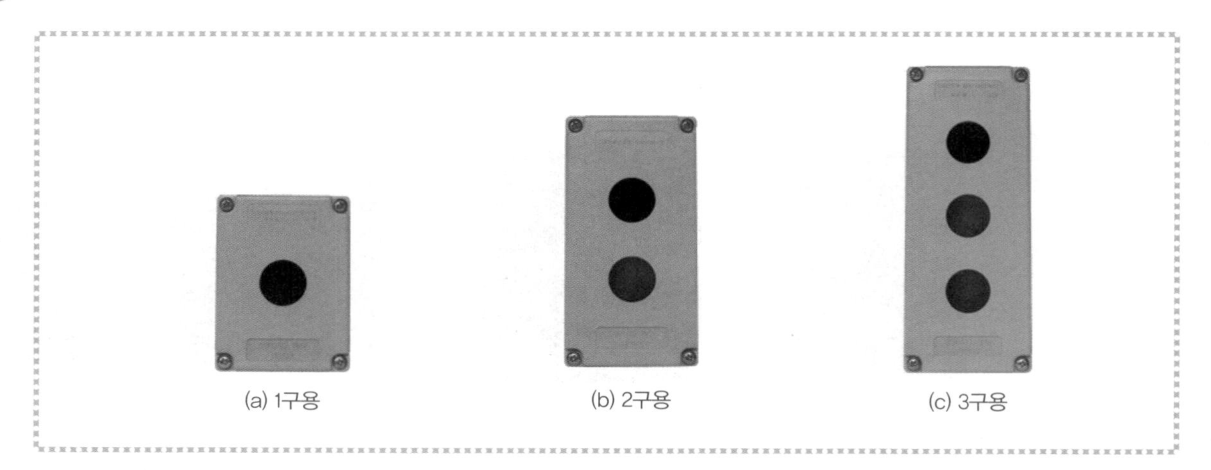

(a) 1구용 (b) 2구용 (c) 3구용

(1) 시험에 사용되는 ϕ25의 기구를 부착할 수 있다.

(2) 1구～4구 등 여러 가지가 있다.

(3) 푸시버튼 스위치, 셀렉터 스위치, 표시등, 버저 등의 기구를 조립하여 사용한다.

8 전선관 커넥터(connector)

(a) PE 전선관 커넥터 (b) CD 전선관 커넥터

(1) PE 전선관, CD 전선관을 컨트롤 박스나 제어함에 전선관을 연결할 때 사용한다.

(2) 뚜껑이 막혀 있으므로 배관작업을 할 때 뚜껑을 제거해야 한다.

⑨ 케이블 그랜드(케이블 커넥터)

(1) 케이블을 컨트롤 박스나 제어함에 인입하는 데 사용한다.

(2) 케이블 커넥터라고 부르기도 한다.

⑩ PE 전선관

(1) 지중에 매설되는 가로등의 배관, 도로를 횡단하는 배관 등 지중 배관에 사용된다.

(2) 단독 주택 등 소규모 건물에만 제한적으로 사용된다.

(3) 스프링을 넣어서 굽힘가공한다.

⑪ CD 전선관(플렉시블 전선관)

(1) 표면이 요철상태로 되어 있으며 굽힘작업이 쉽다.

(2) 매입 공사도 가능하다.

⑫ 케이블 새들, 새들(cable saddle, saddle)

(1) 케이블 고정에 사용한다.

(2) 전선관 고정에 사용한다.

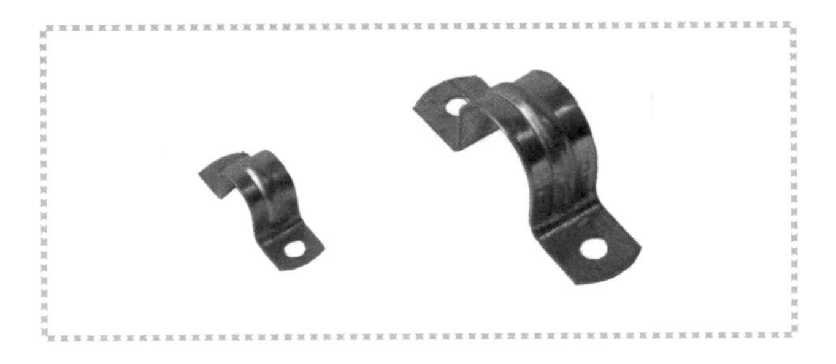

13 8각 박스, 4각 박스

(1) 전선관이 분기되는 곳에 사용한다.
(2) 박스 안에서 전선을 접속한다.
(3) 옆면의 구멍이 막혀 있으므로 배관을 연결할 때 막힌 부분을 제거해야 한다.

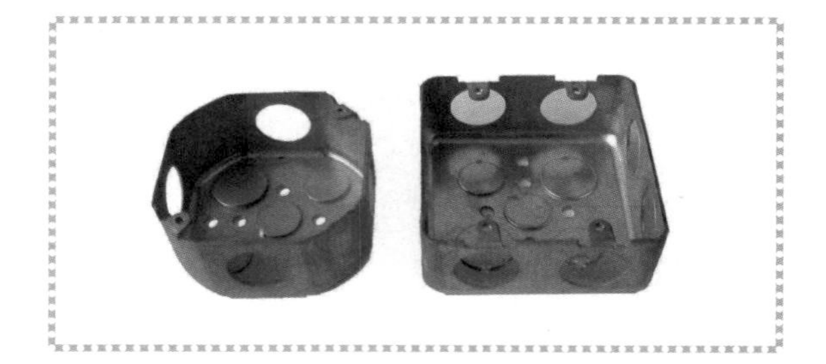

14 단자대

(1) 제어함에서 전선의 인입과 인출이 되는 곳에 사용한다.
(2) 전원의 인입, 부하의 인출 등에 사용한다.
(3) 기구의 대체용으로 사용한다.
(4) 시험에서는 주로 3P, 4P, 6P, 10P, 15P, 20P 등이 사용된다.

15 와이어 커넥터(wire connector)

(1) 전선의 접속에 사용한다.
(2) 캡 속에 전선을 넣고 비틀면 강선이 수나사의 작용을 하여 단단히 접속된다.

16 케이블 타이(cable tie)

(1) 전선을 정리하여 묶어 주는 재료이다.
(2) 주로 100[mm]를 사용한다.
(3) 묶은 머리는 일정한 모양이 되도록 한다.
(4) 전선의 흐트러짐과 늘어짐을 방지한다.

17 와이어 스트리퍼

(1) 절연전선의 피복을 벗기거나 전선을 자르는 데 사용하므로 작업능률이 높다.
(2) 실기작업에 꼭 갖추어야 하는 공구이다.

18 파이프 커터

(1) 전선관을 자르는 데 사용한다.
(2) 케이블의 피복을 제거하는 경우에도 사용할 수 있다.

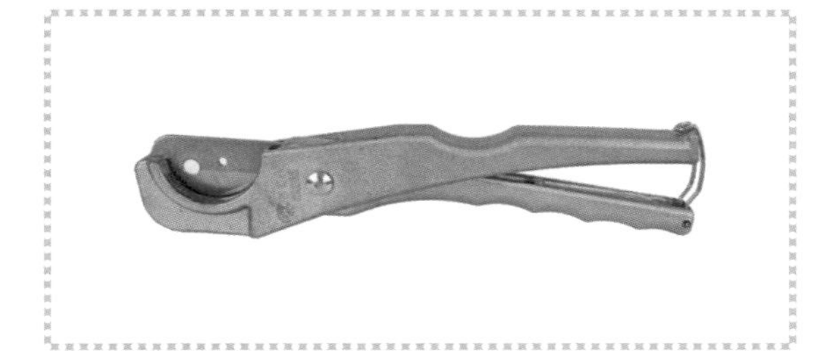

19 드라이버

(1) 배선기구에 전선을 접속할 때 나사못을 박을 때 사용한다.
(2) 전기공사에는 손잡이가 큰 것이 힘을 넣기 쉽다.
(3) 길이는 250[mm]가 적당하다.

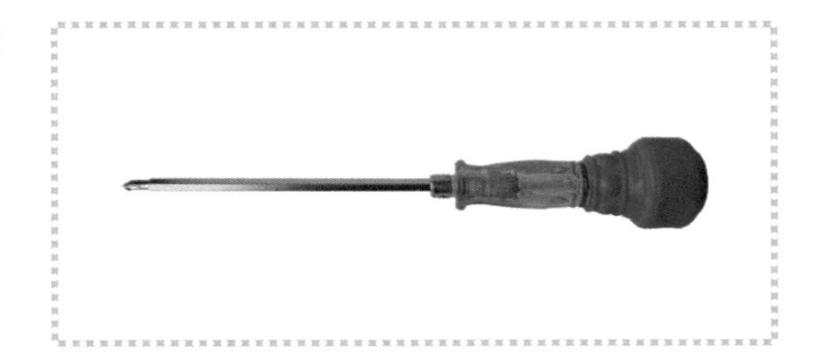

20 니퍼

(1) 가는 전선의 절단에 사용한다.
(2) 케이블 타이를 잘라낼 때 사용한다.
(3) 150[mm]가 적당하다.

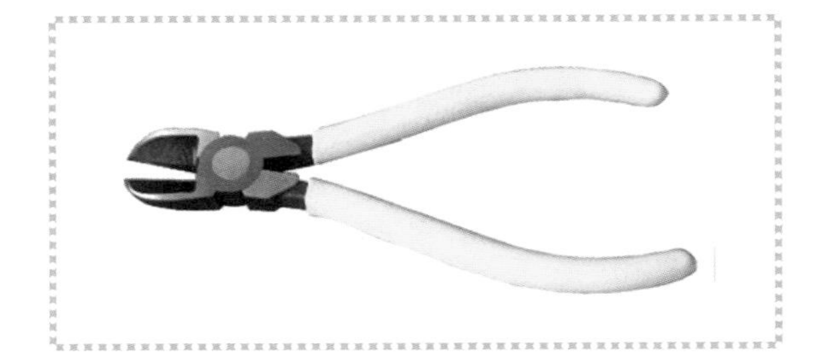

21 펜치

(1) 굵은 전선의 절단, 전선의 접속, 전선의 바인드 등에 사용한다.
(2) 옥내 공사용으로 175[mm]가 적당하다.

22 롱노즈

(1) 전선고리 만들기, 작은 부품이나 너트를 조이는 데 사용한다.
(2) 150[mm]가 적당하다.

23 전동 드릴

(1) 배관작업 시 나사못을 박을 때 사용하면 쉽고 빠르게 작업할 수 있어 꼭 필요한 공구이다.
(2) 충전식이 사용하는 데 편리하다.

24 줄자

(1) 전선관의 길이를 재거나 벽판을 제도할 때 사용한다.
(2) 3.5[m] 정도가 적당하다.
(3) 줄자 대신 50[cm] 플라스틱 자를 사용하면 편리하다.

25 벨 시험기

(1) 회로점검과 결선할 선을 찾을 때 필요하다.

(2) 자체 제작 시 9[V] 건전지, 전지 스냅, 벨, 리드선, 절연 테이프 등이 필요하다.

(3) 회로시험기 대용으로 사용한다.

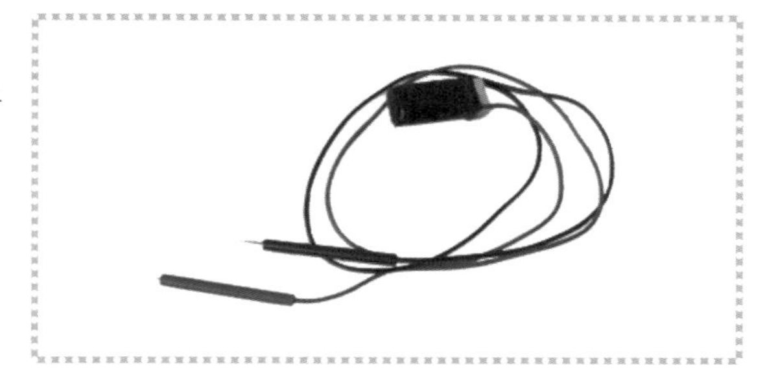

26 스프링

(1) PE 전선관을 배관할 때 관의 내부에 스프링을 넣고 구부려야 관이 찌그러지지 않으며 배관작업에 꼭 사용해야 한다.

(2) 1[m] 정도가 적당하며 끝에 전선을 연결해 사용하면 편리하다.

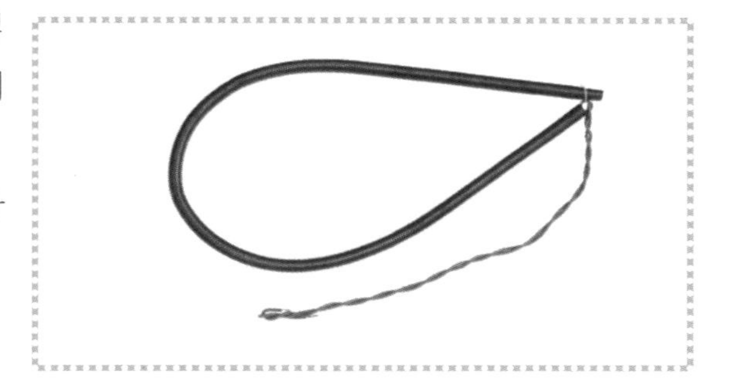

27 전선

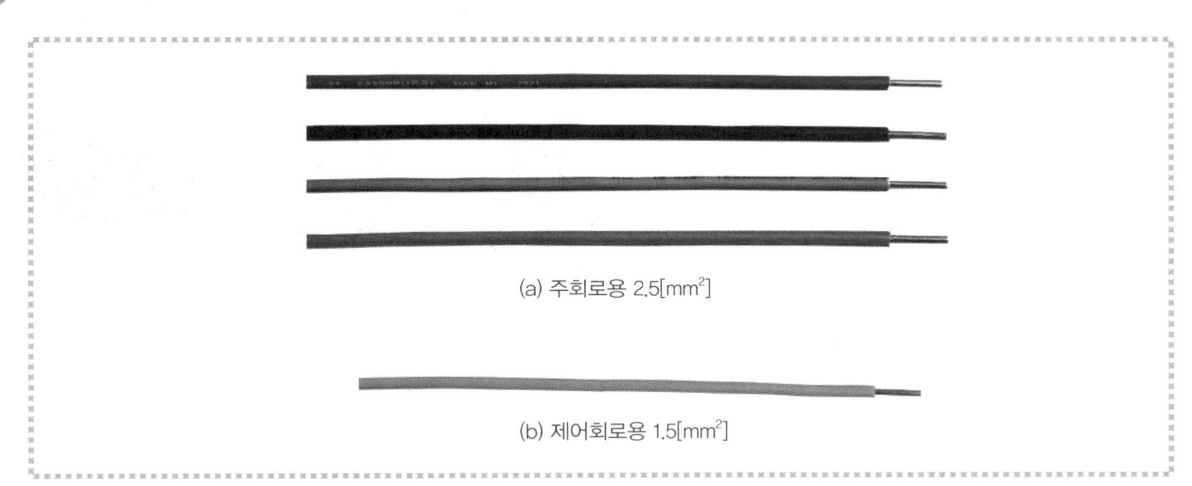

(a) 주회로용 2.5[mm^2]

(b) 제어회로용 1.5[mm^2]

(1) 주회로에 사용하는 전선은 굵기가 2.5[mm^2]로, 반드시 색상을 구분해 사용해야 한다.

① L1상 : 갈색, L2상 : 흑색, L3상 : 회색

② 접지선 : 녹-황색

(2) 제어회로는 1.5[mm^2] 황색 전선을 사용하여 배선한다.

SECTION

02 단자와 접점

1 단자

(1) 전류의 입력이나 출력 부분에 전극을 접속시키기 위한 쇠붙이이다.

(2) 대부분의 단자는 나사로 전선을 고정하게 되어 있다.

(3) 작은 전류가 흐르는 단자는 면 접촉 혹은 스프링을 사용한다.

(4) 각종 기구류의 단자(전선을 연결할 수 있는 모든 곳이 단자임)이다.

(5) 시퀀스 도면에서 단자는 원으로 표시한다.

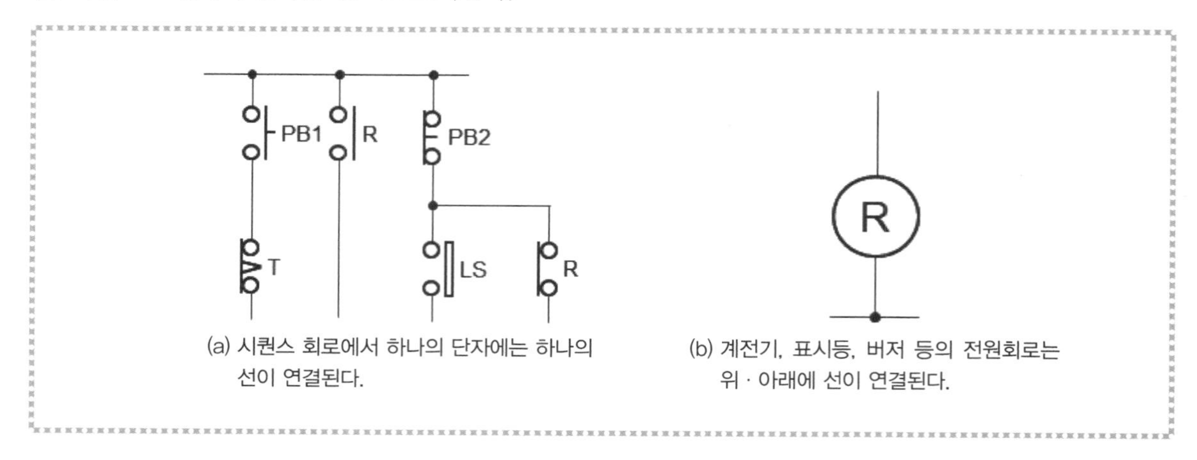

(a) 시퀀스 회로에서 하나의 단자에는 하나의 선이 연결된다.

(b) 계전기, 표시등, 버저 등의 전원회로는 위 · 아래에 선이 연결된다.

2 접점

(1) 2개의 단자를 연결하거나 떨어지게 하는 것이다.

ⓐ 고정접점 : 기구에 고정되어 움직이지 않는 접점

ⓑ 가동접점 : 금속조각을 사용하여 두 단자를 붙여주거나 떨어지게 하는 금속편으로 조작 시 움직이는 접점

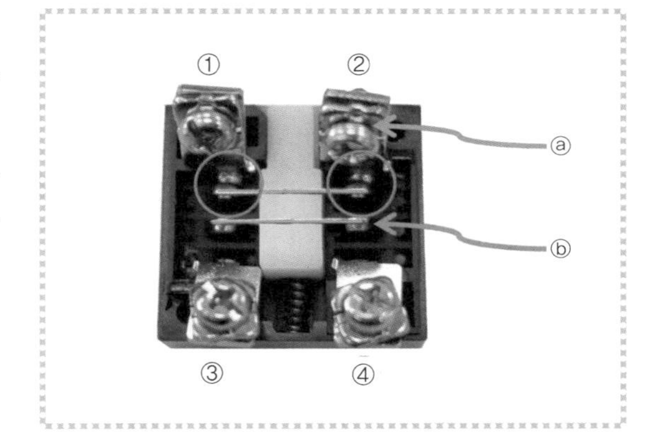

(2) 접점은 2개의 단자가 연결되거나 떨어져 있는 모양을 기호로 그려 놓은 것이다.

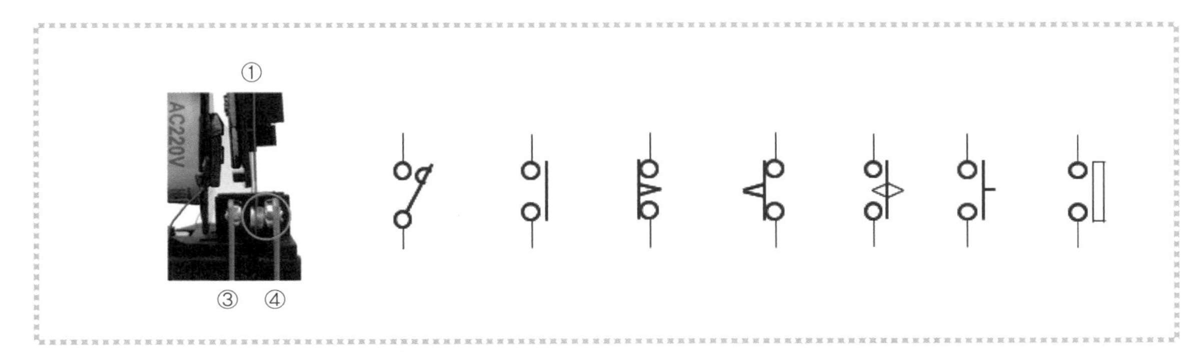

3 접점의 종류

1 a접점(arbeit contact : 열려 있는 접점, 메이크 접점)

동작되지 않은 상태에서 2개의 단자가 떨어져 있는 접점

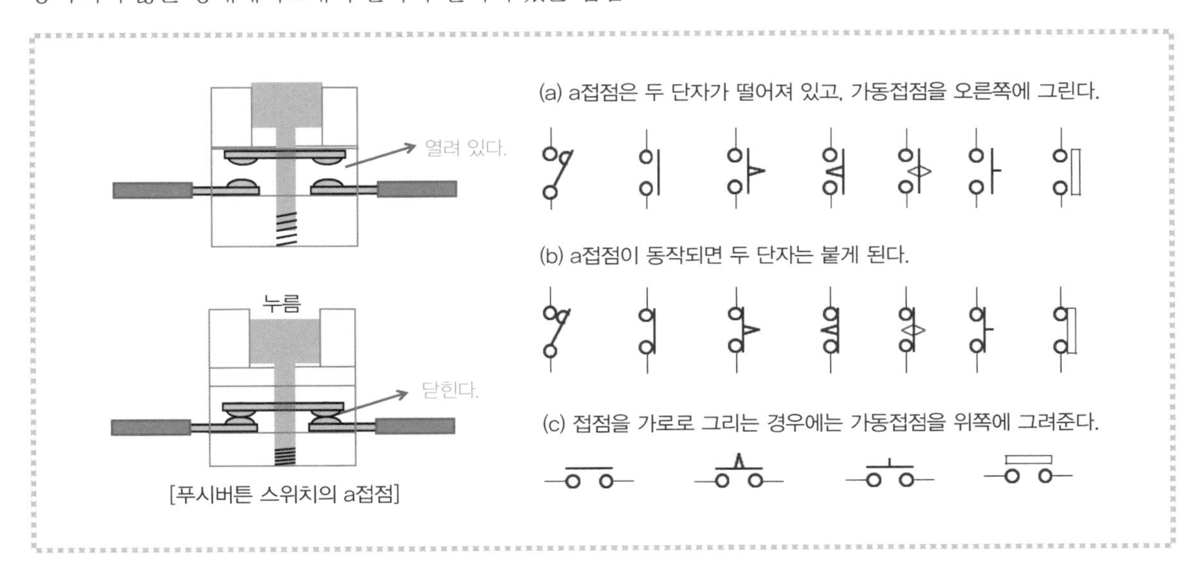

[푸시버튼 스위치의 a접점]

② b접점(break contact : 닫혀 있는 접점, 브레이크 접점)

동작되지 않은 상태에서 2개의 단자가 붙어 있는 접점

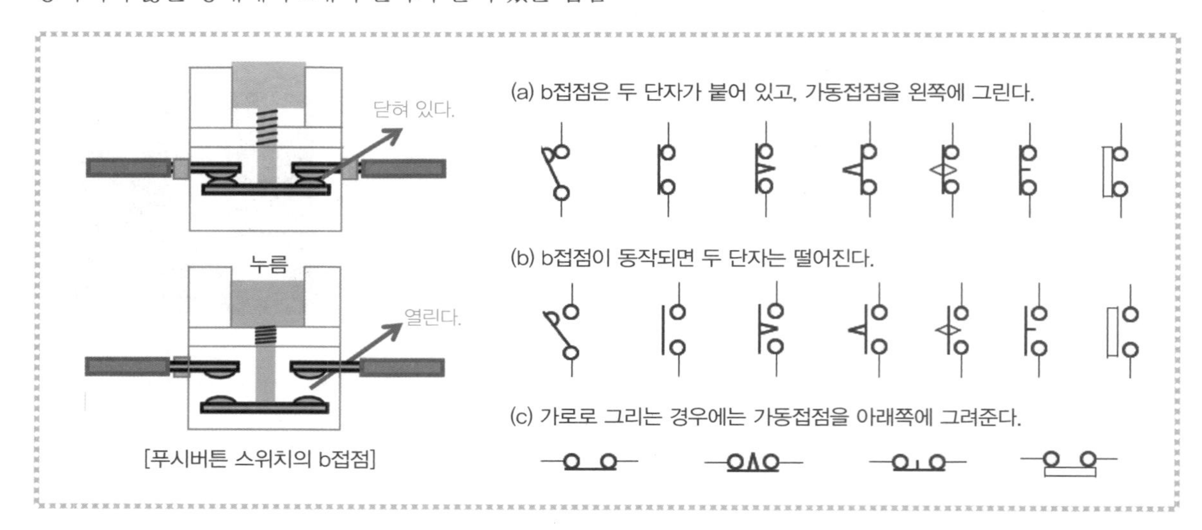

③ c접점(change-over contact : 절환 접점, 트랜스퍼 접점)

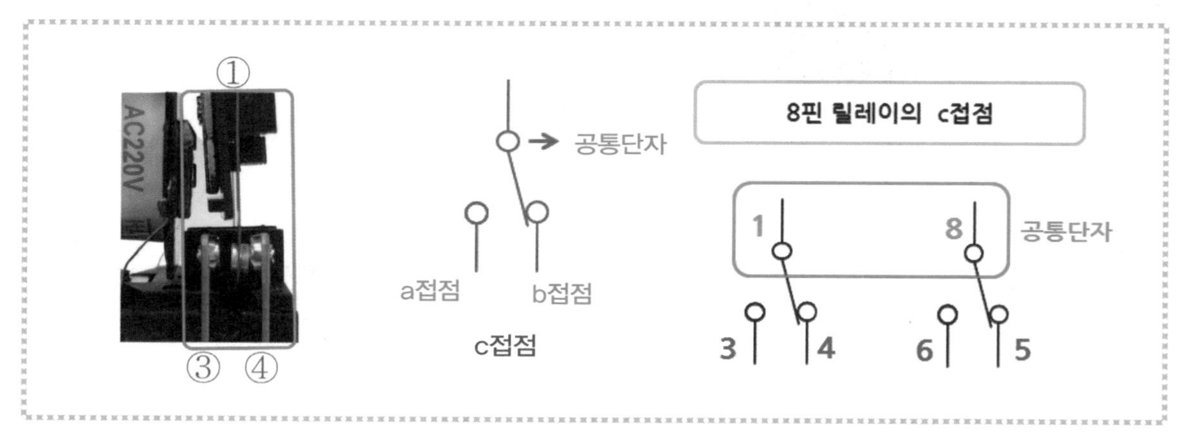

(1) a접점과 b접점을 결합하여 3개의 단자로 a접점과 b접점을 사용할 수 있게 만든 접점이다.

(2) 공통단자는 a접점에도 사용되고 b접점에도 사용되는 단자로, 8핀 릴레이에서는 1번 단자와 8번 단자가 공통단자이다.

(3) 거의 모든 계전기의 접점부는 c접점의 형태로 되어 있어 필요에 따라 a접점 또는 b접점을 선택하여 사용한다.

4 단자의 전선 접속

1 누름단자

나사가 조여지는 방향에 삽입하고, 피복을 제거한 부분이 단자에서 1[mm] 정도 보이도록 길이를 조절하여 접속해야 한다.

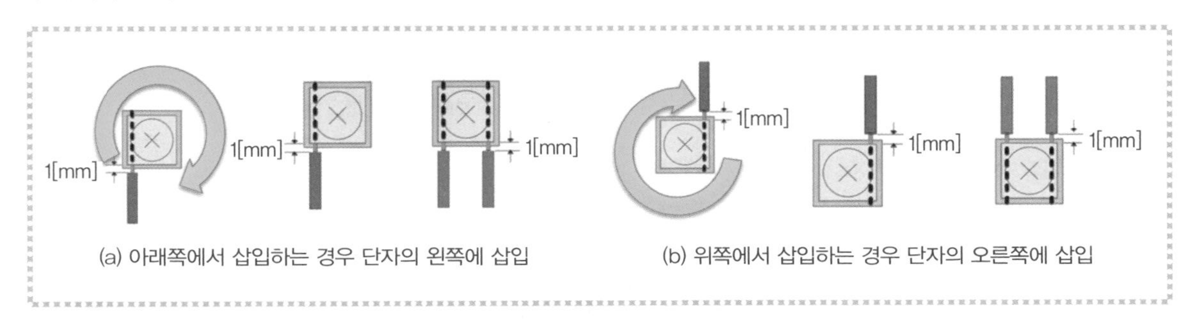

(a) 아래쪽에서 삽입하는 경우 단자의 왼쪽에 삽입

(b) 위쪽에서 삽입하는 경우 단자의 오른쪽에 삽입

2 연결방법이 잘못된 방법(피복을 너무 짧거나 길게 제거한 경우)

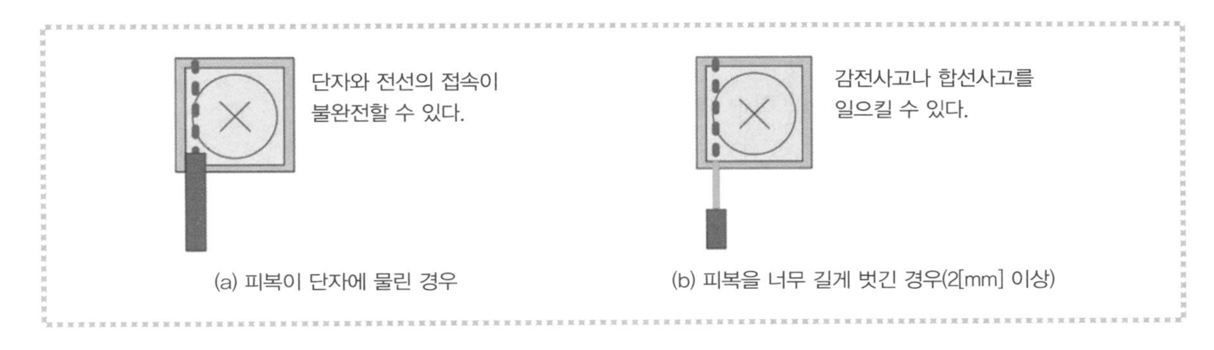

(a) 피복이 단자에 물린 경우

(b) 피복을 너무 길게 벗긴 경우(2[mm] 이상)

3 퓨즈 홀더

누름단자가 없는 경우 고리를 만들어 접속한다. 고리단자를 만드는 요령은 다음과 같다.

(1) 2[cm] 정도 피복을 벗긴다.

(2) 피복의 끝에서 2[mm] 부분을 잡고 직각으로 구부린다.

(3) 와이어 스트리퍼의 끝으로 전선을 잡아 돌려가며 원형의 고리를 만든다.

(4) 고리에 나사를 끼우고 조인다.

(5) 퓨즈 홀더의 단자를 먼저 접속하고 그 후 다른 단자에 연결하면 된다.

4 차단기와 같이 나사가 전선을 누르면서 접속되는 경우

차단기와 같이 나사가 전선을 누르면서 접속되는 경우에는 굵기가 다른 전선을 2가닥 이상 넣고 접속하면 접속이 불완전하다.

SECTION

03 제어용 기구 및 계전기

1 푸시버튼 스위치(Push Button Switch : PB 또는 PBS)

시퀀스 제어에서 가장 기본적인 입력 요소이다.

(1) 버튼을 누르면 접점이 열리거나 닫히는 동작을 한다(수동 조작).

(2) 손을 떼면 스프링의 힘에 의해 자동으로 복귀한다(자동 복귀).

(3) 일반적으로 기동은 녹색, 정지는 적색을 사용한다.

(4) 여러 개를 사용할 경우 숫자를 붙여서 사용한다. PB0, PB1, PB2 ……

1 푸시버튼 스위치 a접점의 구조

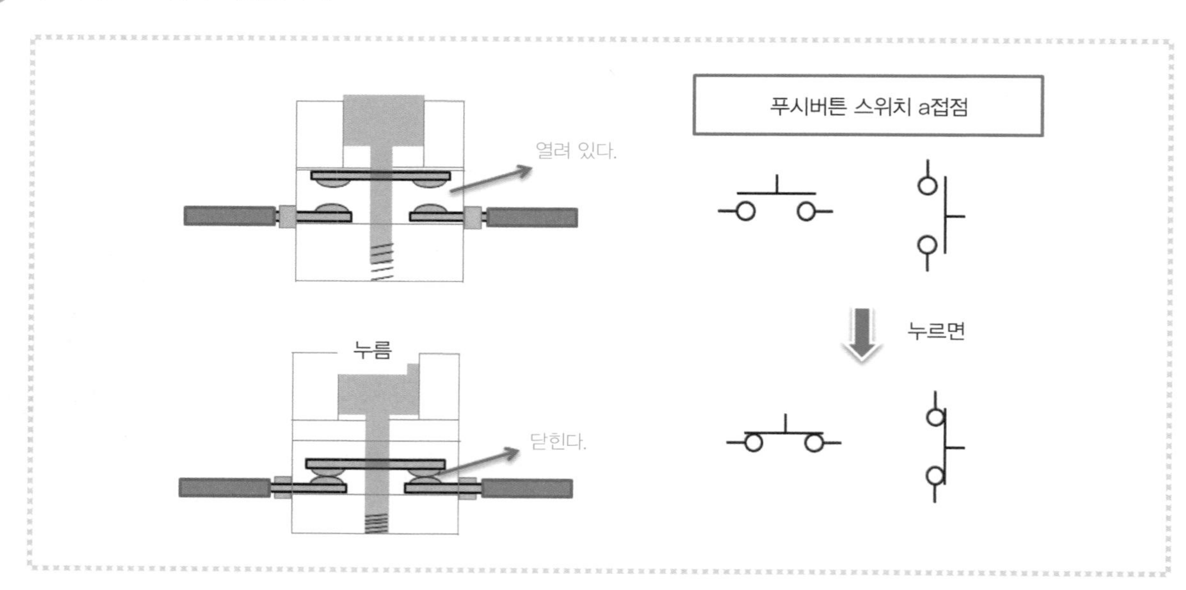

(1) 스위치를 조작하기 전에는 접점이 열려 있다가 스위치를 누르면 닫히는 접점이다.

(2) 이 교재에서는 두 단자의 번호를 ③ · ④로 붙여서 사용한다.

② 푸시버튼 스위치 b접점의 구조

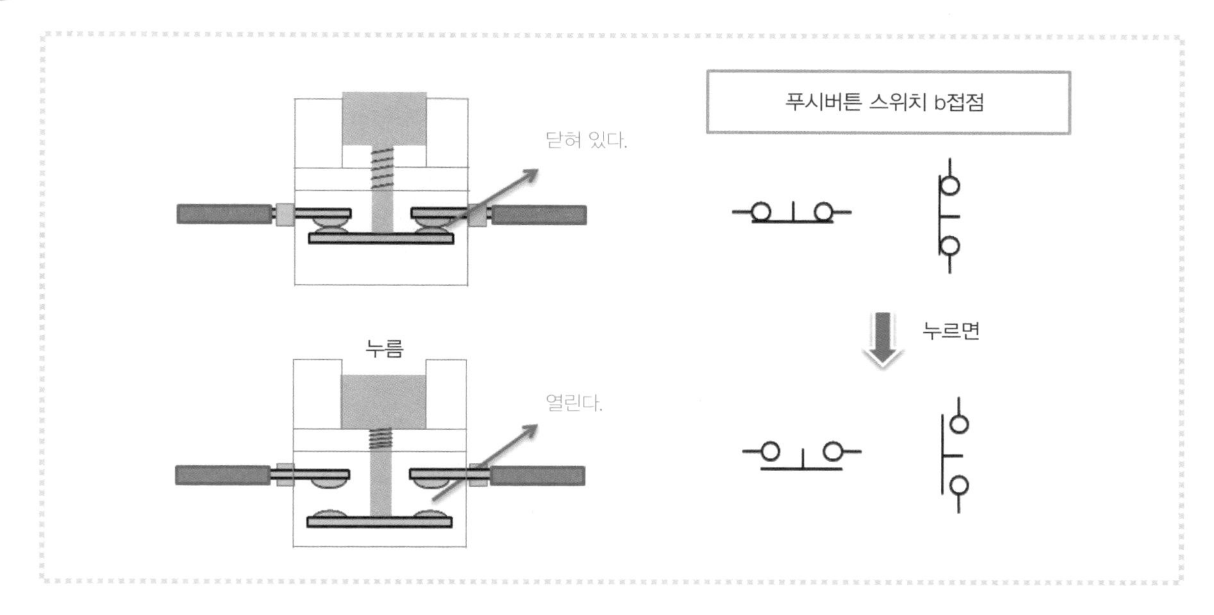

(1) 스위치를 조작하기 전에는 접점이 닫혀 있다가 스위치를 누르면 열리는 접점이다.

(2) 이 교재에서는 두 단자의 번호를 ① · ②로 붙여서 사용한다.

③ 단자구조

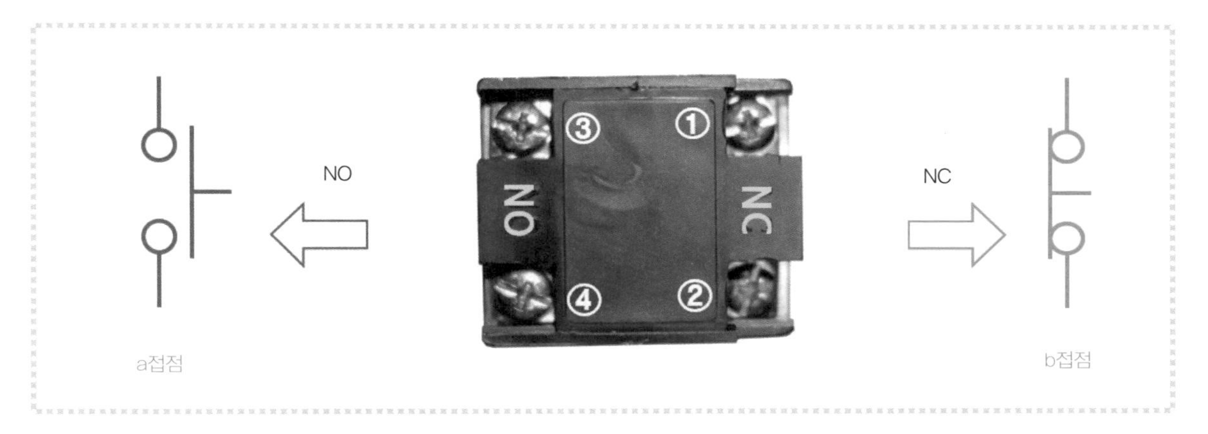

(1) 일반적으로 4개의 단자로 구성되어 있다.

(2) 단자에는 b접점의 약호인 NC(Normal Close)와 a접점의 약호인 NO(Normal Open)가 표시되어 있다.

(3) b접점은 ① · ②번으로 번호를 붙이고, a접점은 ③ · ④번으로 번호를 붙여 사용한다.

(4) 벨 시험기로 접점을 찾는 방법은 벨 시험기의 리드선을 두 단자에 대어 '삐' 소리가 나는 것이 b접점이고 나머지 두 단자는 a접점이다.

2 셀렉터 스위치(selector switch : 선택 스위치)

손잡이를 돌려 동작되는 회로를 선택하는 데 사용하는 스위치이다.

① 셀렉터 스위치의 단자

(1) NC단자와 NO단자로 구성되어 있다.

(2) 단자는 4개이지만 두 개의 단자가 같은 선에 연결되어 있으므로 두 단자를 연결하여 공통단자로 사용해야 한다.

(3) 2단 셀렉터 스위치와 3단 셀렉터 스위치가 주로 사용된다.

② 회로도에서 셀렉터 스위치 표시

보통 3개의 단자로 표시하며 SS는 공통단자, M은 수동단자, A는 자동단자이다.

오른쪽 그림은 3단 셀렉터 스위치를 사용한 도면인데 회로도에서 왼쪽 단자는 M으로 표시되어 있다.

이것은 셀렉터 스위치의 손잡이를 왼쪽으로 돌리면 수동이라는 뜻이 아니라 수동단자가 연결되는 회로를 뜻한다.

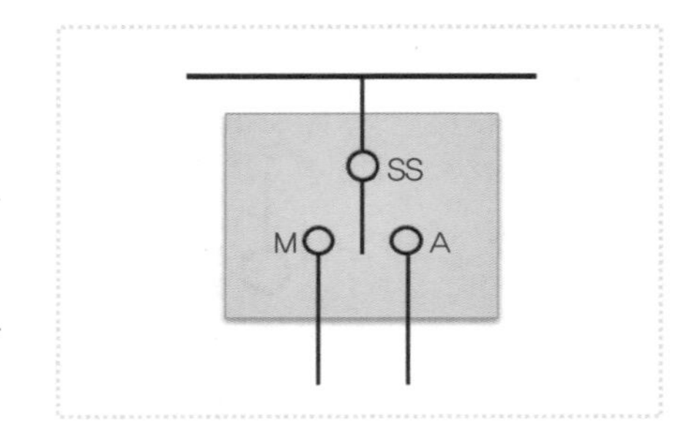

③ 스위치 방향

왼쪽이 자동인지, 오른쪽이 자동인지 확인한다. 그림으로 스위치 방향을 제시하거나 설명으로 스위치 방향을 제시한다.

(1) 그림으로 스위치의 방향을 제시하는 경우 : 오른쪽 그림과 같이 손잡이의 지시부로 방향을 제시해주는 경우(왼쪽으로 돌리면 자동, 오른쪽으로 돌리면 수동)

(2) 설명으로 스위치의 방향을 제시하는 경우

① 셀렉터 스위치의 손잡이를 시계 방향으로 돌리면 자동(지시부가 오른쪽을 가리키면 자동)이다.

② 셀렉터 스위치의 지시부가 11시 방향이면 수동(1시 방향이면 자동)이다.

4 셀렉터 스위치를 고정했을 때 올바른 위치

(a) 2단 셀렉터 스위치 (b) 3단 셀렉터 스위치

5 셀렉터 스위치의 결선법(3단 셀렉터 스위치의 경우)

요구사항 셀렉터 스위치의 손잡이를 왼쪽으로 돌리면 자동이다.

(1) 손잡이를 왼쪽 또는 오른쪽으로 돌리고 벨 시험기를 사용하여 접점이 어떻게 연결되어 있는지 확인한다(보통 오른쪽 2단자와 왼쪽 2단자가 1세트의 접점).

(2) a접점과 b접점의 단자 하나씩 연결하여 공통단자(SS)로 사용한다.

(3) 셀렉터 스위치의 손잡이를 왼쪽으로 돌린다(자동단자를 찾기 위해).

(4) (1)과 같은 방법으로 위 · 아래 두 단자에 벨 시험기를 대어 '삐' 소리나는 단자를 찾아 자동(A)에 연결하면 된다.

(5) 나머지 단자는 수동(M) 단자에 연결하면 된다.

(6) 2단 셀렉터 스위치도 같은 요령으로 단자를 찾아서 연결한다.

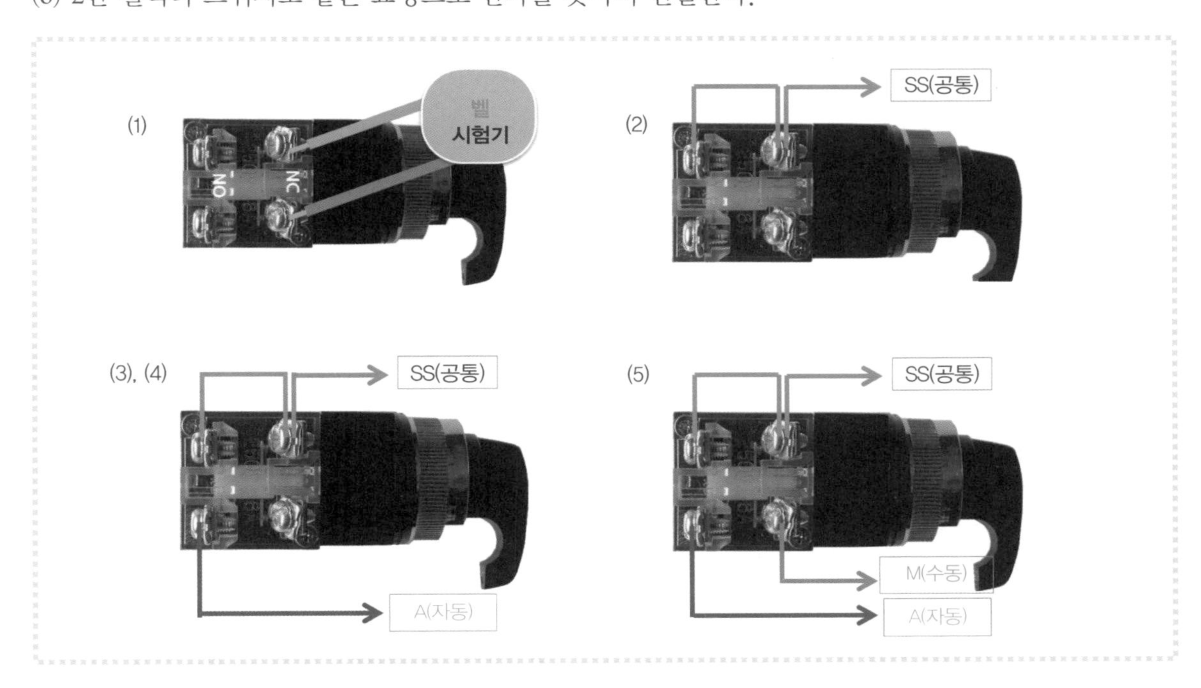

3 파일럿 램프(pilot lamp : 표시등)

시퀀스 제어에서 동작 상태 및 고장 등을 구별하기 위해 사용한다.

1 표시등의 색상별 사용

(1) 전원표시등(WL : White Lamp – 백색) : 제어반 최상부의 중앙에 설치한다.

(2) 운전표시등(RL : Red Lamp – 적색) : 운전상태를 표시한다.

(3) 정지표시등(GL : Green Lamp – 녹색) : 정지상태를 표시한다.

(4) 경보표시등(OL : Orange Lamp – 오렌지색) : 경보를 표시하는 데 사용한다.

(5) 고장표시등(YL : Yellow Lamp – 황색) : 시스템이 고장임을 나타낸다.

2 표시등의 단자

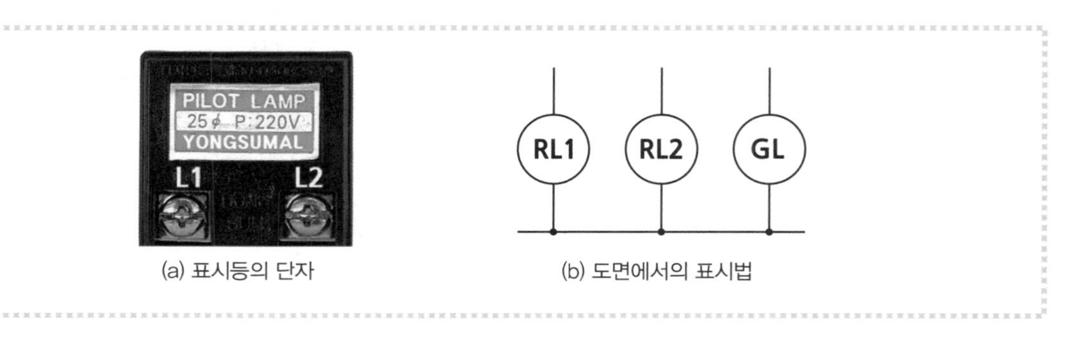

(a) 표시등의 단자 (b) 도면에서의 표시법

(1) 표시등은 L1, L2 2개의 단자로 구성되어 있다.

(2) 극성의 구분이 없으므로 두 단자에 전원만 공급되면 점등된다.

(3) 도면에서 원의 위쪽과 아래쪽에 두 선이 연결되어 있는데 이 두 단자는 전원을 공급해야 하는 부분이다.

(4) 표시등의 컬러 커버를 빼내면 램프가 내장되어 있다.

3 표시등의 확인법

(1) 벨 시험기나 회로 시험기로 정상제품 여부를 확인할 수 없다.

(2) 필요한 경우 전원을 직접 연결해서 점등 여부를 확인한다.

(3) 재료를 점검할 때 표시등을 귀에 가까이 대고 흔들어 보았을 때 속에서 달가닥거리는 소리가 나면 컬러 커버를 빼고 램프를 돌려서 고정시켜 주어야 한다(램프가 약간 빠져 있는 경우 소리가 난다).

4 리밋 스위치(limit switch : 기계적 접점)

레버에 물체가 닿으면 접점이 동작되는 스위치이다.

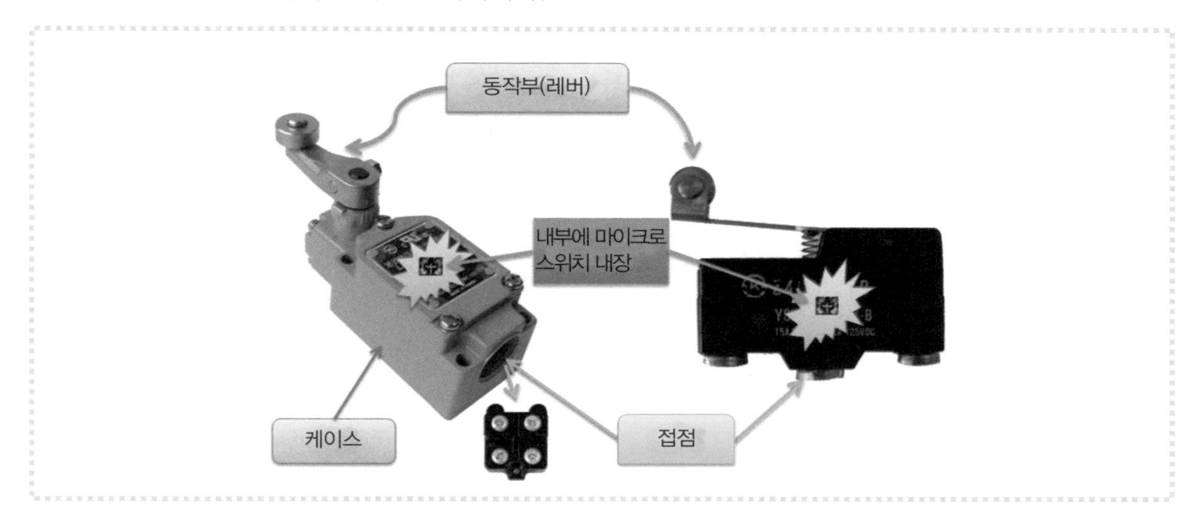

(1) 리밋 스위치는 계전기가 아니므로 a접점은 ③ · ④번으로, b접점은 ① · ②번으로 번호를 붙여서 사용한다.

(2) 실제 시험 시에는 단자대로 대체하여 사용한다.

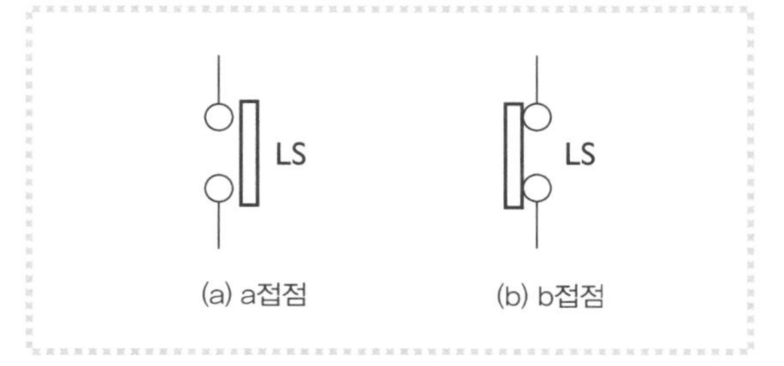

(a) a접점 (b) b접점

5 센서(sensor)

적외선이나 초음파를 이용하고, 물체가 일정 범위 내에 접근하면 물체를 감지하여 접점을 동작시킨다.

(a) 외관 (b) 접점

6 버저(buzzer)

(1) 회로에 이상이 발생했을 때 경보를 울리도록 설치하는 기구이다.

(2) 버저의 단자

(a) 버저의 외관 및 단자 (b) 도면의 표시법

7 전자계전기(relay : 릴레이)

(1) 의미 : 철심에 감겨진 코일에 전류가 흐르면 전자석이 되어 금속편을 잡아당겨 여기에 연결된 접점을 개폐하는 기능을 갖는 계전기이다.

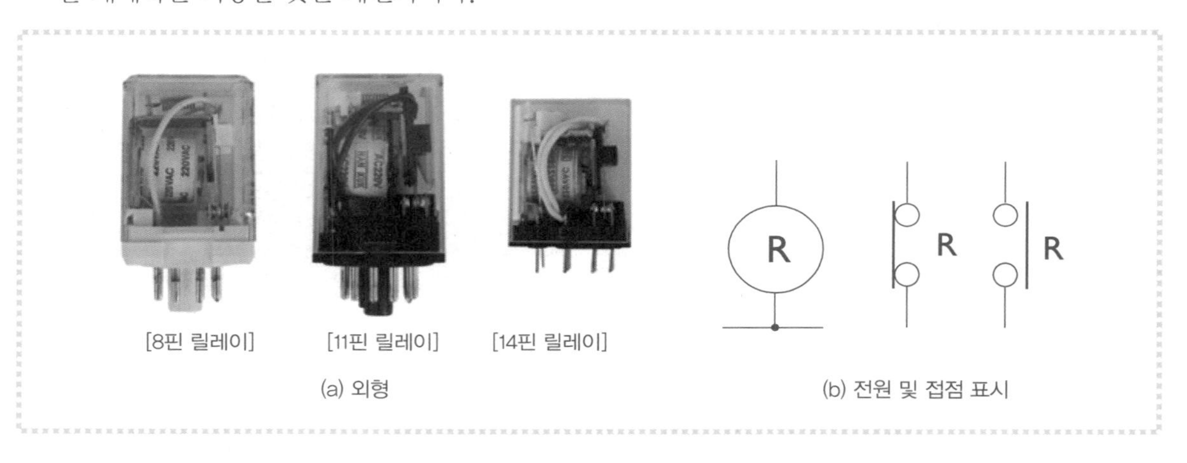

[8핀 릴레이] [11핀 릴레이] [14핀 릴레이]

(a) 외형 (b) 전원 및 접점 표시

(2) 릴레이의 기호는 R, Ry, X 등을 사용한다.

(3) 8핀 릴레이는 c접점이 2개, 11핀 릴레이는 3개, 14핀 릴레이는 4개가 내장되어 있다.

(4) 릴레이 배선방법 : 릴레이는 소켓에 끼워서 사용하고 배선은 소켓에 한다.

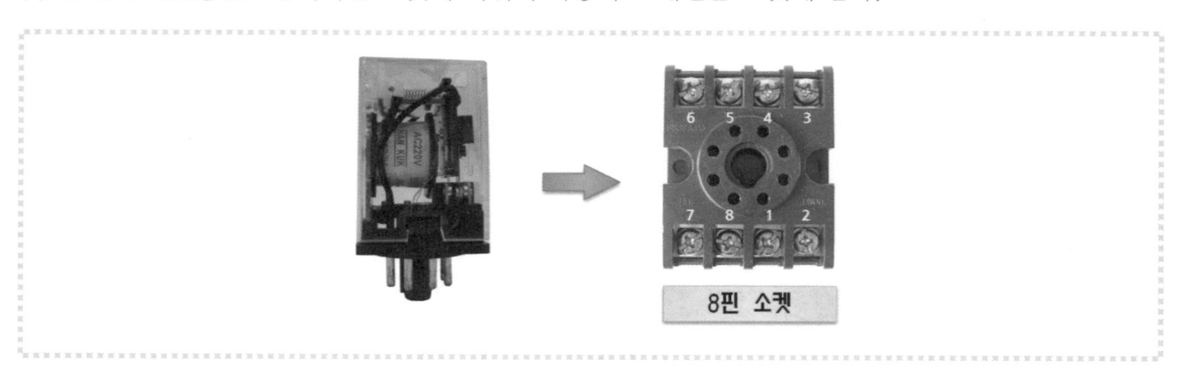

8핀 소켓

8 플리커 릴레이(flicker relay : 점멸기)

1 플리커 릴레이의 용도

(1) 경보 및 신호용으로 사용한다.

(2) 전원 투입과 동시에 일정한 시간간격으로 점멸된다.

(3) 점멸되는 시간을 조절할 수 있다.

2 플리커 릴레이의 외형 및 접점

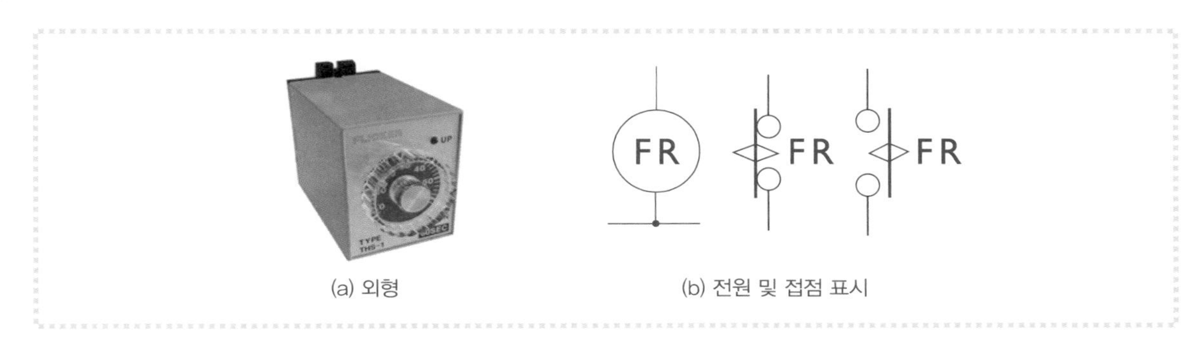

(a) 외형 (b) 전원 및 접점 표시

9 타이머(timer)

1 타이머의 의미

미리 설정해 놓은 시간이 경과한 후에 접점을 개폐하는 기능을 가진 계전기이다.

(1) 순시접점은 주로 자기유지 용도로 사용한다.

(2) **한시동작 순시복귀형** : 전원을 공급하면 타이머의 설정시간이 경과된 후 접점이 동작되고, 전원이 OFF되면 순식간에 복귀하는 형태의 타이머(ON delay 타이머)이다.

(3) **순시동작 한시복귀형** : 전원을 공급하면 순간적으로 접점이 동작되고, 전원이 OFF되면 설정시간이 경과된 후 접점이 복귀되는 형태의 타이머(OFF delay 타이머)이다.

2 타이머의 외형 및 접점

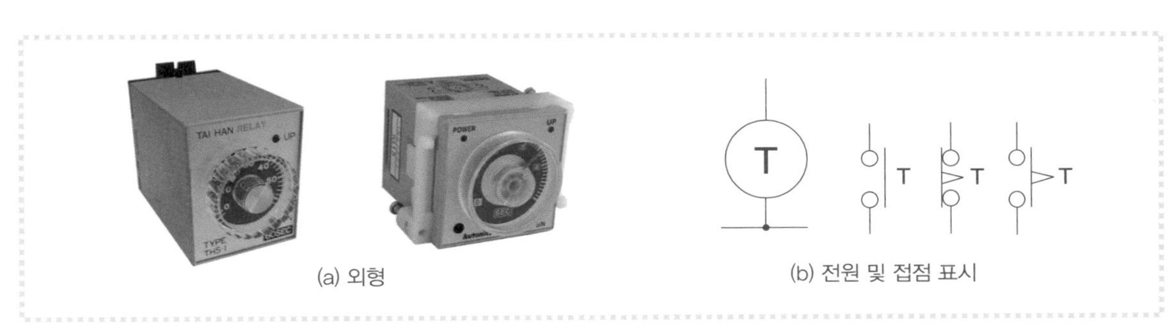

(a) 외형 (b) 전원 및 접점 표시

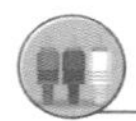

10 온도조절기(temperature controller)

온도조절기는 설정된 온도에 도달하면 접점이 붙거나 떨어지는 동작을 한다.

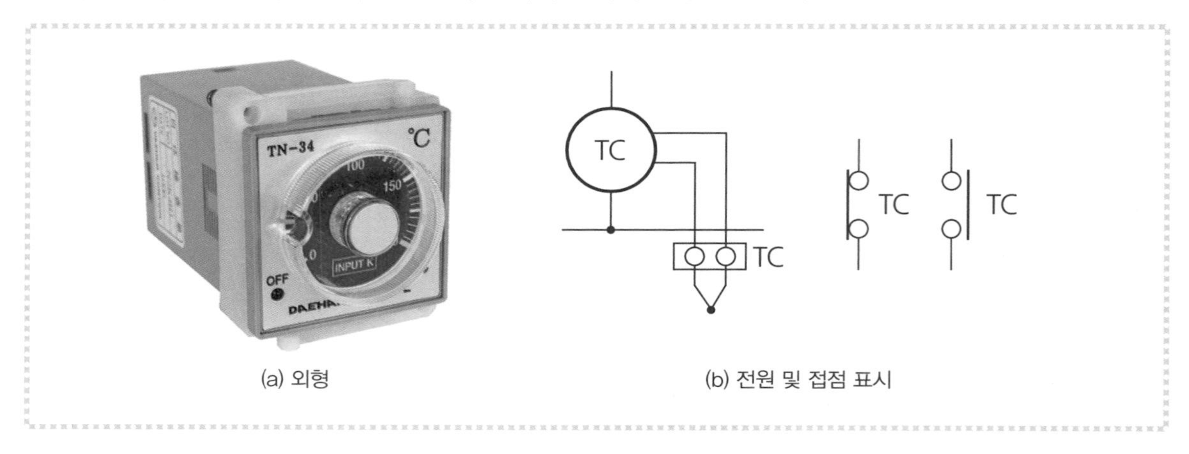

(a) 외형 (b) 전원 및 접점 표시

(1) TC의 1 · 2번 단자에는 열전대를 연결한다(온도를 감지하는 센서).
(2) 앞쪽의 다이얼을 돌려 원하는 온도에 맞춘다.
(3) 현재 온도가 설정된 온도 이하이면 a접점이 동작되며 ON 램프(청색)가 점등된다.
(4) 현재 온도가 설정된 온도 이상이면 b접점이 동작되며 OFF 램프(적색)가 점등된다.

11 플로트레스 스위치(floatless switch)

급수나 배수 등 액면 제어에 사용하는 계전기이다.

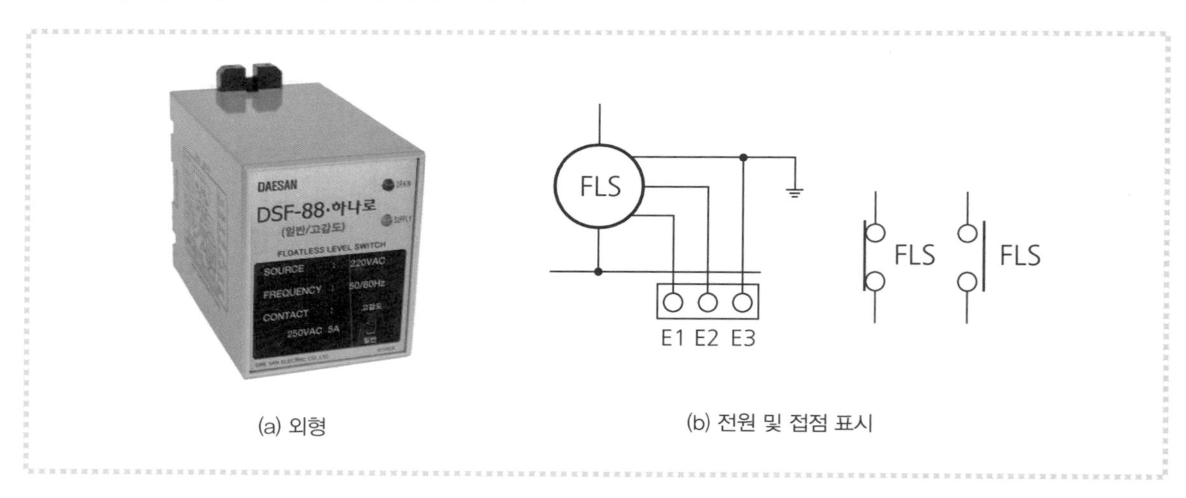

(a) 외형 (b) 전원 및 접점 표시

(1) 수위를 감지하는 E1은 수위의 상한선을 감지하고, E2는 수위의 하한선을 감지하며, E3는 물탱크의 맨 아래에 오도록 설치한다.
(2) E3 단자는 반드시 접지를 해야 한다.
(3) b접점은 급수에 사용하고, a접점은 배수에 사용한다.

12 전자접촉기(magnetic contactor)

1 전자접촉기의 기초

전자석의 흡인력을 이용하여 접점을 개폐하는 기능을 하는 계전기이다.

(1) 전자 코일에 전류가 흐를 때만 동작하고 전류를 끊으면 스프링의 힘에 의해 원래의 상태로 되돌아 간다.

(2) 250[V], 10[A] 이상의 부하개폐에 사용한다.

2 전자접촉기의 외형

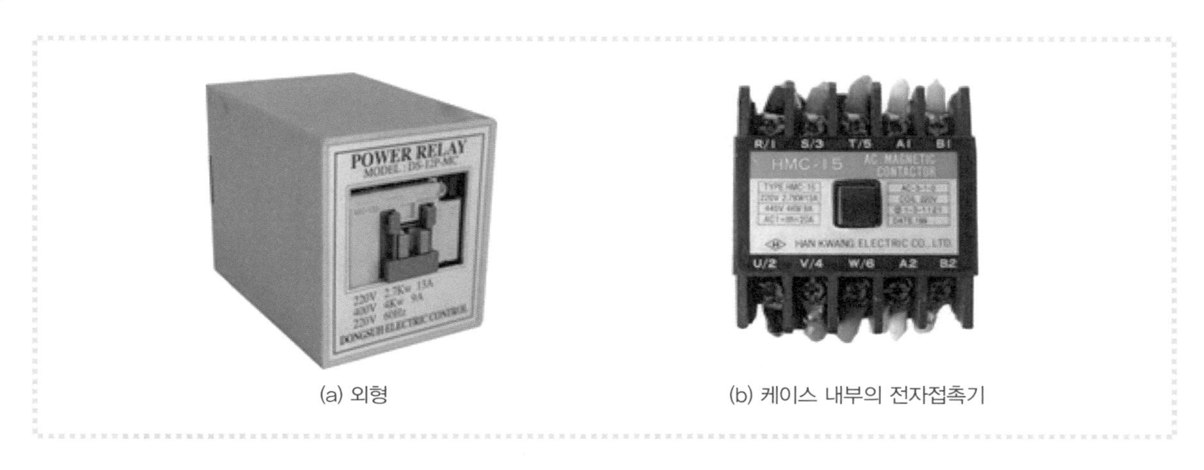

(a) 외형 (b) 케이스 내부의 전자접촉기

3 전자접촉기의 기호와 접점

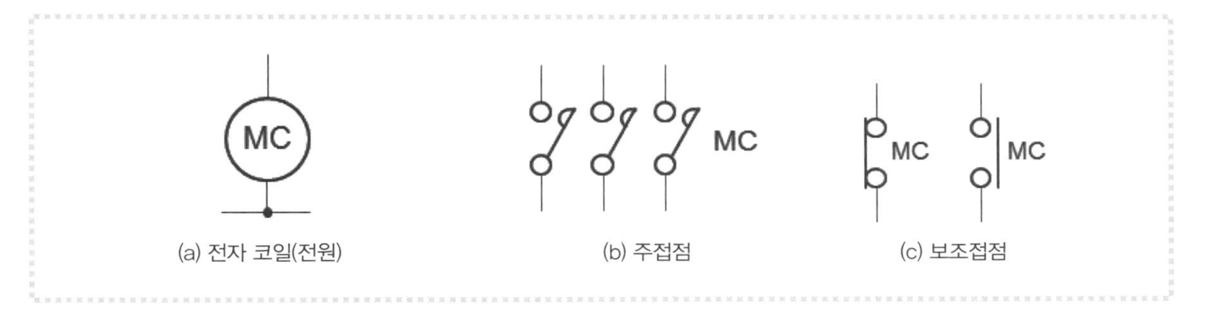

(a) 전자 코일(전원) (b) 주접점 (c) 보조접점

(1) 전자접촉기의 기호는 MC(Magnetic Contactor) 또는 PR(Power Relay)을 사용한다.

(2) 주접점은 전동기 등 큰 전류를 필요로 하는 주회로에 사용한다.

(3) 보조접점은 작은 전류용량의 접점으로, 제어회로에 사용한다.

(4) 12핀 전자접촉기는 보조접점이 2개이고, 20핀 전자접촉기는 보조접점이 4개이다.

4 12핀 MC의 핀 부분과 소켓

12개의 핀이 원형으로 배치되어 있다.

13 전자식 과전류계전기(EOCR)

1 전자식 과전류계전기의 기초

(1) 회로에 과전류가 흘렀을 때 접점을 동작시켜 회로를 보호하는 역할을 한다.

(2) 모터를 보호하기 위한 장치이며, 12핀 소켓에 꽂아 사용한다.

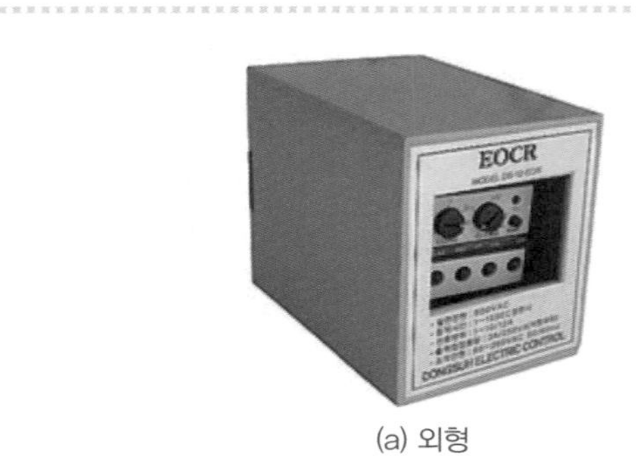

(a) 외형

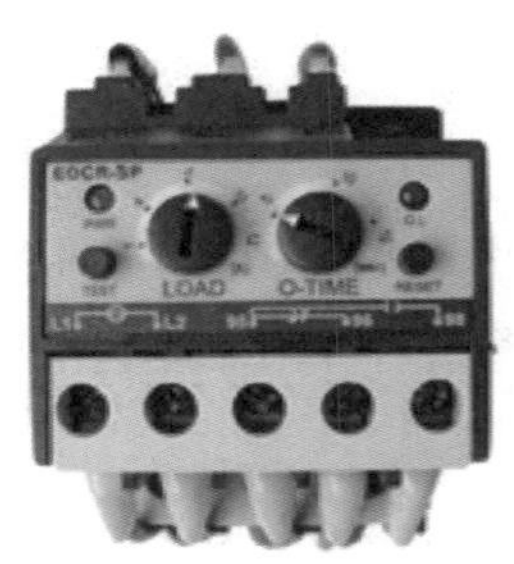

(b) 케이스 내부의 과전류 계전기

2 EOCR의 전면부 기능

(1) PWR : 전원이 공급되는 녹색 표시등이 점등된다(전원표시등).

(2) LOAD : 동작 전류값을 설정한다. 4에 맞추면 회로에 4[A] 이상의 전류가 흐르면 접점이 동작된다.

(3) O-TIME : 동작지연시간을 설정한다. 10에 맞추면 설정값 이상의 전류가 흐를 때 10초 후에 접점이 동작된다.

(4) O.L : 과전류가 흐르면 EOCR 접점이 동작하며 적색의 표시등이 점등된다.

(5) TEST : 버튼을 누르면 EOCR의 접점을 강제로 동작시킬 수 있다.

(6) RESET : 동작된 접점을 복귀시킬 때 사용한다.

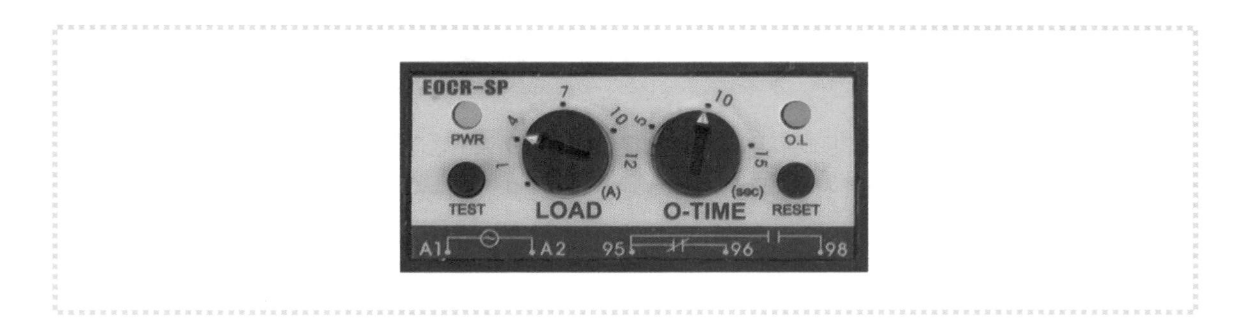

3 EOCR의 기호와 접점

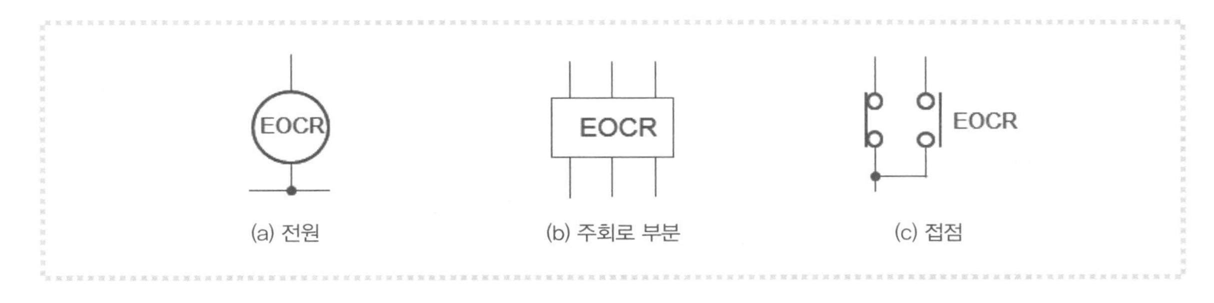

(a) 전원 (b) 주회로 부분 (c) 접점

자/세/히/알/아/보/기

계전기 이외의 접점번호

푸시버튼 스위치, 센서, 리밋 스위치 등의 a접점은 ③ · ④번으로, b접점은 ① · ②번으로 번호를 붙여서 사용한다. 위와 아래의 번호를 바꾸어 사용해도 관계없다.

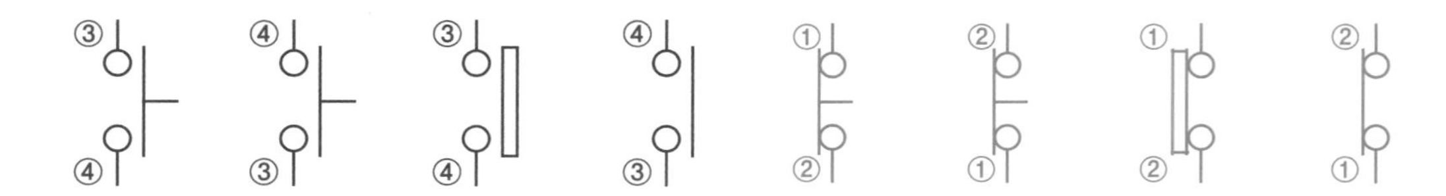

푸시버튼 스위치를 결선할 경우에도 위 · 아래의 번호를 바꾸어 사용해도 관계없다.

Q&A

Q1 EOCR이 그림과 같이 설정되었는데 TEST버튼을 눌러도 접점이 동작되지 않았다. 원인이 무엇일까?

Ⓐ 동작지연시간이 설정되어 있어서 그렇다. O-TIME 10초가 설정되어 있어 TEST 버튼을 10초 동안 누르고 있어야 동작이 된다. 접점을 바로 동작시키려면 다이얼을 왼쪽으로 끝까지 돌린 후 TEST 버튼을 누르면 접점이 바로 동작된다.

Q2 도면에 RL, GL 등으로 표시하면 색상을 쉽게 알 수 있는데 L1, L2, L3 등으로 표시하면 램프 색상을 어떻게 구분해야 하나?

Ⓐ 표시등이나 푸시버튼 스위치의 색상은 범례표에 제시되어 있으므로 작업할 때 범례표를 참고해야 한다.

Q3 실기시험에 계전기 접점번호를 모두 외워 가야 하나?

Ⓐ 도면에는 시험에 사용되는 모든 계전기의 내부접속도가 주어지므로 힘들게 접점번호를 외울 필요는 없다. 접점번호를 부여할 때 내부접속도를 보면서 하면 된다. 그러나 작업을 여러 번 하다보면 접점번호가 자동적으로 외워진다.

SECTION 04 릴레이 접점번호 부여

1 릴레이(relay)

① 릴레이의 기초

전자석의 힘을 이용하여 접점을 개폐하는 기능을 갖는 계전기이다.

(1) 여자 : 전자 코일에 전류를 흘려주어 전자석이 철편을 끌어당긴 상태이다.

(2) 소자 : 전자 코일에 전류가 끊겨 원래대로 되돌아간 상태이다.

② c접점의 단자구조와 공통단자

(1) 계전기 접점에서 a접점과 b접점에 공통으로 사용되는 단자를 공통단자라 한다.

(2) 계전기의 접점 부분은 대부분 c접점의 형태로 되어 있다.

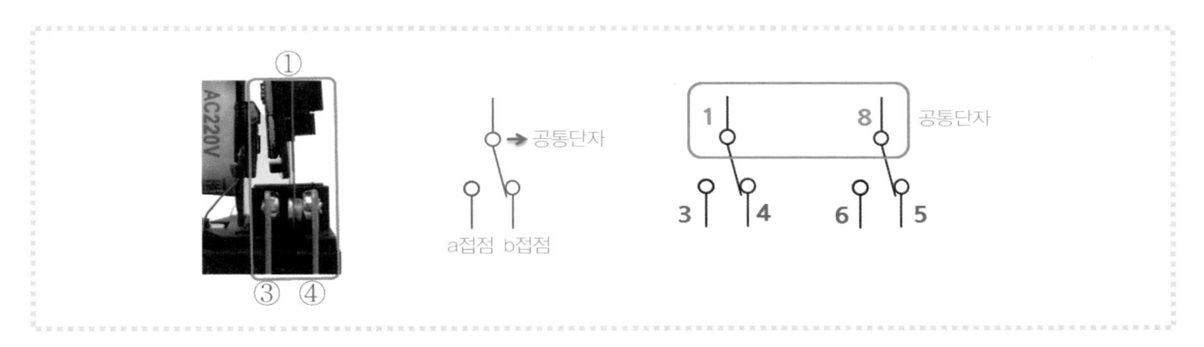

③ 계전기의 내부접속도

계전기 내부접속도가 c접점 형태로 주어지면 다음과 같이 사용한다.

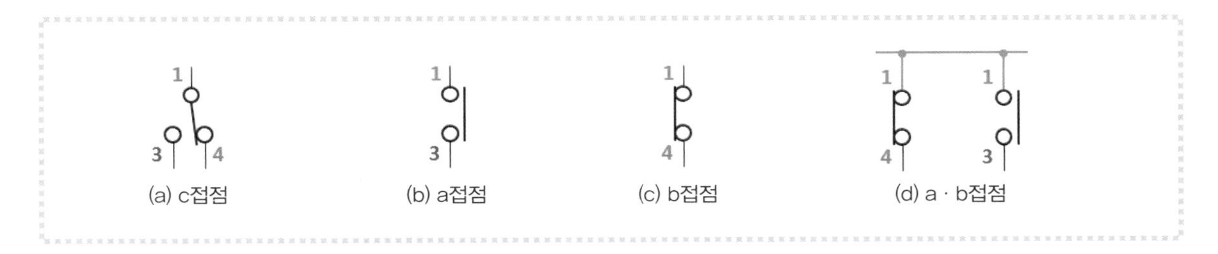

(a) c접점 (b) a접점 (c) b접점 (d) a · b접점

(1) a접점은 1–3번 단자를 사용하고, b접점은 1–4번 단자를 사용한다.

(2) a · b접점이 하나의 선에 연결되어 있는 경우 공통단자를 나누어 사용하고 a접점은 1–3번, b접점은 1–4번 단자를 사용한다.

(3) a · b접점이 연결되어 있지 않고 떨어져 사용된 경우에는 하나의 접점만 사용할 수 있다.

4 8핀 릴레이

(1) 전원단자 2개, c접점 2개 등 모두 8개의 핀에 번호를 붙여 구성되어 있으며, 릴레이의 내부접속도는 여러 가지 방법으로 표시할 수 있지만 접점 해석은 모두 같다.

(2) AC 220[V]의 2-7번 단자는 전원단자이다.

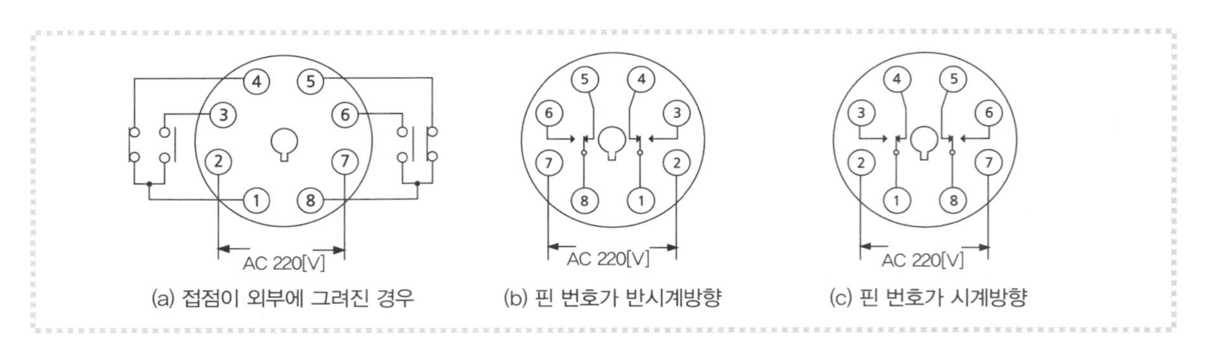

(a) 접점이 외부에 그려진 경우 (b) 핀 번호가 반시계방향 (c) 핀 번호가 시계방향

5 8핀 릴레이의 전원단자와 접점

8핀 릴레이는 c접점이 2세트 내장되어 있다.

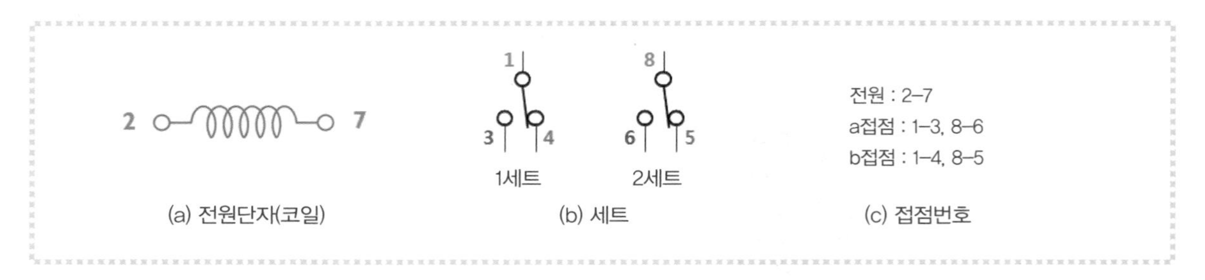

(a) 전원단자(코일) (b) 세트 (c) 접점번호

2 8핀 릴레이 접점이 1개 사용된 경우

1 a접점이 1개 사용된 경우

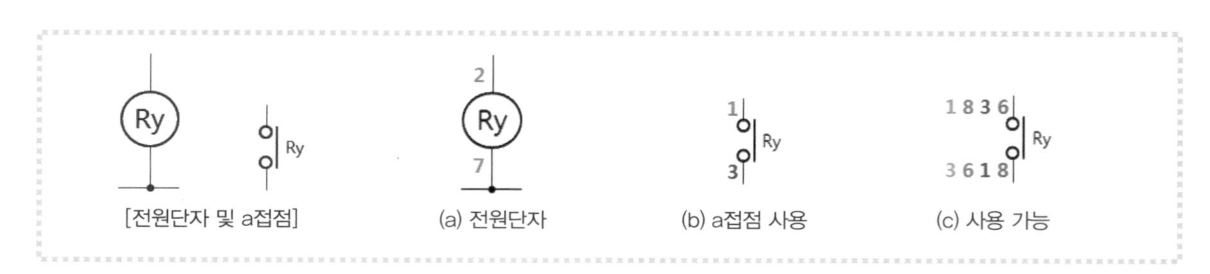

[전원단자 및 a접점] (a) 전원단자 (b) a접점 사용 (c) 사용 가능

(1) 전원단자는 2-7번을 사용한다. 교류전원을 사용하는 모든 계전기의 전원단자는 번호를 바꾸어 사용 가능하지만 이 교재에서는 낮은 번호를 위쪽에 기입한다(7-2번 가능).

(2) a접점은 첫 번째 세트의 1-3번을 사용한다. 이 교재에서는 공통단자 번호를 위쪽에 기입하는 것을 원칙으로 한다.

(3) 접점이 단독으로 사용되는 경우 접점의 위 · 아래를 바꾸어 사용하면 결선 시 편리한 경우가 있다.

② b접점이 1개 사용된 경우

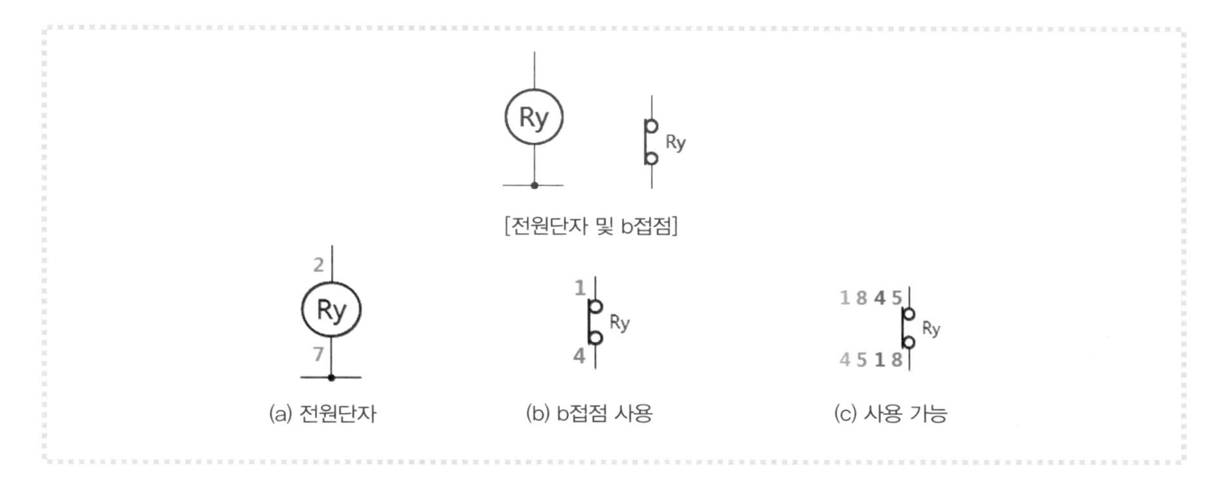

(1) 전원단자는 2-7번을 사용한다.

(2) b접점은 첫 번째 세트의 1-4번을 사용한다.

(3) 접점이 단독으로 사용되는 경우 접점의 위 · 아래를 바꾸어 사용해도 된다.

③ 릴레이의 a접점이 1개 사용된 회로

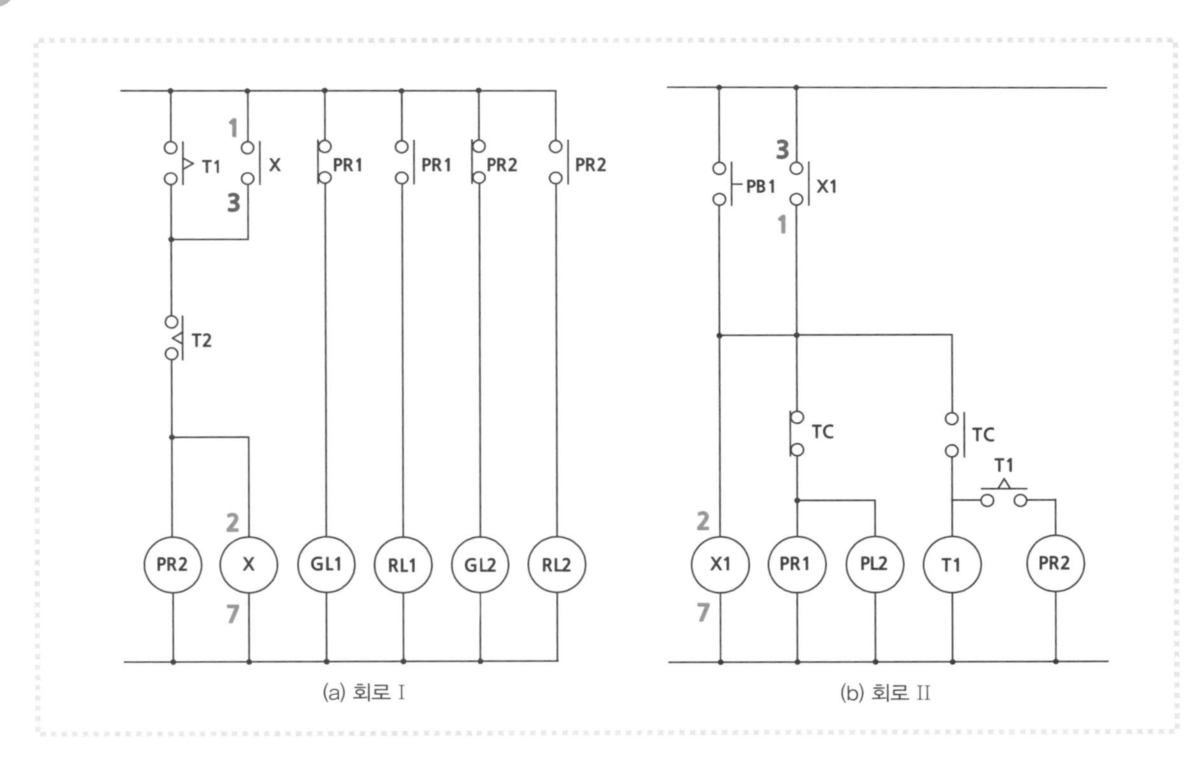

(1) 회로 I에서 릴레이의 기호는 X를 사용했으며 전원단자는 2-7번, a접점은 1-3번을 사용한다.

(2) 회로 II에서 릴레이의 기호는 X1을 사용했고 a접점은 3-1번을 사용했다. 접점번호를 바꾸어 사용하면 단자 연결이 편리한 경우가 있다.

3 8핀 릴레이 접점이 2개 사용된 경우

1 a접점이 2개가 사용된 경우

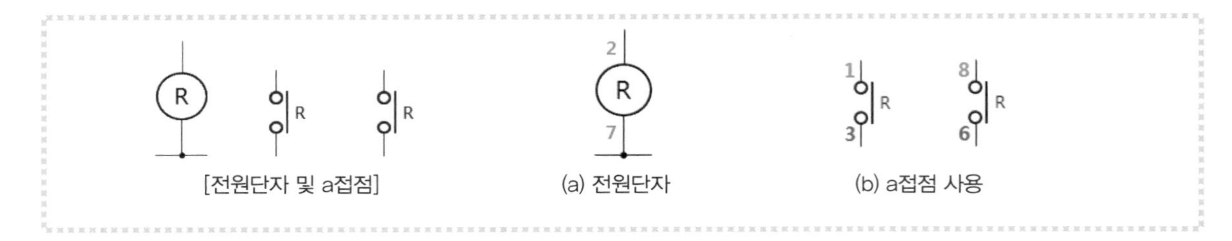

[전원단자 및 a접점] (a) 전원단자 (b) a접점 사용

(1) 릴레이의 전원단자는 2−7번을 사용한다.

(2) 첫 번째 a접점은 1−3번, 두 번째 a접점은 8−6을 사용한다. 두 접점 모두 접점번호를 바꾸어 사용이 가능하다.

(3) 한번 사용한 접점은 다시 사용할 수 없다.

2 b접점이 2개가 사용된 경우

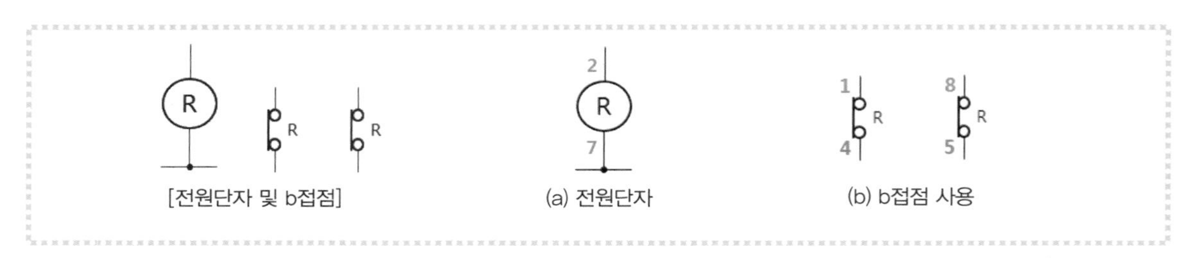

[전원단자 및 b접점] (a) 전원단자 (b) b접점 사용

(1) 릴레이의 전원단자는 2−7번을 사용한다.

(2) 첫 번째 b접점은 1−4번, 두 번째 b접점은 8−5를 사용한다. 두 접점 모두 접점번호를 바꾸어 사용이 가능하다.

(3) 한번 사용한 접점은 다시 사용할 수 없다.

3 a · b접점 2개가 섞여서 사용된 경우

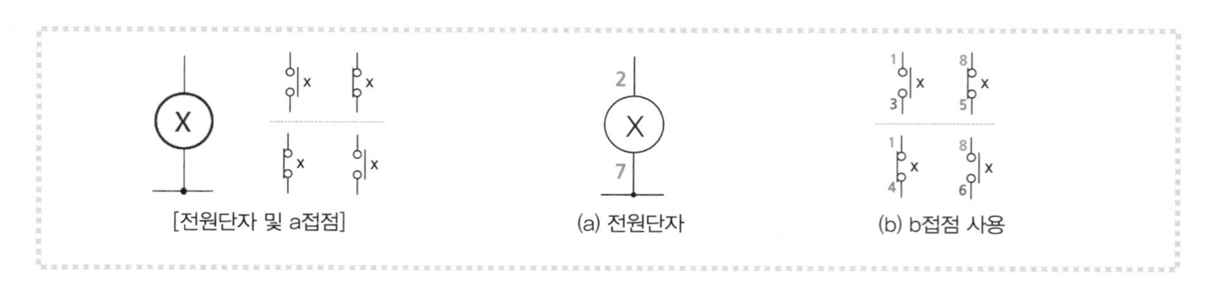

[전원단자 및 a접점] (a) 전원단자 (b) b접점 사용

(1) 릴레이 X의 전원단자는 2−7번을 사용한다.

(2) 앞에 있는 접점은 첫 번째 세트의 접점을 사용하고, 뒤에 있는 것은 두 번째 세트의 접점을 사용하면 된다.

4 릴레이 a · b접점이 2개 사용된 회로

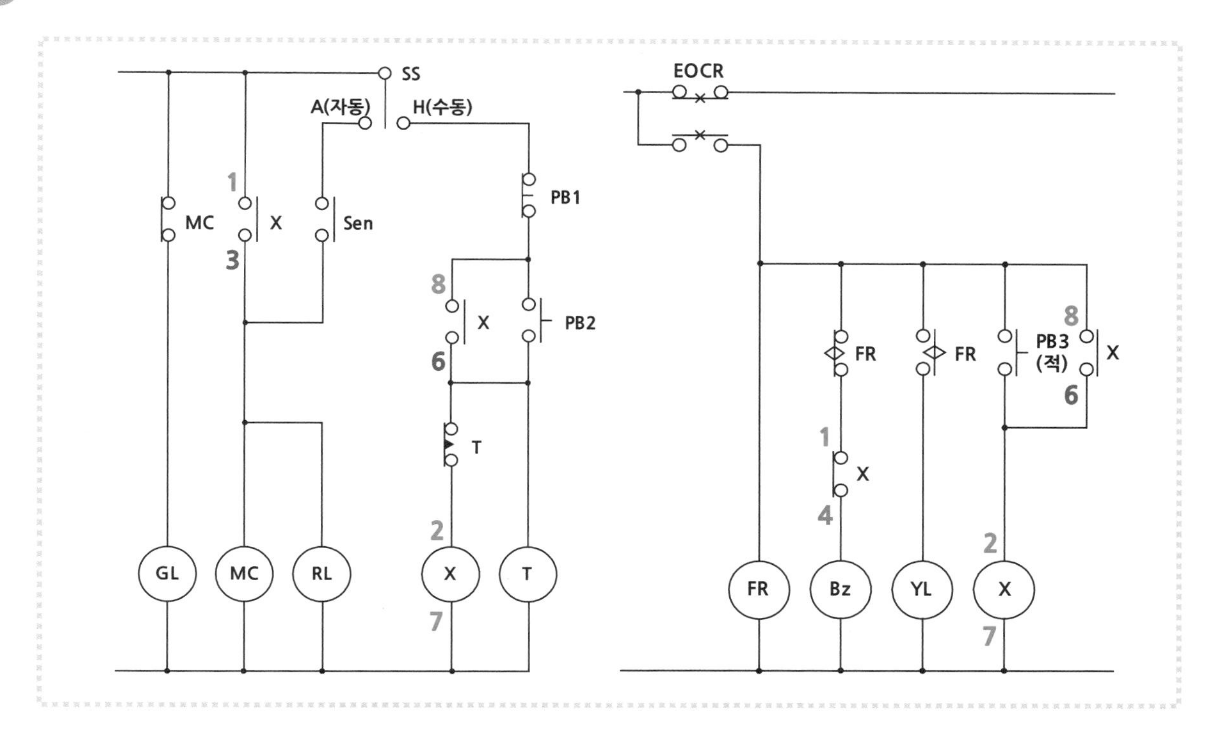

5 릴레이 a · b접점이 연결된 회로

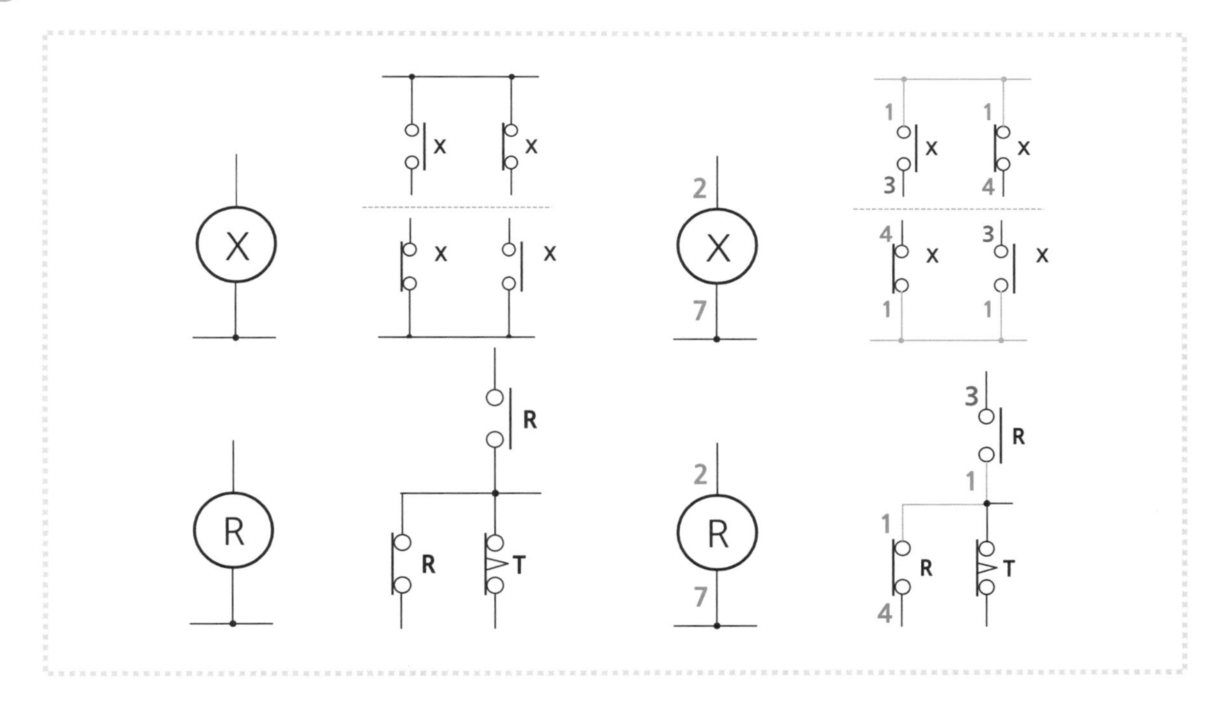

(1) a · b접점이 하나의 선에 연결되어 사용된 경우에는 한 세트의 c접점을 사용하는 것이 편리하다.

(2) 공통단자를 사용하는 접점번호는 위 · 아래를 바꾸어 사용하면 오동작을 일으킨다.

4 8핀 릴레이 접점이 3개 이상 사용된 경우

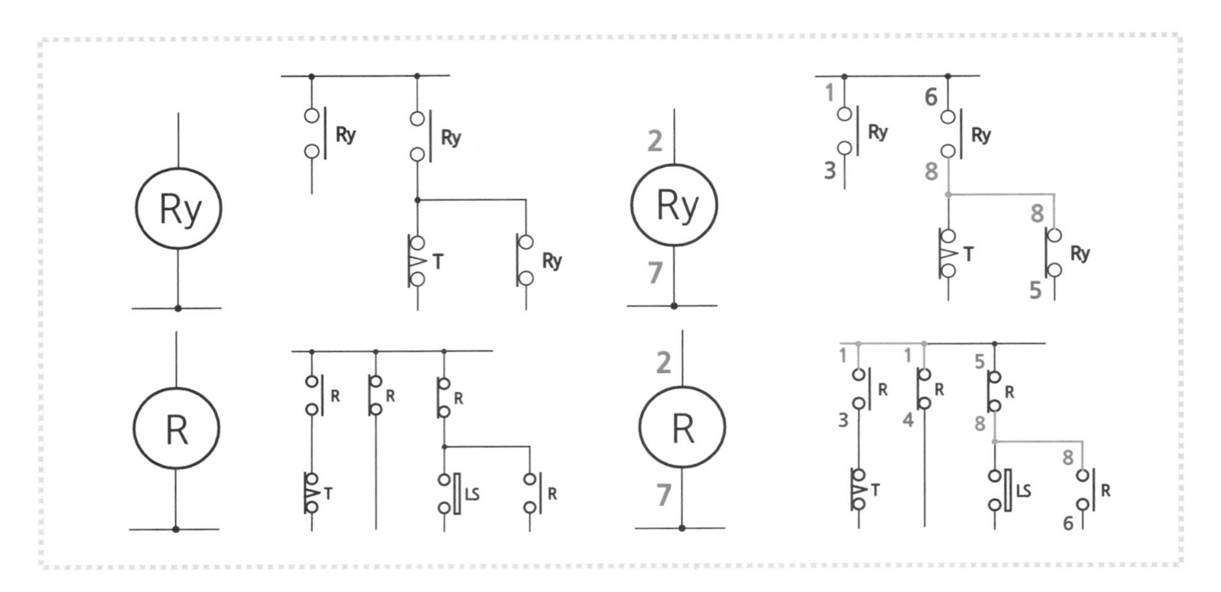

(1) 8핀 릴레이는 2세트의 c접점이 있으므로 공통선을 잘 확인하여 접점번호를 부여해야 한다.

(2) 아래 회로는 릴레이가 2개 사용되면서 3개의 접점이 사용된 회로이다.

(3) 공통단자(8번)가 사용된 접점번호는 바꿔 사용하면 오동작을 일으킨다.

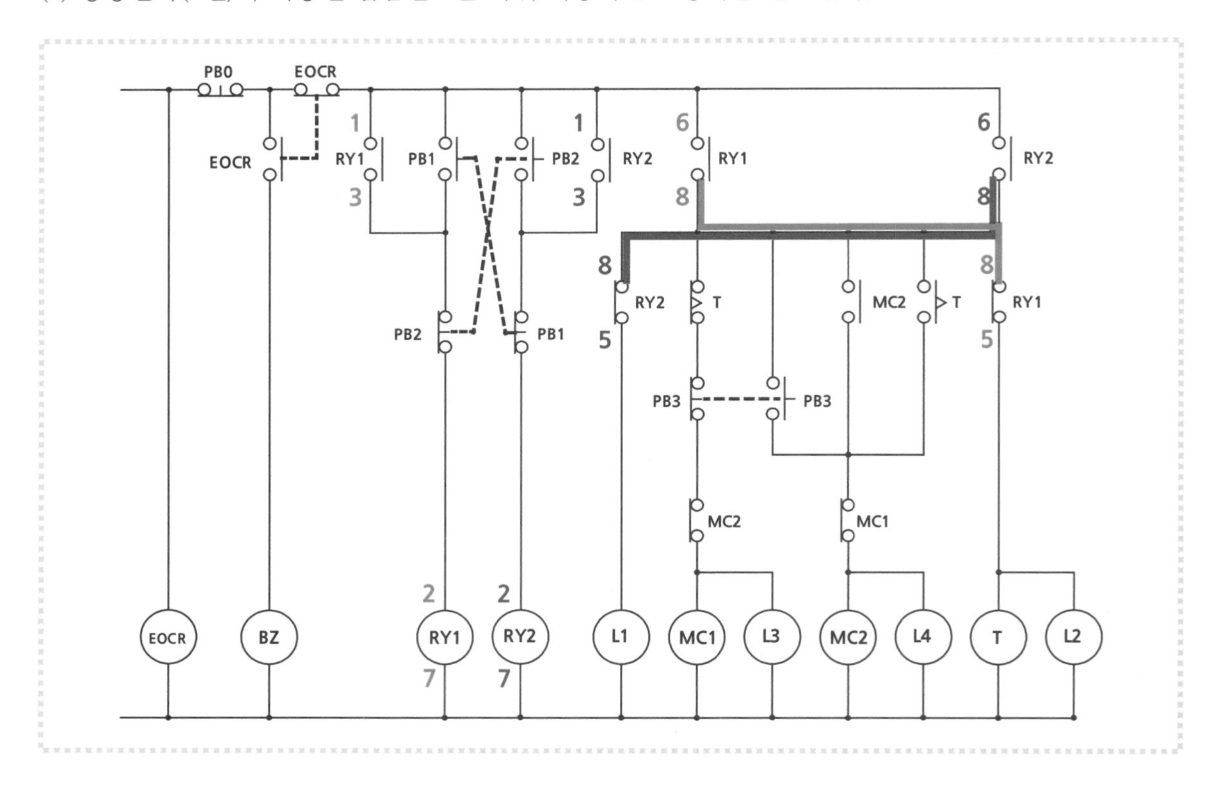

5 11핀 릴레이가 사용된 경우

1 11핀 릴레이

(1) 11핀 릴레이는 3세트의 c접점이 내장되어 있다.

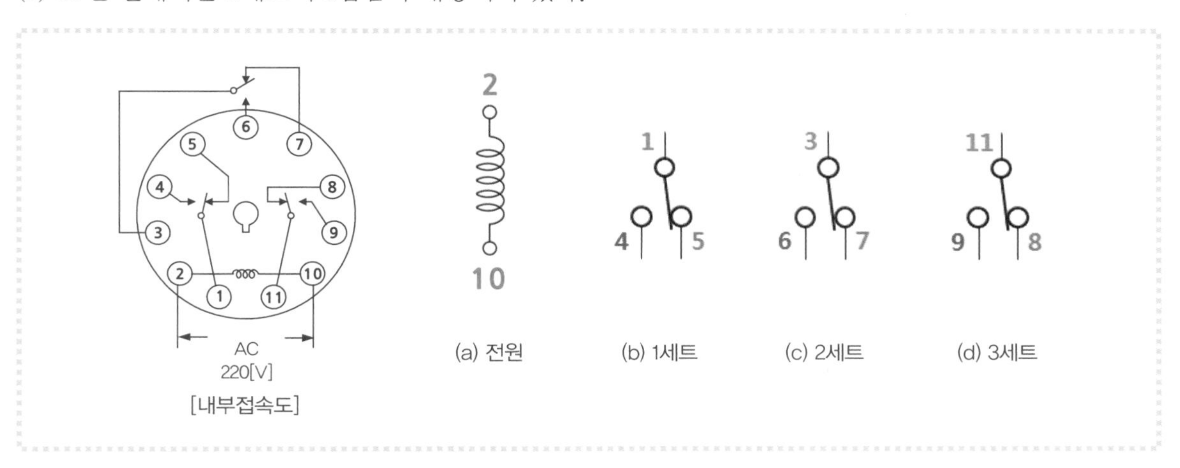

(2) 3세트의 접점 중 앞쪽부터 차례로 a접점, a접점, b접점을 사용한다.

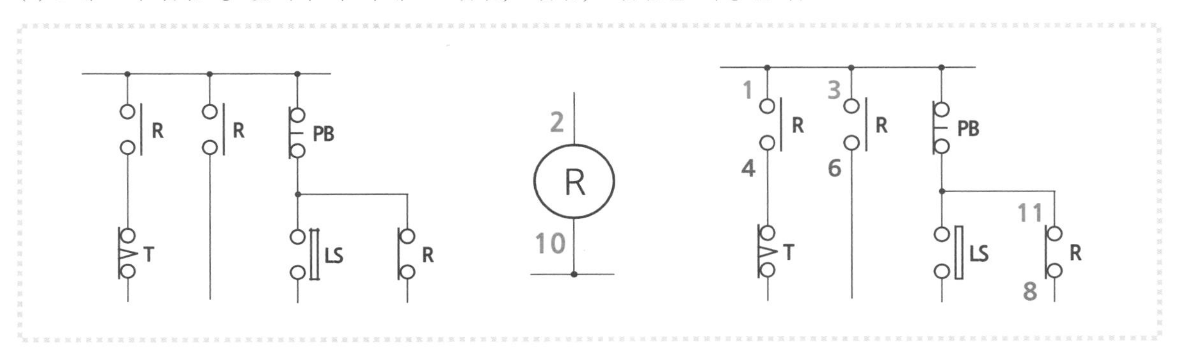

(3) 오른쪽 끝부분에 a접점과 b접점이 연결된 곳이 있으므로 이곳에 c접점을 사용한다.

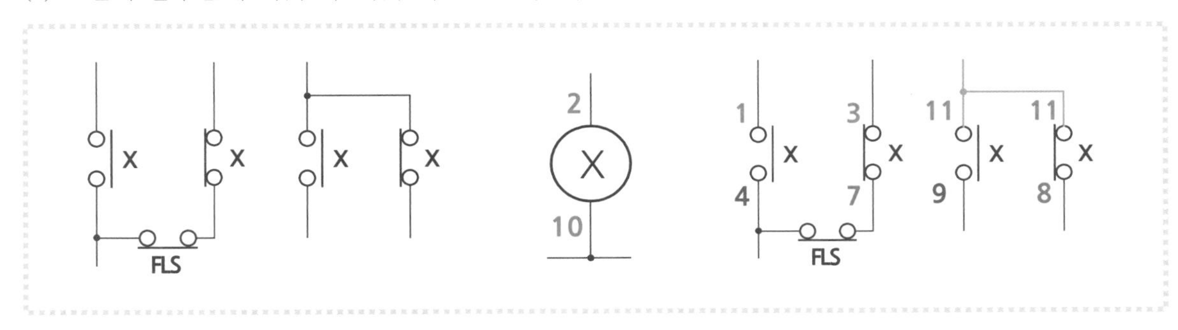

② 11핀 릴레이를 사용한 회로

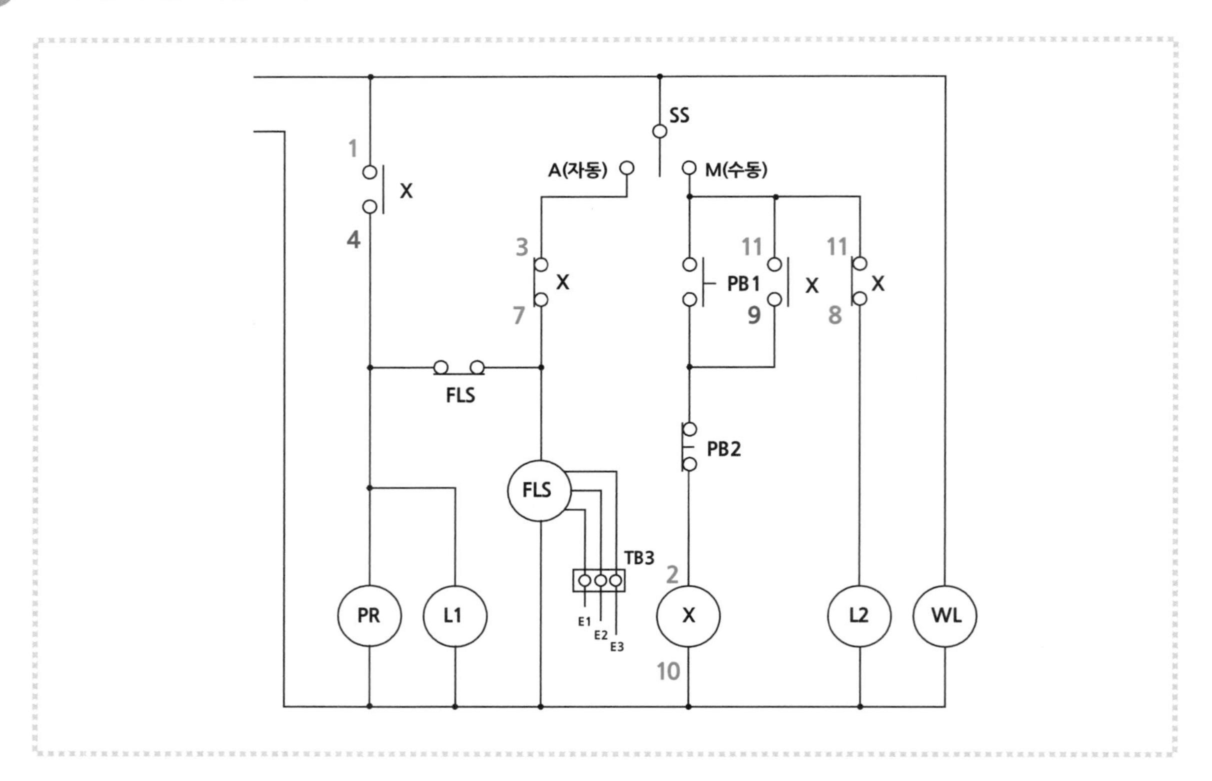

(1) 공통단자가 사용될 부분을 잘 확인해야 한다.

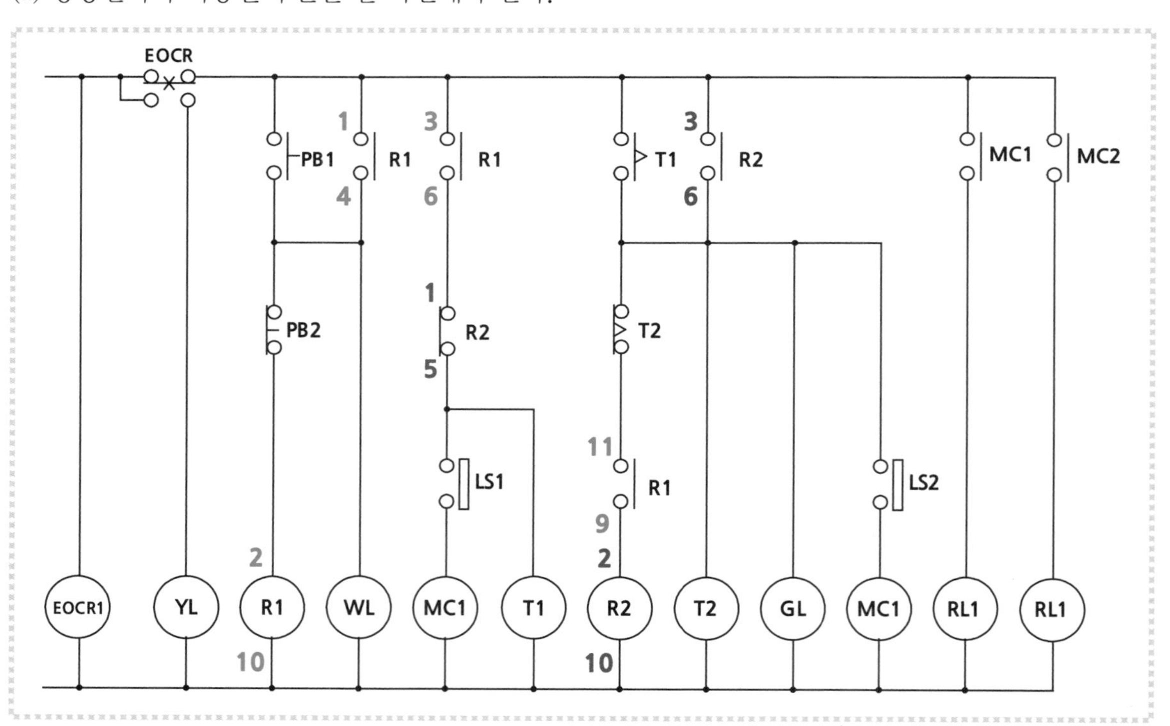

(2) 릴레이 2개를 사용한 회로로 R1은 3개 모두 a접점을, R2는 b접점과 a접점을 사용했다.

6 14핀 릴레이가 사용된 경우

① 14핀 릴레이

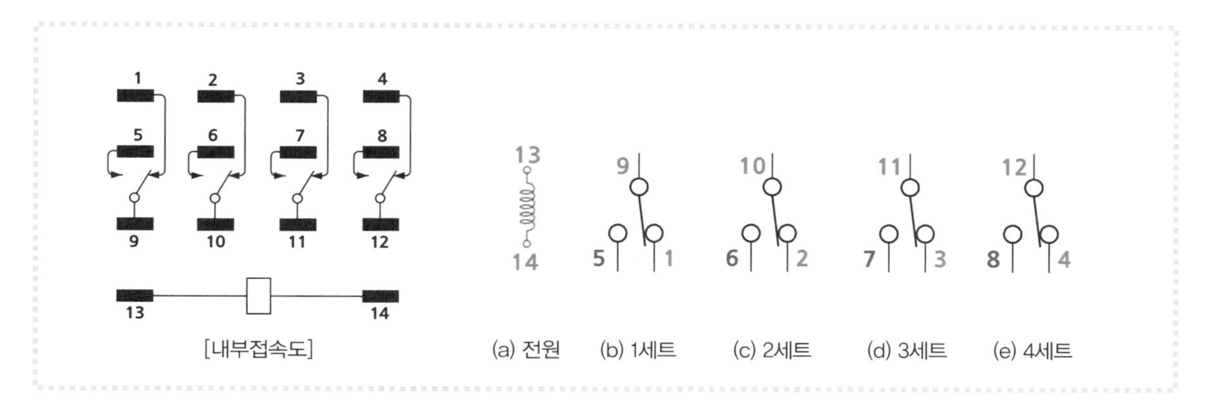

[내부접속도]

(a) 전원 (b) 1세트 (c) 2세트 (d) 3세트 (e) 4세트

전원단자는 13－14번이며, 14핀 릴레이는 4세트의 c접점이 내장되어 있다.

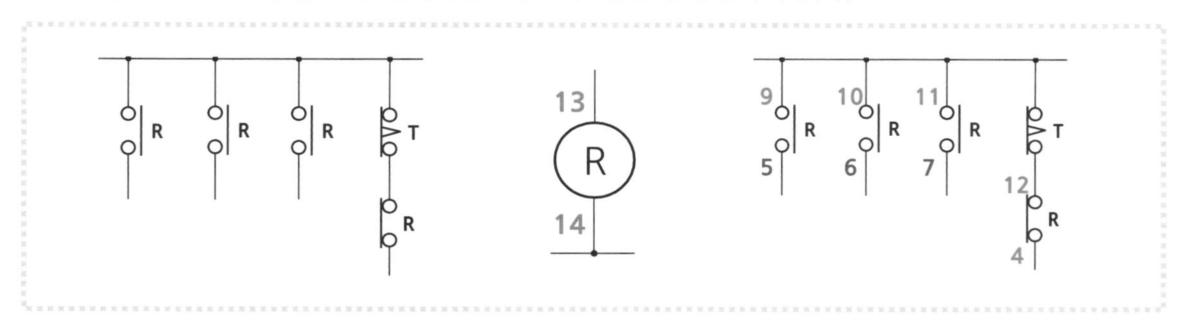

② 14핀 릴레이가 사용된 회로

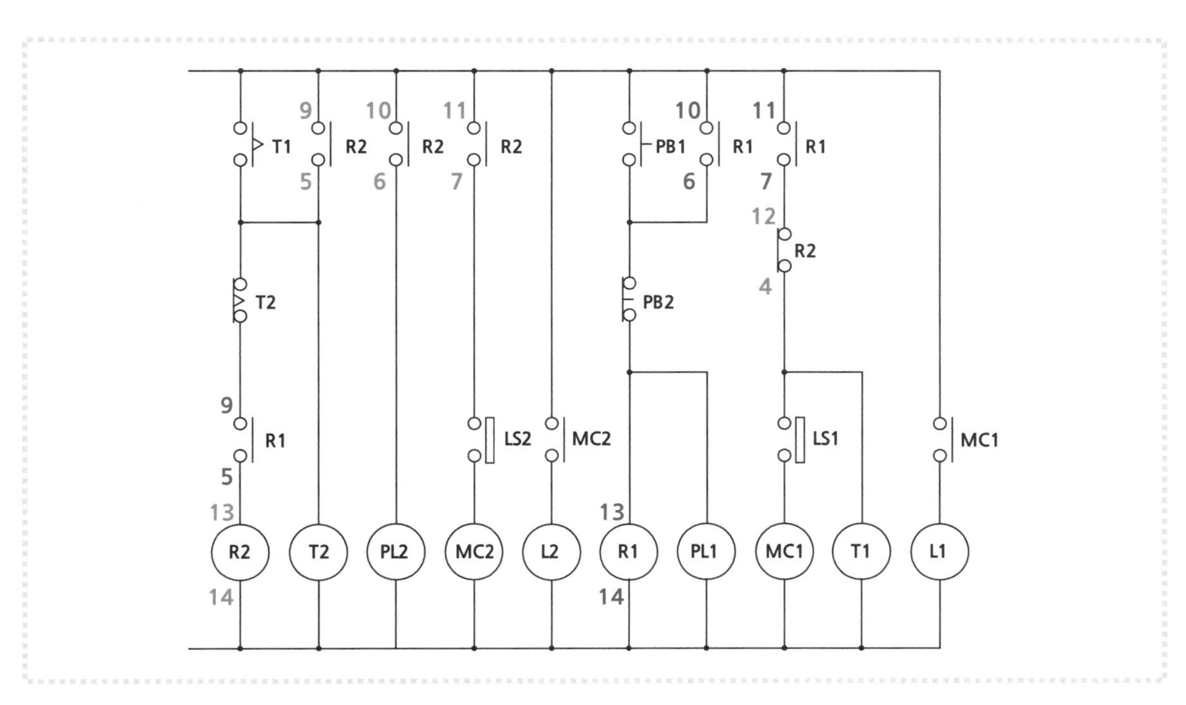

자/세/히/알/아/보/기

c접점 제대로 사용하기

c접점의 공통단자와 접점 사용(8핀 릴레이의 경우)

(1) 대부분의 계전기는 c접점의 형태로 접점이 1~4개 내장되어 있다.
(2) 하나의 a접점이 사용된 경우에는 1-3번 단자를 사용한다.
(3) 하나의 b접점이 사용된 경우에는 1-4번 단자를 사용한다.
(4) 접점이 단독으로 사용된 경우에는 위 · 아래의 번호를 바꾸어 사용해도 된다.

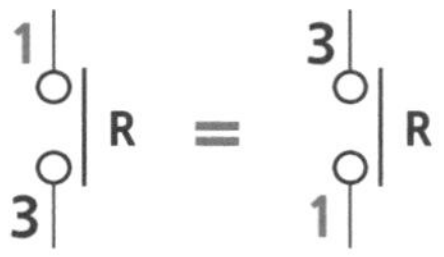

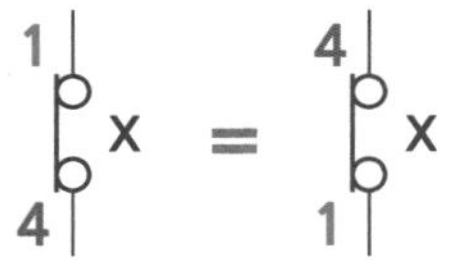

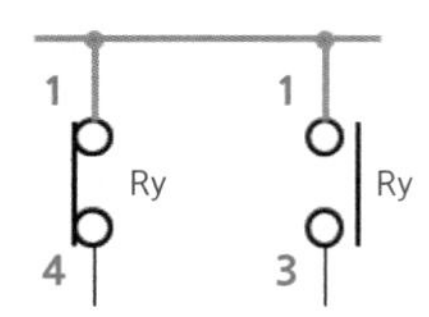

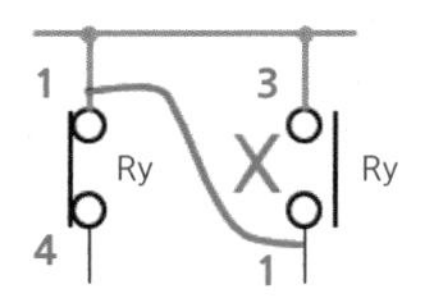

(5) 공통단자를 사용한 곳에서는 번호를 바꾸어 사용할 수 없다.
1번 단자가 연결되어 있어 릴레이 a접점이 동작된 것과 같은 결과가 된다.

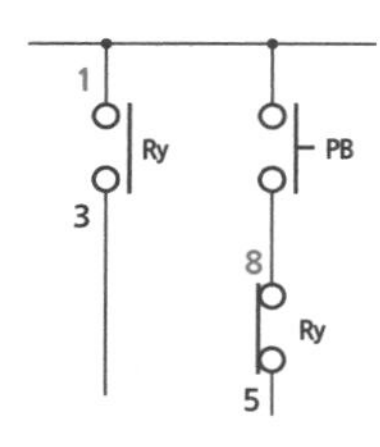

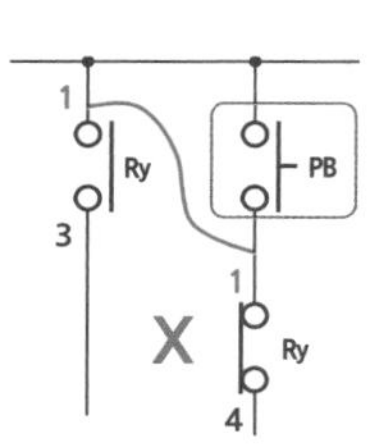

(6) a · b접점이 떨어져 있는 경우에는 다른 세트의 접점을 사용해야 한다.
1번 단자가 연결되어 있어 푸시버튼 스위치가 동작된 것과 같은 결과가 된다.

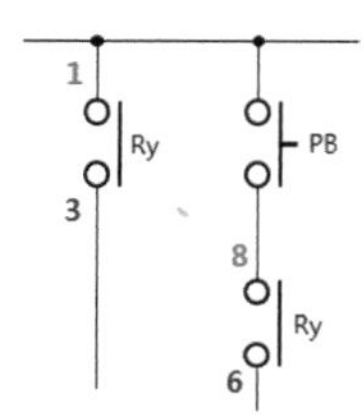

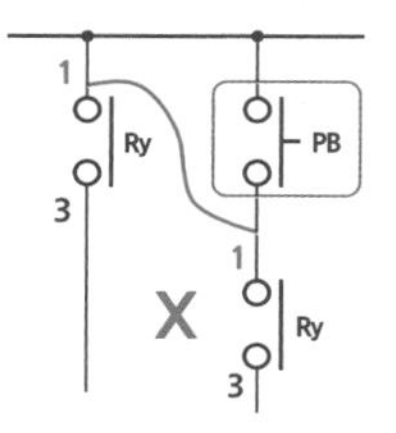

(7) 한번 사용한 접점은 다시 사용할 수 없다.
1번 단자가 연결되어 푸시버튼 스위치가 동작된 것과 같은 결과가 된다.

SECTION

05 계전기 접점번호 부여

1 전자식 과전류계전기(EOCR)

설정된 전류값 이상의 과전류가 흘렀을 때 EOCR 접점이 동작하여 회로를 차단시켜 보호하는 역할을 하는 계전기이다.

❶ EOCR 계전기의 구조

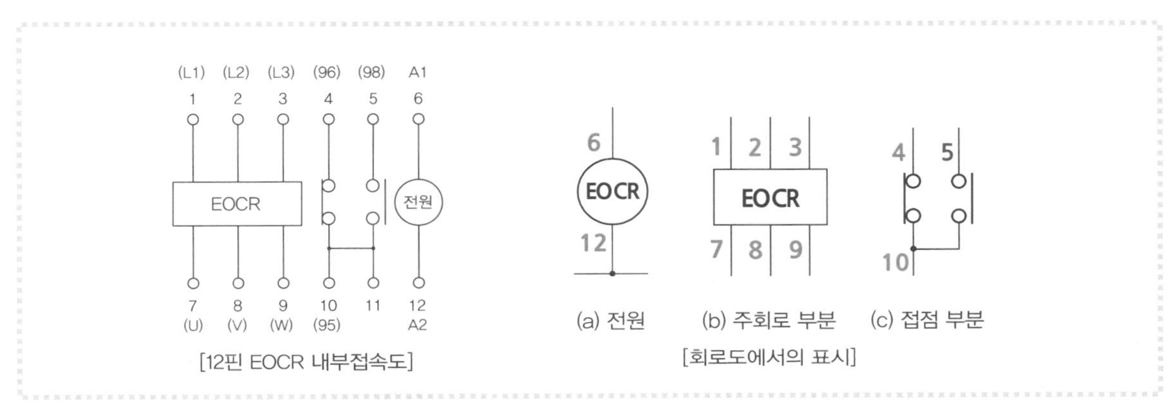

[12핀 EOCR 내부접속도]

[회로도에서의 표시]

(1) EOCR은 1차측과 2차측은 접점으로 되어 있지 않고 직접 연결되어 있으며 내부에 CT가 내장되어 있어 회로에 흐르는 전류를 측정한다.

(2) 회로에 과전류가 흐르면 접점부를 동작시켜 제어회로를 차단하게 된다.

(3) EOCR 접점부의 10번과 11번 단자는 내부에서 접속되어 있어 10번 단자를 공통단자로 사용하면 된다.

❷ EOCR 접점부 여러 가지 표시방법

(a) 도면에서의 접점표시

(b) 올바른 접점번호

(1) EOCR 접점은 회로에 따라 여러 가지 방법으로 표시하므로 접점 사용에 주의해야 한다.

(2) b접점은 10–4번 단자를 사용하고, a접점은 10–5번 단자를 사용한다.

(3) 가동접점의 ×표시는 강제로 접점을 동작시킬 수 있다는 표시이다(TEST 버튼을 눌러 접점을 강제로 동작시킬 수 있다. 동작시험 시 이 버튼을 사용).

(4) 접점이 2개로 나누어 사용된 경우 공통단자를 잘 확인하여 사용한다.

(5) 점선으로 표시한 부분은 EOCR이 동작되었을 때 a접점이 붙는다는 뜻이다.

3 EOCR이 1개 사용된 회로

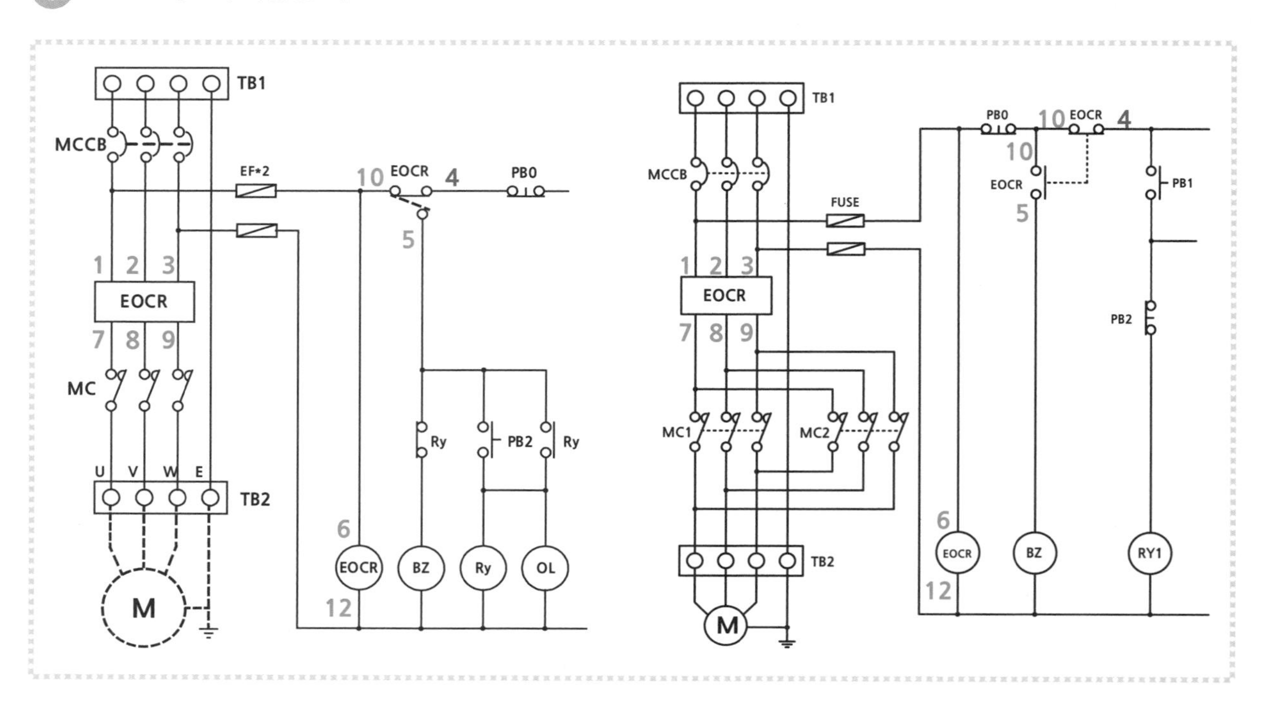

4 EOCR이 2개 사용된 경우

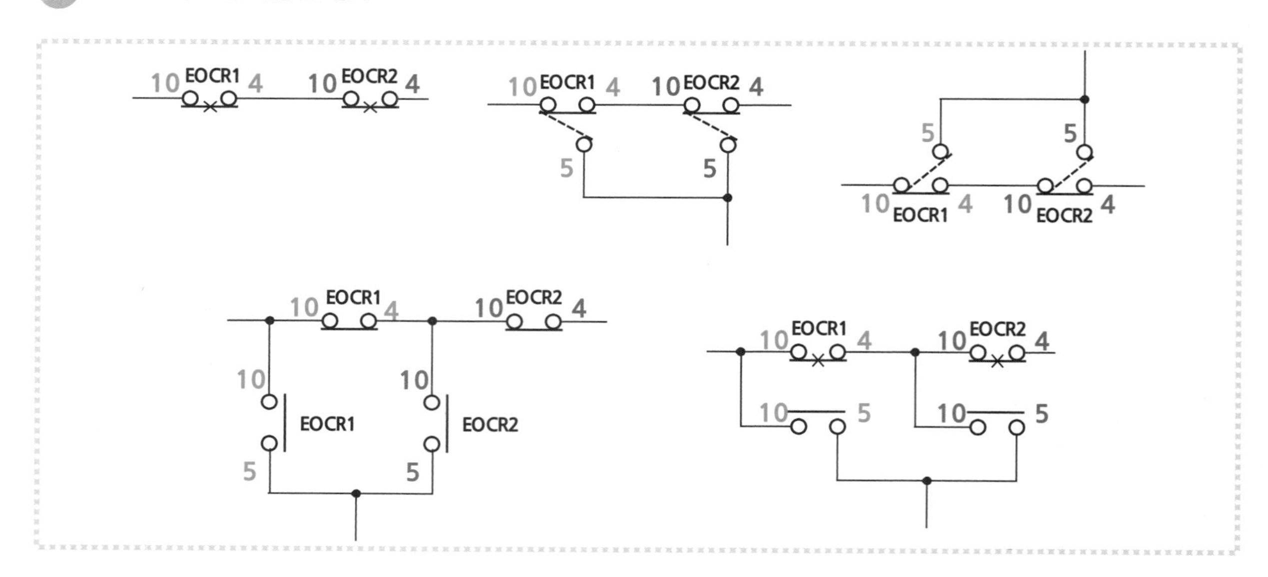

5 EOCR이 2개 사용된 회로

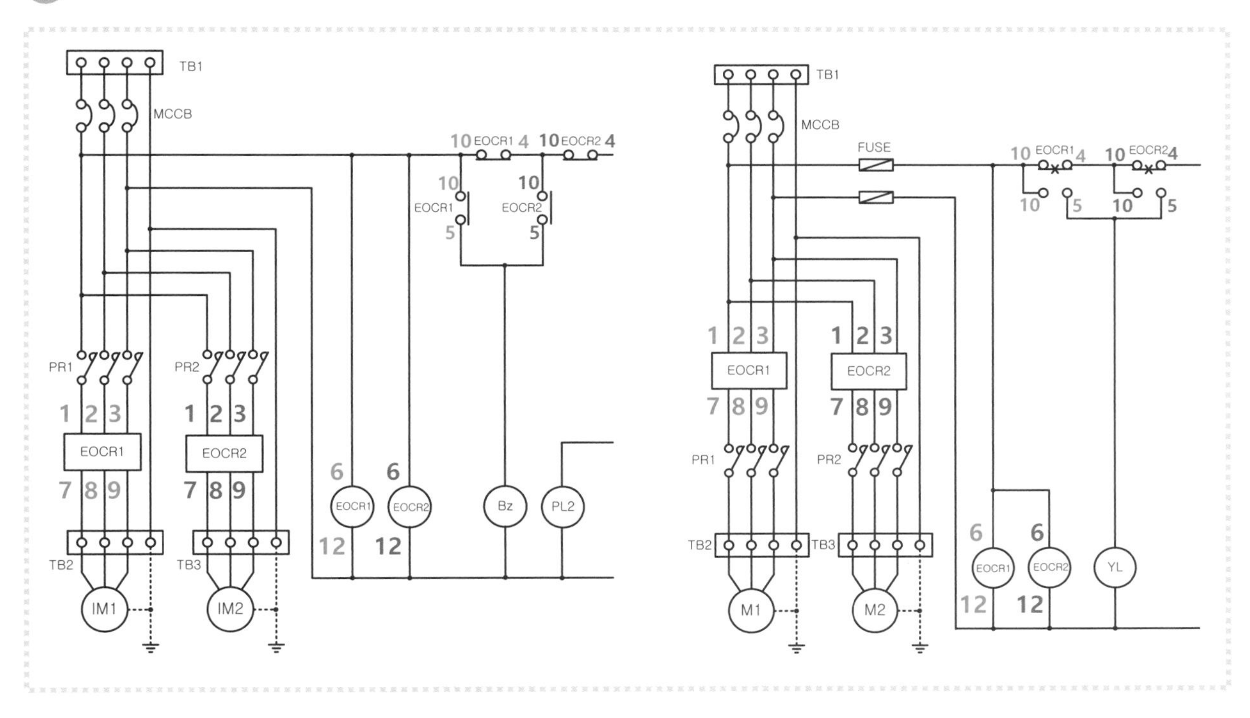

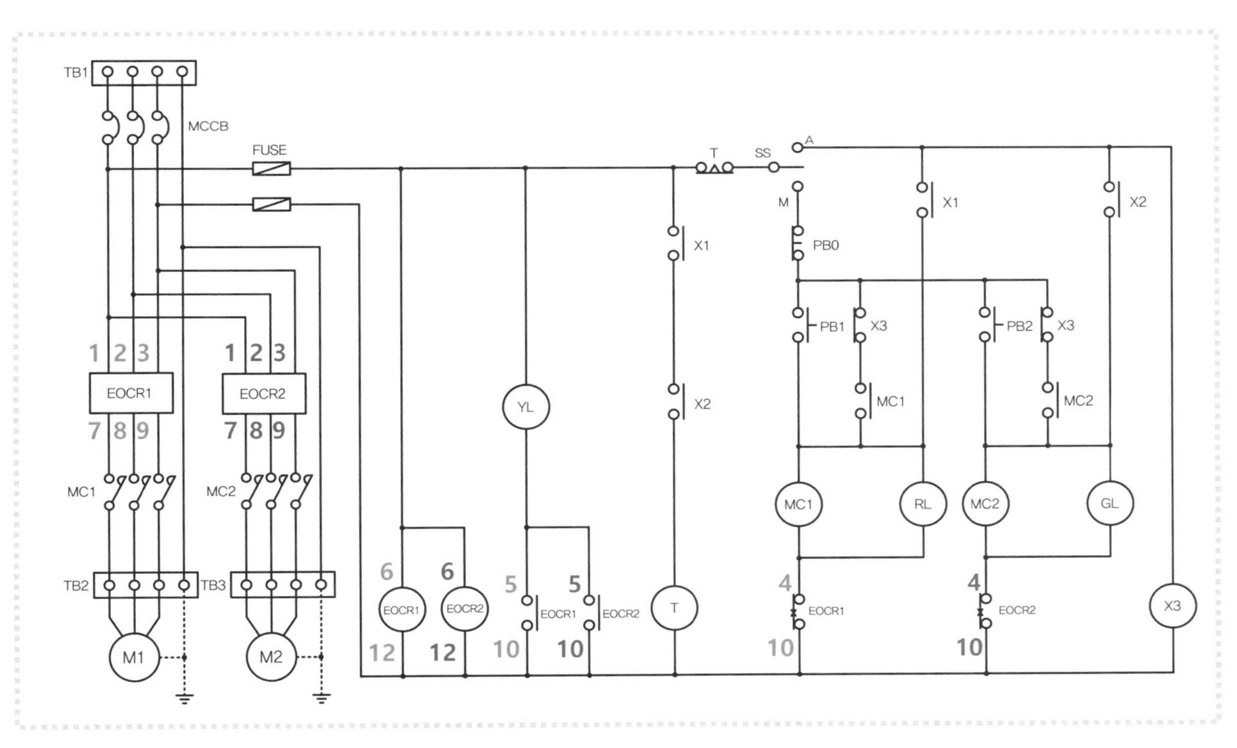

EOCR 접점이 제어회로의 아래쪽에 있으면서 멀리 떨어져 있는 경우도 있다. 공통단자는 아래쪽 모선에 있다.

2 전자접촉기(MC, PR)

전자석의 흡인력을 이용한 전자계전기의 일종으로, 전동기의 빈번한 시동, 정지회로에 사용하는 계전기로 MC 또는 PR 기호를 사용한다.

1 전자접촉기의 구조

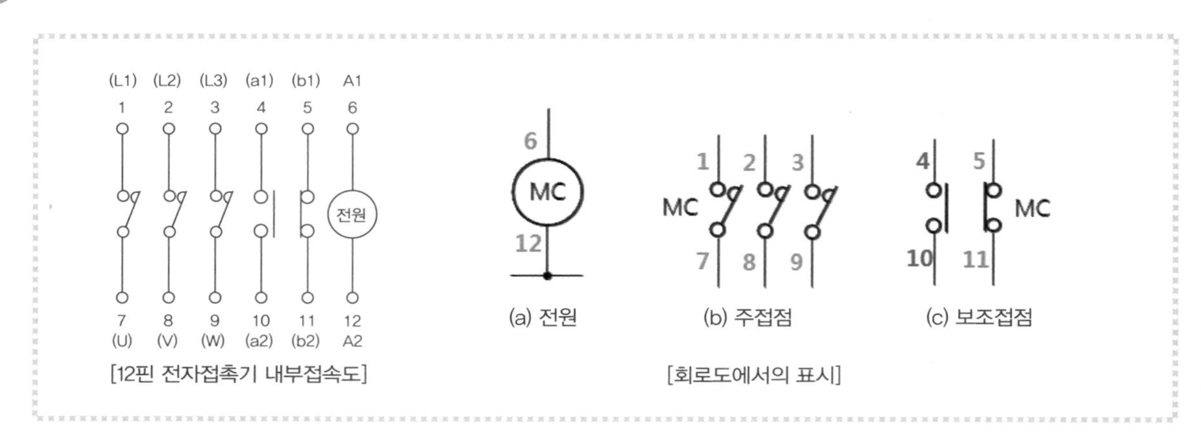

[12핀 전자접촉기 내부접속도]

(a) 전원 (b) 주접점 (c) 보조접점

[회로도에서의 표시]

(1) 주접점은 전류용량이 큰 접점으로, 전동기가 연결되는 주회로에 사용한다.

(2) 보조접점은 제어회로에 사용한다.

2 전자접촉기 2개 사용한 회로

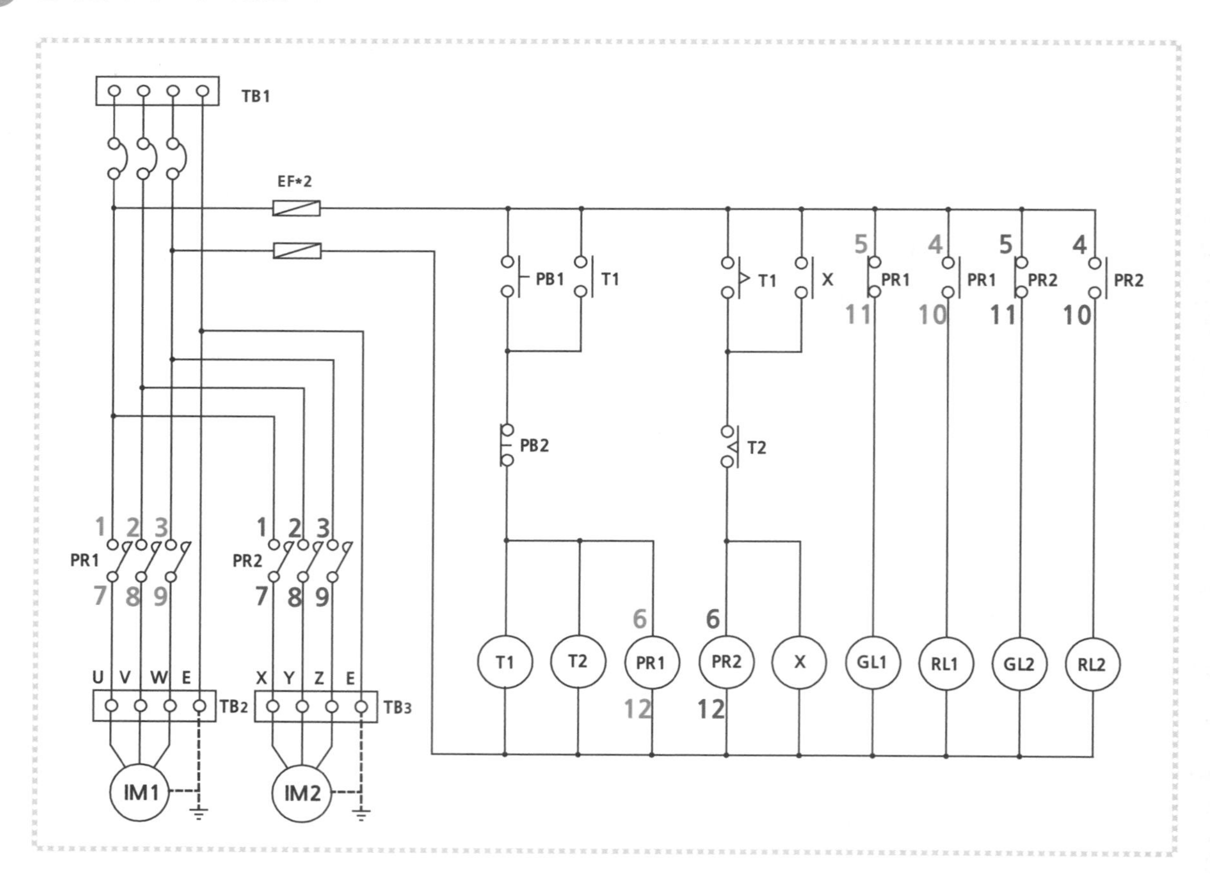

3 플리커 릴레이(FR)

설정된 시간 간격으로 점멸되는 기능을 가진 계전기로, 버저와 표시등을 조합하여 경보를 표시하는 회로에 사용된다.

1 플리커 릴레이의 구조

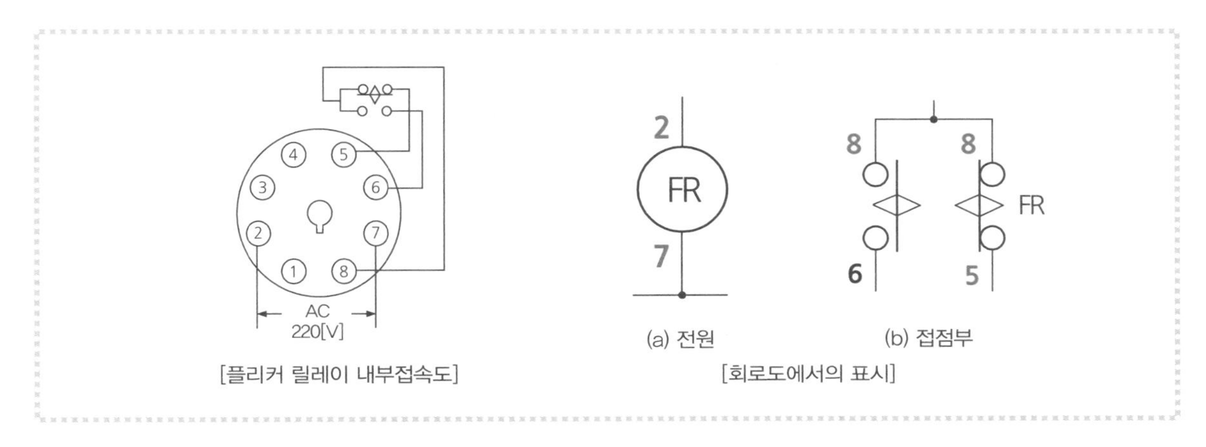

[플리커 릴레이 내부접속도]

(a) 전원 (b) 접점부

[회로도에서의 표시]

2 플리커 릴레이가 사용된 회로

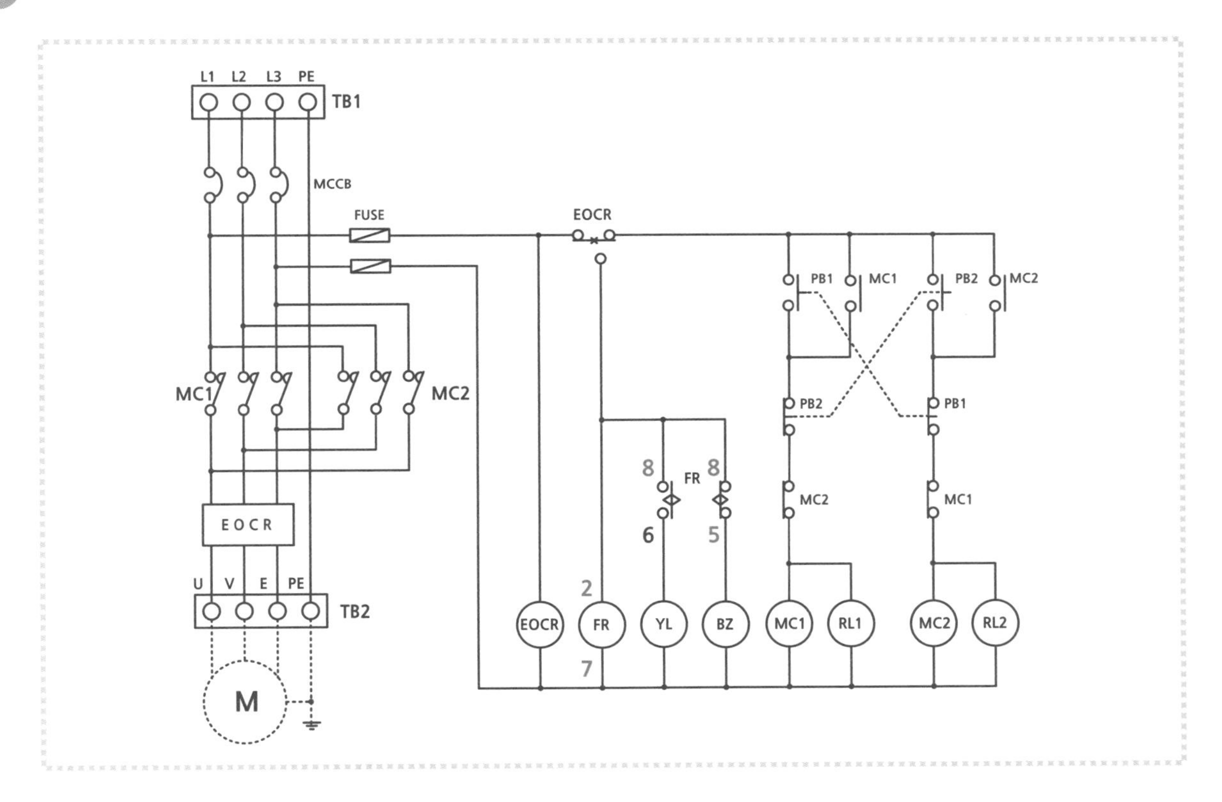

(1) FR은 주로 EOCR이 동작되었을 때 경보를 표시하기 위해 사용한다.

(2) 버저(BZ)와 표시등(YL)이 번갈아 가면서 동작한다.

(3) 위 회로에서는 버저가 먼저 울린다.

4 타이머(T)

미리 설정된 시간이 경과한 후 접점이 동작되는 계전기이다.

1 On delay 타이머(한시동작 순시복귀 타이머)의 구조

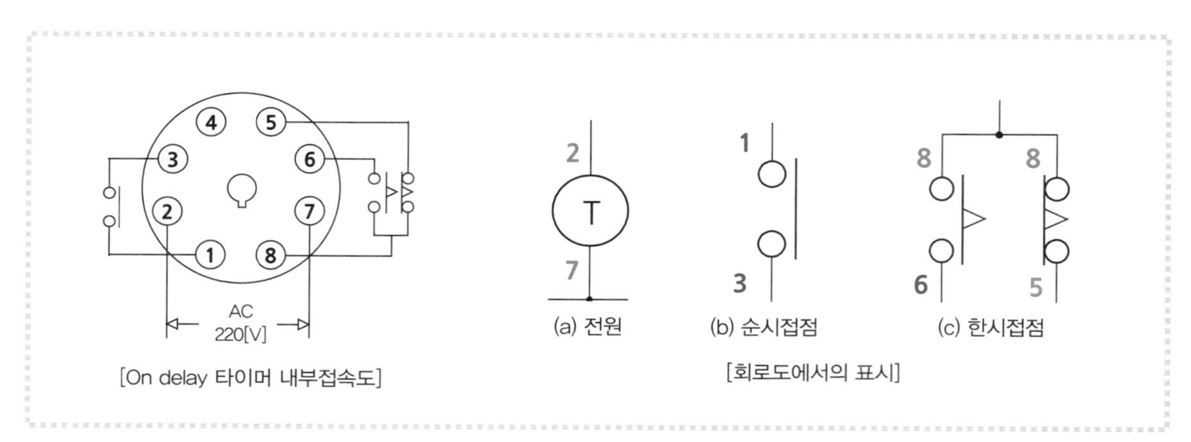

[On delay 타이머 내부접속도]

(a) 전원 (b) 순시접점 (c) 한시접점

[회로도에서의 표시]

(1) 타이머가 여자되면 순시접점 1−3은 순간적으로 동작되고, 한시접점은 설정시간이 경과된 후 동작된다.
(2) 타이머가 소자되면 모든 접점이 순식간에 복귀된다.
(3) 순시접점은 자기유지회로에 사용한다.
(4) c접점이 2세트 내장되어 있는 타이머도 있다.
(5) On delay 타이머 접점은 가동접점의 오른쪽에 삼각형 모양이 그려져 있다.

2 Off delay 타이머(순시동작 한시복귀 타이머)의 구조

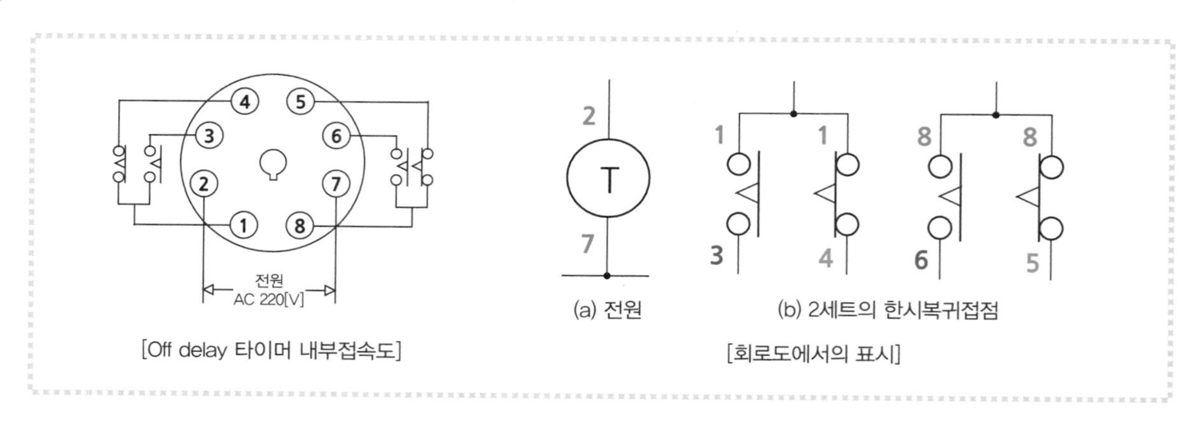

[Off delay 타이머 내부접속도]

(a) 전원 (b) 2세트의 한시복귀접점

[회로도에서의 표시]

(1) 타이머가 여자되면 타이머의 접점은 순간적으로 동작된다(릴레이 접점처럼).
(2) 타이머가 소자되면 접점이 바로 복귀되는 것이 아니라 타이머에 설정된 시간이 경과한 후 접점이 복귀된다.
(3) Off delay 타이머는 2세트의 c접점이 내장되어 있다.
(4) Off delay 타이머 접점은 가동접점의 왼쪽에 삼각형 모양이 그려져 있다.

③ On delay 타이머 사용 회로

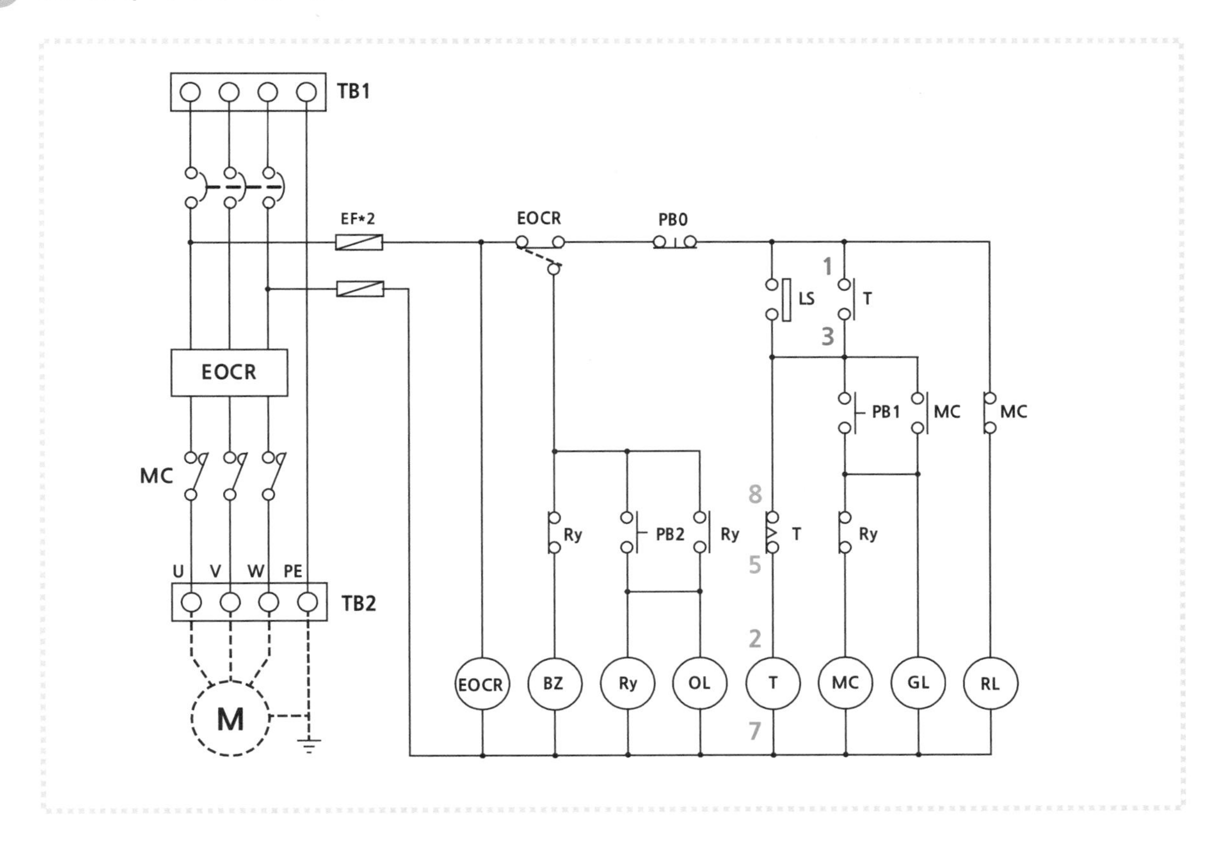

④ On delay 타이머, Off delay 타이머 사용 회로

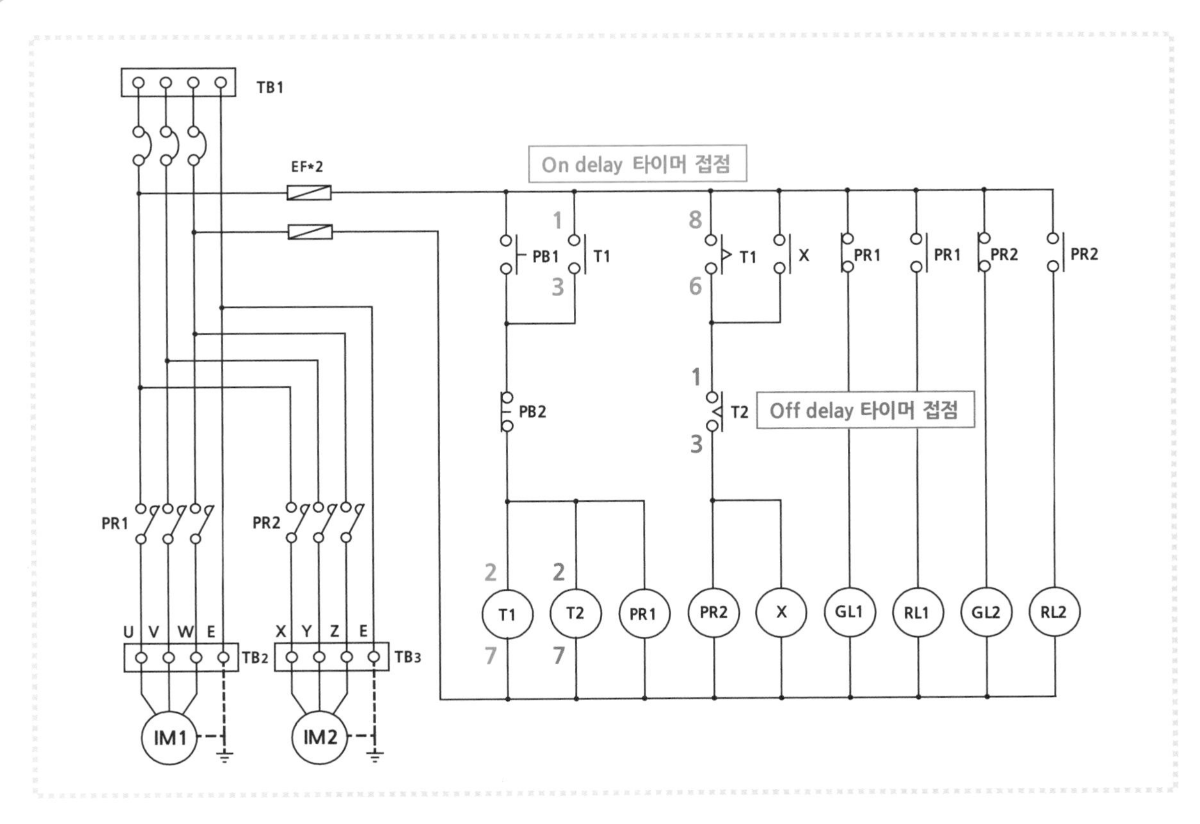

5 플로트레스 스위치(FLS)

급수, 배수 등 액면제어에 사용하는 계전기이다.

1 플로트레스 스위치의 구조

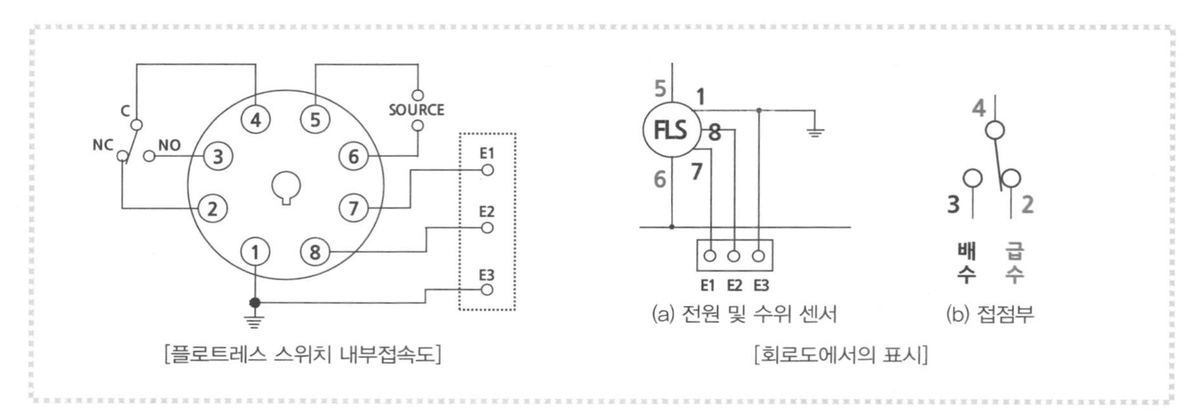

[플로트레스 스위치 내부접속도] [회로도에서의 표시]

(1) 접점은 E1과 E2 위치에서 동작한다.

(2) 수위감지를 위한 센서봉은 오른쪽 그림과 같이 설치한다.

(3) b접점은 급수설비에 사용하고, a접점은 배수설비에 사용한다.

(4) E3는 반드시 접지해야 한다.

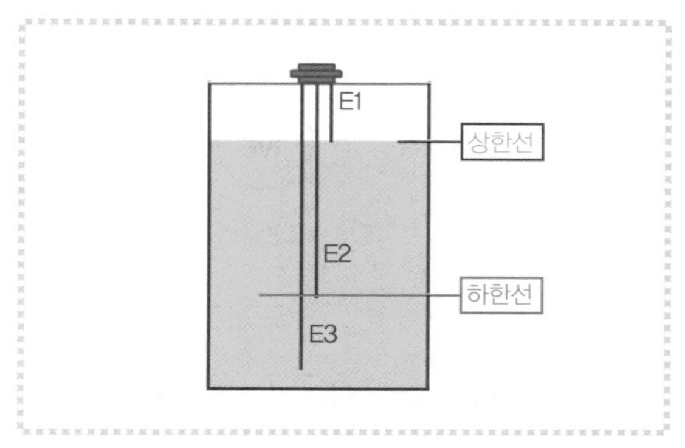

2 플로트레스 스위치가 사용된 회로

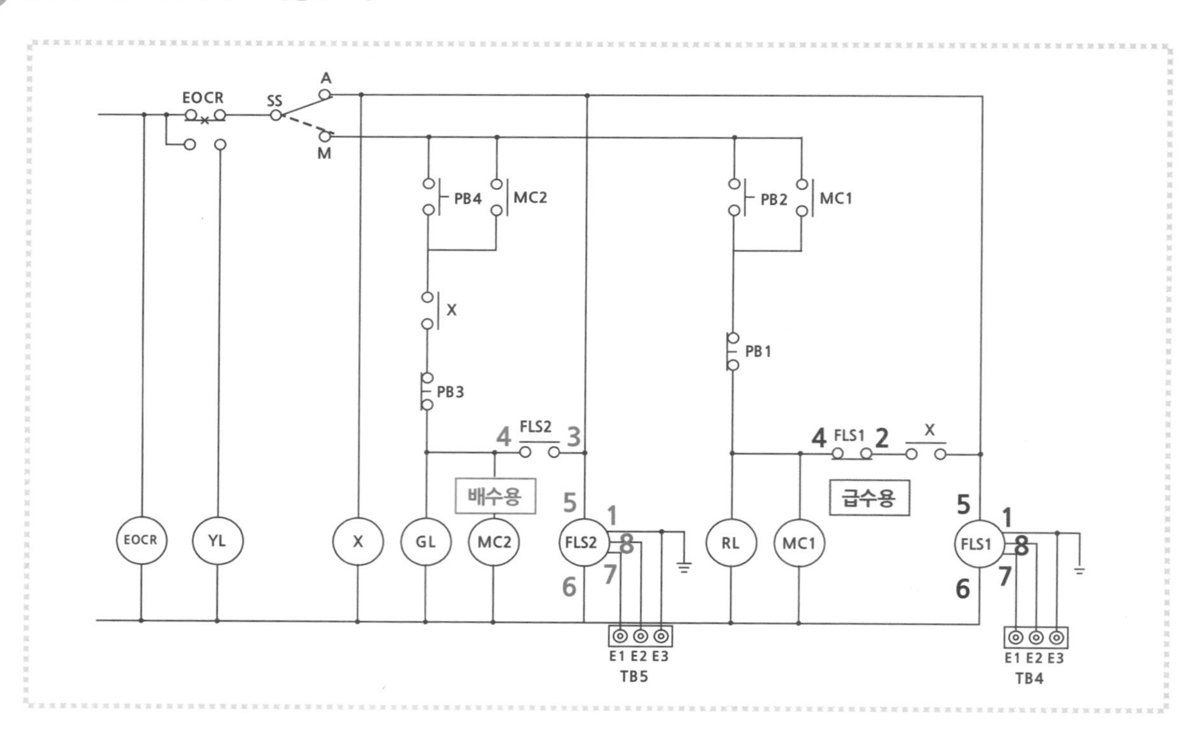

6 온도조절기(TC)

계전기에 설정된 온도에 도달하면 접점이 동작되는 계전기로, 필요 이상으로 온도가 올라가는 것을 방지할 목적으로 사용한다.

1 온도조절기의 구조

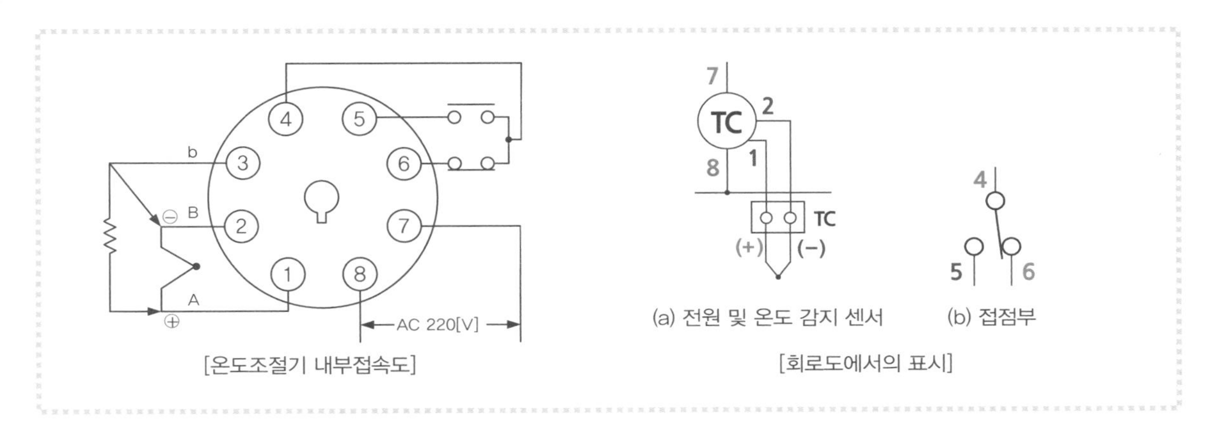

[온도조절기 내부접속도]

[회로도에서의 표시]

(1) TC의 1−2단자에는 열전대를 연결한다.
열전대의 (+)단자는 1번 단자에, (−)단자는 2번 단자에 연결한다.

(2) ③번 단자는 내부회로와 연결되어 있으며 외부에서는 사용하지 않는 단자이다.

2 온도조절기를 사용한 회로

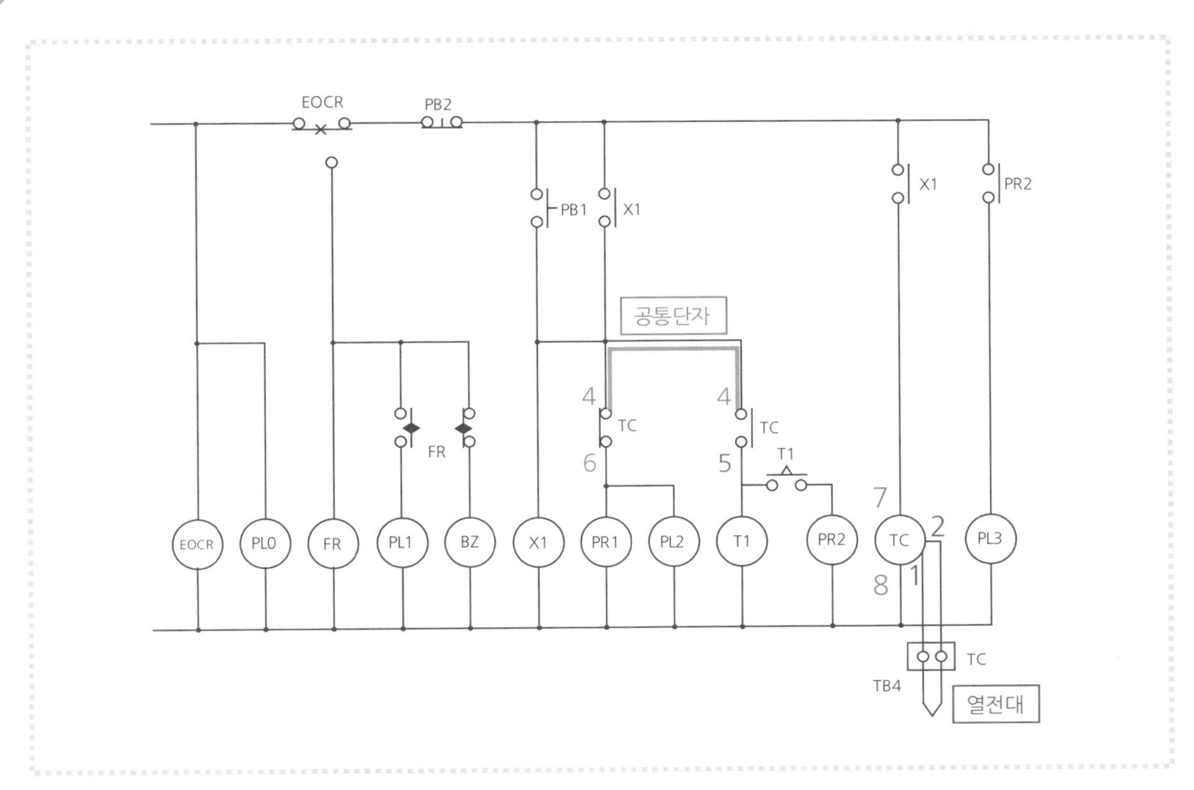

자/세/히/알/아/보/기

시퀀스 도면

1. 도면의 구성

(1) 주회로 : TB1에서 전원을 공급받아 차단기, 전자접촉기, 단자대를 거쳐 전동기에 연결되어 있는 회로로 대전류가 흐르므로 굵은 전선으로 배선해야 한다.

(2) 제어회로 : 주회로에 연결된 전동기를 제어하기 위한 회로

(3) 위쪽 모선 : 제어회로의 위쪽을 연결하는 선(경우에 따라 나누어질 수 있다)

(4) 아래쪽 모선 : 제어회로의 아래쪽을 연결하는 선

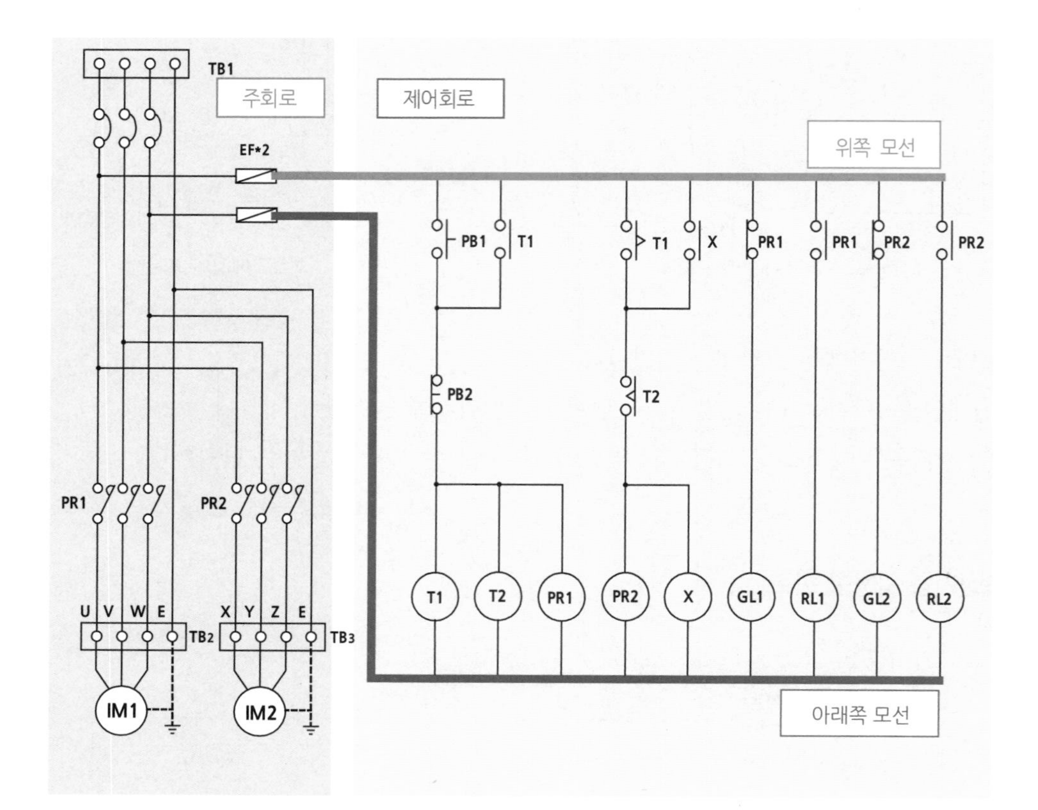

2. 계전기 접점번호 부여 순서

(1) 제어회로도의 아래쪽 모선에 연결되어 있는 계전기를 찾는다(T1, T2, PR1, PR2, X).

(2) 앞쪽의 계전기부터 T1의 계전기 내부접속도를 참고하여 전원단자번호를 적어 넣고 T1의 접점을 찾아 접점번호를 적어 넣는다.

(3) T2의 전원단자와 접점번호를 적어 넣는다.

(4) PR1의 내부접속도를 참고하여 전원단자번호를 적어 넣고, 주회로의 접점번호를 적어 넣은 후 제어회로의 접점을 찾아 번호를 적어 넣는다.

(5) PR2도 같은 요령으로 적어 넣는다.

(6) X의 전원단자번호를 적어 넣고 X의 접점을 찾아 접점번호를 적어 넣는다.

SECTION

06 제어함 단자대 이름 부여

1 단자대 이름 부여

① 제어함 단자대에 이름을 부여하는 이유

계전기는 제어함 내부에 설치하지만 푸시버튼, 표시등, 셀렉터 스위치, 버저, 센서, 리밋 스위치 등은 제어함 밖에 설치하므로, 이 기구들을 연결해주는 선이 제어함 밖으로 나갈 때에는 제어함 내의 단자대를 거쳐야 하는데, 이때 단자대에 이름을 붙여 주어야 나중에 외부기구와 연결할 수 있다.

② 이 교재에서 사용하는 방법

(1) 배관 및 기구 배치도를 보고 위쪽의 왼쪽 배관부터 차례로 배관의 끝에 연결되어 있는 기구(단자대, 푸시버튼, 표시등, 리밋 스위치, 센서 등)를 찾아 회로도에 4각형으로 표시하고 4각형에 의해 잘리는 부분의 이름을 단자대에 적어주면 된다. 4각형의 안쪽 부분은 제어함 밖에서 단자대나 다른 기구들에 연결하면 된다.

(2) 기구의 이름을 알 수 있도록 적어 넣는다.

(3) 배관 및 기구 배치도를 보고 적어 넣는 순서

① 1번 배관을 따라가면 끝에 RL, GL이 연결되어 있다. 회로도에서 RL, GL에 해당하는 단자번호를 위쪽 단자대의 왼쪽에 적어 넣는다.

② 2번 배관을 따라가면 끝에 TB1 단자대가 연결되어 있다. 회로도에서 TB1의 단자 이름을 단자대의 가운데에 적어 넣는다.

③ 3번 배관 끝에 PB1과 PB2가 연결되어 있다. 회로도에서 PB1과 PB2에 해당하는 단자번호를 단자대의 오른쪽에 적어 넣는다.

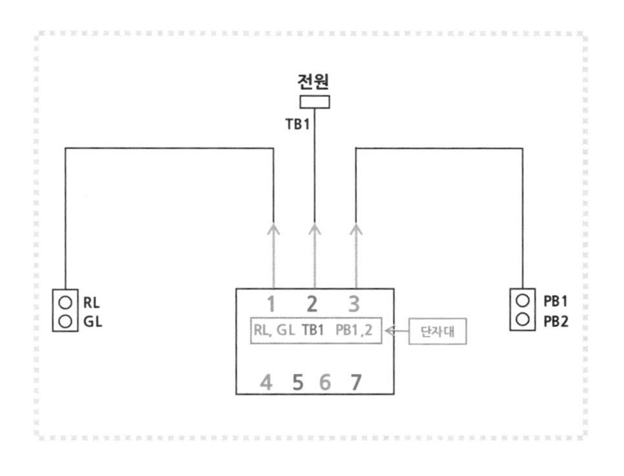

④ 이런 순서로 이름을 적어 넣으면 나중에 결선할 때 전선이 교차되는 일이 없다.

⑤ 아래쪽 단자대에도 4 ~ 7번 순서대로 같은 요령으로 이름을 적어 넣으면 된다.

⑥ 처음에는 4각형으로 표시하고 이름을 적어 넣지만, 몇 번 해보면 사각형을 표시하지 않아도 바로 이름을 적어 넣을 수 있게 된다.

3 전원단자대와 부하단자대

(1) 전원단자대(TB1)는 상의 배열순서에 따라야 한다.
4각형 내부는 외부단자대에서 처리한다.

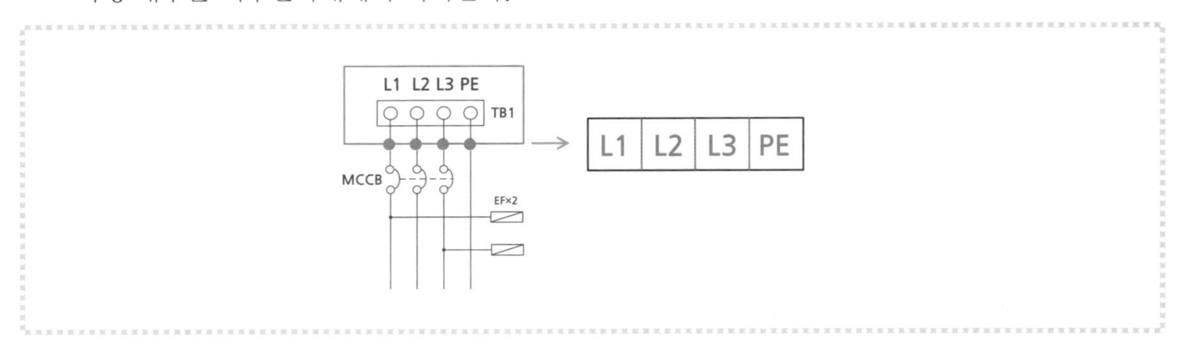

(2) 부하단자대(TB2)도 상의 배열순서에 따라야 한다.

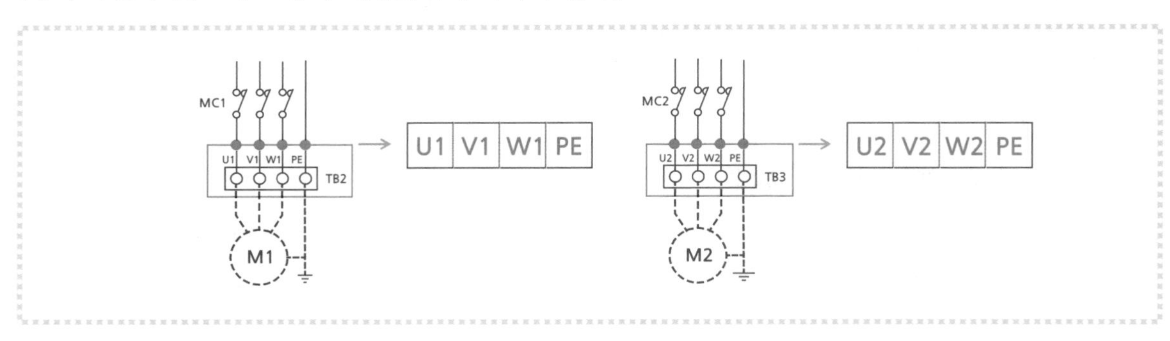

4 계전기 이외의 접점

(1) b접점은 ①번과 ②번을 사용한다.

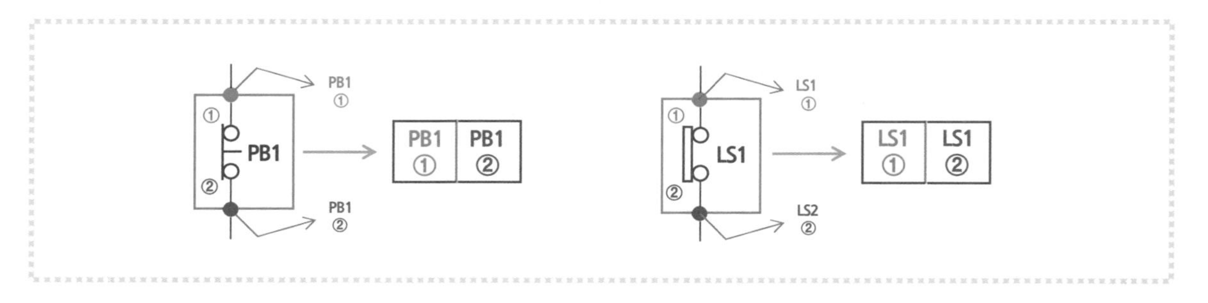

(2) a접점은 ③번과 ④번을 사용한다.
4각형 내부는 컨트롤 박스 또는 외부단자대에서 처리한다.

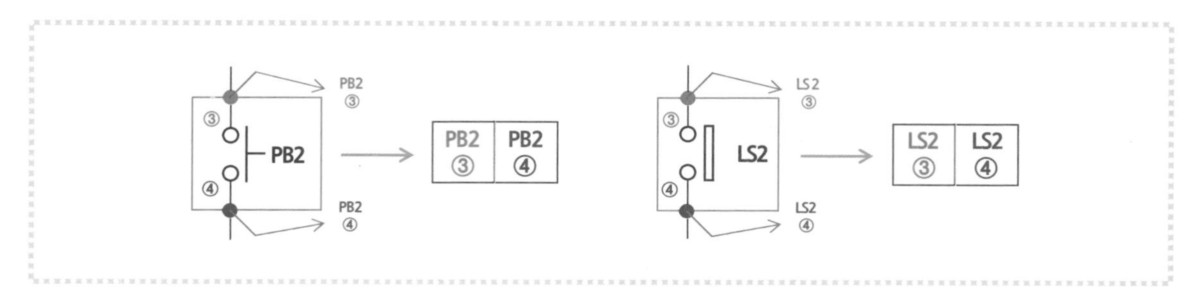

5 표시등의 표시

위쪽은 표시등의 기호를 사용하고 아래쪽은 공통단자 번호를 사용한다. 사각형 내부는 컨트롤 박스 내부에서 연결해야 한다.

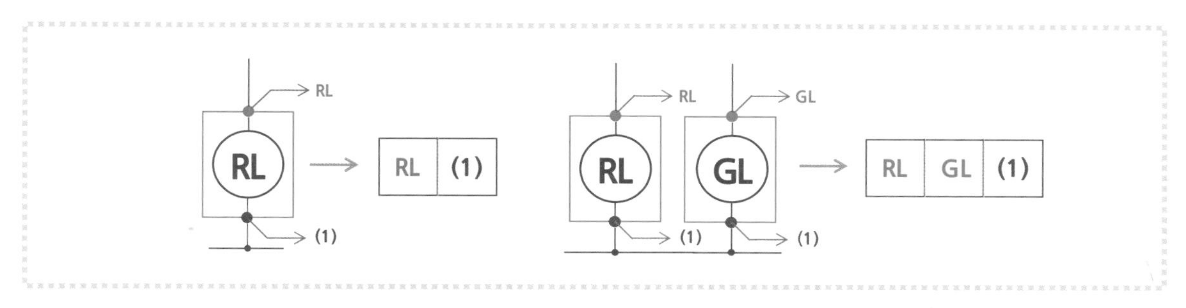

(1) 표시등의 아래쪽 단자가 아래쪽 모선에 연결되어 있는 경우 공통단자 (1)번으로 표시한다.

(2) 오른쪽과 같이 2개의 표시등이 하나의 컨트롤 박스에 들어 있는 경우에도 아래쪽 모선에 연결되어 있으면 공통단자 (1)번으로 하나만 표시한다.

6 버저의 표시

버저의 위쪽은 버저의 기호를 사용하고 아래쪽은 공통단자 번호를 사용한다.

7 셀렉터 스위치는 도면에 표시된 기호를 사용한다.

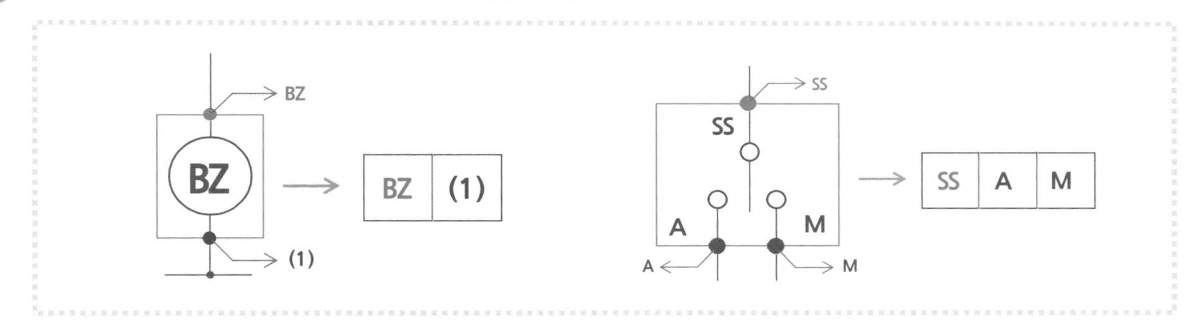

8 푸시버튼 스위치 2개가 하나의 컨트롤 박스에 설치되는 경우

(1) 회로도에서 푸시버튼 스위치 2개가 연결되어 있지 않고 각각 떨어져 있는 경우 각 스위치의 단자 이름을 적어 넣어야 한다.

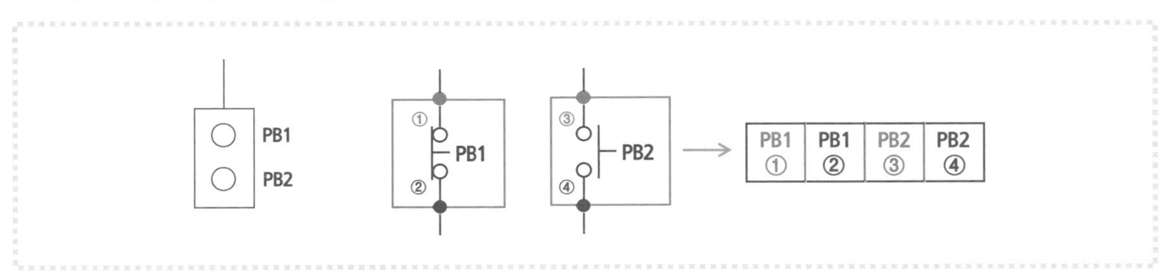

(2) 스위치 2개가 떨어져 있는 경우의 예제

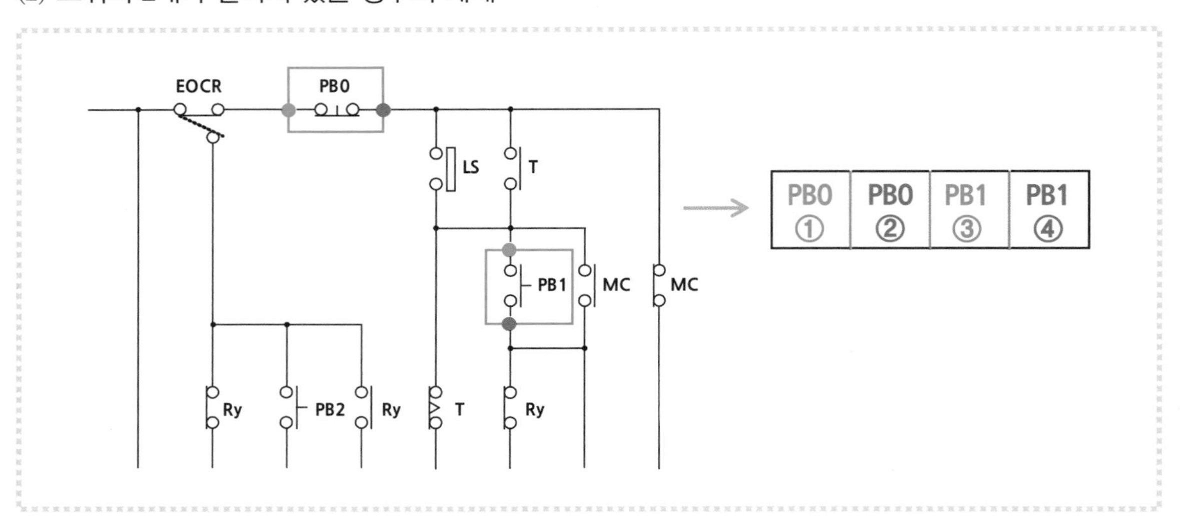

(3) 스위치 2개가 연결되어 있는 경우 : 공통단자 (2)번은 PB1-②번 단자와 PB2-③번 단자를 연결한 것으로, 이 부분은 나중에 컨트롤 박스 내부의 스위치에서 연결하면 된다.

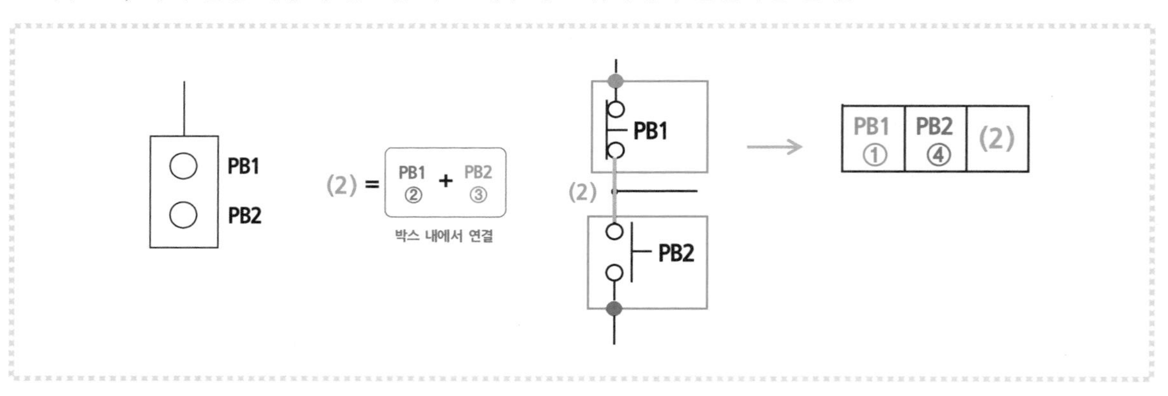

(4) 스위치 2개가 연결되어 있는 경우의 예제

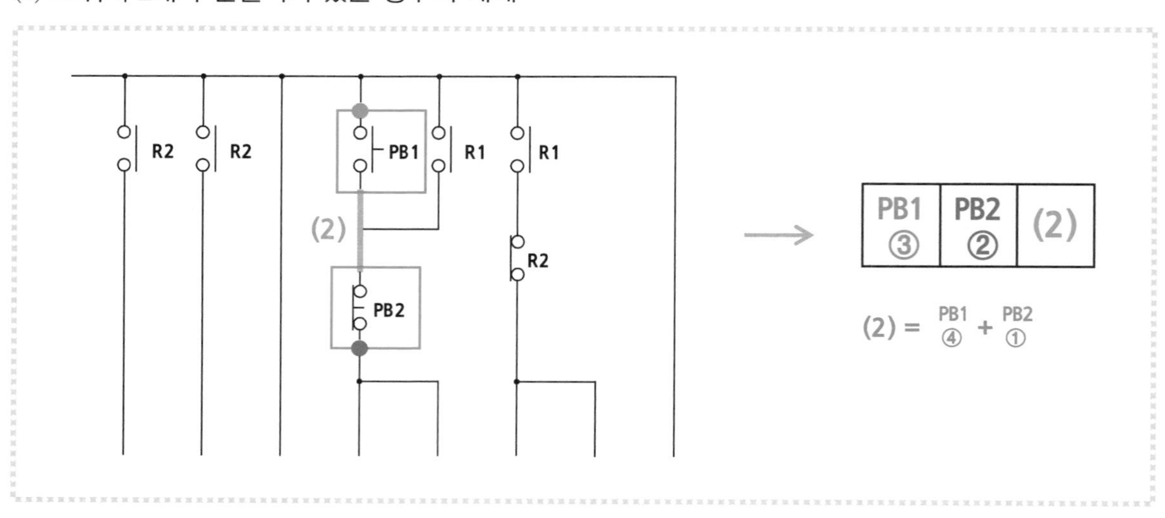

(5) 스위치 2개가 연동으로 연결되어 있는 경우 : PB1의 a접점과 b접점이 점선으로 표시되어 있으면 연동하여 동작한다는 뜻이다.

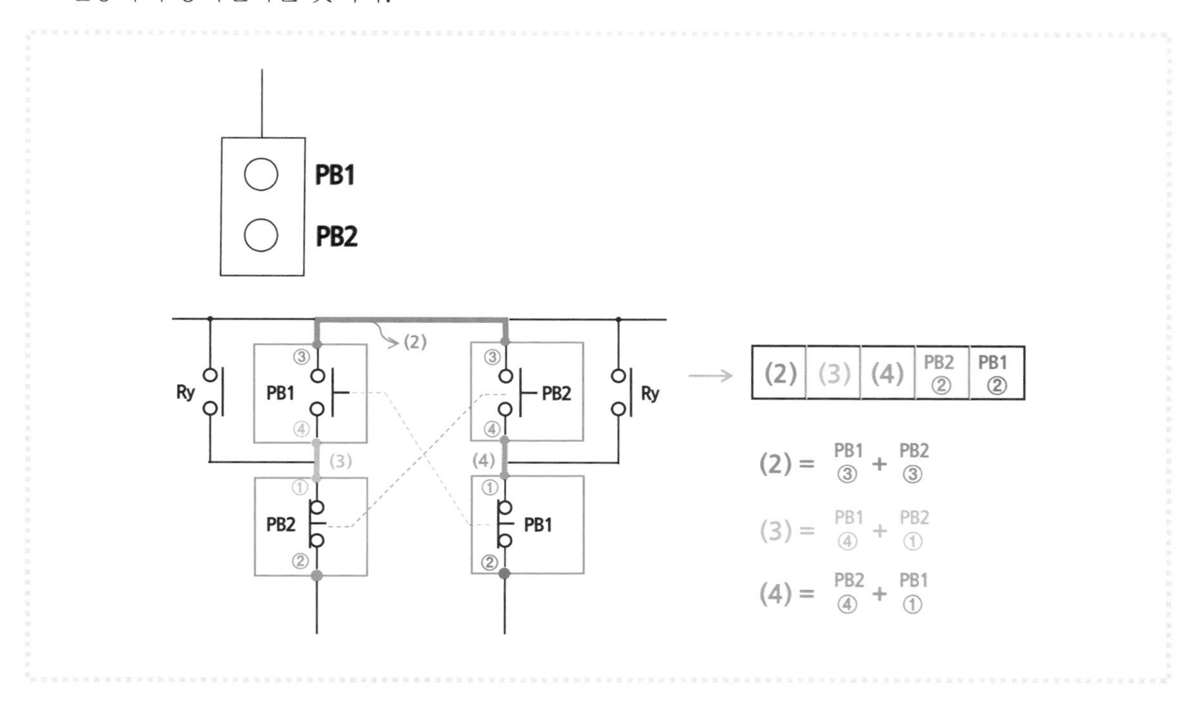

참고 연동

푸시버튼 스위치의 a · b접점을 동시에 사용하는 회로로, 버튼을 누르면 a접점은 붙고, b접점은 떨어지는 동작을 한다.

2 단자대 이름 정리

(1) 배관 및 기구 배치도를 보고 제어함의 왼쪽 배관부터 외부로 연결된 기구를 찾는다.

(2) 회로도에서 외부로 연결된 기구를 4각형으로 표시한다.

(3) 4각형으로 표시한 부분과 회로가 만나는 점의 이름을 단자대에 적어 넣는다.

(4) 4각형 안쪽에 있는 부분은 외부의 단자대나 컨트롤 박스 내에서 연결한다.

(5) 전원 · 부하단자대는 회로에 표시된 상의 순서대로 이름을 붙여준다.

(6) 푸시버튼 스위치, 센서, 리밋 스위치 등의 b접점은 ①번, ②번으로, a접점은 ③번, ④번으로 이름을 붙인다.

(7) 푸시버튼 스위치가 연결되는 경우에는 공통단자 번호를 붙여준다.

(8) 표시등, 버저 등 아래쪽 모선에 연결된 기구는 공통단자 번호를 (1)번으로 사용한다.

(9) 셀렉터 스위치는 도면에 표시된 기호를 붙여준다.

(10) 푸시버튼 스위치가 연동제어로 사용된 경우 2개의 단자가 연결된 회로는 공통단자 번호를 사용한다. 그래야 외부로 나가는 전선의 가닥수를 최소화할 수 있다.

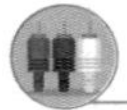

3 단자대 이름 적어넣기

1 릴레이 회로 연습

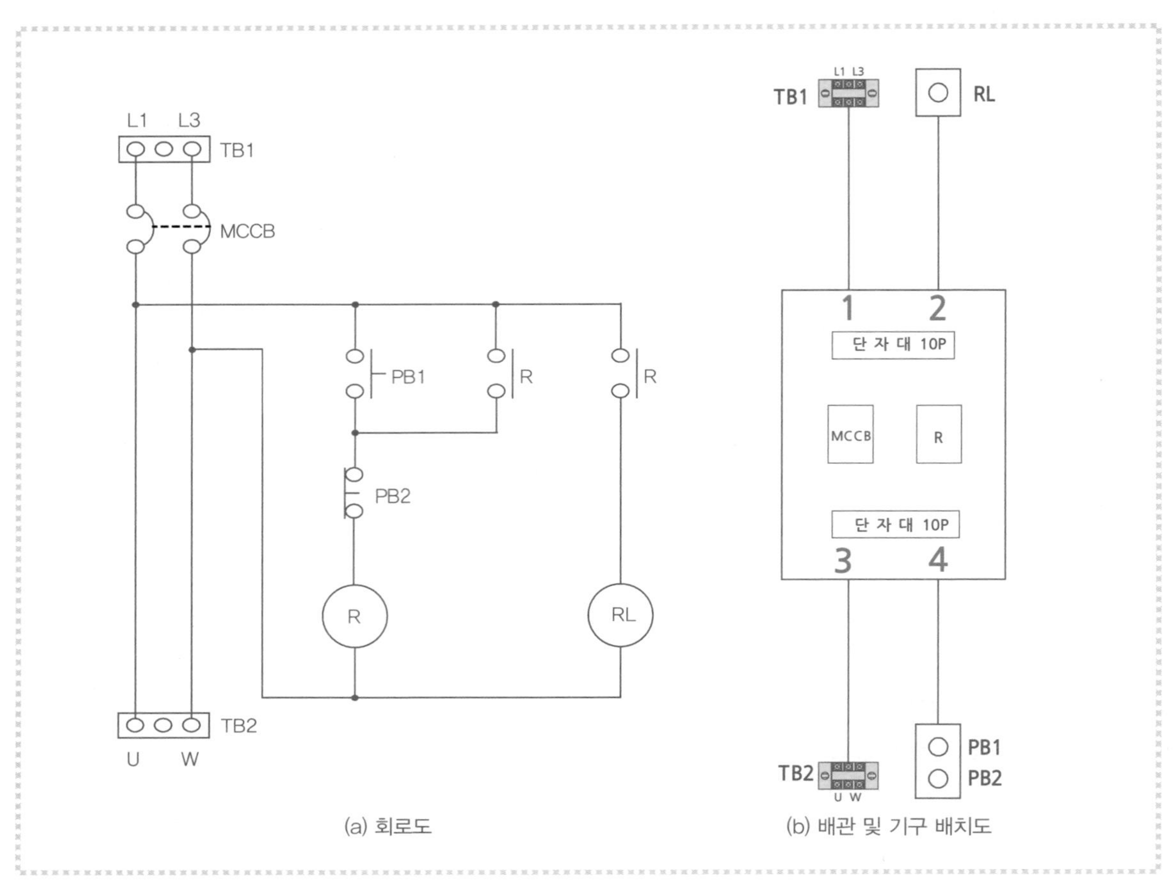

(a) 회로도 (b) 배관 및 기구 배치도

(1) 제어함 내부에는 10P 단자대를 사용한다.

(2) 아래의 단자대에 이름을 적어 넣어보자.

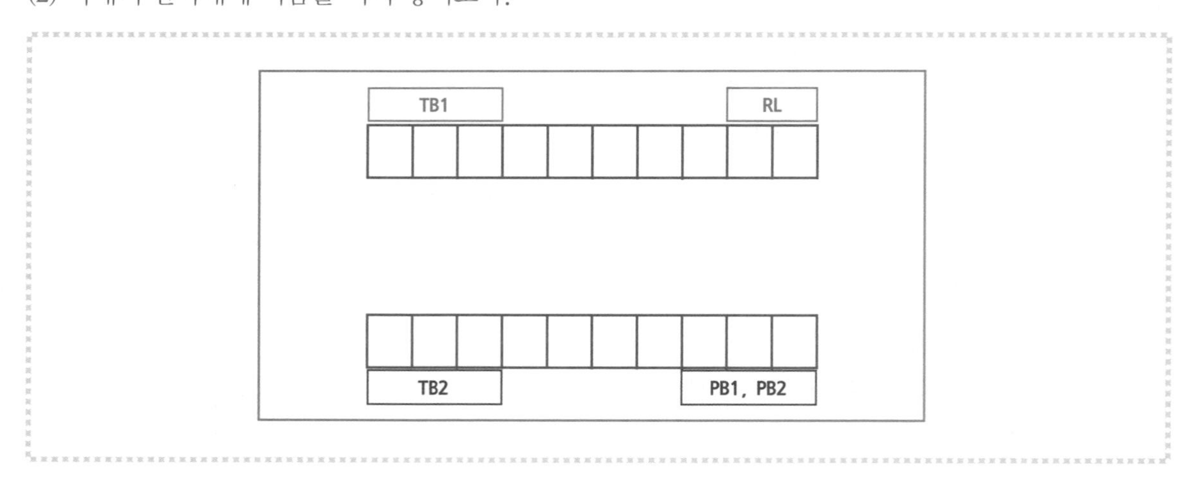

2 릴레이 회로 연습 결과

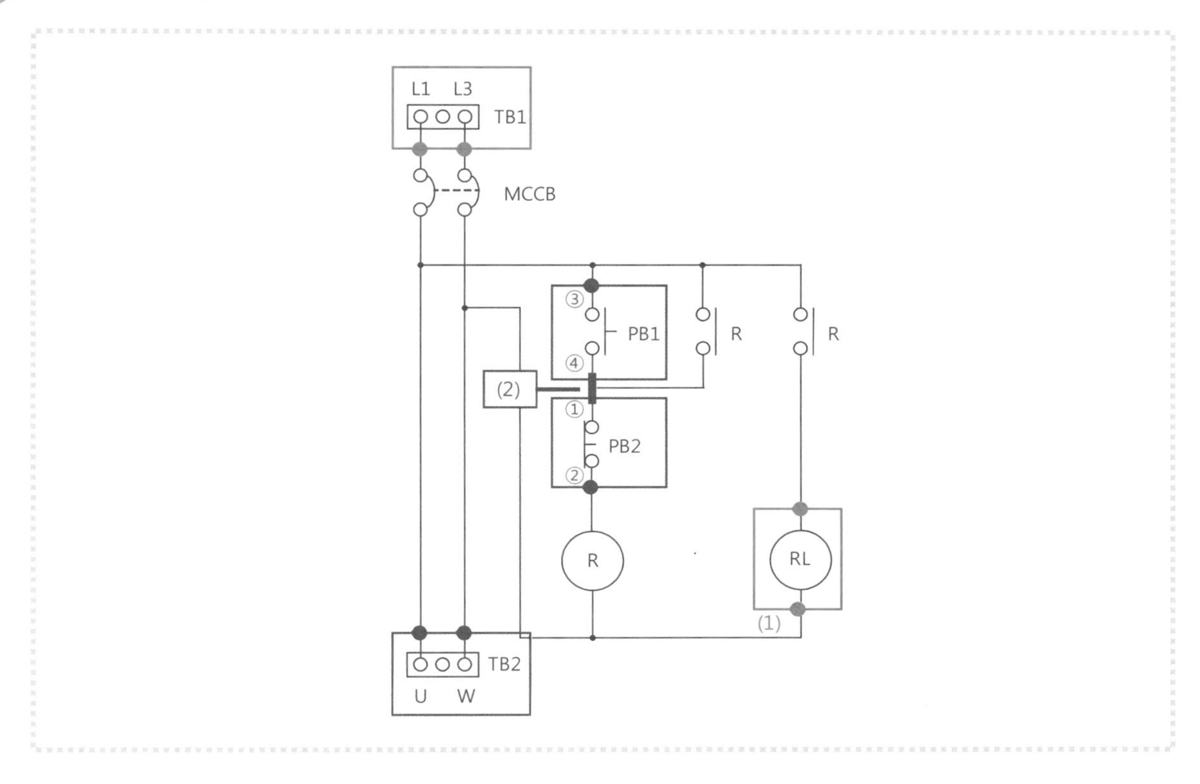

(1) 위쪽 단자대 이름 부여

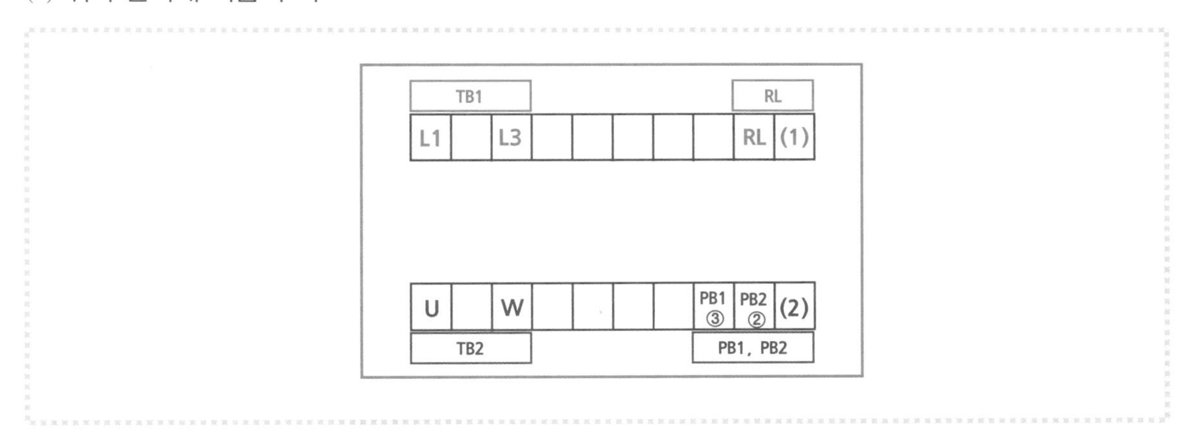

① 전원단자대(TB1)는 L1, L3라고 적어 넣는다.

② 표시등의 기호 RL과 아래쪽 모선의 공통단자 (1)번으로 적어 넣는다.

(2) 아래쪽 단자대 이름 부여

① 부하단자대(TB2)는 U, W라고 적어 넣는다.

② PB1의 위쪽 단자는 PB1-③으로 적어 넣고, PB2의 아래쪽 단자는 PB2-②로 적어 넣는다.

③ PB1-④번 단자와 PB2-①번 단자는 연결되어 있는데 이 연결된 부분은 공통단자 (2)번으로 적어 넣는다.

③ 전자접촉기 회로 연습

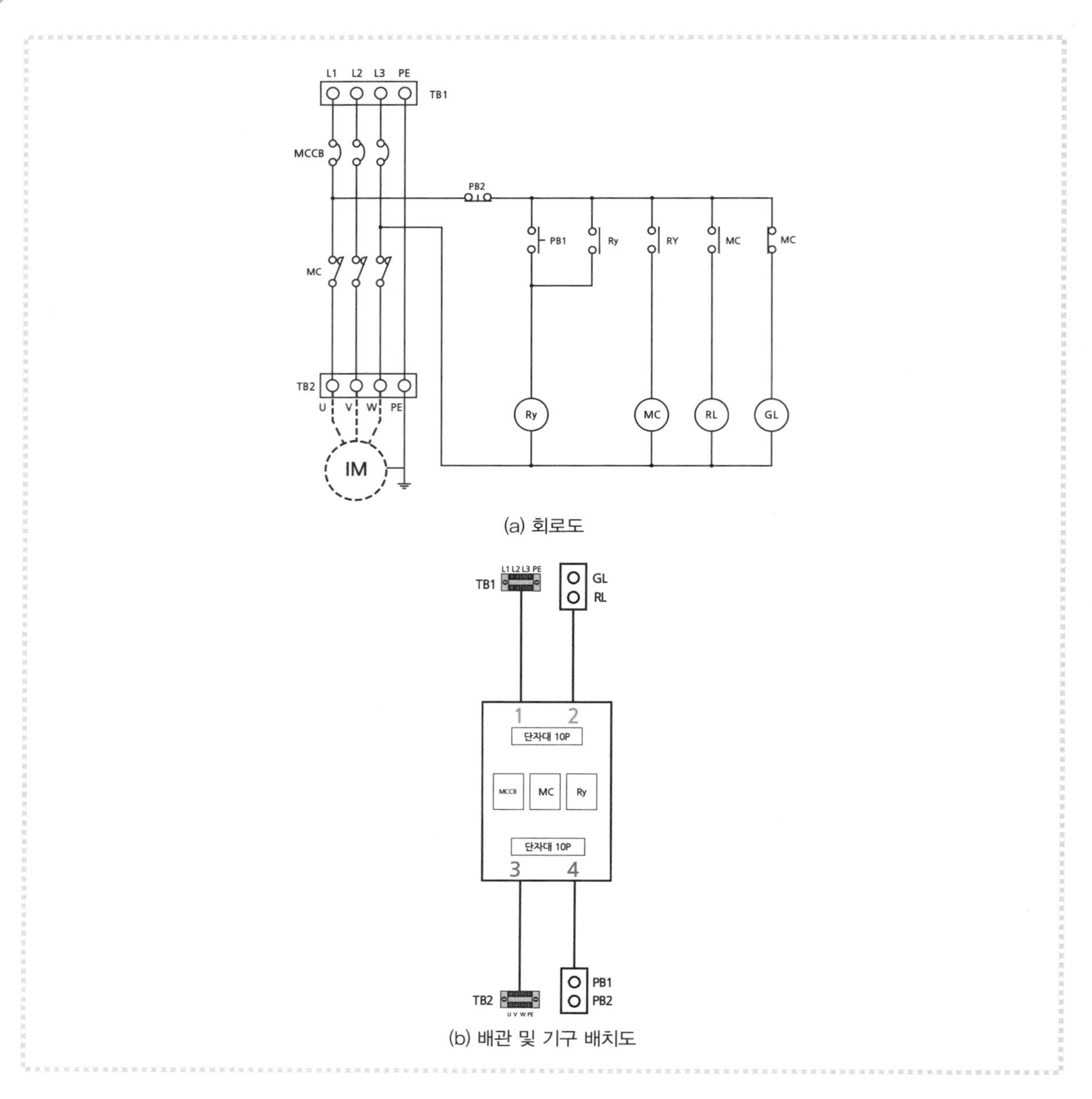

(a) 회로도

(b) 배관 및 기구 배치도

(1) 배관 및 기구 배치도에서 1 ~ 4번 순서로 이름을 부여한다.

(2) 아래의 단자대에 이름을 적어 넣어보자.

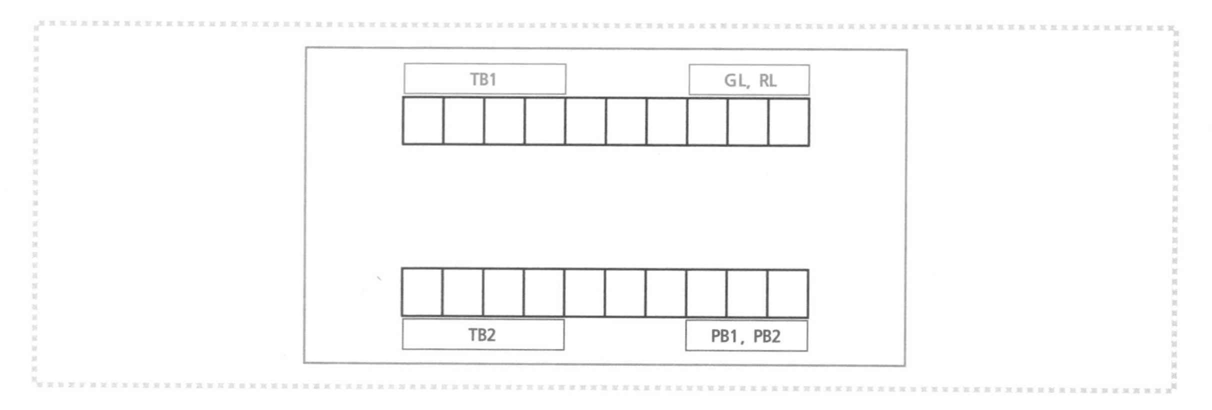

4 전자접촉기 회로 연습 결과

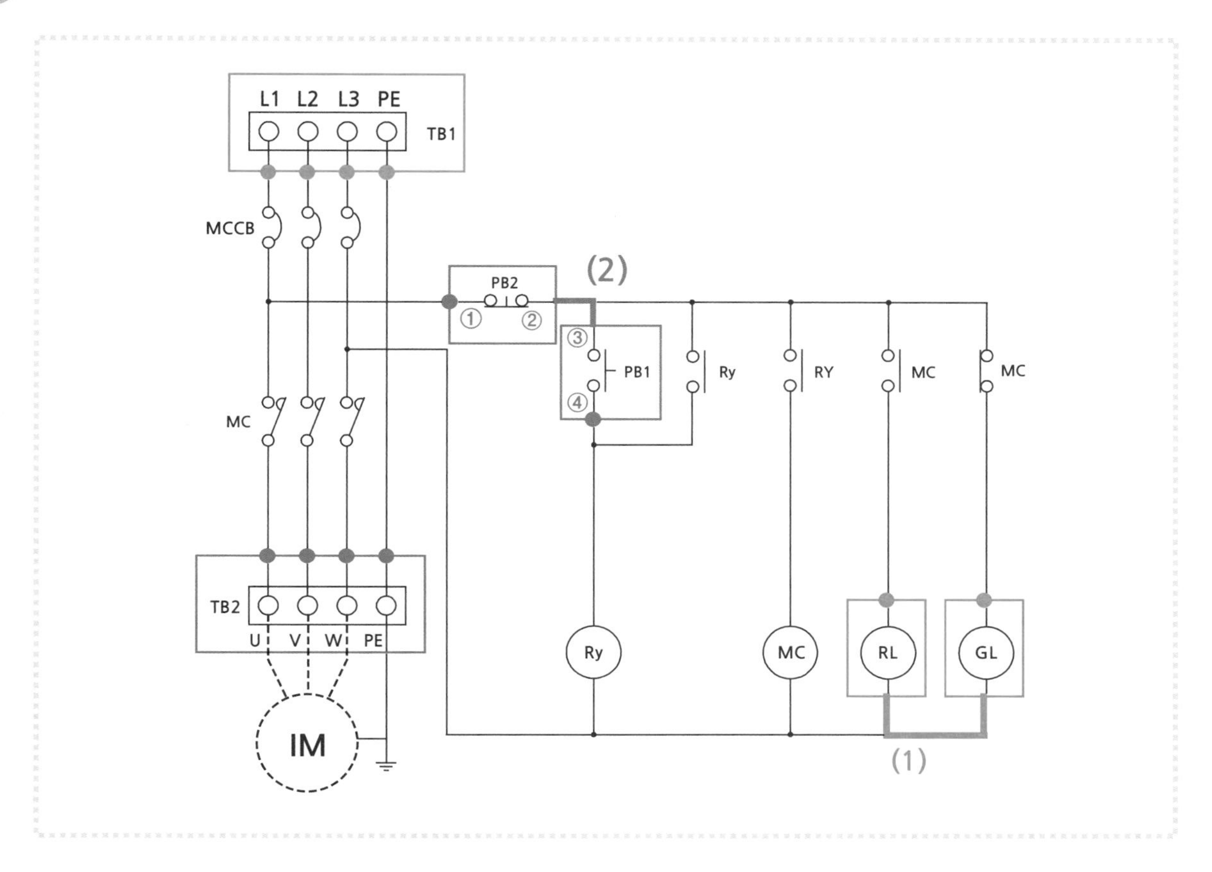

(1) 위쪽 단자대 이름 부여

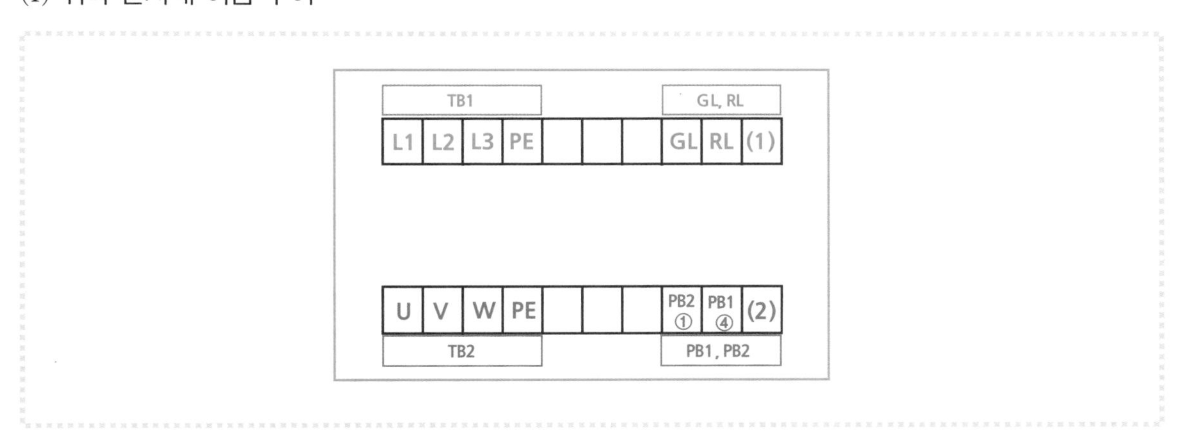

① 전원단자대(TB1)는 L1, L2, L3, PE라고 적어 넣는다.

② 표시등의 아래쪽 단자는 모두 아래쪽 모선에 연결되어 있으므로 공통단자 번호 (1)번을 사용한다.

③ 표시등의 기호 GL, RL과 아래쪽 모선 번호 (1)번으로 적어 넣는다.

(2) 아래쪽 단자대 이름 부여

① 부하단자대(TB2)는 U, V, W, PE라고 적어 넣는다.

② PB2의 왼쪽 단자는 PB2−①로 적어 넣고, PB1의 아래쪽 단자는 PB1−④로 적어 넣는다.

③ PB2−②번 단자와 PB1−③번 단자는 연결되어 있는데 이 연결된 부분은 공통단자 (2)번으로 적어 넣는다.

5 과전류계전기 회로 연습

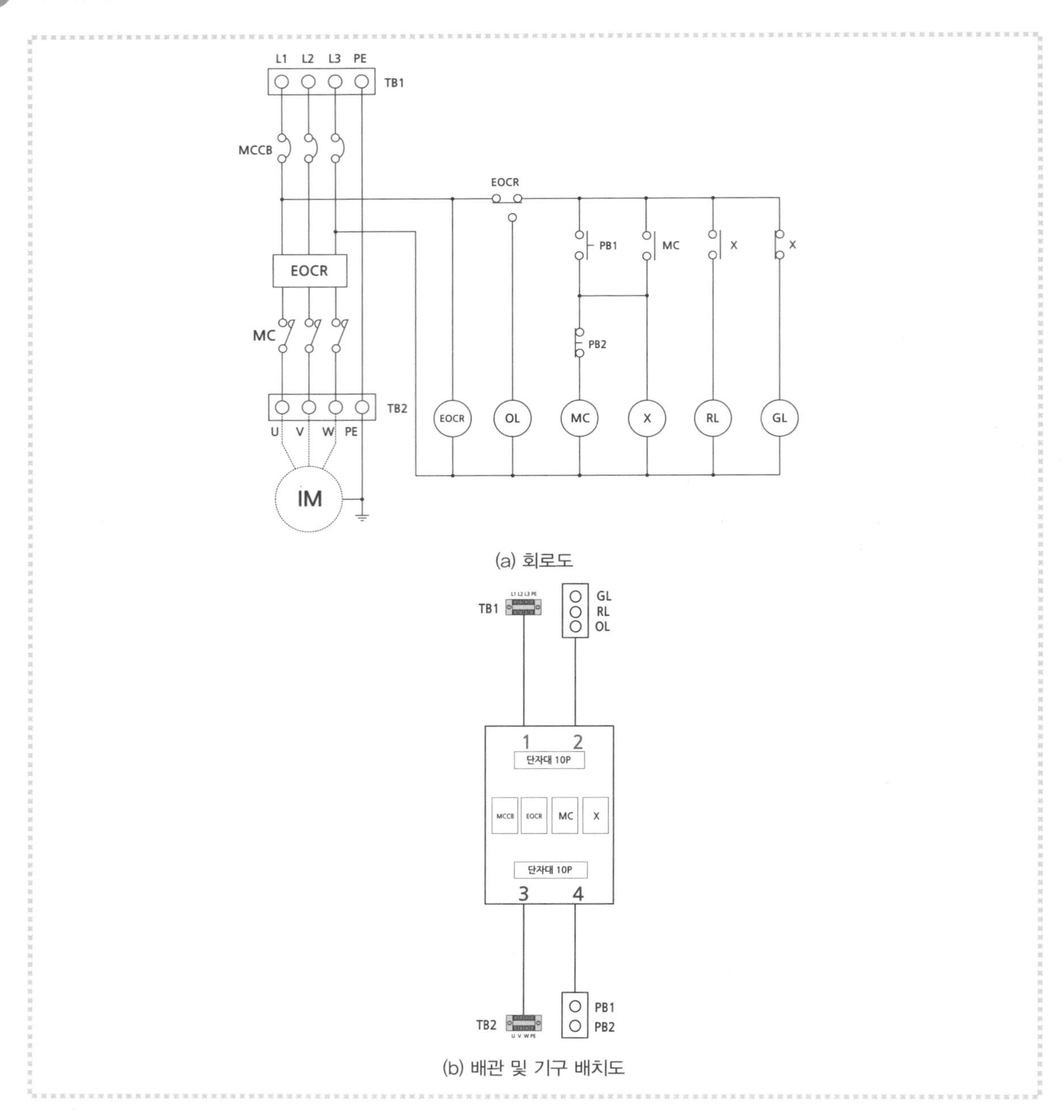

(a) 회로도

(b) 배관 및 기구 배치도

(1) 배관 및 기구 배치도에서 1 ~ 4번 순서로 이름을 부여한다.

(2) 아래의 단자대에 이름을 적어 넣어보자.

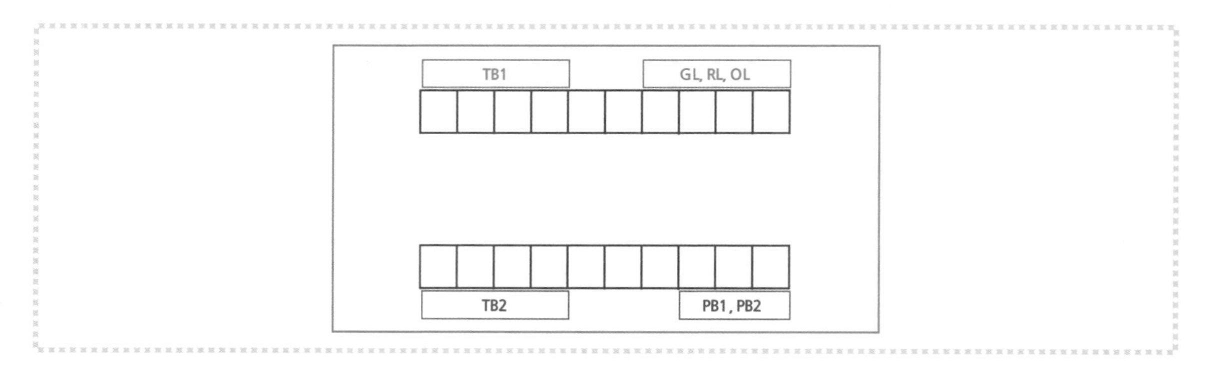

⑥ 과전류계전기 회로 연습 결과

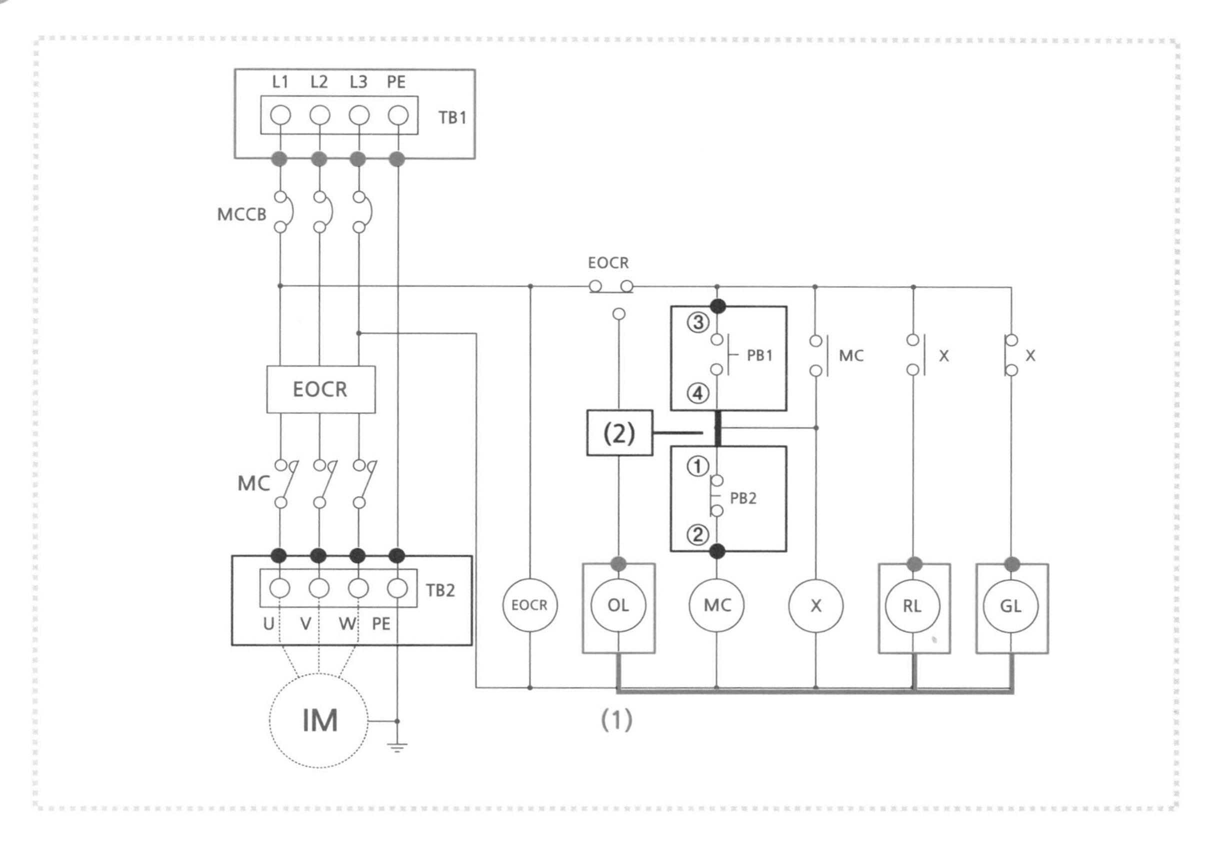

(1) 위쪽 단자대 이름 부여

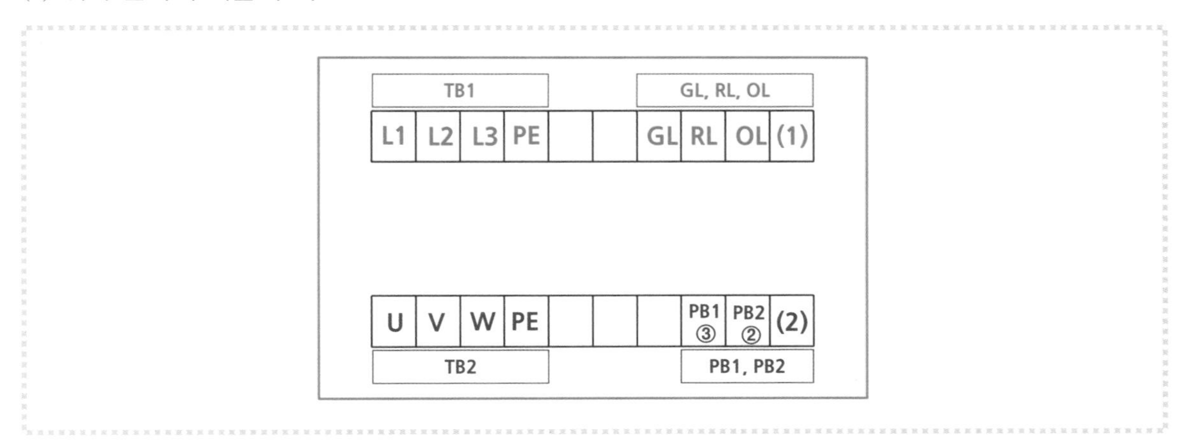

① 전원단자대(TB1)는 L1, L2, L3, PE라고 적어 넣는다.

② 표시등의 아래쪽 단자는 모두 아래쪽 모선에 연결되어 있으므로 공통단자 번호 (1)번을 사용한다.

③ 표시등의 기호 GL, RL, OL과 아래쪽 모선 번호 (1)번을 적어 넣는다.

(2) 아래쪽 단자대 이름 부여

① 부하단자대(TB2)는 U, V, W, PE라고 적어 넣는다.

② PB1의 위쪽 단자는 PB1−③으로 적어 넣고, PB2의 아래쪽 단자는 PB2−②로 적어 넣는다.

③ PB1−④번 단자와 PB2−①번 단자는 연결되어 있는데 이 연결된 부분은 공통단자 (2)번으로 적어 넣는다.

7 경보 회로 연습

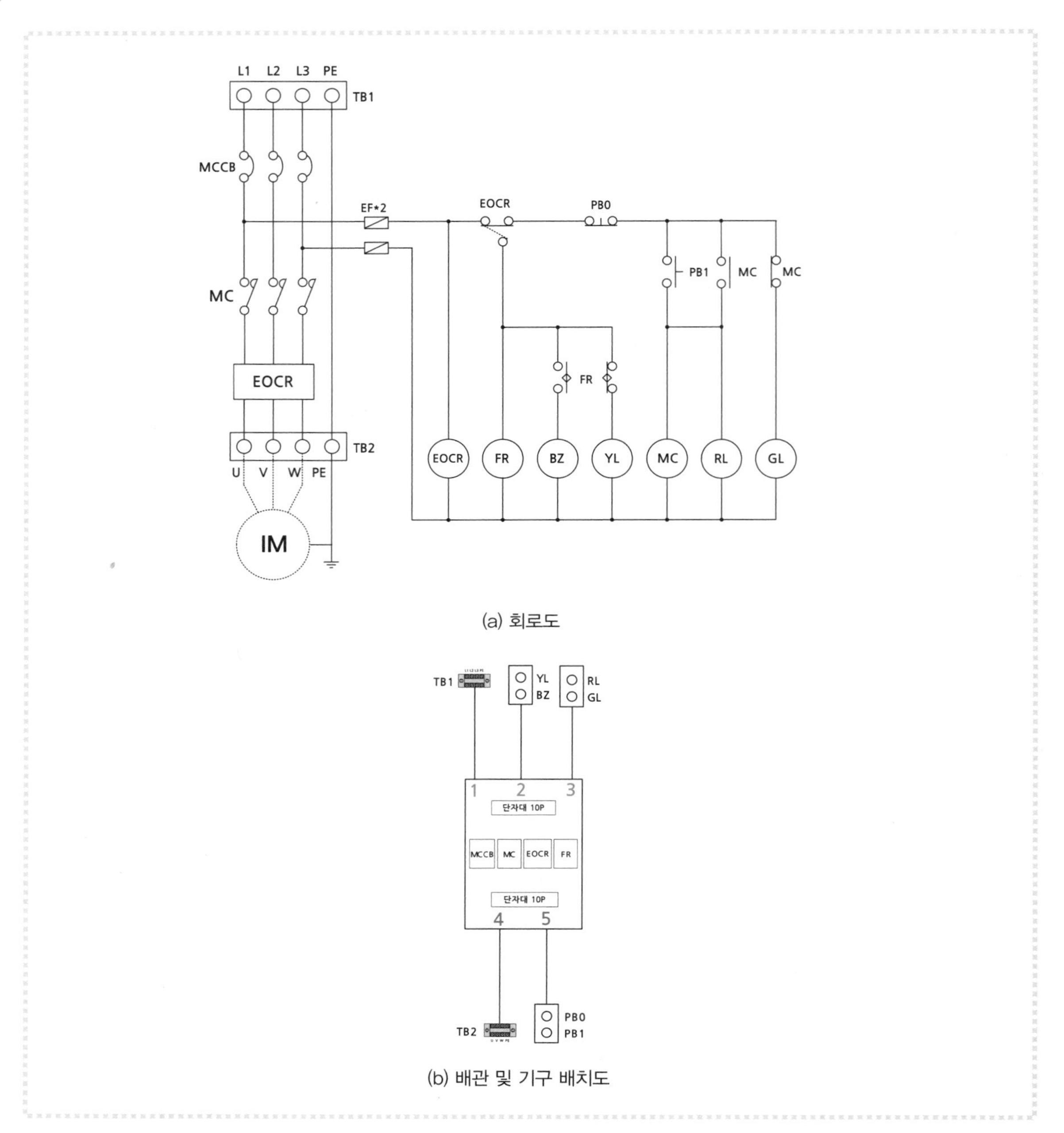

(a) 회로도

(b) 배관 및 기구 배치도

아래의 제어함 단자대에 이름을 적어 넣어보자.

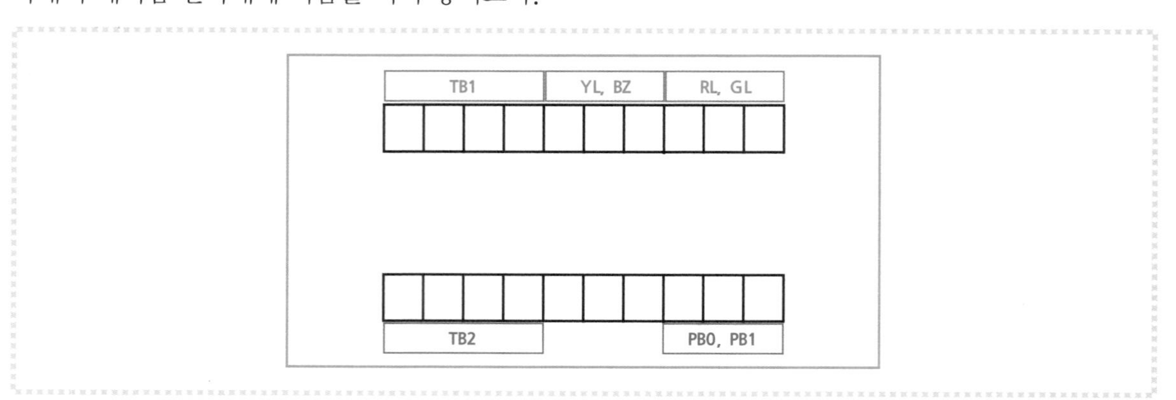

8 경보 회로 연습 결과

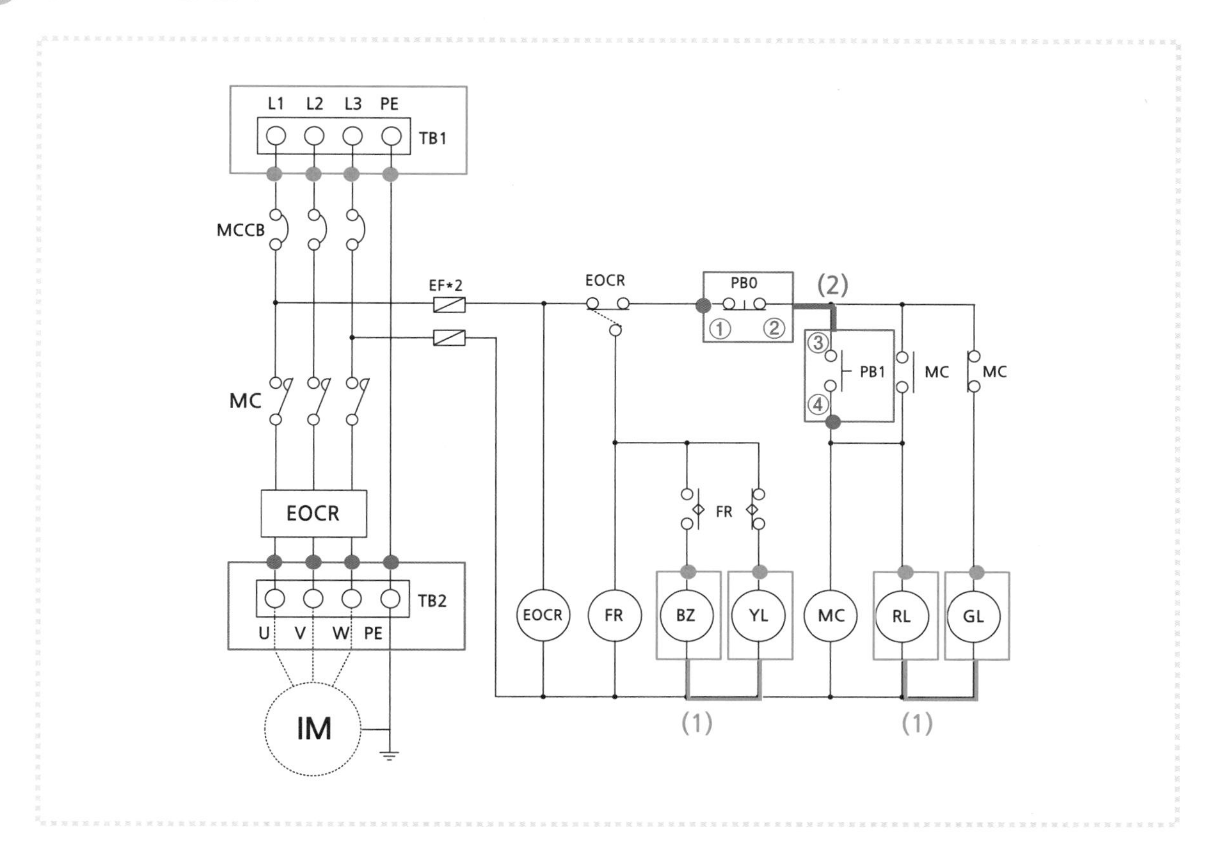

(1) 위쪽 단자대 이름 부여

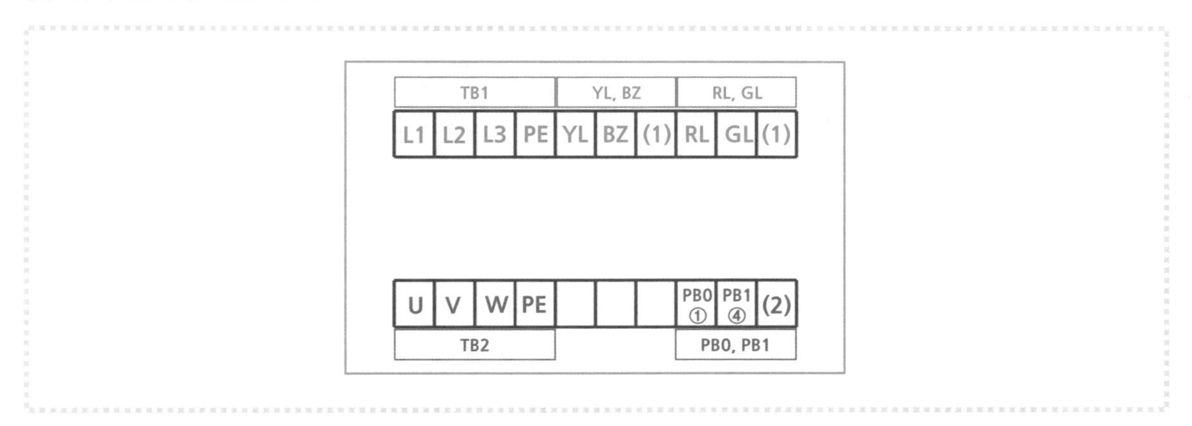

① 전원단자대(TB1)는 L1, L2, L3, PE라고 적어 넣는다.

② BZ, YL은 아래쪽 모선에 연결되어 있으므로 공통단자 번호 (1)번을 사용한다.

③ 표시등의 기호 RL, GL의 아래쪽 단자로 (1)번으로 적어 넣는다.

④ 아래쪽 공통단자 (1)번은 같은 라인에 연결되어 있어 모두 같은 번호를 사용했다.

(2) 아래쪽 단자대 이름 부여

① 부하단자대(TB2)는 U, V, W, PE라고 적어 넣는다.

② PB0의 왼쪽 단자는 PB0-①로 적어 넣고, PB1의 아래쪽 단자는 PB1-④로 적어 넣는다.

③ PB0-②번 단자와 PB1-③번 단자는 연결되어 있는데 이 연결된 부분은 공통단자 (2)번으로 적어 넣는다.

자/세/히/알/아/보/기

작업완료 후 확인할 사항

모든 작업이 완료되면 퓨즈를 삽입하고 차단기를 올린 후 점검을 실시한다

(1) TB1 단자대는 갈, 흑, 회, 녹-황색 전선으로 상의 순서에 맞게 연결했는지 확인하고, 동작시험을 위해 전선을 인출해 놓는다. 인출해 놓은 L1선과 퓨즈의 2차측, L3선과 퓨즈의 2차측을 벨 시험기로 확인한다.
(2) FLS, LS 등 2차측 단자처리가 감독관이 요구하는 방법대로 처리해 놓았는지 확인한다.
(3) 푸시버튼 스위치의 색상과 위치가 맞는지 확인하고, 벨 시험기로 단자를 확인한다.
(4) 셀렉터 스위치의 자동 · 수동 위치가 맞는지 확인하고, 벨 시험기로 단자를 확인한다.
(5), (6) 표시등과 버저의 위치와 색상이 맞는지 확인한다.
(7), (8) 부하측 단자대가 가로 또는 세로로 배치되어 있는 경우 상의 순서가 맞는지 확인한다.

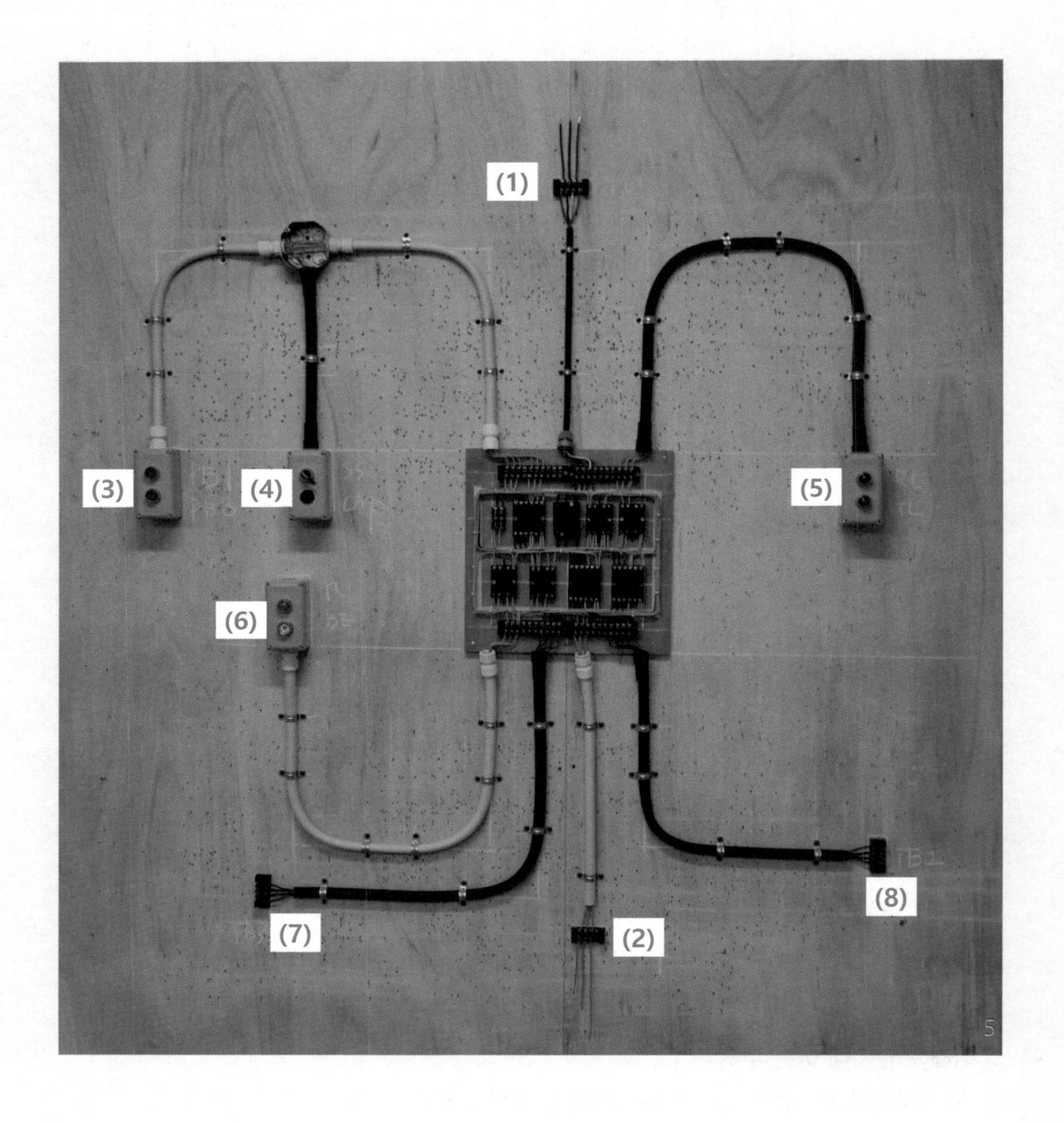

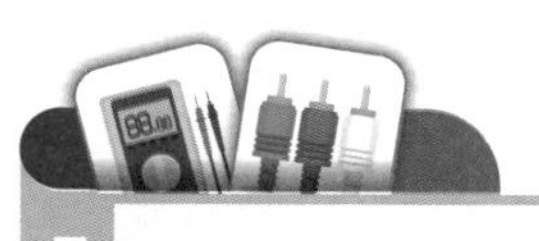

SECTION

07 외부기구 결선방법

1 전원측 단자대와 부하측 단자대 처리

전원측 및 부하측 단자대는 동작시험을 할 수 있도록 전원선의 색상에 맞추어 100[mm] 정도 인입선을 인출하고 피복은 전선 끝에서 약 10[mm] 정도 벗겨둔다.

1 전원측 단자대 처리

(1) 전원측 단자대가 가로인 경우 왼쪽부터, 세로인 경우 위쪽부터 각각 L1, L2, L3, PE 순서로 결선해야 한다.

(2) TB1의 1차측은 동작시험을 위해서 100[mm] 정도의 선을 인출하고, 끝부분은 10[mm] 정도 피복을 벗겨 놓는다.

(3) 동작시험을 위해서 인출하므로 접지선은 인출하지 않아도 된다.

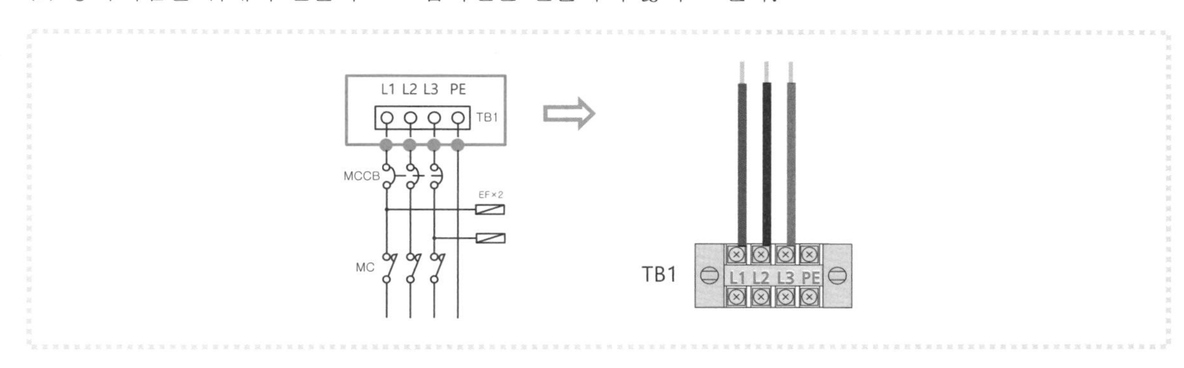

2 부하측 단자대 처리

(1) 부하측 단자대가 가로인 경우 왼쪽부터, 세로인 경우 위쪽부터 각각 U, V, W, PE 순서로 결선해야 한다.

(2) 부하측 단자대는 별도의 선을 인출하지 않으며, 접지선도 단자대까지만 배선하면 된다.

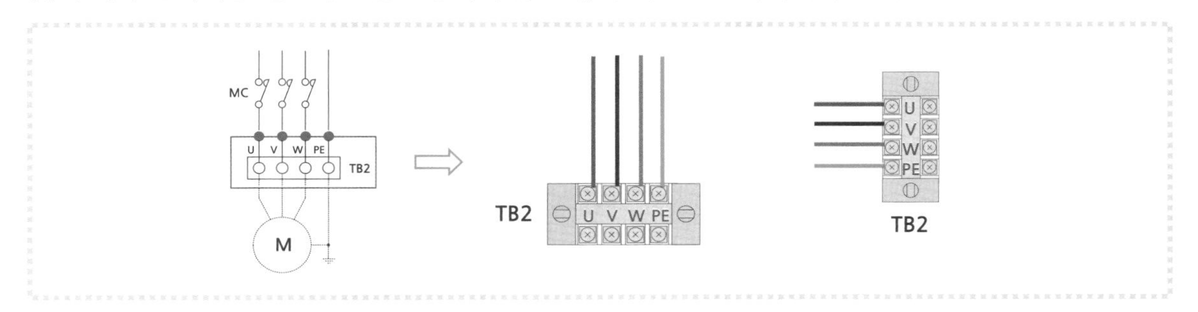

2 리밋 스위치, 센서 처리

리밋 스위치, 센서 등은 단자대로 대체하여 사용하되, 감독이 요구하는 방법대로 처리해야 한다. 단자대가 가로인 경우 왼쪽부터, 세로인 경우 위쪽부터 LS1, LS2 순서로 결선해야 한다.

(1) 두 개의 리밋 스위치가 떨어져 있는 경우 : 4개의 단자를 사용해 각각 처리해야 한다.

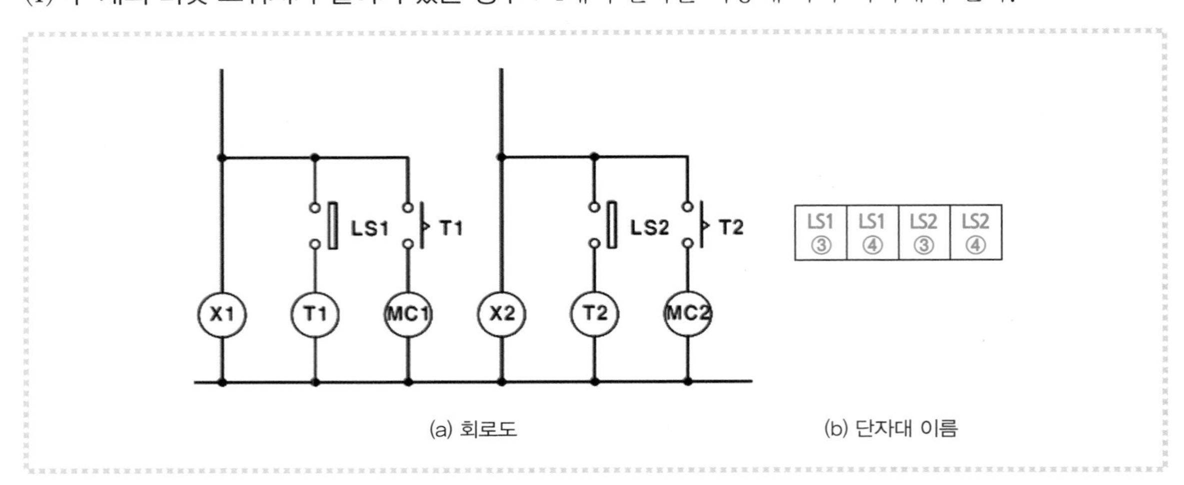

(a) 회로도 (b) 단자대 이름

(2) 두 개의 리밋 스위치가 연결되어 있는 경우

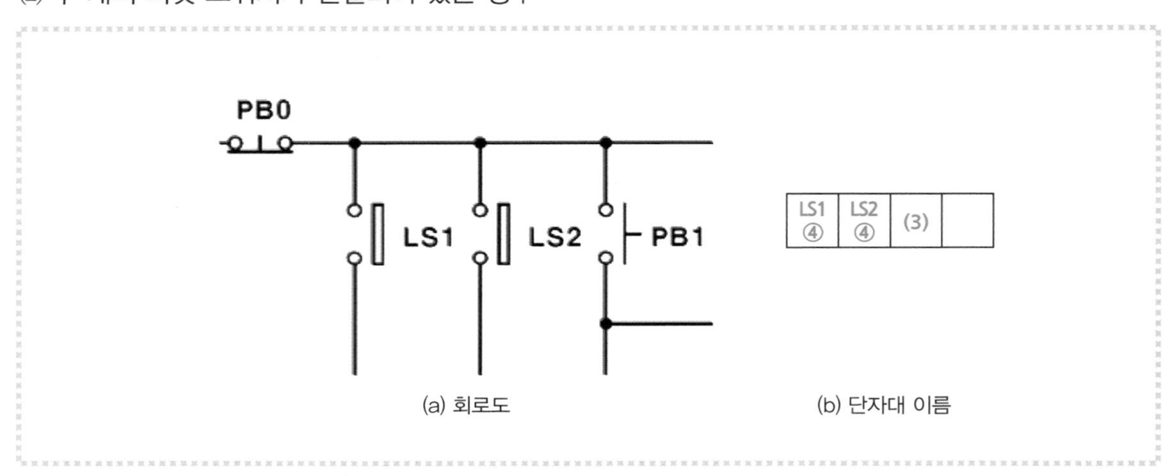

(a) 회로도 (b) 단자대 이름

① (1)번처럼 4개의 단자를 사용해서 처리할 수 있다.

② 공통단자를 사용하여 3개의 단자를 사용해서 처리할 수 있다.

(3) 단자대가 가로의 경우 처리 예제

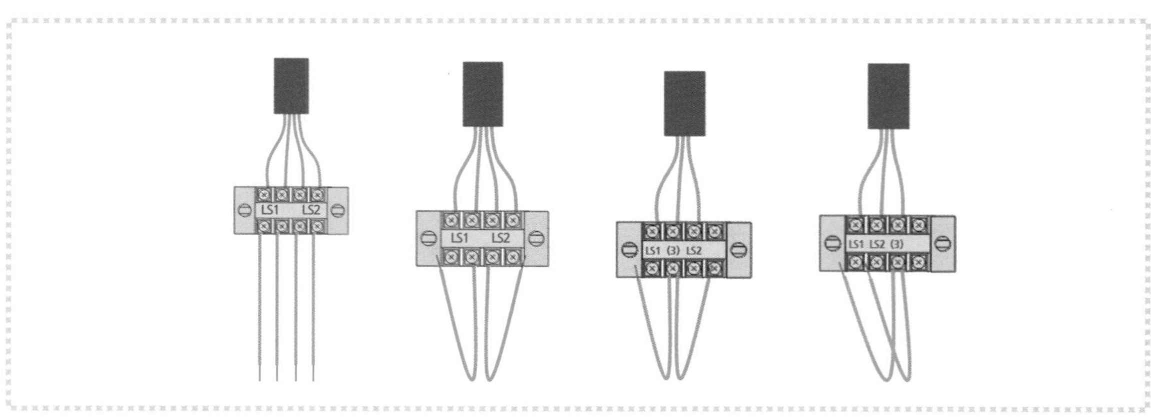

3 플로트레스 스위치(FLS) 처리

플로트레스 스위치 센서 E1, E2, E3의 인출선의 길이는 각각 100[mm], 150[mm], 200[mm]로 하고 끝부분은 10[mm] 정도 피복을 벗겨 놓는다.

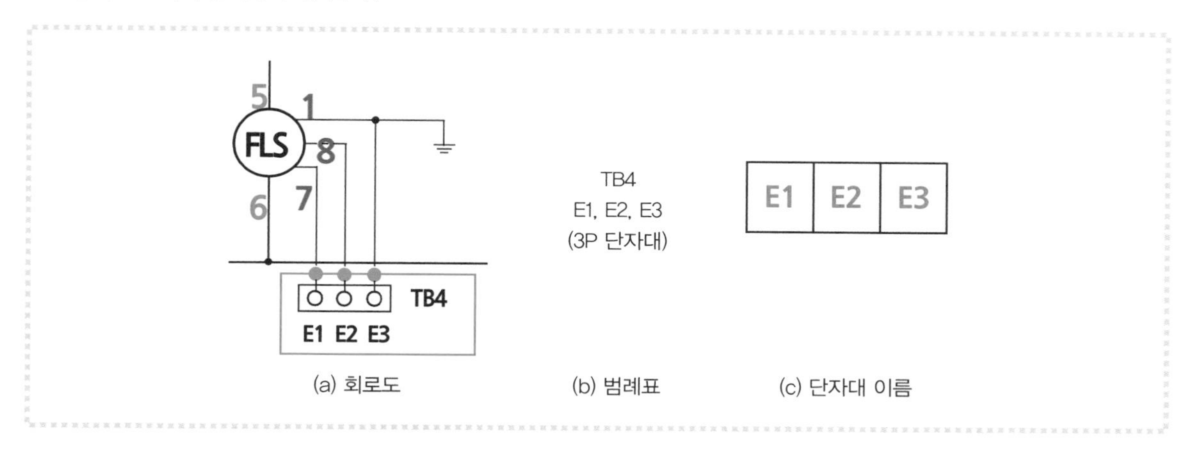

(a) 회로도 (b) 범례표 (c) 단자대 이름

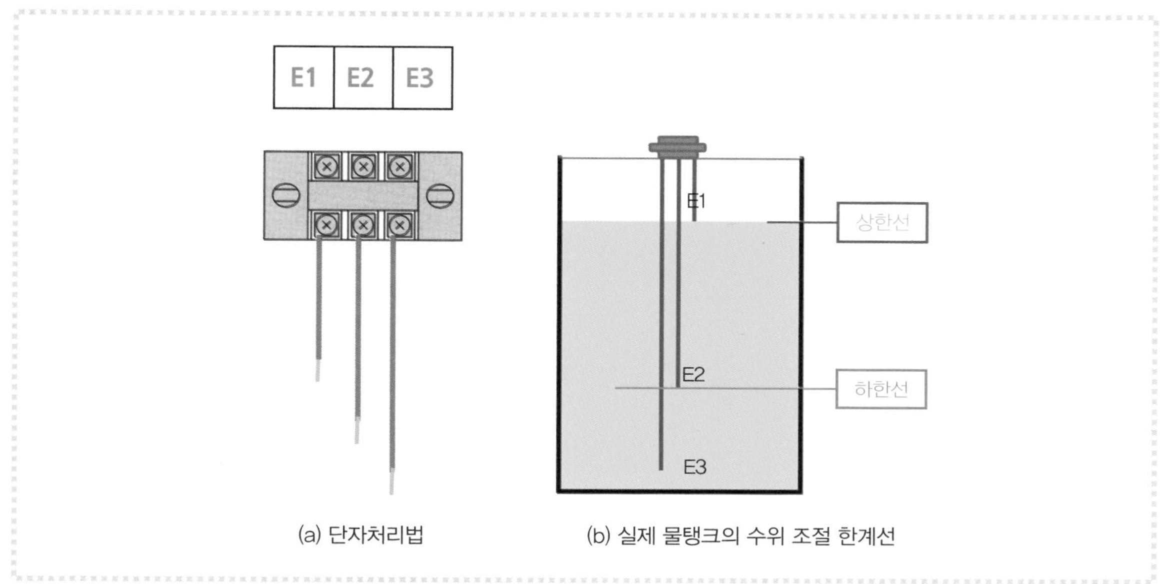

(a) 단자처리법 (b) 실제 물탱크의 수위 조절 한계선

(1) 동작시험 시 E1단자와 E3단자를 접촉시키면 FLS 접점이 동작한다.

(2) 급수는 E2 수위에서 동작하여 E1 수위에서 정지하고, 배수는 E1 수위에서 동작하여 E2 수위에서 정지한다.

(3) E3단자는 반드시 접지를 해야 한다.

4 온도조절기의 열전대

1 온도조절기의 사용

온도조절기에서 온도를 감지하는 센서 부분인 열전대는 단자대로 대체하여 사용하는데 특별한 처리 방법이 명시되어 있지 않다. 감독관이 지시하는 대로 처리하면 된다.

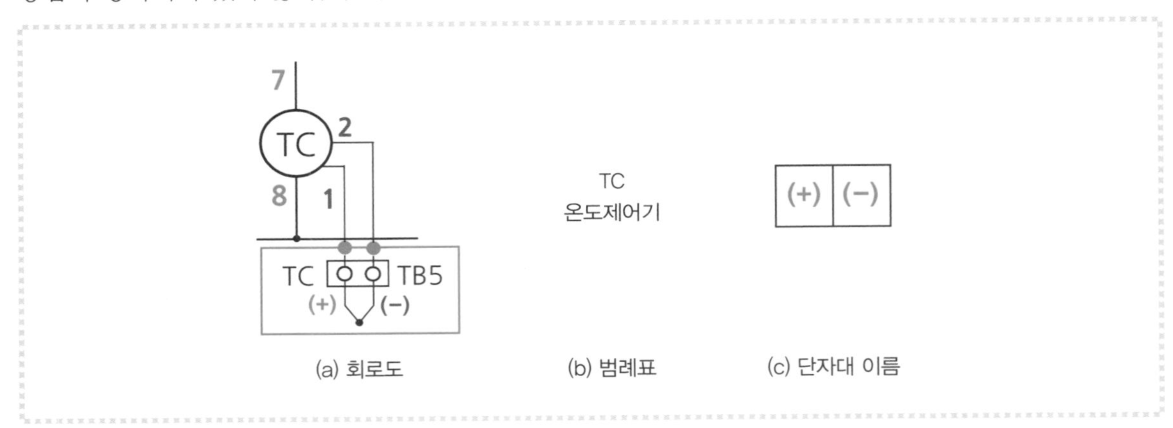

(a) 회로도 (b) 범례표 (c) 단자대 이름

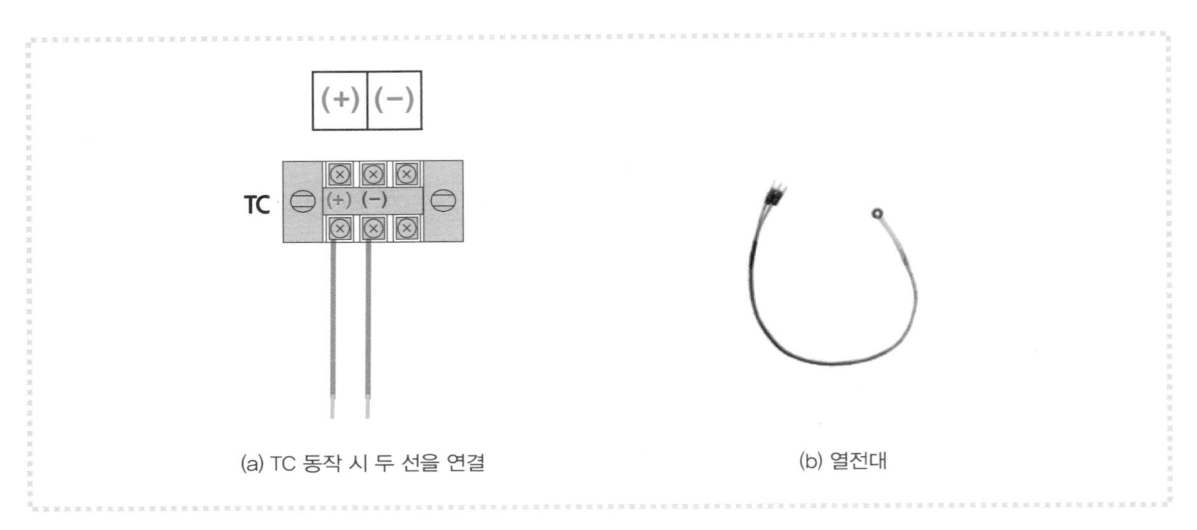

(a) TC 동작 시 두 선을 연결 (b) 열전대

2 온도조절기 동작법

(1) 열전대의 적색 단자는 (+)단자에, 흑색 단자는 (−)단자에 연결하면 온도를 감지해 자동으로 동작된다.

(2) 열전대를 단자대로 대체하여 사용하는 경우에는 전선을 100[mm] 정도 인출하고 끝을 10[mm] 정도 벗겨 놓는다.

(3) 동작시험은 온도조절기의 온도를 현재 온도보다 높게 설정한 후 두 단자를 접촉하면 접점이 동작한다.

(4) 열전대는 다양한 크기와 종류가 있으므로 용도에 맞게 적당한 제품을 선택하여 사용하면 된다.

5 표시등 결선법

1 2구 컨트롤 박스에 GL과 RL이 설치된 경우

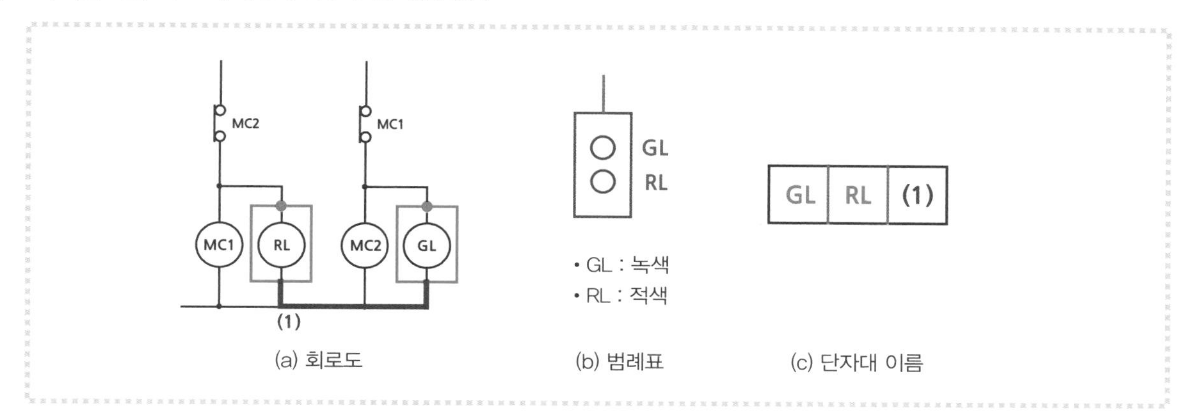

(a) 회로도 (b) 범례표 (c) 단자대 이름

(1) 표시등의 아래쪽 단자는 아래쪽 모선에 연결되어 있으므로 공통단자 번호 (1)번을 사용한다.

(2) 2개의 표시등을 결선하기 위해서는 최소 3가닥의 선이 필요하다.

(3) 표시등의 위치가 바뀌지 않도록 주의한다. 위치가 바뀌면 불합격이다.

2 결선순서

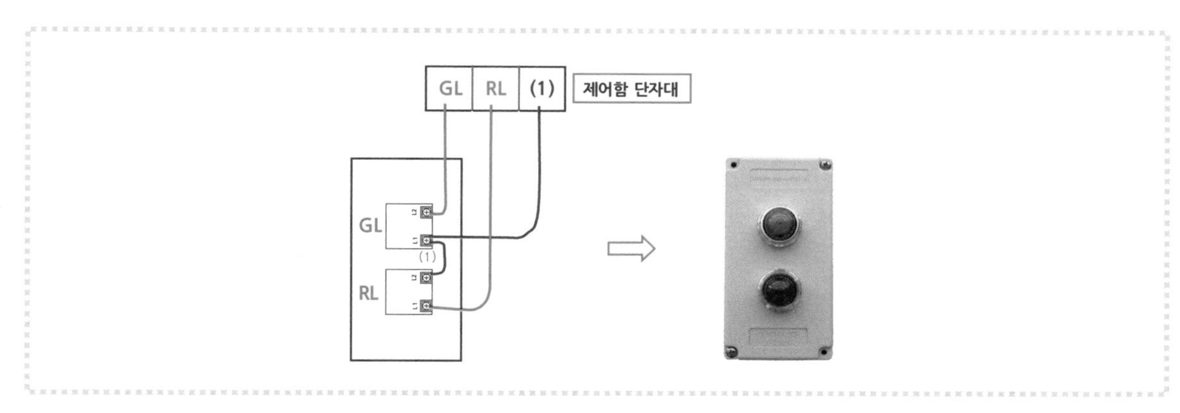

(1) 2구 박스의 뚜껑에 표시등을 고정한다. 기구 배치도와 범례를 참고하여 색상이 바뀌지 않도록 주의한다. 조립하기 전 표시등을 흔들어 보아 소리가 나지 않아야 한다. 흔들리는 소리가 나면 안쪽의 전구가 약간 빠진 상태이므로 돌려서 단단히 고정해야 한다.

(2) 단자는 결선하기 편리한 방향을 정하여 단단하게 조여서 고정한다.

(3) 두 표시등의 한 단자씩 연결하여 공통단자 (1)번으로 한다(가까운 단자 선택).

(4) 표시등의 공통단자를 제어함 단자대의 (1)번 단자와 연결한다.

(5) 표시등의 나머지 한 단자도 단자대의 GL단자와 RL단자에 각각 연결한다.

(6) 단자에서 선이 빠지지 않도록 조심하여 뚜껑을 닫는다.

(7) 표시등의 위치가 맞는지 확인하고 나사못으로 고정한다.

6 셀렉터 스위치 결선법

1 2단 셀렉터 스위치 결선

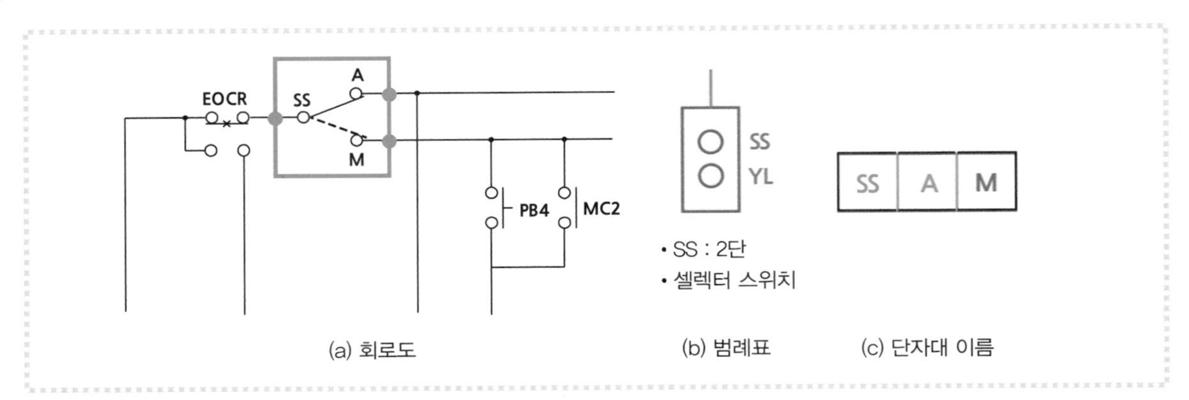

(a) 회로도 (b) 범례표 (c) 단자대 이름

(1) 2단 셀렉터 스위치는 지시부가 11시 방향, 1시 방향에 있어야 한다.

(2) 셀렉터 스위치의 위치는 그림으로 제시해 주는 경우도 있다.

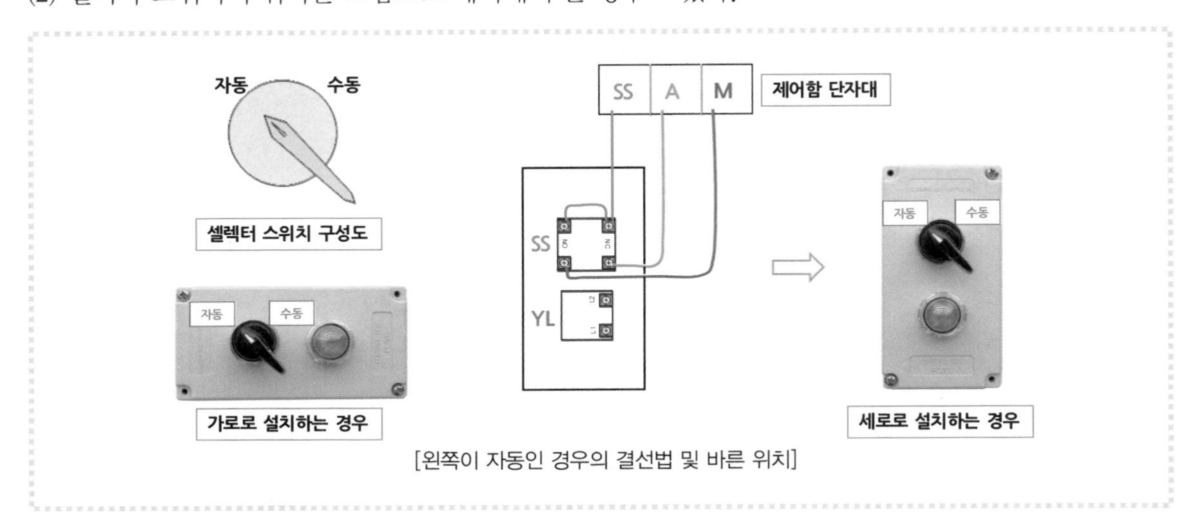

[왼쪽이 자동인 경우의 결선법 및 바른 위치]

(3) 접점을 확인하고 위쪽 두 단자를 연결하여 공통단자 SS단자에 연결한다.

(4) 셀렉터 스위치의 손잡이를 자동쪽으로 돌리고 자동단자를 찾아 A단자에 연결한다.

(5) 나머지 단자를 M단자에 연결한다.

2 연결 후 과정

(1) 연결 후 뚜껑을 닫고 연결상태를 확인한다.

(2) 셀렉터 스위치를 자동쪽으로 돌린 상태에서 제어함의 SS단자와 A단자에 벨 시험기의 리드선을 대고 '삐' 소리가 나면 정상으로 연결된 것이다.

(3) 스위치를 오른쪽으로 돌리고(수동) 벨 시험기의 리드선을 SS단자와 M단자에 댔을 때 '삐' 소리가 나면 정상이다.

7 푸시버튼 스위치(2구 box에 설치되는 경우)

1 회로도에서 2개의 스위치가 떨어져 있는 경우

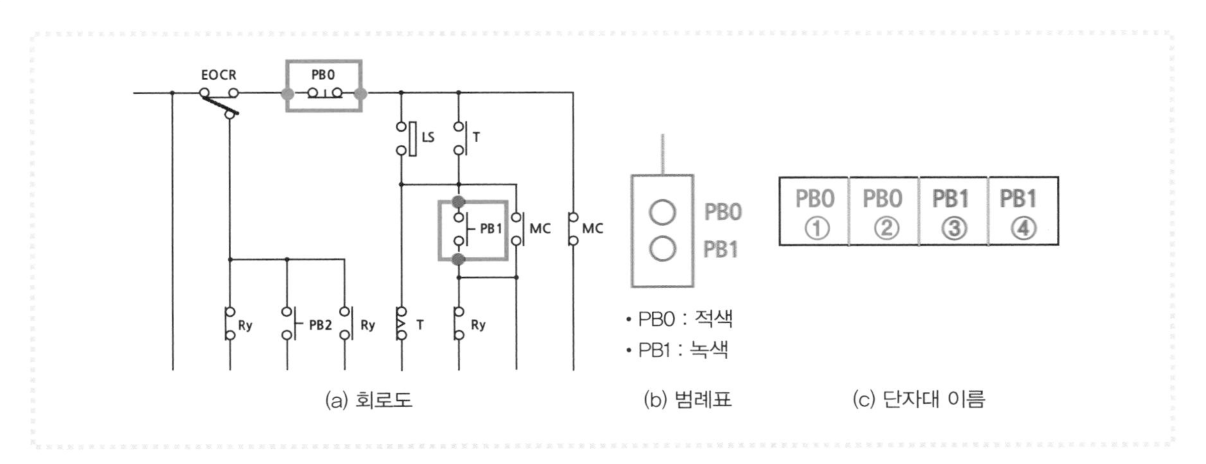

(a) 회로도 (b) 범례표 (c) 단자대 이름

1 기구 조립 및 결선

(1) 푸시버튼 스위치의 색상은 범례표에 제시되어 있다.

(2) 위쪽에는 적색, 아래쪽에는 녹색의 푸시버튼 스위치를 사용한다.

(3) PB0는 b접점을 사용하므로 NC단자가 오른쪽이 되도록 기구를 고정한다.

(4) PB1은 a접점을 사용하므로 NO단자가 오른쪽이 되도록 기구를 고정한다.

(5) 각각의 두 단자를 접속하면 된다.

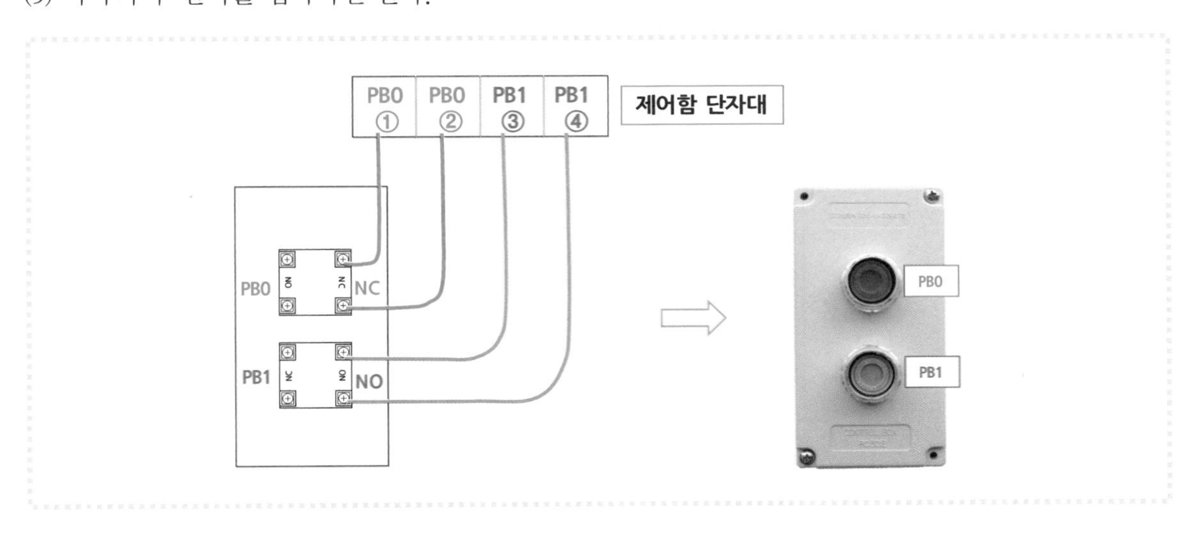

2 결선확인

(1) 벨 시험기의 리드선을 제어함 단자대의 PB0 두 단자에 대면 '삐' 소리가 난다.

(2) PB0를 눌렀을 때 벨 소리가 정지되면 b접점이 제대로 연결된 것이다.

(3) 제어함 단자대 PB1 두 단자에 벨 시험기의 리드선을 대고 PB1을 누르면 '삐' 소리가 나고, 놓았을 때 정지되면 a접점이 제대로 연결된 것이다.

(4) 푸시버튼 스위치의 위치와 색상이 맞는지 확인한다.

② 회로도에서 2개의 스위치가 연결되어 있는 경우

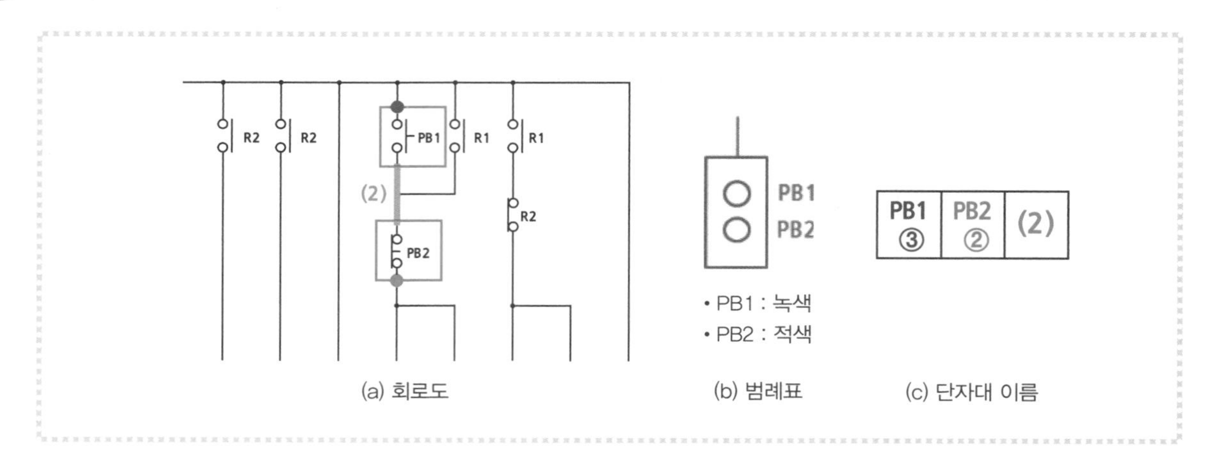

(a) 회로도 (b) 범례표 (c) 단자대 이름

1 기구 조립 및 결선

(1) 위쪽에는 녹색, 아래쪽에는 적색의 푸시버튼 스위치를 사용한다.

(2) PB1은 a접점을 사용하므로 NO단자가 오른쪽이 되도록 기구를 고정한다.

(3) PB2는 b접점을 사용하므로 NC단자가 오른쪽이 되도록 기구를 고정한다.

(4) PB1-④번 단자와 PB2-①번 단자를 연결하면 (2)번 단자가 되고 여기에 제어함 단자대의 (2)번 단자와 연결한다.

(5) PB1-③번 단자와 PB2-②번 단자를 각각 제어함 단자와 연결하면 된다.

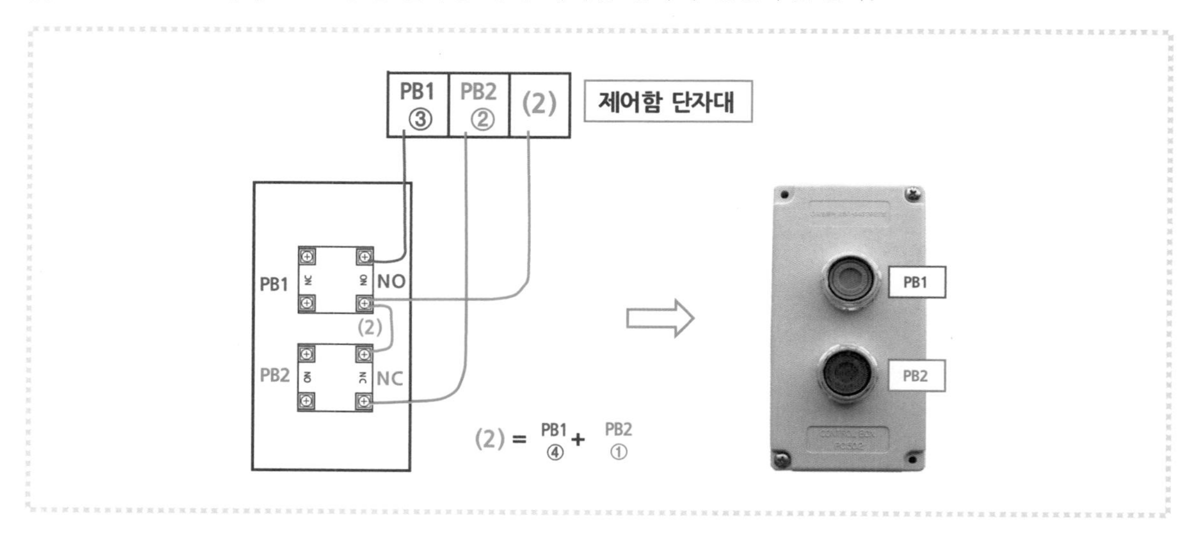

2 결선확인

(1) **a접점 확인** : 벨 시험기의 리드선을 단자대의 PB1-③번 단자와 (2)번 단자에 대고 PB1을 눌렀을 때 '삐' 소리가 나면 정상이다.

(2) **b접점 확인** : 벨 시험기의 리드선을 단자대의 PB2-②번 단자와 (2)번 단자에 대면 '삐' 소리가 나고, PB2를 눌렀을 때 정지되면 정상이다.

(3) 푸시버튼 스위치의 위치와 색상이 맞는지 확인한다.

3 회로도에서 2개의 스위치가 연동되어 있는 경우

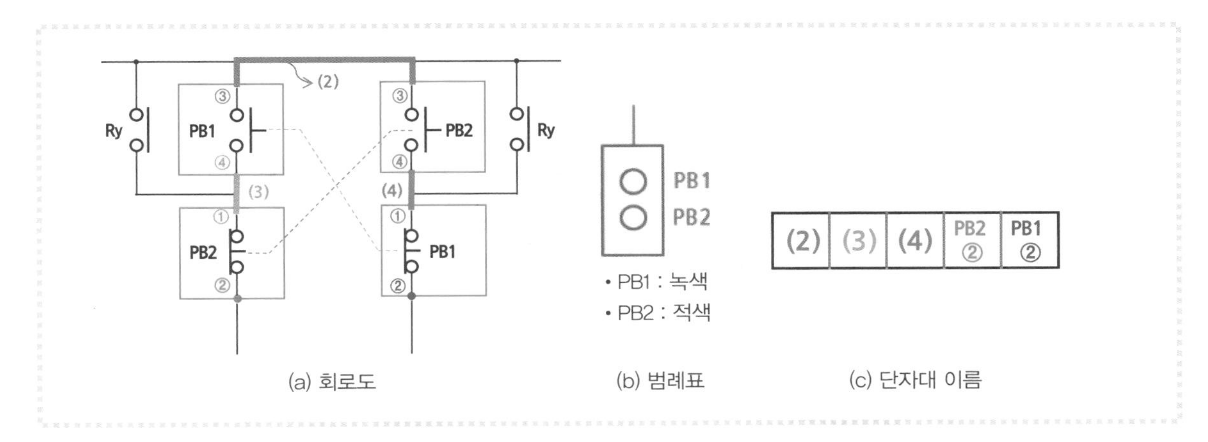

(a) 회로도 (b) 범례표 (c) 단자대 이름

1 기구 조립 및 결선

(1) 위쪽에는 녹색, 아래쪽에는 적색의 푸시버튼 스위치를 사용한다.

(2) PB1, PB2 모두 a · b접점을 사용하므로 NC단자가 오른쪽에 오도록 고정시킨다.

(3) 아래쪽의 공통단자 번호를 보면서 결선방법을 이해해야 한다.

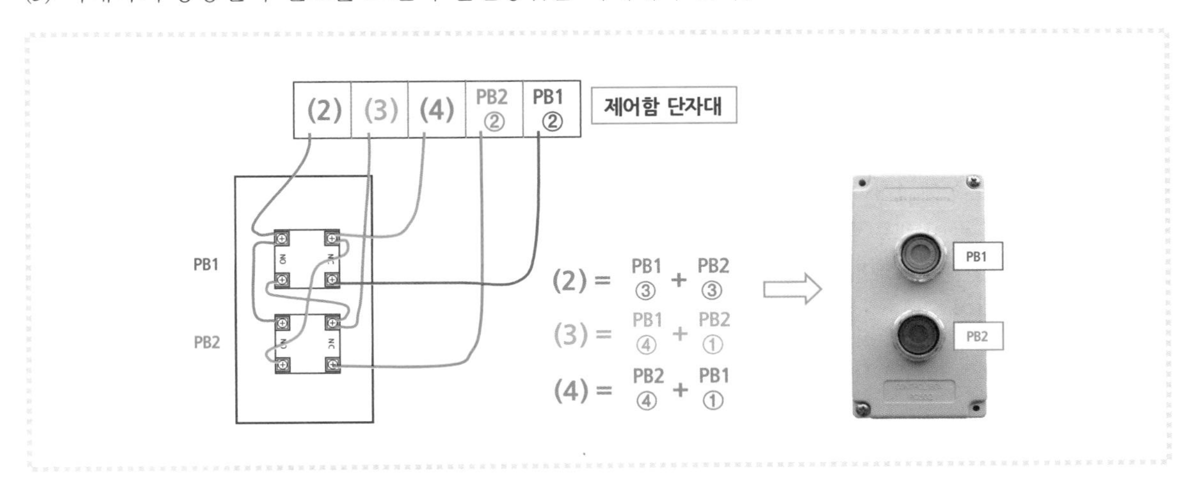

2 결선확인

(1) PB1의 a접점 : (2)번 단자와 (3)번 단자에 벨 시험기의 리드선을 대고 PB1을 누르면 버저가 울리고 놓으면 정지된다.

(2) PB1의 b접점 : (4)번 단자와 PB1-②번 단자에 벨 시험기의 리드선을 대면 버저가 울리고 PB1을 누르면 정지된다.

(3) PB2의 a접점 : (2)번 단자와 (4)번 단자에 벨 시험기의 리드선을 대고 PB2를 누르면 버저가 울리고 놓으면 정지된다.

(4) PB2의 b접점 : (3)번 단자와 PB2-②번 단자에 벨 시험기의 리드선을 대면 버저가 울리고 PB2를 누르면 정지된다.

(5) 푸시버튼 스위치의 위치와 색상이 맞는지 확인한다.

자/세/히/알/아/보/기

여러 가지 모양의 셀렉터 스위치

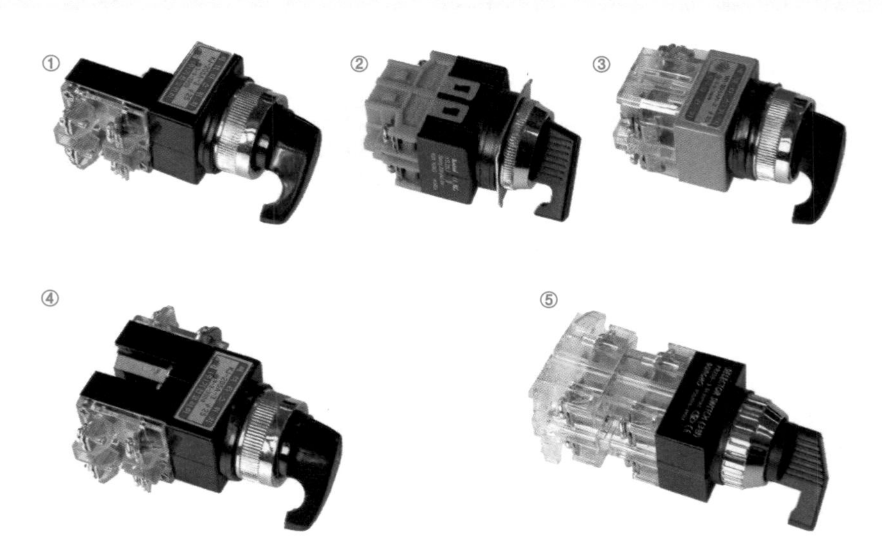

(1) ①은 시험에 가장 많이 사용되는 셀렉터 스위치로, 4개의 단자로 구성되어 있다.

(2) ②와 ③은 단자가 뒤쪽에 있으며 단자에 전선의 접속이 쉬운 특징이 있다.

(3) ④는 ①번 셀렉터 스위치에 접점을 추가해서 조립한 스위치로, 왼쪽과 오른쪽 접점이 같이 동작한다. 시험에 이런 스위치가 주어진다면 한쪽 면을 이용해서 접점을 구성하면 된다.

(4) ⑤는 왼쪽에 4개의 단자와 오른쪽에 4개의 단자가 있는데 손잡이를 왼쪽으로 돌리면 왼쪽에 있는 접점 2개가 위-아래로 연결되고, 오른쪽으로 돌리면 오른쪽면에 있는 접점 2개가 연결되는 구조로 되어 있다. 공통단자는 왼쪽면과 오른쪽면의 위쪽 단자를 연결해서 SS로 사용하고 자동과 수동은 아래쪽의 단자를 사용하면 된다.

예 오른쪽으로 돌리면 자동인 경우의 결선방법

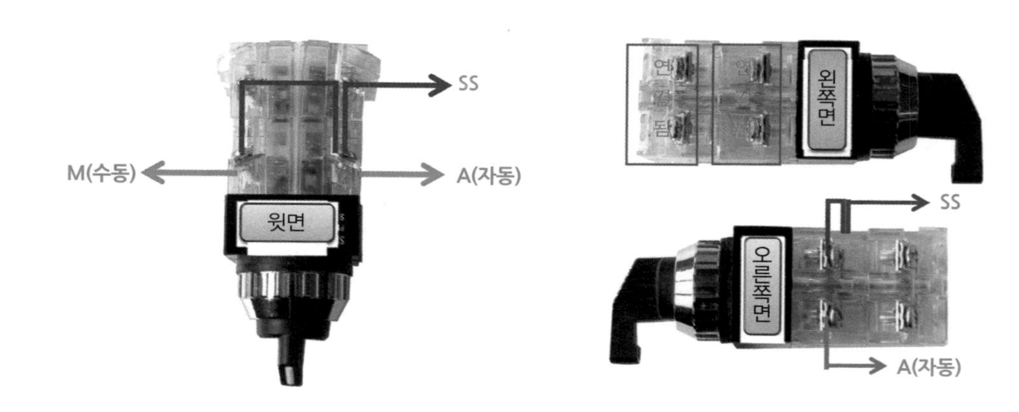

SECTION 08 회로 구성방법

1 기호 읽는 법(⇒:순서대로 연결, ⇔:순서에 관계없이 연결)

사용 예	설명
L1, L2, L3 ⇒ MCCB	L1단자와 MCCB의 왼쪽 단자, L2단자와 MCCB의 가운데 단자, L3단자와 오른쪽 단자를 순서대로 연결한다.
L1, L2, L3 ⇒ MC－①, ②, ③	L1단자와 MC–①번 단자, L2단자와 MC–②번 단자, L3단자와 MC–③번 단자를 순서대로 연결한다.
U ⇔ PB－③ ⇔ (1)	U단자와 PB–③번 단자와 (1)번 단자를 연결한다. 표시된 순서에 관계없이 단자를 연결한다.
MC－④, ⑤ ⇔ R1－①, ⑦, ⑧	MC–④번 단자, MC–⑤번 단자, R1–①번 단자, R1–⑦번 단자, R1–⑧번 단자를 순서에 관계없이 연결한다.
EOCR－①, ⑥, ⑧	EOCR의 ①번 단자, ⑥번 단자, ⑧번 단자를 연결한다.

2 기구류의 표시방법

외형	단자 구조	설명
	③ ① NO NC ④ ② • b접점 : ①－② 단자 • a접점 : ③－④ 단자	㉠ 누름 버튼 스위치, 셀렉터 스위치, 리밋 스위치 등은 원래 규정된 접점번호는 없다. ㉡ 본 교재에서는 회로구성을 쉽게 하기 위해 스위치에 번호를 붙여서 사용하였으며, 왼쪽 그림과 같이 NC(b접점)에는 ①·②번을, NO(a접점)는 ③·④번으로 번호를 붙여 사용한다.
	L1 L2	표시등의 두 단자를 각각 L1, L2라 한다.

이 단원에서는 회로도의 어느 단자가 기구 배치도의 어느 단자와 연결되는 지를 예제를 통해 살펴본다. 회로를 연결할 때는 다음 사항을 참고하여 연결하여야 한다.

(1) 회로도와 기구 배치도에 있는 기구의 그림이 매칭되어야 한다.

(2) 접점을 통과하여 연결하면 안 된다.

(3) 되도록 최단 거리로 연결하여야 한다.

(4) 표시등, 푸시버튼 등은 나중에 단자대를 거쳐 외부에 연결해야 한다.

3 전자접촉기 회로

1 회로도

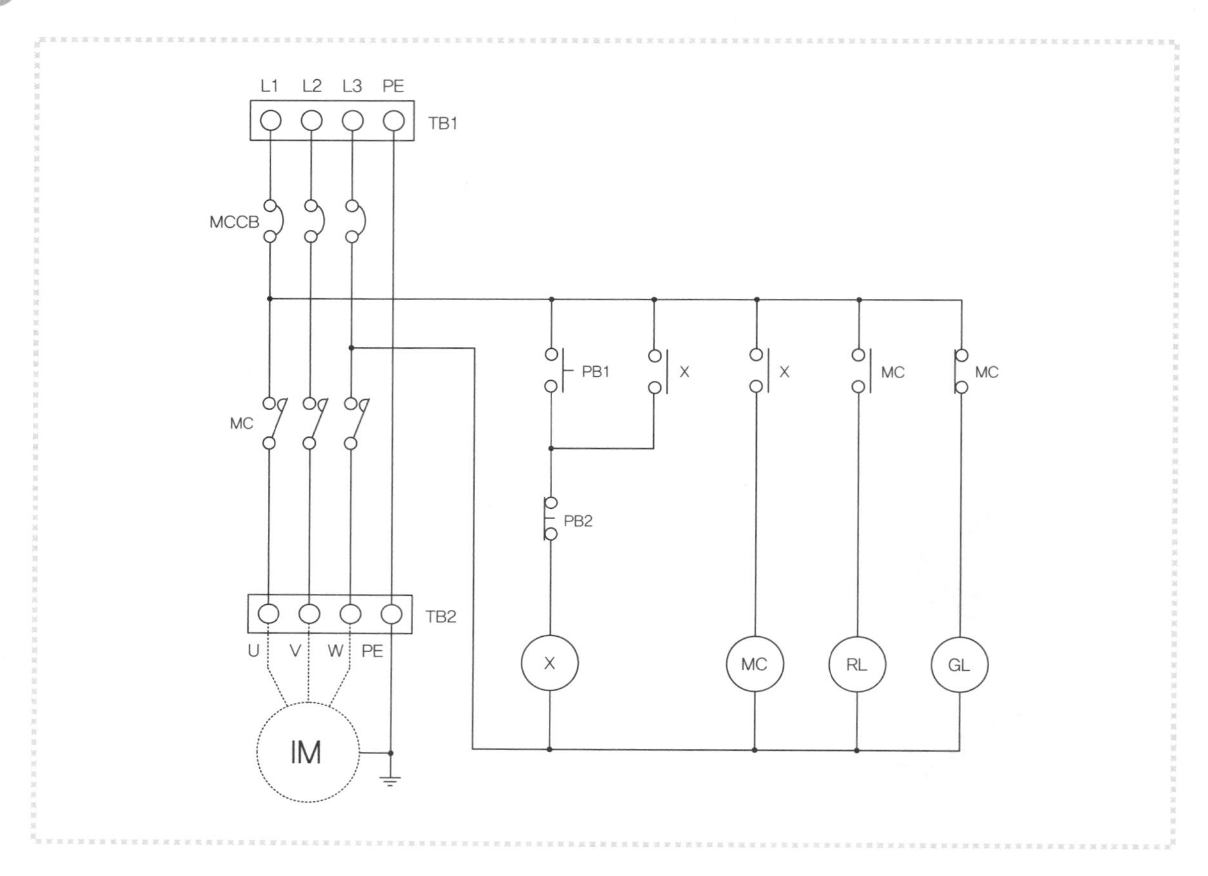

[범례]

기호	명칭	기호	명칭
TB1, TB2	4P 단자대	PB1	푸시버튼 스위치(녹색)
MCCB	배선용 차단기	PB2	푸시버튼 스위치(적색)
MC	전자접촉기(12P)	RL	표시등(적색)
X	릴레이(8P)	GL	표시등(녹색)

② 기구 배치도

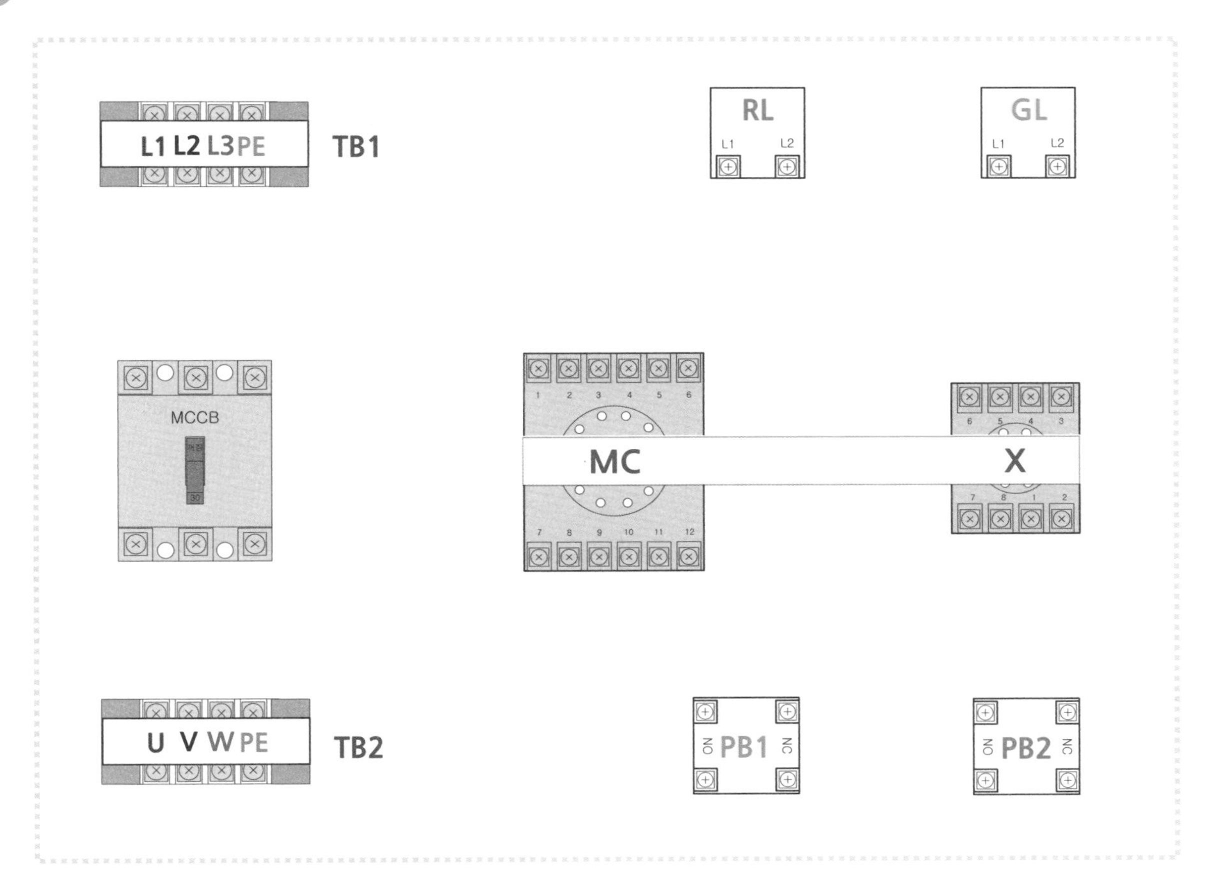

1 배선용 기구 사용 시 유의사항

(1) 표시등의 L1, L2단자는 구분하여 사용하지 않아도 된다.

(2) 푸시버튼 스위치는 오른쪽이 NC단자가 되도록 배치했다.

(3) a접점은 NO단자를 사용하고, b접점은 NC단자를 사용한다.

(4) 계전기 소켓 위에 종이테이프를 붙이고 계전기의 이름을 적어 넣는다(유성펜 사용).

2 회로 연결순서

(1) 주회로의 색상은 정해져 있으며, 위쪽부터 차례로 연결한다. (가)~(라) 회로로 구분 L1상 : 갈색, L2상 : 흑색, L3상 : 회색, PE : 녹-황색

(2) 제어회로의 아래쪽 모선을 연결한다. (1)번 회로

(3) 제어회로의 위쪽 모선을 연결한다. (2)번 회로

(4) 가운데 회로를 왼쪽부터 차례로 연결한다. (3)~(7)번 회로

(5) 모터의 접속은 생략하고 단자대까지만 배선한다.

3 실제 작업에서는 푸시버튼 스위치나 표시등은 제어함에 설치하지 않지만 이 단원에서는 회로의 어느 부분이 기구의 어느 단자와 연결되는 것인가를 학습하기 위한 과정이다.

③ 계전기 접점번호 부여

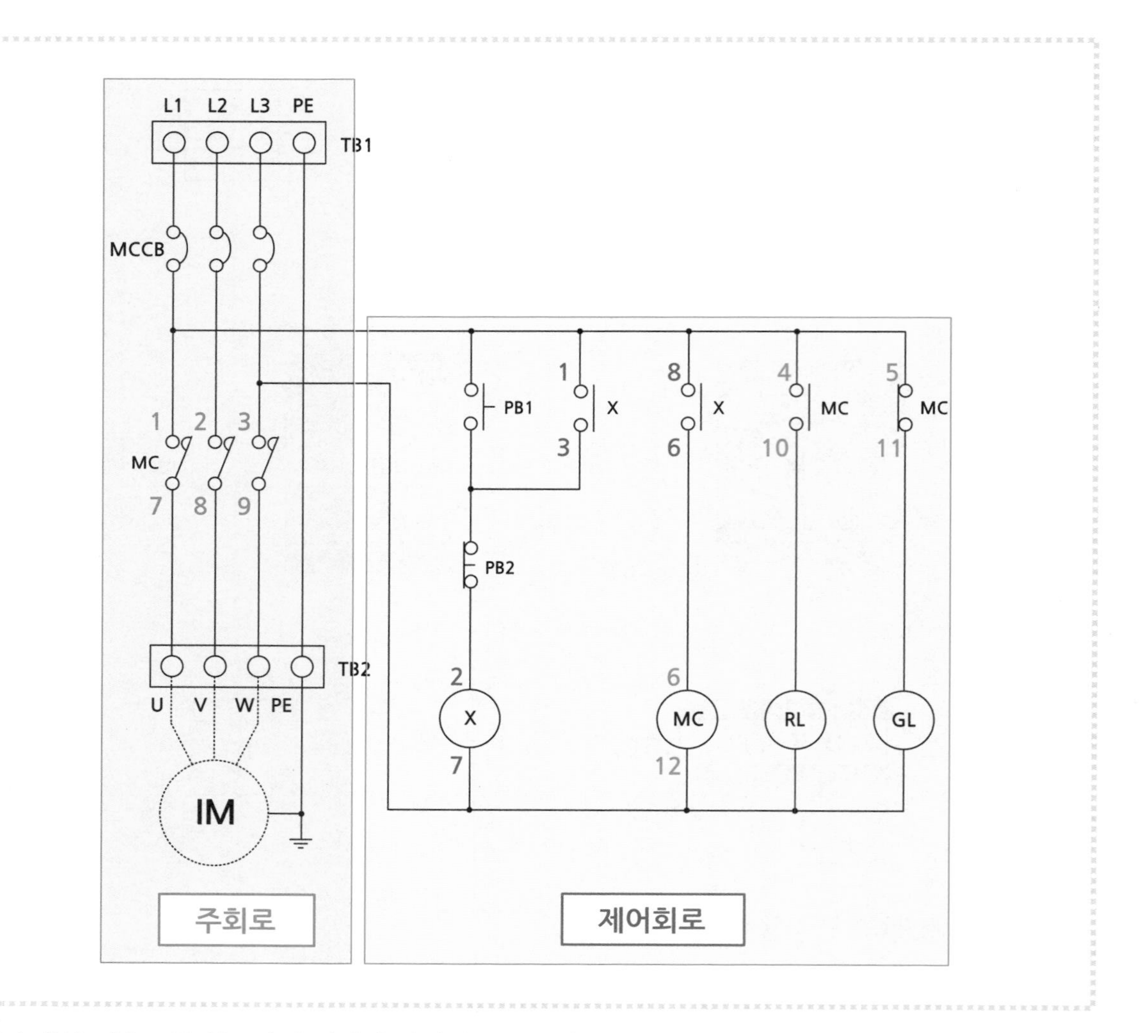

계전기 내부 접속도를 참고하여 계전기 접점번호를 부여한다.

(1) **주회로** : 전동기가 연결되어 큰 전류를 소비하는 회로

(2) **제어회로** : 주회로에 연결된 전동기를 제어하기 위한 회로

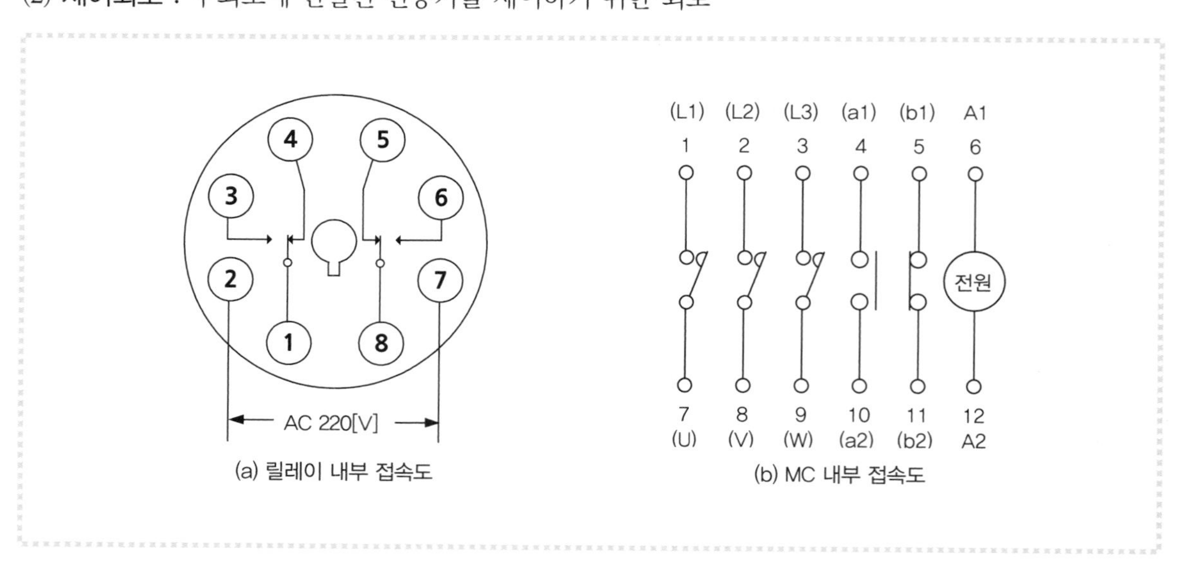

(a) 릴레이 내부 접속도

(b) MC 내부 접속도

1 주회로에서의 (가) · (나)회로

주회로 연결 시 전선의 색상을 꼭 맞춰서 사용해야 한다.

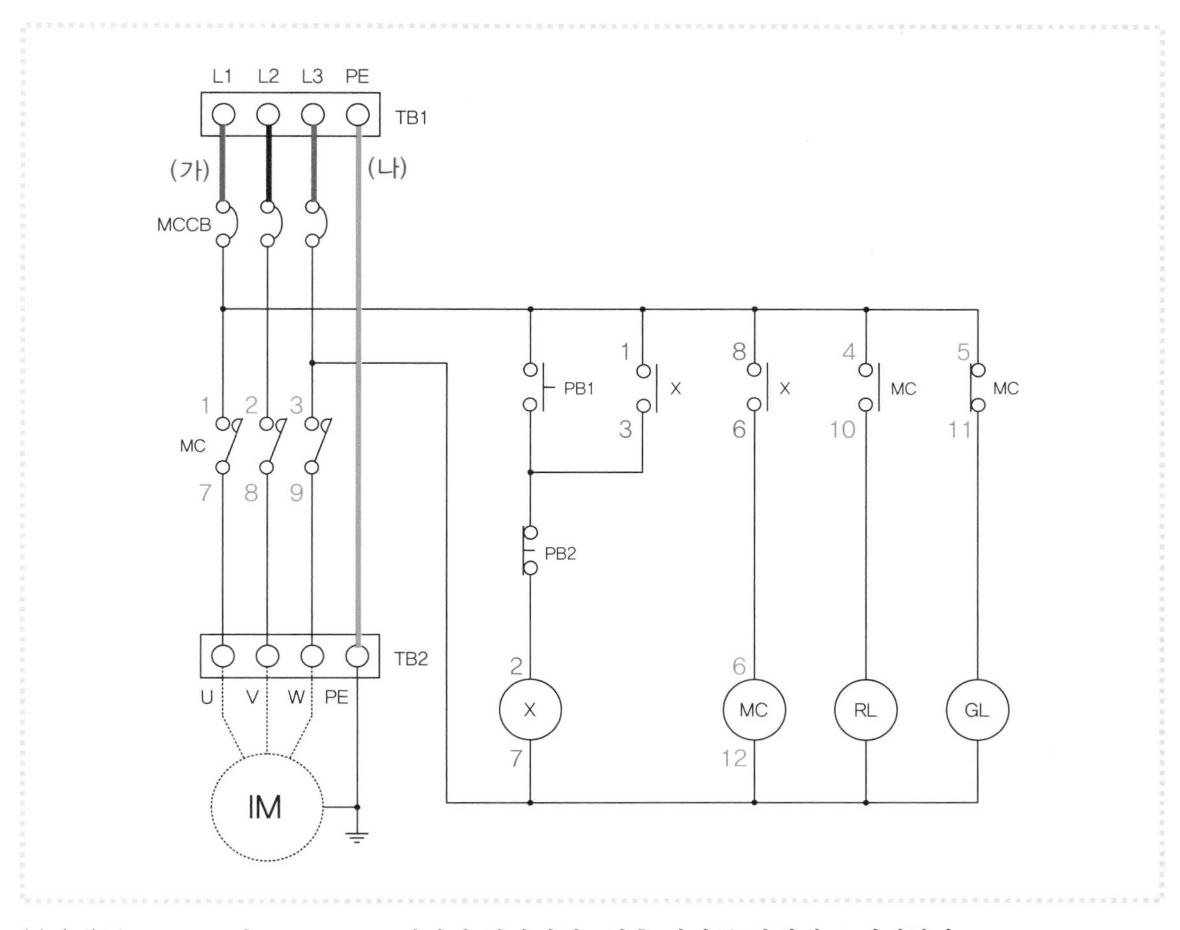

(1) (가)회로 : TB1의 L1 · L2 · L3단자와 차단기의 1차측 단자를 차례대로 연결한다.

(2) (나)회로 : TB1단자대의 PE단자와 TB2단자대의 PE단자를 연결한다(접지선).

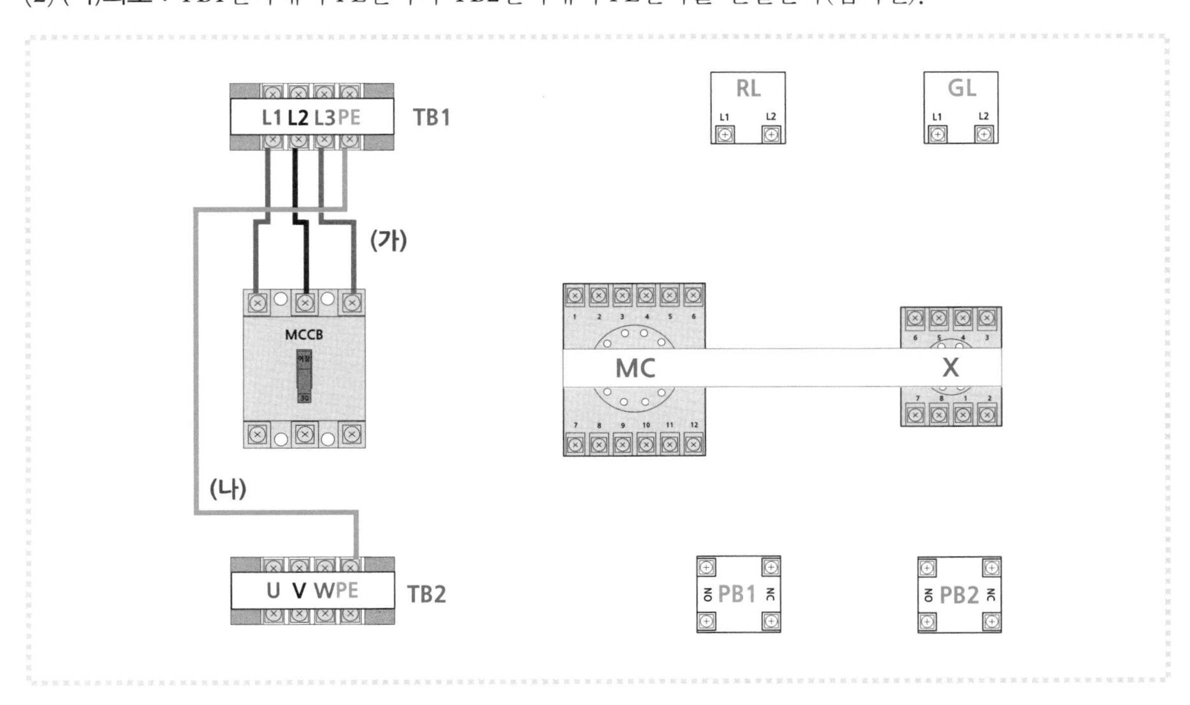

2 주회로에서의 (다)회로

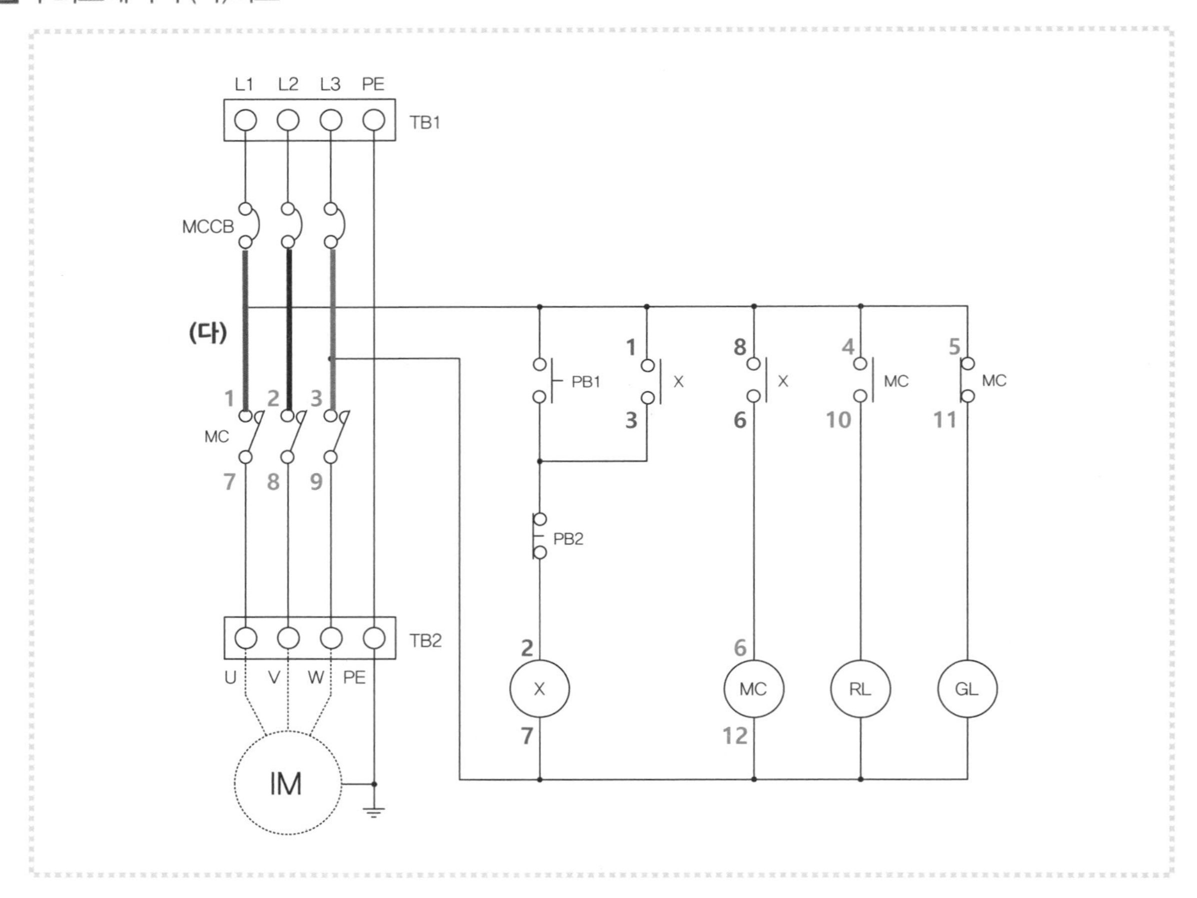

(다)회로는 차단기의 2차측 단자와 MC-①·②·③번 단자를 차례로 연결한다.

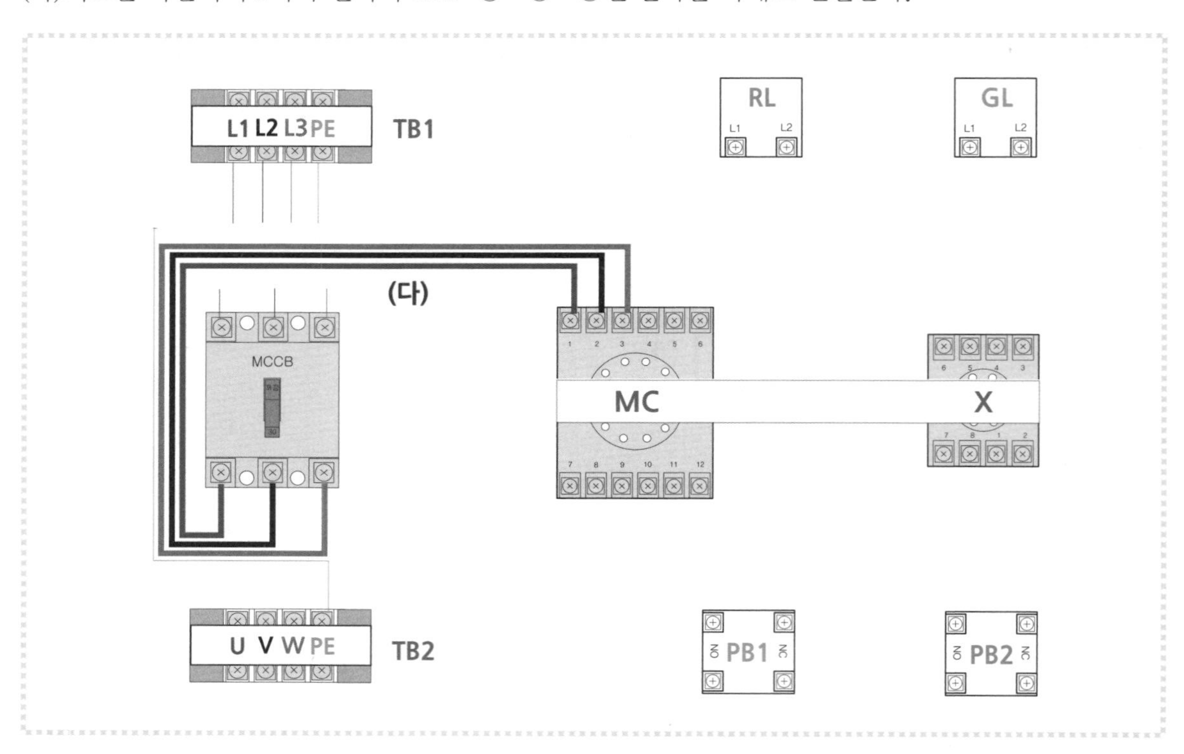

3 주회로에서의 (라)회로

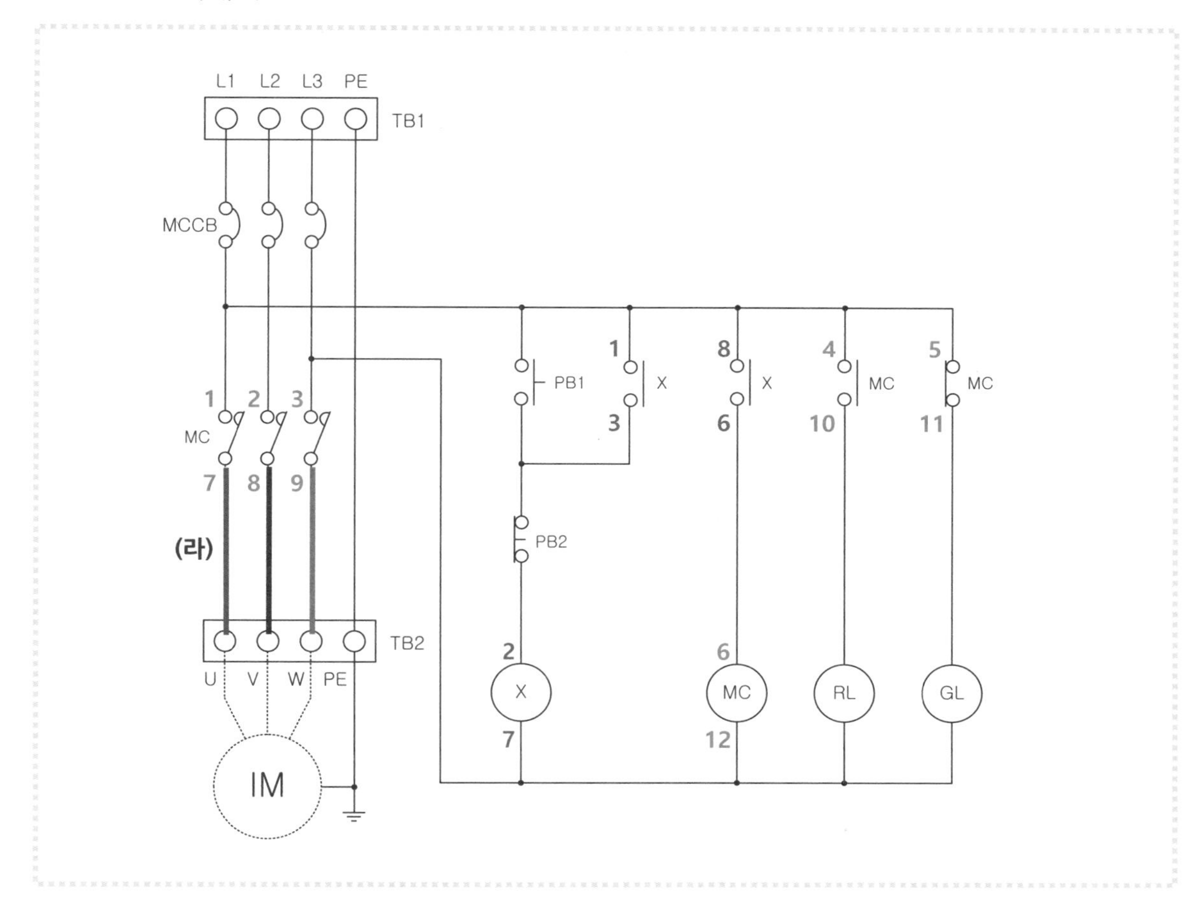

(라)회로는 MC-⑦ · ⑧ · ⑨번 단자와 TB2-U · V · W단자를 차례로 연결한다.

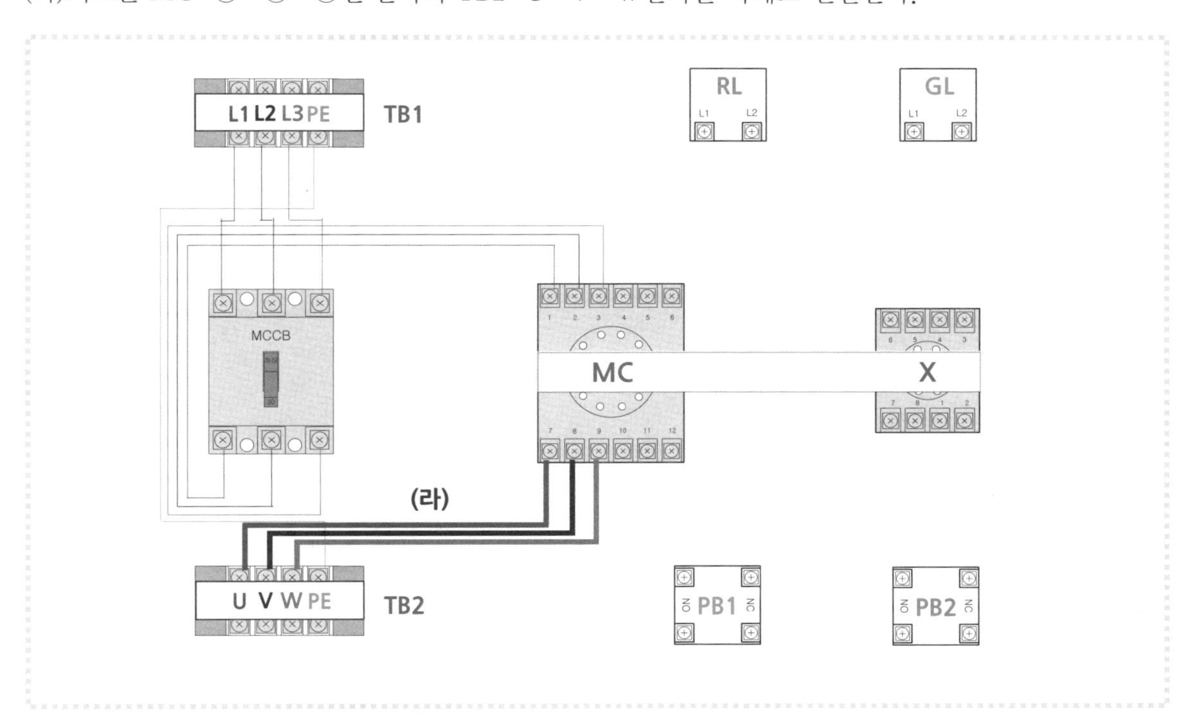

4 제어회로에서의 (1)번 회로

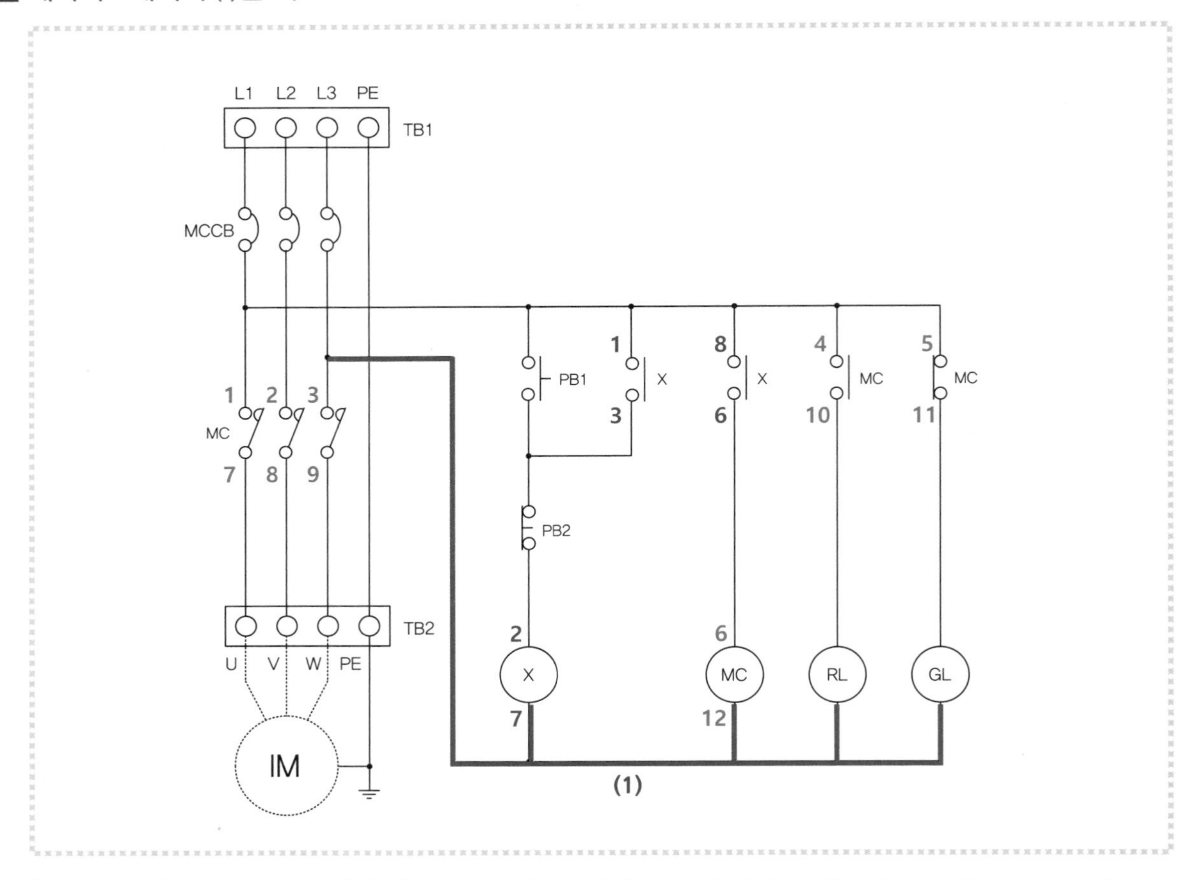

(1) 연결해야 하는 단자가 여러 개인 경우에는 연결할 단자에 미리 자석이나 종이테이프를 붙여 놓으면 배선작업이 쉽다.

(2) MC−③ ⇔ X−⑦ ⇔ MC−⑫ ⇔ RL ⇔ GL단자를 찾아 표시하고 최단 거리로 연결한다(제어회로도 순서에 관계없이 총 5개 단자를 연결하면 된다).

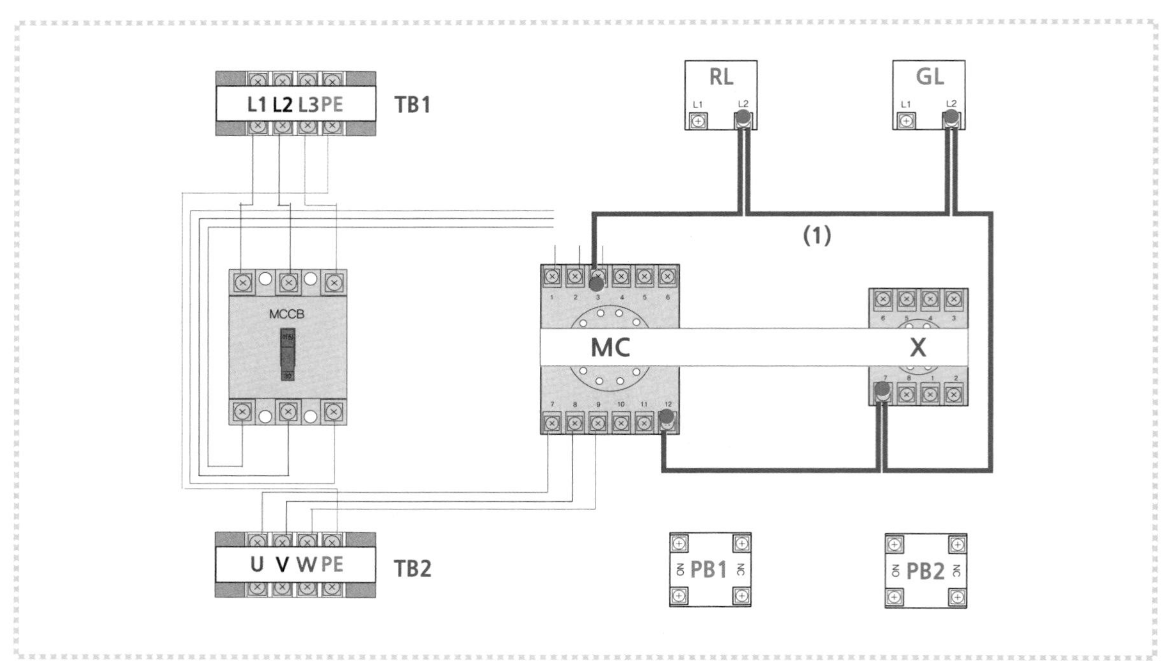

5 제어회로에서의 (2)번 회로

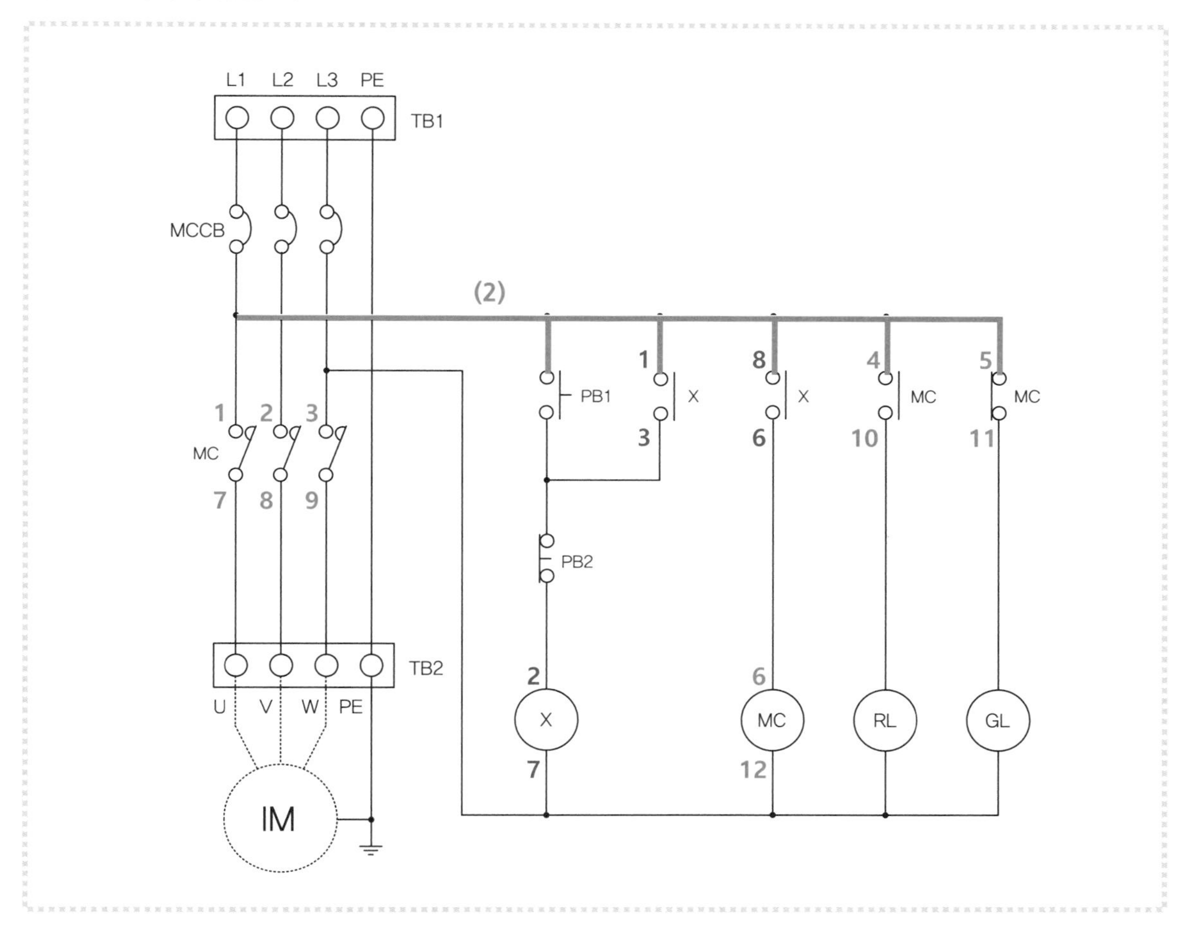

(1) MC−① ⇔ PB1−③ ⇔ X−①·⑧ ⇔ MC−④·⑤단자를 찾아 표시하고 최단 거리로 연결한다(제어회로도 순서에 관계없이 총 6개 단자를 연결하면 된다).

(2) X−①·⑧은 X−①번 단자와 X−⑧번 단자를 말한다.

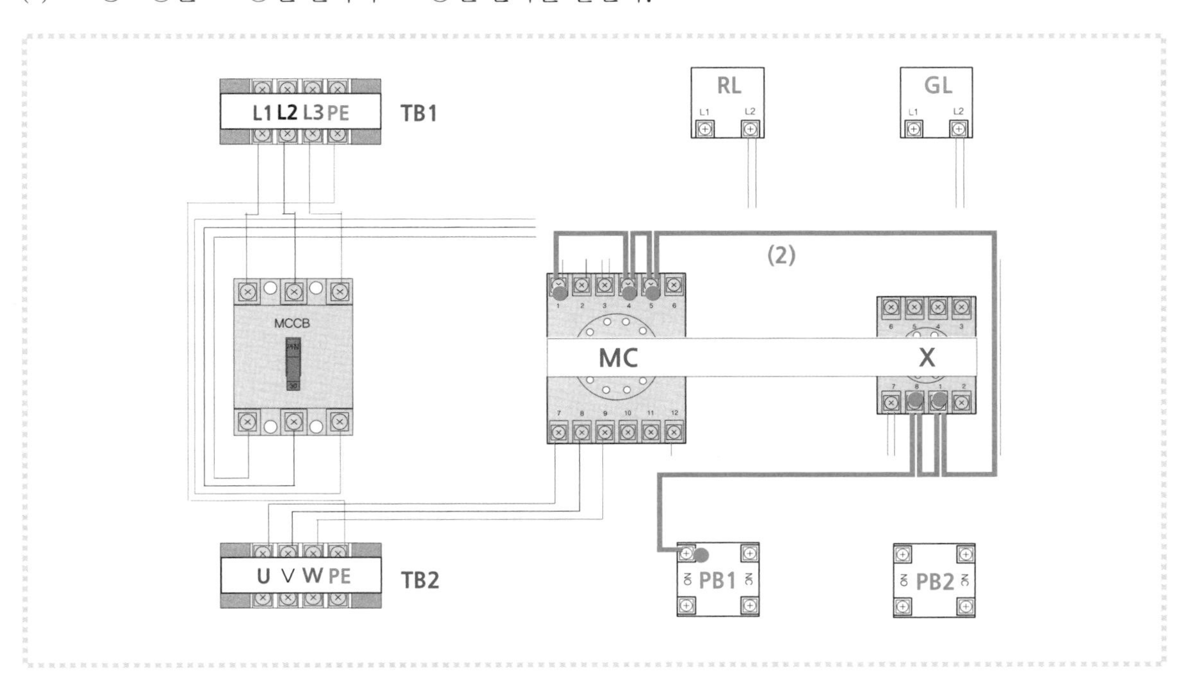

6 제어회로에서의 (3) · (4)번 회로

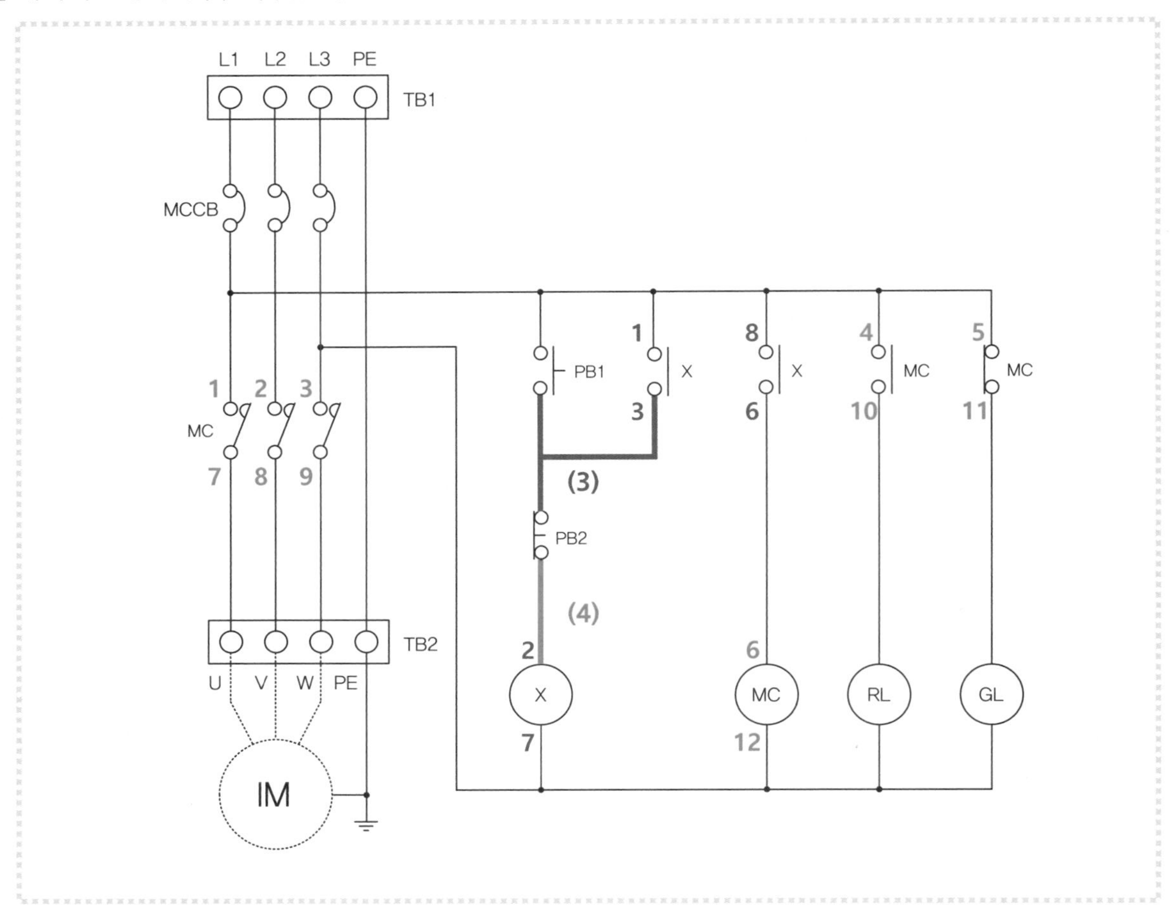

(1) PB1-④ ⇔ PB2-① ⇔ X-③번 단자를 찾아 표시하고 최단 거리로 연결한다(제어회로도 순서에 관계없이 총 3개 단자를 연결하면 된다).

(2) PB2-②번 단자와 X-②번 단자를 연결한다.

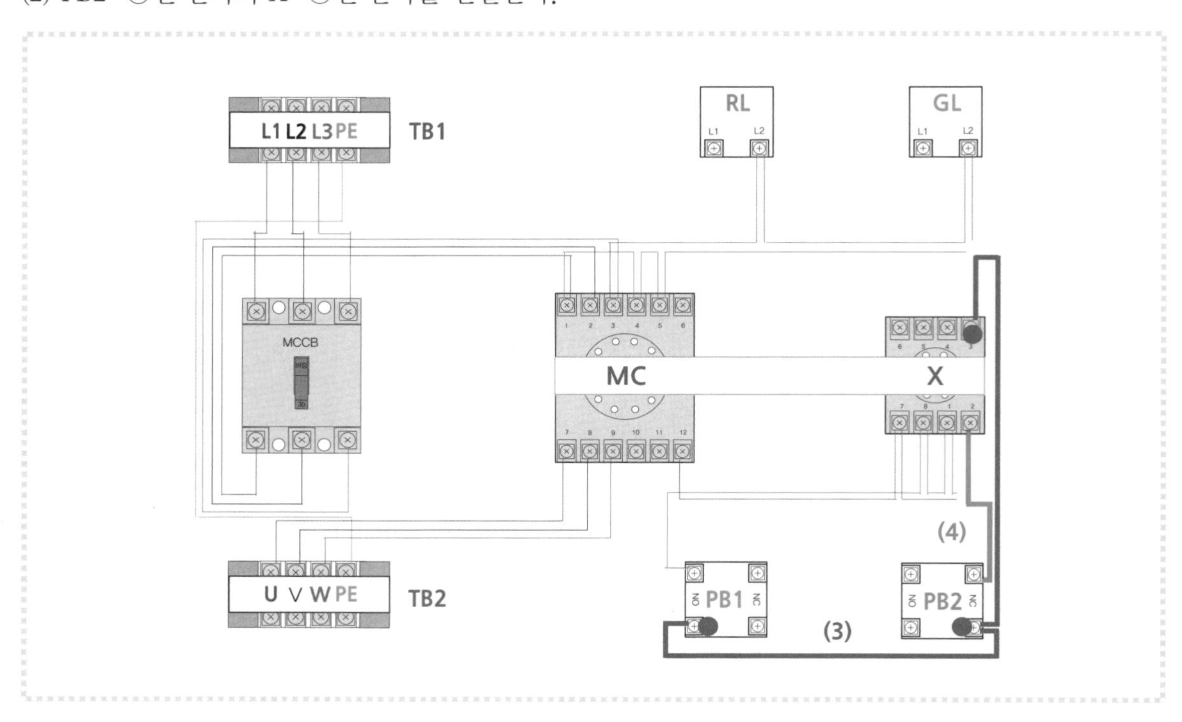

7 제어회로에서의 (5) · (6) · (7)번 회로

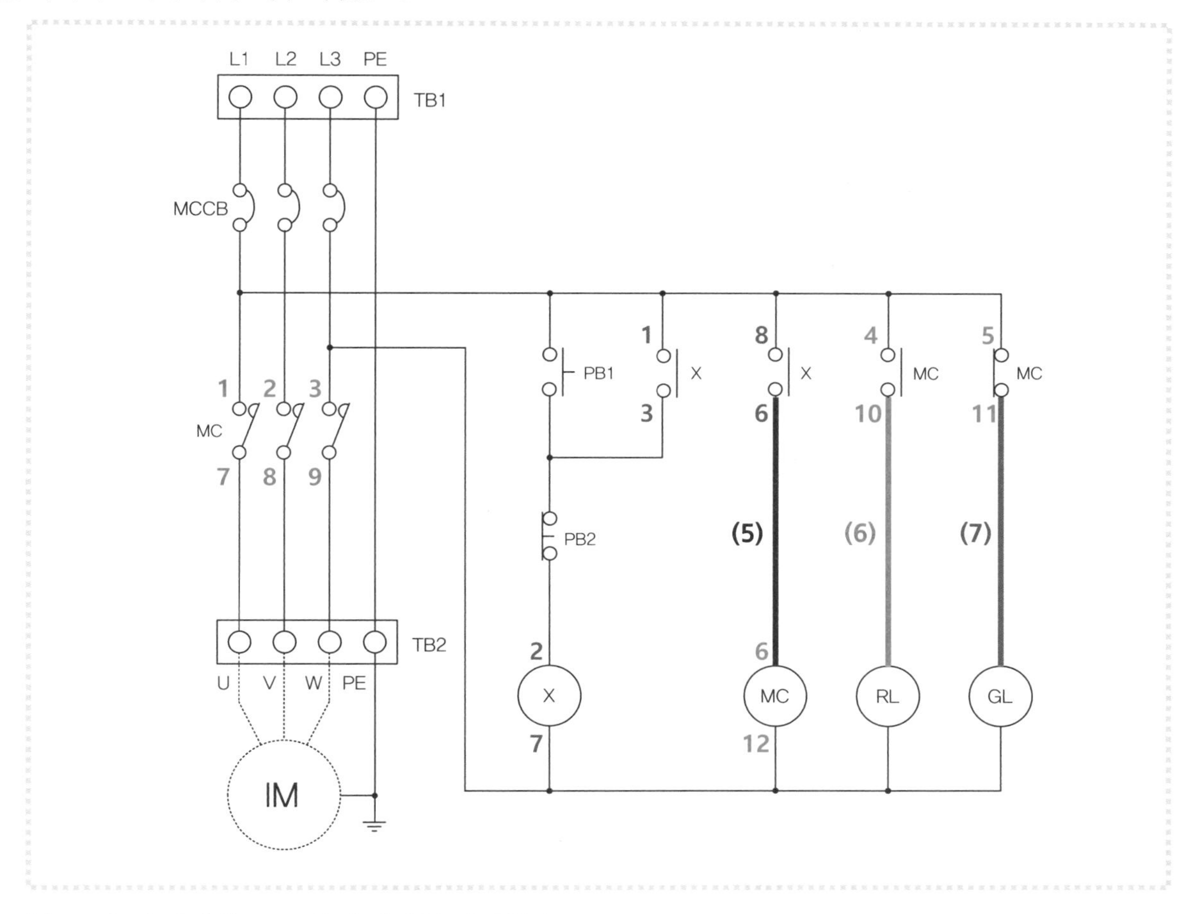

(1) X-⑥번 단자와 MC-⑥번 단자를 연결한다.

(2) MC-⑩번 단자와 RL단자를 연결한다.

(3) MC-⑪번 단자와 GL단자를 연결한다.

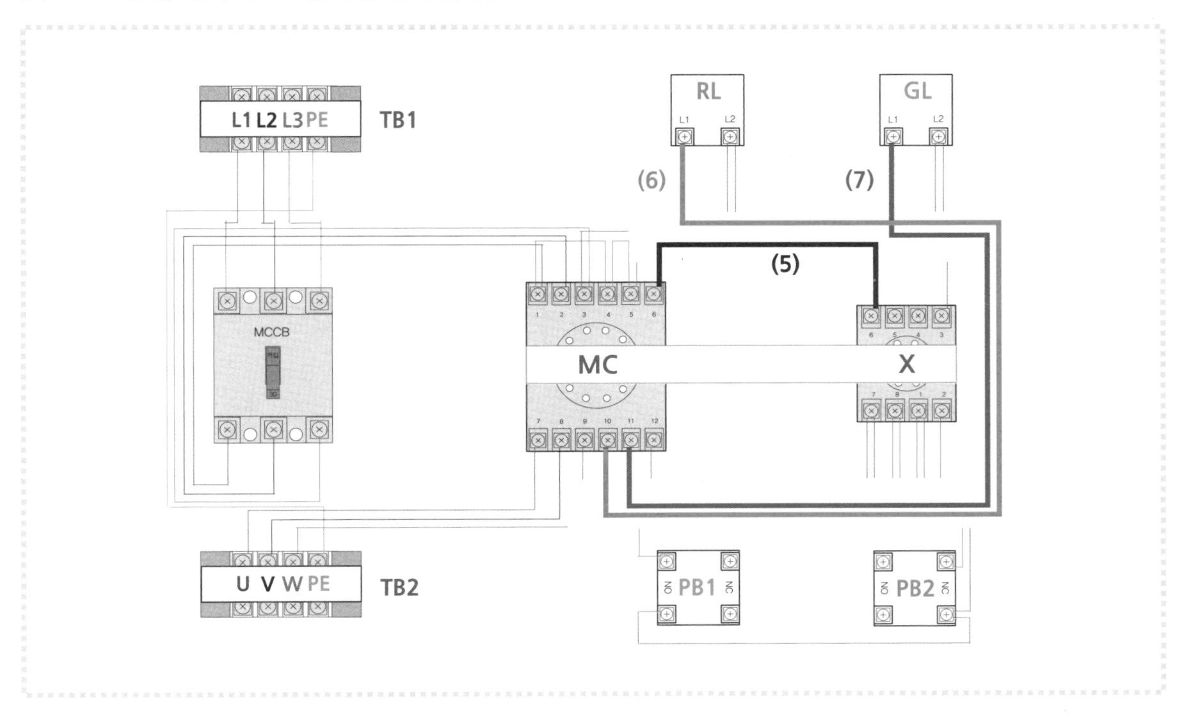

4 경보 회로

1 회로도

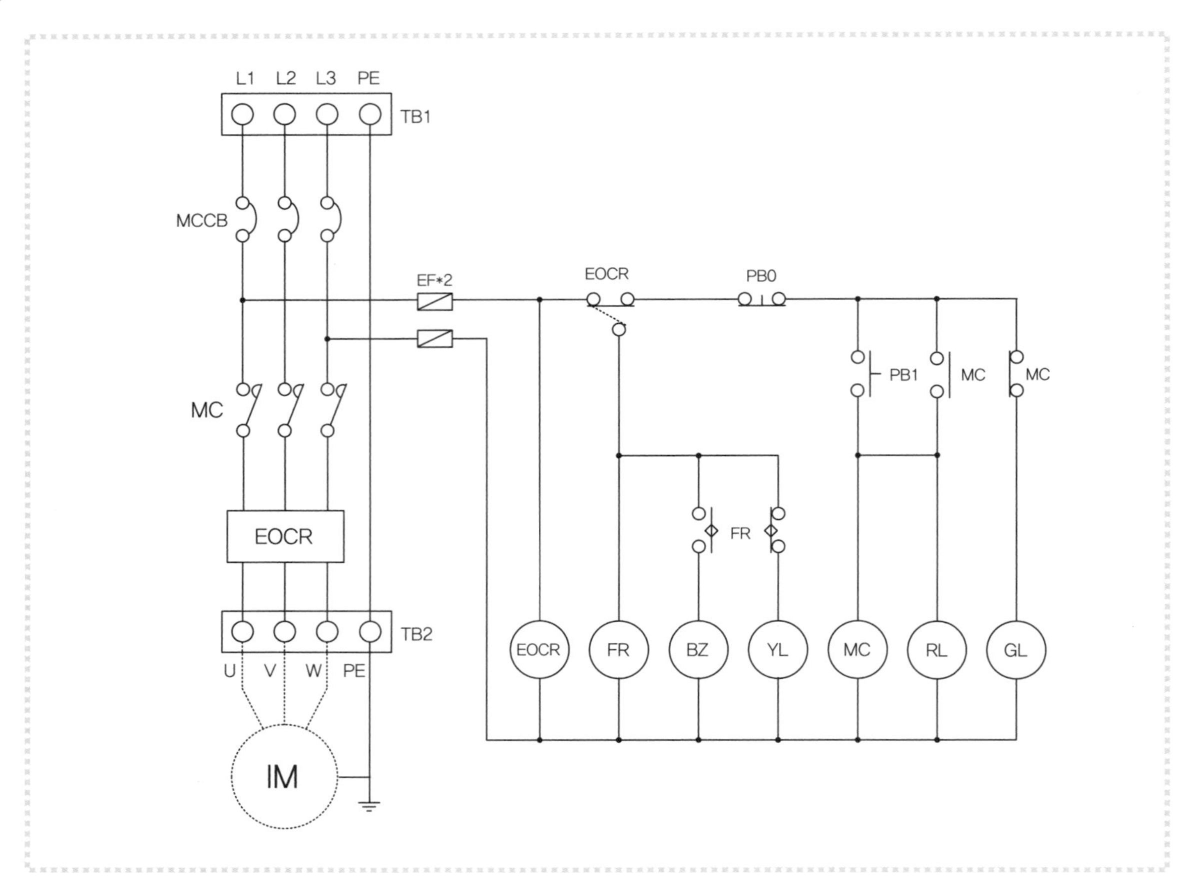

[범례]

기호	명칭	기호	명칭
TB1, TB2	4P 단자대	PB1	푸시버튼 스위치(녹색)
MCCB	배선용 차단기	BZ	버저
MC	전자접촉기(12P)	YL	표시등(황색)
EOCR	EOCR(12P)	RL	표시등(적색)
FR	플리커 릴레이(8P)	GL	표시등(녹색)
PB0	푸시버튼 스위치(적색)	–	–

② 기구 배치도

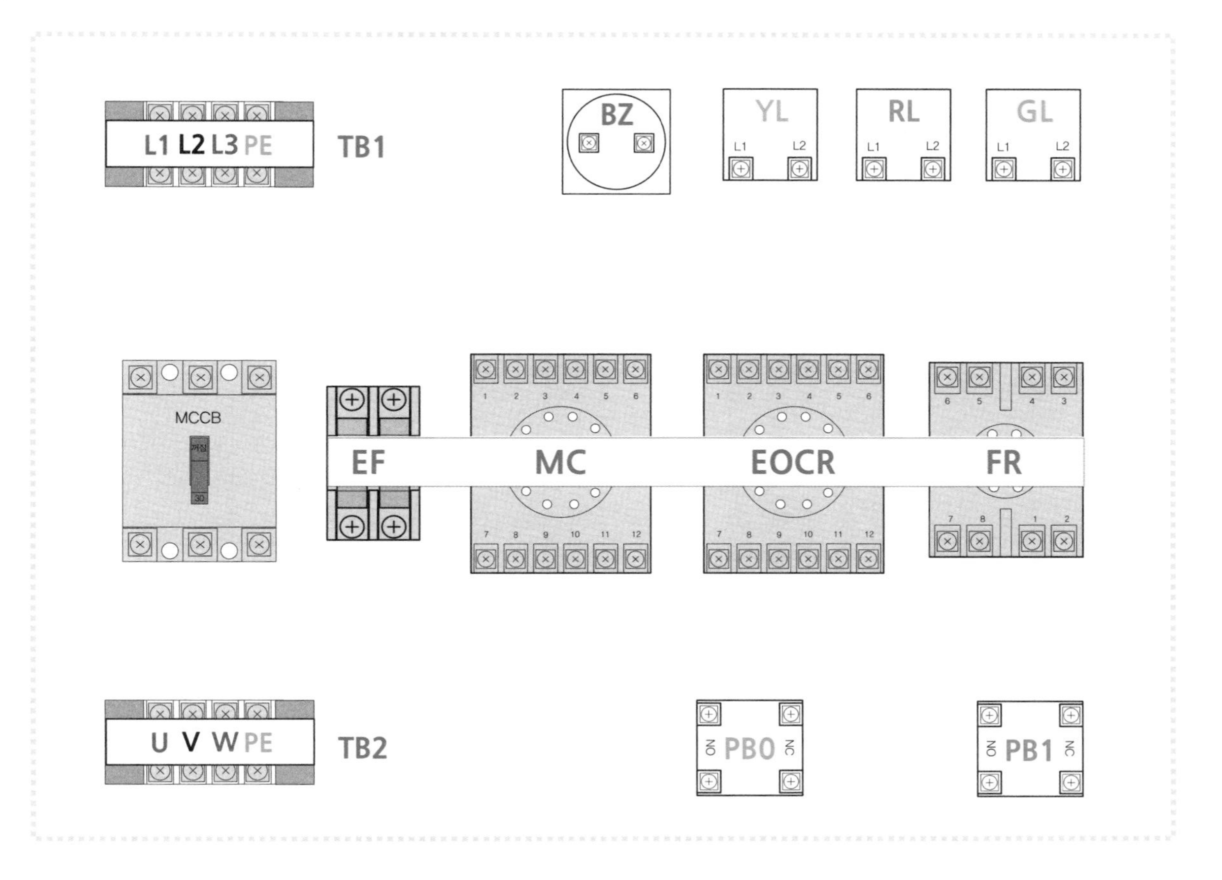

1 배선용 기구 사용 시 유의사항

(1) 표시등의 L1 · L2단자는 구분하여 사용하지 않아도 된다.

(2) 푸시버튼 스위치는 오른쪽이 NC단자가 되도록 배치했다.

(3) a접점은 NO단자를 사용하고, b접점은 NC단자를 사용한다.

(4) 계전기 소켓 위에 종이테이프를 붙이고 계전기의 이름을 적어 넣는다.

2 회로 연결순서

(1) 주회로의 색상은 정해져 있으며, 위쪽부터 차례로 연결한다. (가)~(바) 회로로 구분

L1상 : 갈색, L2상 : 흑색, L3상 : 회색, PE : 녹–황색

(2) 제어회로의 아래쪽 모선을 연결한다. (1)번 회로

(3) 제어회로의 위쪽 모선을 연결한다. (2)~(4)번 회로

(4) 가운데 회로를 왼쪽부터 차례로 연결한다. (5)~(9)번 회로

(5) 모터의 접속은 생략하고 단자대까지만 배선한다.

③ 계전기 접점번호 부여

계전기 내부 접속도를 참고하여 계전기 접점번호를 부여한다.

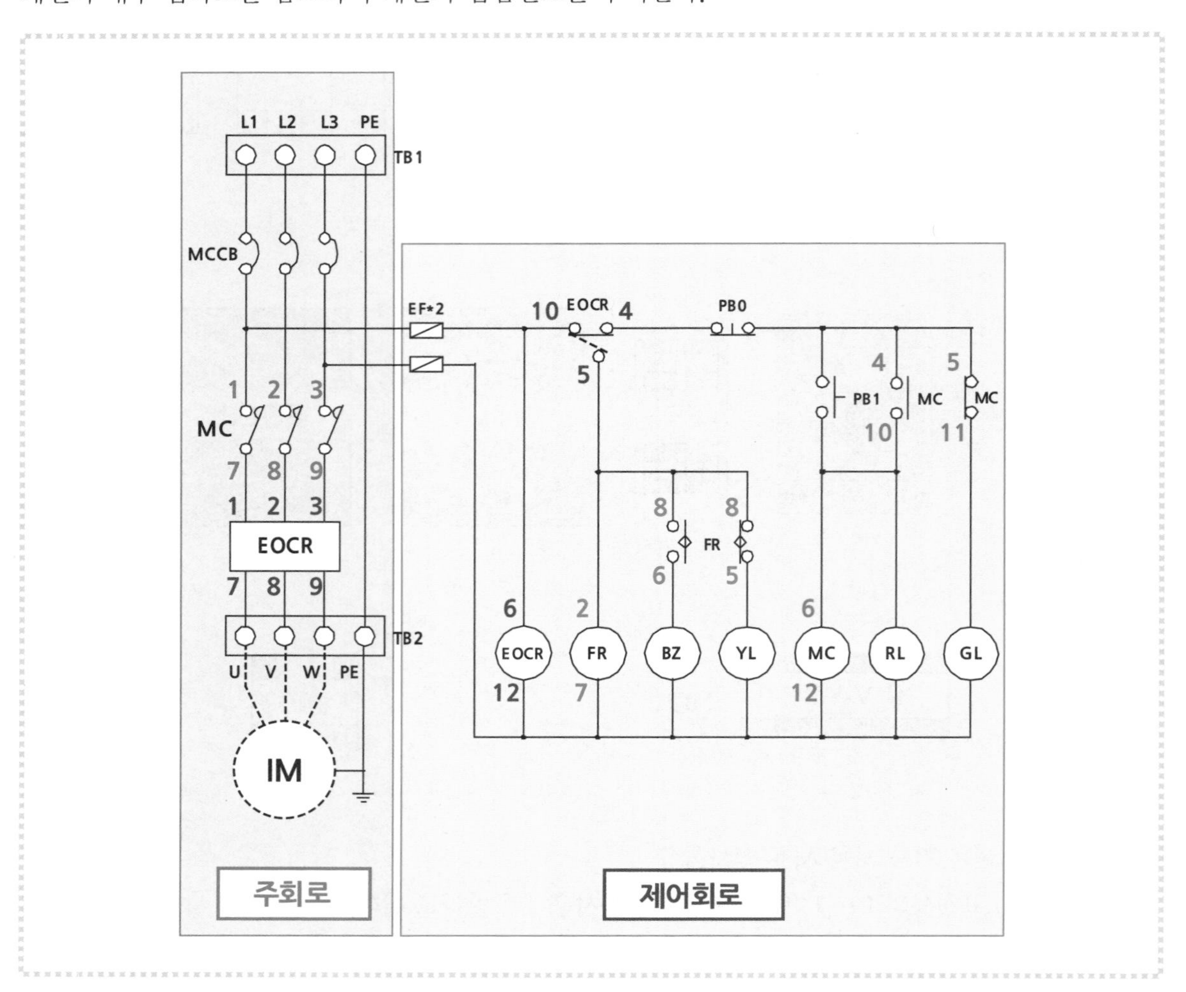

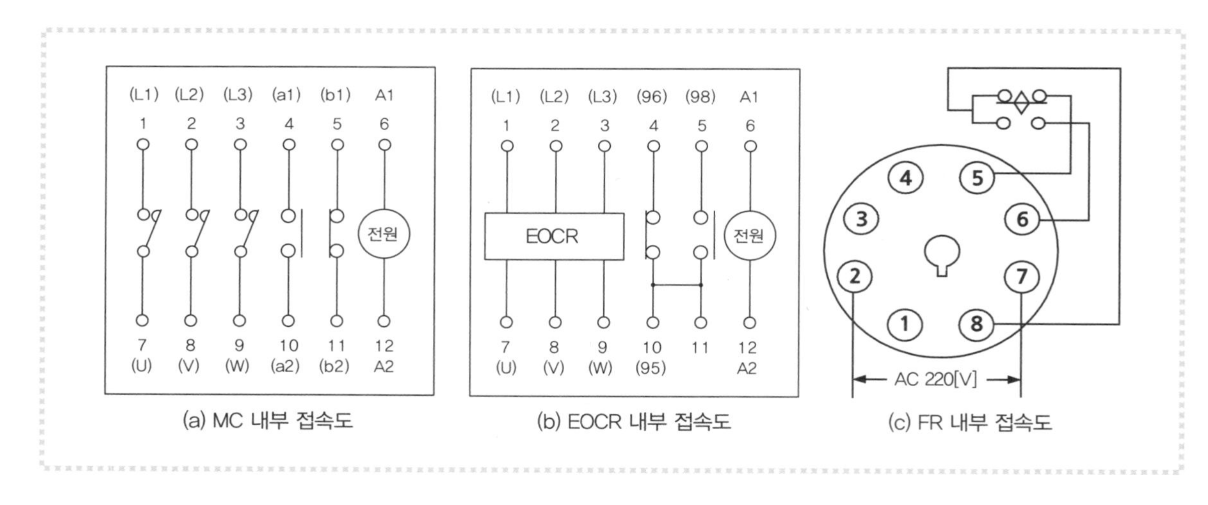

(a) MC 내부 접속도 (b) EOCR 내부 접속도 (c) FR 내부 접속도

1 주회로에서의 (가) · (나)회로

주회로 연결 시 전선의 색상을 꼭 맞춰서 사용해야 한다.

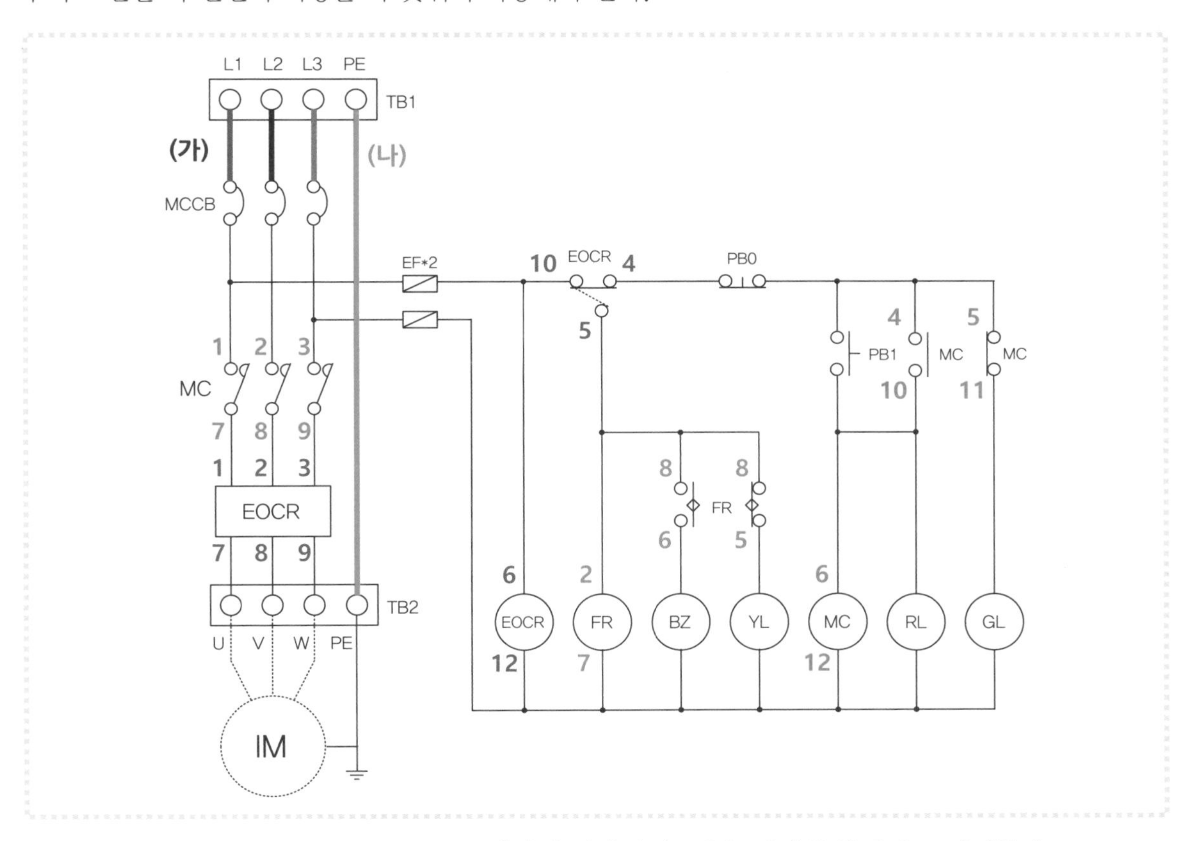

(1) (가)회로 : TB1 단자대의 L1 · L2 · L3단자와 차단기의 1차측 단자를 차례대로 연결한다.

(2) (나)회로 : TB1의 PE단자와 TB2 단자대의 PE단자를 연결한다(접지선).

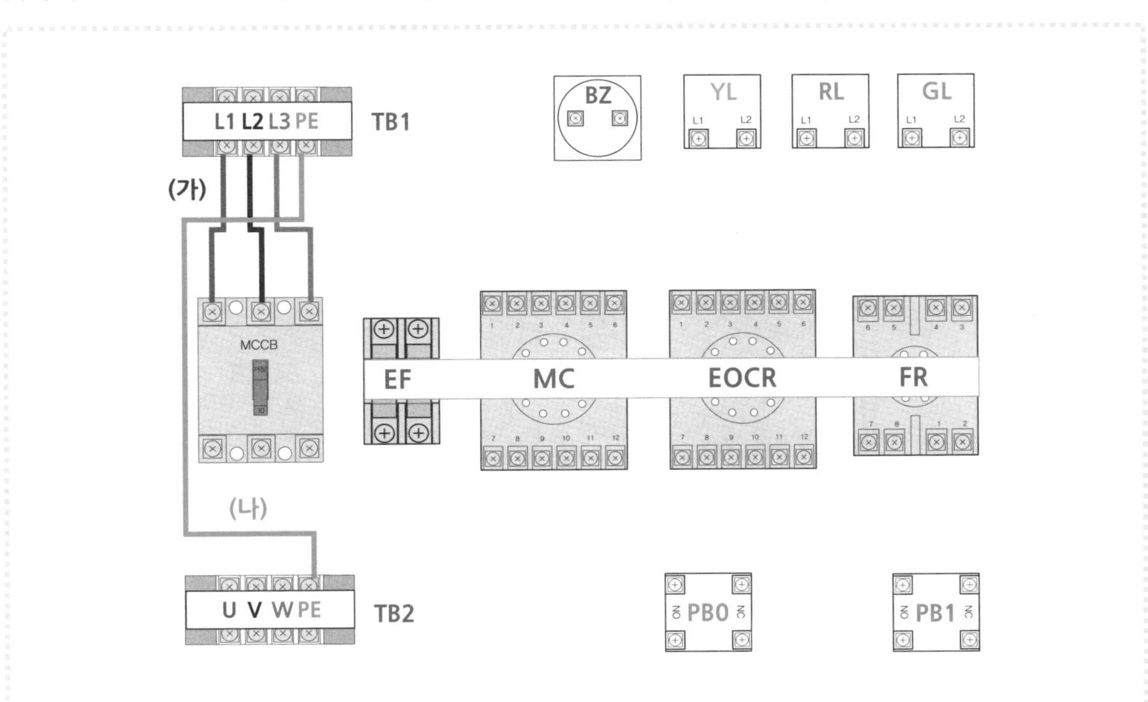

2 주회로에서의 (다) · (라)회로

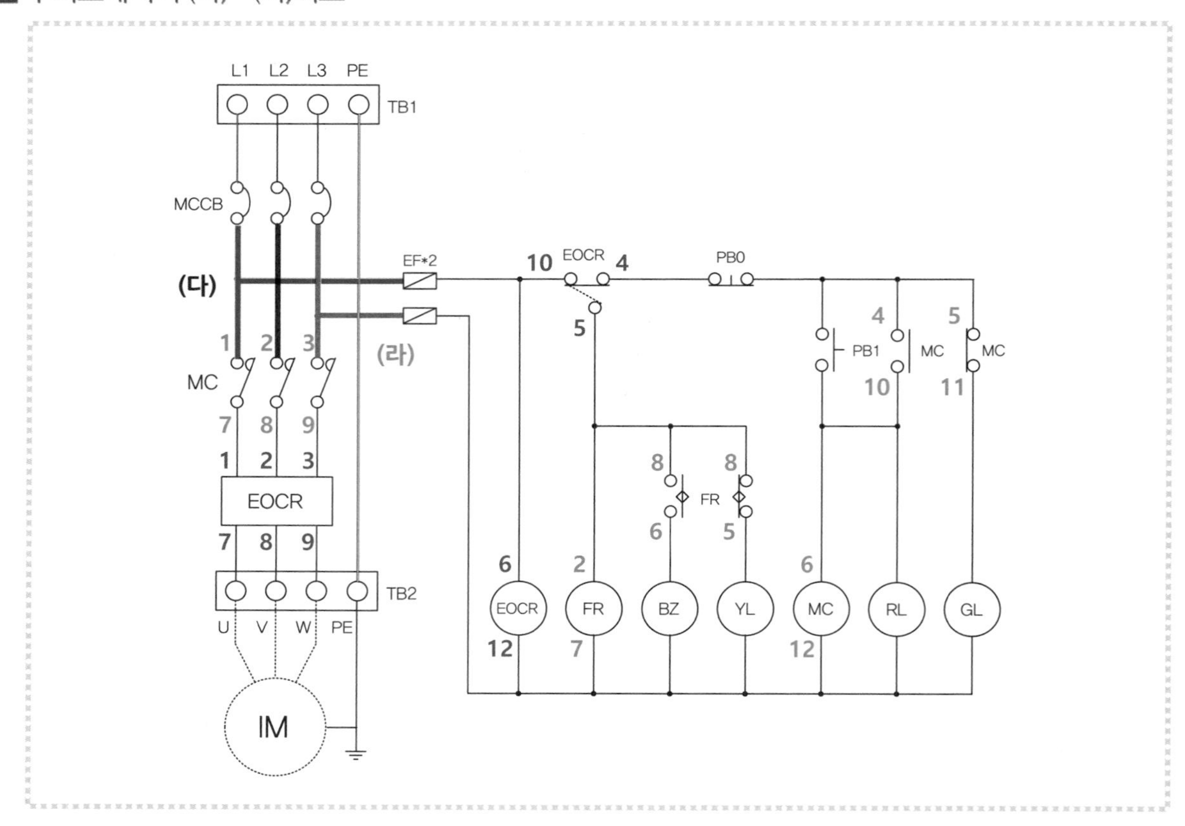

(1) (다)회로 : 차단기의 2차측 단자와 MC-① · ② · ③번 단자를 차례대로 연결한다.

(2) (라)회로 : MC-① · ③번 단자와 퓨즈의 1차측 단자를 연결한다. 퓨즈 앞단 1차측은 2.5[mm^2](1/1.78) 갈색과 회색을 사용한다.

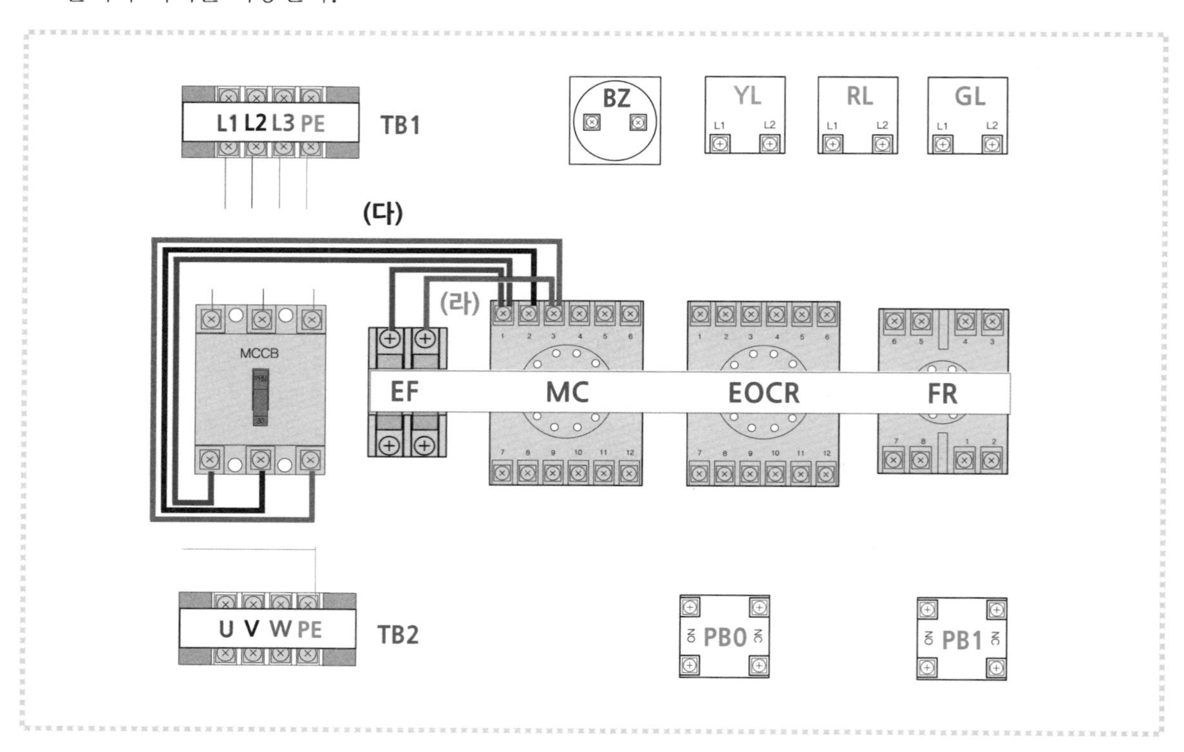

3 주회로에서의 (마)회로

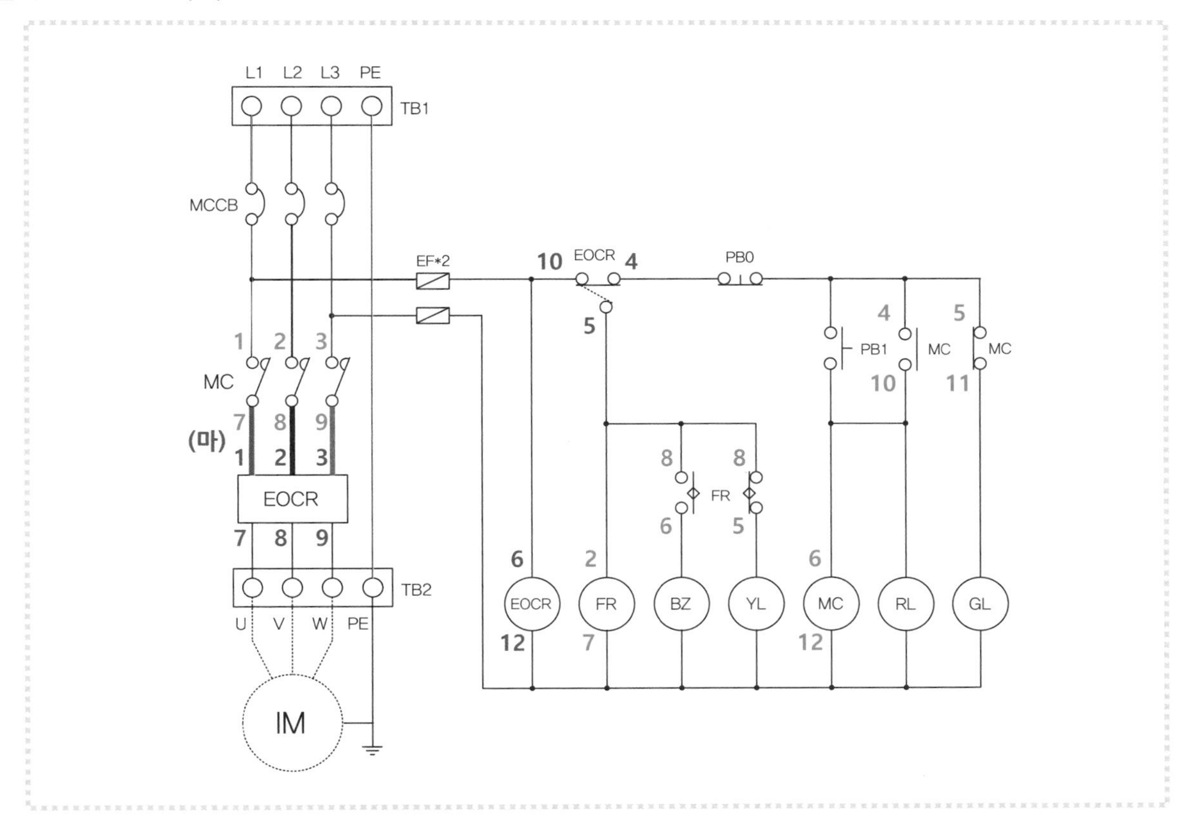

(마)회로는 MC-⑦ · ⑧ · ⑨번 단자와 EOCR-① · ② · ③번 단자를 차례대로 연결한다.

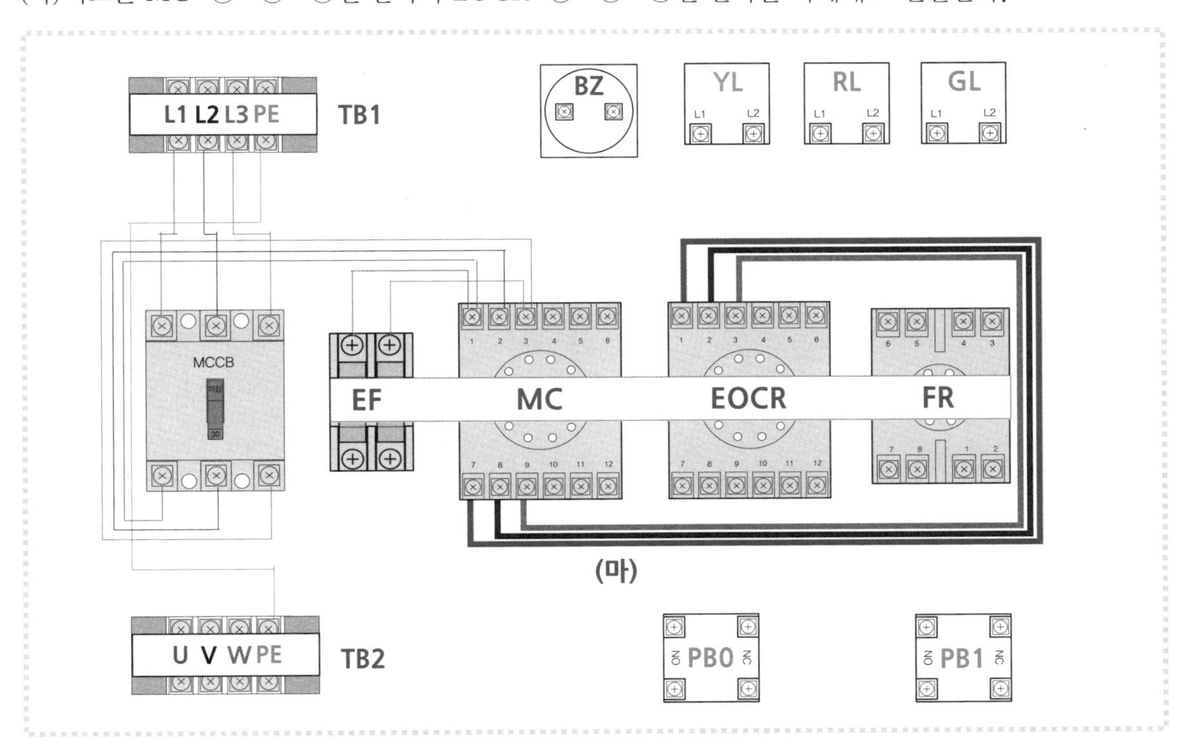

4 주회로에서의 (바)회로

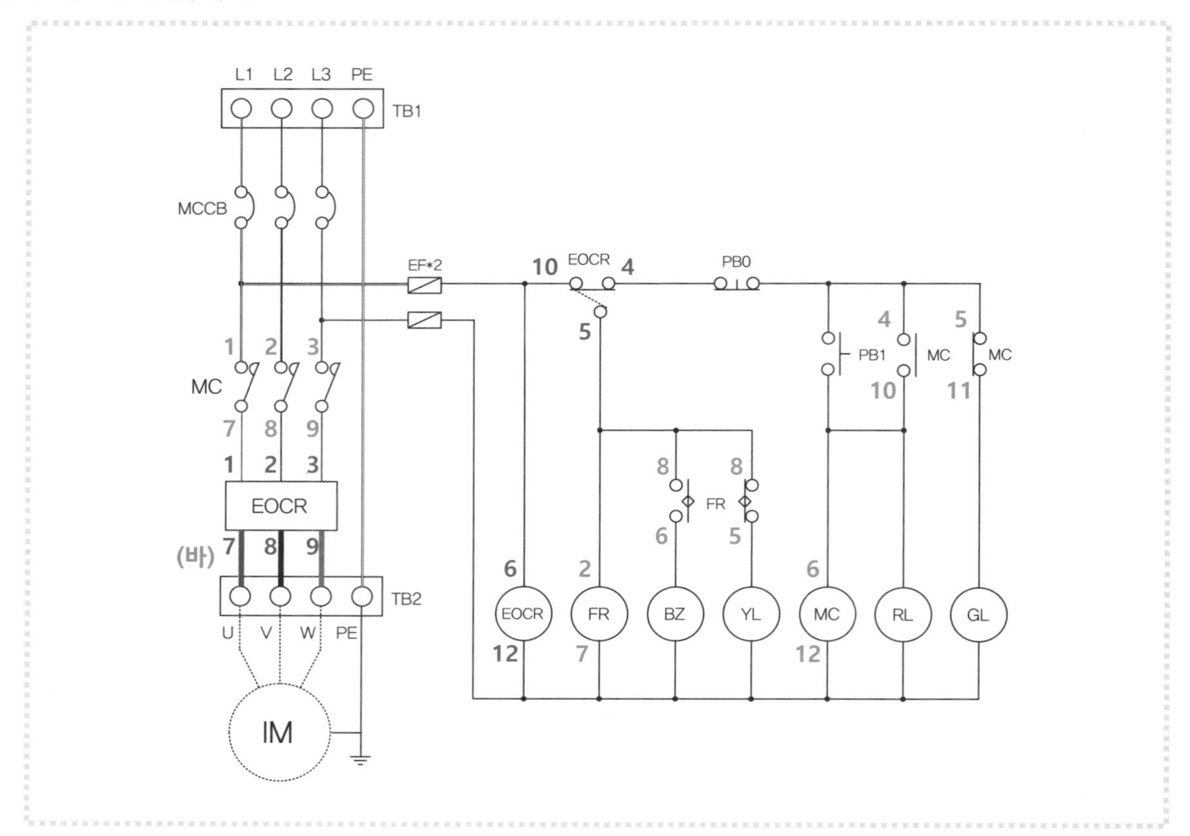

(바)회로는 EOCR-⑦ · ⑧ · ⑨번 단자와 TB2 단자대의 U · V · W단자를 차례대로 연결한다.

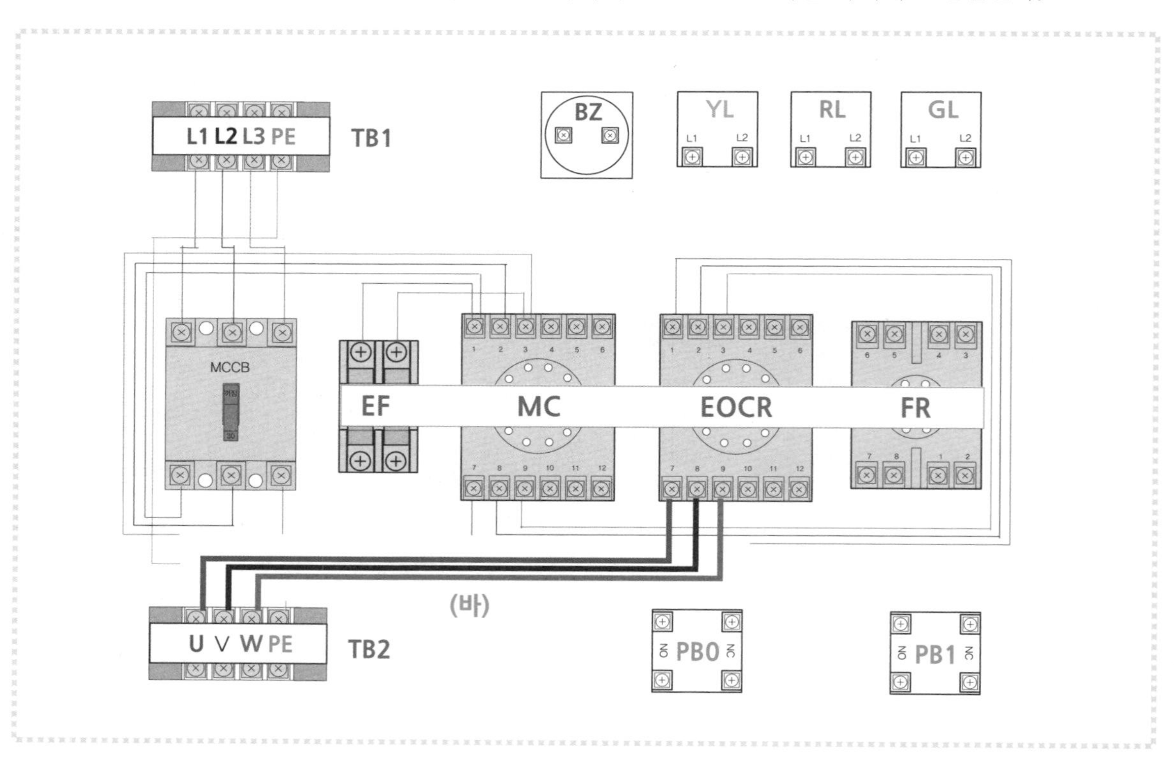

5 제어회로에서의 (1)번 회로

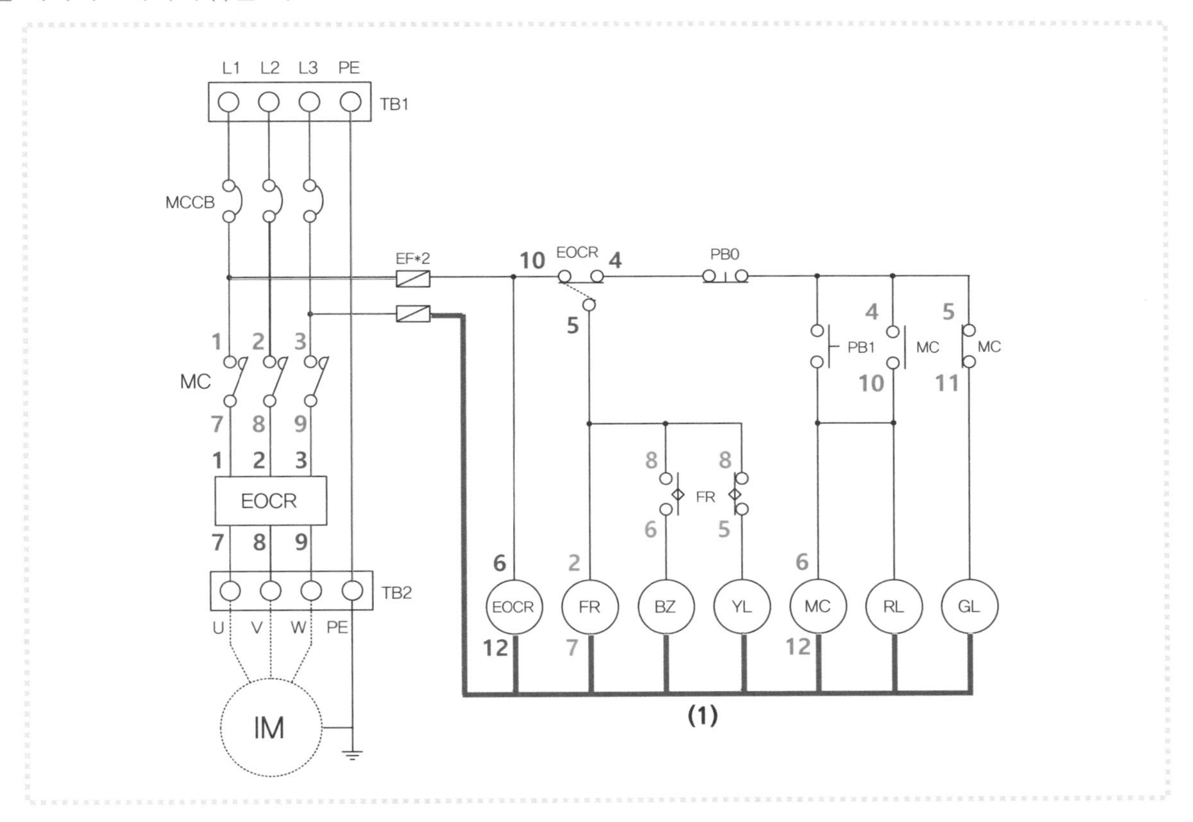

(1) 연결해야 하는 단자가 여러 개인 경우에는 연결할 단자에 미리 자석이나 종이테이프를 붙여 놓으면 배선작업이 쉽다.

(2) 퓨즈 2차 ⇔ EOCR−⑫ ⇔ FR−⑦ ⇔ BZ ⇔ YL ⇔ MC−⑫ ⇔ RL ⇔ GL 단자를 찾아 표시하고 최단 거리로 연결한다(제어회로도 순서에 관계없이 총 8개 단자를 연결).

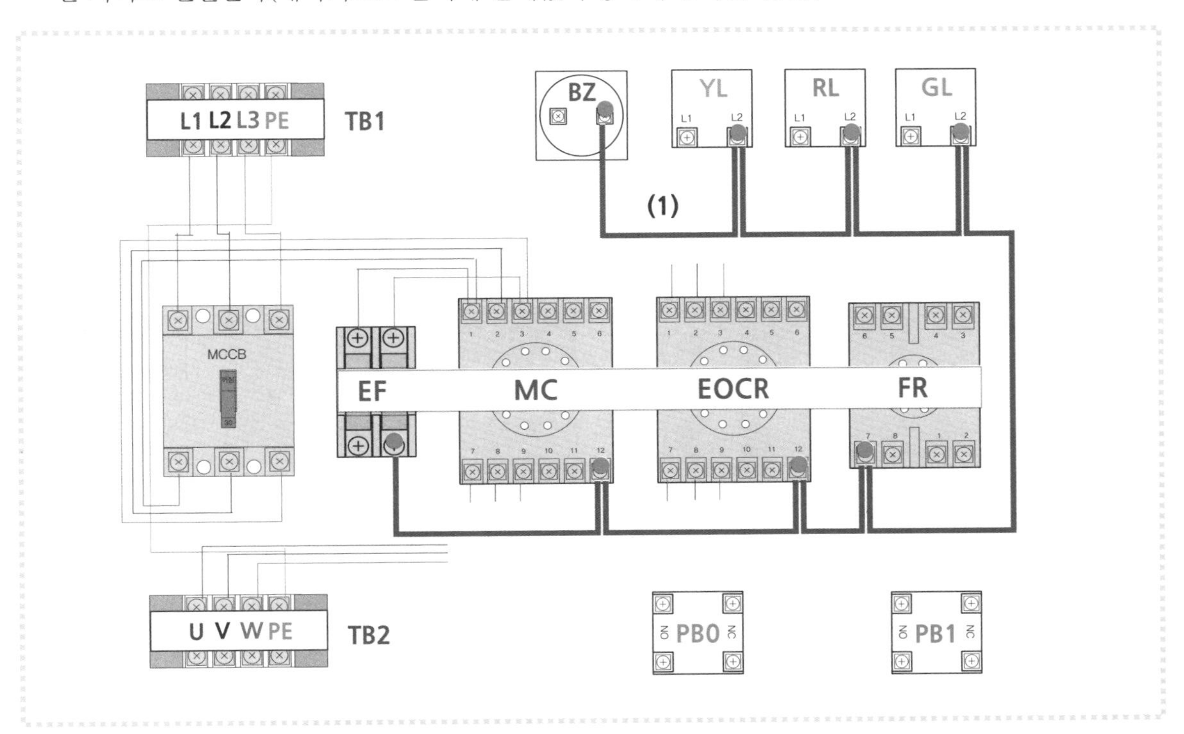

6 제어회로에서의 (2) · (3)번 회로

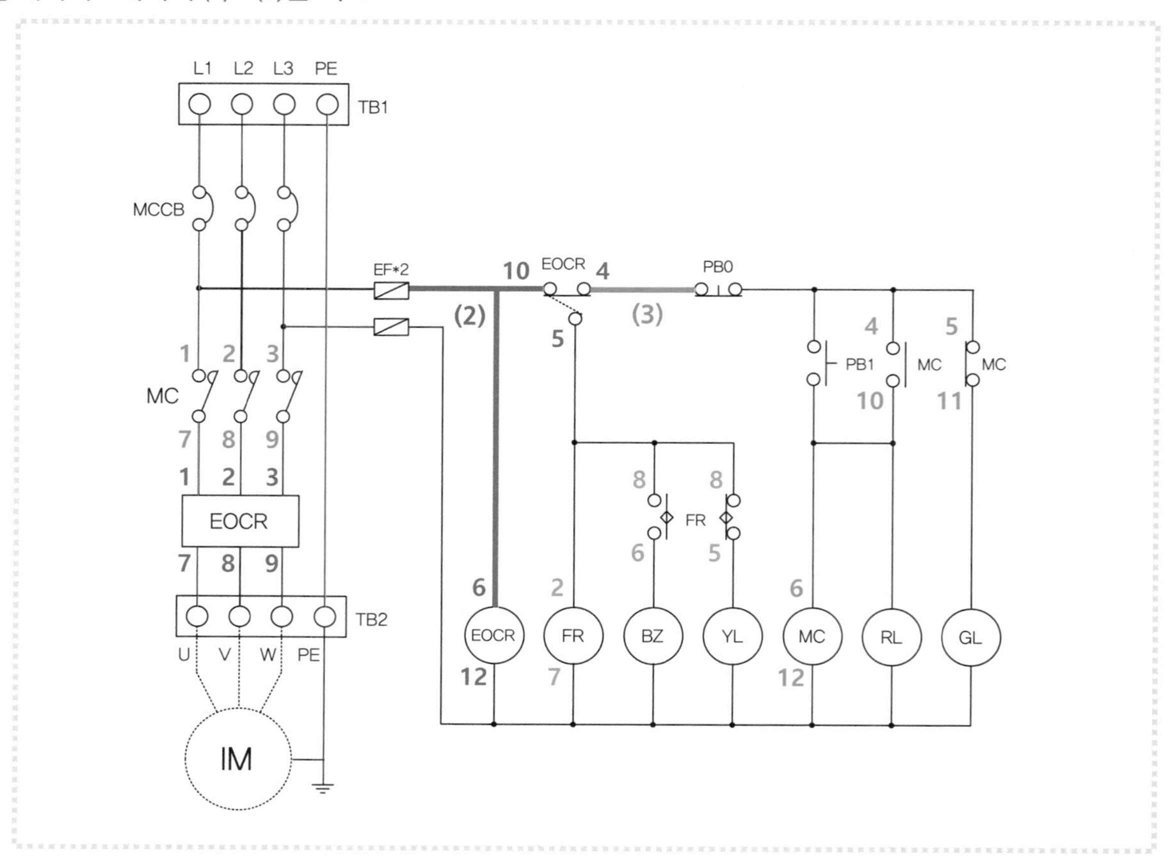

(1) (2)번 회로 : 퓨즈 2차 ⇔ EOCR-⑥ · ⑩번 단자를 찾아 표시하고 최단 거리로 연결한다(제어회로도 순서에 관계없이 총 3개 단자를 연결하면 된다).

(2) (3)번 회로 : EOCR-④번 단자와 PB0-①번 단자를 연결한다.

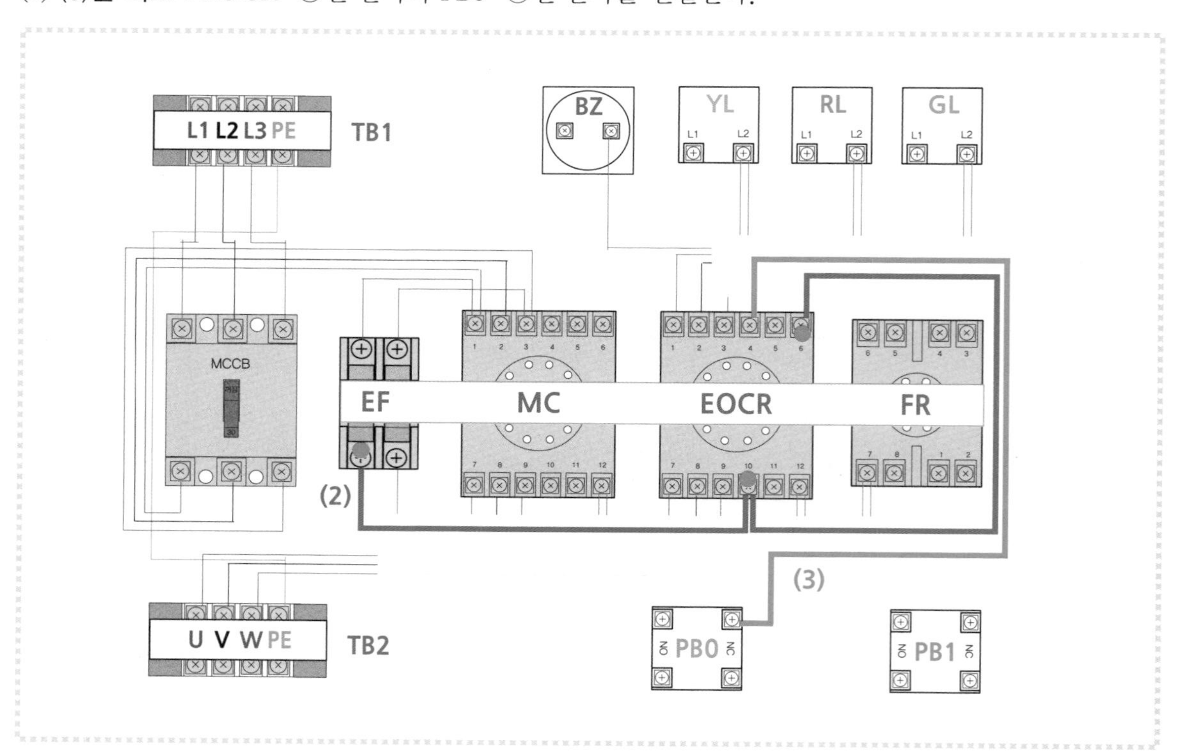

7 제어회로에서의 (4) · (5)번 회로

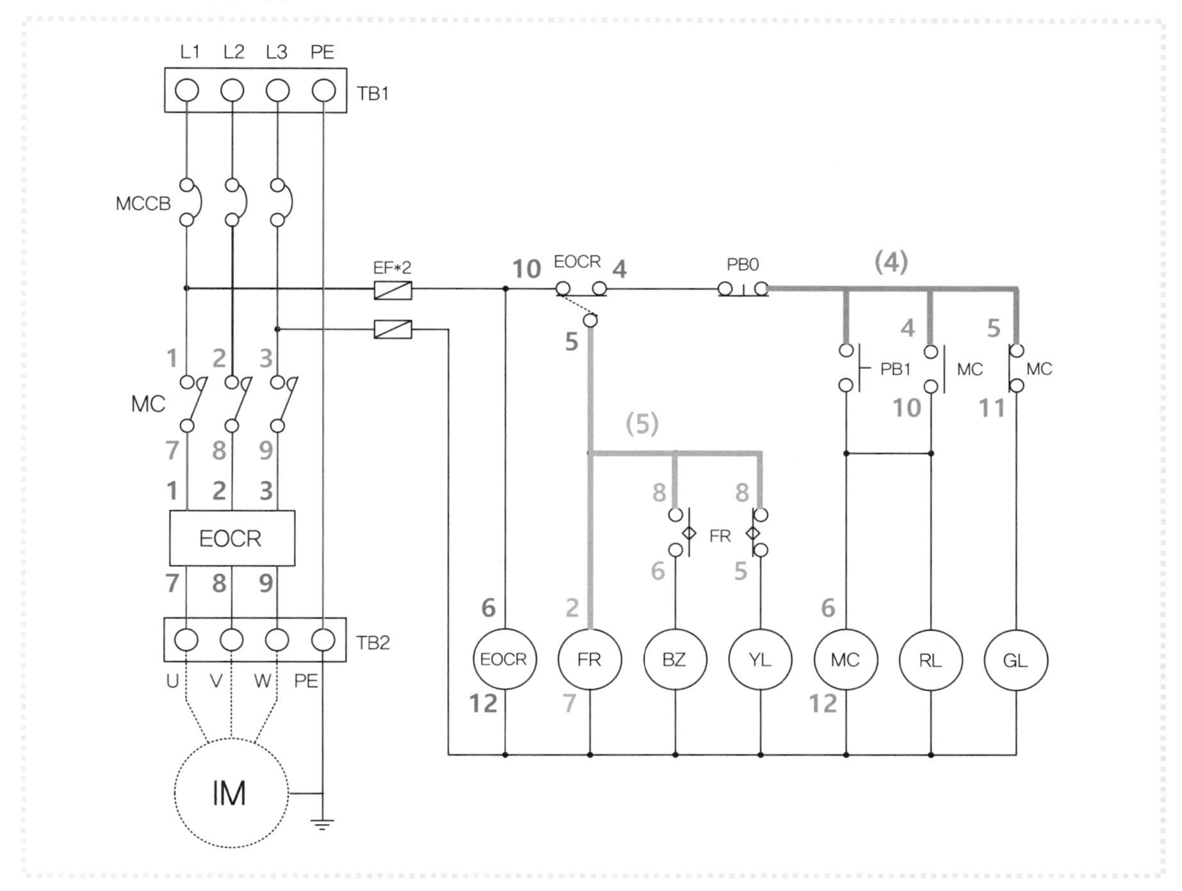

(1) (4)번 회로 : PB0-② ⇔ PB1-③ ⇔ MC-④ · ⑤번 단자를 연결한다.

(2) (5)번 회로 : EOCR-⑤ ⇔ FR-② · ⑧번 단자를 찾아 표시하고 최단 거리로 연결한다(⑧번 단자는 공통단자이므로 총 3개의 단자를 연결하면 된다).

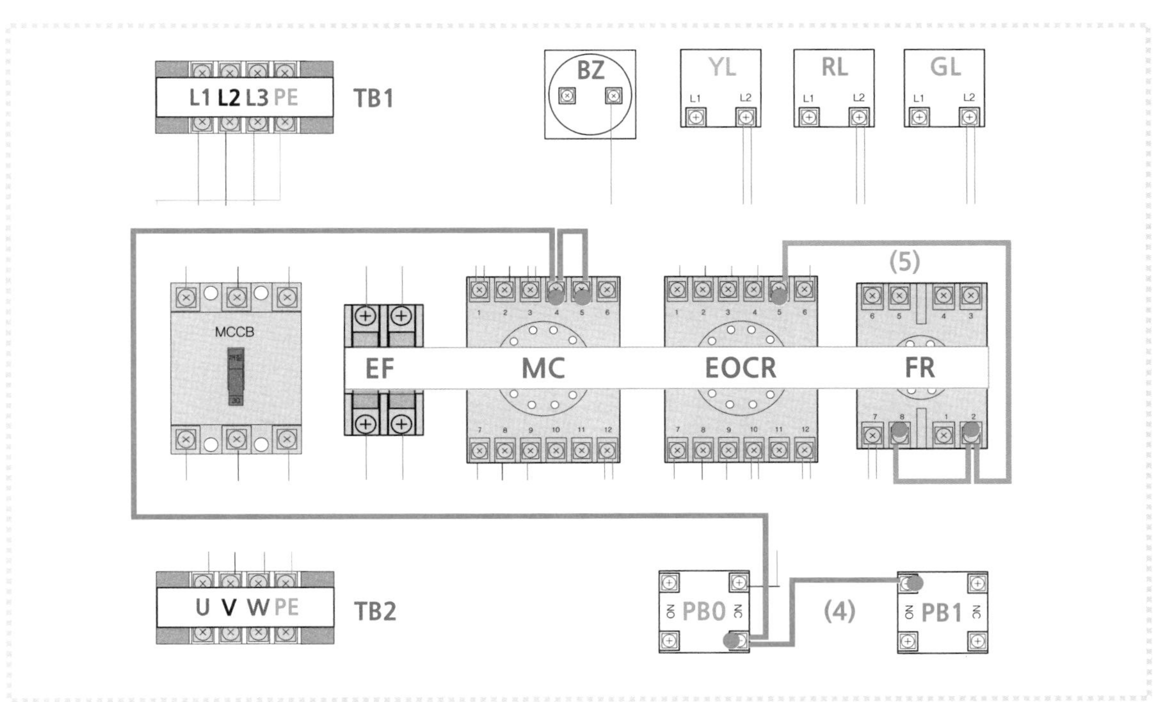

8 제어회로에서의 (6) · (7)번 회로

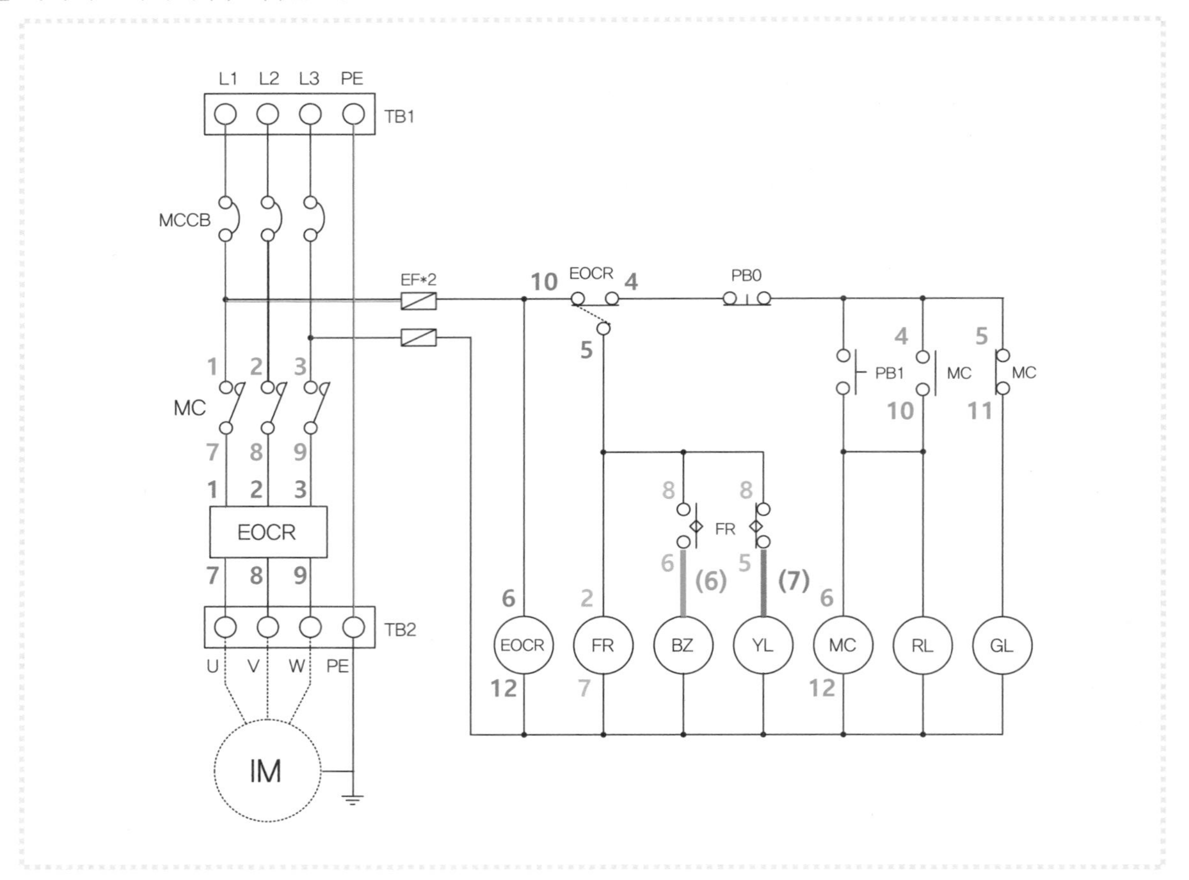

(1) (6)번 회로 : FR－⑥번 단자와 BZ단자를 연결한다.

(2) (7)번 회로 : FR－⑤번 단자와 YL단자를 연결한다.

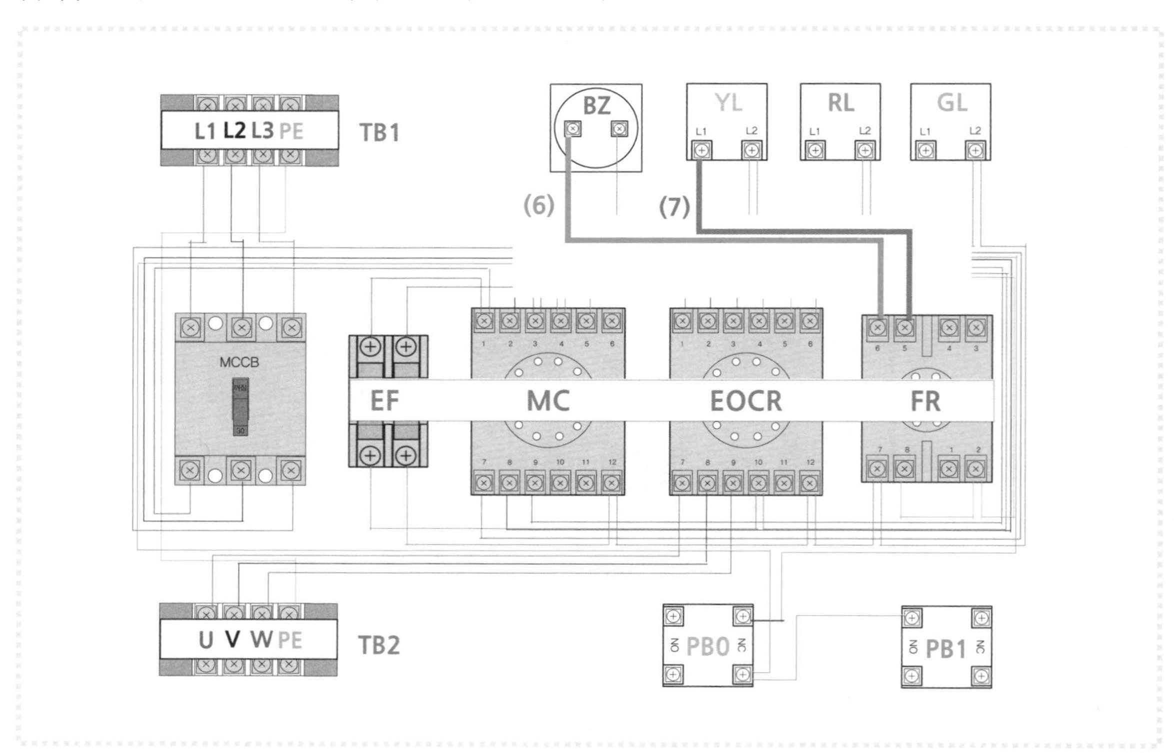

9 제어회로에서의 (8) · (9)번 회로

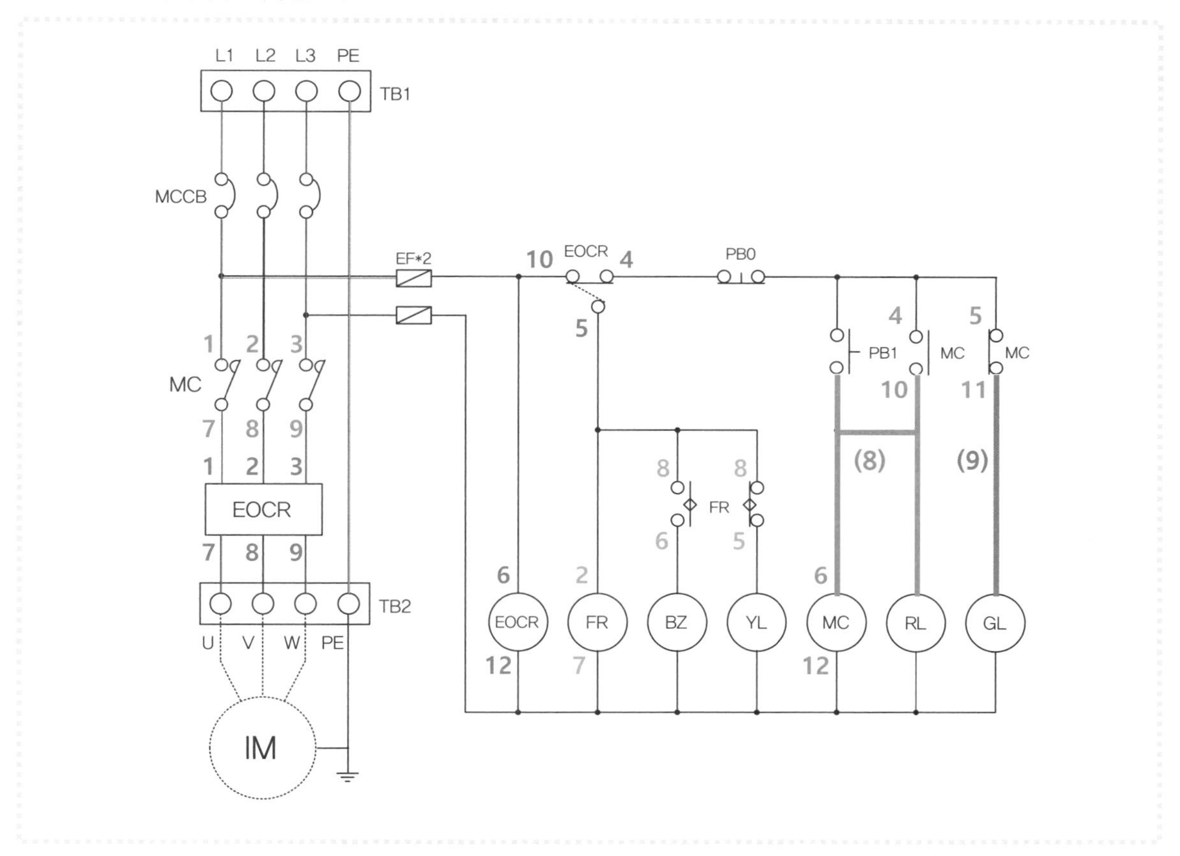

(1) (8)번 회로 : PB1–④ ⇔ MC–⑥ · ⑩ ⇔ RL단자를 연결한다.

(2) (9)번 회로 : MC–⑪번 단자와 GL단자를 연결한다.

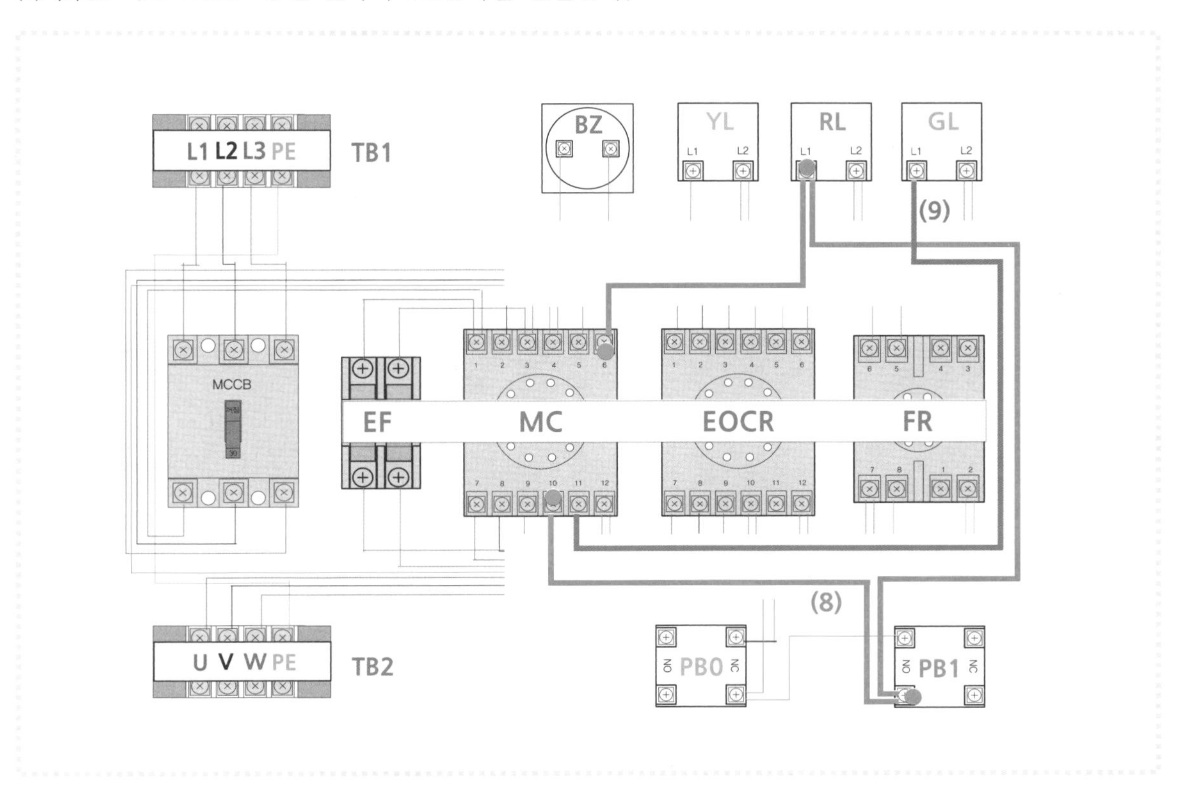

자/세/히/알/아/보/기

회로 구성 시 유의사항

(1) 주회로는 전동기가 연결된 회로로, 그림의 TB1단자대로 전원을 공급받아 MCCB와 MC의 접점과 TB2를 거쳐 전동기에 이르는 부분으로 대전류를 소비하는 회로이다.

(2) 주회로에 사용하는 전선은 2.5[mm^2]의 전선을 사용하는데 3상 교류를 사용하므로 상별로 색상이 정해져 있다. L1상은 갈색, L2상은 흑색, L3상 회색을 사용하며, PE는 녹–황색 전선을 사용해야 한다(접지단자가 제일 앞쪽에 배치되는 경우도 있다).

(3) 제어회로는 전동기를 제어하는 데 필요한 회로로, 기동 · 정지에 필요한 스위치 · 표시등 등 여러 기구가 연결되며 1.5[mm^2]의 황색 전선을 사용한다.

(4) 주회로의 차단기에 전선을 접속할 때 선이 길게 들어가므로 차단기의 단자에서 배선을 시작하여 다른 기구의 단자에서 마무리하는 것이 편리하다.

(5) 차단기에는 누름단자가 없고 나사가 전선을 누르면서 접속하므로 굵기가 다른 전선을 사용하면 접속이 불완전할 수 있다. 이러한 이유로 퓨즈의 1차측은 MC–①과 ③번 단자에서 전원을 공급받는다.

(6) 제어회로의 시작부분인 퓨즈의 2차측은 주회로가 아니므로 황색 전선을 사용하여 배선하면 된다.

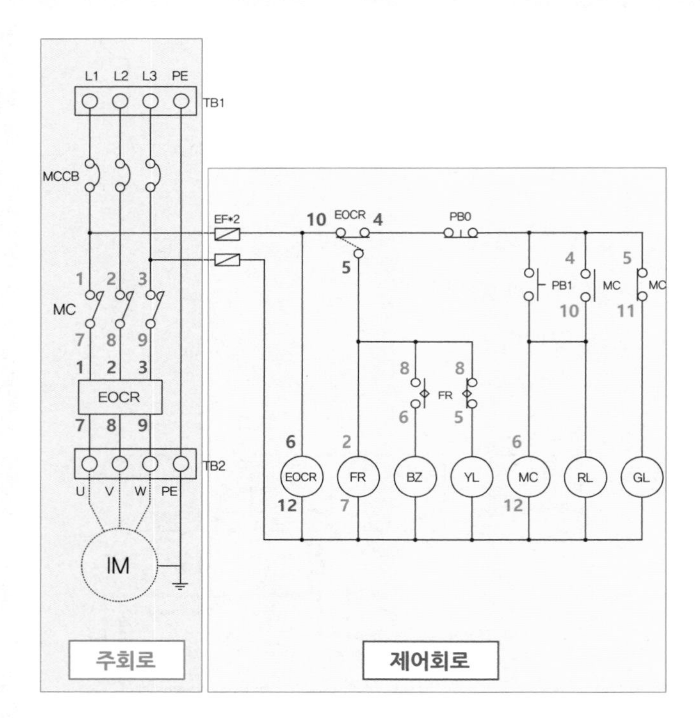

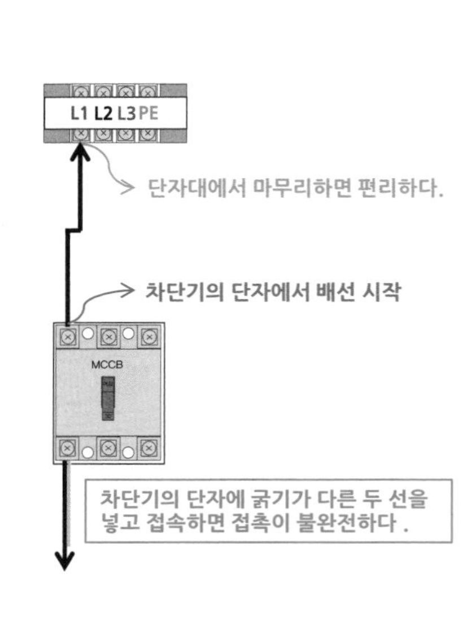

SECTION

09 기초 회로 구성

이 단원에서는 제어함을 구성하고 외부에 기구를 붙여서 결선하고 동작시험까지 하는 과정이 설명되었으며, 배관은 생략하고 제어함의 외부에 컨트롤 박스와 단자대를 연결하여 동작시험을 하는 회로 구성 연습과정이다. PB의 색상은 기동은 녹색, 정지는 적색을 사용한다.

1 릴레이 회로

1 릴레이 회로의 구성

(1) 회로도

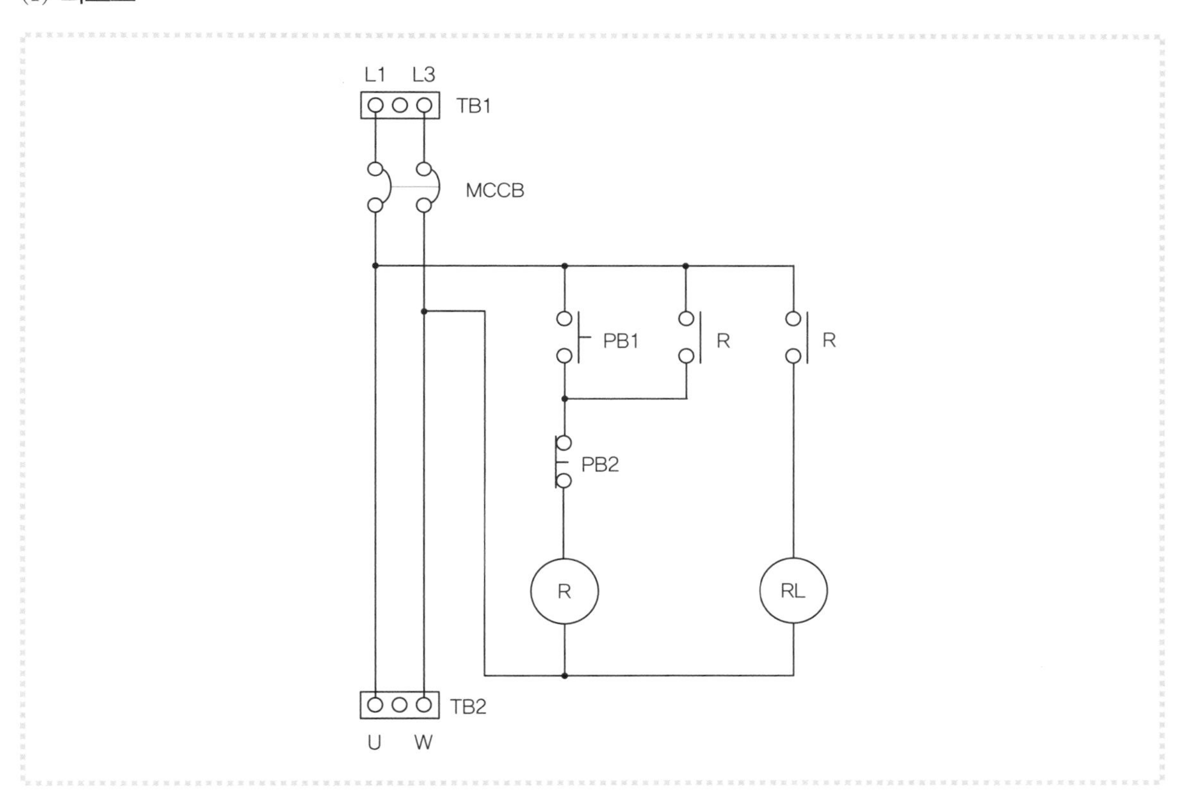

(2) 동작사항

① 전원을 공급하고 차단기를 올린다.

② PB1을 누르면 릴레이 R이 여자되고 RL이 점등된다. PB1을 놓아도 릴레이의 a접점을 통하여 릴레이에 전류가 계속 공급된다(자기유지).

③ PB2를 누르면 릴레이 R이 소자되고 RL은 소등된다.

(3) 배관 및 기구 배치도

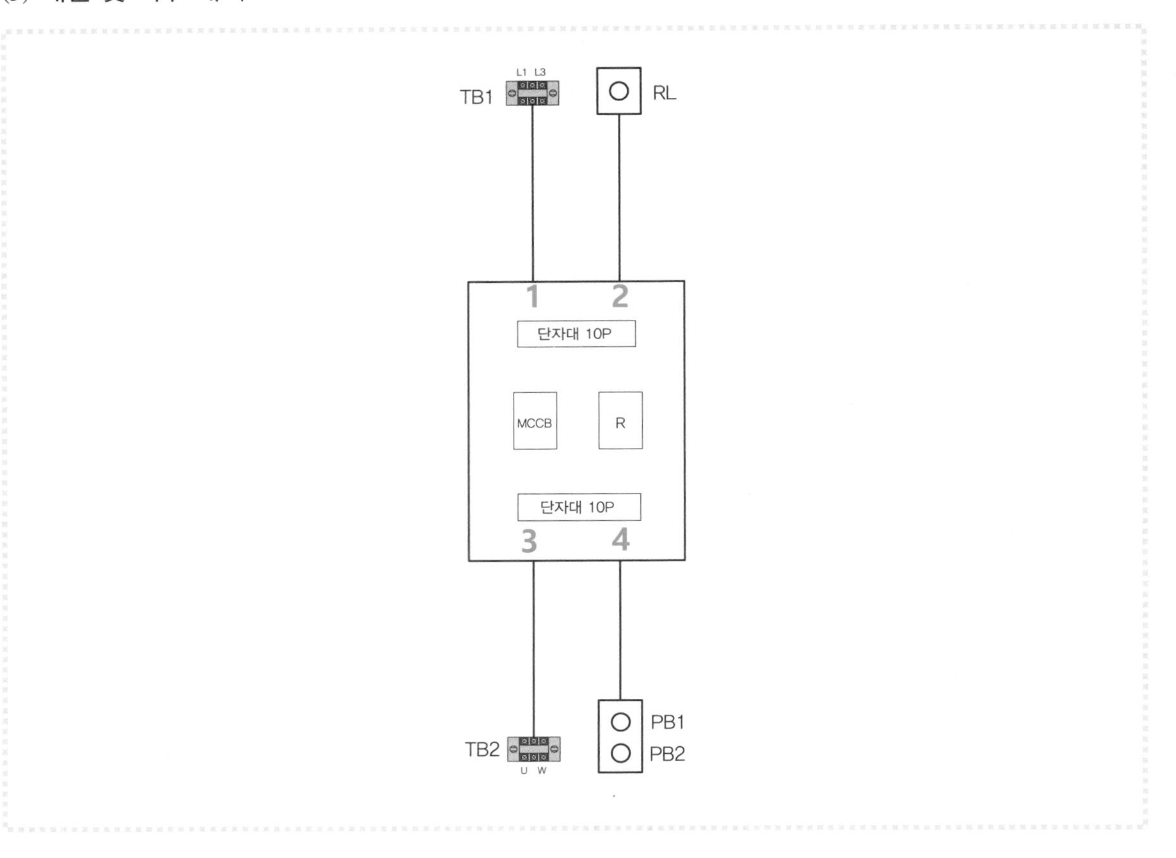

(4) 제어함 기구 배치

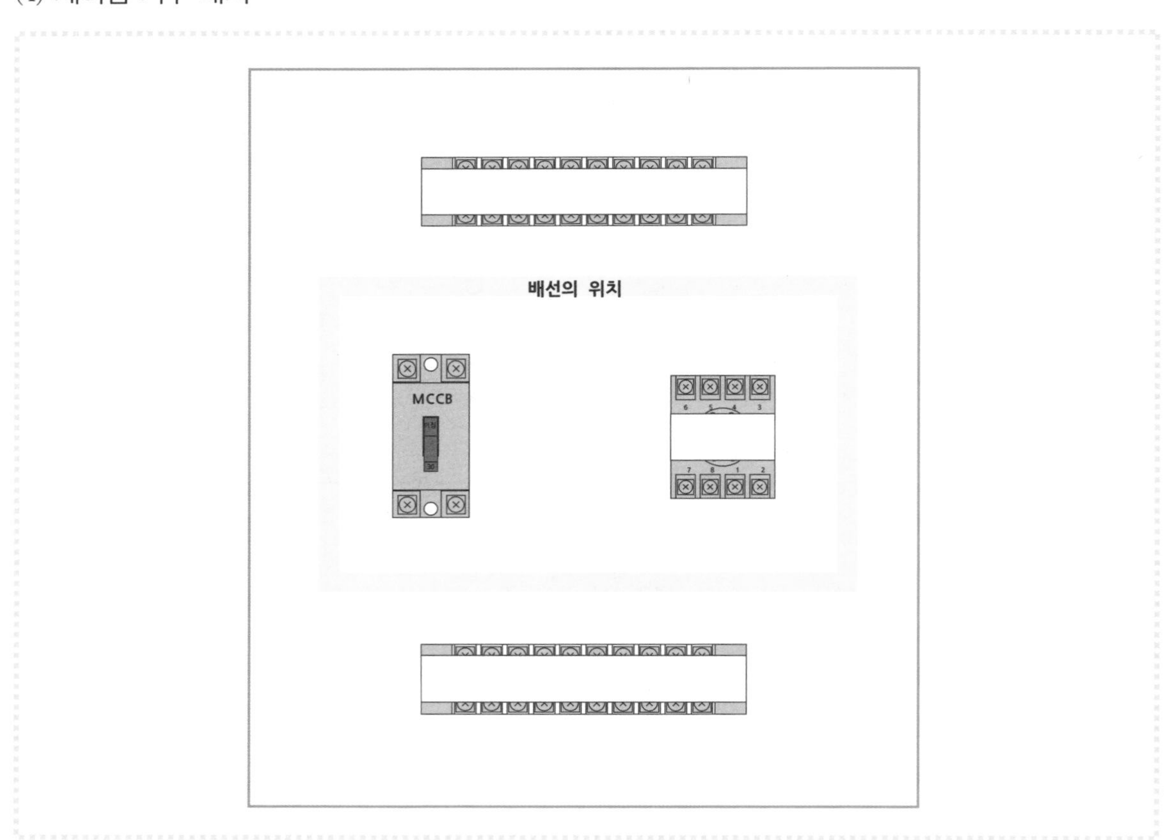

② 접점번호 적어 넣기와 단자대 이름 부여하기

■1 도면에 접점번호 적어 넣기

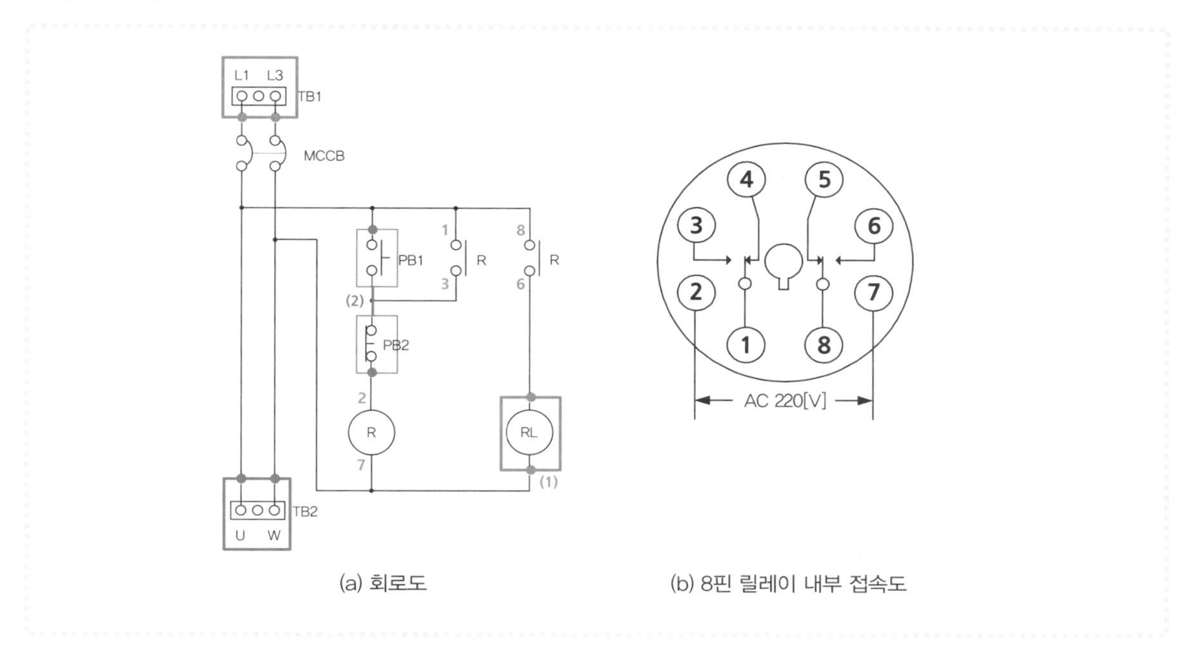

(a) 회로도
(b) 8핀 릴레이 내부 접속도

(1) 릴레이 전원단자 2–7번을 사용한다.

(2) a접점 : 1–3번, 8–6번을 사용한다.

(3) (1)은 표시등 아래쪽 단자번호이다.

(4) (2)는 푸시버튼 스위치 PB1–④번 단자와 PB2–①번 단자를 연결한 공통단자 번호이다.

■2 제어함 단자대 이름 부여

(1) 단자대와 소켓에 종이테이프를 붙이고 유성펜을 사용해 이름을 적어 넣는다.

(2) 배관 및 기구 배치도의 1번 배관에 연결되어 있는 TB1의 이름(L1, L3)과 2번 배관에 연결된 RL의 이름(RL, (1))을 적어 넣는다.

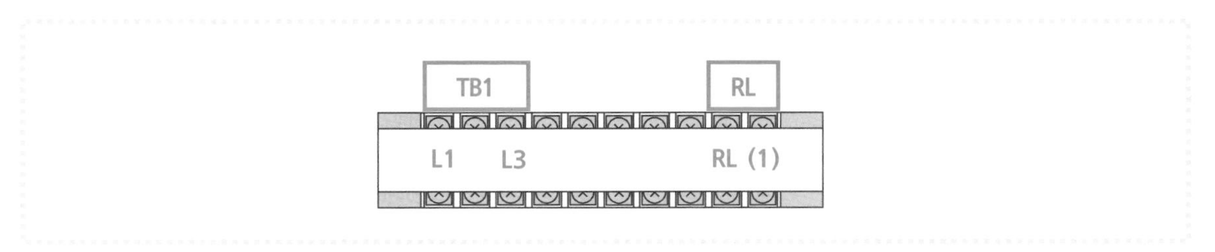

(3) 3 · 4번 배관에 연결된 TB2의 이름(U, W)과 PB1, PB2의 이름을 적어 넣는다. (2)는 두 단자를 연결한 공통단자 번호이다.

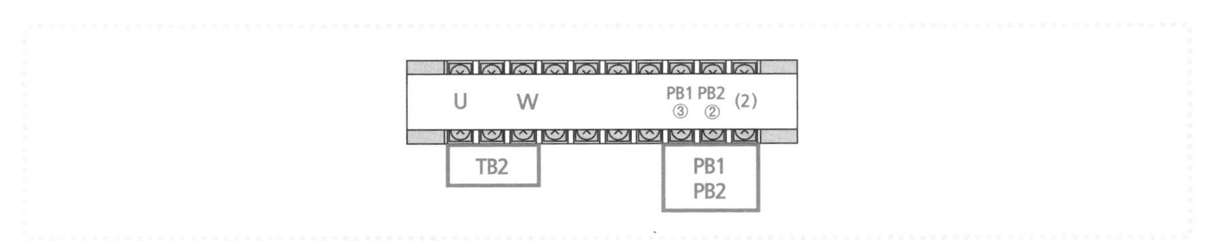

3 제어함 배선작업

(1) 주회로 배선작업

① 주회로는 실제 결선 시 2.5[mm^2]의 전선을 사용해야 한다.

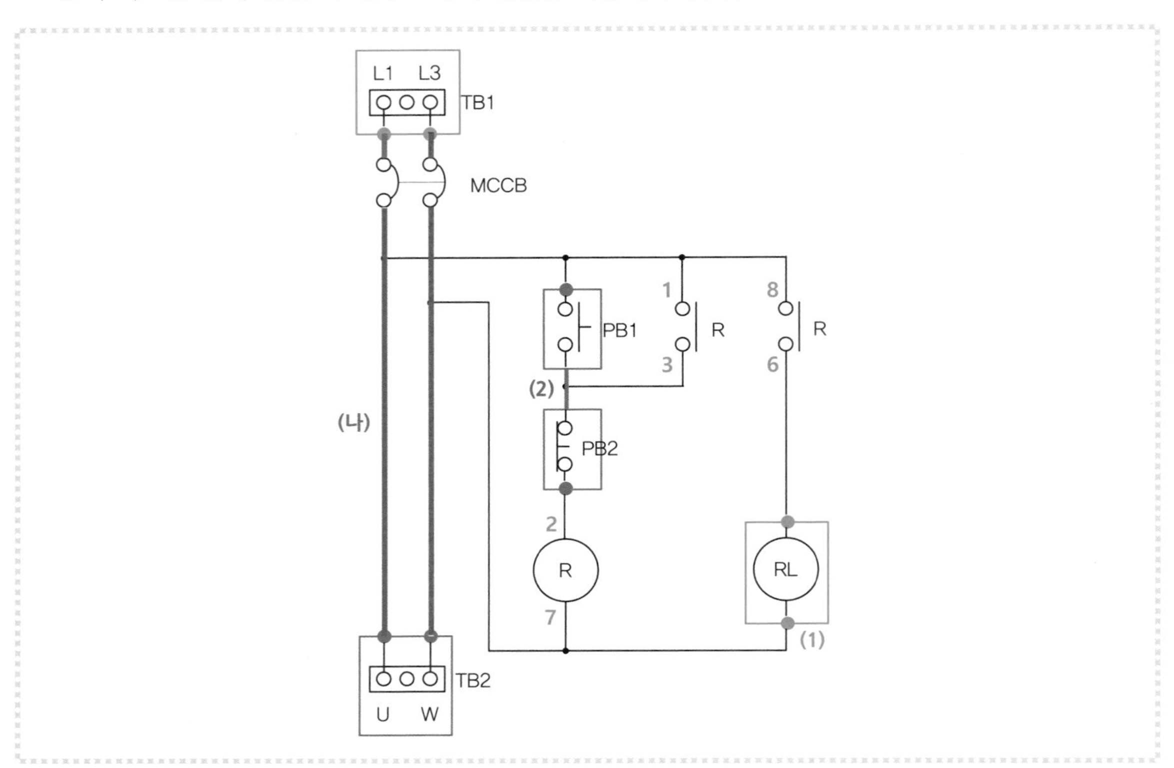

② 차단기의 단자와 연결되는 경우 차단기 단자를 먼저 연결한 후 다른 단자를 연결하는 것이 작업하기 편리하다(차단기측 전선은 깊게 들어가야 한다).

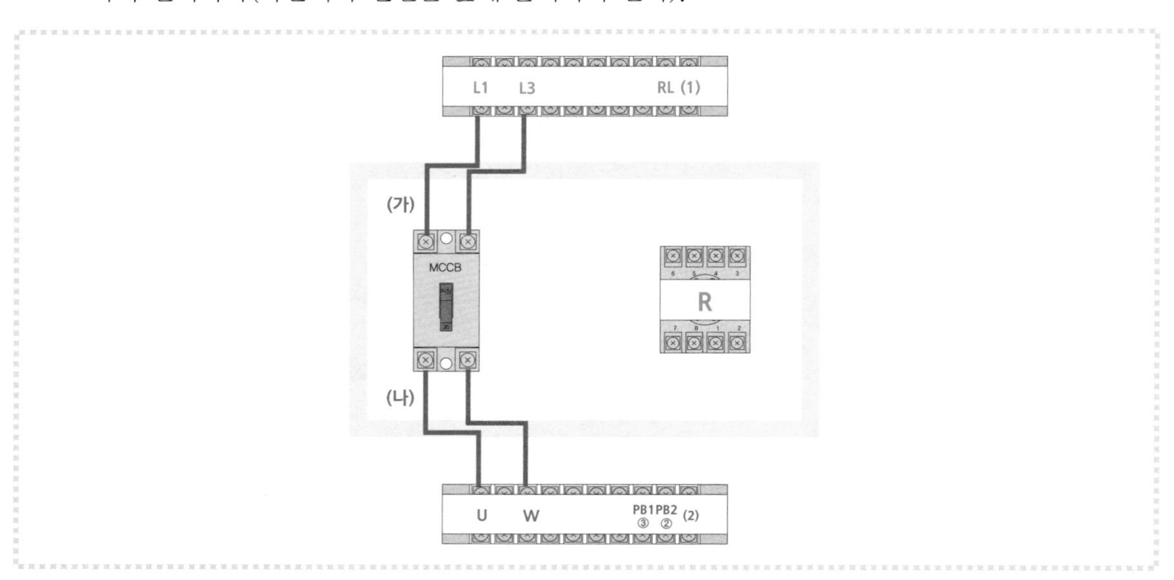

③ 위 회로도의 주회로는 2.5[mm^2]의 전선을 사용하며, 4각형 안쪽은 단자대나 컨트롤 박스 등 제어함 외부에서 연결한다.

④ **(가)회로** : 위쪽 단자대의 L1 · L3단자와 차단기의 위쪽 단자를 차례대로 연결한다.

⑤ **(나)회로** : 차단기의 2차측과 아래쪽 단자대의 U · W단자를 차례대로 연결한다.

(2) 제어회로 배선작업 : (1) · (2)번 회로

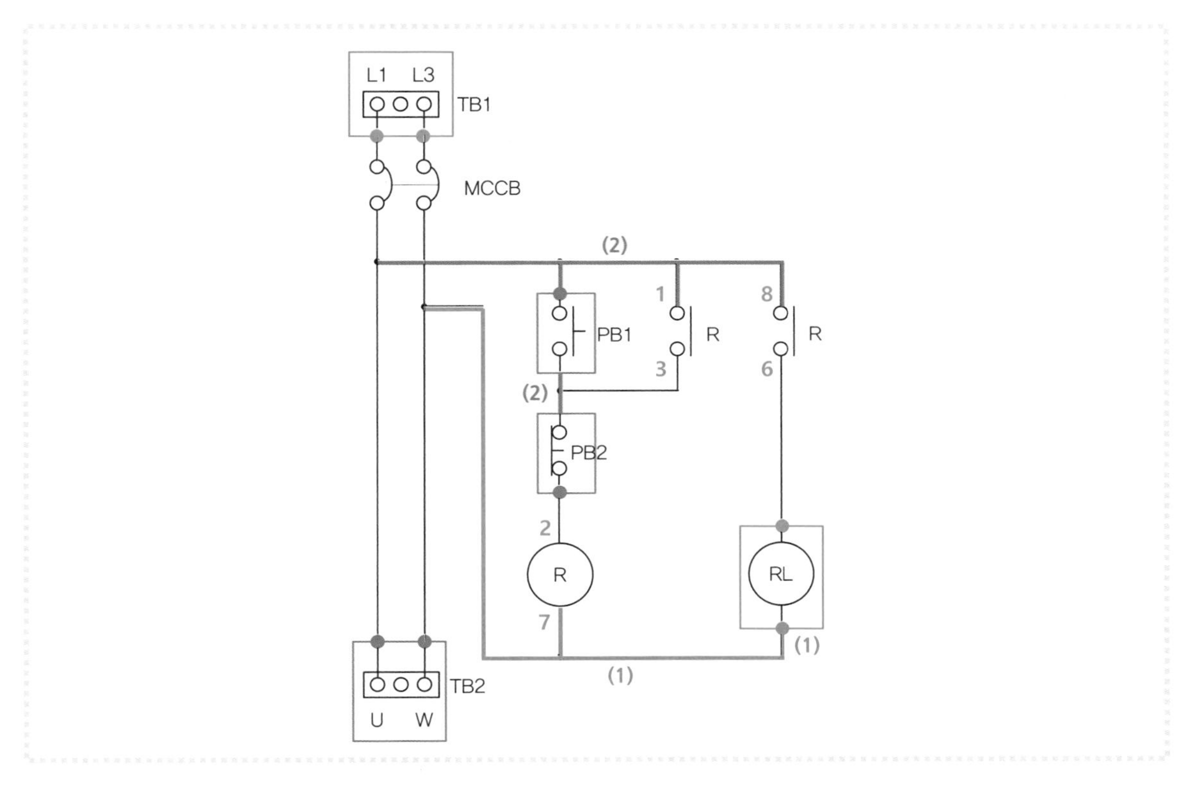

① 아래쪽 모선 (1)번 회로부터 연결하고, 위쪽 모선 (2)번 회로를 연결한다.

② 제어회로의 전원은 차단기의 2차측에 연결하지 말고 TB2단자에 연결한다.

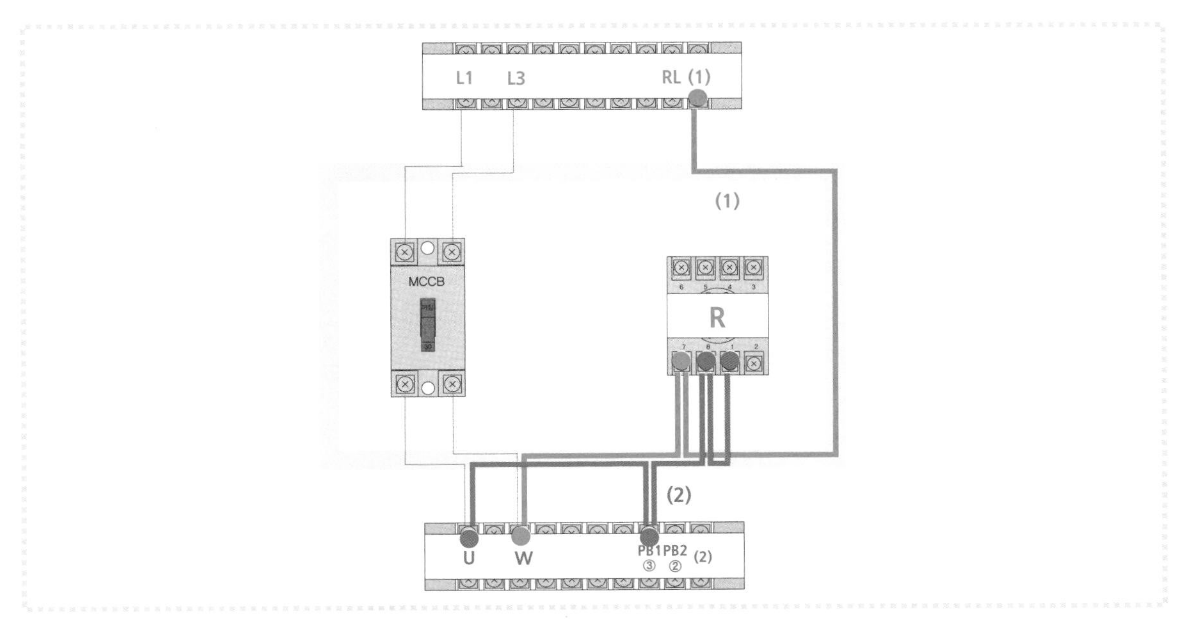

③ 제어회로는 1.5[mm²] 황색 전선을 사용하며 단자가 3개 이상 연결되는 경우에는 연결할 단자를 미리 표시한 후 연결하면 좋다(자석 또는 종이테이프 등을 사용한다).

④ **(1)번 회로** : W단자 ⇔ R-⑦ ⇔ (1)단자를 표시한 후 최단 거리로 연결한다.

⑤ **(2)번 회로** : U단자 ⇔ PB1-③ ⇔ R-① · ⑧ 총 4개의 단자를 회로도의 순서에 관계없이 최단 거리로 연결한다.

(3) 제어회로 배선작업 : (3)~(5)번 회로

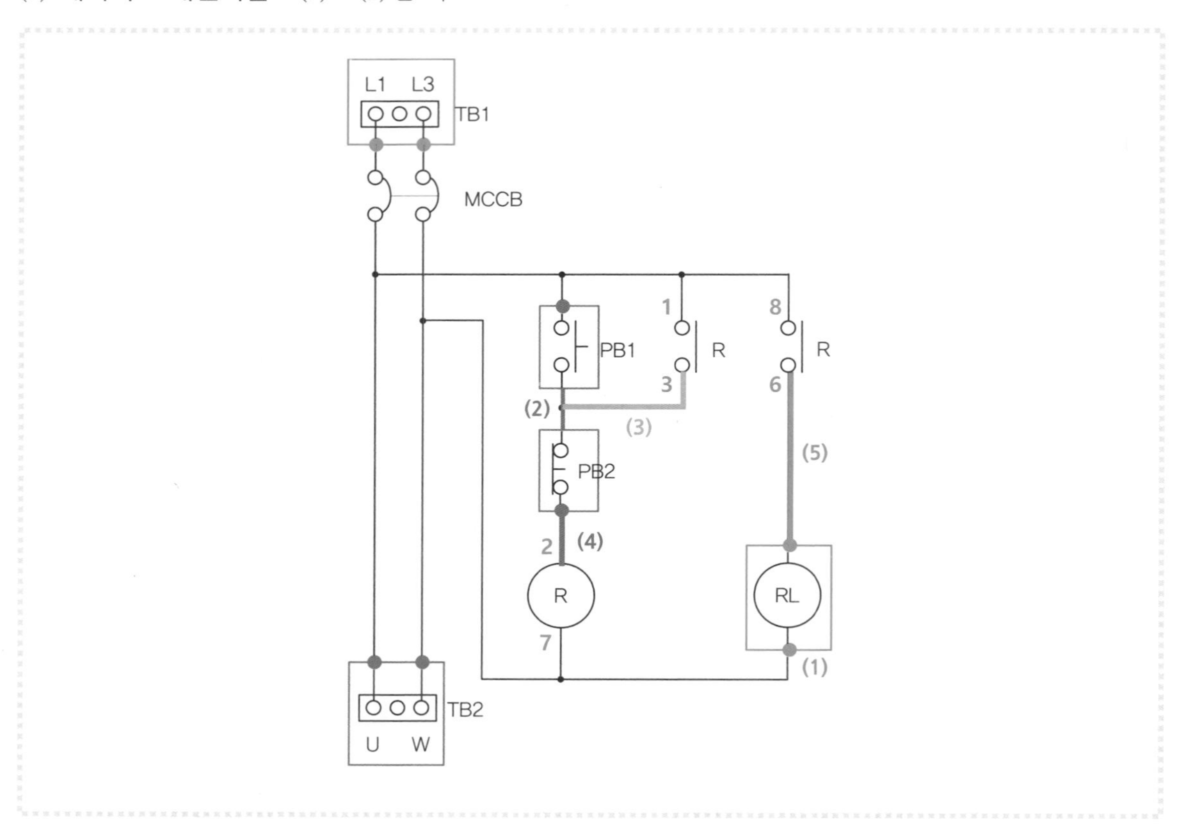

① 4각형 내부와 공통단자 (1) · (2)번 등은 단자대나 컨트롤 박스 내부에서 연결한다.

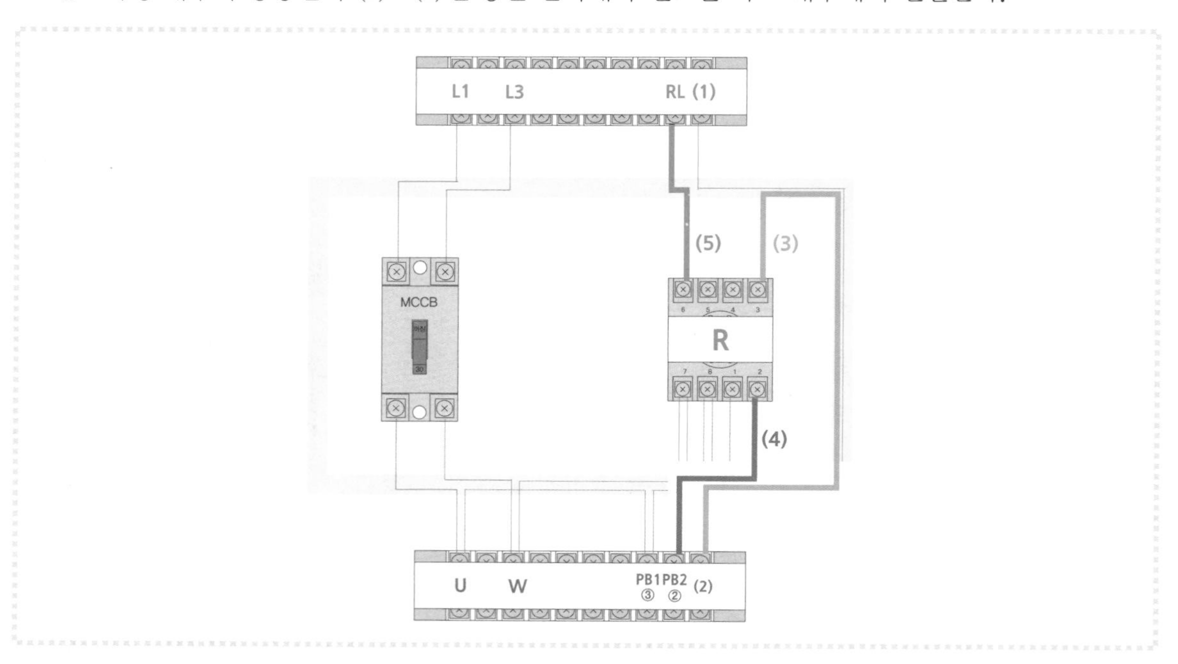

② **(3)번 회로** : R-③번 단자와 (2)번 단자를 연결한다. (2)는 PB1-④와 PB2-①의 공통단자 번호이다.

③ **(4)번 회로** : PB2-②와 R-②번 단자를 연결한다.

④ **(5)번 회로** : R-⑥번 단자와 RL단자를 연결한다.

③ 제어함 연결 확인 작업

1 육안점검

(1) 단자대에 이름이 부여된 모든 단자에는 전선이 연결되어 있어야 한다. 누락된 부분이 확인되면 해당 회로를 찾아 연결한다.

(2) 차단기의 1 · 2차측과 계전기의 전원단자가 연결되었는지 확인한다.

(3) 계전기 접점이 잘 연결되어 있는지 확인한다. 1−3번 단자, 8−6번 단자에 전선이 연결되어 있는지 확인한다.

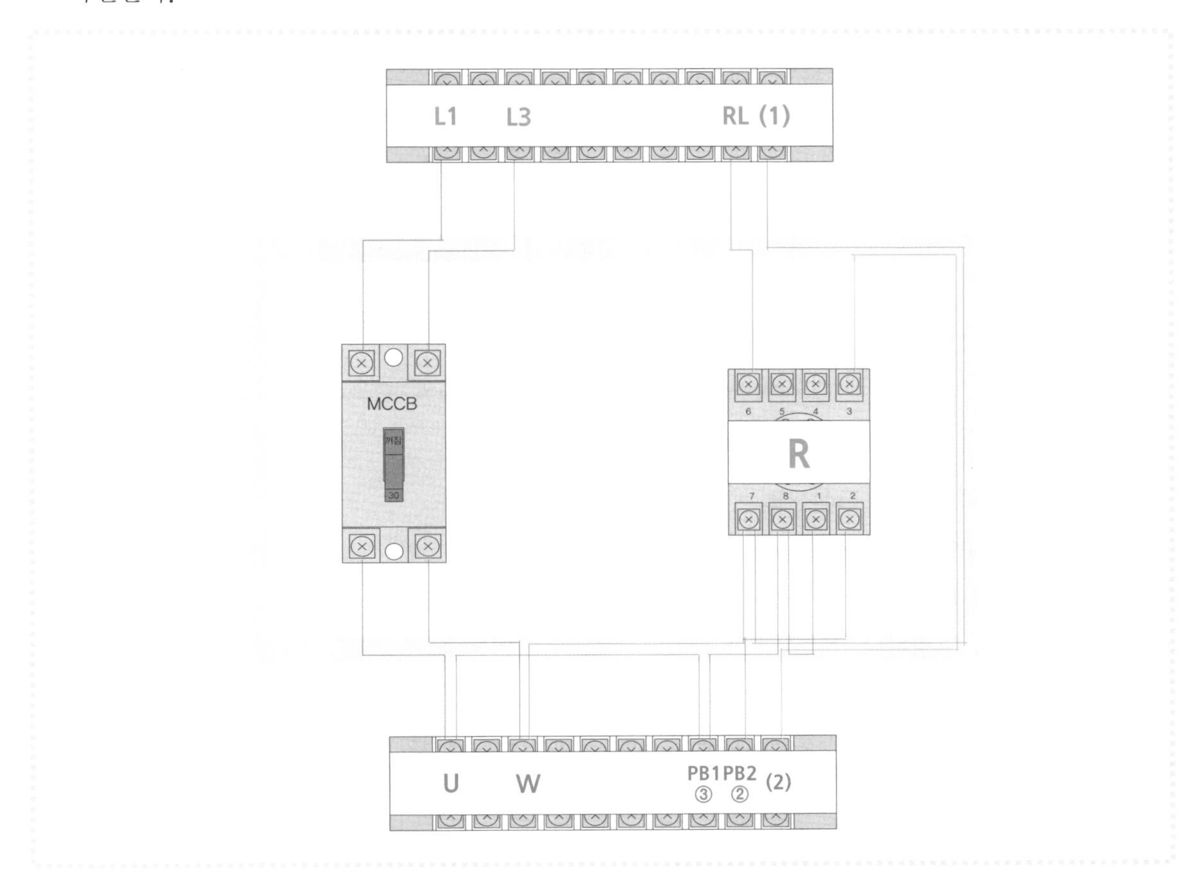

2 벨 시험기로 점검

(1) 회로도를 보면서 아래쪽 모선, 위쪽 모선, 가운데 부분은 왼쪽부터 차례대로 확인한다.

(2) 차단기를 올리고 L3단자에 리드선 하나를 댄 후 W단자, R−⑦, (1)번 단자에 다른 리드선을 접촉해서 '삐' 소리가 나면 정상이다.

(3) L1단자에 리드선 하나를 댄 후 U단자, PB1−③, R−① · ⑧단자에 다른 리드선을 차례로 접촉해서 '삐' 소리가 나면 정상적으로 연결된 것이다.

(4) (2)단자와 R−③단자를 확인한다(벨 시험기의 두 리드선을 두 단자에 대어본다).

(5) PB2−②단자와 R−②단자를 확인한다.

(6) R−⑥단자와 RL단자를 확인한다.

이상이 없으면 제어함은 완성된 것이다.

④ 외부기구 결선작업

1 위쪽 단자대 결선작업

(1) TB1 단자대의 L1단자와 L3단자를 연결하고 100[mm] 정도의 선을 붙인 후 끝부분은 동작시험을 위해 10[mm] 정도 피복을 벗겨 놓는다.

(2) 표시등의 두 단자를 아래쪽에 오도록 조립하고 두 단자를 연결한다.

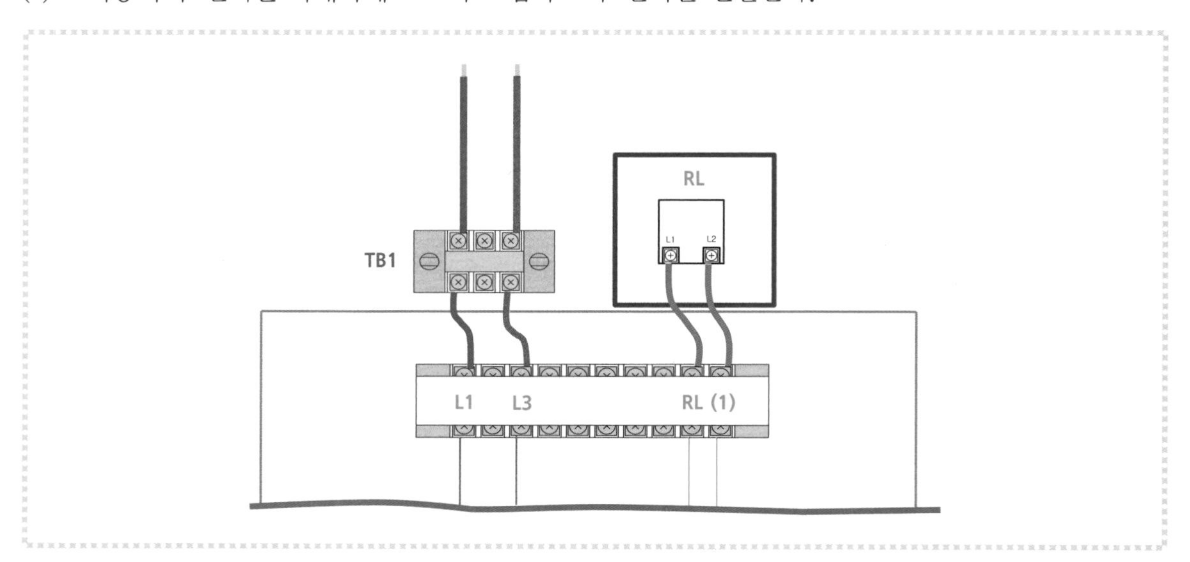

2 아래쪽 단자대 결선작업

(1) TB2 단자대에 U단자와 W단자를 연결한다.

(2) PB1은 a접점을 사용하므로 NO단자가 오른쪽에 가도록 고정하고 PB2는 NC단자가 오른쪽에 가도록 고정한다.

(3) PB1-④번 단자와 PB2-①번 단자를 연결한 선을 공통단자 (2)에 연결한다.

(4) PB1-③과 PB2-②번 단자를 제어함 단자대에 연결한다.

(5) 전선을 잘 마무리하여 넣고 뚜껑을 닫은 후 나사못으로 고정한다.

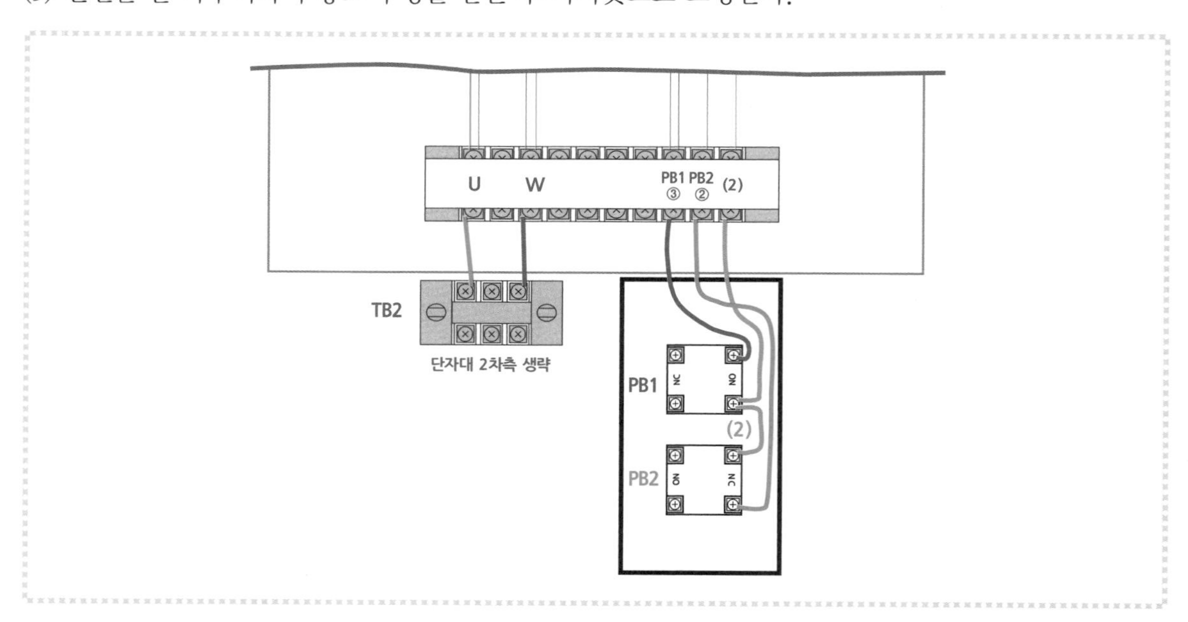

5 결선확인

1 푸시버튼 스위치

(1) a접점 확인 : PB1-③과 (2)번 단자에 벨 시험기의 리드선을 대고 PB1을 누르면 버저가 울리고 놓으면 정지해야 한다.

(2) b접점 확인 : PB2-②와 (2)번 단자에 벨 시험기의 리드선을 대면 버저가 울리고 PB2를 누르면 정지해야 한다.

2 표시등, 푸시버튼의 위치나 색상이 바뀌지 않았는지 확인한다.

3 소켓의 종이테이프를 제거하고 릴레이를 장착한 후 동작시험을 하면 된다.

4 완성작품

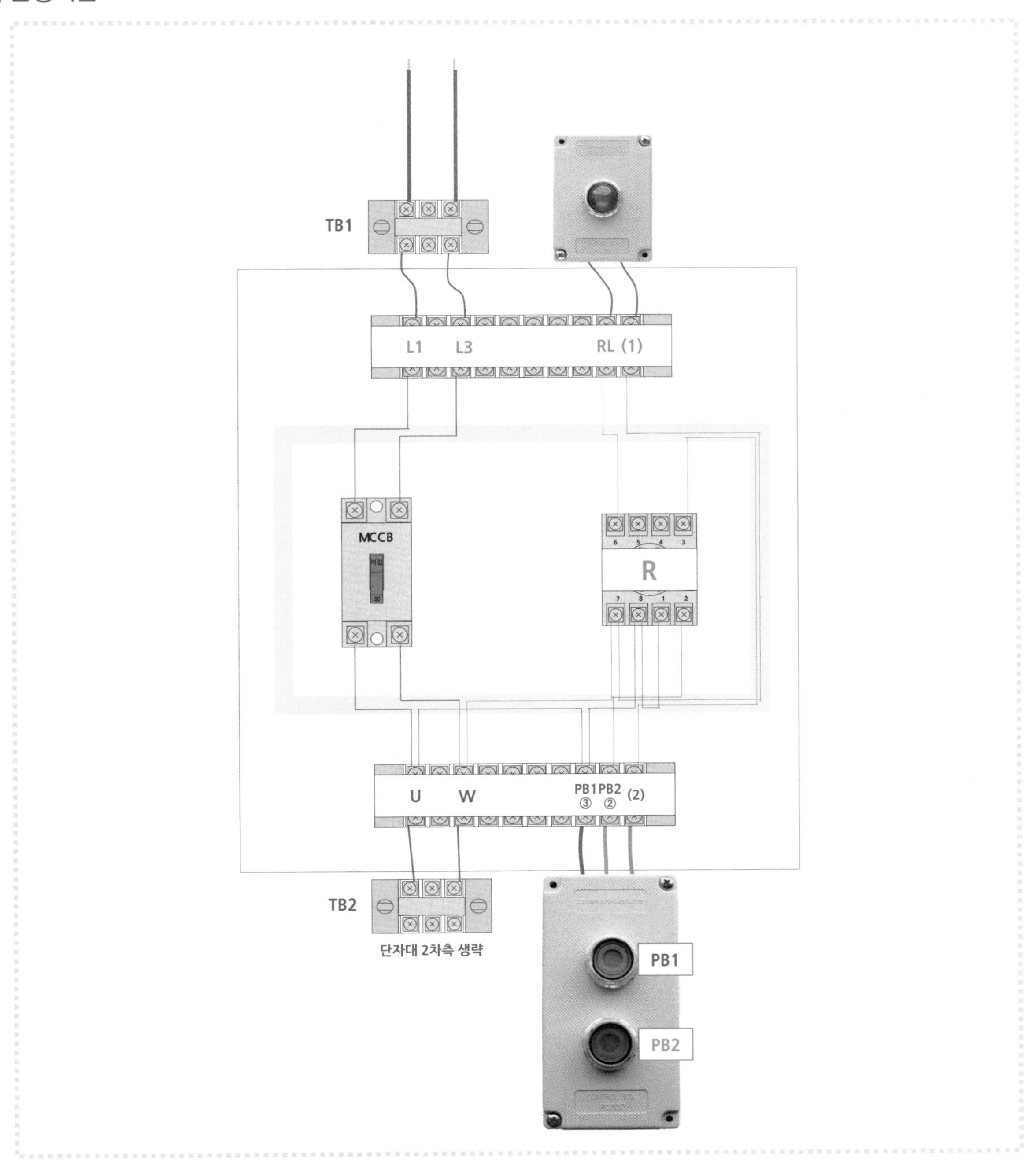

2 전자접촉기 회로

1 전자접촉기 회로의 구성

1 회로도

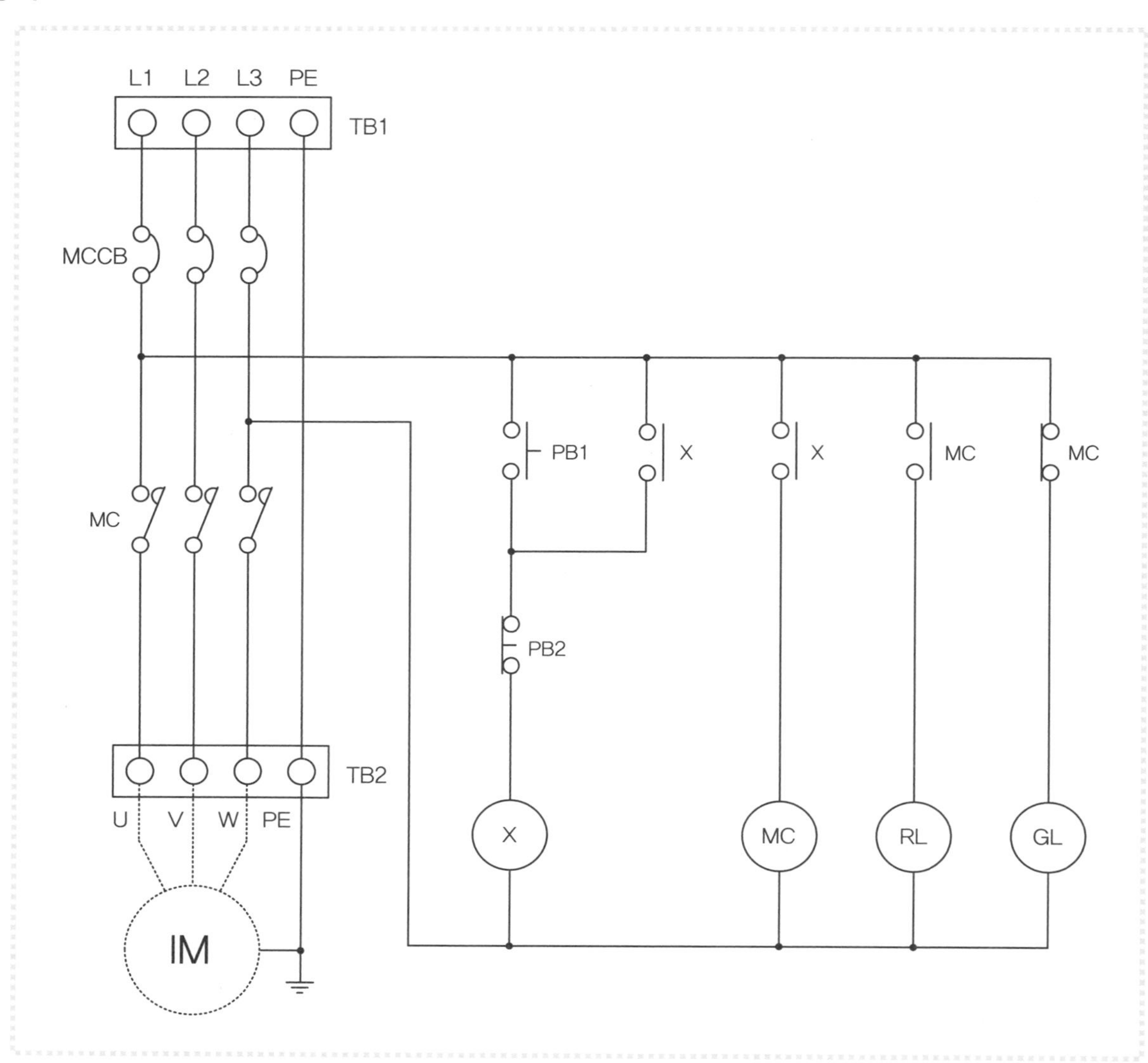

2 동작 설명

(1) 전원을 공급하고 차단기를 올리면 GL이 점등된다.

(2) PB1을 누르면 릴레이 X와 MC가 여자되어 IM이 회전하고 RL이 점등된다(GL은 소등). PB1을 놓아도 X의 a접점을 통해 전류가 흐른다(자기유지회로 구성).

(3) PB2를 누르면 릴레이 X와 MC가 소자되어 IM은 정지하고 GL은 점등된다(RL은 소등).

3 배관 및 기구 배치도

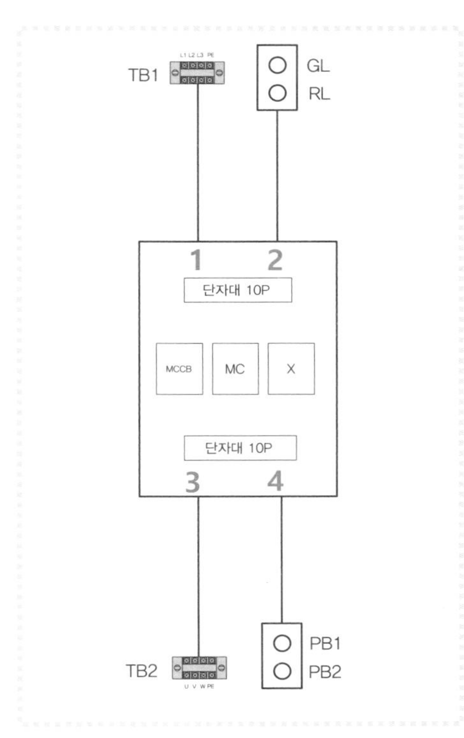

4 제어함 기구 배치

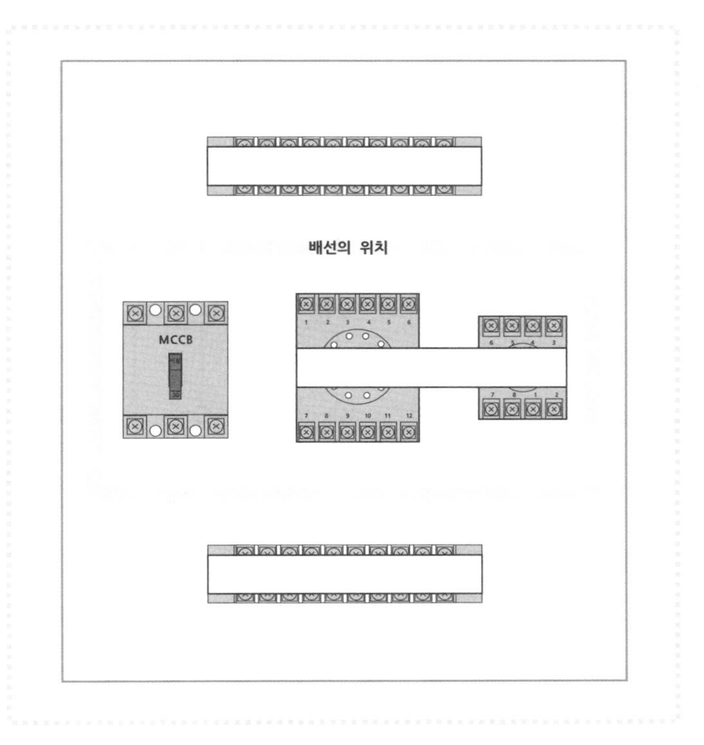

2 접점번호 적어넣기와 단자대 이름 부여하기

1 접점번호 적어넣기

계전기 내부 접속도를 보고 접점번호를 적어 넣는다.

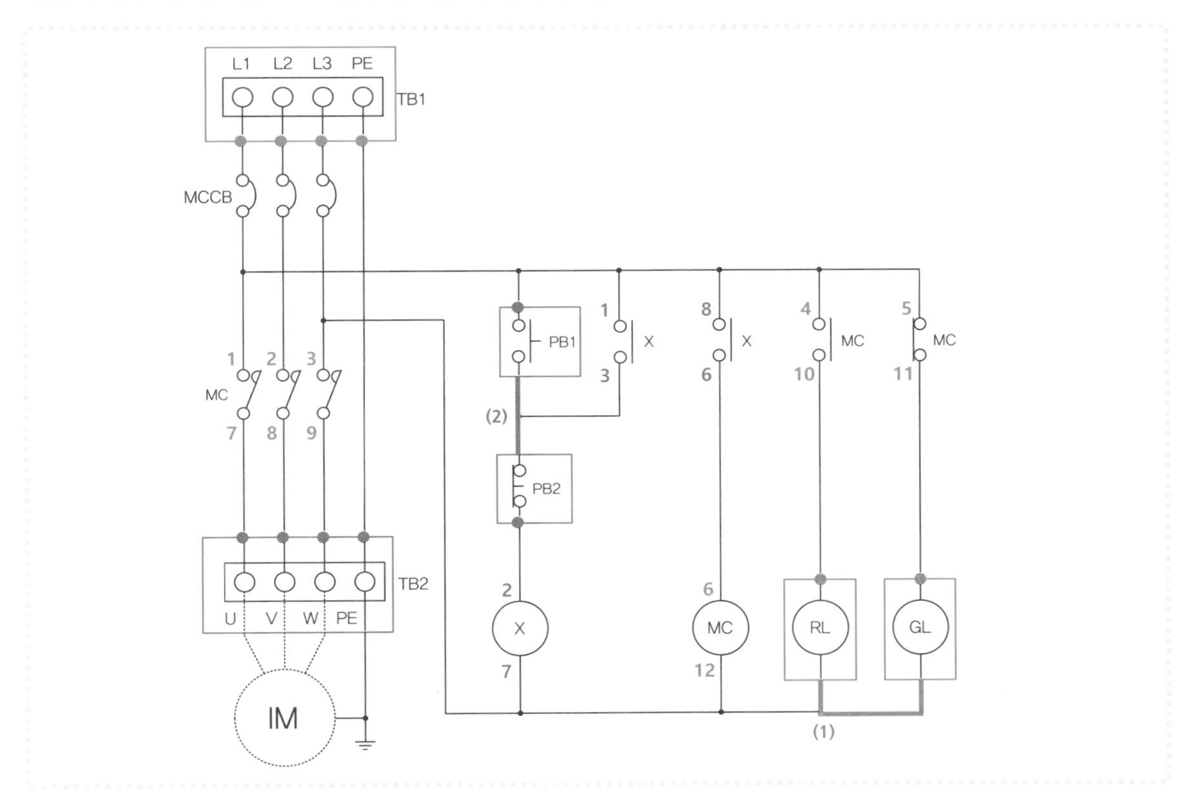

2 계전기 내부 접속도

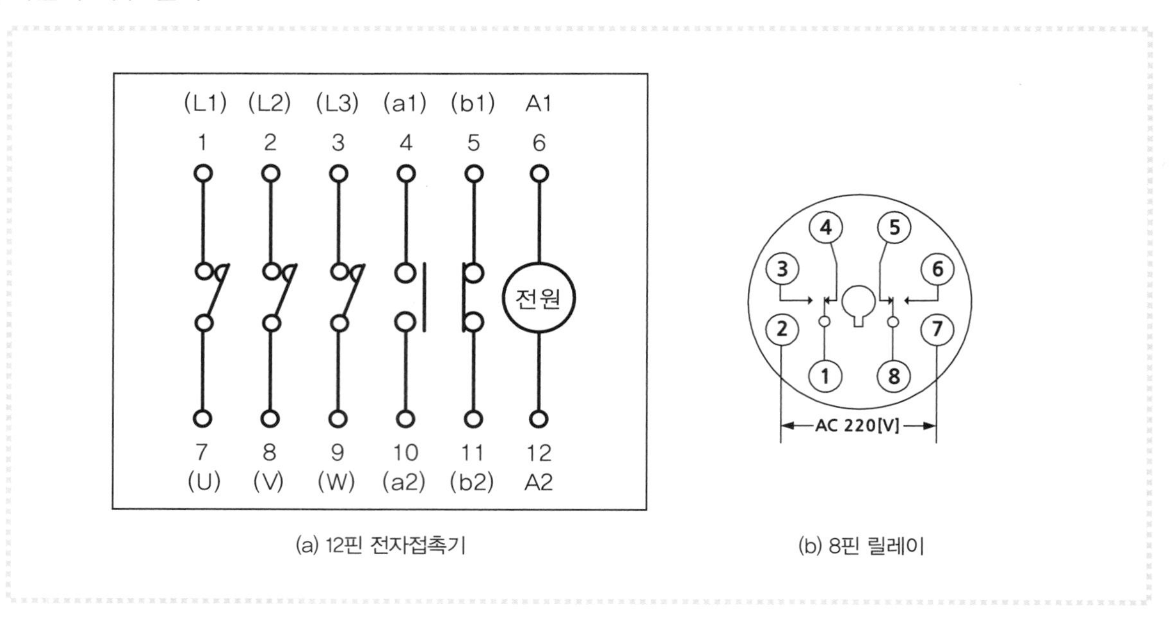

(a) 12핀 전자접촉기 (b) 8핀 릴레이

3 제어함 단자대 이름 부여

(1) 단자대와 소켓에 종이테이프를 붙이고 유성펜으로 이름을 적어 넣는다.

(2) 제어함의 위쪽 단자대에는 배관 및 기구 배치도의 1번 배관에 연결되어 있는 TB1의 이름(L1, L2, L3, PE)을 적어 넣는다.

(3) 2번 배관에 연결된 GL, RL의 이름〔GL, RL, (1)〕을 적어 넣는다〔(1)번 단자는 GL과 RL의 아래쪽 단자가 연결된 공통단자 번호이다〕.

(4) 제어함의 아래쪽 단자대에는 3번 배관에 연결되어 있는 TB2의 이름(U, V, W, PE)을 적어 넣는다.

(5) 4번 배관에 연결된 PB1과 PB2의 이름〔PB1−③, PB2−②, (2)〕을 적어 넣는다〔(2)번은 PB1−④번 단자와 PB2−①번 단자를 연결한 공통단자 번호이다〕.

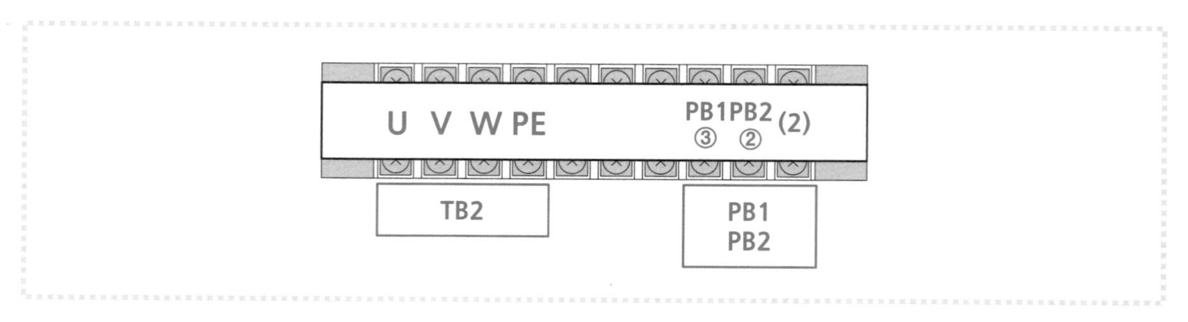

③ 제어함 배선작업

1 주회로 배선작업

(1) 주회로의 L1상은 갈색, L2상은 흑색, L3상은 회색, PE는 녹−황색 전선을 사용하여 배선한다. 회로도에 펜으로 표시를 하면서 연결할 단자를 확인한다.

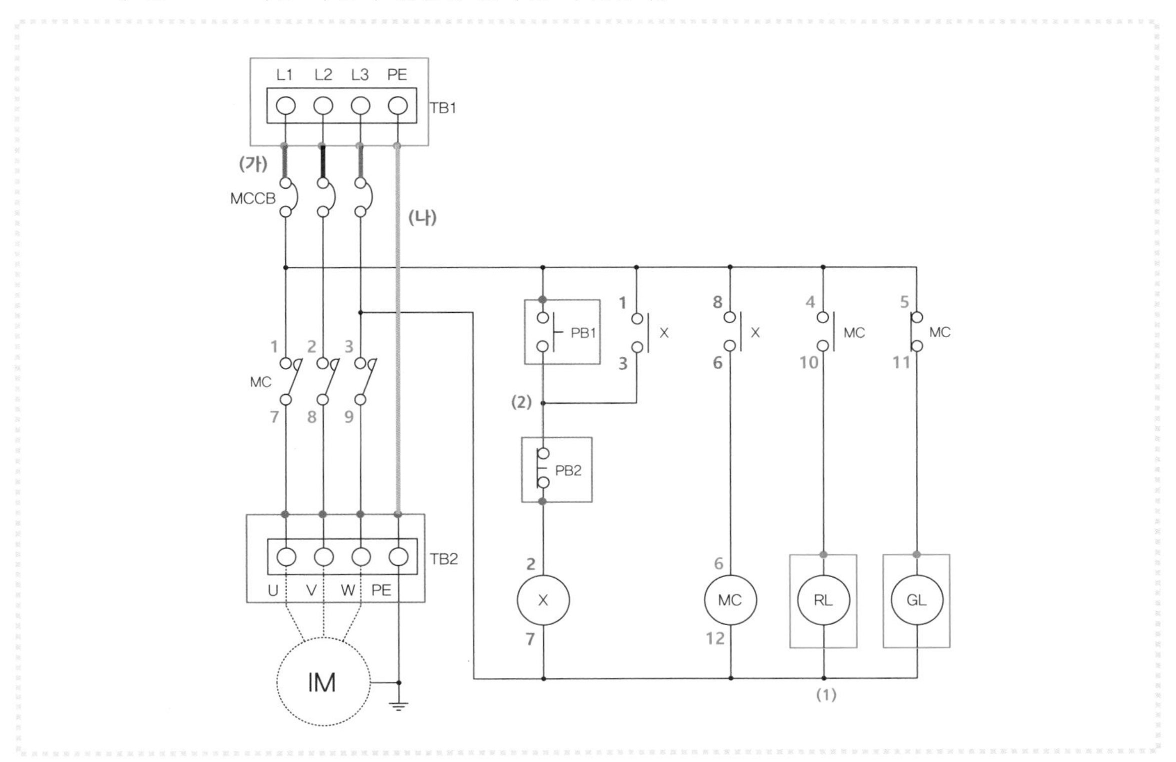

(2) 차단기에 연결되는 회로는 차단기측에서 배선을 시작하여 단자대에서 끝나는 것이 좋다.

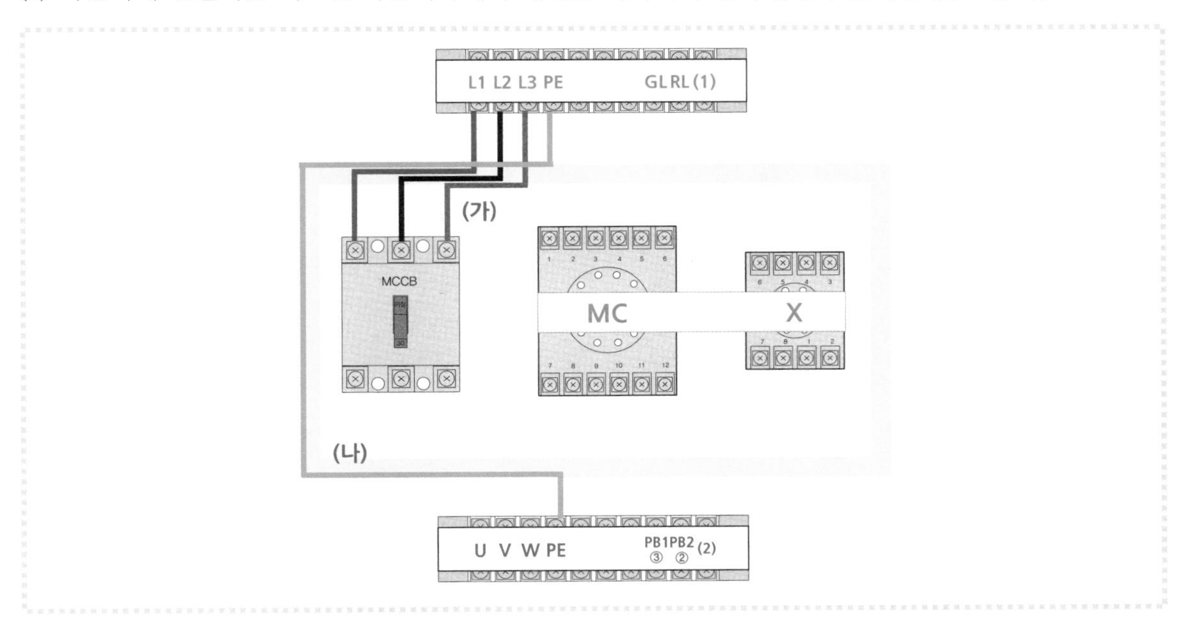

(3) 위 그림에서 주회로는 2.5[mm^2]의 전선을 사용하며, 4각형 안쪽은 나중에 외부의 단자대에서 연결한다.

(4) (가)회로 : TB1 단자대의 L1 · L2 · L3단자와 차단기의 1차측 단자를 차례대로 연결한다.

(5) (나)회로 : TB1의 PE단자와 TB2의 PE단자를 연결한다.

2 주회로에서의 (다)회로 배선작업

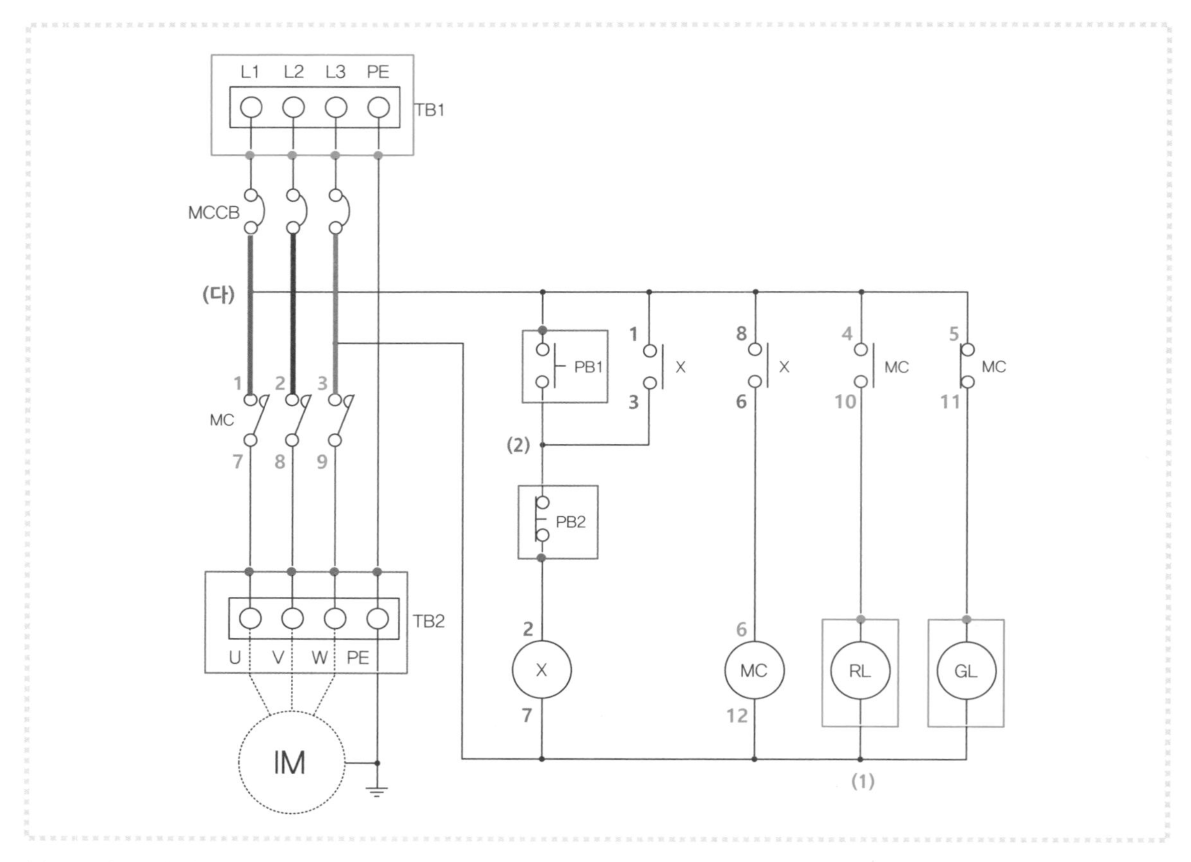

(1) L1상은 갈색, L2상은 흑색, L3상은 회색을 사용하여 배선한다.

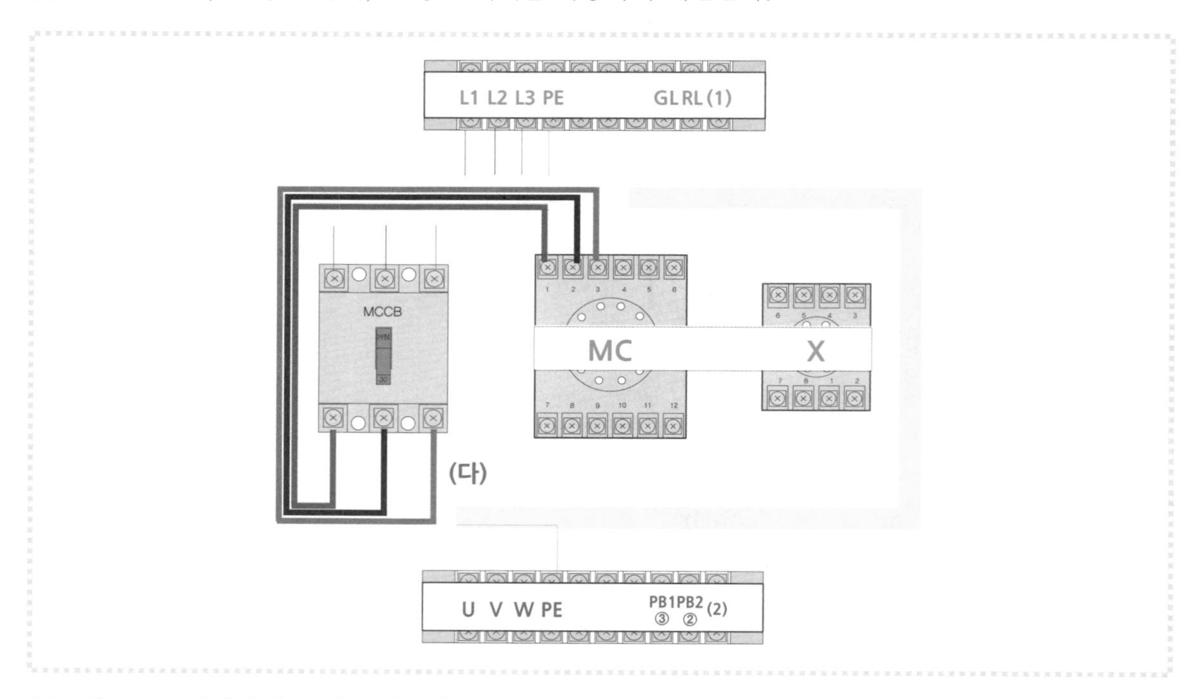

(2) (다)회로 : 차단기의 아래쪽 단자와 MC의 ① · ② · ③번 단자를 차례대로 연결한다.

(3) 주회로 배선 후 전선을 아래쪽으로 살짝 눌러 놓으면 전선이 높게 쌓이는 것을 방지할 수 있다.

3 주회로에서의 (라)회로 배선작업

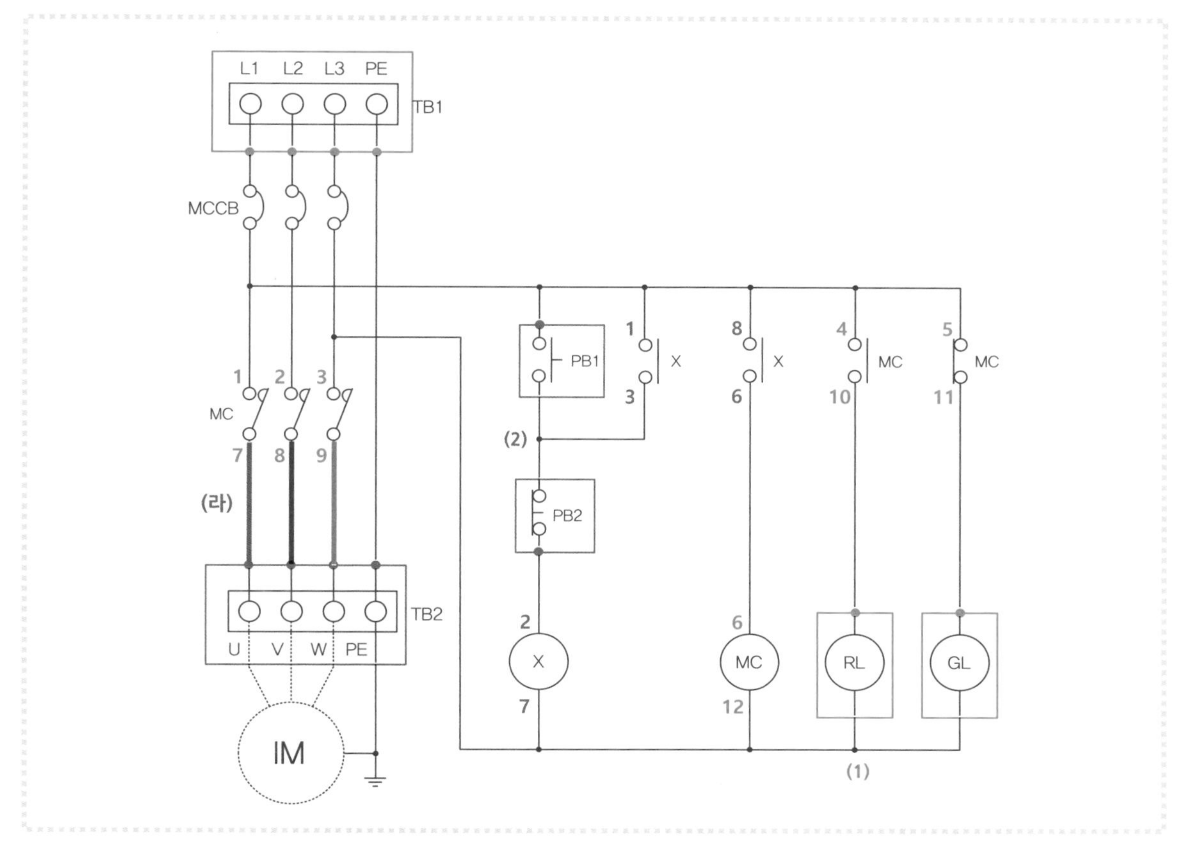

(1) L1상은 갈색, L2상은 흑색, L3상은 회색을 사용하여 배선한다.

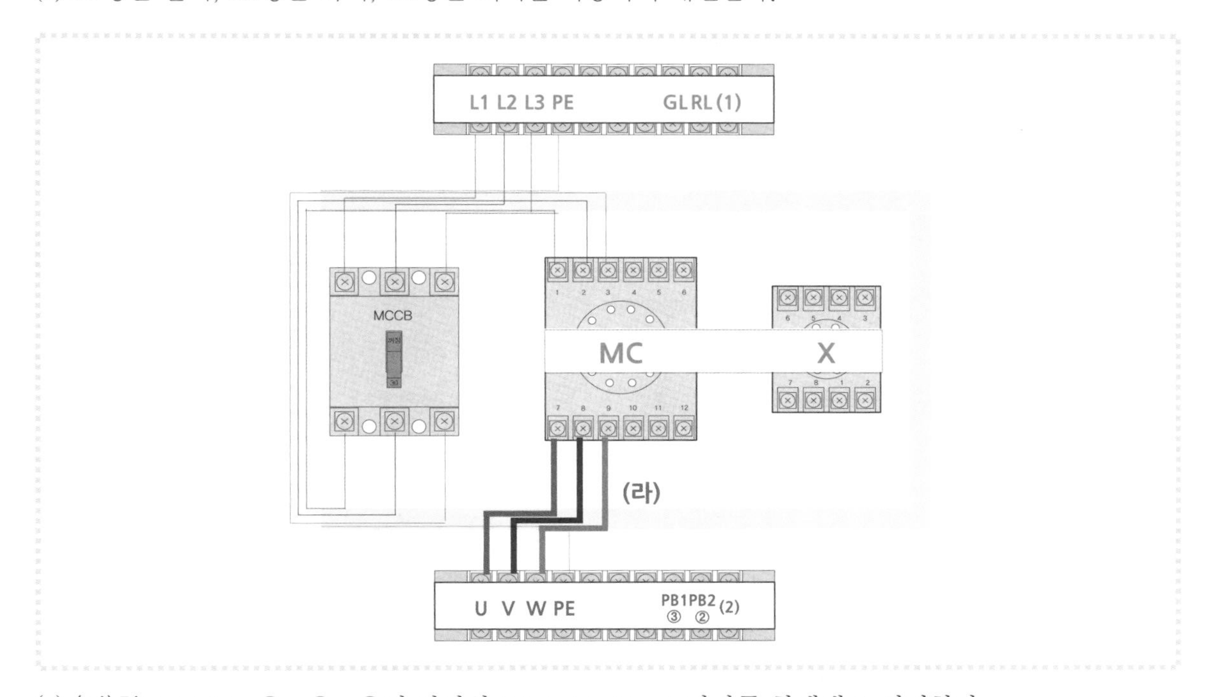

(2) (라)회로 : MC−⑦ · ⑧ · ⑨번 단자와 TB2−U · V · W단자를 차례대로 연결한다.

(3) 주회로 배선 후 전선을 아래쪽으로 살짝 눌러 놓으면 전선이 높게 쌓이는 것을 방지할 수 있다.

4 제어회로에서의 (1)번 회로 배선작업

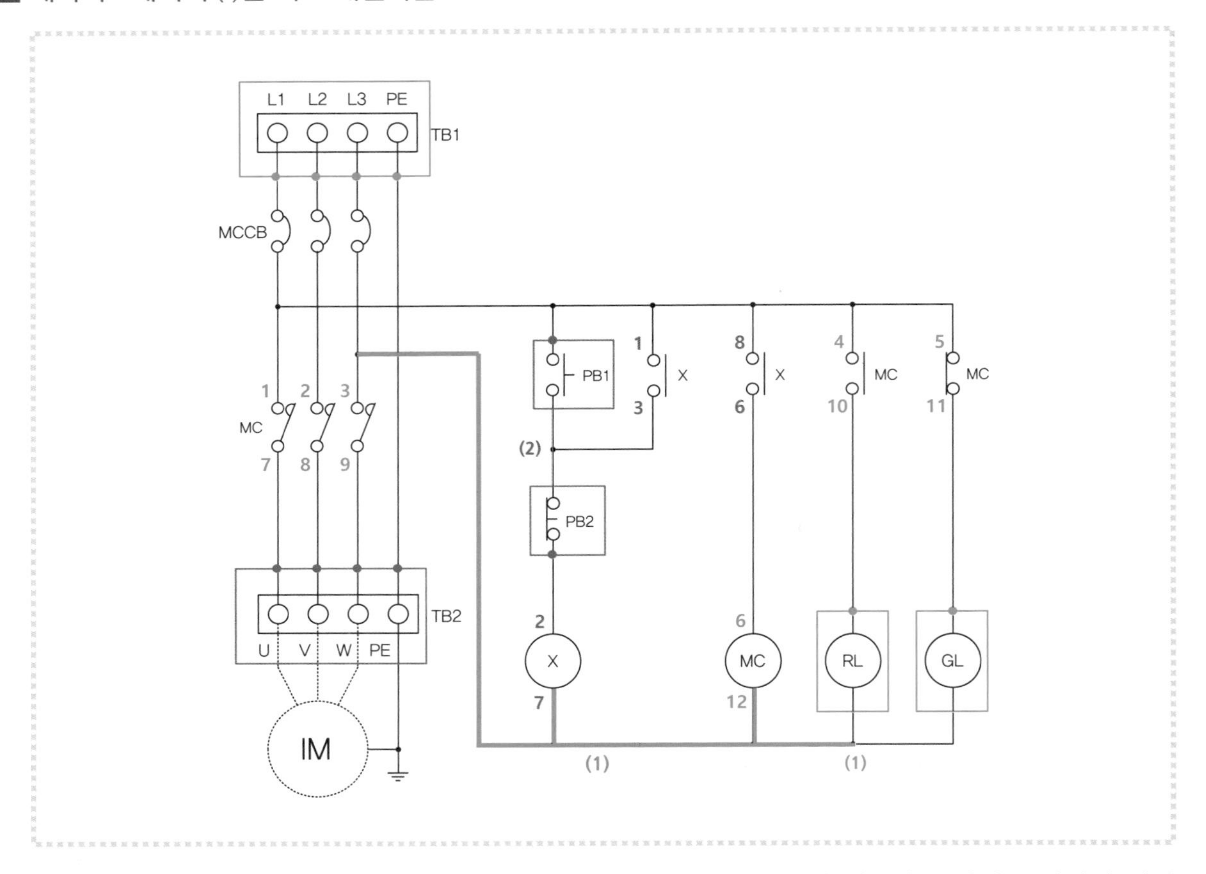

(1) 아래쪽 모선에는 계전기의 전원이나 표시등, 버저 등이 위치하는데 회로가 복잡해도 패턴이 일정하므로 아래쪽 모선부터 배선하면 편리하다.

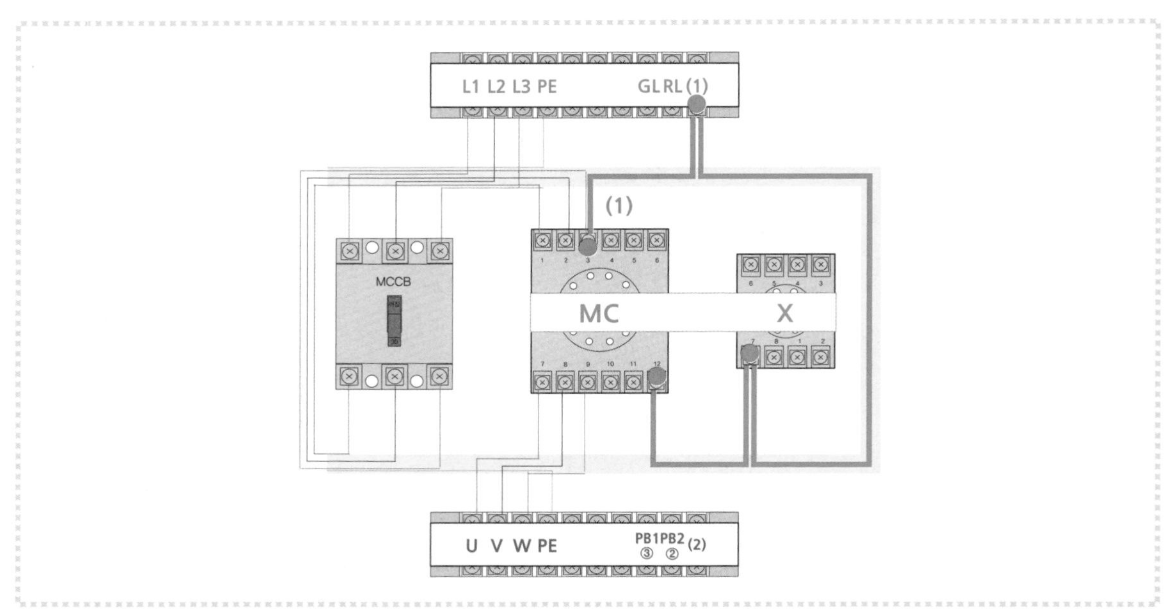

(2) **(1)번 회로** : 아래쪽 모선에는 보통 여러 개의 단자가 연결되는데 제어회로도 순서대로 연결하면 복잡하고 선도 많이 소모되므로 최단 거리로 연결하면 좋다.

(3) MC−③ ⇔ X−⑦ ⇔ MC−⑫ ⇔ (1)번 단자를 표시하고 최단 거리로 연결한다.

5 제어회로에서의 (2)번 회로 배선작업

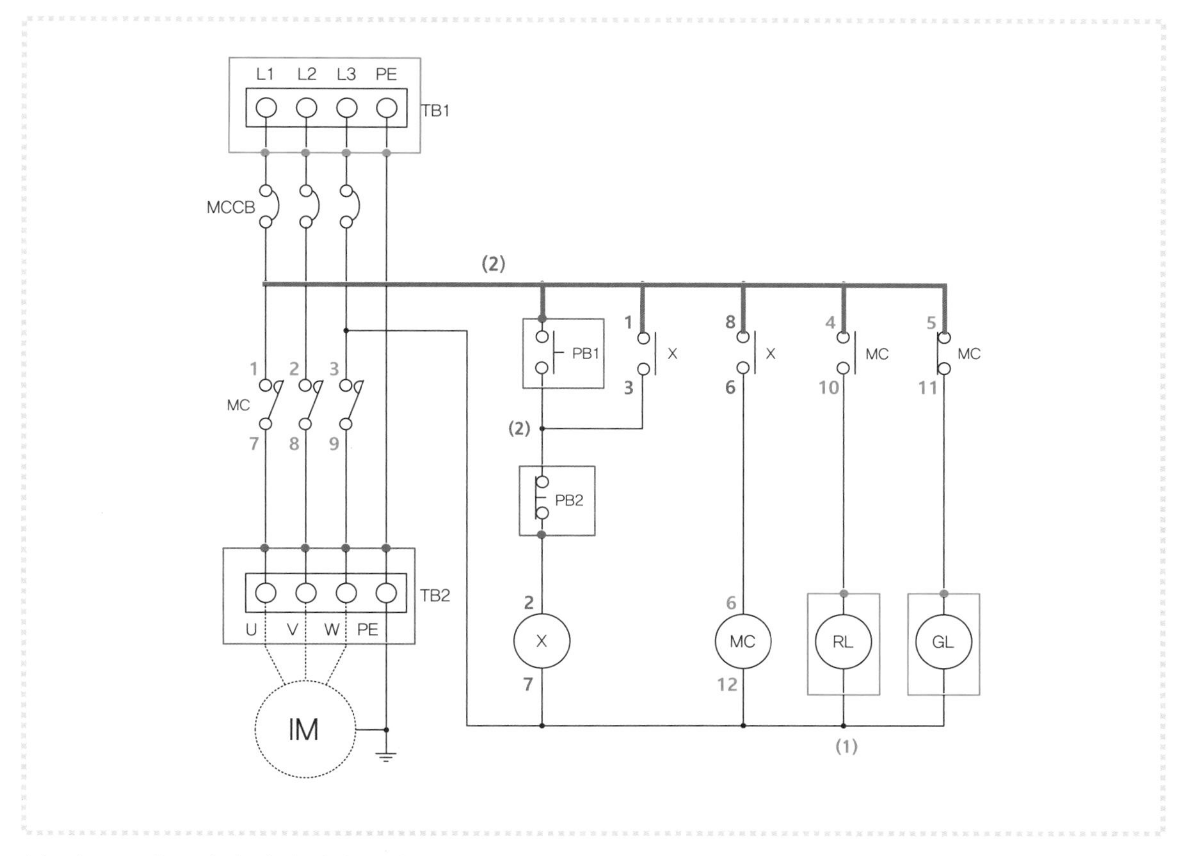

(1) 위쪽 모선도 여러 개의 단자가 연결되므로 연결할 단자를 표시한 후 연결하면 편리하다.

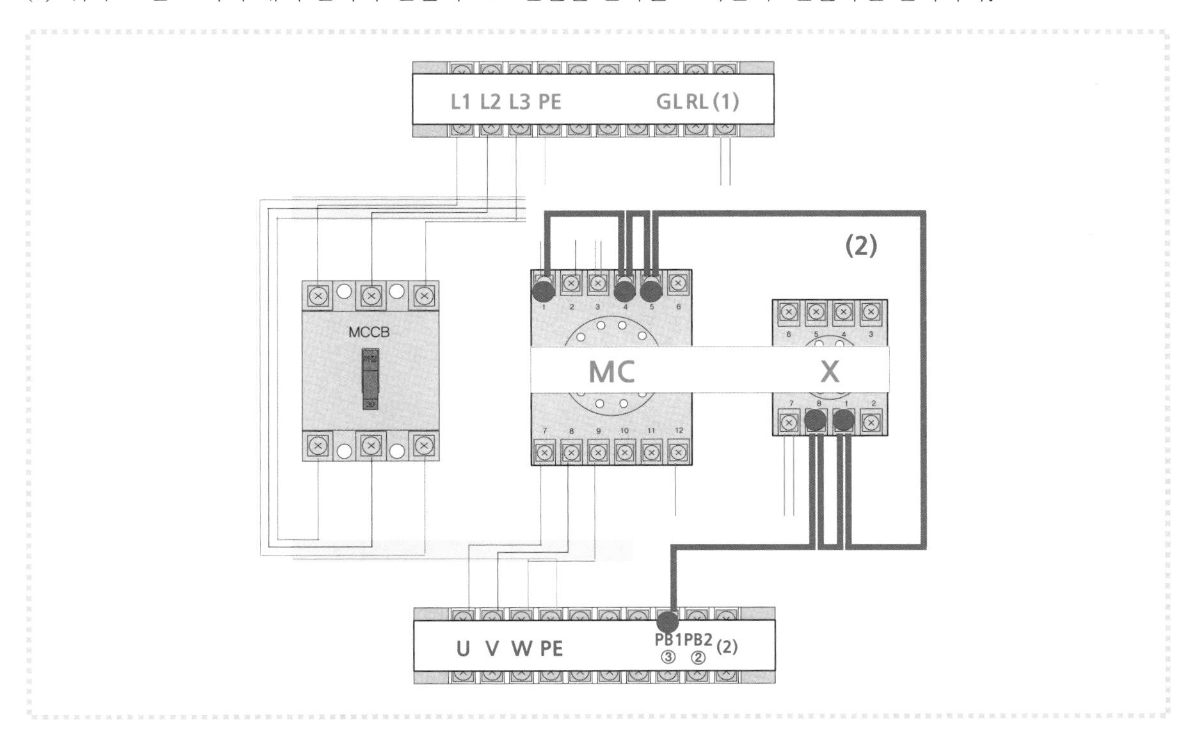

(2) (2)번 회로 : MC−① ⇔ PB1−③ ⇔ X−①·⑧ ⇔ MC−④·⑤번 단자를 표시하고 최단 거리로 연결한다.

6 제어회로에서의 (3) · (4)번 회로 배선작업

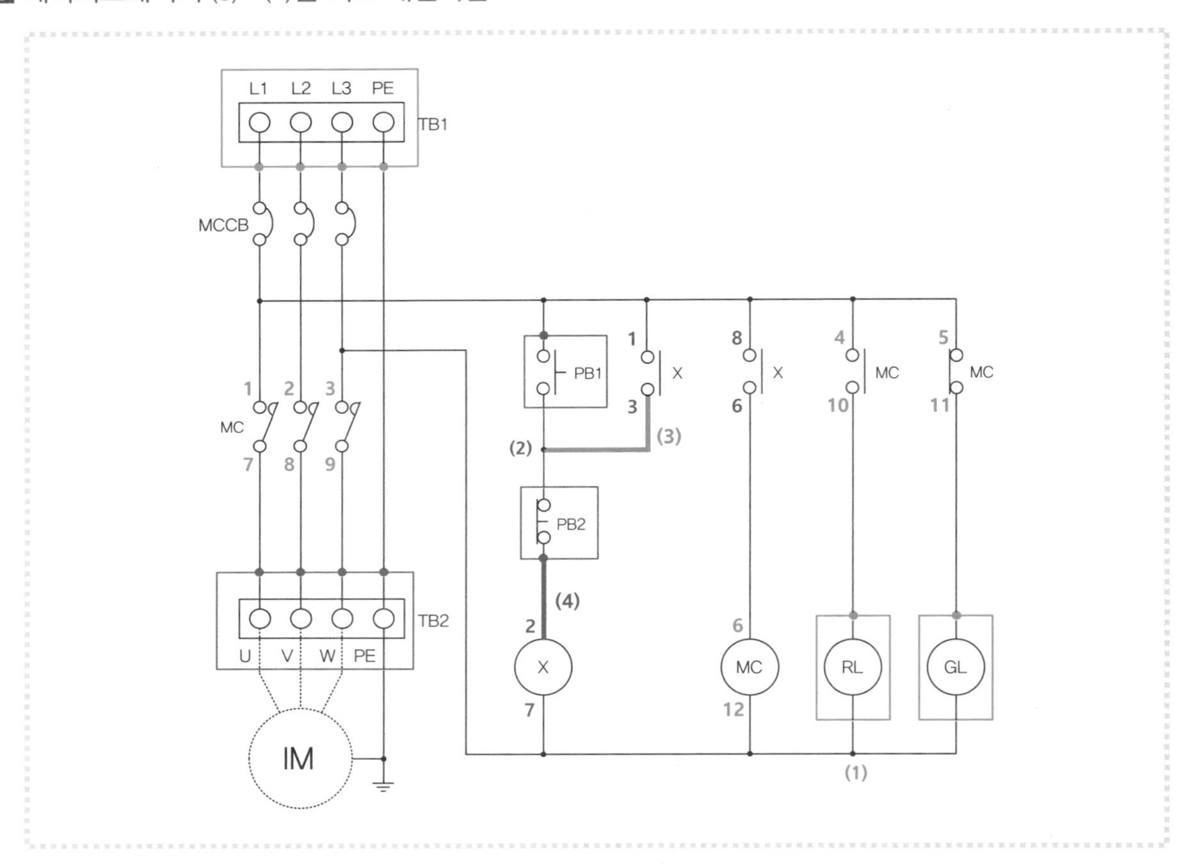

(1) 위 · 아래 모선의 배선이 끝나면 좌측부터 차례대로 배선한다.

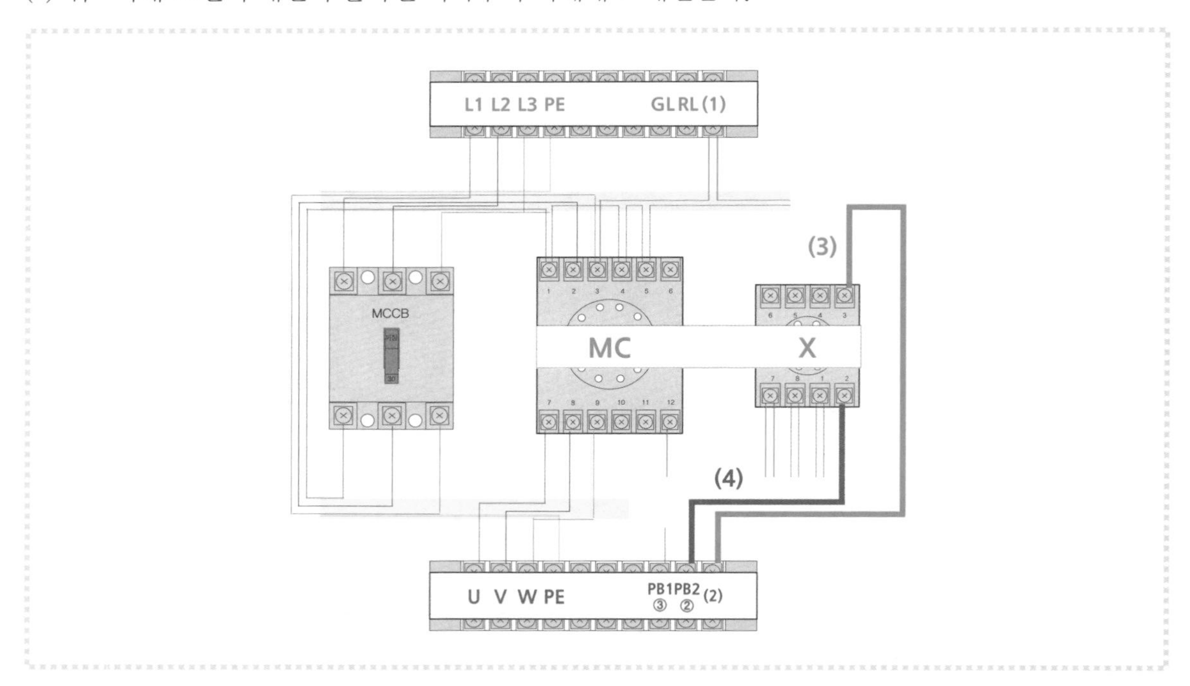

(2) (3)번 회로 : X-③번 단자와 (2)번 단자를 연결한다. (2)번 단자는 PB1-④, PB2-①번 단자를 연결한 공통단자 번호이다.

(3) (4)번 회로 : PB2-②번 단자와 X-②번 단자를 연결한다.

7 제어회로에서의 (5)~(7)번 회로 배선작업

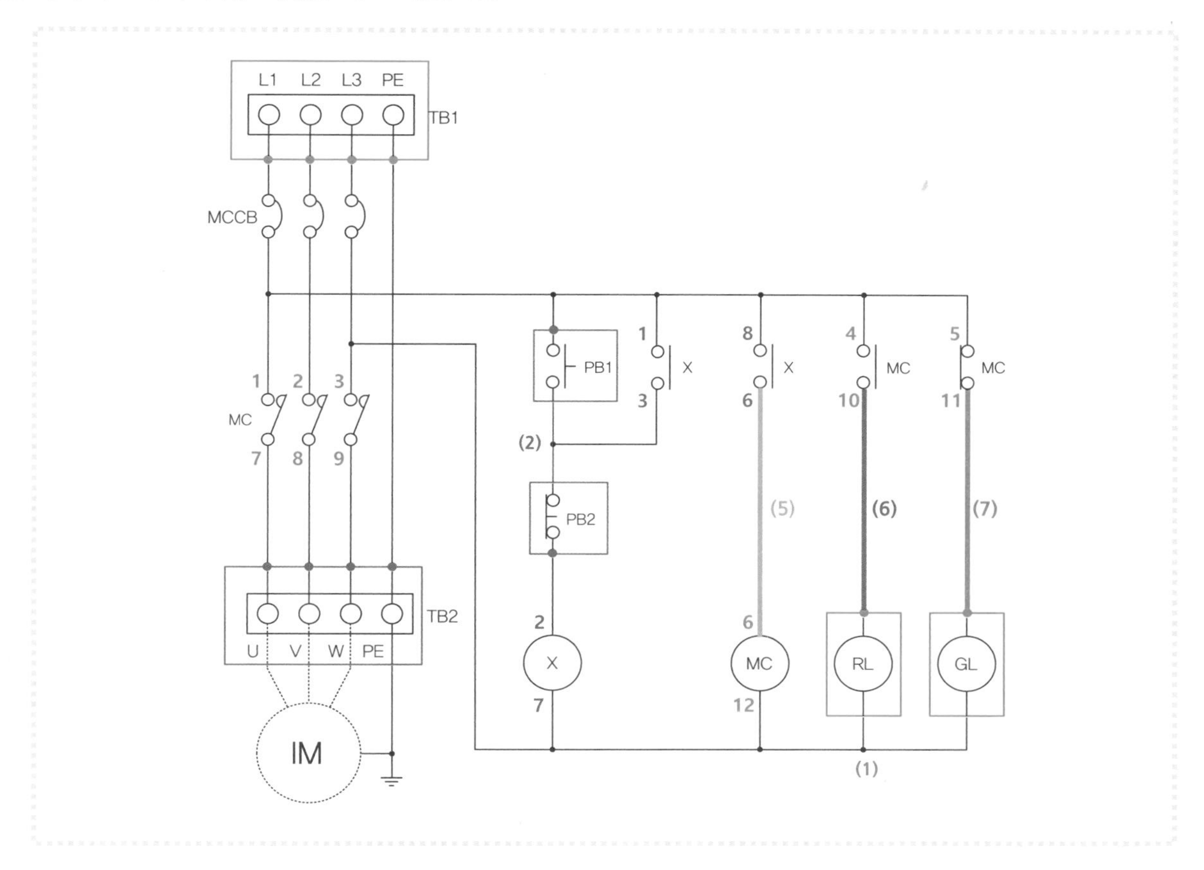

(1) 위 · 아래 모선의 배선이 끝나면 좌측부터 차례대로 배선한다.

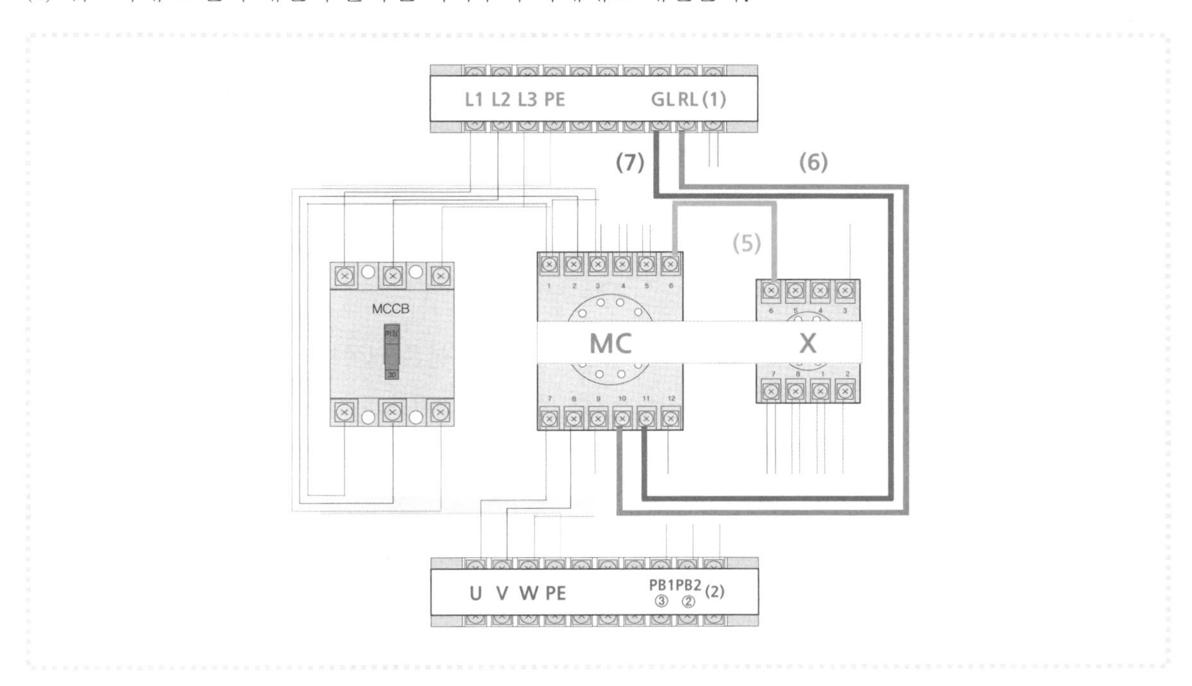

(2) (5)번 회로 : X-⑥번 단자와 MC-⑥번 단자를 연결한다.

(3) (6)번 회로 : MC-⑩번 단자와 RL단자를 연결한다.

(4) (7)번 회로 : MC-⑪번 단자와 GL단자를 연결한다.

4 제어함 연결 확인 작업

1 육안점검

(1) 단자대에 이름이 부여된 모든 단자에는 전선이 연결되어 있어야 한다. 누락된 부분이 확인되면 해당 회로를 찾아 연결한다.

(2) 차단기의 1 · 2차측과 계전기의 전원단자가 연결되었는지 확인한다.

(3) MC는 모든 단자가 사용되고, 릴레이 X는 a접점 2개가 연결되었는지 확인한다.

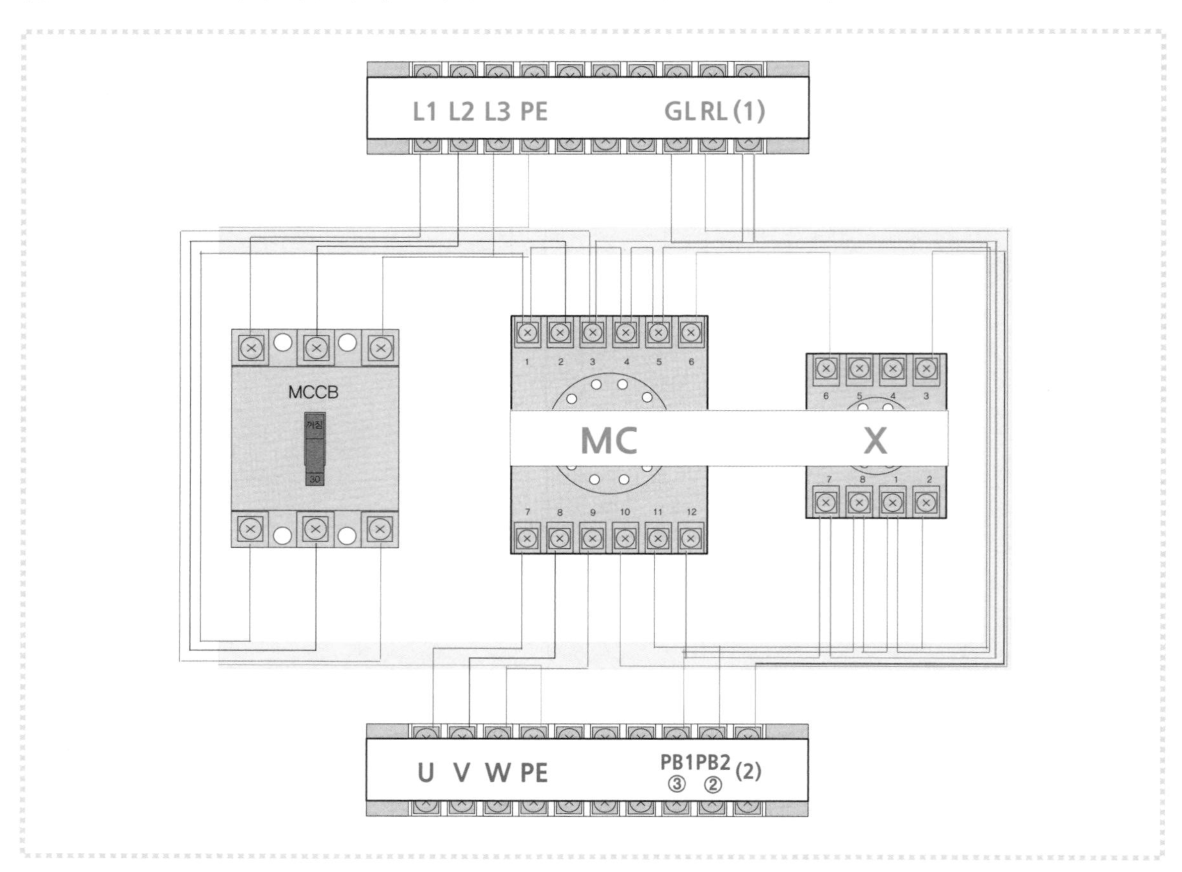

2 벨 시험기로 점검

회로도를 보면서 아래쪽 모선, 위쪽 모선, 가운데 부분은 왼쪽부터 차례대로 확인한다.

(1) 차단기를 올리고 L3단자에 리드선 하나를 댄 후 MC-③, X-⑦, MC-⑫, (1)번 단자에 다른 리드선을 접촉해서 '삐' 소리가 나면 정상이다.

(2) L1단자에 리드선 하나를 댄 후 MC-①, PB1-③, X-① · ⑧, MC-④ · ⑤단자에 다른 리드선을 차례로 접촉해서 '삐' 소리가 나면 정상적으로 연결된 것이다.

(3) X-③단자와 (2)번 단자를 확인한다.

(4) PB2-②단자와 X-②단자를 확인한다.

(5) X-⑥단자와 MC-⑥단자를 확인한다.

(6) MC-⑩단자와 RL단자를 확인한다.

(7) MC-⑪단자와 GL단자를 확인한다. 이상이 없으면 제어함은 완성된 것이다.

5 외부기구 결선작업

1 위쪽 단자대 결선작업

(1) TB1 단자대에 L1 · L2 · L3 · PE단자를 색상이 맞게 연결하고 동작시험을 위해 3개의 단자는 100[mm] 정도의 선을 붙인 후 끝부분은 10[mm] 정도 피복을 벗겨 놓는다.

(2) 표시등의 단자가 오른쪽으로 향하게 조립한 후 두 단자를 연결하여 제어함의 (1)번 단자와 연결하고 GL단자는 GL에, RL단자는 RL에 연결한다.

(3) 표시등의 전선이 빠지지 않게 잘 마무리하여 넣고 뚜껑을 닫아 나사못으로 고정한다.

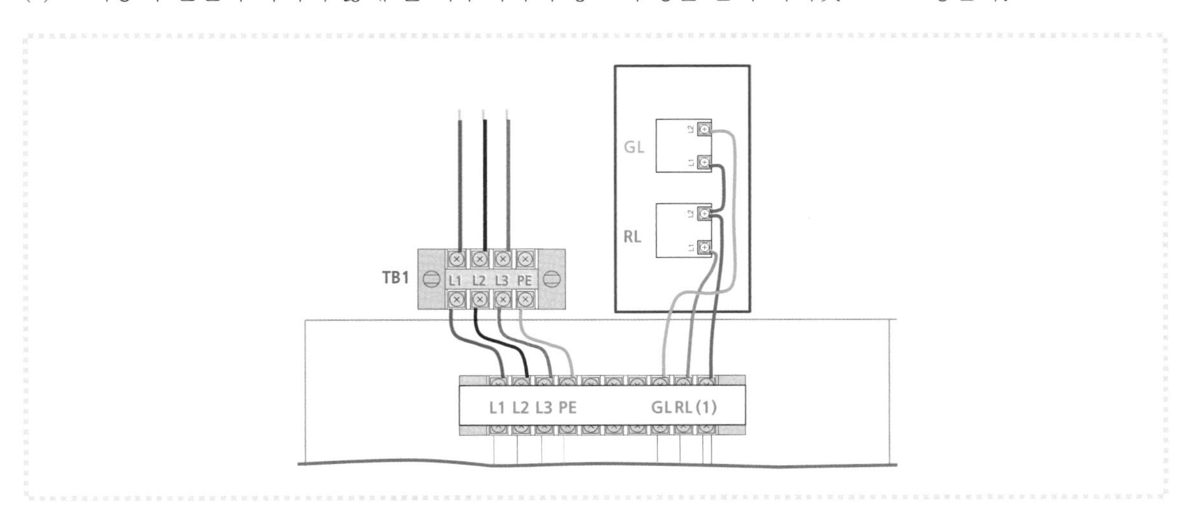

2 아래쪽 단자대 결선작업

(1) TB2 단자대에 U · V · W · PE단자를 색상을 맞춰 연결한다.

(2) PB1은 a접점을 사용하므로 NO단자가 오른쪽에 가도록 고정하고, PB2는 NC단자가 오른쪽에 가도록 고정한다.

(3) PB1－④번 단자와 PB2－①번 단자를 연결한 선을 공통단자 (2)에 연결한다.

(4) PB1－③과 PB2－②번 단자를 제어함 단자대에 연결한다.

(5) 전선을 잘 마무리하여 넣고 뚜껑을 닫아 나사못으로 고정한다.

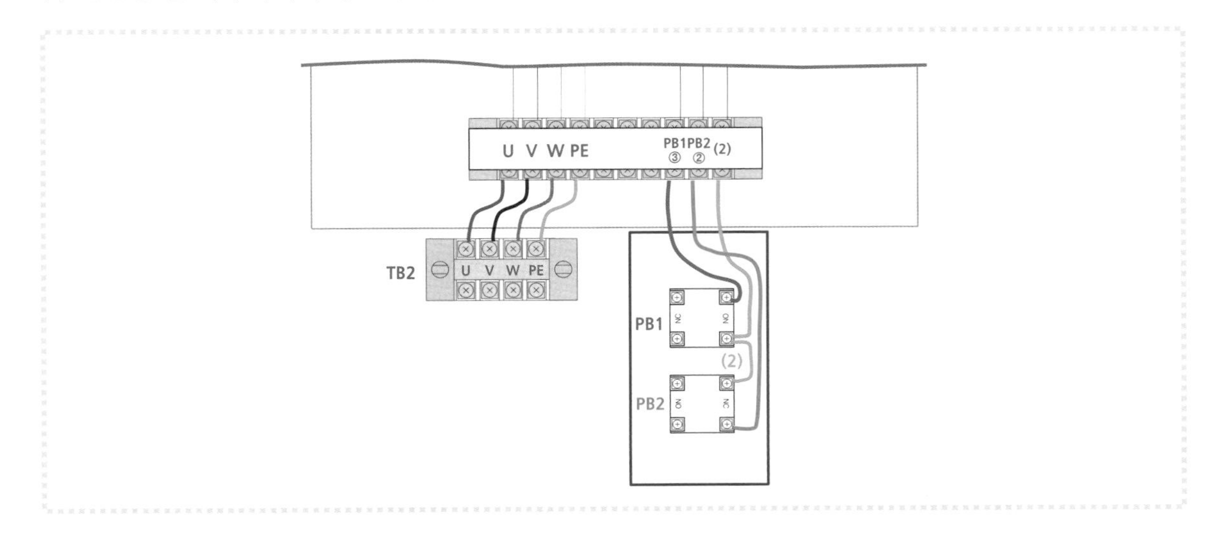

6 결선확인

1 푸시버튼 스위치

(1) a접점 확인 : PB1-③과 (2)번 단자에 벨 시험기의 리드선을 대고 PB1을 누르면 버저가 울리고 놓으면 정지해야 한다.

(2) b접점 확인 : PB2-②와 (2)번 단자에 벨 시험기의 리드선을 대면 버저가 울리고 PB2를 누르면 정지해야 한다.

2 표시등, 푸시버튼의 위치나 색상이 바뀌지 않았는지 확인한다.

3 소켓의 종이테이프를 제거하고 MC와 릴레이를 장착한 후 동작시험을 하면 된다.

4 완성작품

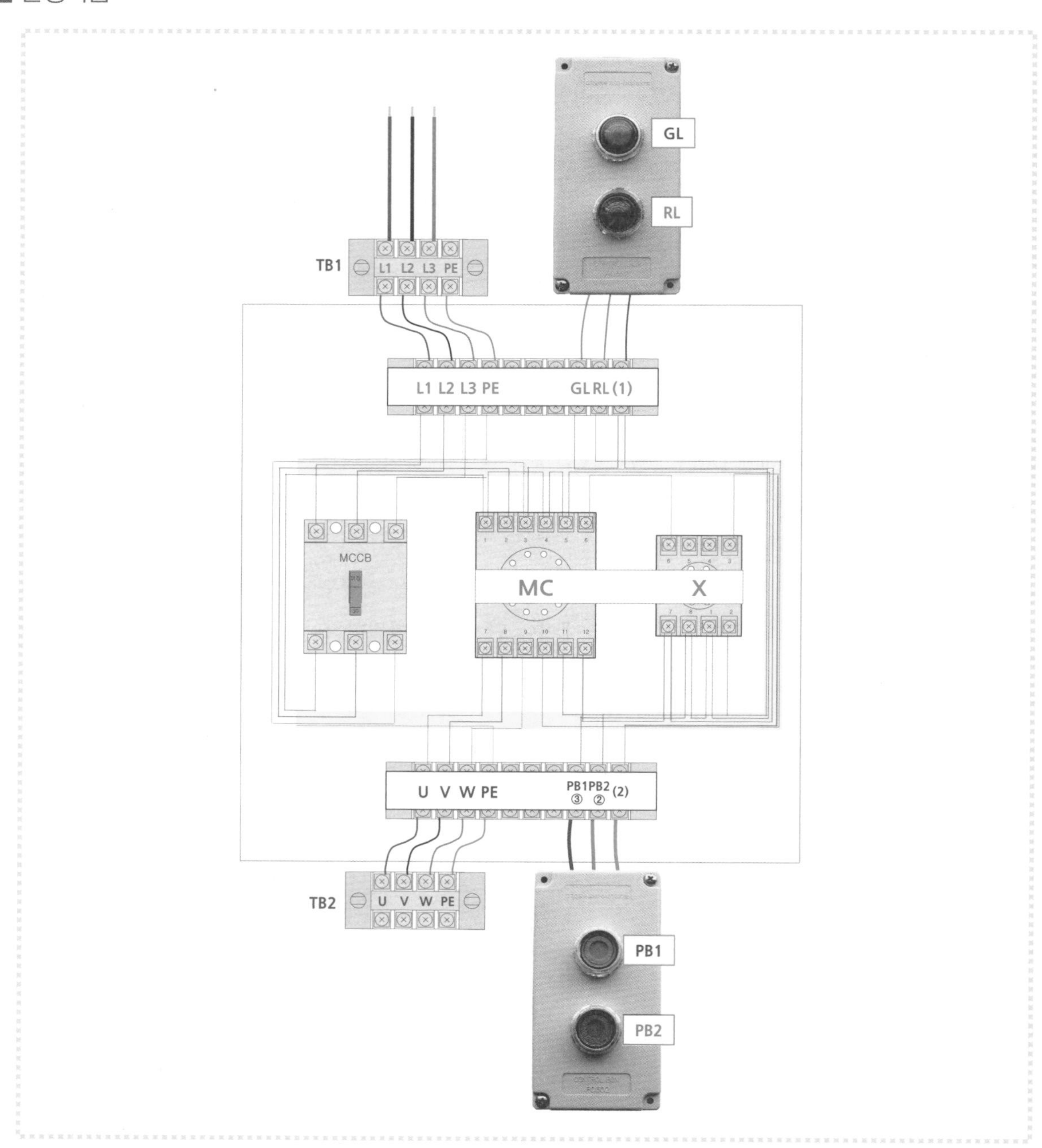

자/세/히/알/아/보/기

시퀀스 회로 동작순서

아무리 복잡한 회로라도 동작은 일정한 순서대로 진행하면 된다. 퓨즈 홀더에 퓨즈를 끼워놓은 상태에서 동작시험을 시작한다.

1. 전원을 공급하고 차단기를 올린다.

회로도에서 b접점을 통해 연결된 부분을 확인한다. 대개의 경우 표시등이 연결되어 있다.

2. 회로의 운전

(1) 셀렉터 스위치가 사용된 회로에서는 자동 · 수동을 구분하여 동작한다.
(2) 푸시버튼 스위치(a접점)를 누르면 계전기가 여자되고, 계전기의 접점으로 자기유지회로가 구성되면서 스위치를 놓아도 동작이 유지된다.
(3) 이때 주회로에 연결된 모터가 동작하게 되고, 동작 표시등이 점등된다.
(4) 계전기 접점이 동작했을 때 이어서 동작하는 다른 계전기가 있는지 확인한다.
(5) 리밋 스위치, 센서 등의 접점을 동작시켜 회로의 동작을 확인한다.

3. 회로의 정지

푸시버튼 스위치(b접점)를 누르면 자기유지가 해제되면서 계전기가 소자되고 모터가 정지되며 표시등이 소등된다.

4. 운전 중 과전류가 흘러 계전기가 동작된 경우(EOCR의 TEST 버튼을 누름)

(1) 모든 동작이 정지된다(모터 정지, 표시등 소등).
(2) EOCR의 접점에 FR 계전기를 접속하여 BZ와 YL 등으로 경보를 알린다.
(3) RESET 버튼을 누르면 초기화된다.

3 경보 회로

1 경보 회로의 구성

1 회로도

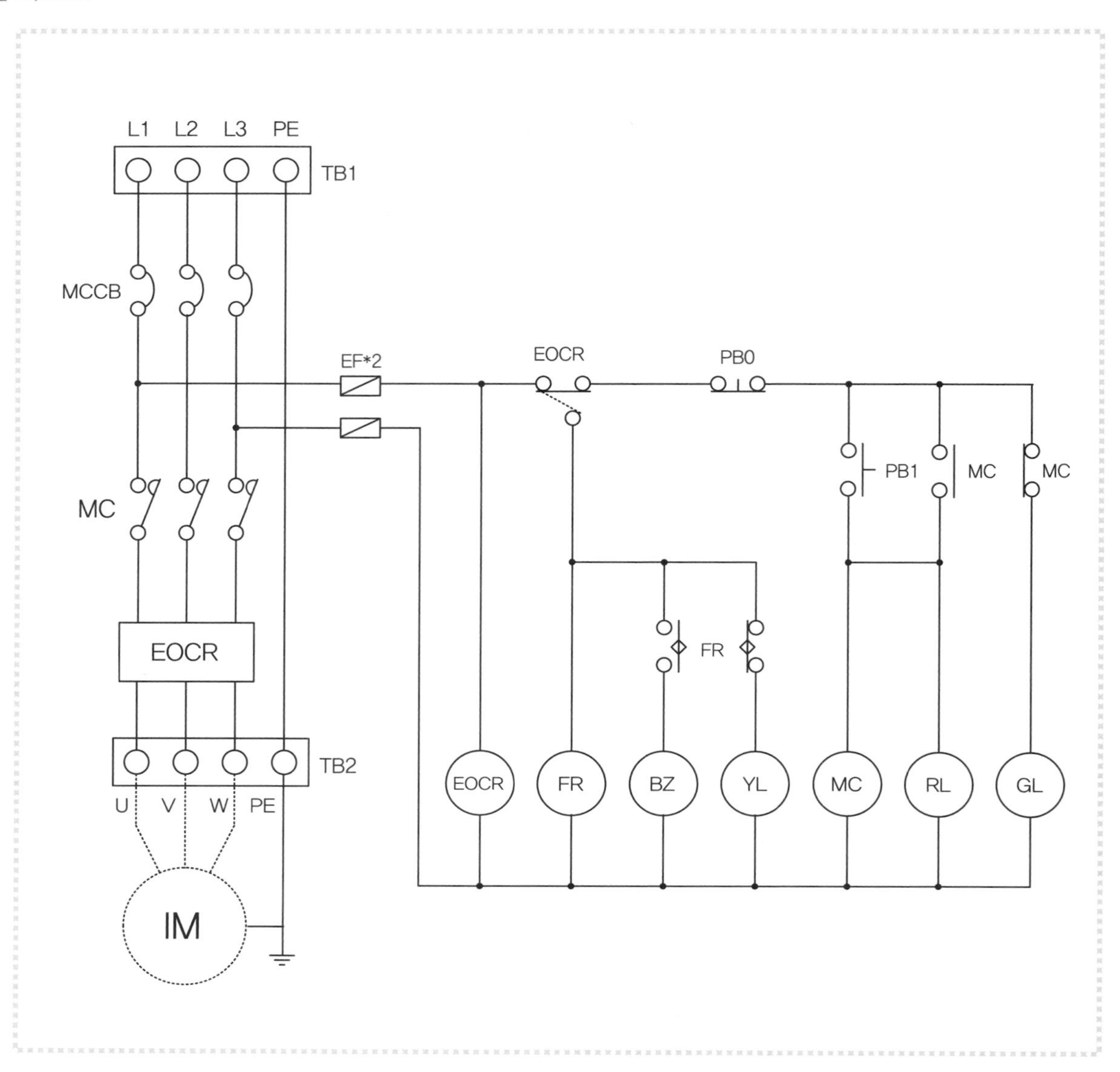

2 동작설명

(1) 전원을 공급하고 차단기를 올리면 GL이 점등된다.

(2) PB1을 누르면 MC가 여자되어 IM이 회전하고 RL이 점등된다(GL은 소등). PB1을 놓아도 MC의 a접점을 통해 전류가 흐른다(자기유지회로 구성).

(3) PB0를 누르면 MC가 소자되어 IM은 정지하고 GL은 점등된다(RL은 소등).

(4) 전동기 운전 중 회로에 과전류가 흐르면(TEST 버튼 누름) EOCR 접점이 동작하게 되어 FR이 여자되고 FR에 설정된 시간 간격으로 YL과 BZ가 번갈아 가며 동작한다.

(5) EOCR의 RESET 버튼을 누르면 초기화된다(GL 점등).

3 배관 및 기구 배치도

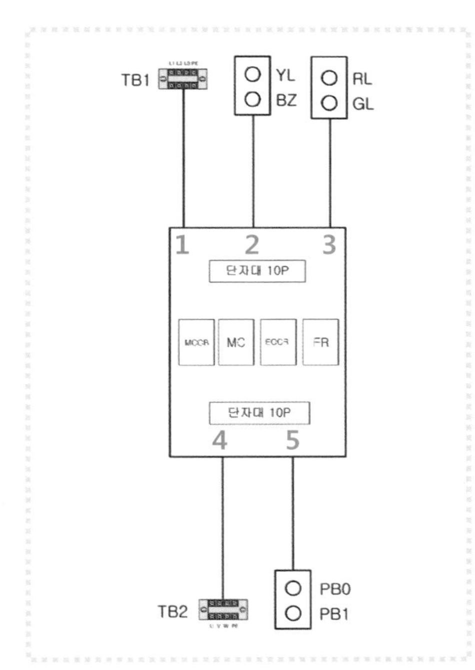

4 제어함 기구 배치

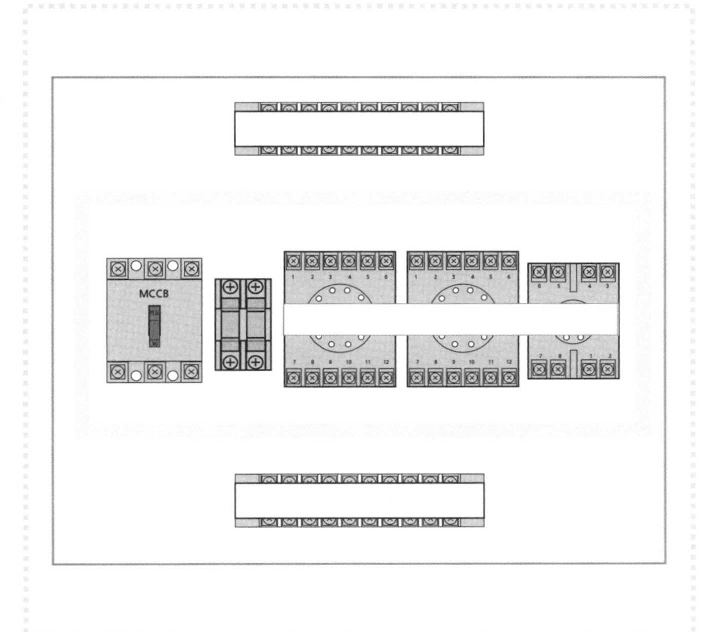

2 접점번호 적어 넣기와 단자대 이름 부여하기

1 접점번호 적어 넣기

계전기 내부 접속도를 보고 접점번호를 적어 넣는다.

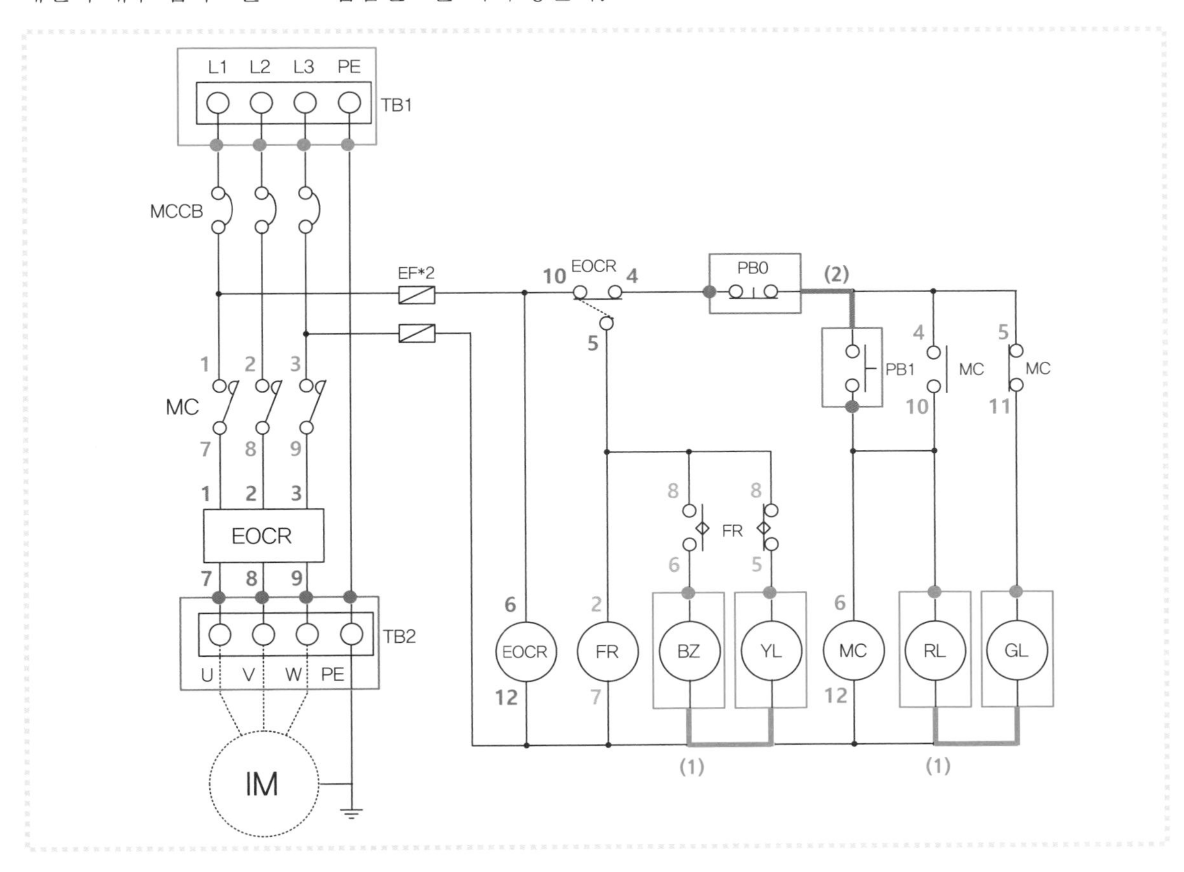

2 계전기 내부 접속도

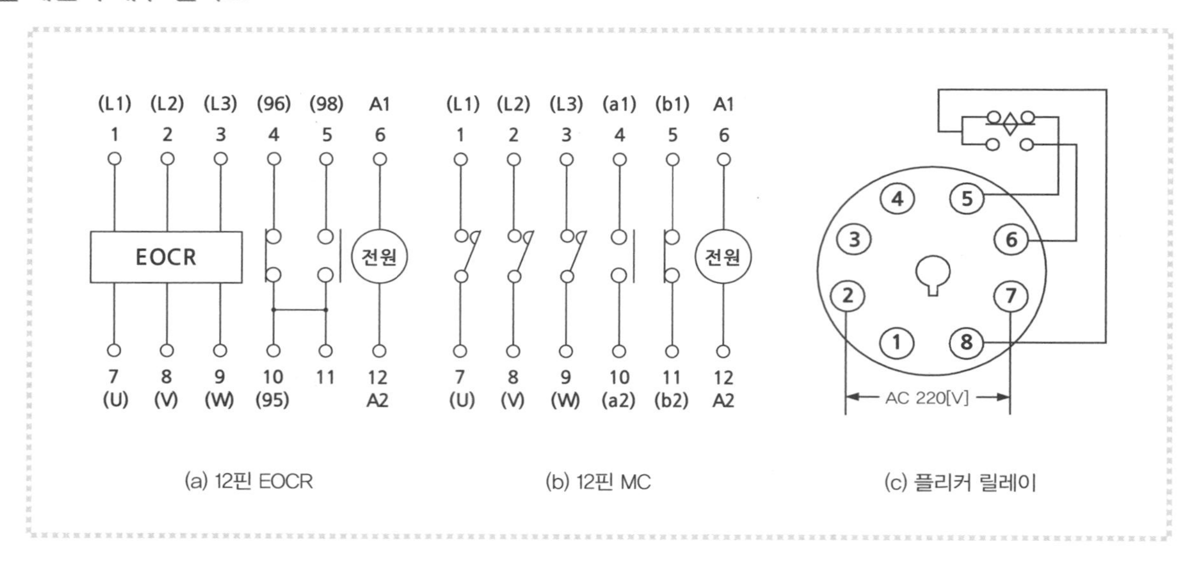

(a) 12핀 EOCR (b) 12핀 MC (c) 플리커 릴레이

3 제어함 단자대 이름 부여

(1) 단자대와 소켓에 종이테이프를 붙이고 유성펜으로 이름을 적어 넣는다.

(2) 제어함의 위쪽 단자대에는 배관 및 기구 배치도의 1번 배관에 연결되어 있는 TB1의 이름(L1, L2, L3, PE)을 적어 넣는다.

(3) 2번 배관에 연결된 YL, BZ의 이름〔YL, BZ, (1)〕을 적어 넣는다〔공통단자 번호 (1)〕.

(4) 3번 배관에 연결된 RL, GL의 이름〔RL, GL, (1)〕을 적어 넣는다〔공통단자 번호 (1)〕. 위쪽 단자대에는 (1)번 단자가 2개 사용되었다.

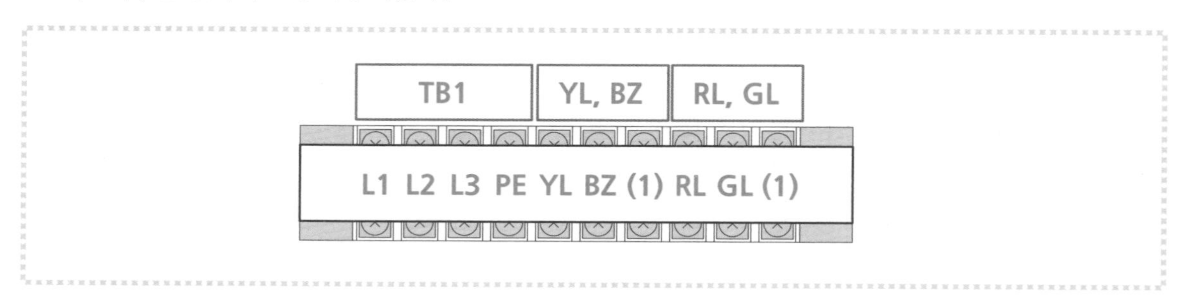

(5) 제어함의 아래쪽 단자대에는 4번 배관에 연결되어 있는 TB2의 이름(U, V, W, PE)을 적어 넣는다.

(6) 5번 배관에 연결된 PB0와 PB1의 이름〔PB0−①, PB1−④, (2)〕을 적어 넣는다. (2)번은 PB0−②번 단자와 PB1−③번 단자가 연결된 공통단자 번호이다.

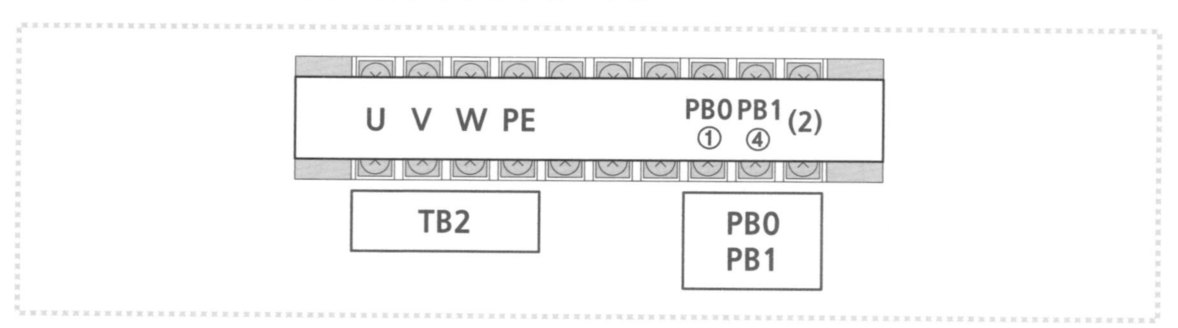

3 제어함 배선작업

1 주회로 배선작업

(1) 주회로의 L1상은 갈색, L2상은 흑색, L3상은 회색, PE는 녹-황색 전선을 사용하여 배선하여야 한다. 회로도에 펜으로 표시하면서 연결할 단자를 확인한다.

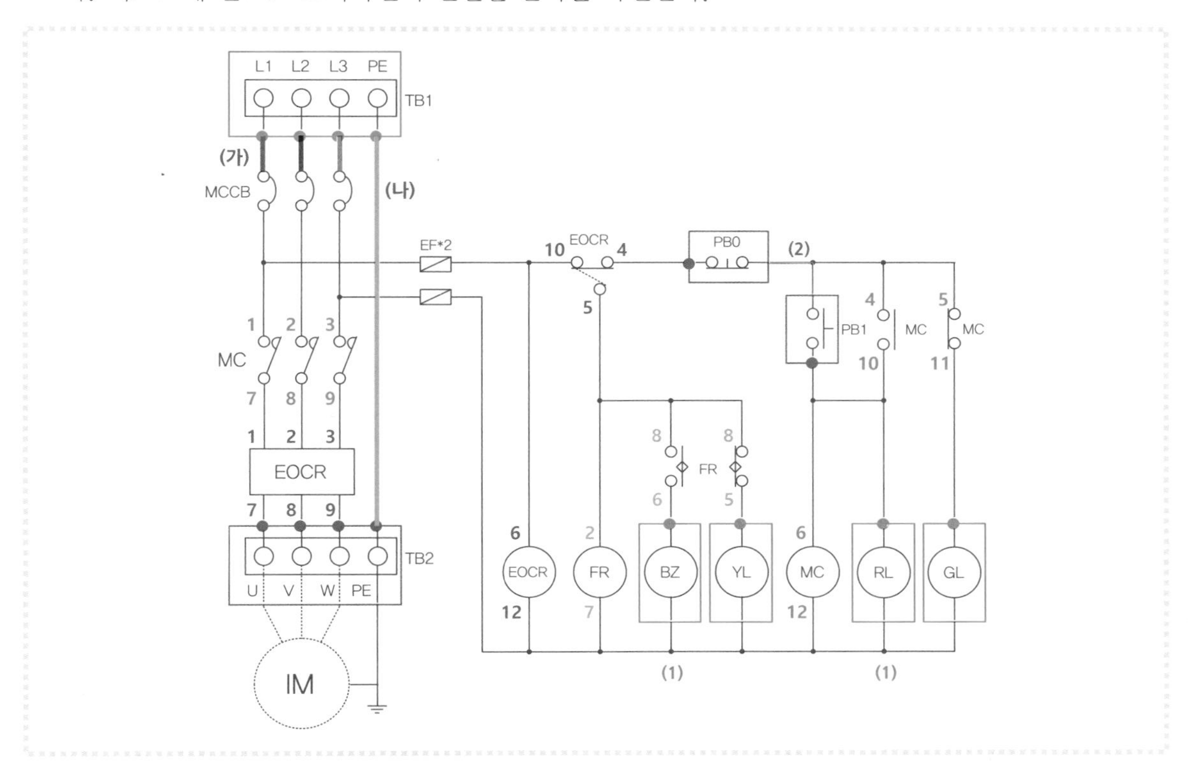

(2) 차단기에 연결되는 회로는 차단기측에서 배선을 시작하여 단자대에서 끝나는 것이 좋다.

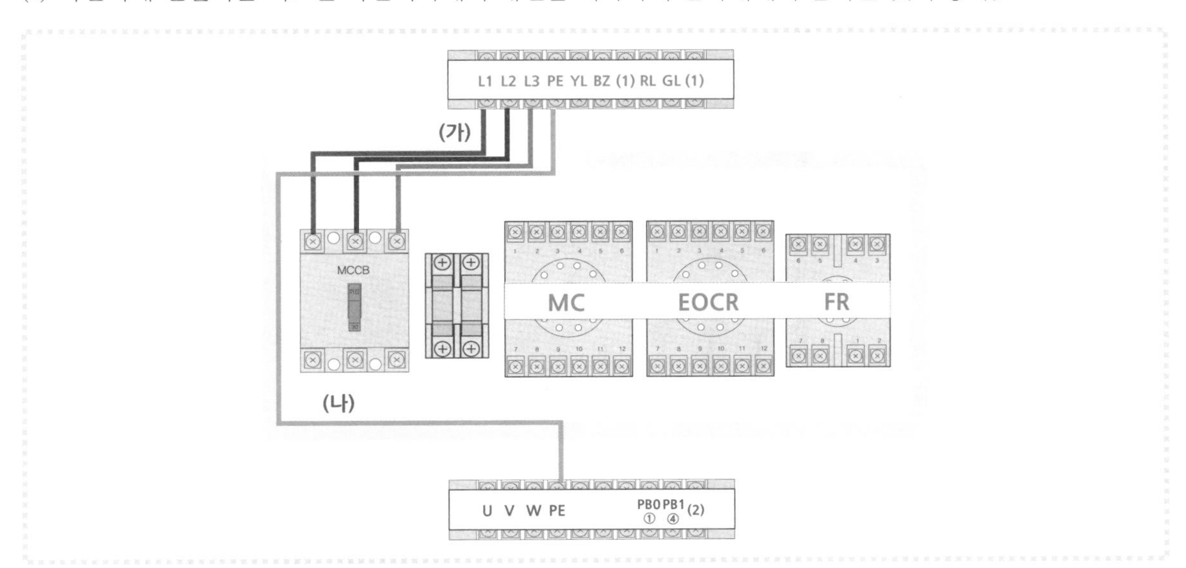

(3) 주회로는 2.5[mm^2]의 전선을 사용하며, 4각형 안쪽은 나중에 제어함 외부의 단자대에 연결한다.

(4) (가)회로 : L1단자와 차단기 1차측의 왼쪽 단자, L2단자와 차단기의 가운데 단자, L3단자와 오른쪽 단자를 연결하되 L1상은 갈색, L2상은 흑색, L3상은 회색을 사용하여 배선한다.

(5) (나)회로 : 위쪽 단자대(TB1)의 PE단자와 아래쪽 단자대(TB2)의 PE단자를 연결한다.

2 주회로에서의 (다) · (라)회로 배선작업

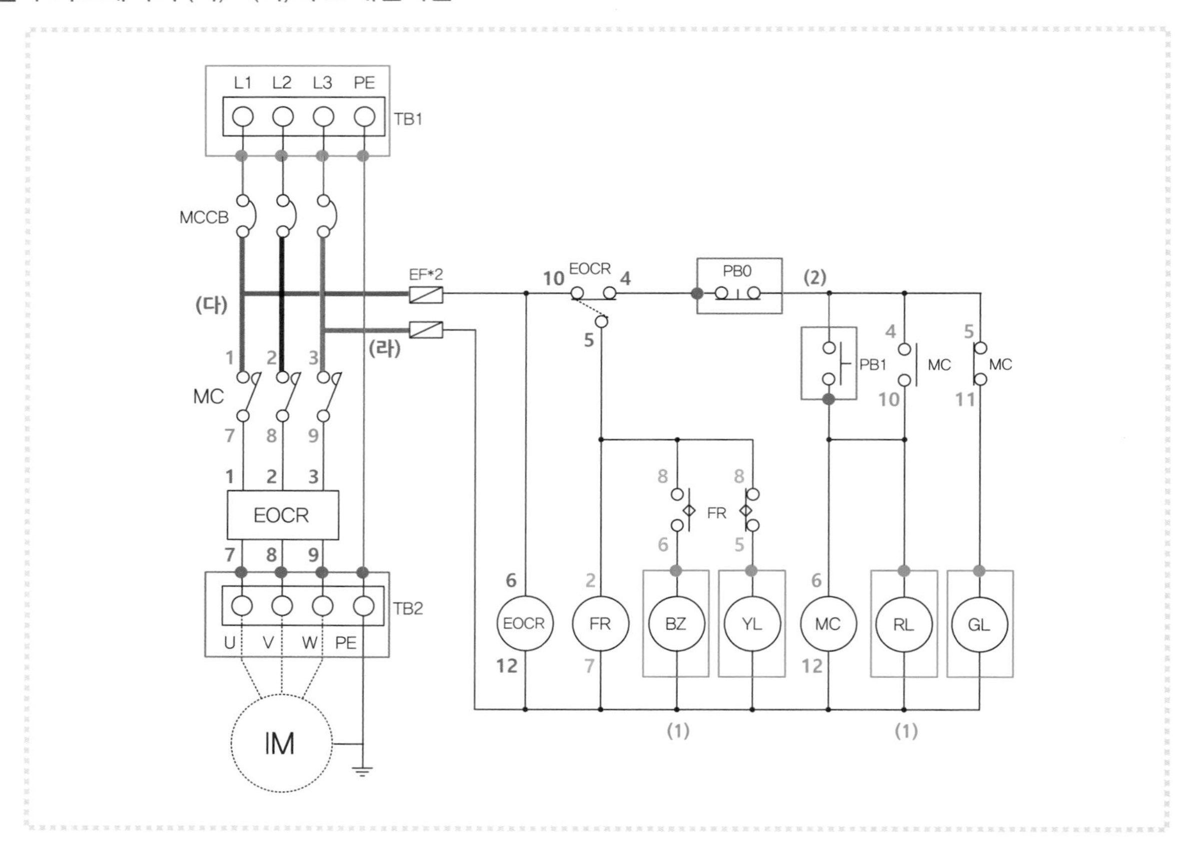

(1) L1상은 갈색, L2상은 흑색, L3상은 회색 전선을 사용하여 배선한다.

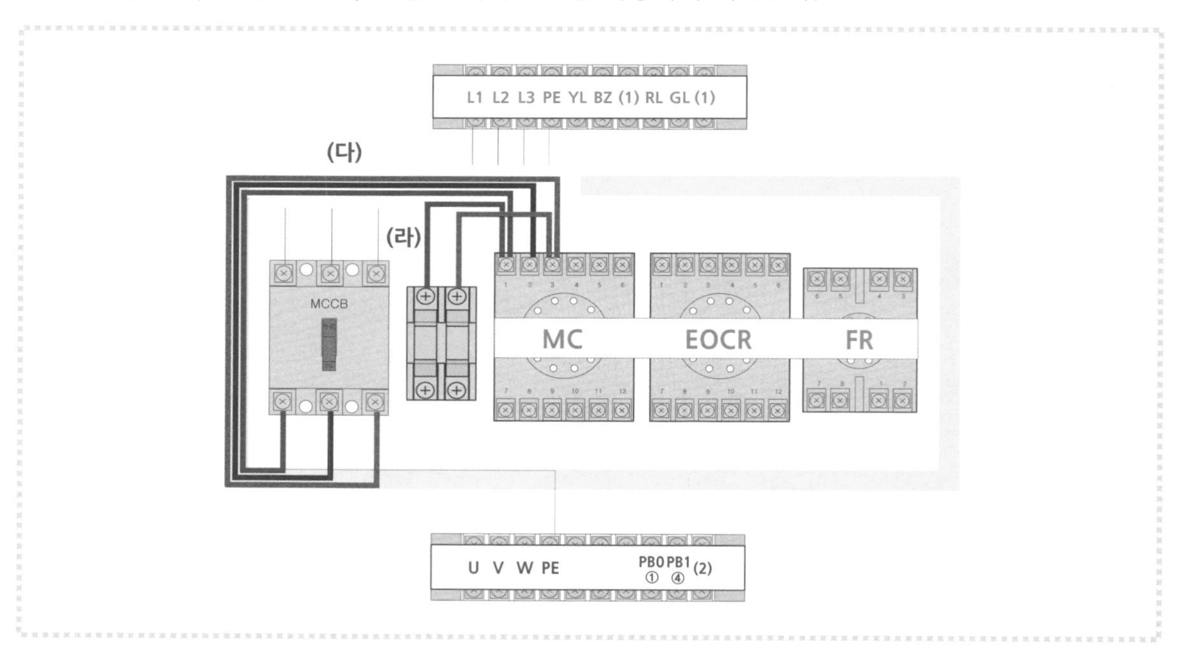

(2) (다)회로 : 차단기의 아래쪽 단자와 MC의 ① · ② · ③번 단자를 차례대로 연결한다.

(3) 주회로 배선 후 전선을 아래쪽으로 살짝 눌러 놓으면 전선이 높게 쌓이는 것을 방지할 수 있다.

(4) (라)회로 : MC-①번 단자와 MC-③번 단자에서 퓨즈 홀더의 1차측을 연결한다. 퓨즈 홀더 위쪽 1차측은 갈색과 회색을 사용한다.

3 주회로에서의 (마)회로 배선작업

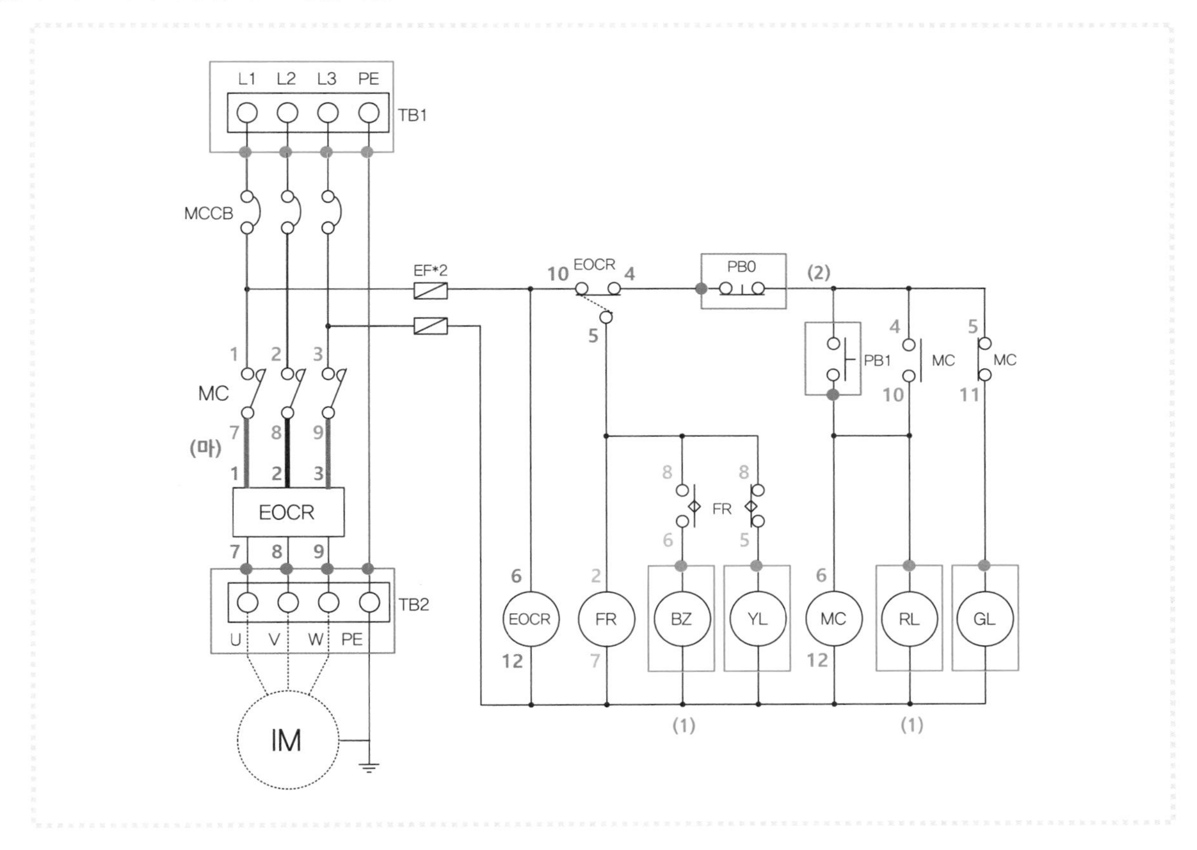

(1) L1상은 갈색, L2상은 흑색, L3상은 회색 전선을 사용하여 배선한다.

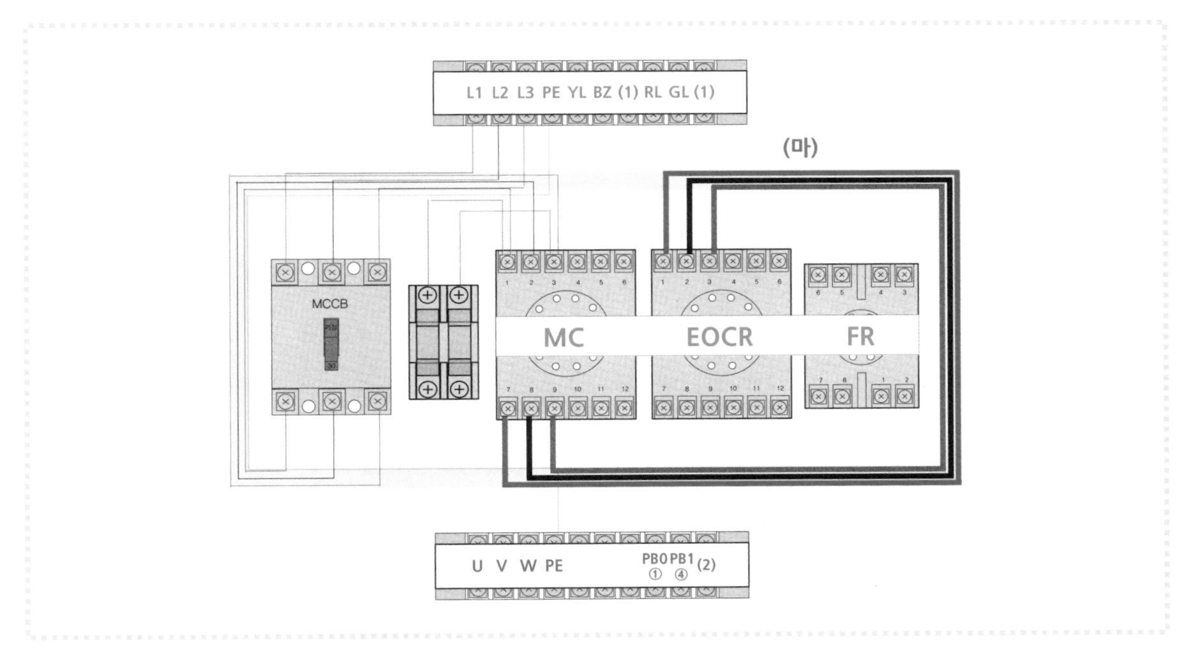

(2) (마)회로 : MC-⑦ · ⑧ · ⑨번 단자와 EOCR-① · ② · ③번 단자를 차례대로 연결한다.

(3) 주회로 배선 후 전선을 아래쪽으로 살짝 눌러 놓으면 전선이 높게 쌓이는 것을 방지할 수 있다.

4 주회로에서의 (바)회로 배선작업

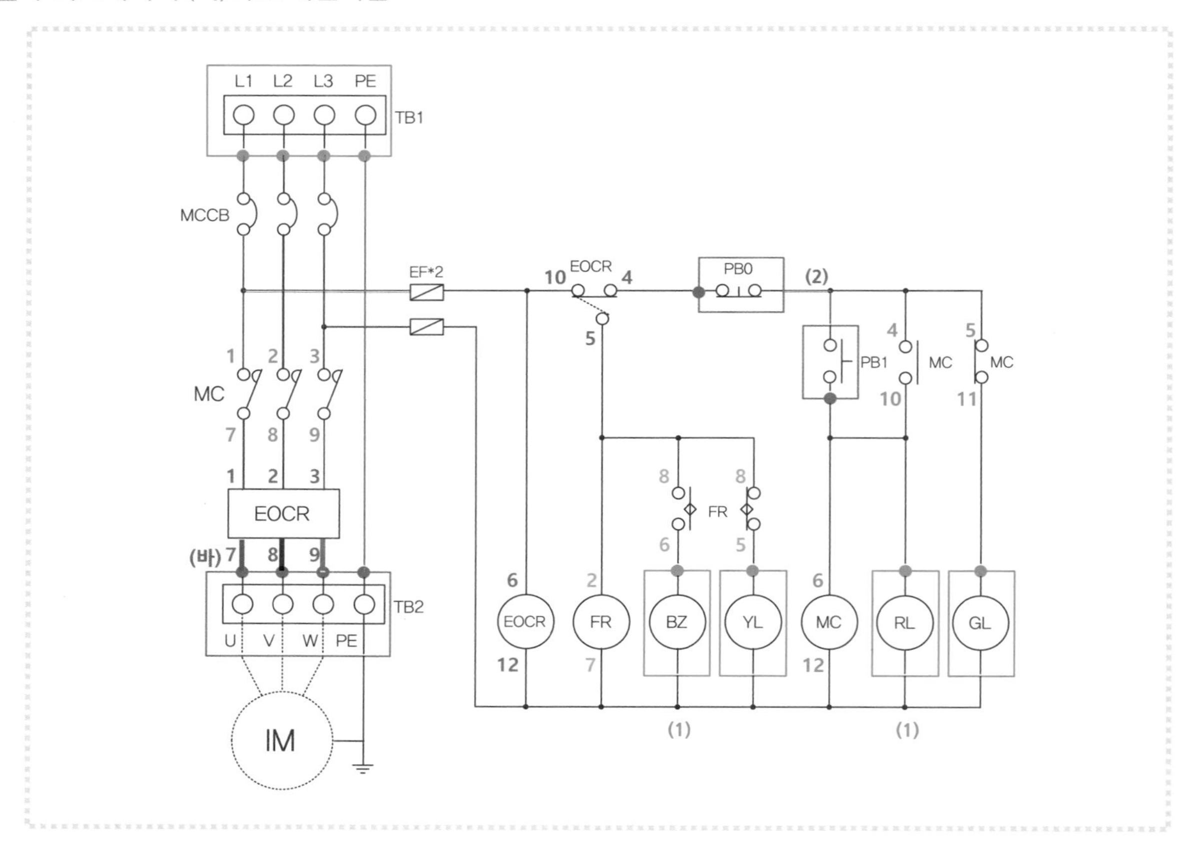

(1) L1상은 갈색, L2상은 흑색, L3상은 회색 전선을 사용하여 배선한다.

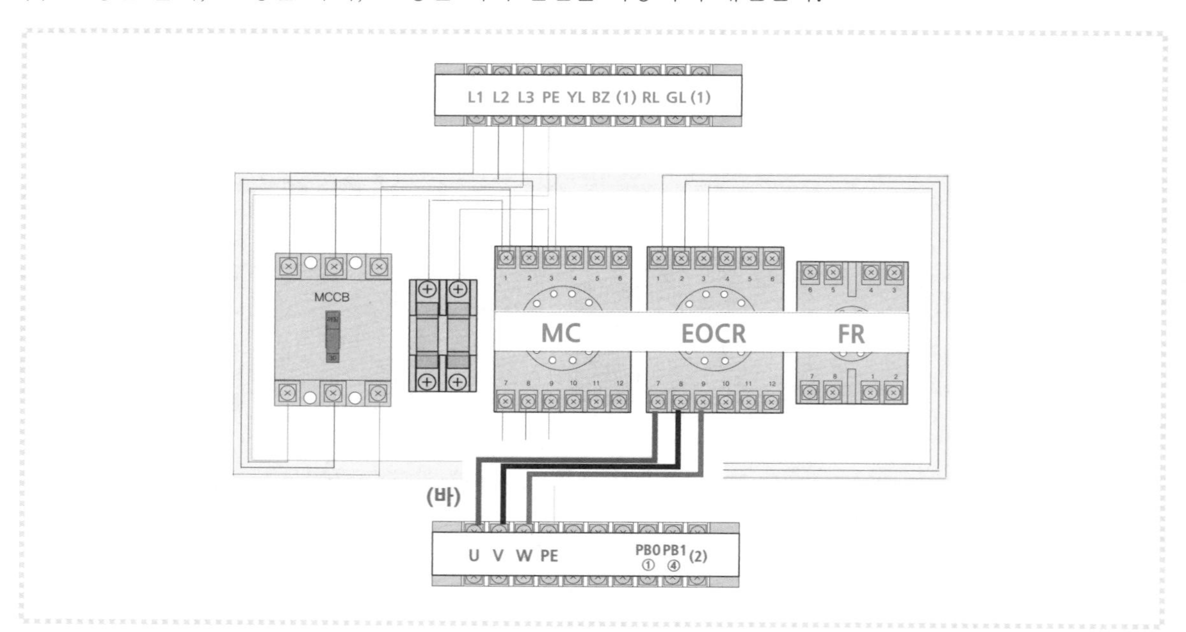

(2) (바)회로 : EOCR-⑦ · ⑧ · ⑨번 단자와 TB2-U · V · W단자를 차례대로 연결한다.

(3) 주회로 배선 후 전선을 아래쪽으로 살짝 눌러 놓으면 전선이 높게 쌓이는 것을 방지할 수 있다.

5 제어회로에서의 (1)번 회로 배선작업

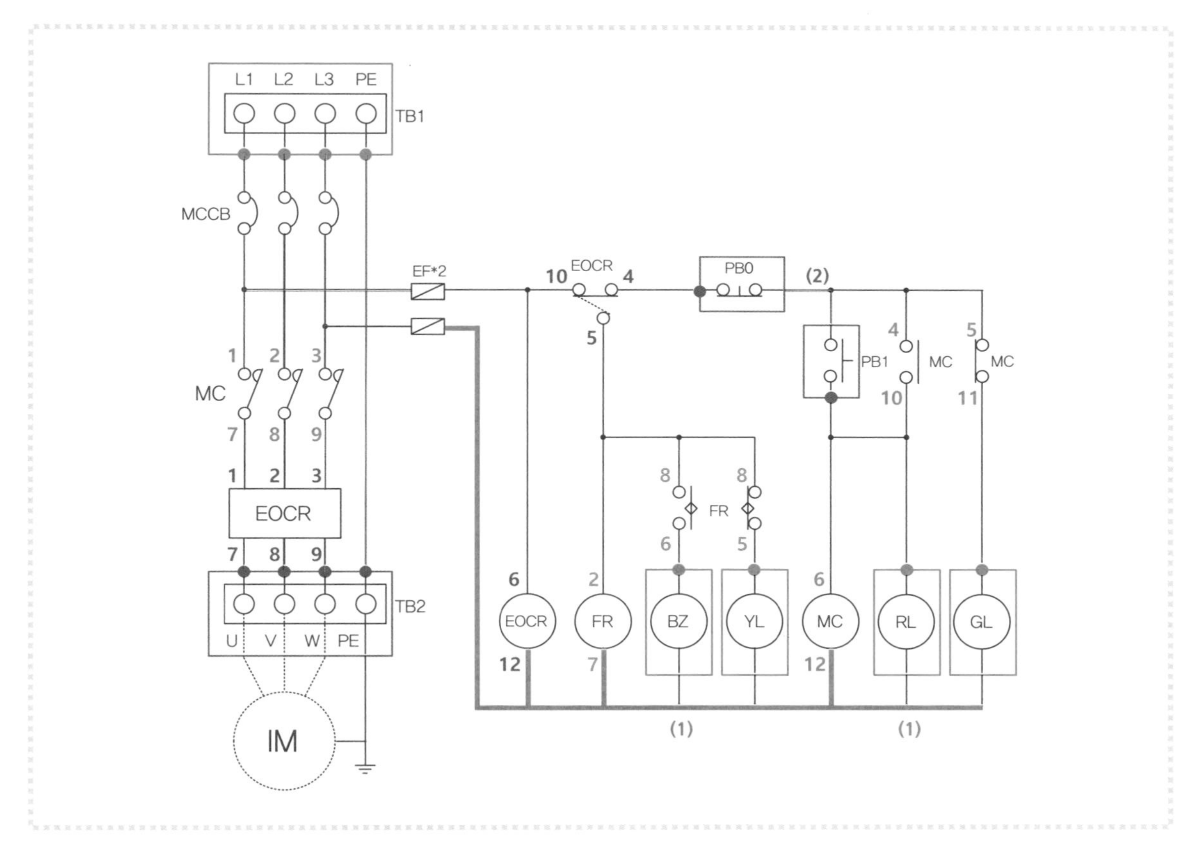

(1) 아래쪽 모선에는 계전기의 전원이나 표시등, 버저 등이 위치하는데 회로가 복잡해 보여도 패턴이 일정하므로 아래쪽 모선부터 배선하면 편리하다.

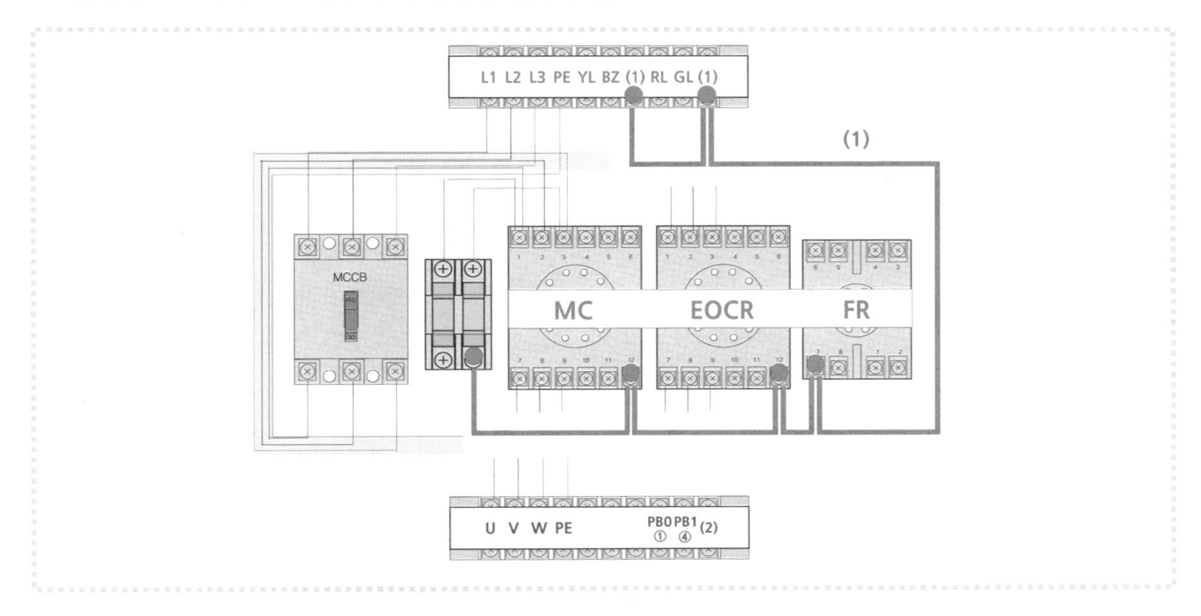

(2) **(1)번 회로** : 제어회로도 순서대로 연결해야 할 단자를 찾아 표시한 후 최단 거리로 연결하는 것이 좋다.

(3) L3상 퓨즈 2차측 단자 ⇔ EOCR-⑫ ⇔ FR-⑦ ⇔ (1) ⇔ MC-⑫ ⇔ (1)번 단자를 표시하고 최단 거리로 연결한다.

(4) (1)번 단자 2개는 모두 연결해야 한다.

6 제어회로에서의 (2) · (3)번 회로 배선작업

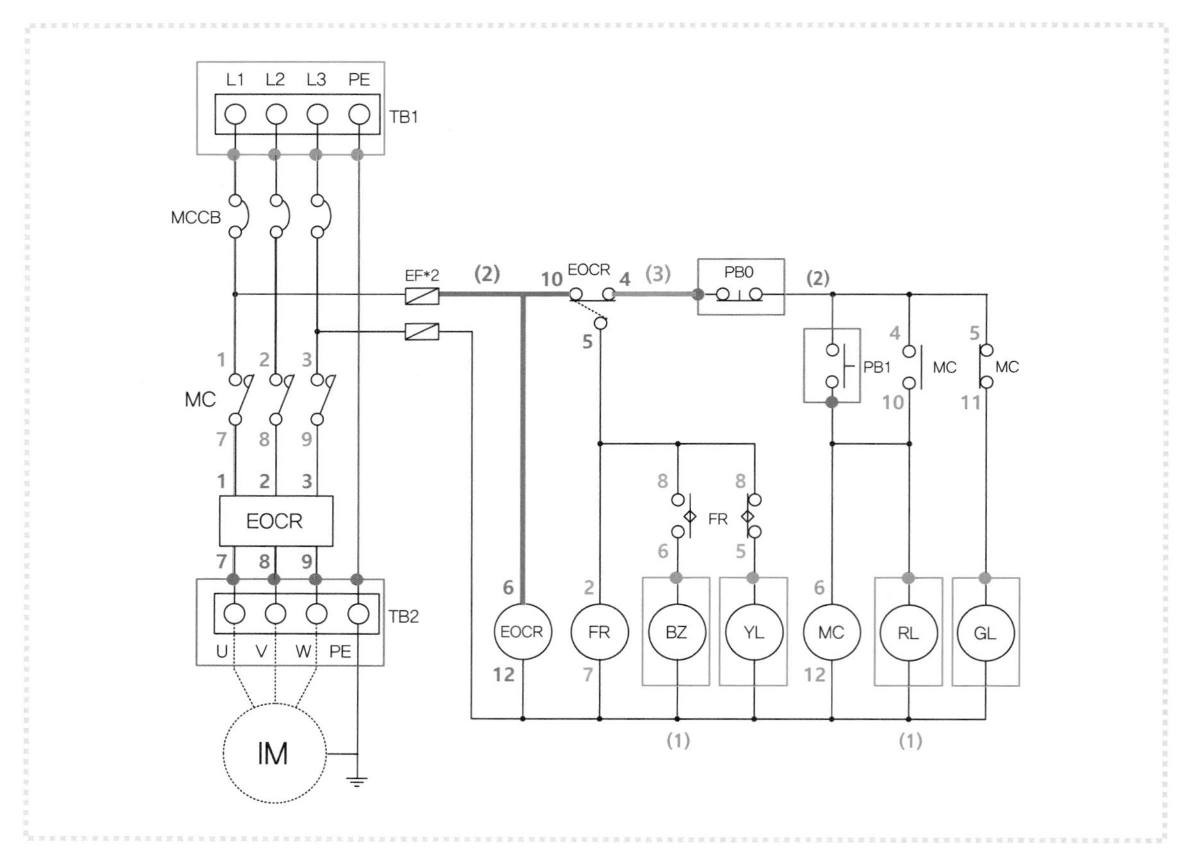

(1) 제어회로는 황색 전선을 사용하여 배선하지만 선을 쉽게 구분하기 위해 여러 가지 색상으로 표시했다.

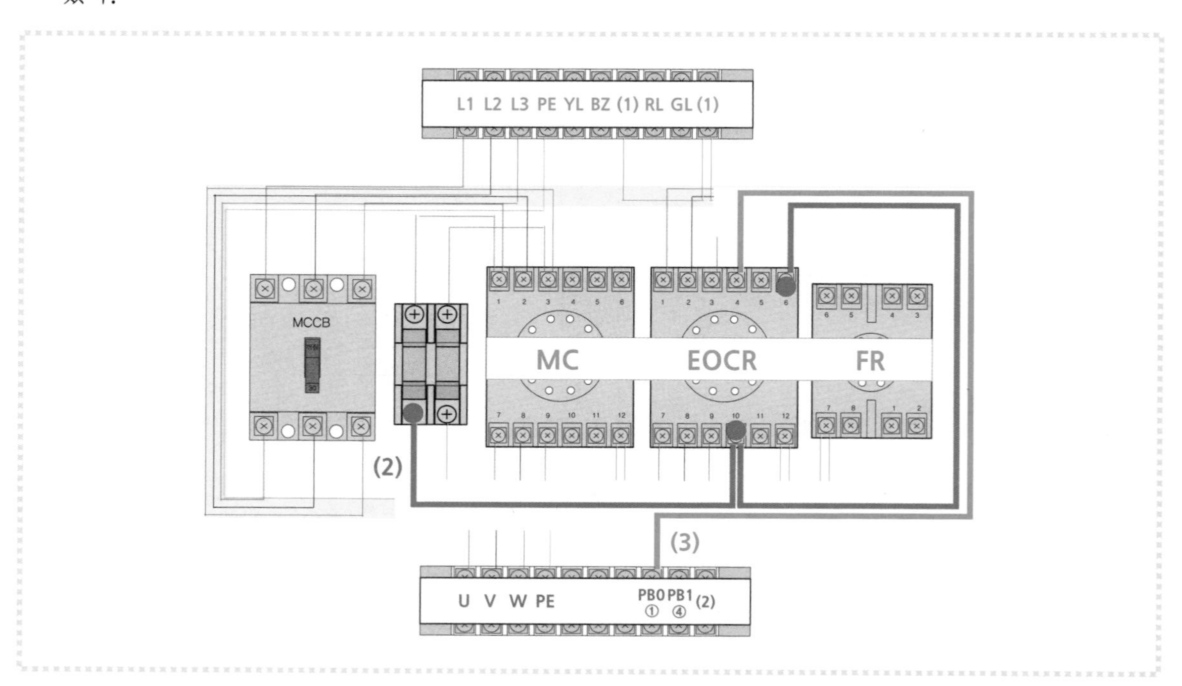

(2) (2)번 회로 : L1상 퓨즈 2차측 ⇔ EOCR-⑥ · ⑩번 단자를 표시하고 최단 거리로 연결한다.

(3) (3)번 회로 : EOCR-④번 단자와 PB0-①번 단자를 연결한다.

7 제어회로에서의 (4)번 회로 배선작업

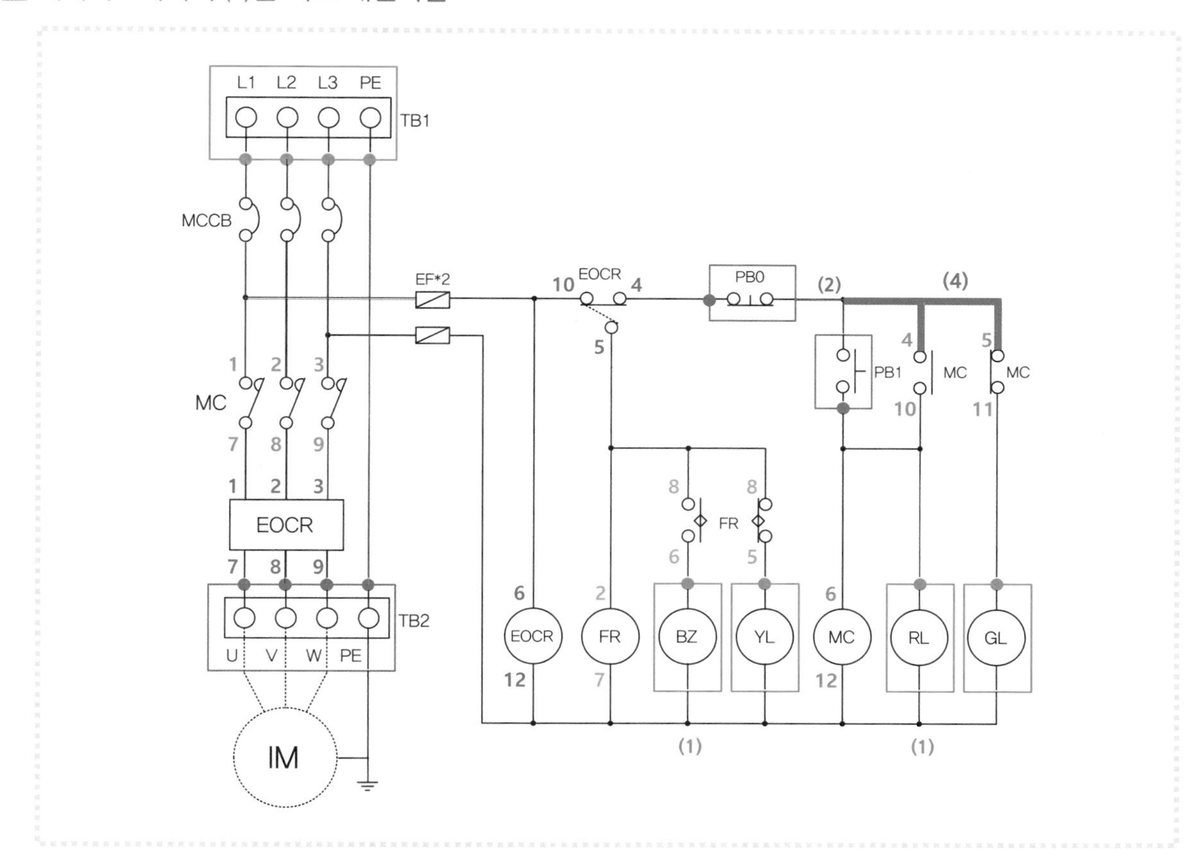

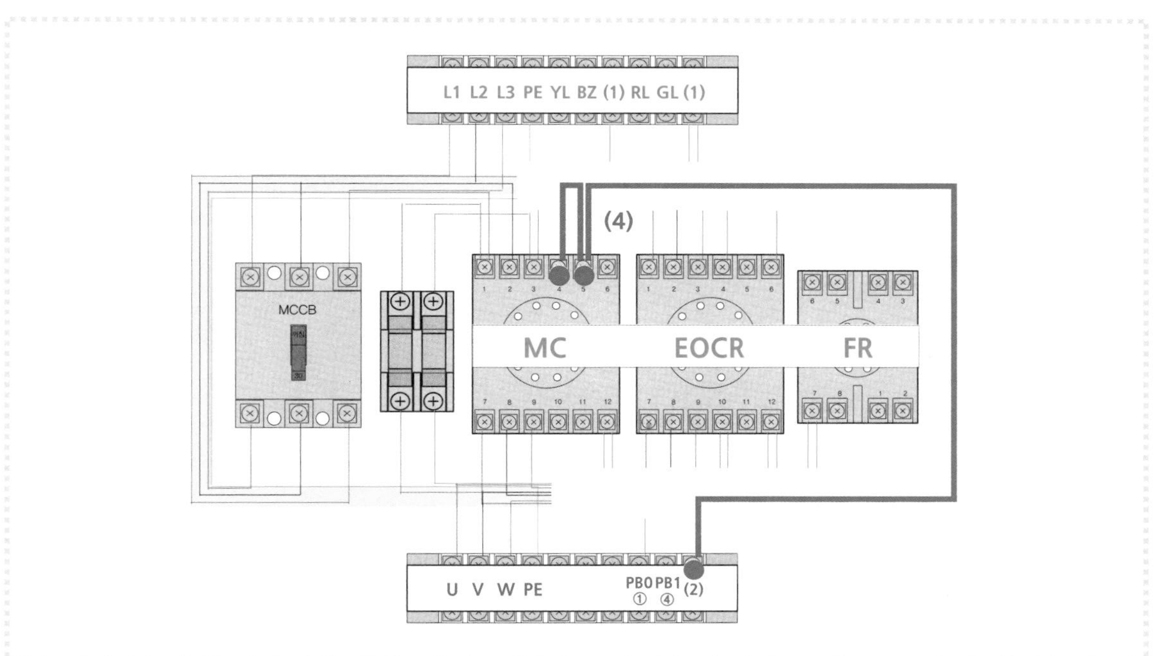

(1) (4)번 회로 : (2)번 단자 ⇔ MC－④ · ⑤번 단자를 표시하고 최단 거리로 연결한다.

(2) (2)번 단자는 PB0－②번 단자와 PB1－③번을 연결한 공통단자 번호이다.

8 제어회로에서의 (5)번 회로 배선작업

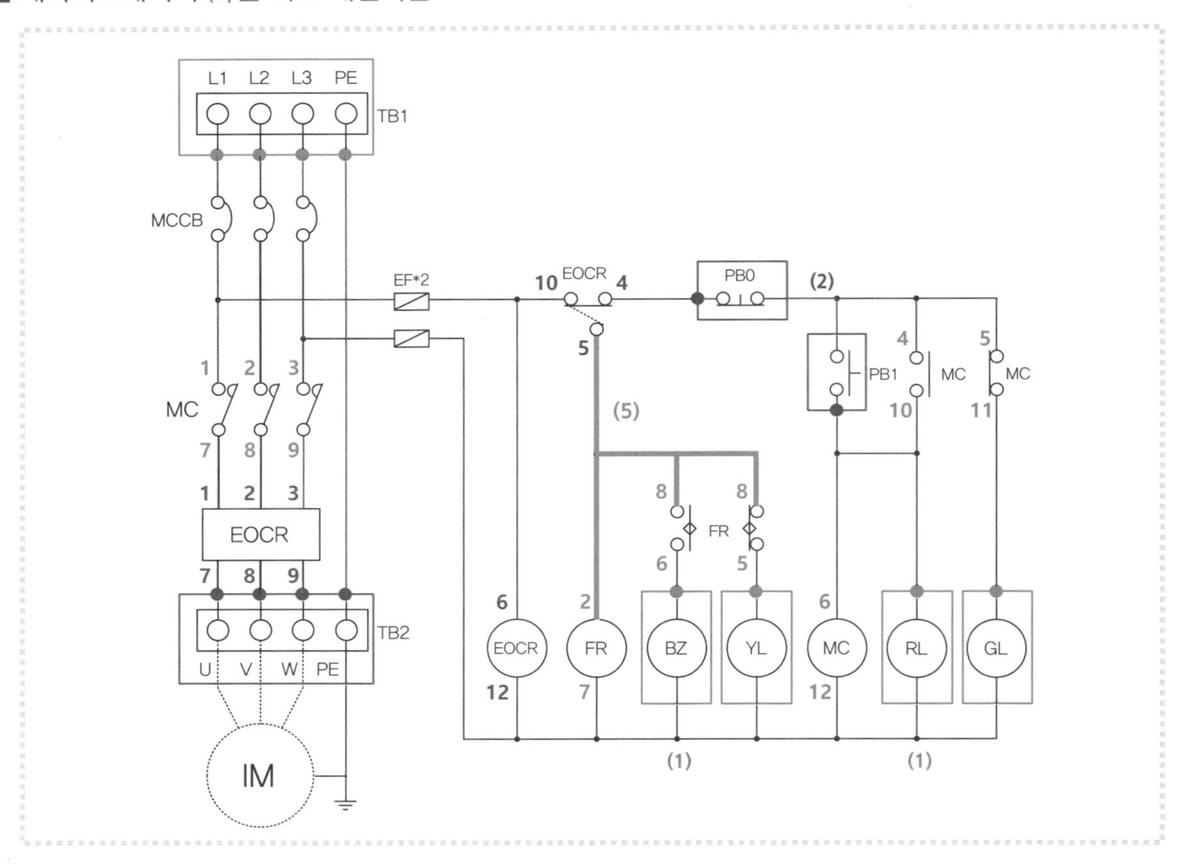

(1) 위 · 아래 모선의 배선이 끝나면 좌측부터 차례대로 배선한다.

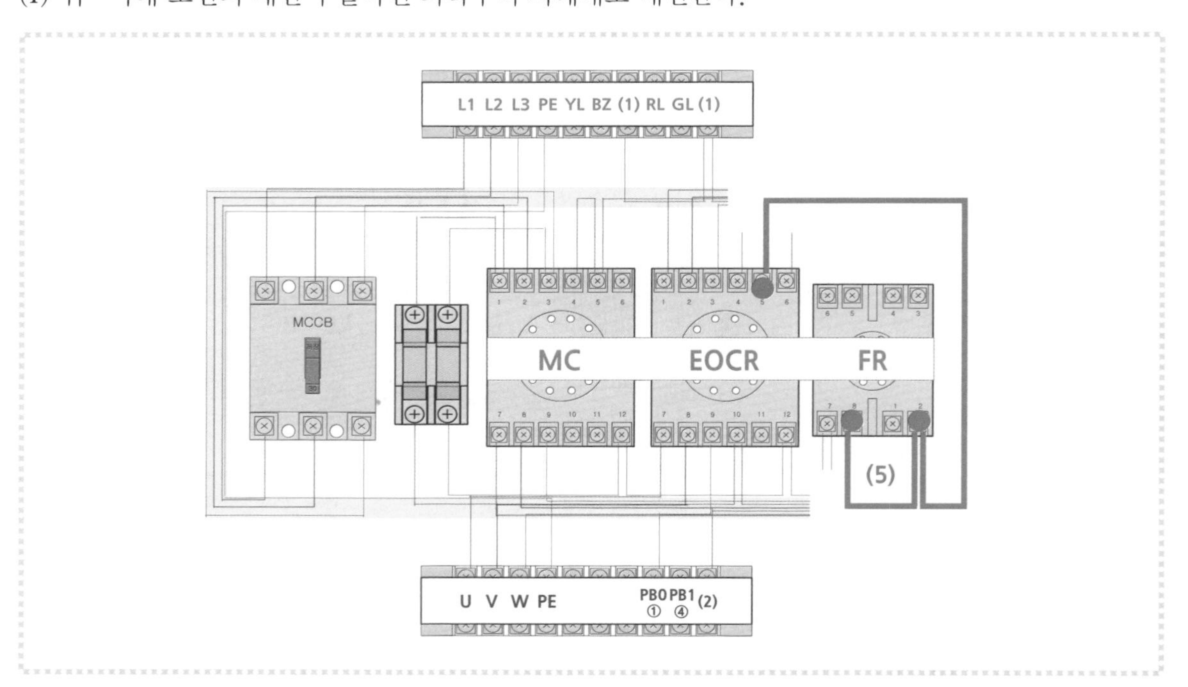

(2) (5)번 회로 : EOCR-⑤번 단자 ⇔ FR-② · ⑧번 단자를 표시한 후 연결한다.

9 제어회로에서의 (6) · (7)번 회로 배선작업

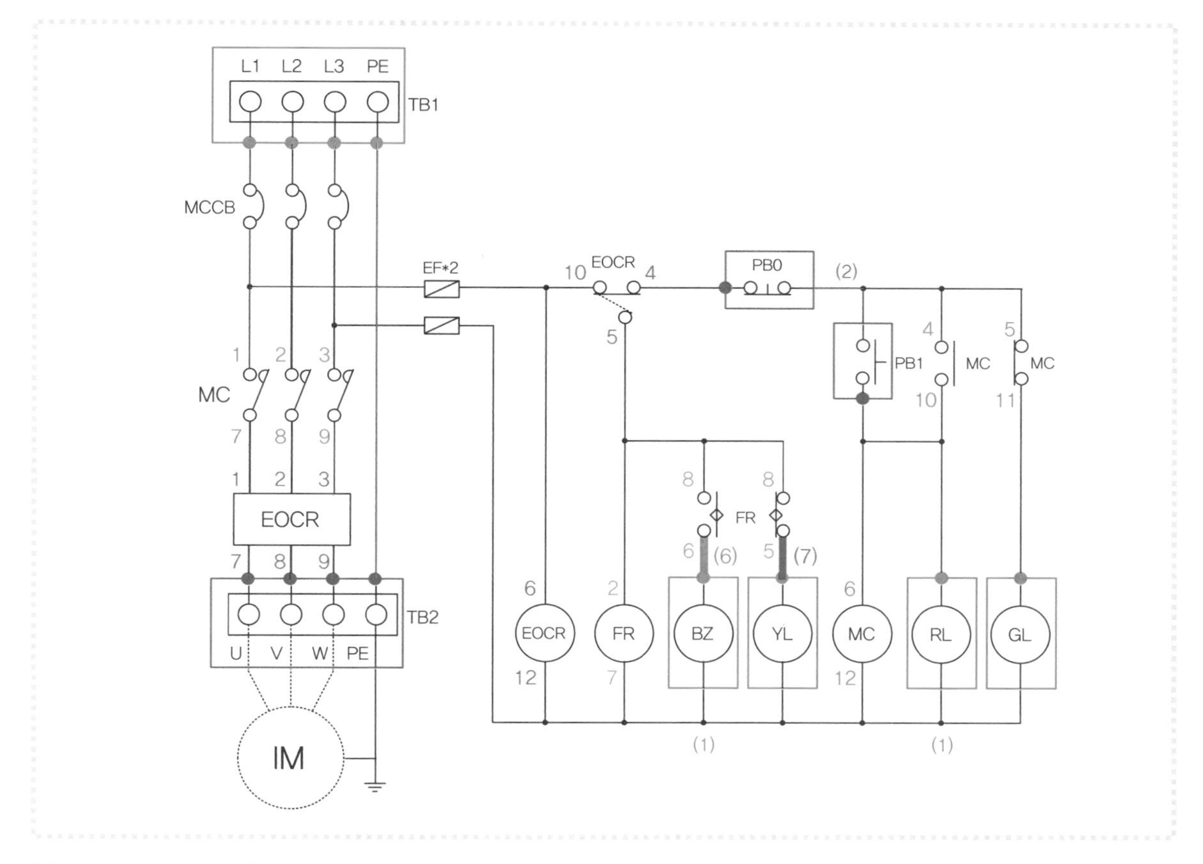

(1) 위 · 아래 모선의 배선이 끝나면 좌측부터 차례대로 배선한다.

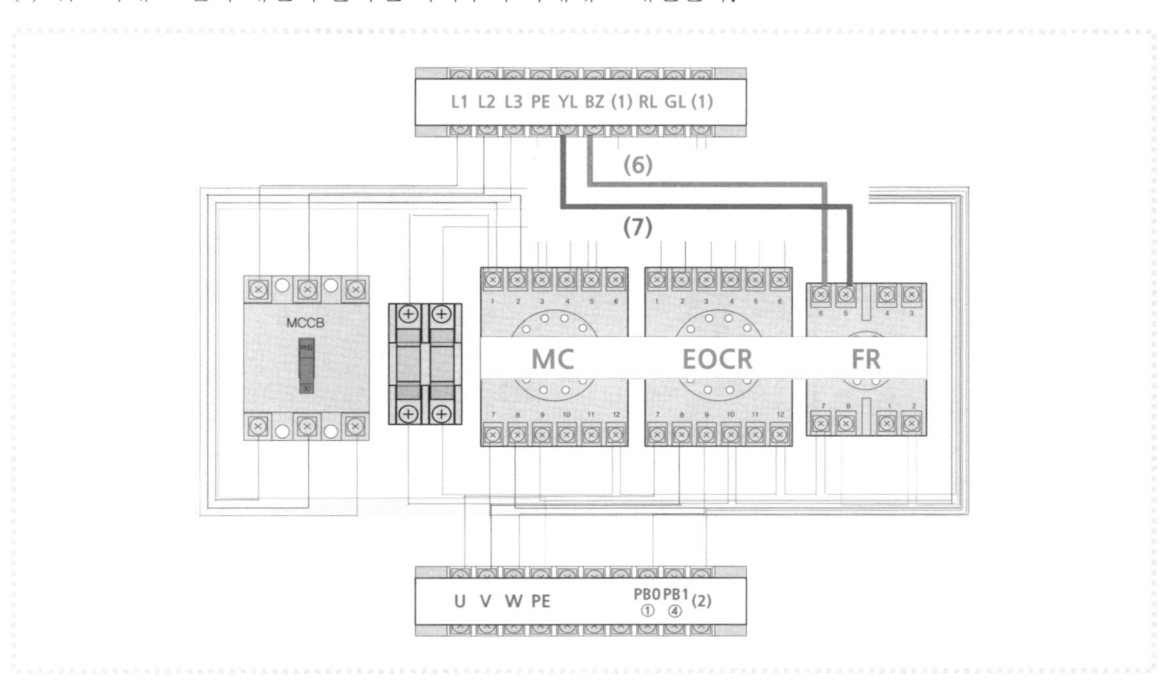

(2) (6)번 회로 : FR-⑥번 단자와 BZ단자를 연결한다.

(3) (7)번 회로 : FR-⑤번 단자와 YL단자를 연결한다.

10 제어회로에서의 (8) · (9)번 회로 배선작업

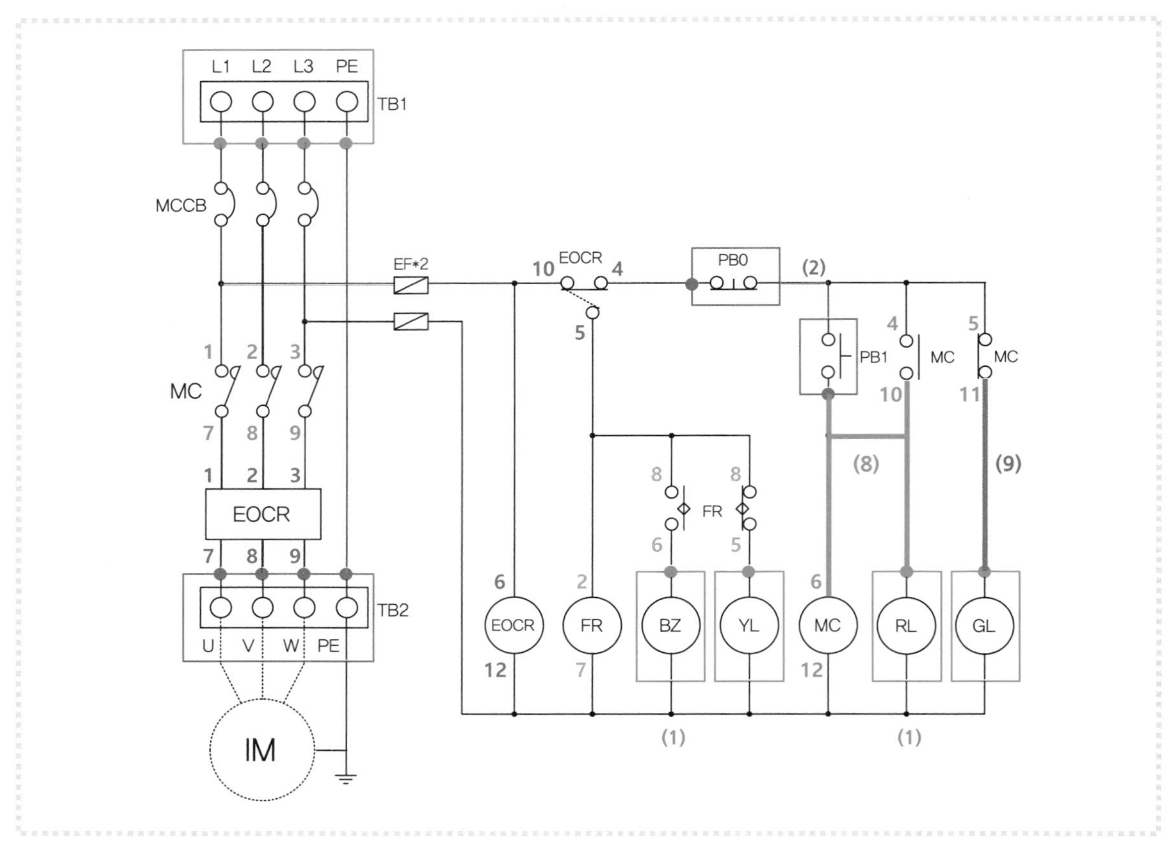

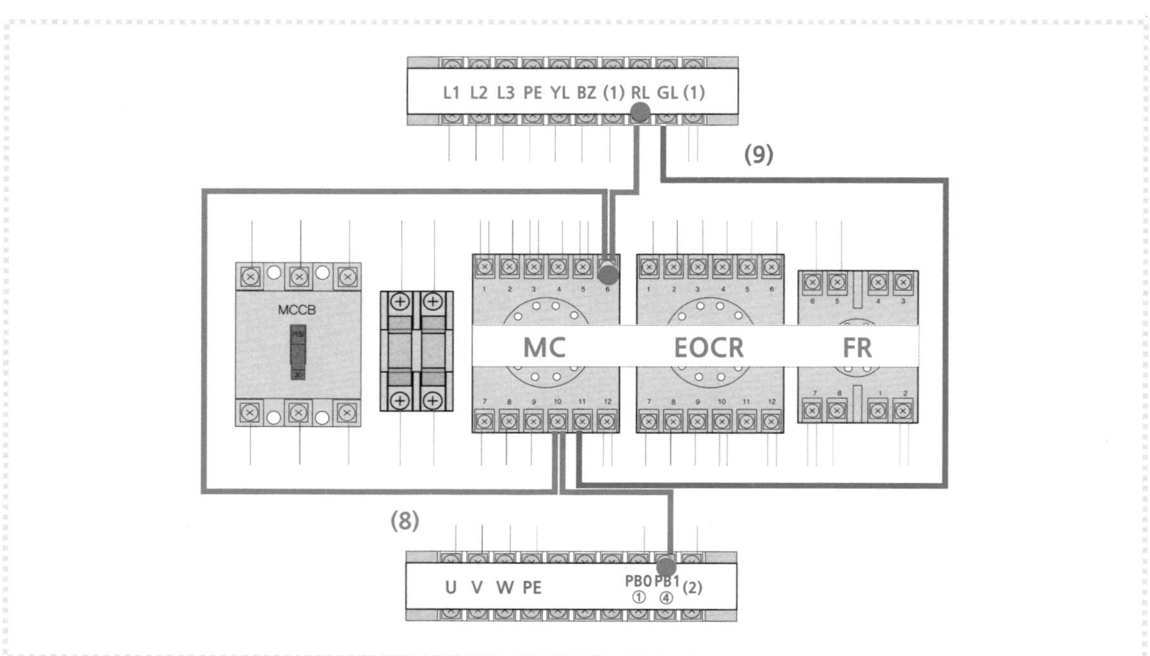

(1) (8)번 회로 : PB1－④번 단자 ⇔ MC－⑥ · ⑩번 단자 ⇔ RL단자를 표시한 후 연결한다.

(2) (9)번 회로 : MC－⑪번 단자와 GL단자를 연결한다.

4 제어함 연결 확인 작업

1 육안점검

(1) 단자대에 이름이 부여된 모든 단자에는 전선이 연결되어 있어야 한다.

(2) 차단기, 퓨즈 홀더의 1 · 2차측과 계전기의 전원단자가 연결되었는지 확인한다.

(3) MC는 모든 단자가 사용되고, EOCR은 11번 단자만 사용하지 않는다.

(4) FR은 공통단자와 a · b접점이 사용되었는지 확인한다(전원 2–7, 접점 8번과 5 · 6번).

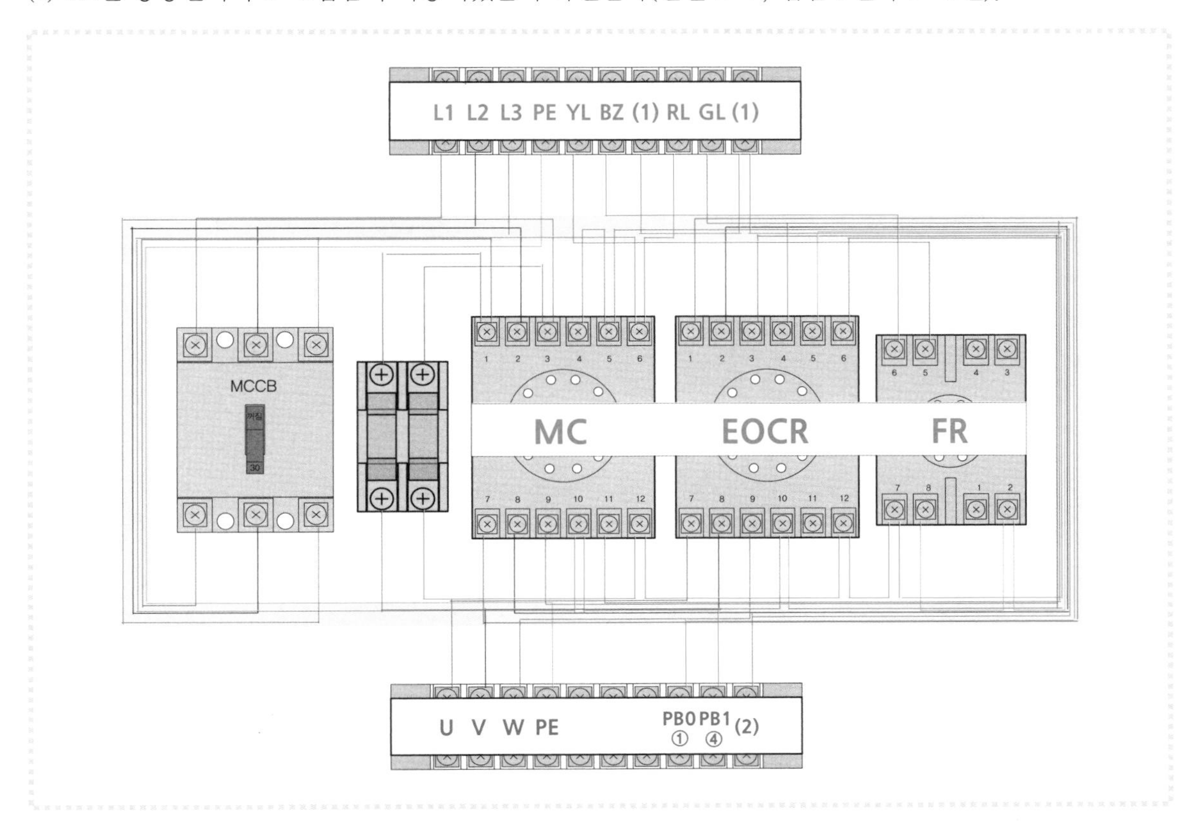

2 벨 시험기로 점검

회로도를 보면서 확인한다(위쪽 모선, 아래쪽 모선부터 점검).

(1) 차단기를 올리고 퓨즈 삽입 후 L3단자에 리드선 하나를 댄 후 MC–③, EOCR–⑫, FR–⑦, (1), MC–⑫, (1)번 단자에 다른 리드선을 접촉해서 '삐' 소리가 나면 정상이다.

(2) L1단자에 리드선 하나를 댄 후 MC–①, EOCR–⑥ · ⑩단자에 다른 리드선을 차례로 접촉해서 '삐' 소리가 나면 정상이다.

(3) EOCR–④단자와 PBO–①단자를 확인한다.

(4) (2)단자와 MC–④ · ⑤단자를 확인한다.

(5) EOCR–⑤단자와 FR–② · ⑧단자를 확인한다.

(6) FR–⑥단자와 BZ단자를 확인한다.

(7) FR–⑤단자와 YL단자를 확인한다.

(8) PB1–④단자와 MC–⑥ · ⑩단자, RL단자를 확인한다.

(9) MC–⑪단자와 GL단자를 확인한다. 이상이 없으면 제어함은 완성된 것이다.

5 외부기구 결선작업

1 위쪽 단자대 결선작업

(1) TB1 단자대에 L1 · L2 · L3 · PE단자를 색상이 맞게 연결하고 동작시험을 위해 3개의 단자는 100[mm] 정도의 선을 붙인 후 끝부분은 10[mm] 정도 피복을 벗겨 놓는다.
(2) YL과 BZ단자가 오른쪽으로 향하게 조립하고 가까이 있는 두 단자를 연결하여 (1)번 단자와 연결하고 YL단자는 YL에, BZ단자는 BZ에 연결한다.
(3) 표시등의 단자가 오른쪽으로 향하게 조립한 후 가까운 두 단자를 연결하여 (1)번 단자와 연결하고 RL단자는 RL에, GL단자는 GL에 연결한다.
(4) 전선이 빠지지 않게 잘 마무리하여 넣고 뚜껑을 닫아 나사못으로 고정한다.

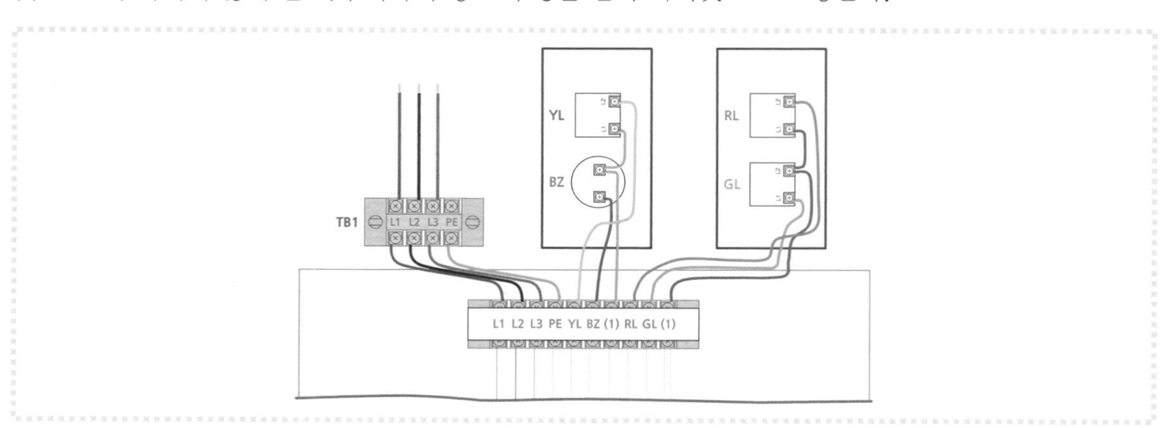

2 아래쪽 단자대 결선작업

(1) TB2 단자대에 U · V · W · PE단자를 색상에 맞춰 연결한다.
(2) PB0는 b접점을 사용하므로 NC단자가 오른쪽에 가도록 고정하고 PB1은 NO단자가 오른쪽에 가도록 고정한다.
(3) PB0-②번 단자와 PB1-③번 단자를 연결한 선을 공통단자 (2)에 연결한다.
(4) PB0-①과 PB1-④번 단자를 제어함 단자대에 연결한다.
(5) 전선을 잘 마무리하여 넣고 뚜껑을 닫아 나사못으로 고정한다.

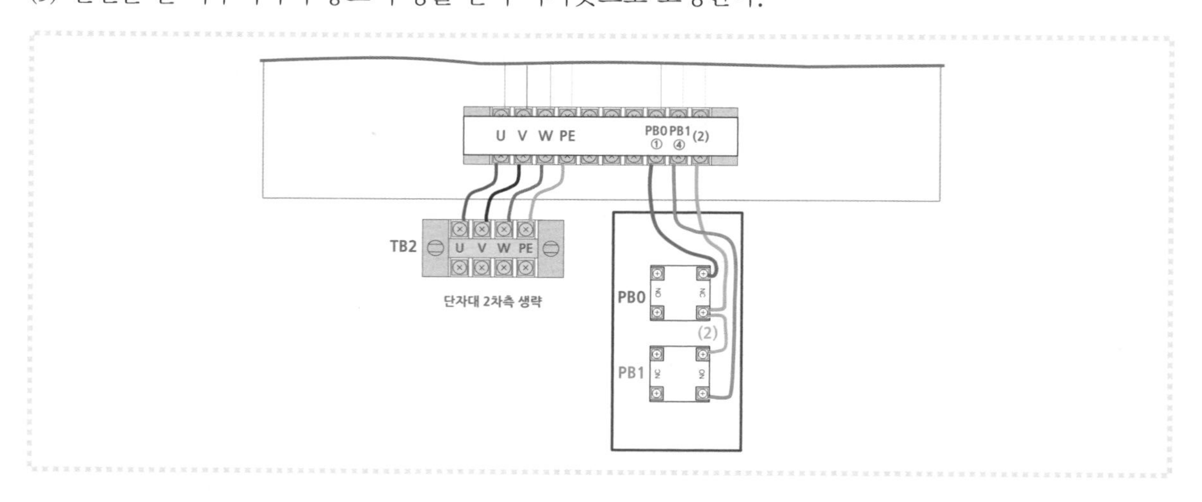

⑥ 결선확인

1 푸시버튼 스위치

(1) a접점 확인 : PB1-④와 (2)번 단자에 벨 시험기의 리드선을 대고 PB1을 누르면 버저가 울리고 놓으면 정지해야 한다.

(2) b접점 확인 : PB0-①과 (2)번 단자에 벨 시험기의 리드선을 대면 버저가 울리고 PB0를 누르면 정지해야 한다.

2 소켓의 종이테이프를 제거하고 MC, EOCR, FR 릴레이를 장착한 후 동작시험을 한다.

3 완성작품

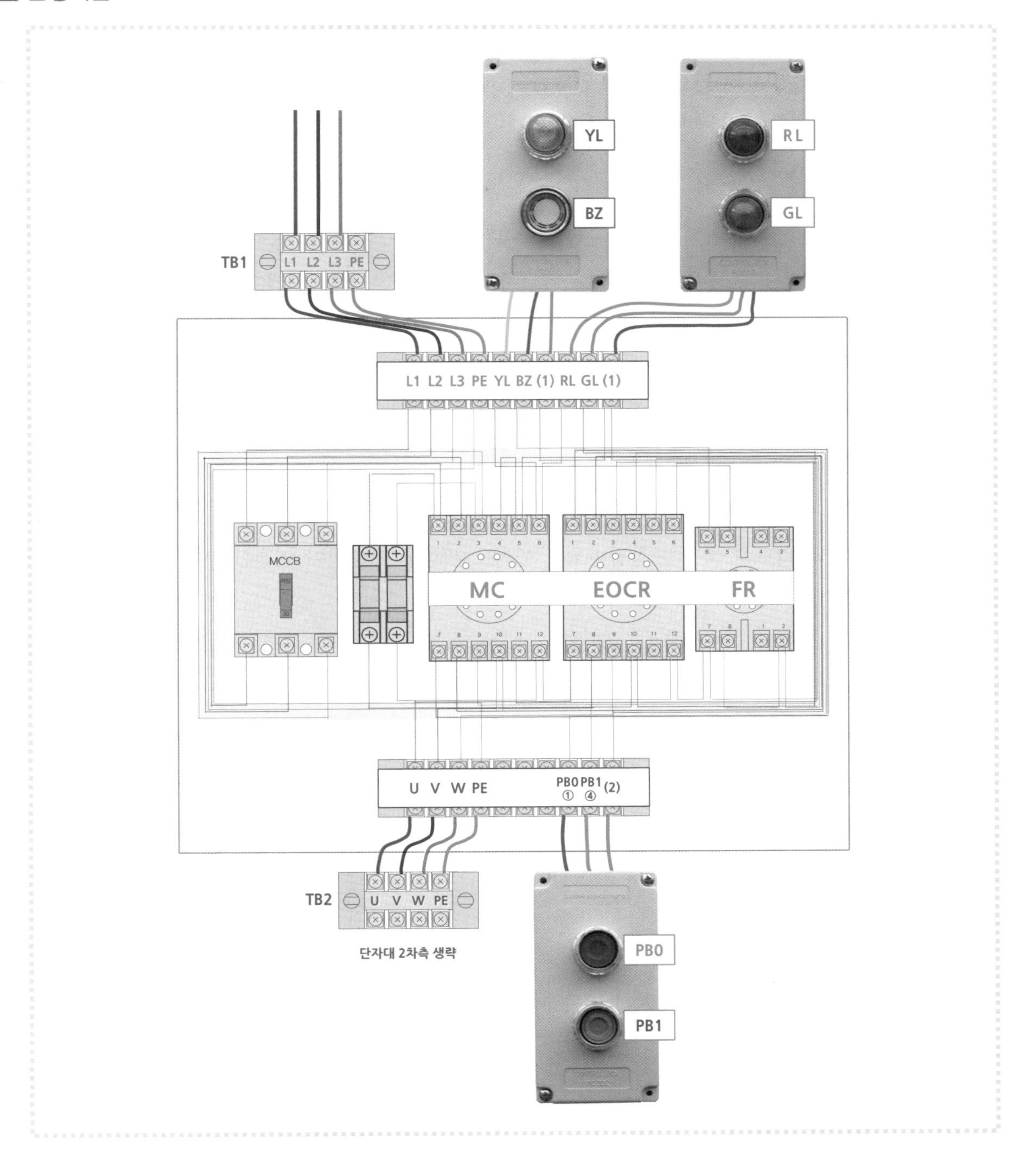

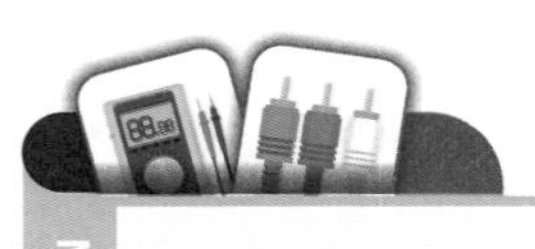

SECTION

10 회로의 구성과 점검

1 회로의 연결

전기회로는 각종 기구나 계전기의 단자를 선으로 연결하여 회로를 구성하는데 아래는 제어회로의 일부분이다. 선이 교차되는 부분에 점으로 표시한 부분도 있고 없는 부분도 있는데 점으로 표시하면 선이 연결되었다는 표시이고 없으면 연결이 되지 않았음을 표시한다.

회로의 연결은 단자에서 시작하여 같은 선에 연결된 모든 단자를 연결하면 되는데 단자를 건너서 연결할 수 없다.

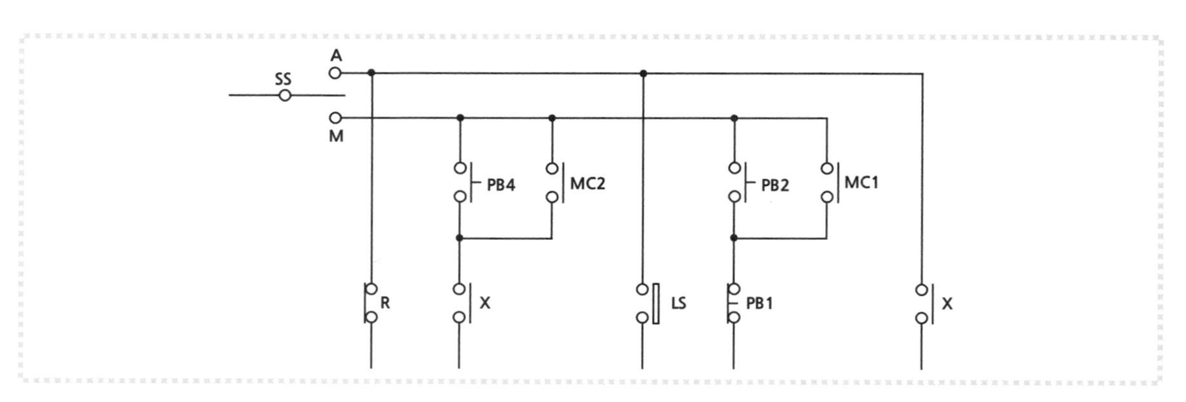

따라서, 위의 회로에 계전기 접점번호를 붙이고 색상을 구분하여 연결할 부분을 표시하였으므로 어디까지 연결해야 하는지 쉽게 알 수 있을 것이다.

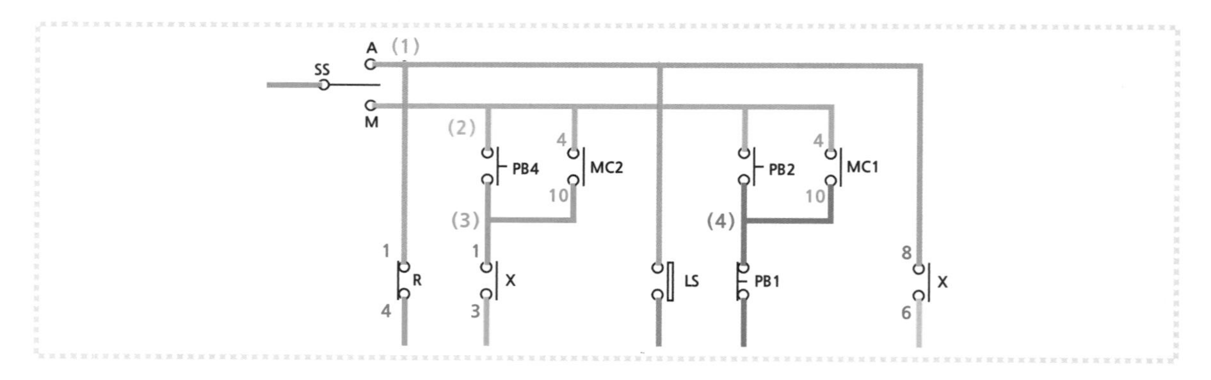

설명을 위해 회로에 번호를 붙여 구역별로 구분해 보았다.

(1)번 회로는 A단자 ⇔ R-① ⇔ LS-③ ⇔ X-8 등 4개의 단자를 연결하면 된다. 릴레이 R의 b접점이 연결되어 있다고 R-①과 R-④단자를 연결하면 안 된다.

(2)번 회로는 M단자 ⇔ PB4-③ ⇔ MC2-④ ⇔ PB2-③ ⇔ MC1-④ 등 5개의 단자를 연결하면 된다.

(3)번 회로는 PB4-④ ⇔ X-① ⇔ MC2-⑩ 등 3개의 단자를 연결하면 된다.

(4)번 회로는 PB2-④ ⇔ PB1-① ⇔ MC1-⑩ 등 3개의 단자를 연결하면 된다.
이와 같은 방법으로 연결하면 아무리 복잡한 회로도 쉽게 연결할 수 있다.

2 육안점검 방법

제어함이 완성되면 어떤 형태로든 점검을 해야 한다. 시간이 충분하다면 벨 시험기를 사용해 회로를 하나씩 점검하면 된다. 시간이 부족한 경우 육안으로 간단하게 점검하는 방법을 알아본다. 몇 번 작업을 해보면 쉽게 눈에 들어오게 된다.

1 EOCR 점검

(1) **b접점만 사용된 경우** : EOCR의 전원단자는 6-12번이고 1 · 2 · 3번과 7 · 8 · 9번은 주회로에 연결되므로 갈색, 흑색, 회색으로 연결하고 b접점은 4-10번 단자를 사용한다. 따라서, EOCR에 기본적으로 연결된 선은 아래와 같다.

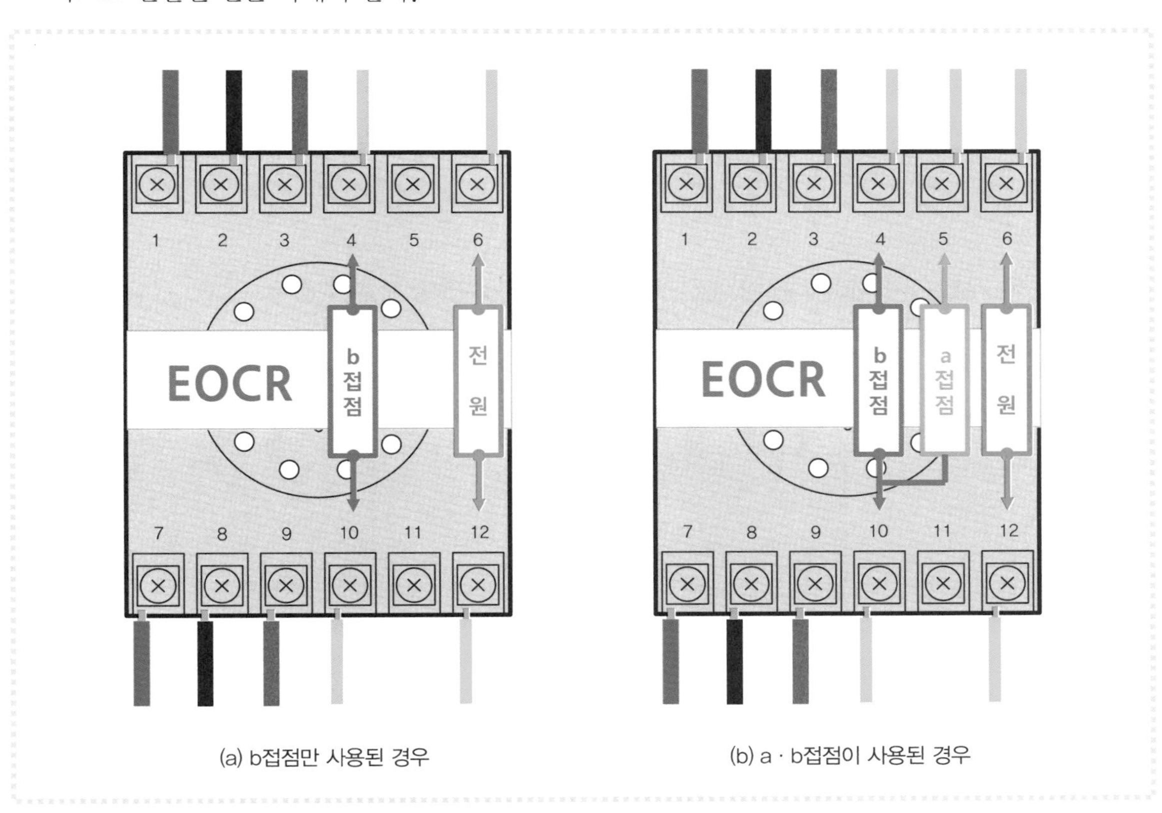

(a) b접점만 사용된 경우　　(b) a · b접점이 사용된 경우

(2) **a · b접점이 사용된 경우** : a접점은 10-5번 단자를 사용하므로 위 오른쪽 그림과 같이 전체 단자 중에 11번 단자만 사용하는 않는다.

(3) **a접점만 사용된 경우도 있을까?** : EOCR 계전기는 동작되지 않았을 때 제어회로와 연결되어야 하므로 a접점만 단독으로 사용하는 경우는 없다.

(4) 12핀 소켓에서 전원은 모두 오른쪽 끝에 위치한다(6 – 12번 단자).

② 전자접촉기 점검

(1) **주접점만 사용된 경우** : 전자접촉기의 전원단자는 6-12번이고 1 · 2 · 3번과 7 · 8 · 9번은 주회로에 연결되므로 갈색, 흑색, 회색으로 연결한다.

(2) **보조 a접점이 사용된 경우**

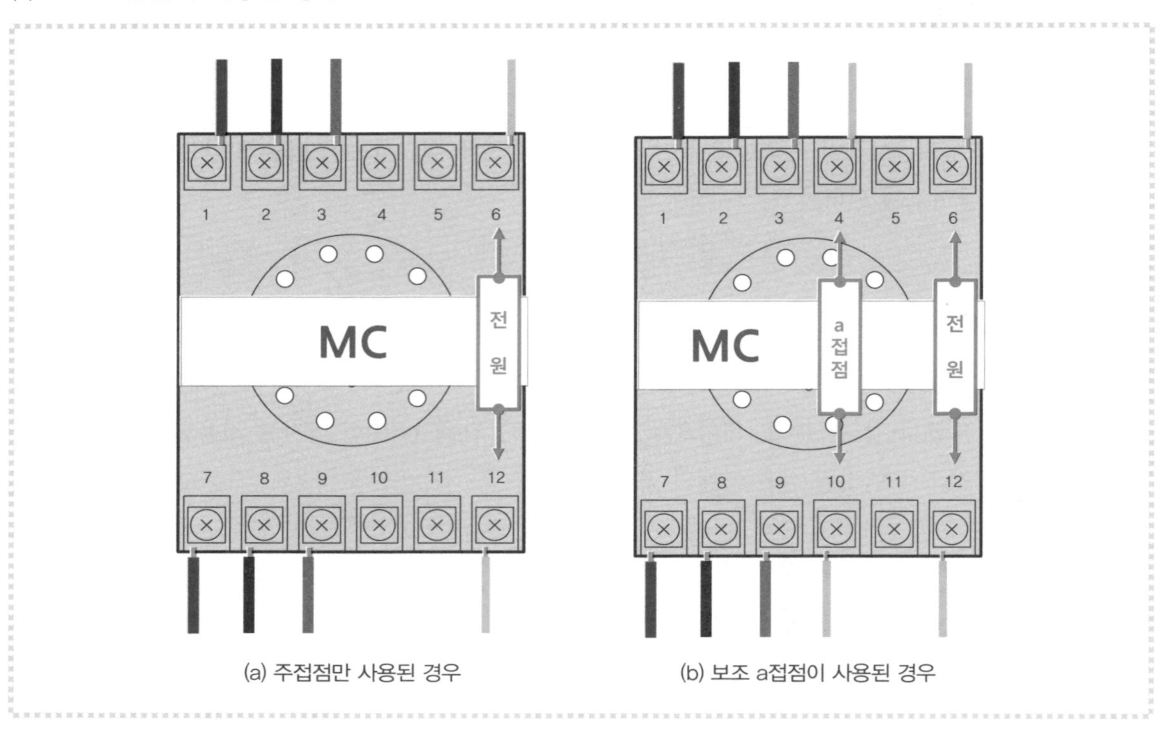

(a) 주접점만 사용된 경우 (b) 보조 a접점이 사용된 경우

(3) **보조 b접점이 사용된 경우, 보조 a · b접점이 모두 사용된 경우**

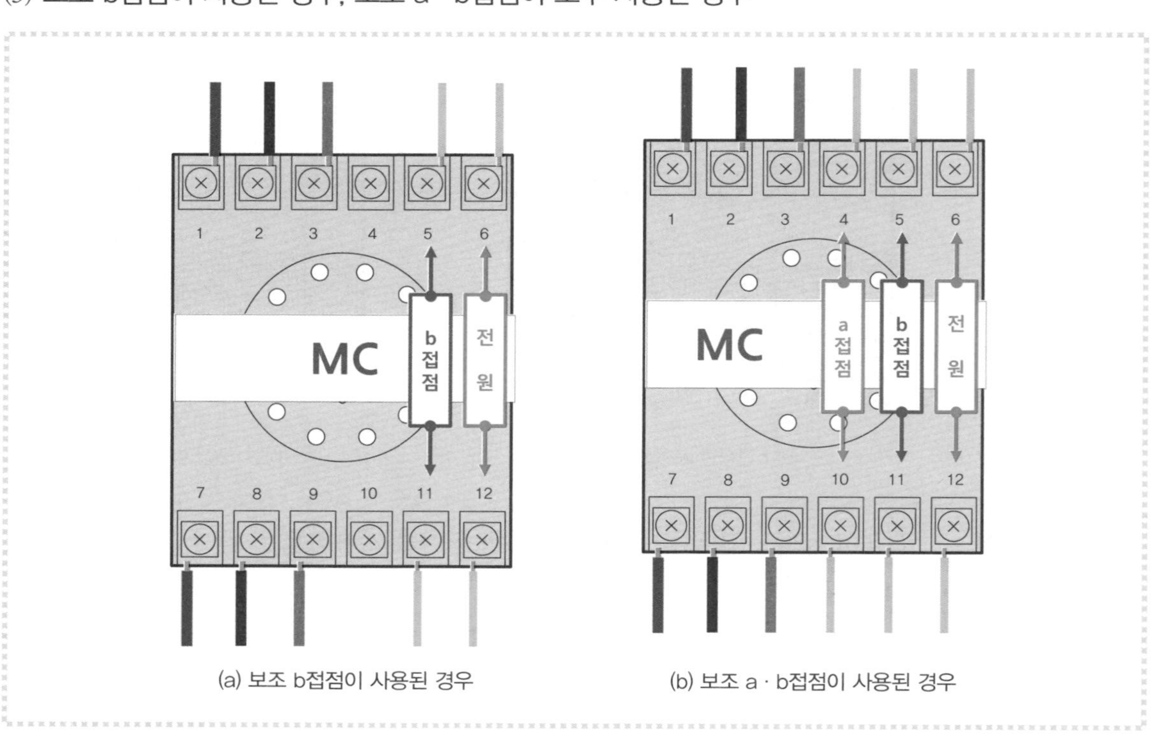

(a) 보조 b접점이 사용된 경우 (b) 보조 a · b접점이 모두 사용된 경우

③ 타이머 점검

일반적으로 사용되는 한시동작 순시복귀 타이머는 전원단자 2-7번, 한시 a접점 8-6번, 한시 b접점 8-5번, 순시접점 1-3번으로 구성되어 있다. 아래의 그림에서 볼 수 있듯이 전원단자는 아래의 왼쪽과 오른쪽 끝에 위치하고 있으며 한 세트의 한시접점은 왼쪽에, 순시접점은 오른쪽에 위치해 있다.

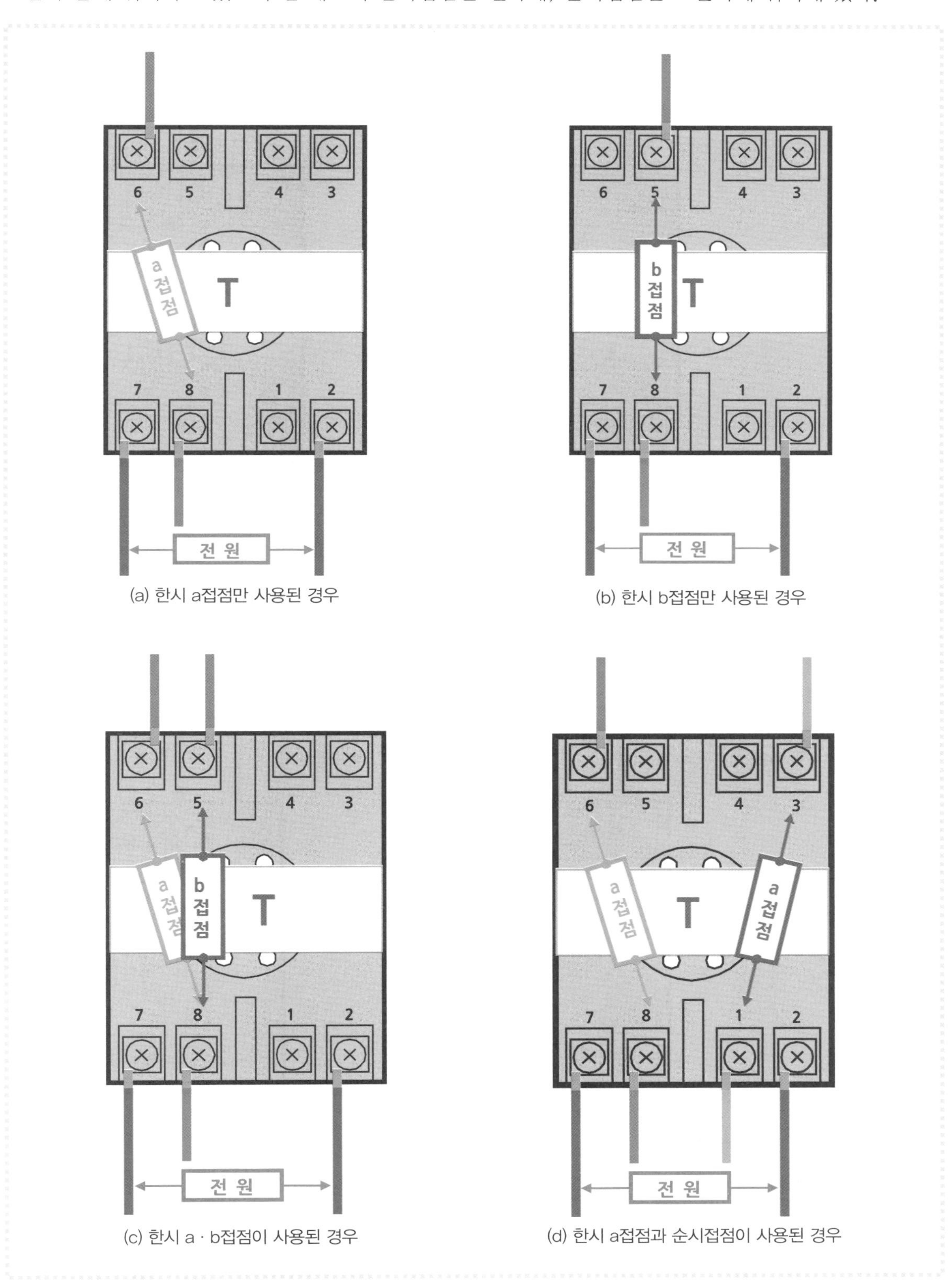

(a) 한시 a접점만 사용된 경우

(b) 한시 b접점만 사용된 경우

(c) 한시 a · b접점이 사용된 경우

(d) 한시 a접점과 순시접점이 사용된 경우

4 릴레이 점검

릴레이의 전원단자는 2–7번, a접점은 1–3, 8–6번, b접점은 1–4, 8–5번을 사용한다. 1번과 8번은 공통단자로 아래쪽에 위치하고 있으며 a접점은 위쪽의 바깥쪽에, b접점은 안쪽에 위치하고 있다. 전원단자는 아래쪽의 왼쪽과 오른쪽 끝에 있다. 알고 있는 바와 같이 릴레이의 기호는 R, X, Ry 등이 주로 사용된다.

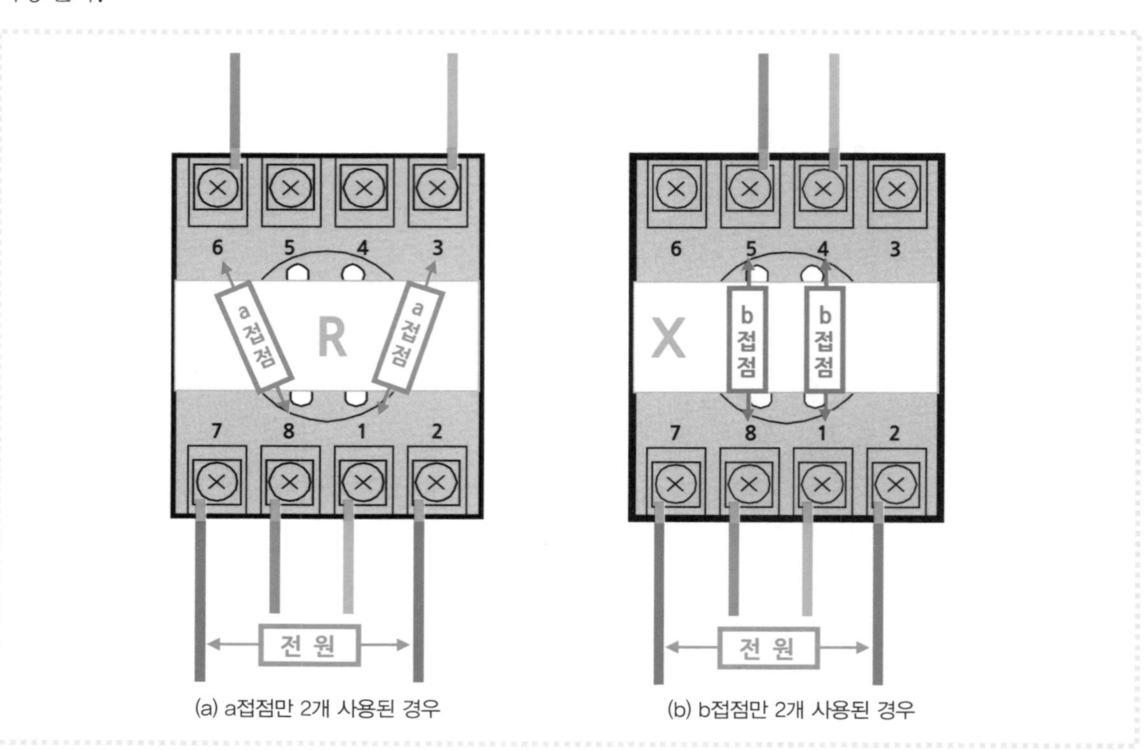

(a) a접점만 2개 사용된 경우

(b) b접점만 2개 사용된 경우

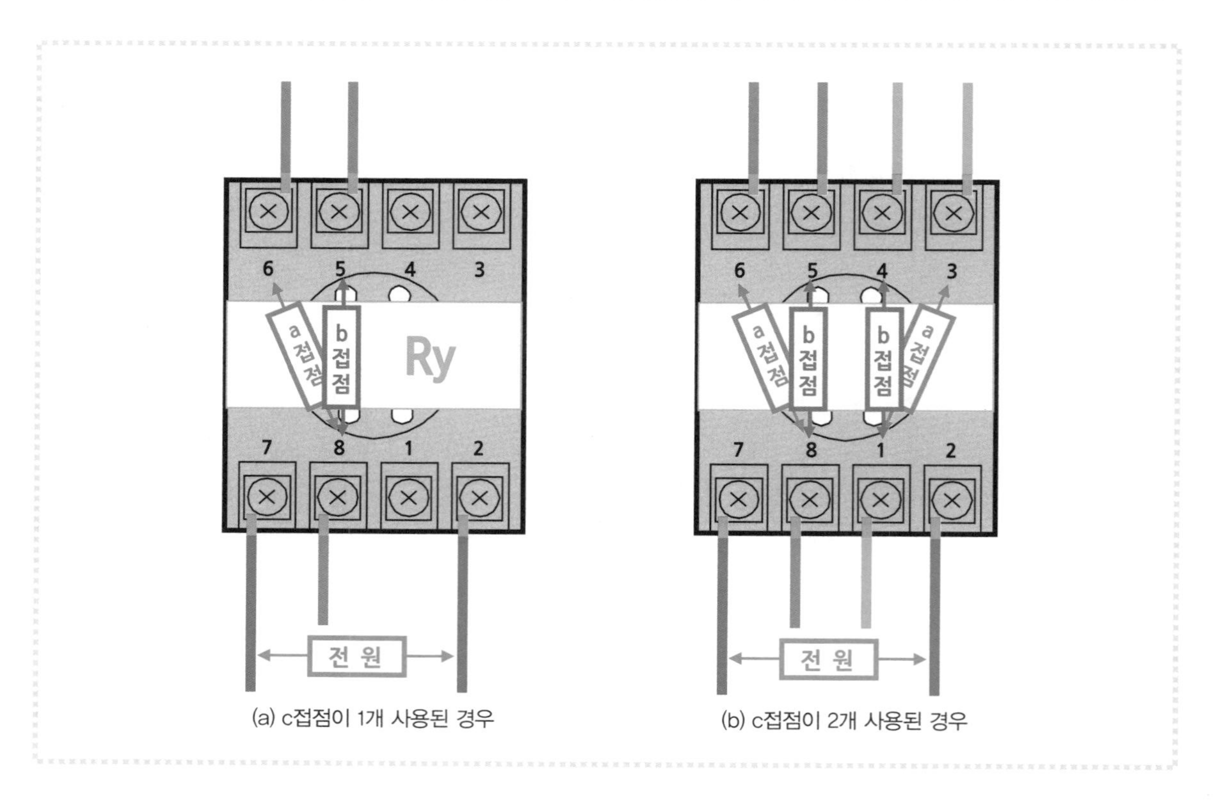

(a) c접점이 1개 사용된 경우

(b) c접점이 2개 사용된 경우

5 플리커 릴레이 점검

플리커 릴레이의 전원단자는 2-7번, a접점은 8-6번, b접점은 8-5번을 사용하며 공통단자는 8번이다. 왼쪽 부분에만 접점이 위치한다.

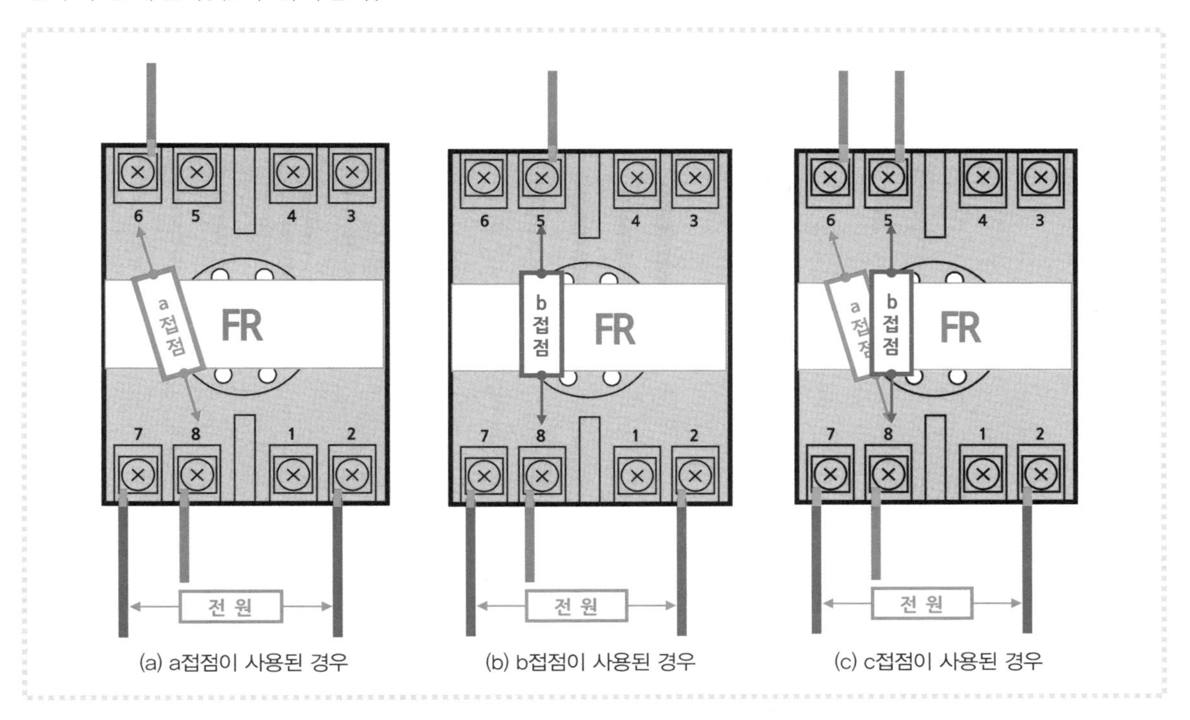

(a) a접점이 사용된 경우　(b) b접점이 사용된 경우　(c) c접점이 사용된 경우

6 단자대 점검

제어함 단자대에 이름이 부여된 모든 단자에는 전선이 연결되어 있어야 한다. 혹시 누락된 단자가 보이면 해당 부분의 회로를 확인하면 된다.

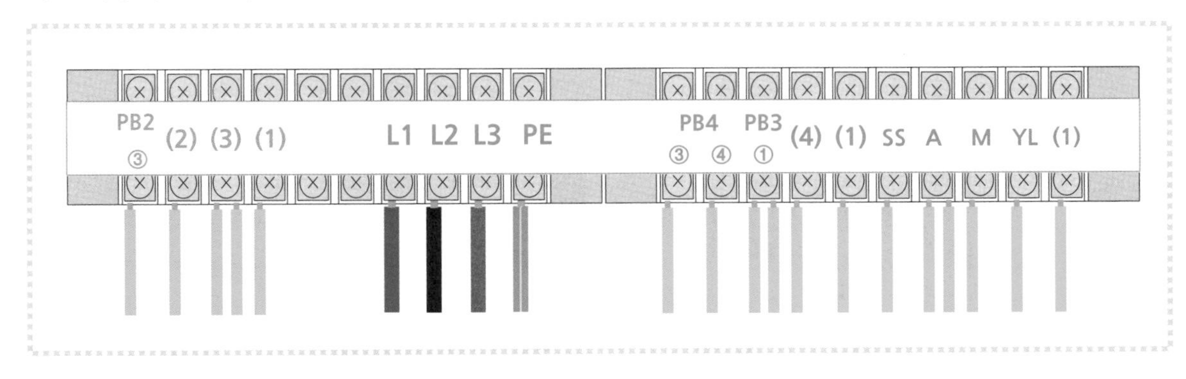

7 기타 계전기의 점검

위에서는 회로구성에 많이 사용되는 계전기의 소켓에 배선상태를 점검해 보았으며 제어함 작업을 몇 번 하다보면 자동으로 누락된 회로를 찾을 수 있는 능력이 생기게 된다.

자주 사용되지 않는 계전기는 회로도와 내부 결선도를 참고하여 접점이 잘 사용되었는지 확인하면 된다.

3 육안점검으로 틀린 부분 찾기

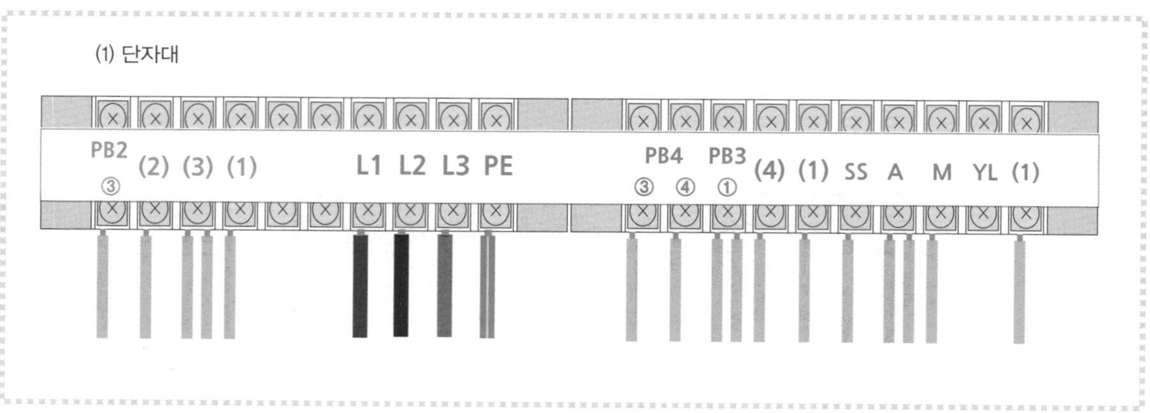

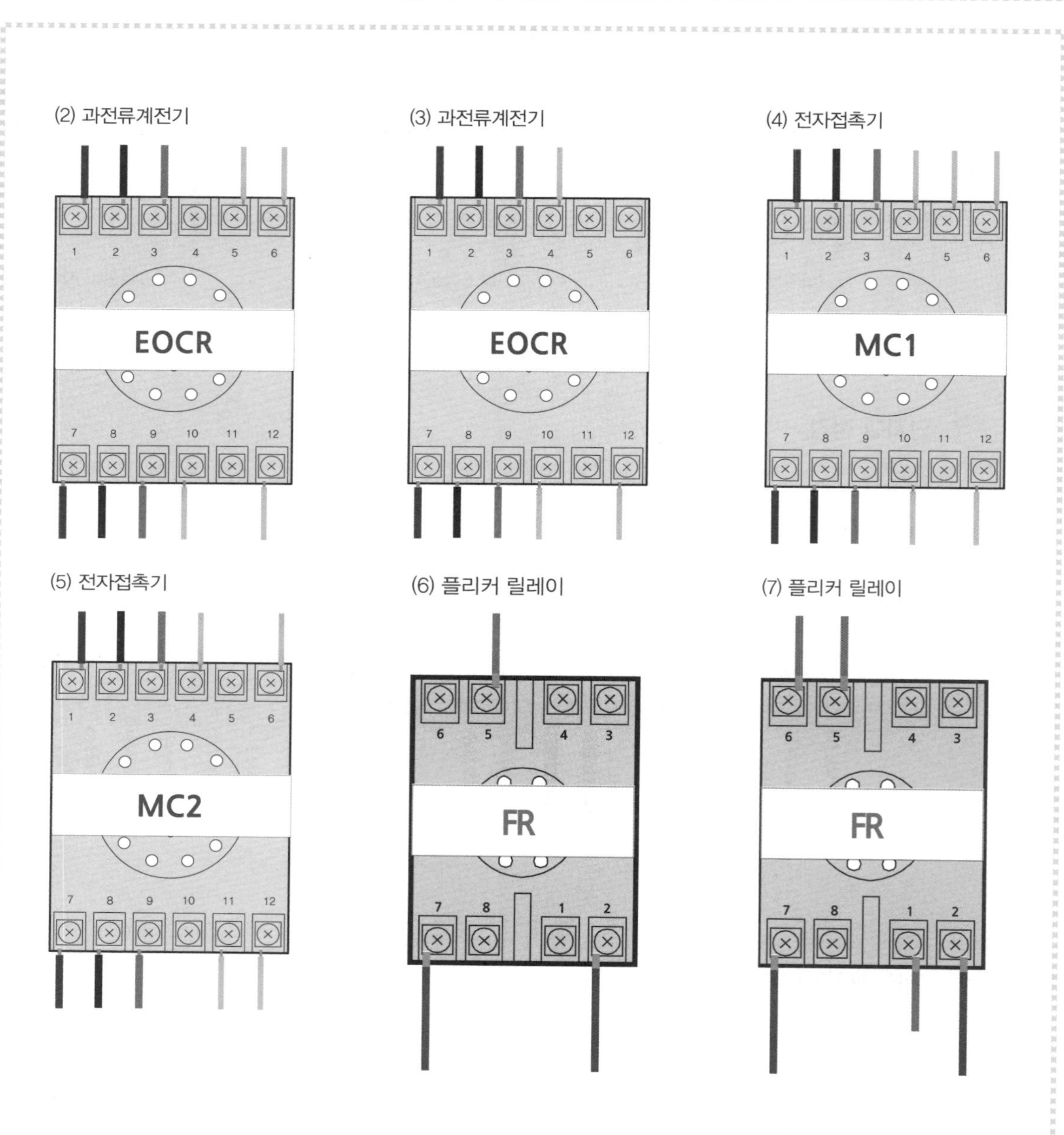

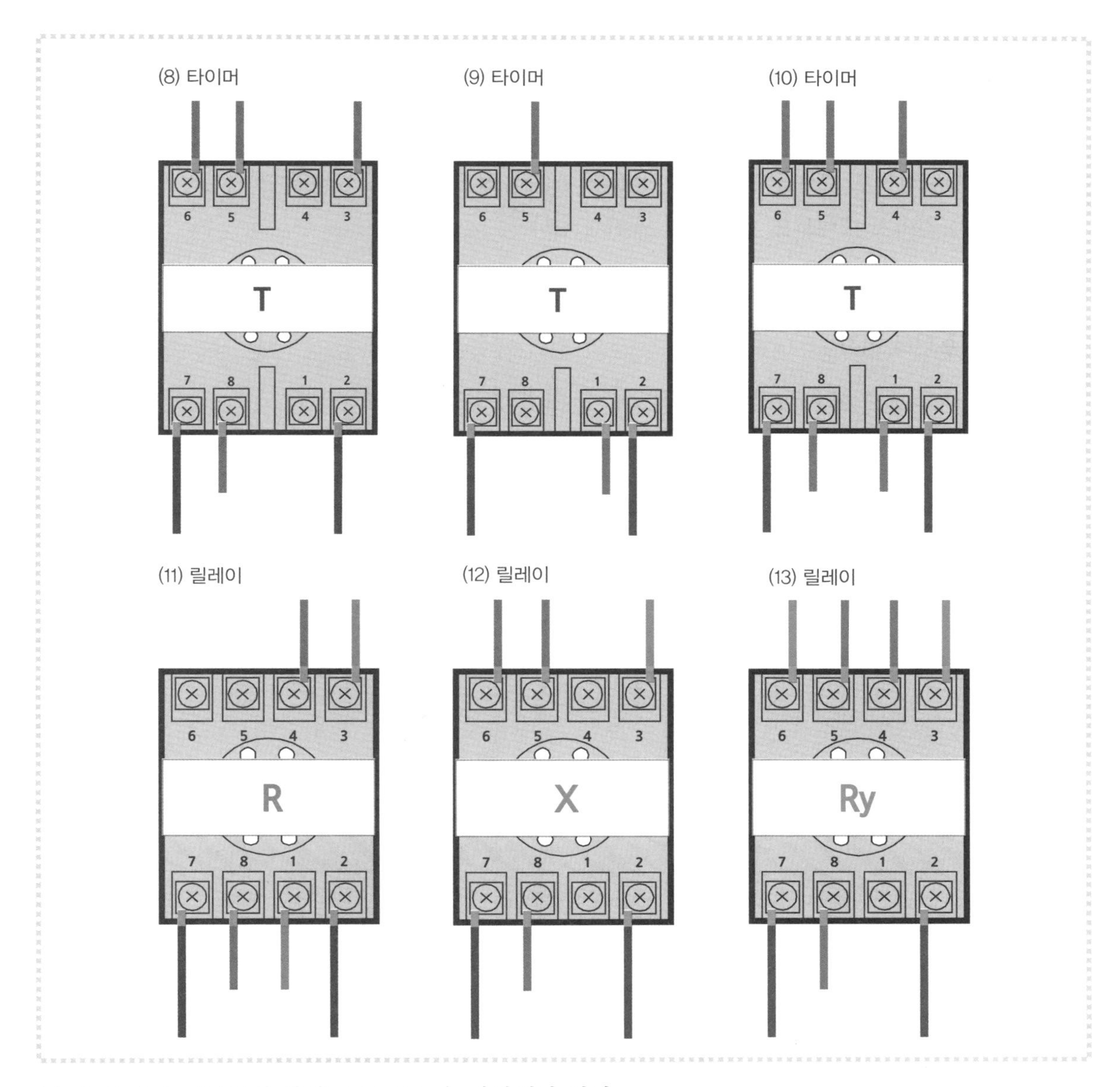

(1) YL단자가 연결되지 않았고 YL부분을 점검해야 한다.

(2) 4번 단자에 연결해야 하는데 5번에 잘못 연결하였다.

(3) 전원단자 6번이 누락되었다.

(4) 11번 단자가 누락되었다.

(5) 4–10, 5–11번 접점이 맞지 않아 회로도에서 a접점인지 b접점인지 확인 후 수정한다.

(6) 5번 단자와 한 세트인 8번 접점이 누락되었다(b접점).

(7) 8번에 연결해야 하는데 1번에 연결되어 있다(c접점).

(8) 1번 단자가 누락되었다(순시 a접점).

(9) 8번에 연결해야 하는데 1번에 연결되어 있다(b접점).

(10) 3번에 연결해야 하는데 4번에 연결되어 있다(순시접점이 사용되는 타이머).

(11) 8번과 한 조를 이루는 5번 또는 6번 접점이 연결되어 있지 않다.

(12) X의 1번 단자가 누락되었다.

(13) Ry의 1번 단자가 누락되었다.

4 벨 시험기로 점검하는 방법

주회로와 제어회로를 배선할 때 이미 번호를 붙여서 순서대로 작업했으므로 작업순서에 따라 점검하면 된다. 벨 시험기로 회로를 점검할 때 점검할 부분의 맨 앞에 벨 시험기의 한 단자를 대고, 다른 단자는 연결된 부분을 찾아서 대어보면 벨 소리가 울리게 된다.

1 주회로 점검

회로 점검 시 차단기를 올리고 퓨즈를 삽입한 상태에서 실시한다.

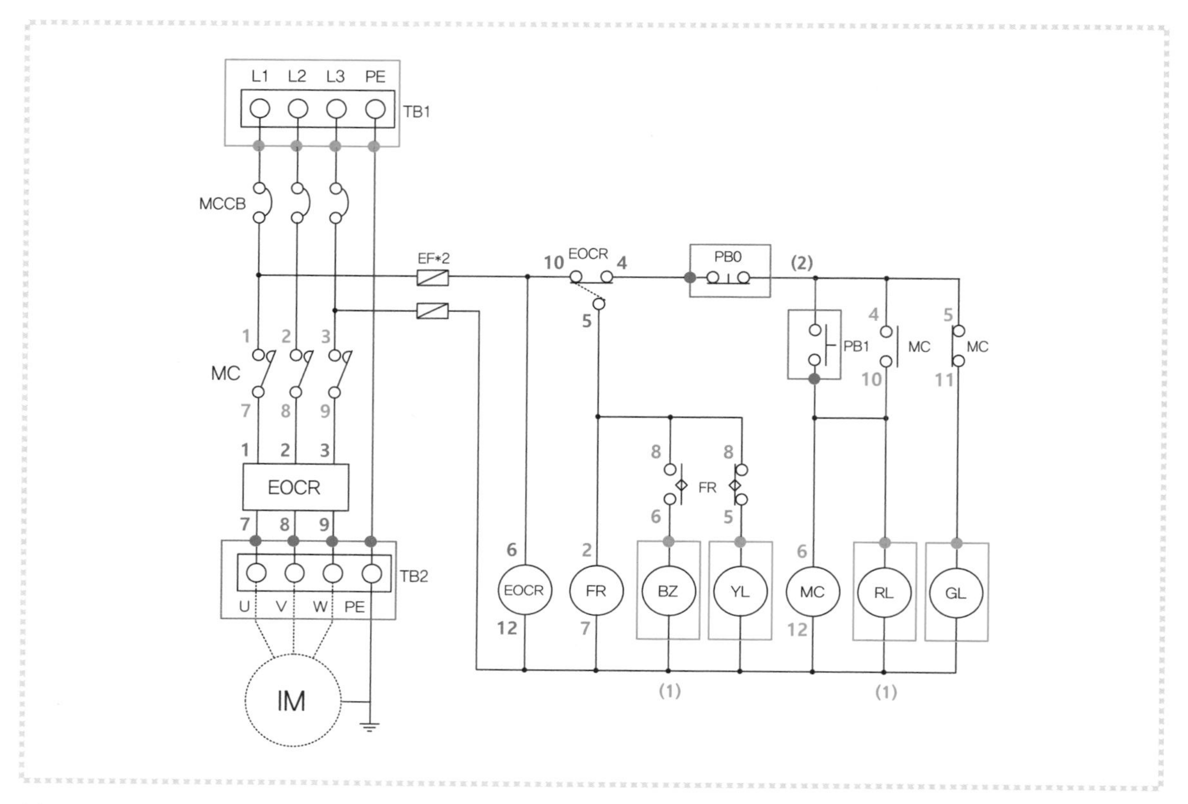

(1) 벨 시험기의 두 리드선을 L1과 MC-①번 단자에 대면 버저가 울린다.

(2) 같은 요령으로 L2와 MC-②, L3와 MC-③번 단자를 점검한다.

(3) MC-⑦과 EOCR-①번 단자, MC-⑧과 EOCR-②번 단자, MC-⑨와 EOCR-③번 단자를 점검한다.

(4) EOCR-⑦과 TB2-U단자, EOCR-⑧과 TB2-V단자, EOCR-⑨와 TB2-W단자를 점검한다.

(5) 주회로는 색상별로 3선을 같이 배선하므로 눈으로 보아도 쉽게 점검할 수 있다.

2 제어회로의 점검

제어회로는 배선 시 아래쪽 모선, 위쪽 모선, 그리고 왼쪽부터 차례로 배선했으므로 이 순으로 점검하면 된다.

1 아래쪽 모선 점검

아래쪽 모선과 위쪽 모선은 단자대부터 시작하면 되므로 벨 시험기의 한 리드선을 TB1 단자대의 L3단자에 대고 다른 리드선을 EOCR-⑫, FR-⑦, (1), MC-⑫, (1)번 단자에 차례로 대면 '삐'소리가 나야 한다. 한 부분이라도 소리가 나지 않는 경우에는 연결이 안 된 것이다. 모든 단자에서 소리가 안 나면 차단기의 1차측과 2차측에 벨 시험기를 대어보고 이상이 없으면 퓨즈의 1 · 2차측을 확인해 본다. 차단기 접점이 불량인 경우도 가끔 발생한다.

2 위쪽 모선 점검

(1) 벨 시험기의 한 리드선을 TB1-L1단자에 대고 EOCR-⑥ · ⑩번 단자에 대면 '삐' 소리가 난다.

(2) PB0는 b접점으로 회로가 연결되어 있으므로 EOCR-④단자에 벨 시험기를 대고 (2), MC-④ · ⑤번 단자에 차례로 대면 '삐' 소리가 난다.

3 중간 회로 점검

(1) EOCR-⑤번 단자와 FR-② · ⑧번 단자를 점검한다.

(2) FR-⑥번 단자와 BZ단자를 점검한다.

(3) FR-⑤번 단자와 YL단자를 점검한다.

(4) PB1-④번 단자와 MC-⑥, ⑩, RL단자를 점검한다.

(5) MC-⑪번 단자와 GL단자를 점검한다.

4 아래쪽 그림과 같이 제어회로를 점검해야 할 부분을 색상별로 구분해 보았다.

(1) · (2)번은 공통단자 번호이다.

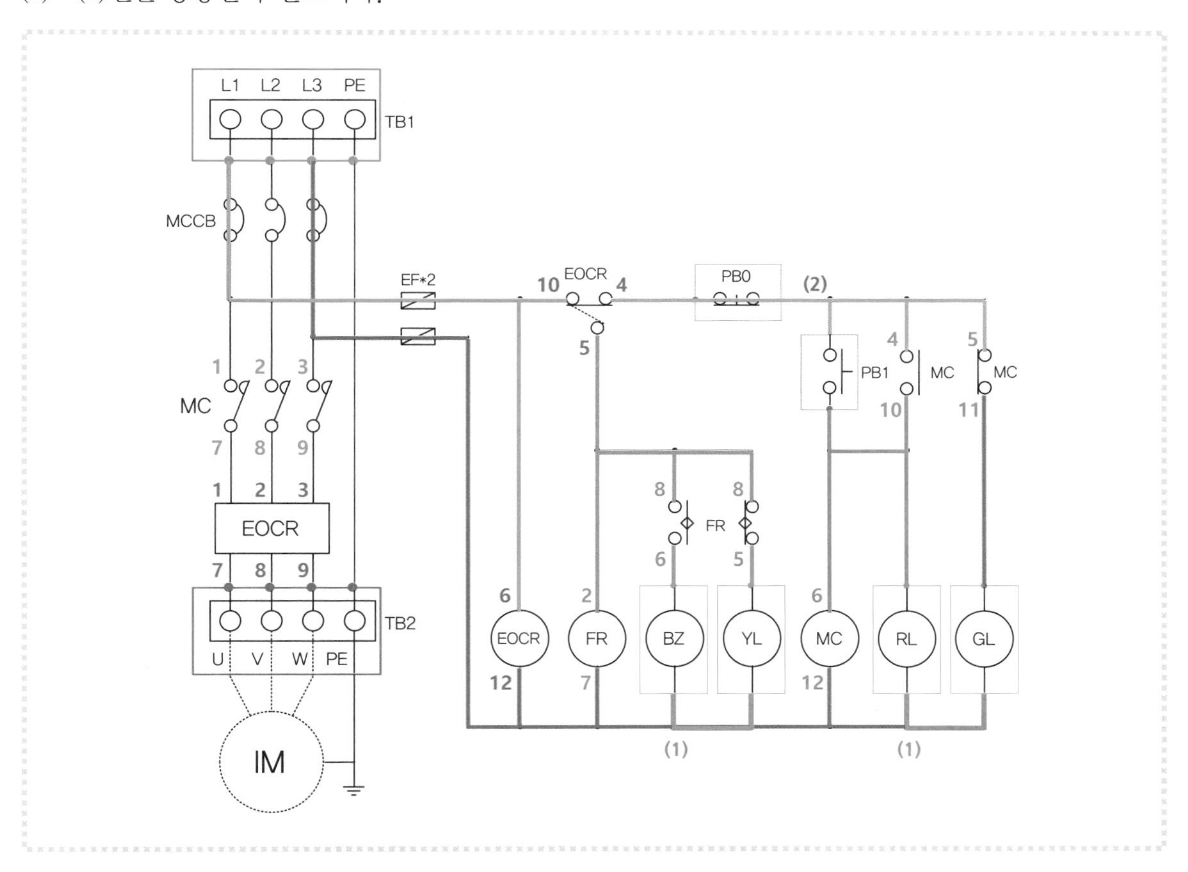

SECTION 11 배관 · 입선 · 결선작업

1 배관작업

① 제어함의 부착

배관을 위해 완성된 제어함을 작업판에 부착한다. 이때, 제어함 상단의 높이는 어깨 높이 정도에 맞추어야 배관하는 데 무리가 없다.

② 벽판 제도

(1) 배관 및 기구 배치도를 보고 작업판에 치수에 맞게 제도한다(50[cm] 자를 이용한다).

(2) 단자대나 기구의 위치를 표시하고 이름을 적어 넣는다.

③ 기구 부착

단자대, 8각 박스, 컨트롤 박스 등을 부착한다.

④ 새들 위치 표시

2구 컨트롤 박스의 뚜껑을 이용하면 편리하다.

(1) 제어함과 컨트롤 박스 부분, 직각으로 구부러지는 부분은 15[cm] 정도에 표시한다.

(2) 단자대 부분 : 단자대의 끝에서 10[cm] 정도 부분에 표시한다(단자대를 덮고 표시).

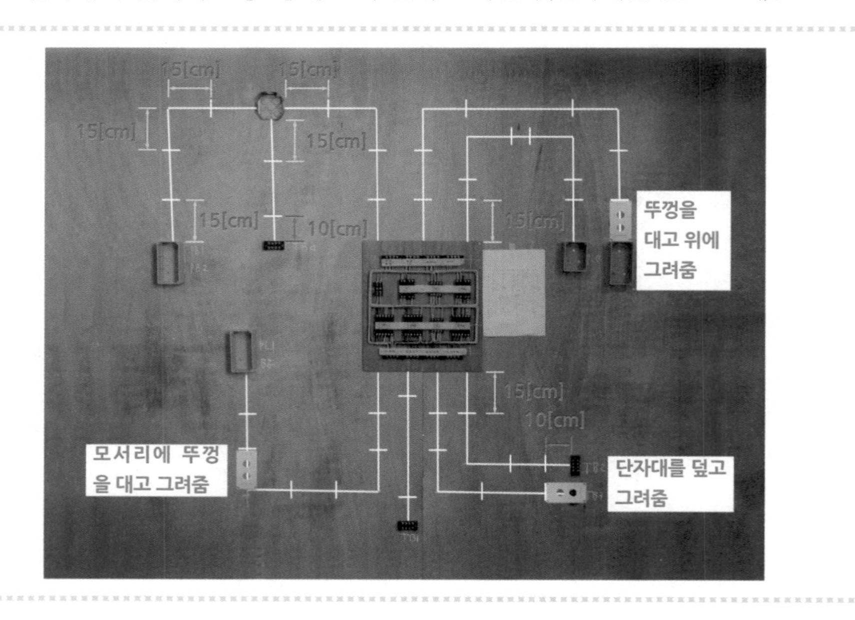

5 커넥터의 고정

컨트롤 박스에 커넥터를 고정시킨다(PE관, CD관 반드시 확인).

6 PE 전선관 배관순서

(1) 배관 및 기구 배치도를 보고 배관에 필요한 길이를 계산해 전선관을 준비한다.

(2) 전선관의 안쪽에 스프링을 넣고 무릎을 이용해 반듯하게 편다. 반대쪽 전선관에도 스프링을 넣고 되도록 반듯하게 펴준다.

(3) 직각으로 구부릴 중심점을 표시한다(컨트롤 박스 ~ 직각으로 배관할 부분까지의 길이에서 5[cm] 뺀 길이).

(4) 중심점을 무릎 위에 대고 힘껏 눌러 전선관이 맞닿을 정도로 구부린다(두 번 정도 반복해 구부려 주면 모양이 잘 유지된다).

(5) 스프링을 뽑아내고 전선관을 커넥터에 삽입한다.

(6) 배관선에 맞추어 새들 2개를 사용해 모양을 잡아가며 고정시킨다.

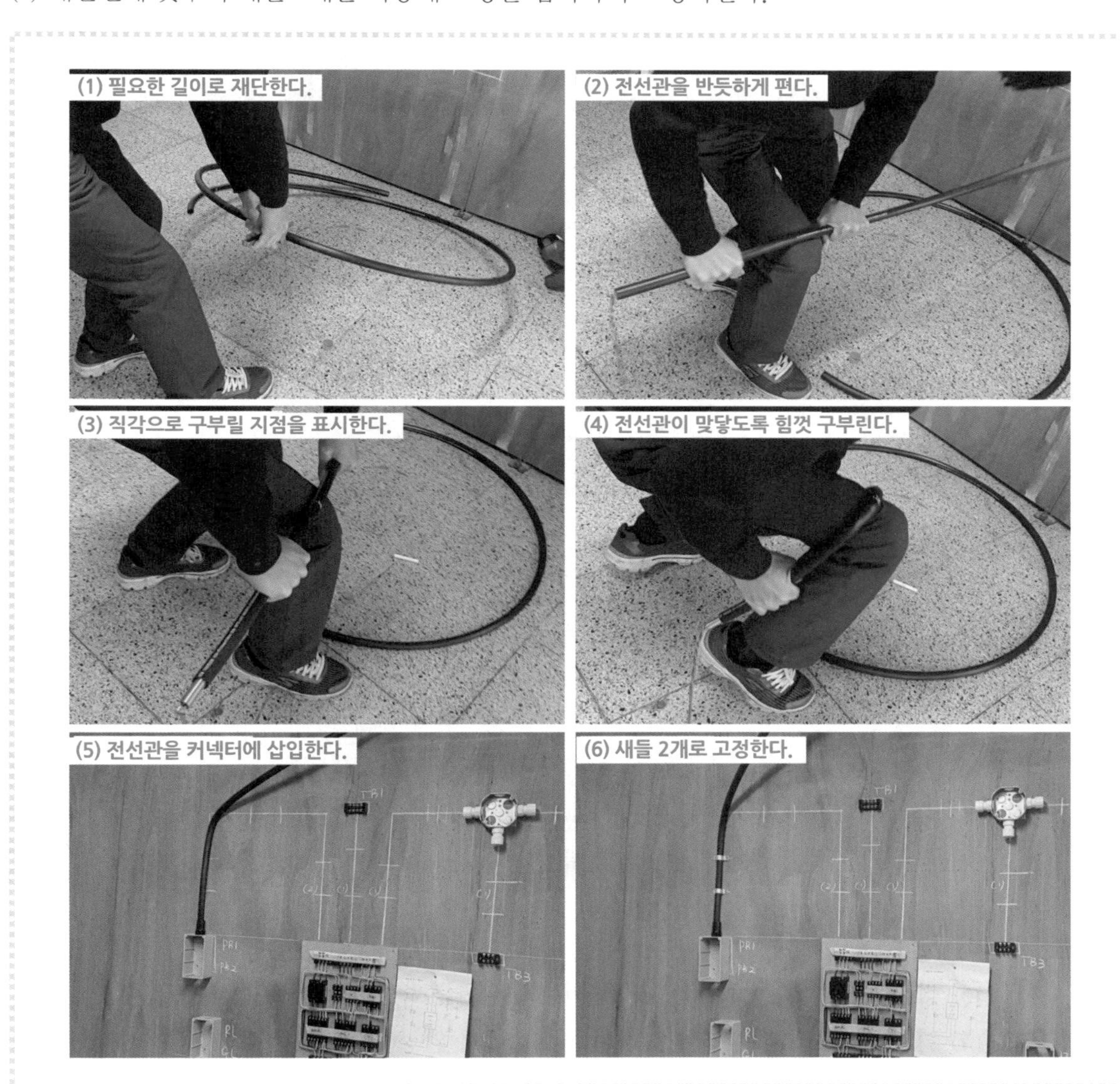

(7) 전선관에 스프링을 넣고 다시 한번 구부려 모양을 잡아주고 새들 2개로 고정시킨다.

(8) 스프링을 오른쪽에서 넣고 전선관이 찌그러지지 않게 손으로 받치면서 잡아 돌리고 오른손으로 모양을 잡아가며 전선관을 구부려준다.

(9) 전선관을 배관선에 맞추고 위쪽을 새들로 고정시킨다.

(10) 커넥터를 끼우기 위해 제어함에서 3[cm] 정도를 잘라낸다.

(11) 커넥터는 제어함 위로 5[mm] 정도 올라오도록 위치를 조정해가면서 끼운다.

(12) 아래쪽 배관도 새들을 채우고 나사못으로 고정하여 배관을 완성한다.

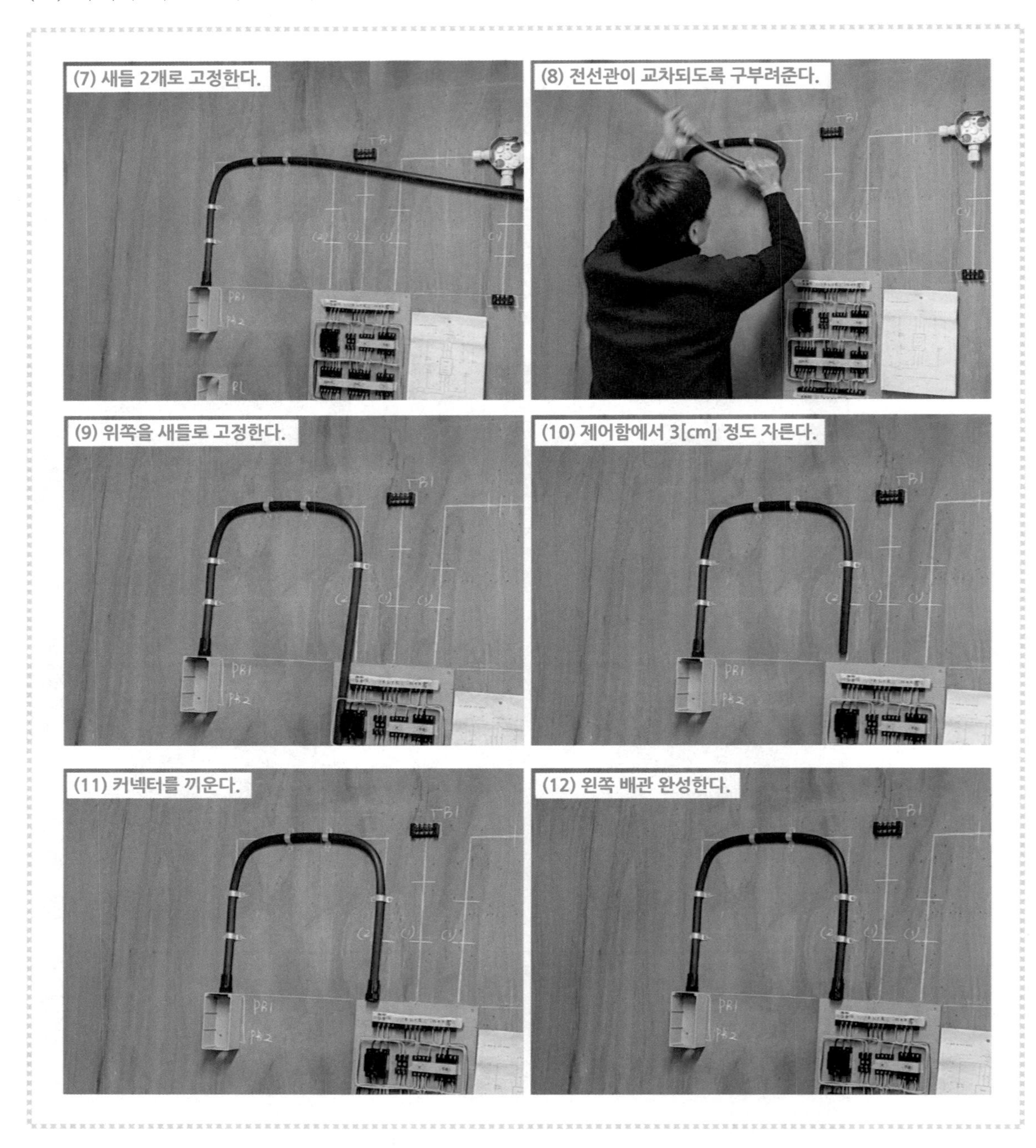
(7) 새들 2개로 고정한다.
(8) 전선관이 교차되도록 구부려준다.
(9) 위쪽을 새들로 고정한다.
(10) 제어함에서 3[cm] 정도 자른다.
(11) 커넥터를 끼운다.
(12) 왼쪽 배관 완성한다.

(13) 직선배관만 있는 곳은 커넥터를 끼우고 길이를 측정하여 자르고 고정시킨다.

(14) 컨트롤 박스 부분부터 시작하여 제어함에서 완성하고, 말단이 단자대인 경우에는 제어함쪽에 커넥터를 끼우고 시작하여 단자대쪽에서 마무리한다.

7 CD 전선관 배관순서

(1) 컨트롤 박스의 커넥터에 전선관을 강하게 밀어 넣는다(전선관을 자르지 않고 사용).

(2) 한 구간에 새들 2개를 사용해 전선관을 고정시킨다. 배관 간격이 좁은 경우에는 새들 1개만 사용해도 충분히 튼튼하게 고정된다. 전선관의 모양을 적당하게 잡아주고 새들을 장착하고 나사못으로 고정한다.

(3) 아래쪽 배관의 위쪽에도 새들로 고정시키고 커넥터를 끼우기 위해 컨트롤 박스에서 3[cm] 정도를 잘라낸다.

(4) 전선관을 커넥터에 끼운 후 아래쪽도 새들을 사용해 고정하여 마무리한다.

(5) 단자대로 나가는 배관은 커넥터있는 쪽부터 배관하여 단자대쪽에서 마무리한다.

(6) 오른쪽 배관도 전선관을 삽입하고 새들로 고정시키고 전선관을 구부린 후 위쪽을 새들로 고정시킨다. 제어함과 연결되는 부분에는 제어함에서 3[cm] 정도 전선관을 자르고 커넥터를 끼워 끝이 5[mm] 정도 올라오도록 조정하여 새들로 고정한 후 배관을 완성한다.

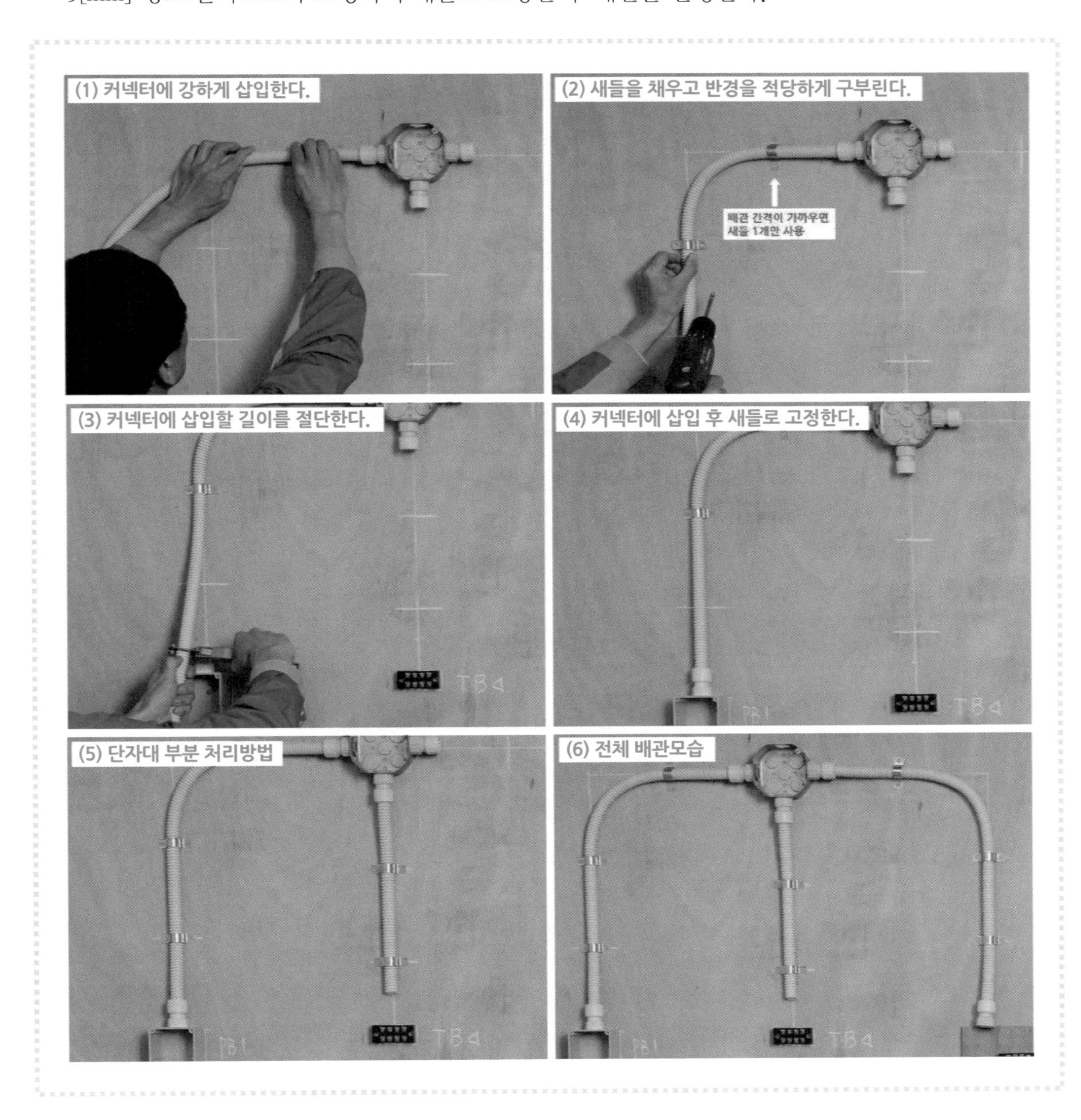

8 케이블 배선작업

(1) 케이블의 피복은 파이프 커터기를 사용하면 되는데 피복을 벗기고자 하는 부분에 날을 대고 살짝 누른 후 왼손으로 케이블을 돌리며 칼집을 넣는다.

(2) 케이블을 돌려서 피복을 빼어내면 내부에 개재물이 있는데 이것을 모두 잘라내고 전선 4가닥만 남겨 놓는다.

(3) 케이블에 케이블 그랜드(케이블 커넥터)를 장착하고 아래쪽을 돌려 케이블에 꽉 고정시킨다.

(4) 케이블 그랜드의 색상과 모양은 약간씩 다르지만 사용하는 원리는 모두 같다.

(5) 케이블 그랜드의 끝이 5[mm] 정도 제어함 위로 올라오도록 새들을 장착하고 고정시킨다. 케이블 새들은 제어함 또는 단자대쪽에서 10[cm] 정도 부분에 설치하면 된다.

(6) 전원단자의 L1상은 갈색, L2상은 흑색, L3상은 회색, PE는 녹-황색 전선을 사용한다.

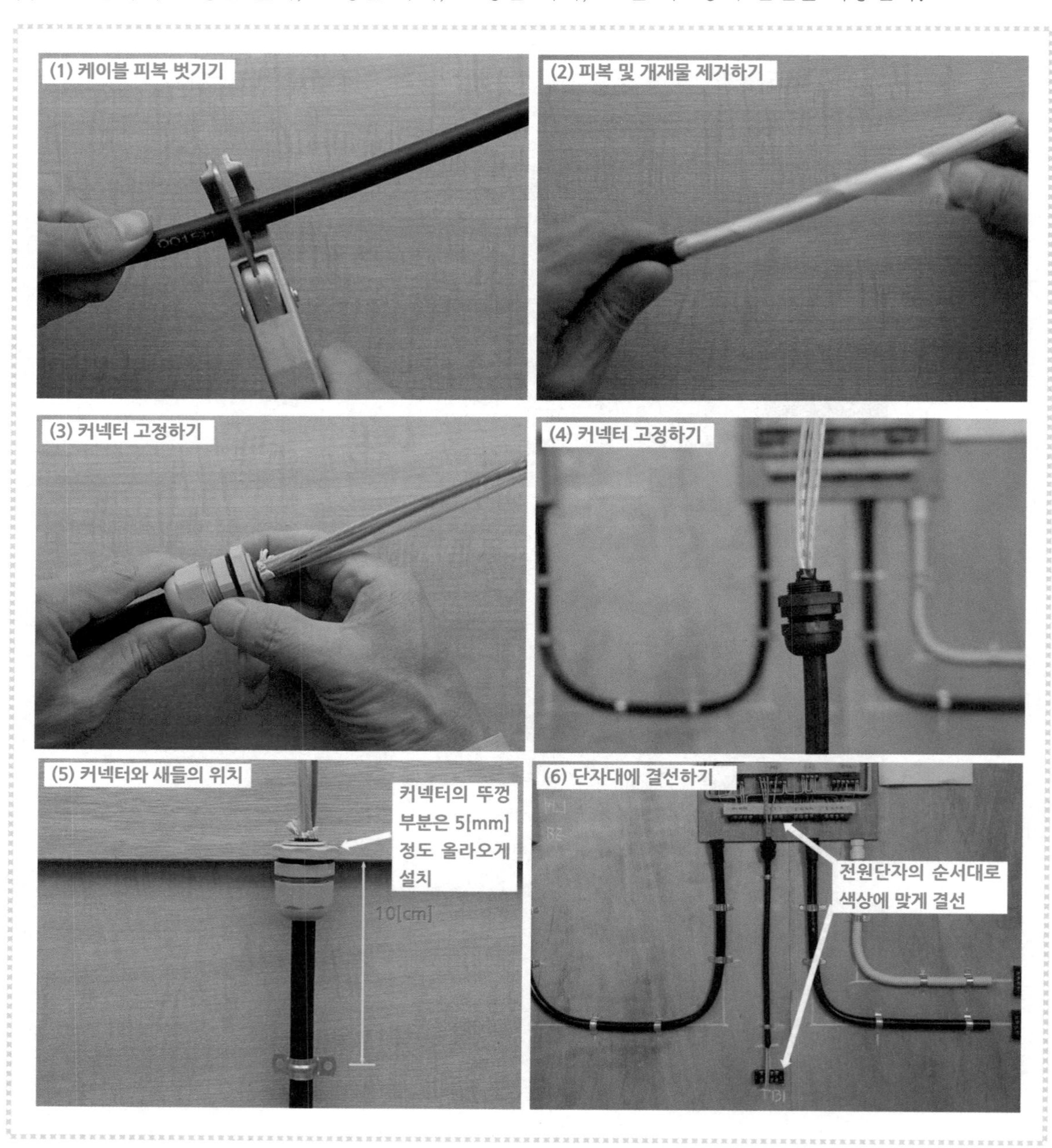

2 입선작업

(1) 입선에 필요한 길이를 산출하기 위해 한 선의 끝을 구부려 준다.

(2) 배관에 선을 밀어 넣고 컨트롤 박스 내부나 제어함에서 결선할 충분한 길이를 계산해 전선의 길이를 산출한다.

(3) 길이 측정이 끝나면 필요한 가닥수만큼 전선을 접어가면서 준비한다. 짝수 가닥의 전선은 그대로 입선하고, 홀수 가닥인 경우 한쪽 끝을 구부려 주어야 한다.

(4) 컨트롤 박스쪽과 단자대쪽에서 전선을 밀어 넣어서 8각 박스쪽으로 빼어낸다.

(5) 8각 박스에서 선이 합해져 제어함쪽으로 나가므로 한번에 밀어 넣기가 안 되는 경우 모아진 선의 끝에 선 하나를 연결하여 안내선으로 사용한다.

(6) 입선이 완료되면 선을 구분해 놓아야 한다(컨트롤 박스 부분과 단자대 부분으로 나눠 놓는다).

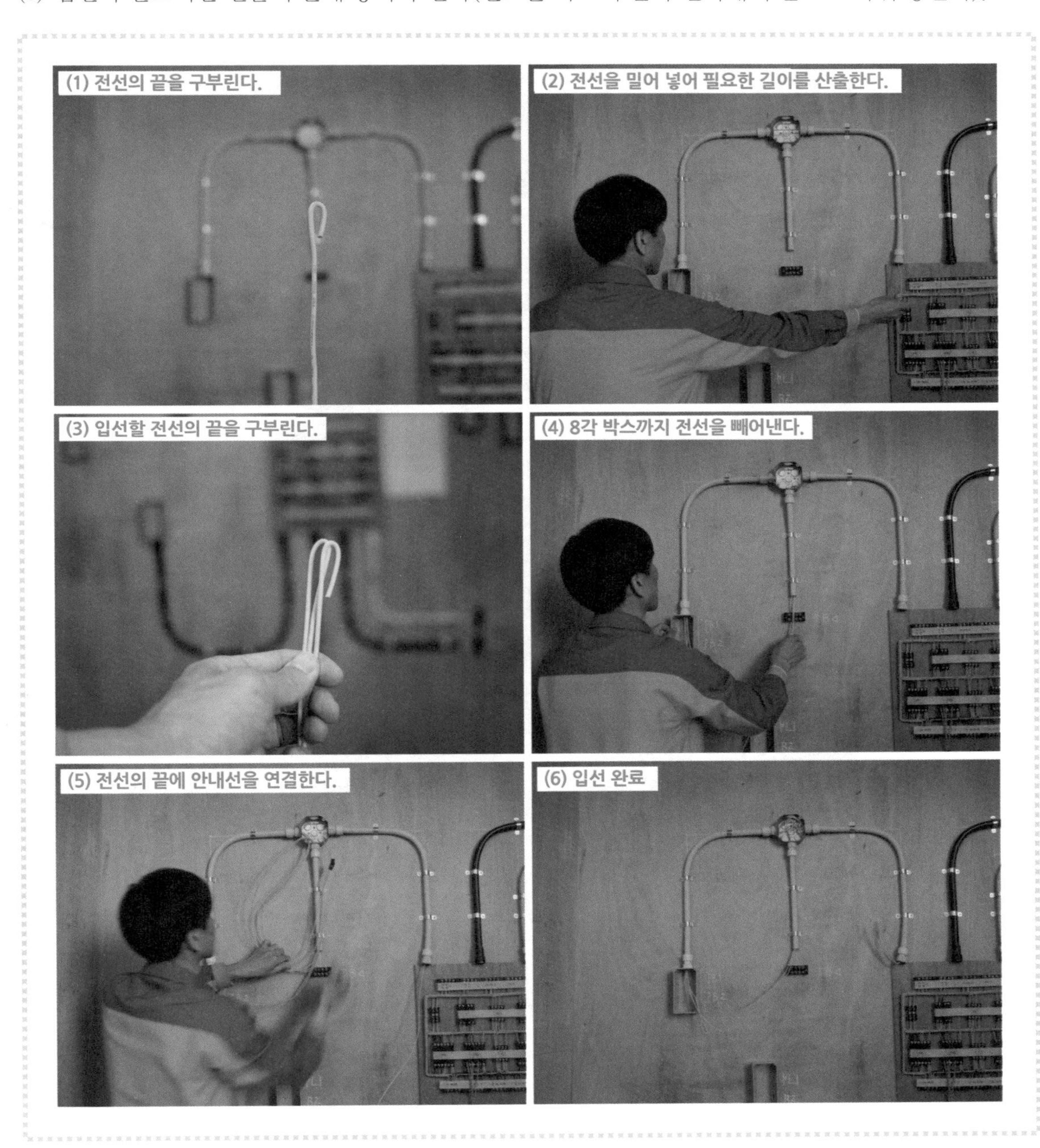

(1) 전선의 끝을 구부린다.

(2) 전선을 밀어 넣어 필요한 길이를 산출한다.

(3) 입선할 전선의 끝을 구부린다.

(4) 8각 박스까지 전선을 빼어낸다.

(5) 전선의 끝에 안내선을 연결한다.

(6) 입선 완료

(7) 8각 박스를 거쳐 입선하는 경우 팽팽하게 잡아당기지 말고, 박스 내에서 전선의 여유를 주어야 한다.

(8) PE 전선관에는 길이가 길더라도 끝을 구부려서 밀어 넣으면 입선된다.

(9) CD 전선관에도 밀어 넣어보고 입선이 안 되면 안내선을 연결해서 입선해야 한다.

(10) 주회로의 전선도 한꺼번에 밀어 넣으면 입선된다(CD관에 전선을 밀어 넣을 경우 노란색 선은 끝을 구부려야 하고 주회로 선은 끝에 종이테이프나 절연테이프를 감아서 밀어 넣어야 입선이 가능하다).

(11) CD관의 경우 관에 전선이 걸려 입선이 안 되면 안내선을 연결해서 입선해야 한다.

(12) 안내선을 먼저 입선한 후 왼손으로는 전선을 밀어 넣으면서 오른손으로는 전선을 잡아당기면 쉽게 입선할 수 있다.

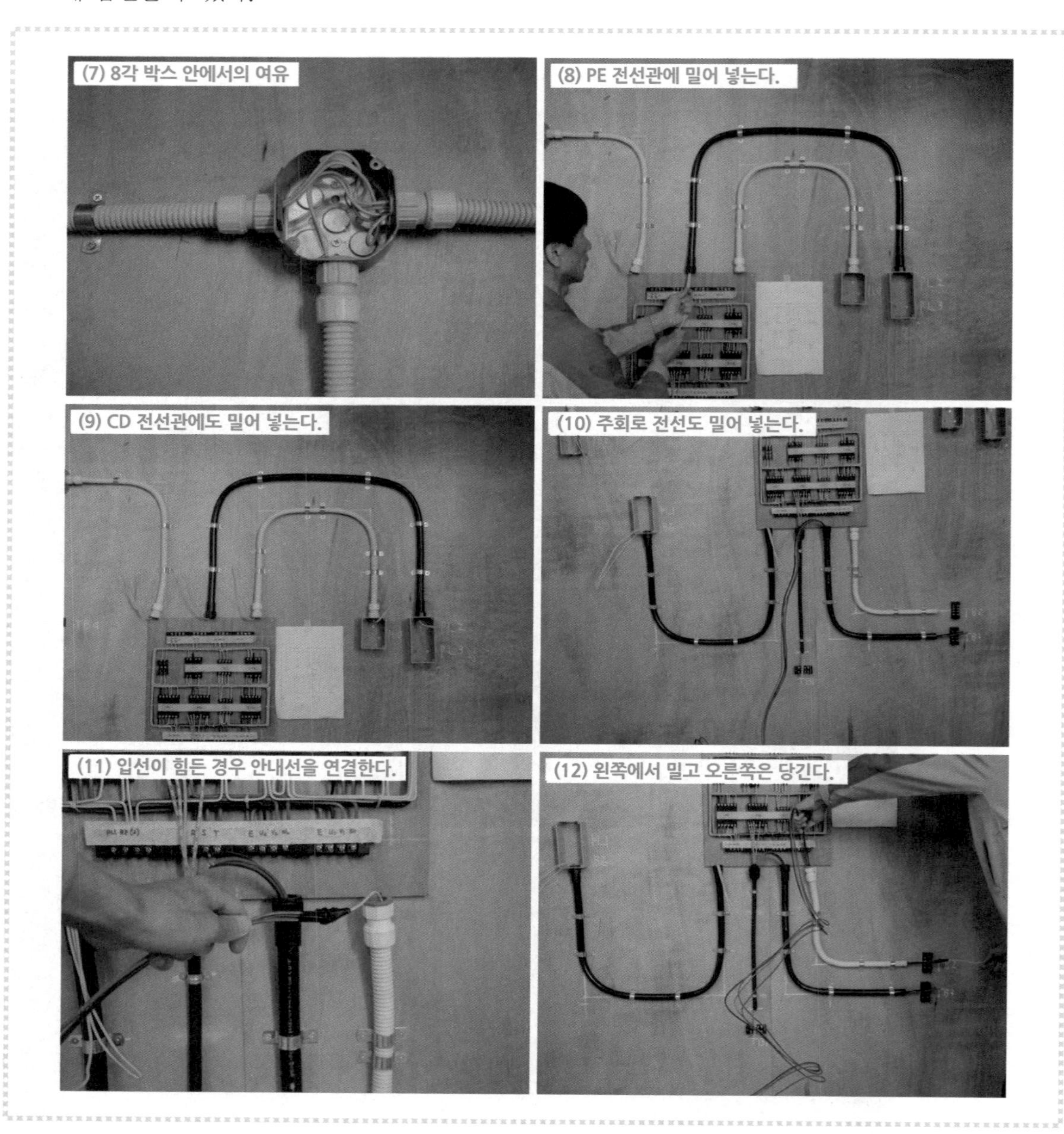

3 결선작업

(1) 전원 케이블의 색상은 갈색, 흑색, 회색, 녹-황색으로 구성되어 있으므로(사진에서는 흑 적 백 녹) 상의 순서(L1, L2, L3, PE)에 맞게 결선해야 한다. 외부 기구 연결 시 단자대측을 먼저 연결한 후 기구에 연결하면 된다.

(2) 벨 시험기로 공통단자 (1)을 찾아 미리 연결해 놓은 공통단자와 연결한다.

(3) YL, BZ 단자를 찾아 연결한다.

(4) 컨트롤 박스의 뚜껑을 닫고 고정한다. 기구의 색상과 위치가 바뀌지 않았는지 확인해야 한다.

(5) 주회로의 색상이 바뀌지 않도록 주의해서 연결한다(갈색, 흑색, 회색, 녹-황색).

(6) 부하단자대가 가로인 경우 왼쪽부터, 세로인 경우 위쪽부터 갈색, 흑색, 회색, 녹-황색 전선으로 배선해야 한다.

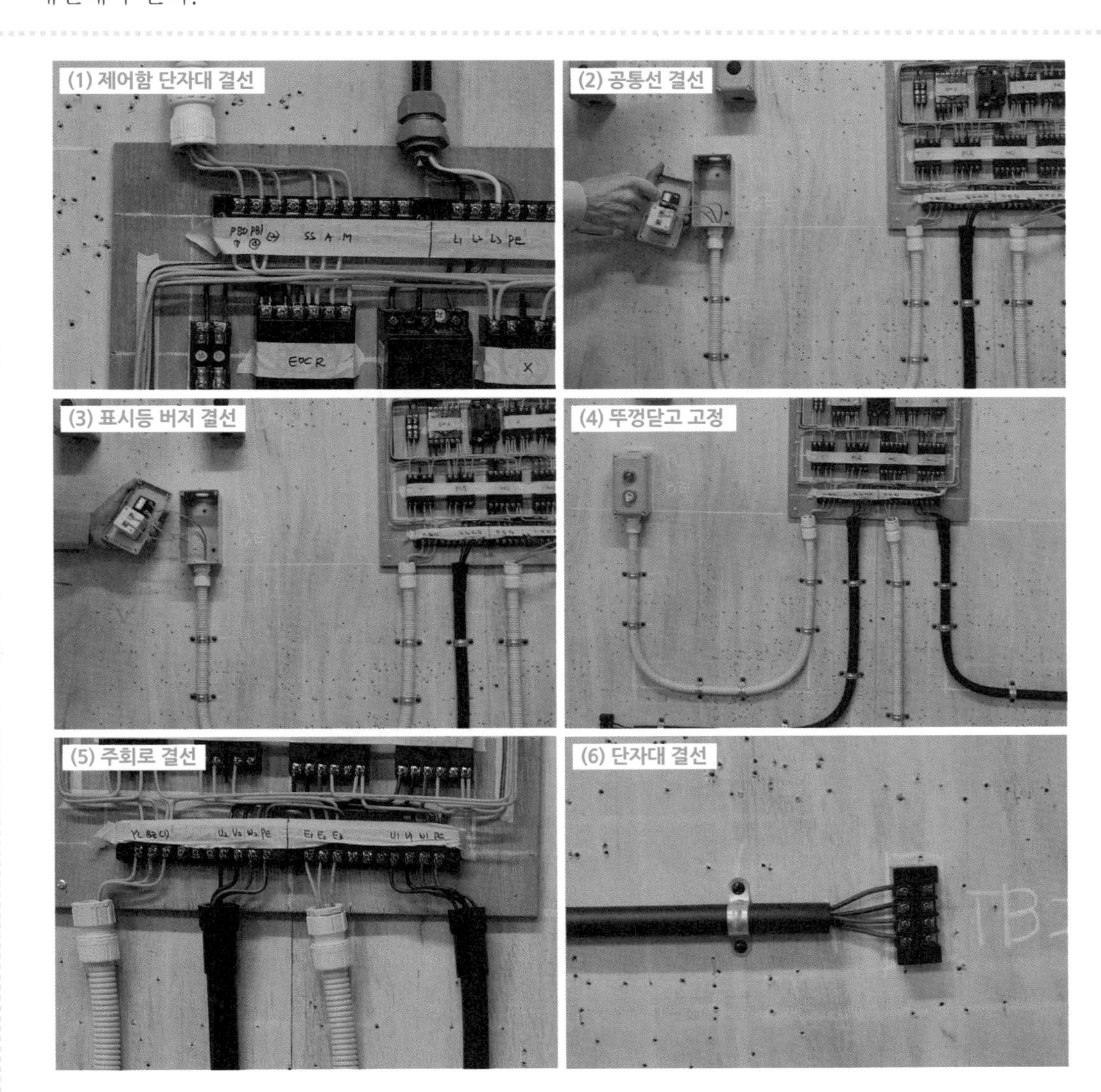

PART
II

공개문제 작업과정

Section 01 수험자 유의사항
Section 02 외부기구 결선방법
Section 03 공개문제 1 : 전기 설비의 배선 및 배관 공사
Section 04 공개문제 5 : 전기 설비의 배선 및 배관 공사
Section 05 공개문제 10 : 전기 설비의 배선 및 배관 공사
Section 06 공개문제 15 : 전기 설비의 배선 및 배관 공사

SECTION

01 수험자 유의사항

※ 수험자 유의사항을 고려하여 요구사항을 완성하도록 한다.

(1) 시험 시작 전 지급된 재료의 이상 유무를 확인하고 이상이 있을 때에는 감독위원의 승인을 얻어 교환할 수 있다(단, 시험 시작 후 파손된 재료는 수험자 부주의에 의해 파손된 것으로 간주되어 추가로 지급받지 못한다).

(2) 제어판을 포함한 작업판에서의 제반 치수는 [mm]이고, 치수 허용 오차는 외관(전선관, 케이블, 박스, 전원 및 부하측 단자대 등)은 ±30[mm], 제어판 내부는 ±5[mm]이다(단, 치수는 도면에 표시된 사항에 의하며 표시되지 않은 경우 부품의 중심을 기준으로 한다).

(3) 전선관 및 케이블의 수직과 수평을 맞추어 작업하고, 전선관의 곡률 반지름은 전선관 안지름의 6배 이상, 8배 이하로 작업하여야 한다.

(4) 기구(컨트롤 박스, 8각 박스, 제어판, 단자대)와 전선관 및 케이블이 접속되는 부분에서 가까운 곳(300[mm] 이하)에 새들을 설치하고 전선관 및 케이블이 작업판에서 뜨지 않도록 새들을 적절히 배치하여 튼튼하게 고정한다(단, 굴곡부가 없는 배관에서 기구와 기구 끝단 사이의 치수가 400[mm] 미만이면 새들 1개도 가능하고 새들로 고정 시 나사를 2개 모두 체결해야 고정된 것으로 인정).

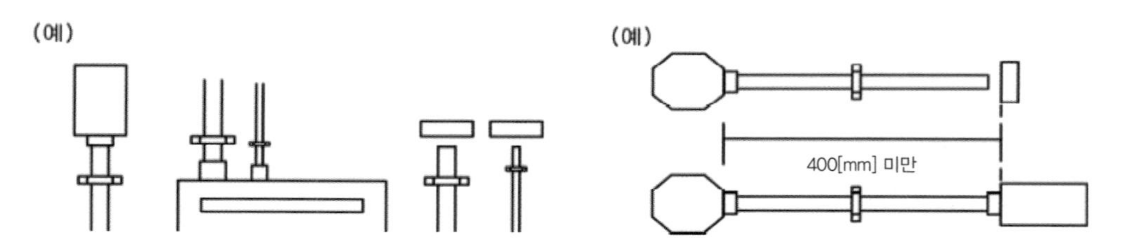

(5) 기구(컨트롤 박스, 8각 박스, 제어판)와 전선관 및 케이블이 접속되는 부분에 전선관 및 케이블용 커넥터를 사용하고 제어판에 전선관 및 케이블용 커넥터를 5[mm] 정도 올리고 새들로 고정하여야 한다(단, 단자대와 전선관 또는 케이블이 접속되는 부분에 전선관 커넥터를 사용하는 것을 금지한다).

(6) 전선의 열적 용량에 대한 전선관의 용적률은 고려하지 않는다.

(7) 컨트롤 박스에서 사용하지 않는 홀(구멍)에 홀마개를 설치한다.

(8) 제어판 내의 기구는 기구 배치도와 같이 균형 있게 배치하고 흔들림이 없도록 고정한다.

(9) 소켓(베이스)에 채점용 기기가 들어갈 수 있도록 작업한다.

(10) 제어판 배선은 미관을 고려하여 전면에 노출 배선(수평수직)하고 전선의 흐트러짐 등이 없도록 케이블 타이를 이용하여 균형 있게 배선한다(단, 제어판 배선 시 기구와 기구 사이의 배선을 금지한다).

(11) 주회로는 2.5[mm²](1/1.78) 전선, 보조회로는 1.5[mm²](1/1.38) 전선(황색)을 사용하고 주회로의 전선 색상은 L1은 갈색, L2는 흑색, L3는 회색을 사용한다.

(12) 보호도체(접지)회로는 2.5[mm^2](1/1.78) 녹색-황색 전선으로 배선하여야 한다.

(13) 퓨즈 홀더 1차측 주회로는 각각 2.5[mm^2](1/1.78) 갈색과 회색 전선을 사용하고, 퓨즈 홀더 2차측 보조회로는 1.5[mm^2](1/1.38) 황색 전선을 사용하고, 퓨즈 홀더에는 퓨즈를 끼워 놓아야 한다.

(14) 케이블의 색상이 주회로 색상과 상이한 경우 감독위원이 지정한 색상으로 대체한다(단, 보호도체(접지) 회로 전선은 제외).

(15) 단자에 전선을 접속하는 경우 나사를 견고하게 조인다. 단자 조임 불량이란 피복이 제거된 나선이 2[mm] 이상 보이거나, 피복이 단자에 물린 경우를 말한다(단, 한 단자에 전선 3가닥 이상 접속하는 것을 금지한다).

(16) 전원과 부하(전동기)측 단자대, 리밋 스위치의 단자대, 플로트레스 스위치의 단자대는 가로인 경우 왼쪽부터, 세로인 경우 위쪽부터 각각 'L1, L2, L3, PE(보호도체)'의 순서, 'U(X), V(Y), W(Z), PE(보호도체)'의 순서, 'LS1, LS2'의 순서, 'E1, E2, E3'의 순서로 결선한다.

(17) 배선점검은 회로시험기 또는 벨 시험기만을 가지고 확인할 수 있고, 전원을 투입한 동작시험은 할 수 없다.

(18) 전원측 단자대는 동작시험을 할 수 있도록 전원선의 색상에 맞추어 100[mm] 정도 인출하고 피복은 전선 끝에서 약 10[mm] 정도 벗겨둔다.

(19) 전자접촉기, 타이머, 릴레이 등의 소켓(베이스)의 방향은 기구의 내부 결선도 및 구성도를 참고하여 홈이 아래로 향하도록 배치하고, 소켓 번호에 유의하여 작업한다.

※ 기구의 내부 결선도 및 구성도와 지급된 채점용 기구 및 소켓(베이스)이 상이할 경우 감독위원의 지시에 따라 작업한다.

(20) 8P 소켓을 사용하는 기구(타이머, 릴레이, 플리커 릴레이, 온도 릴레이, 플로트레스 등)는 기구의 구분 없이 지급된 8P 소켓(베이스)을 적용하여 작업한다(각 기구에 해당하는 소켓을 고려하지 않고 모두 동일하게 적용한다).

(21) 보호도체(접지)의 결선은 도면에 표시된 부분만 실시하고, 보호도체(접지)는 입력(전원) 단자대에서 제어판 내의 단자대를 거쳐 출력(부하)단자대까지 결선하며, 도면에 별도로 표시하지 않더라도 모든 보호도체(접지)는 입력단자대의 보호도체단자(PE)와 연결되어야 한다.

※ 기타 외부로의 보호도체(접지)의 결선은 실시하지 않아도 된다.

(22) 기타 공사 방법 등은 감독위원의 지시사항을 준수하여 작업하며, 작업에 대한 문의사항은 시험 시작 전 질의하도록 하고 시험진행 중에는 질의를 삼가도록 한다.

(23) 특별히 지정한 것 이외에는 전기사업법령에 따른 행정규칙(전기설비기술기준, 한국전기설비규정(KEC))에 의하되 외관이 보기 좋아야 하며 안전성이 있어야 한다.

(24) 시험 중 수험자는 반드시 안전수칙을 준수해야 하며, 작업복장 상태, 안전사항 등이 채점대상이 된다.

(25) 다음 사항은 실격에 해당하여 채점대상에서 제외된다.

① 과제 진행 중 수험자 스스로 작업에 대한 포기 의사를 표현한 경우

② 지급재료 이외의 재료를 사용한 작품

③ 시험 중 시설·장비의 조작 또는 재료의 취급이 미숙하여 위해를 일으킬 것으로 감독위원 전원이 합의하여 판단한 경우

④ 기능이 해당 등급 수준에 전혀 도달하지 못한 것으로 감독위원 전원이 합의하여 판단한 경우

⑤ 시험 관련 부정에 해당하는 장비(기기)·재료 등을 사용하는 것으로 감독위원 전원이 합의하여

판단한 경우(시험 전 사전 준비작업 및 범용 공구가 아닌 시험에 최적화된 공구는 사용할 수 없음)

⑥ 시험 시간 내에 제출된 작품이라도 다음과 같은 경우

㉠ 제출된 과제가 도면 및 배치도, 시퀀스 회로도의 동작사항, 부품의 방향, 결선상태 등이 상이한 경우(전자접촉기, 타이머, 릴레이, 푸시버튼 스위치 및 램프 색상 등)

㉡ 주회로(갈색, 흑색, 회색) 및 보조회로(황색) 배선의 전선 굵기 및 색상이 도면 및 유의사항과 상이한 경우

㉢ 제어판 밖으로 인출되는 배선이 제어판 내의 단자대를 거치지 않고 직접 접속된 경우

㉣ 제어판 내의 배선상태나 전선관 및 케이블 가공상태가 불량하여 전기 공급이 불가한 경우

㉤ 제어판 내의 배선상태나 기구의 접속 불가 등으로 동작상태의 확인이 불가한 경우

㉥ 보호도체(접지)의 결선을 하지 않은 경우와 보호도체(접지) 회로(녹색-황색) 배선의 전선 굵기 및 색상이 도면 및 유의사항과 다른 경우(단, 전동기로 출력되는 부분은 생략)

㉦ 컨트롤 박스 커버 등이 조립되지 않아 내부가 보이는 경우

㉧ 배관 및 기구 배치도에서 허용오차 ±50[mm]를 넘는 곳이 3개소 이상, ±100[mm]를 넘는 곳이 1개소 이상인 경우(단, 박스, 단자대, 전선관, 케이블 등이 도면 치수를 벗어나는 경우 개별 개소로 판정)

㉨ 기구(컨트롤 박스, 8각 박스, 제어판)와 전선관 및 케이블이 접속되는 부분에 전선관 및 케이블용 커넥터를 정상 접속하지 않은 경우(미접속 및 불필요한 접속 포함)

㉩ 기구(컨트롤 박스, 8각 박스, 제어판, 단자대)와 전선관 및 케이블이 접속되는 부분에서 가까운 곳(300[mm] 이하)에 새들의 고정 나사가 1개소 이상 누락된 경우(단, 굴곡부가 없는 배관에서 기구와 기구 끝단 사이의 치수가 400[mm] 미만이면 새들 1개도 가능)

㉪ 전선관 및 케이블을 말아서 결선한 경우

㉫ 전원과 부하(전동기)측 단자대에서 L1, L2, L3, PE(보호도체)의 배치 순서와 U(X), V(Y), W(Z), PE(보호도체)의 배치순서가 유의사항과 상이한 경우, 리밋 스위치 단자대에서 LS1, LS2의 배치순서가 유의사항과 상이한 경우, 플로트레스 스위치 단자대에서 E1, E2, E3의 배치순서가 유의사항과 상이한 경우

㉬ 한 단자에 전선 3가닥 이상 접속된 경우

㉭ 제어판 내의 배선 시 기구와 기구 사이로 수직 배선한 경우

㉮ 전기설비기술기준, 한국전기설비규정으로 공사를 진행하지 않은 경우

(26) 시험 종료 후 완성작품에 한해서만 작동 여부를 감독위원으로부터 확인받을 수 있다.

SECTION 02 외부기구 결선방법

① 전원 단자대(TB1) 결선방법

(1) 전원측 단자대는 L1(갈색), L2(흑색), L3(회색), PE(녹-황색)의 순서로 결선하되, 케이블의 색상을 잘 구분해야 한다.

(2) 전원측 단자대는 동작시험을 할 수 있도록 전원선의 색상에 맞추어 100[mm] 정도 인출하고 피복은 전선 끝에서 10[mm] 정도 벗겨둔다.

(3) 케이블 새들은 단자대와 제어함으로부터 10[cm] 정도에 고정한다.

(4) 케이블 커넥터는 제어함에 5[mm] 정도 올려서 설치하며, 방향이 틀리지 않도록 주의한다.

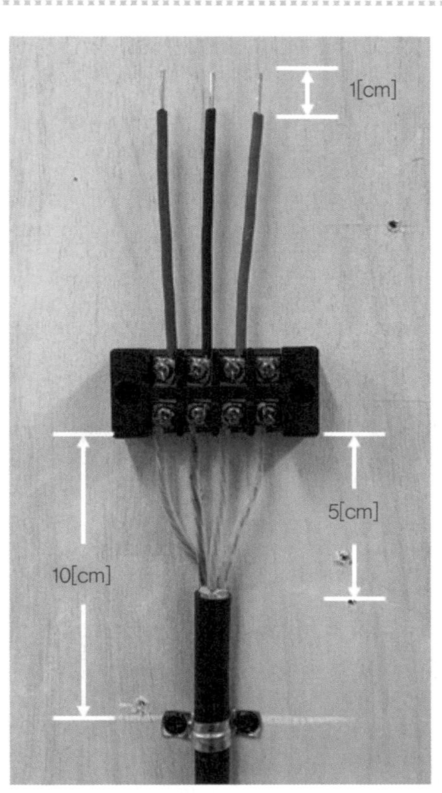

(a) 전원측 단자대 부분

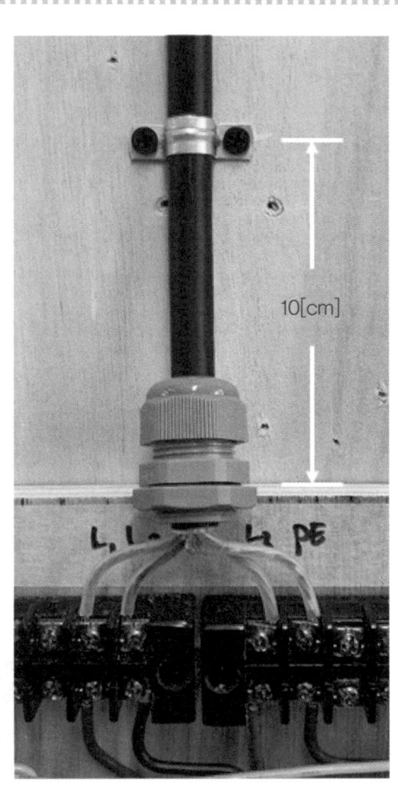

(b) 제어함 부분

② 부하측 단자대(TB2, TB3) 결선방법

(1) 부하측 단자대는 가로의 경우 왼쪽부터, 세로인 경우 위쪽부터 각각 L1(갈색), L2(흑색), L3(회색), PE(녹-황색)의 순서로 결선한다.

(2) 전동기의 접속은 생략하고 접속할 수 있게 단자대까지 배선한다.

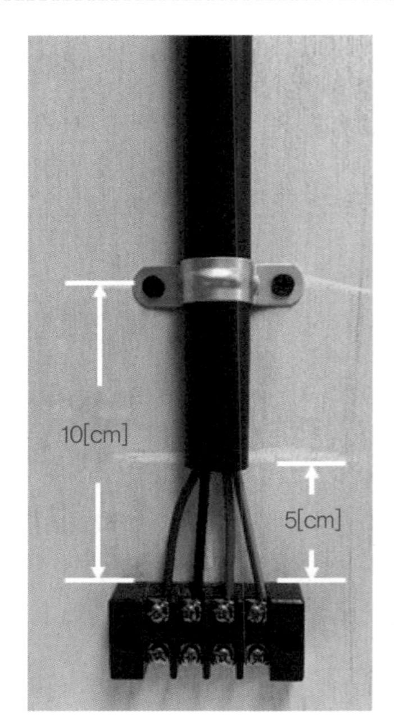

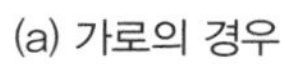

(a) 가로의 경우

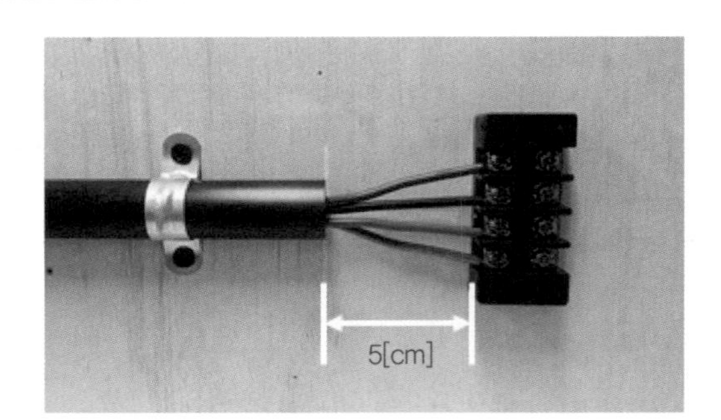

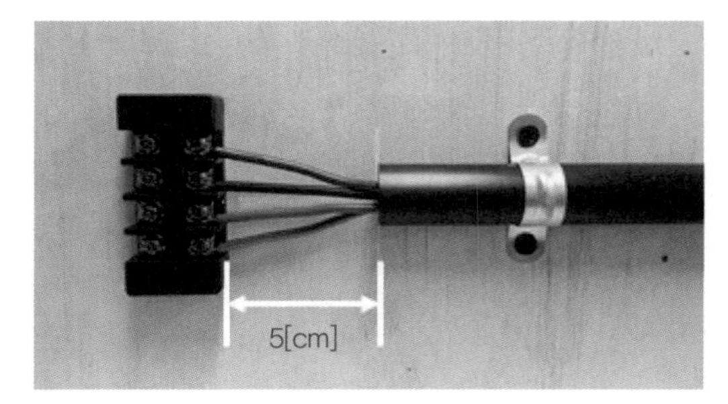

(b) 세로의 경우

3 푸시버튼 스위치 공통단자 연결방법

(1) 푸시버튼 스위치 고정 시 오른쪽 단자를 사용하는 것으로 방향을 정해서 고정한다.

(2) PB0(적색)은 b접점(NC)을 사용하고, PB1(녹색)은 a접점(NO)을 사용한다. 도면에 따라 스위치의 위치는 변경될 수 있다.

(3) 인접해 있는 2개의 단자를 연결해서 공통단자로 사용하고, 공통단자 번호는 (2)번을 사용한다.

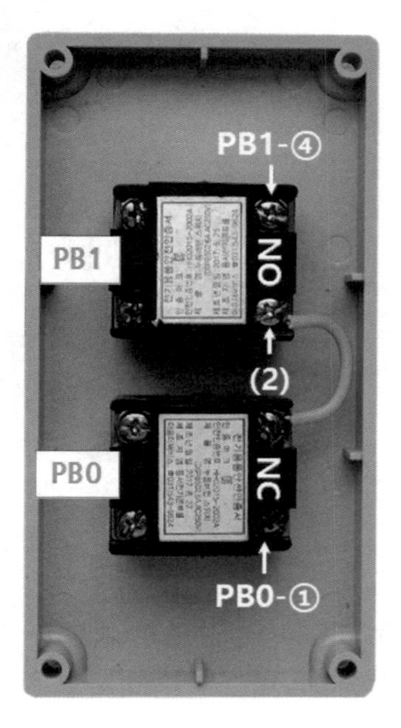

4 표시등 공통단자 연결방법

(1) 표시등 조립 시 단자를 오른쪽으로 향하게 고정하고, 각 표시등의 인접한 두 단자를 연결해서 공통단자로 사용한다.
(2) 표시등의 기호를 그대로 사용하고, 공통단자 번호는 (1)번을 사용한다.
(3) 컨트롤 박스 내부에서 단자에 전선을 연결할 경우 수동 드라이버를 사용하는 것이 좋다.

5 YL, BZ 공통단자 연결방법

(1) YL, BZ 조립 시 단자가 오른쪽 방향을 향하도록 고정하고, 인접한 두 단자를 연결해서 공통단자로 사용한다.
(2) BZ 단자에 드릴을 사용해서 전선을 연결하면 쉽게 파손될 수 있으니 반드시 수동 드라이버를 사용해야 한다.
(3) 표시등, 버저의 기호를 그대로 사용하고, 공통단자 번호는 (1)번을 사용한다.

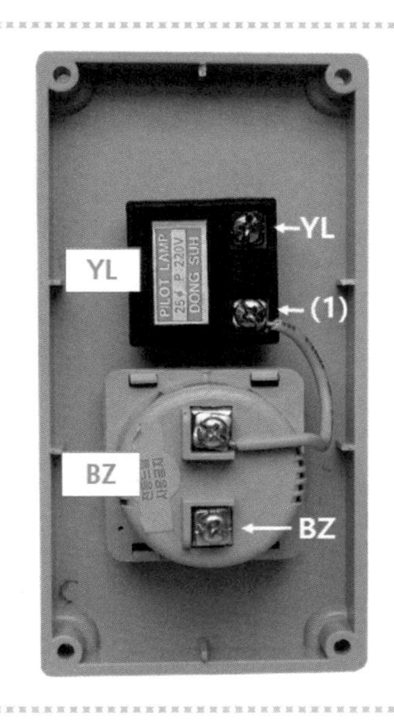

6 셀렉터 스위치 공통단자 연결방법

(1) 셀렉터 스위치의 공통단자는 위쪽 2개의 단자를 연결하여 사용하고, 공통단자 번호는 SS를 사용한다.

(2) 2단 셀렉터 스위치를 사용하는 경우 아래쪽 왼쪽 단자는 A(자동), 오른쪽 단자는 M(수동)이다.

(3) 셀렉터 스위치의 구성도를 보면 11시 방향이 M(수동)이고 1시 방향이 A(자동)인데, 단자 구성과 방향에 주의해서 접속해야 한다.

(4) 컨트롤 박스에서 사용하지 않는 홀(구멍)에 홀마개(CAP)를 설치한다.

셀렉터 스위치 구성도

7 플로트레스 스위치 단자대 처리방법

(1) 플로트레스 스위치의 단자대는 가로인 경우 왼쪽부터, 세로인 경우 위쪽부터 각각 E1, E2, E3의 순서로 결선한다.

(2) 동작시험을 위해 E1은 100[mm], E2는 150[mm], E3는 200[mm] 정도의 선을 붙이고 끝은 10[mm] 정도 피복을 벗겨 놓는다.

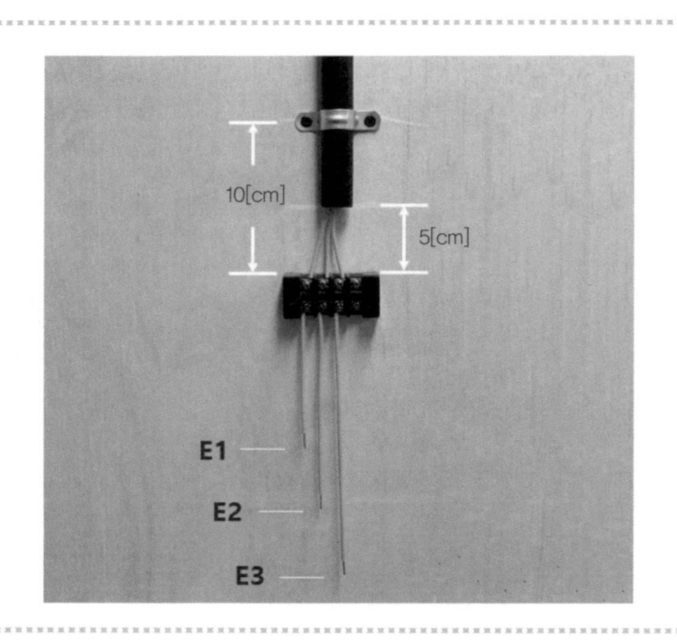

8 리밋 스위치 단자대 처리방법

(1) 리밋 스위치의 단자대는 가로인 경우 왼쪽부터, 세로인 경우 위쪽부터 각각 LS1, LS2의 순서로 결선한다.

(2) 리밋 스위치 단자대 처리는 감독관이 요구하는 방법대로 처리해야 한다.

(3) 리밋 스위치는 a접점을 사용하므로 동작 시 접점을 접촉시킬 수 있도록 선을 붙이고 끝은 10[mm] 정도 피복을 벗겨 놓는다.

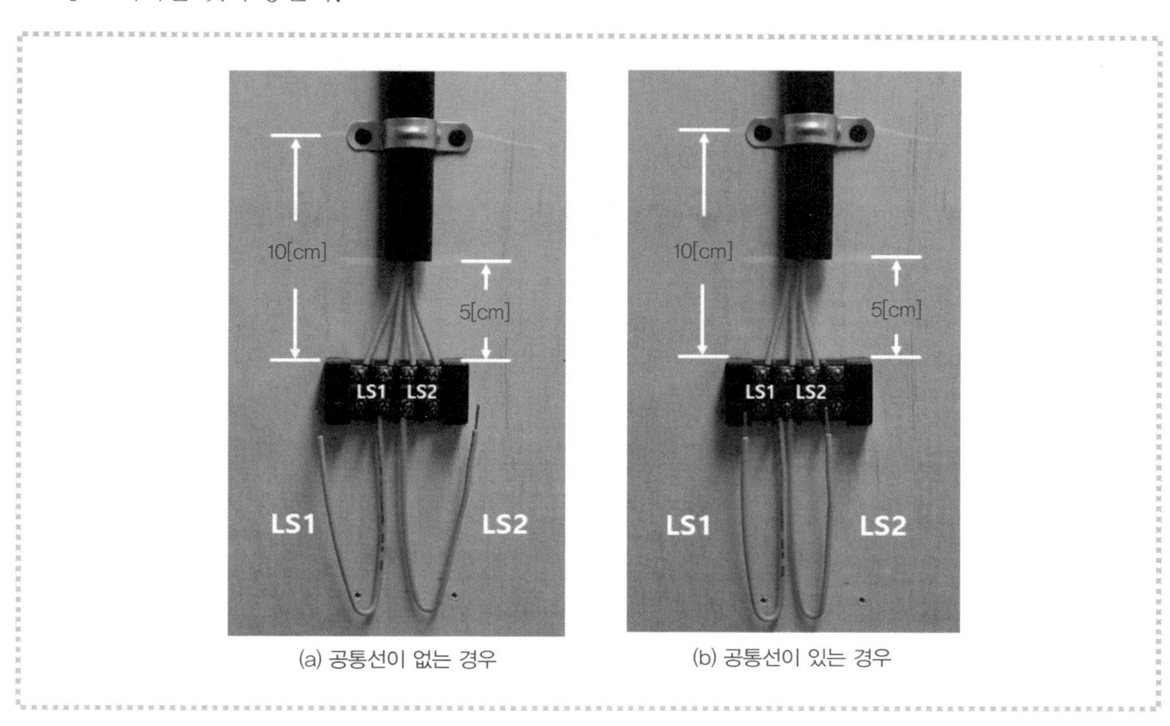

(a) 공통선이 없는 경우 (b) 공통선이 있는 경우

9 FLS E3단자 접지방법(녹-황색 전선을 사용)

(1) FLS의 보호도체 접지를 FLS 소켓에 실시하는 경우 : FLS 소켓의 FLS-①번 단자를 PE단자에 연결한다.

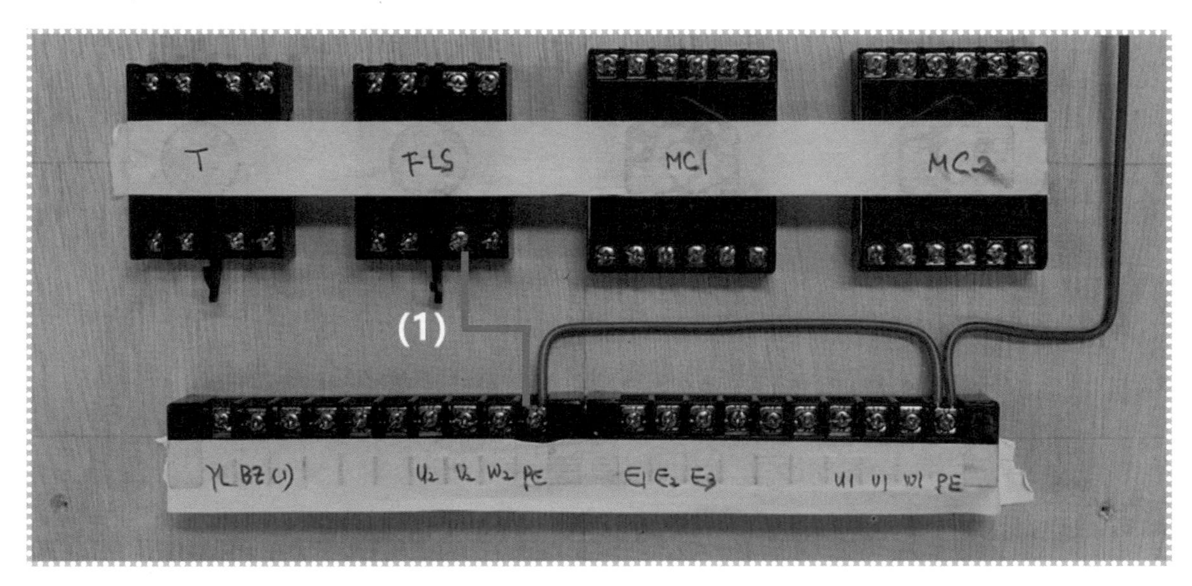

(2) FLS의 보호도체 접지를 제어함 단자대(TB6)에 실시하는 경우 : 제어함 단자대의 E3단자를 PE단자에 연결한다.

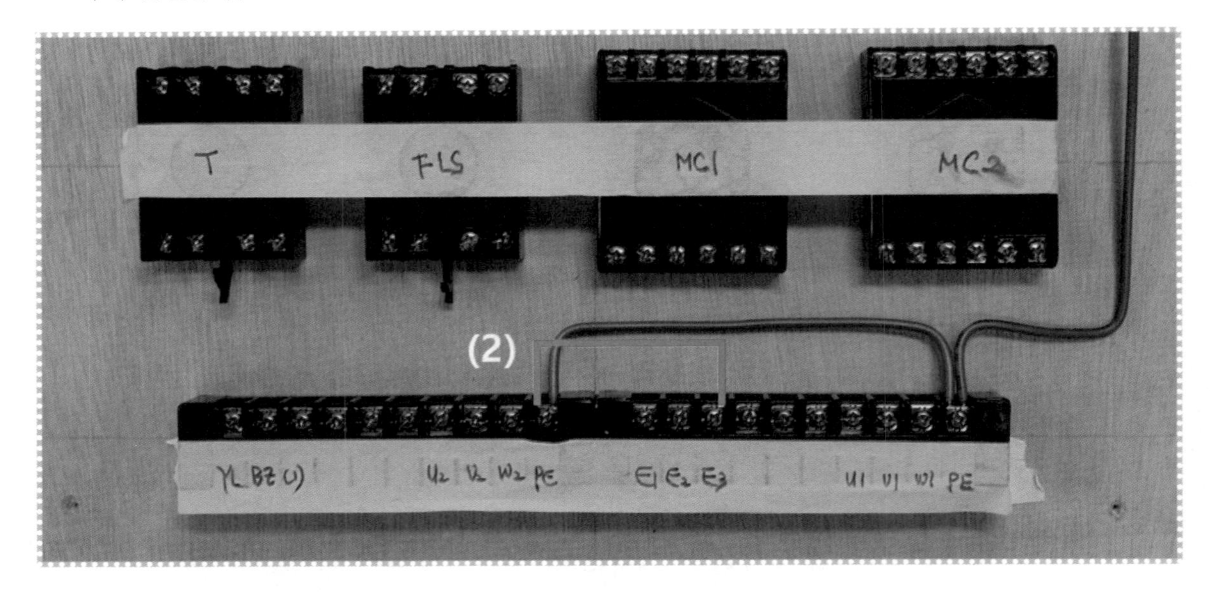

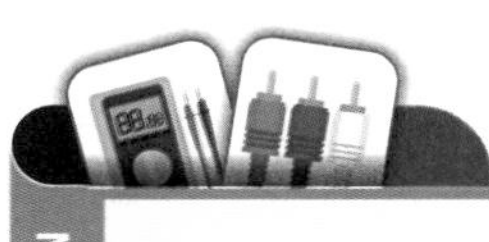

작업시간 : 4시간 30분

SECTION

03 [공개문제 1] 전기 설비의 배선 및 배관 공사

요구사항

지급된 재료와 시험장 시설을 사용하여 제한시간 내에 주어진 과제를 안전에 유의하여 완성하시오.
(단, 지급된 재료와 도면에서 요구하는 재료가 서로 상이할 수 있으므로 도면을 참고하여 필요한 재료를 지급된 재료에서 선택하여 작품을 완성하시오)

1. 배관 및 기구 배치 도면에 따라 배관 및 기구를 배치하시오.

(단, 제어판을 제어함이라고 가정하고 전선관 및 케이블을 접속하시오)

2. 전기 설비 운전 제어회로 구성

가) 제어회로의 도면과 동작사항을 참고하여 제어회로를 구성하시오.

나) 전원방식 : 3상 3선식 220[V]

다) 전동기의 접속은 생략하고 접속할 수 있게 단자대까지 배선하시오.

3. 동작사항

가) MCCB를 통해 전원을 투입하면 전자식 과전류계전기 EOCR에 전원이 공급된다.

나) 자동 운전 동작사항

(1) 셀렉터 스위치 SS를 A(자동) 위치에 놓으면 플로트레스 스위치 FLS에 전원이 공급되고, 플로트레스 스위치 FLS의 수위 감지가 동작되면 릴레이 X, 전자접촉기 MC1이 여자되어 전동기 M1이 회전하고 램프 RL이 점등된다.

(2) 전동기가 운전하는 중 플로트레스 스위치 FLS의 수위 감지가 해제되거나 셀렉터 스위치 SS를 M(수동) 위치에 놓으면 제어회로 및 전동기의 동작은 모두 정지된다.

다) 수동 운전 동작사항

(1) 셀렉터 스위치 SS를 M(수동) 위치에 놓은 상태에서, 푸시버튼 스위치 PB1을 누르면 타이머 T, 전자접촉기 MC1이 여자되어 전동기 M1이 회전하고 램프 RL이 점등된다.

(2) 타이머 T의 설정시간 t초 후에 전자접촉기 MC2가 여자되어 전동기 M2가 회전하고 램프 GL이 점등된다.

(3) 전동기가 운전하는 중 푸시버튼 스위치 PB0를 누르거나 셀렉터 스위치 SS를 A(자동) 위치에 놓으면 제어회로 및 전동기 동작은 모두 정지된다.

라) EOCR 동작사항

(1) 전동기가 운전하는 중 전동기의 과부하로 과전류가 흐르면, 전자식 과전류계전기 EOCR이 동작되어 전동기는 정지하고, 플리커 릴레이 FR이 여자되고, 버저 BZ가 동작된다.

(2) 플리커 릴레이 FR의 설정시간 간격으로 버저 BZ와 램프 YL이 교대로 동작된다.

(3) 전자식 과전류계전기 EOCR을 리셋(reset)하면 제어회로는 초기 상태로 복귀된다.

01 배관 및 기구 배치도

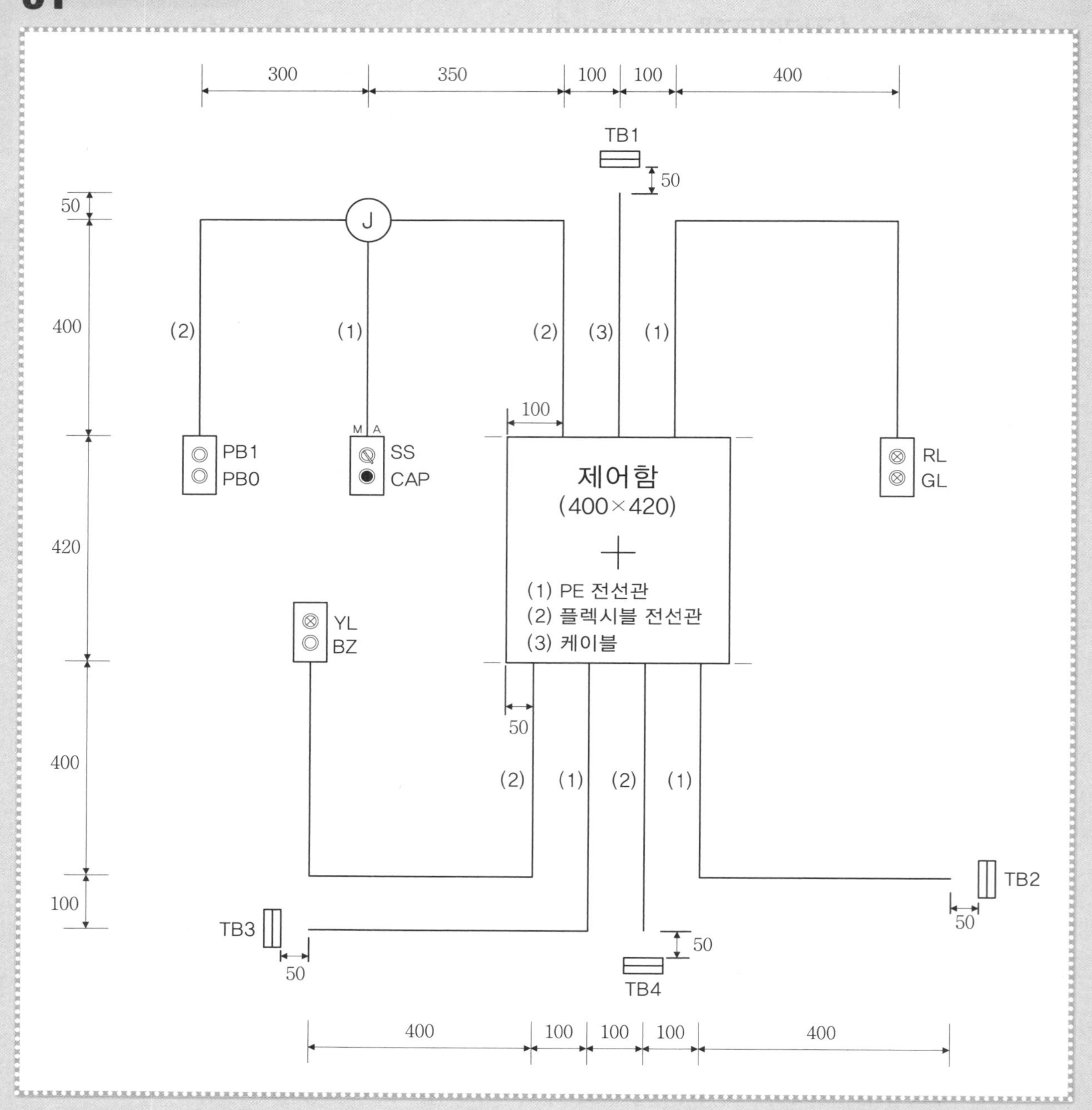
300
350
100
100
400
TB1
50
J
(2)
(1)
(2)
(3)
(1)
400
100
M A
PB1
PB0
SS
CAP
제어함
(400×420)
(1) PE 전선관
(2) 플렉시블 전선관
(3) 케이블
RL
GL
420
YL
BZ
50
(2)
(1)
(2)
(1)
TB2
TB3
TB4
400
100
100
100
400

02 제어함 내부 기구 배치도

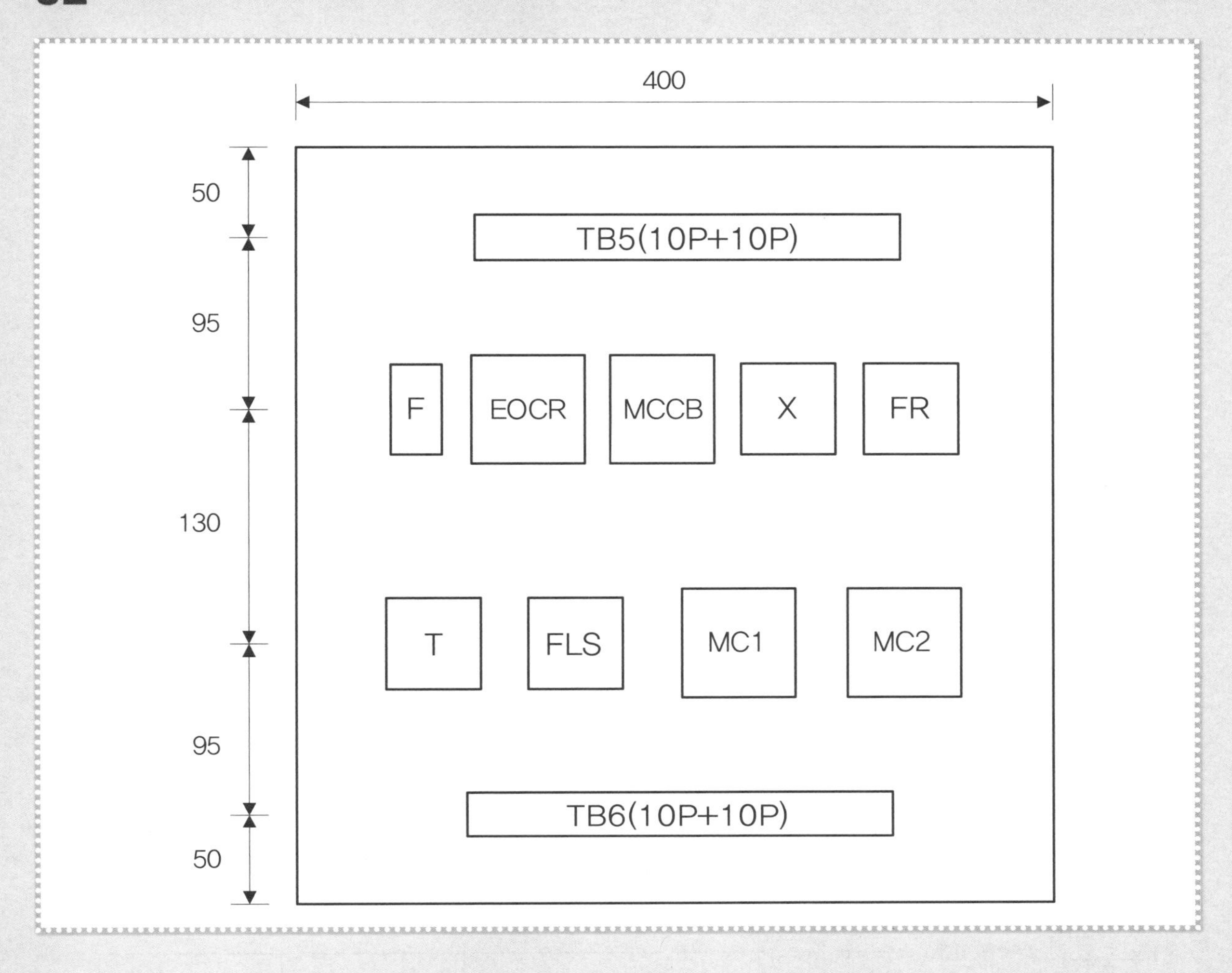

[범례]

기호	명칭	기호	명칭
TB1	전원(단자대 4P)	PB0	푸시버튼 스위치(적색)
TB2, TB3	전동기(단자대 4P)	PB1	푸시버튼 스위치(녹색)
TB4	플로트레스(단자대 4P)	SS	셀렉터 스위치
TB5, TB6	단자대(10P+10P)	YL	램프(황색)
MC1, MC2	전자접촉기(12P)	GL	램프(녹색)
EOCR	EOCR(12P)	RL	램프(적색)
X	릴레이(8P)	BZ	버저
T	타이머(8P)	CAP	홀마개
FR	플리커 릴레이(8P)	Ⓙ	8각 박스
FLS	플로트레스 스위치(8P)	F	퓨즈 및 퓨즈 홀더
MCCB	배선용 차단기		

03 기구의 내부 결선도 및 구성도

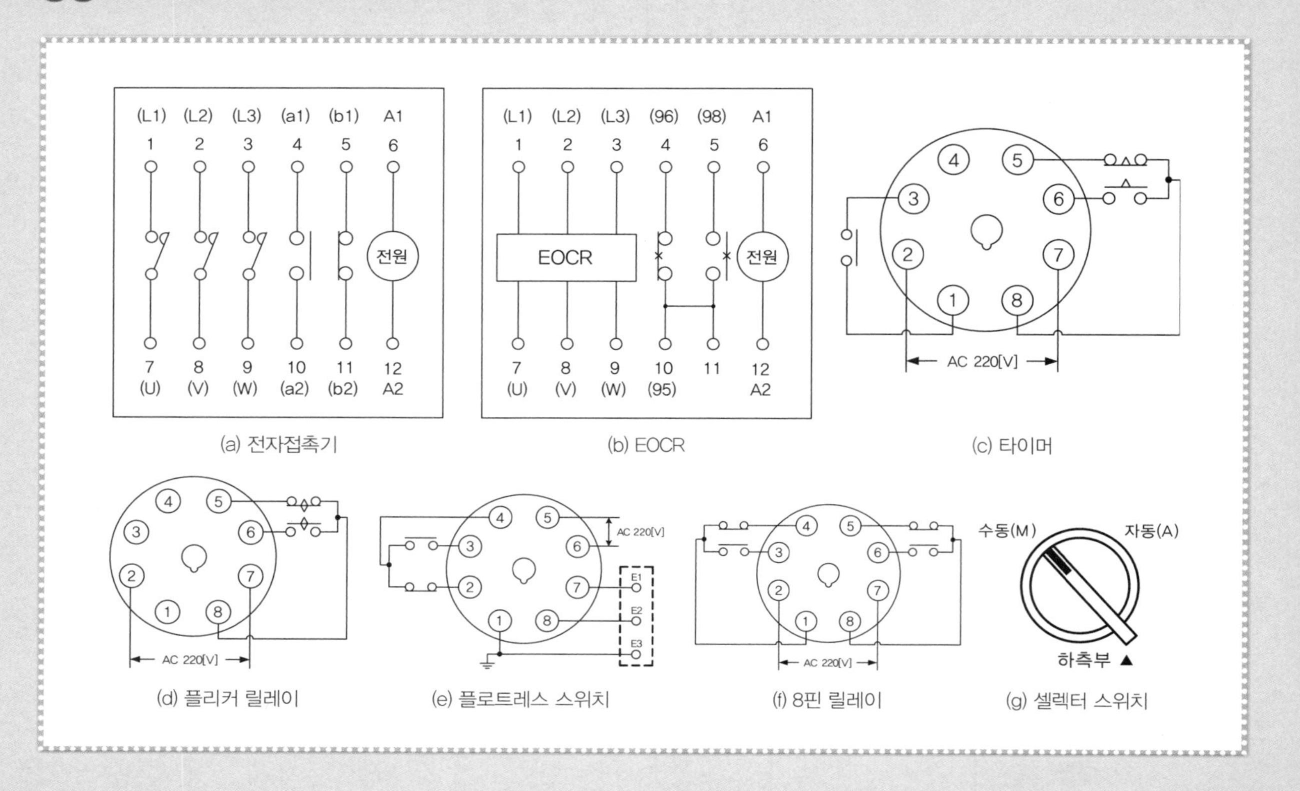

04 회로도

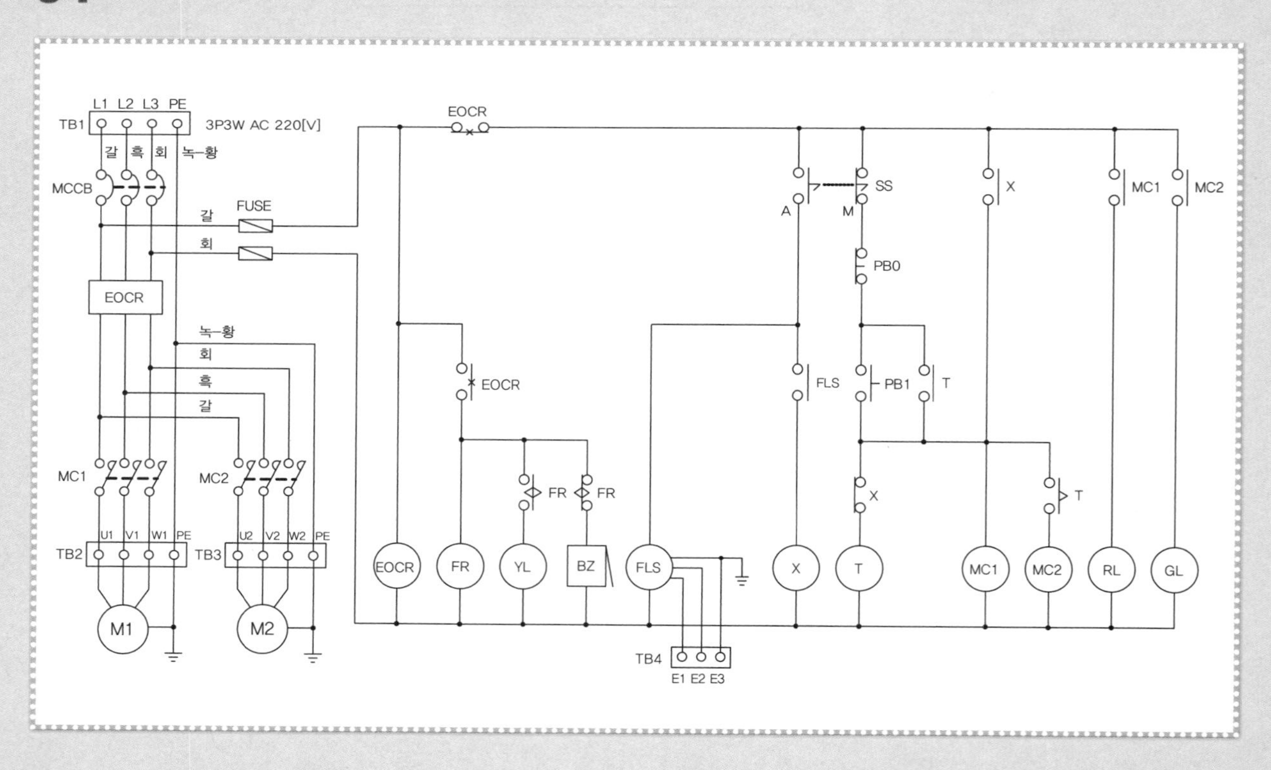

05 계전기 접점번호 부여하기

1 주회로 부분

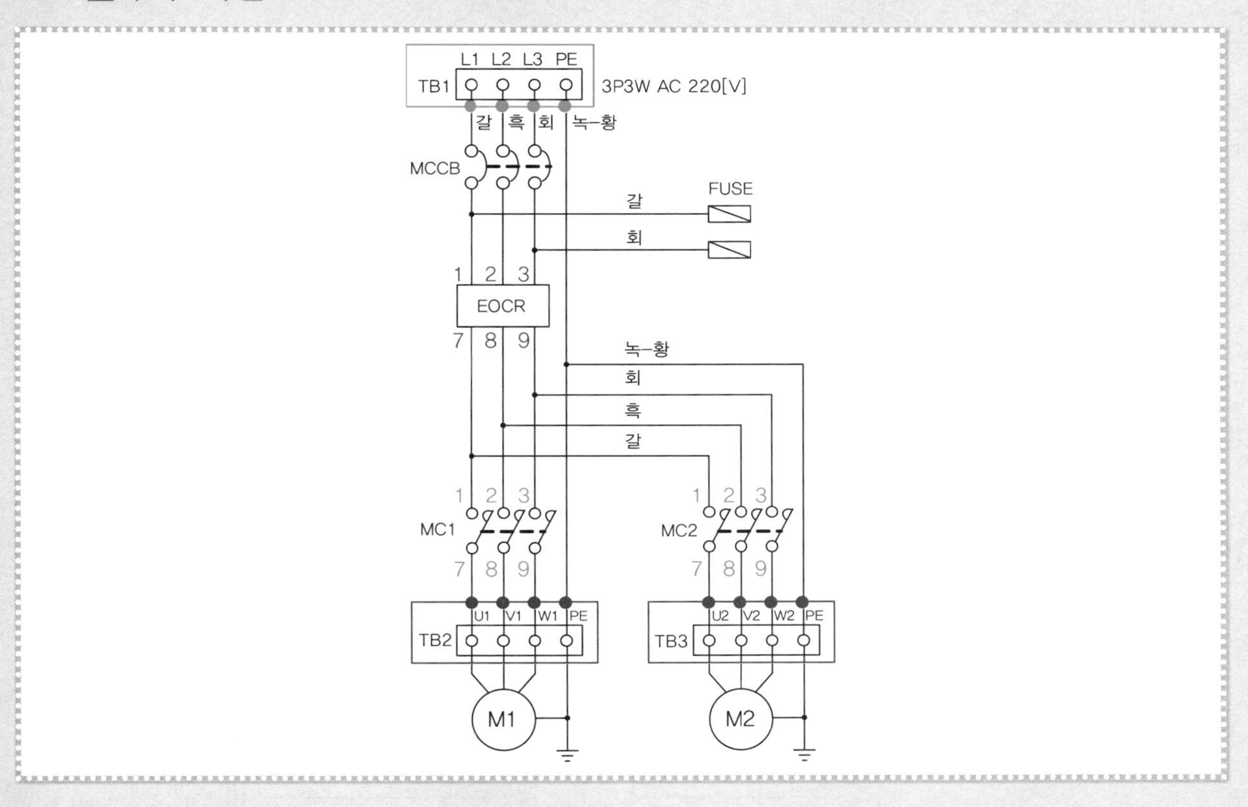

2 제어회로 부분

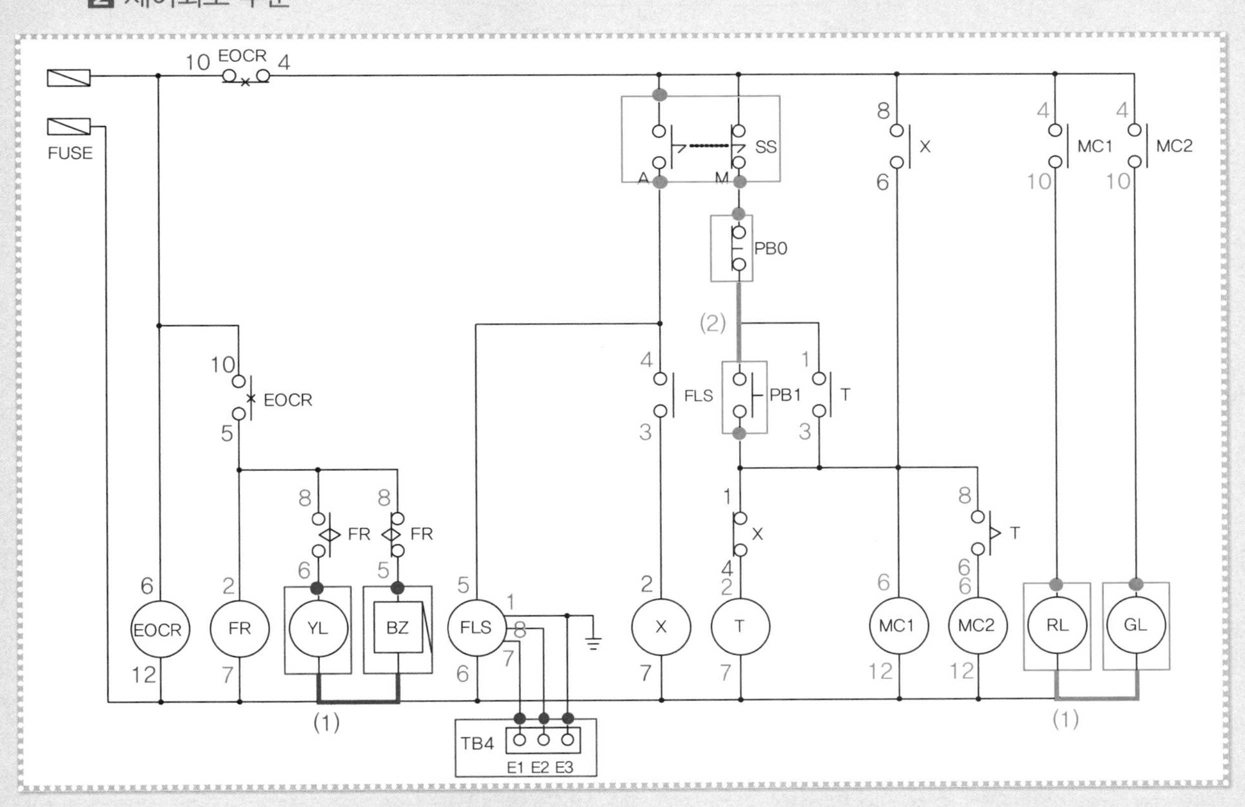

06 단자대 이름 부여하기

배관 및 기구 배치도를 참고하여 회로도에 인출할 기구를 표시하고 단자대 위쪽의 왼쪽 배관에 연결되어 있는 기구부터 차례대로 이름을 붙여준다.

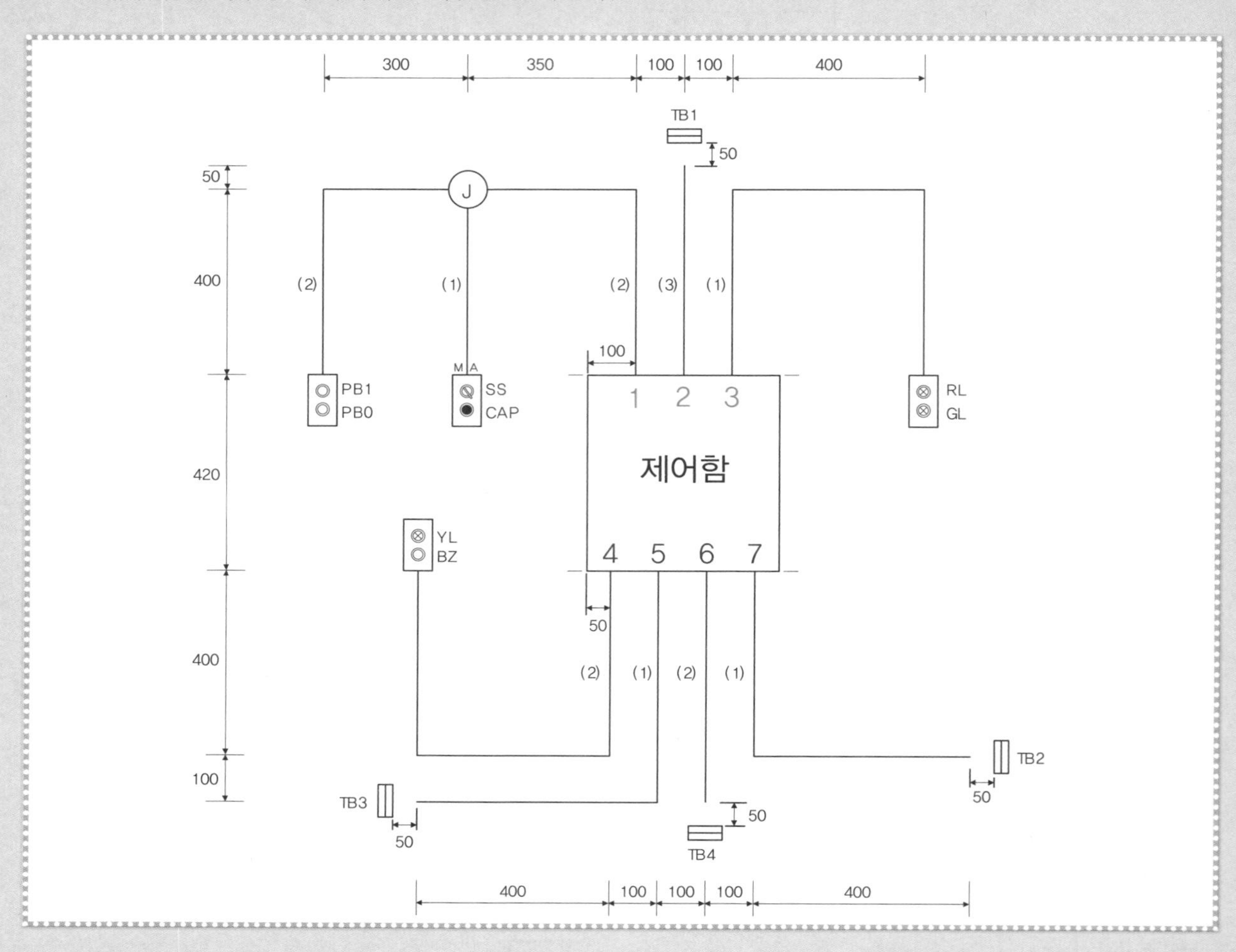

1 위쪽 단자대 이름 부여

2 아래쪽 단자대 이름 부여

YL BZ (1)	U2 V2 W2 PE	E1 E2 E3	U1 V1 W1 PE
YL, BZ	TB3	TB4	TB2

07 주회로 배선

1 (가) · (나)회로

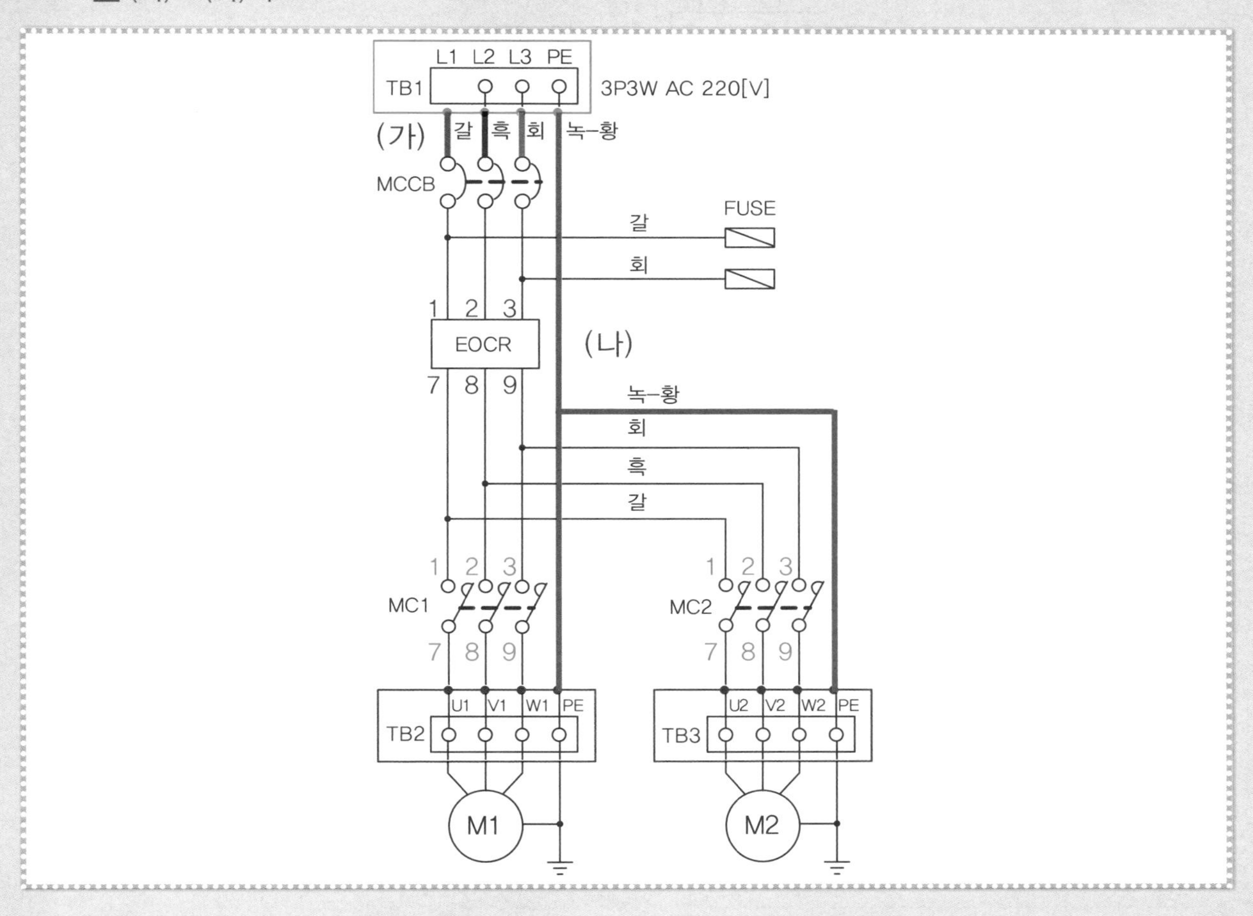

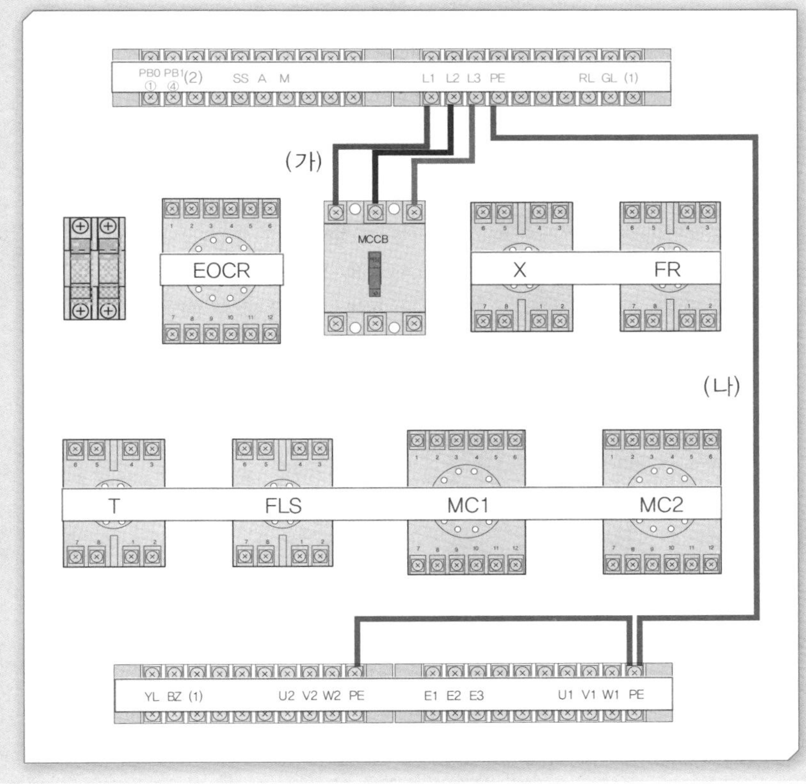

- 주회로는 모두 2.5[mm²] 전선을 사용하여 배선한다.
  L1상 : 갈색
  L2상 : 흑색
  L3상 : 회색
  PE(접지) : 녹-황색
- **(가)회로**
  갈색 : L1 ⇔ 차단기 1차측 L1상
  흑색 : L2 ⇔ 차단기 1차측 L2상
  회색 : L3 ⇔ 차단기 1차측 L3상
- **(나)회로(녹-황색 전선)**
  TB1-PE ⇔ TB2-PE ⇔ TB3-PE

2 (다) · (라)회로

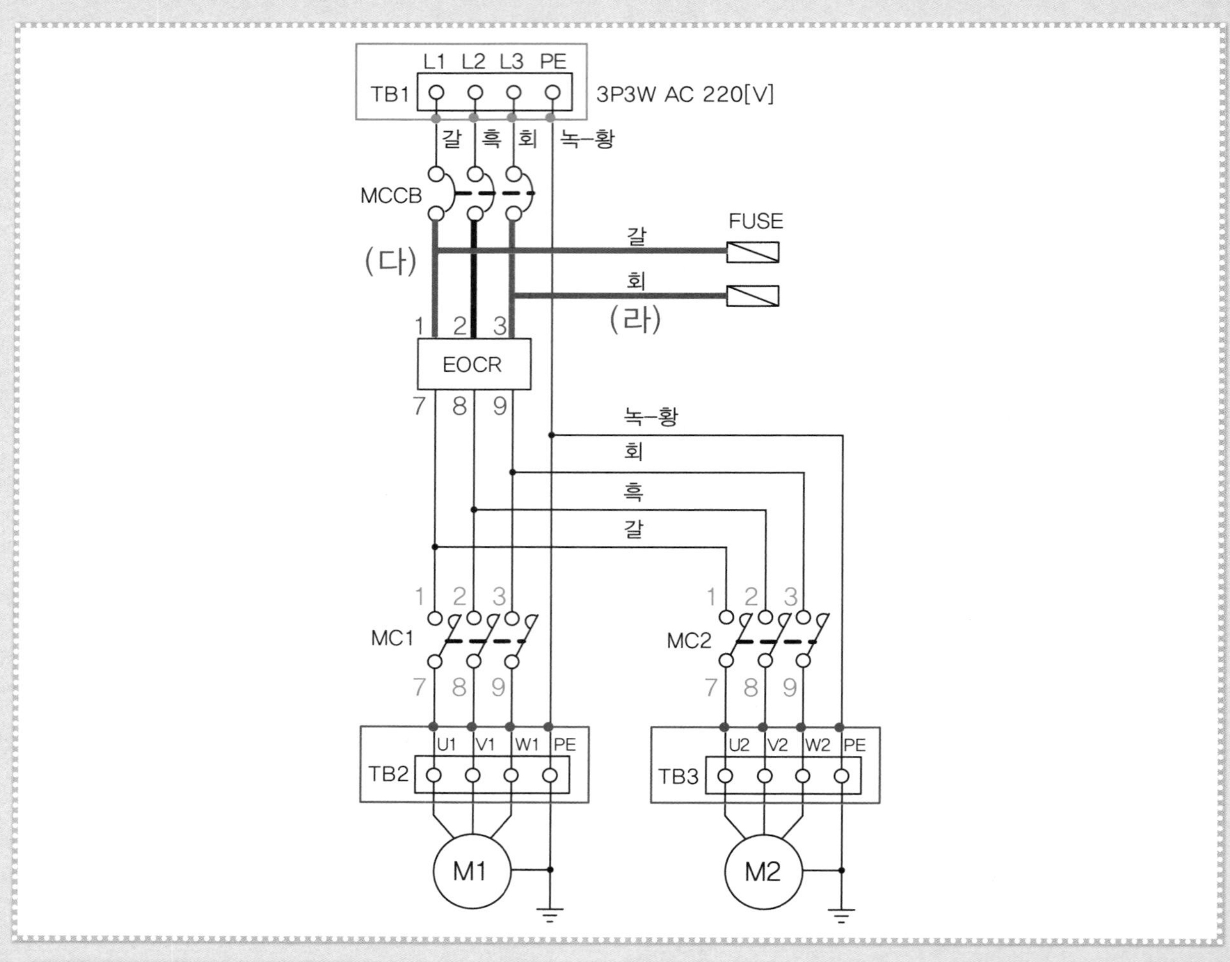

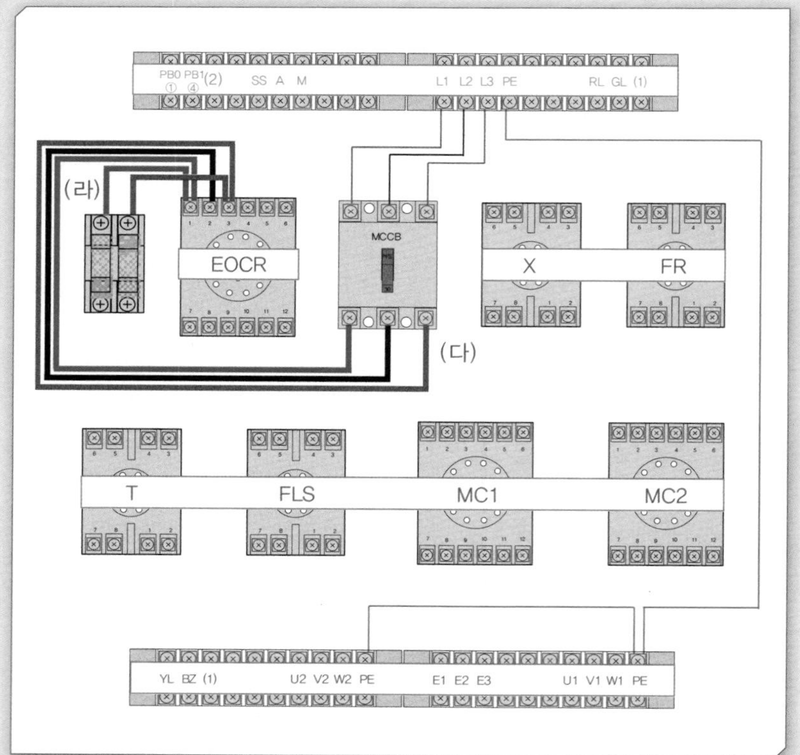

- **(다)회로**

  갈색 : 차단기 2차측 L1상 ⇔ EOCR-①

  흑색 : 차단기 2차측 L2상 ⇔ EOCR-②

  회색 : 차단기 2차측 L3상 ⇔ EOCR-③

- **(라)회로**

  갈색 : EOCR-① ⇔ 퓨즈 1차측

  회색 : EOCR-③ ⇔ 퓨즈 1차측

3 (마)회로

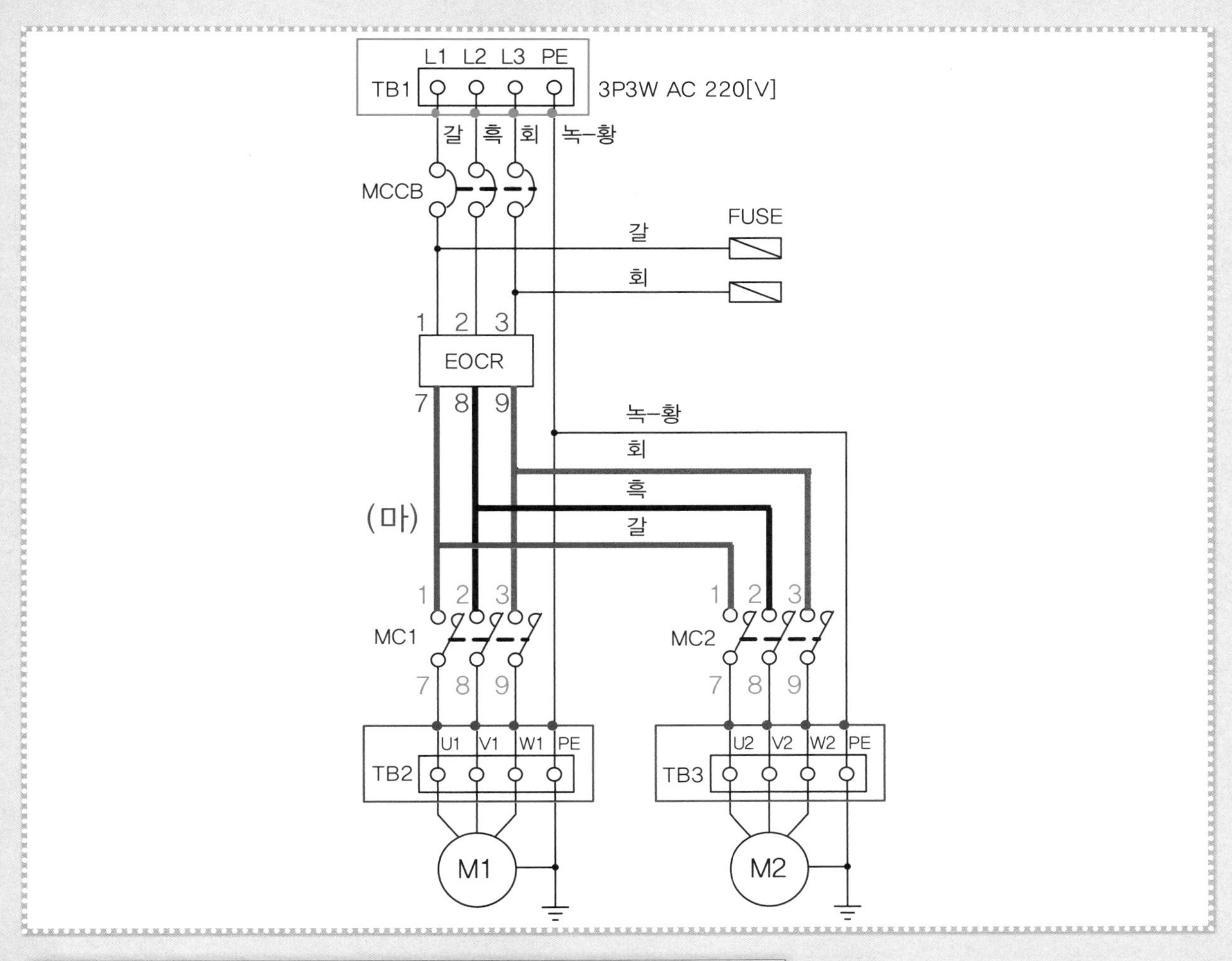

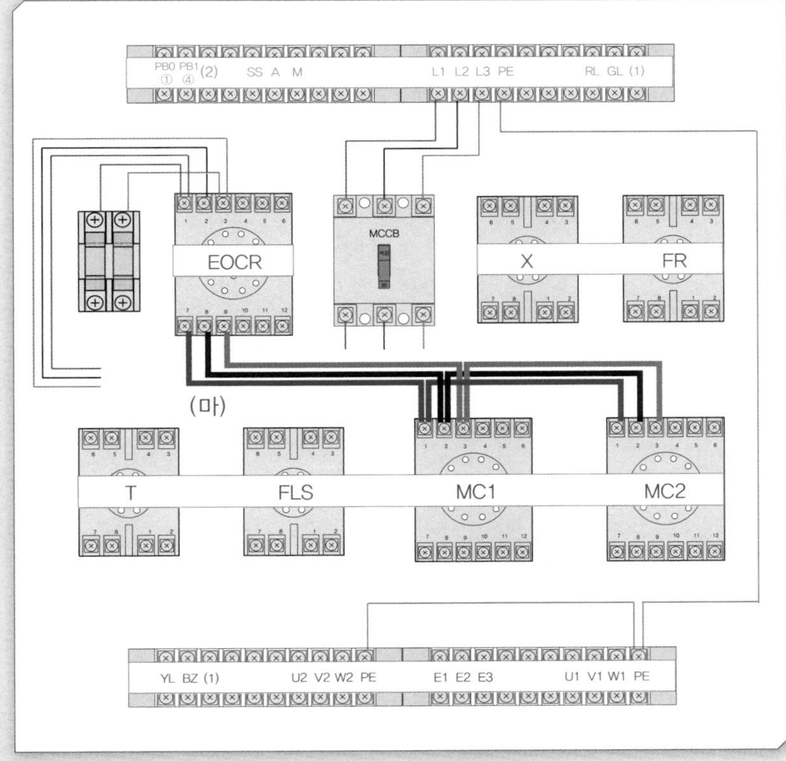

- **(마)회로**

  갈색 : EOCR-⑦ ⇔ MC1-① ⇔ MC2-①

  흑색 : EOCR-⑧ ⇔ MC1-② ⇔ MC2-②

  회색 : EOCR-⑨ ⇔ MC1-③ ⇔ MC2-③

4 (바) · (사)회로

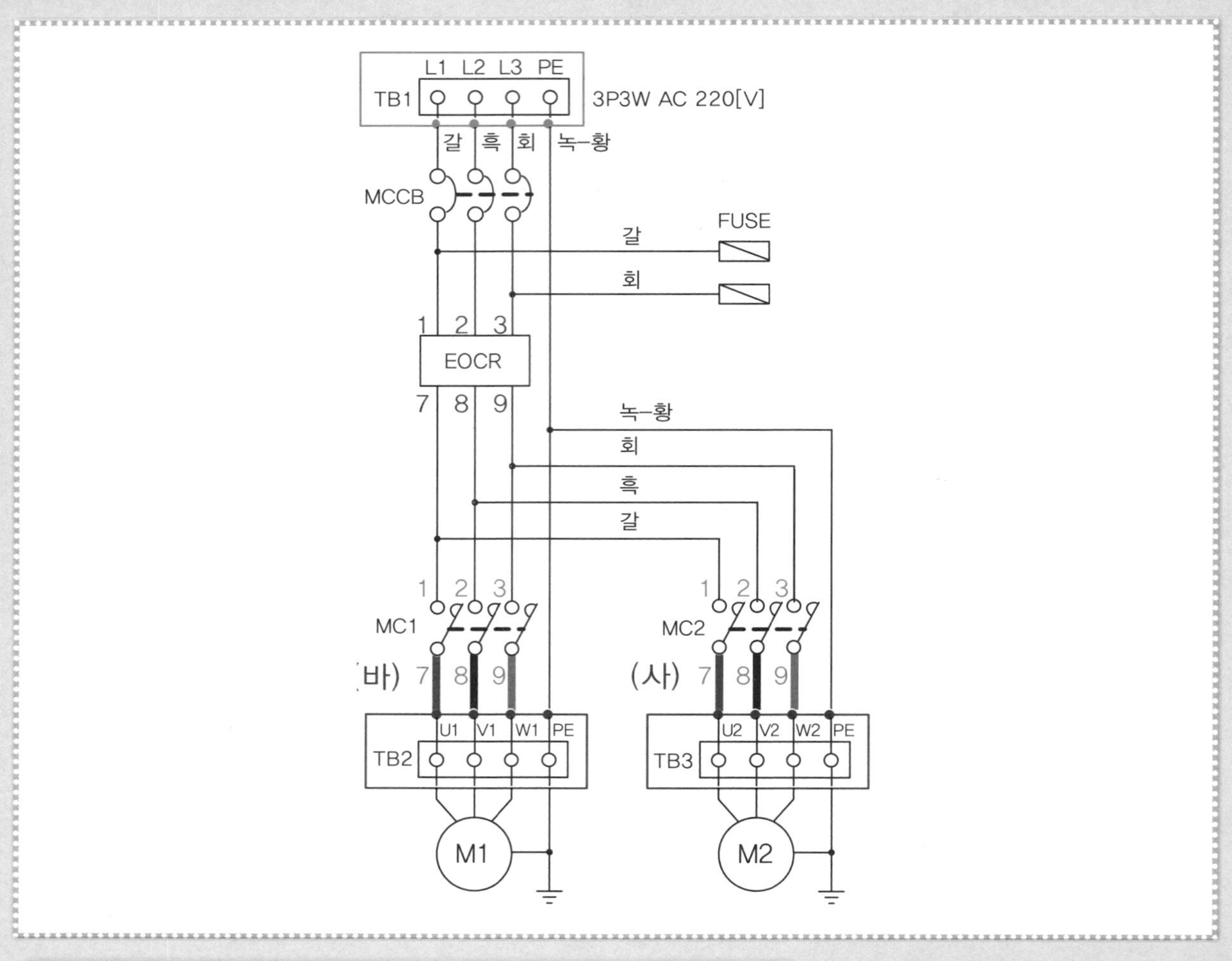

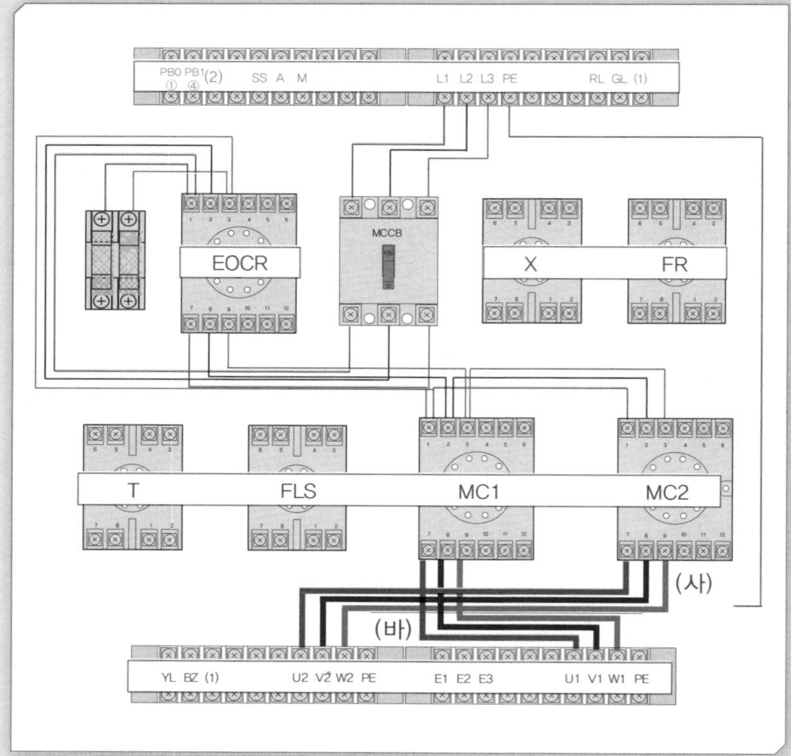

- **(바)회로**
  - 갈색 : MC1–⑦ ⇔ TB2–U1
  - 흑색 : MC1–⑧ ⇔ TB2–V1
  - 회색 : MC1–⑨ ⇔ TB2–W1
- **(사)회로**
  - 갈색 : MC2–⑦ ⇔ TB3–U2
  - 흑색 : MC2–⑧ ⇔ TB3–V2
  - 회색 : MC2–⑨ ⇔ TB3–W2

08 제어회로 배선

1 (1)번 회로

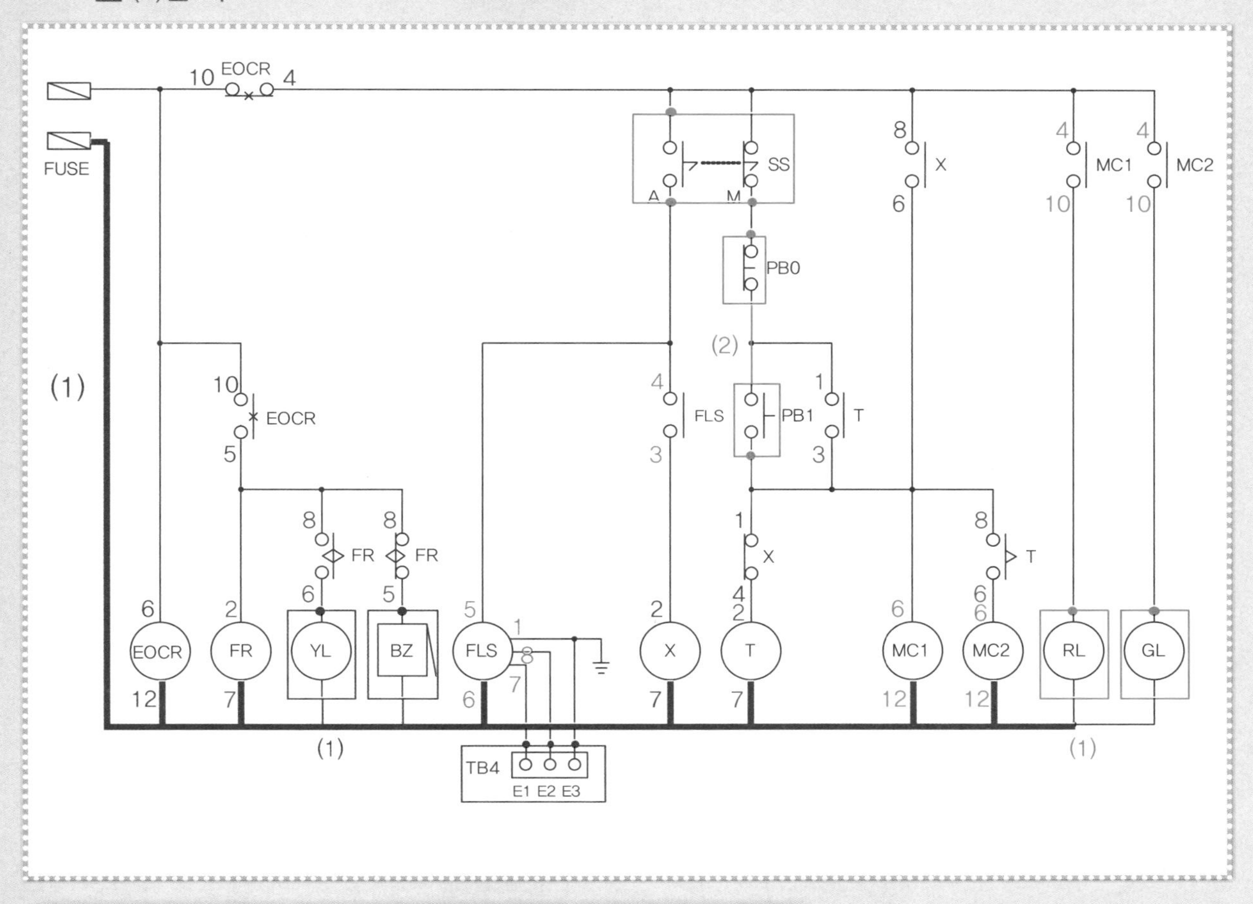

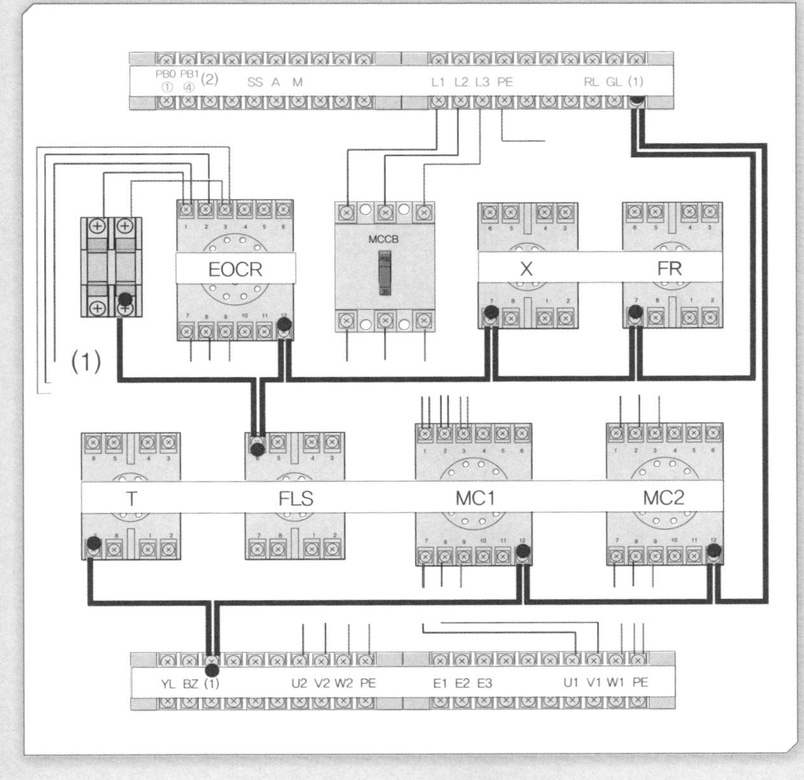

- 제어회로는 황색 전선을 사용한다. 연결해야 할 단자가 많은 경우 제어회로도를 보고 순서대로 표시한 후 최단 거리로 연결한다(종이테이프를 잘라 붙이면 편리함).
- **(1)번 회로**
  퓨즈 2차 ⇔ EOCR-⑫ ⇔ FR-⑦ ⇔ (1) ⇔ FLS-⑥ ⇔ X-⑦ ⇔ T-⑦ ⇔ MC1-⑫ ⇔ MC2-⑫ ⇔ (1) 등 10개의 단자를 연결한다.
- 앞쪽의 (1)은 YL과 BZ을 연결한 공통단자 번호이고, 뒷쪽의 (1)은 RL과 GL을 연결한 공통단자 번호이다.

2 (2)번 회로

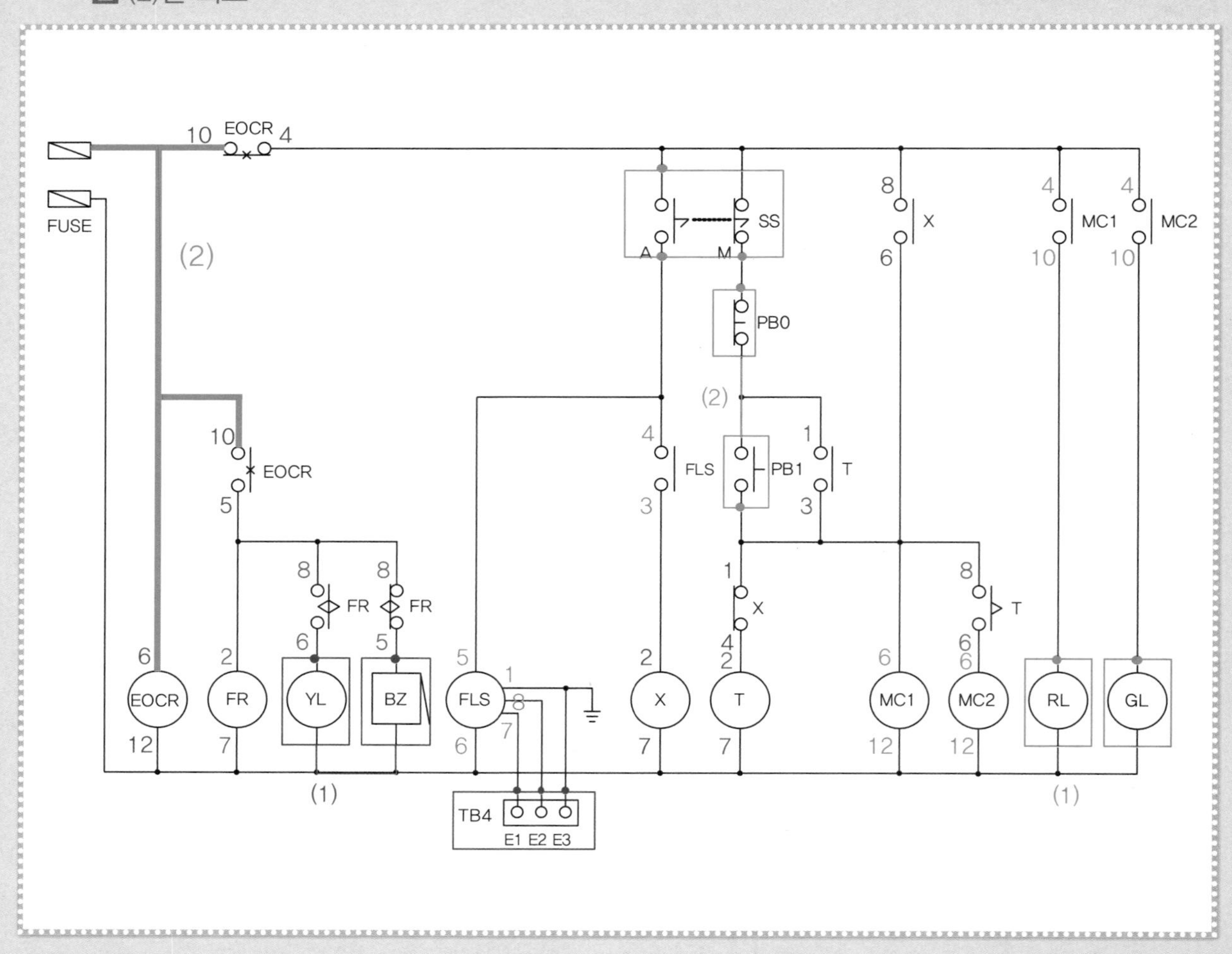

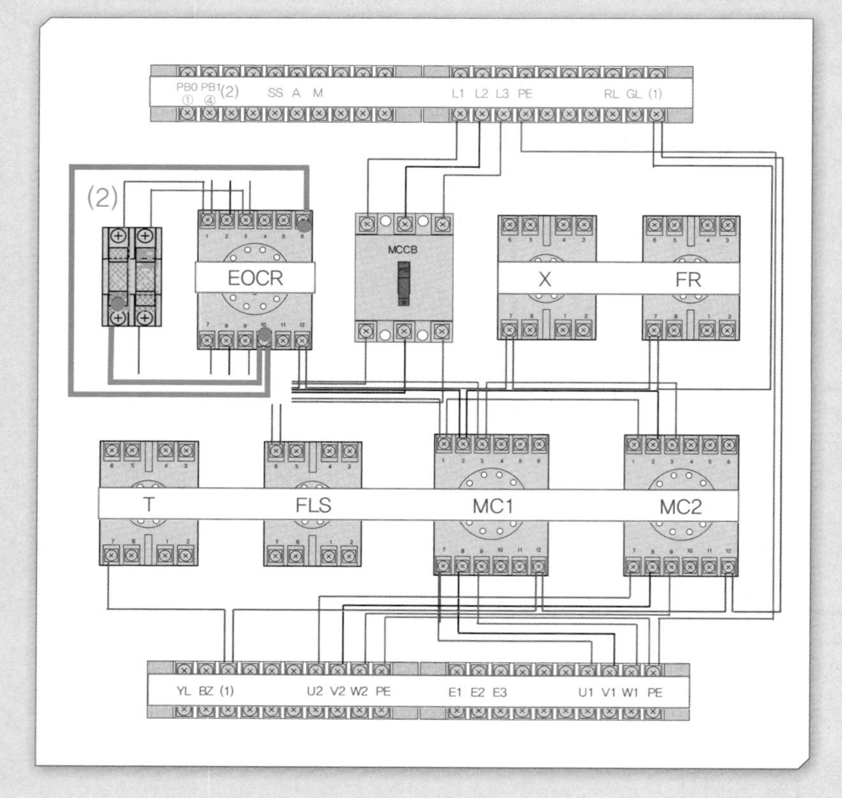

- **(2)번 회로**
  퓨즈 2차 ⇔ EOCR-⑩ ⇔ EOCR-⑥ 등 3개의 단자를 표시해 놓고 최단 거리로 연결한다.

3 (3)번 회로

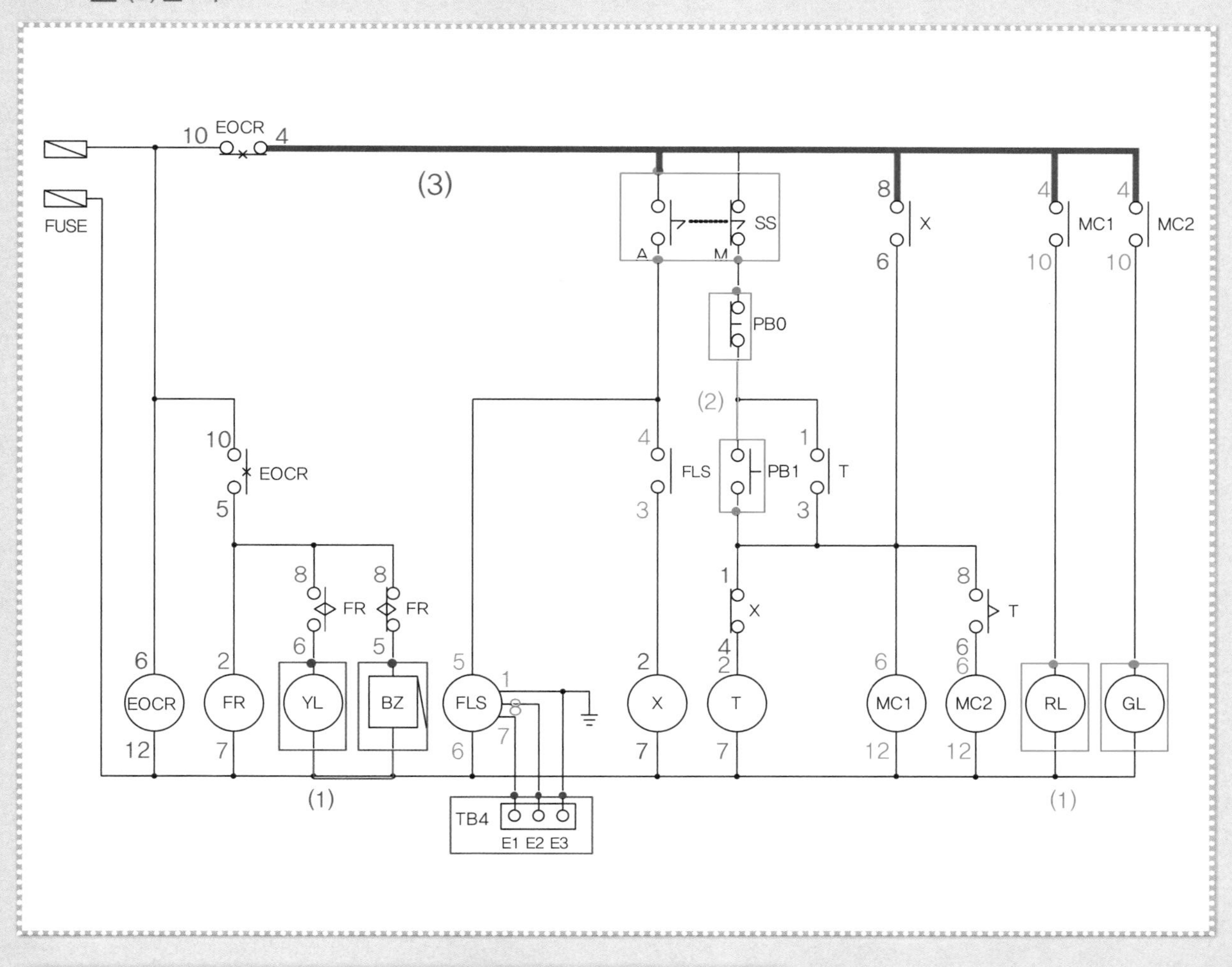

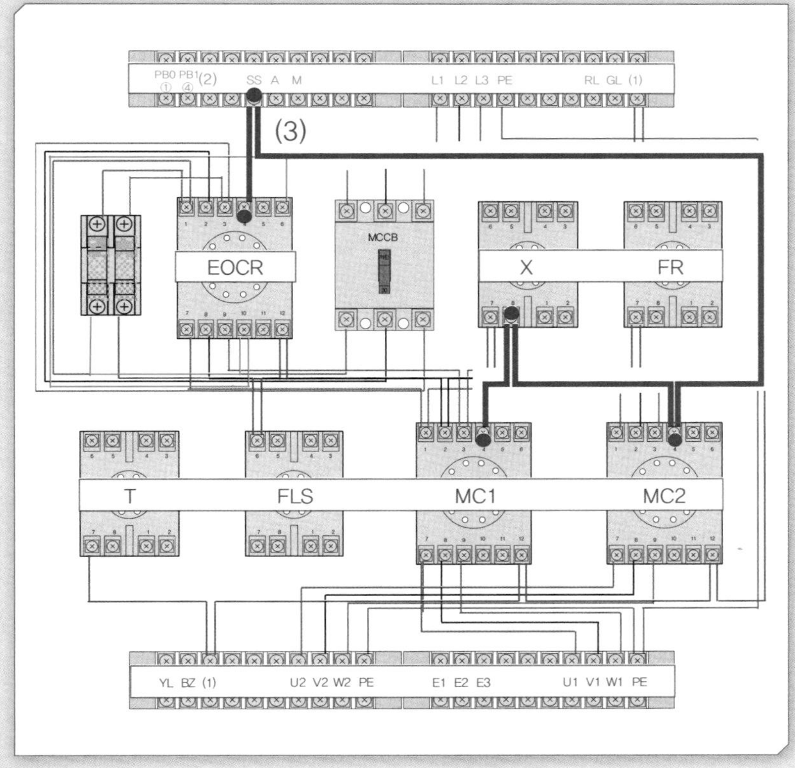

- **(3)번 회로**
  EOCR–④ ⇔ SS ⇔ X–⑧ ⇔ MC1–④ ⇔ MC2–④ 등 5개의 단자를 연결한다.
- SS는 셀렉터 스위치의 두 단자를 연결한 공통단자이다.

4 (4)~(6)번 회로

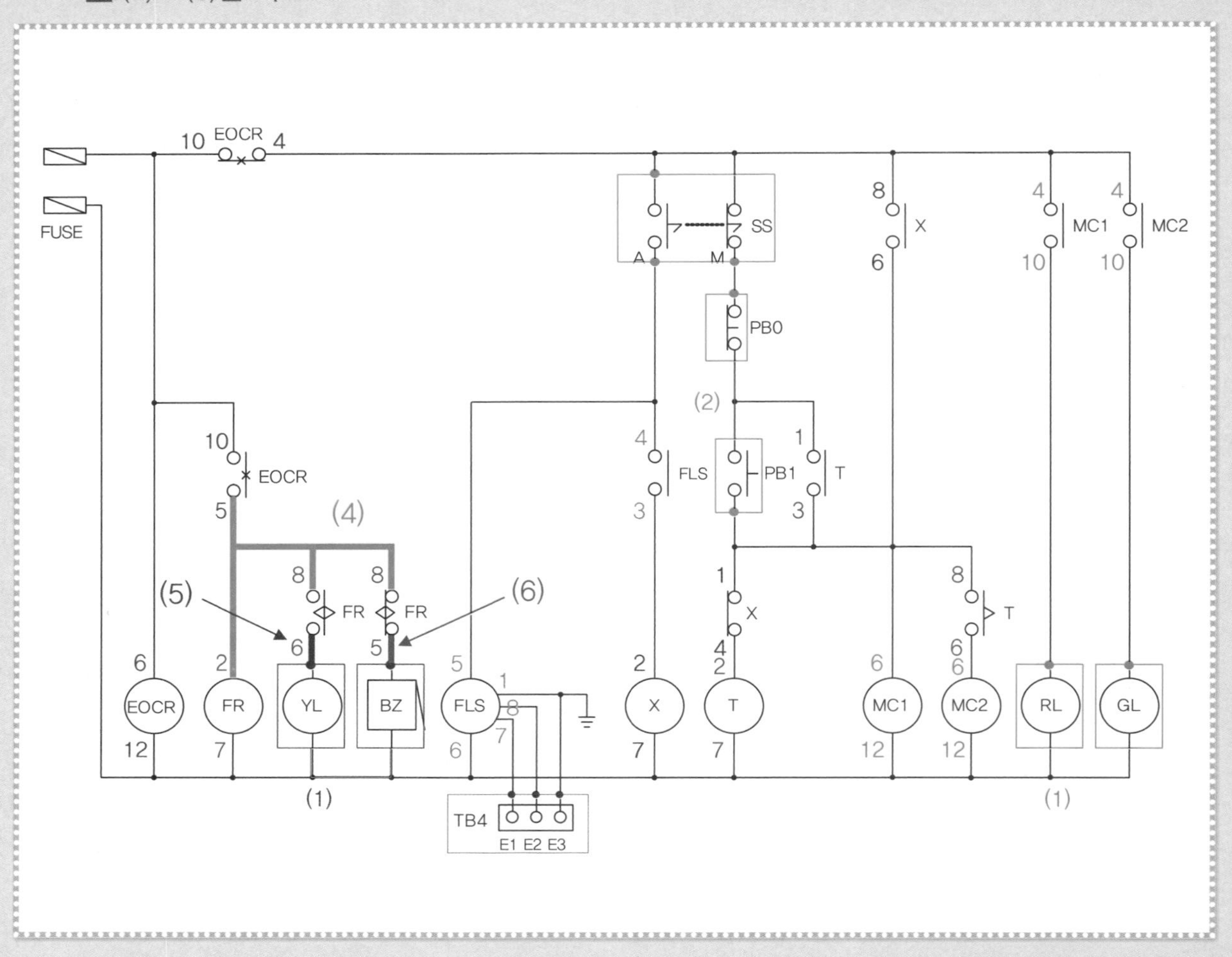

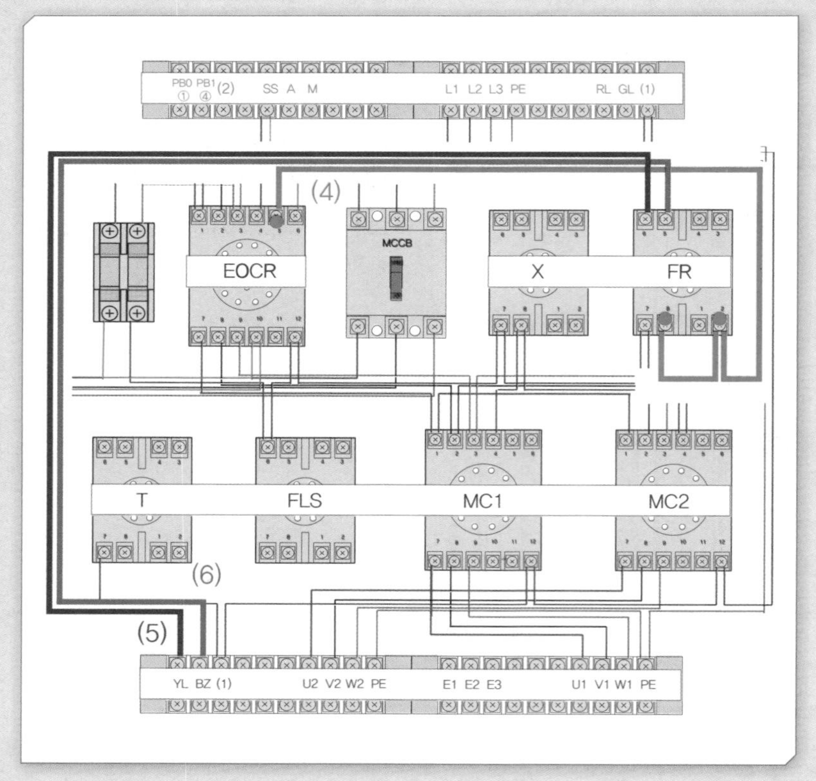

- **(4)번 회로**
  EOCR-⑤ ⇔ FR-② ⇔ FR-⑧ 등 3개의 단자를 연결한다.
- **(5)번 회로**
  FR-⑥ ⇔ YL단자를 연결한다.
- **(6)번 회로**
  FR-⑤ ⇔ BZ단자를 연결한다.

5 (7)~(10)번 회로

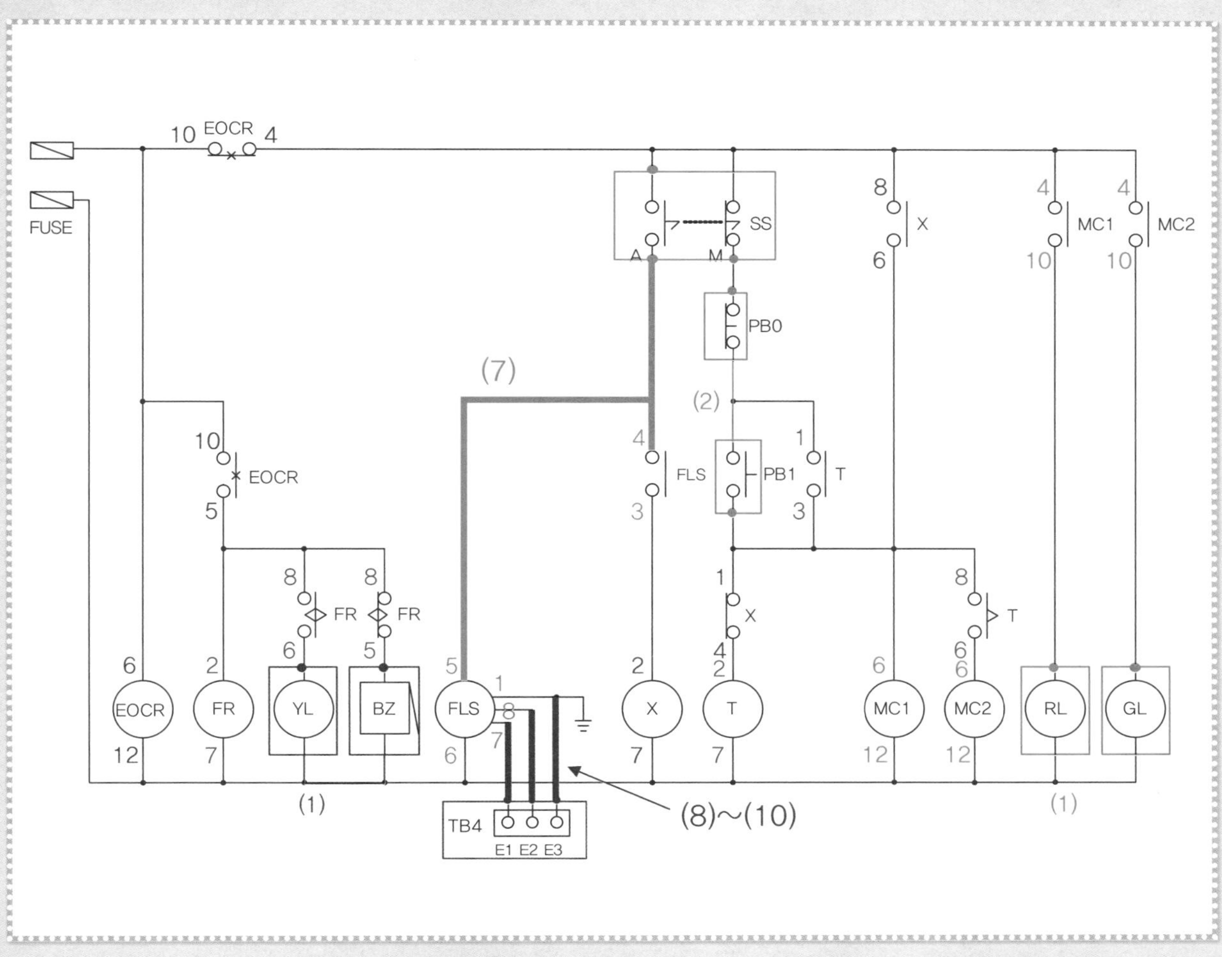

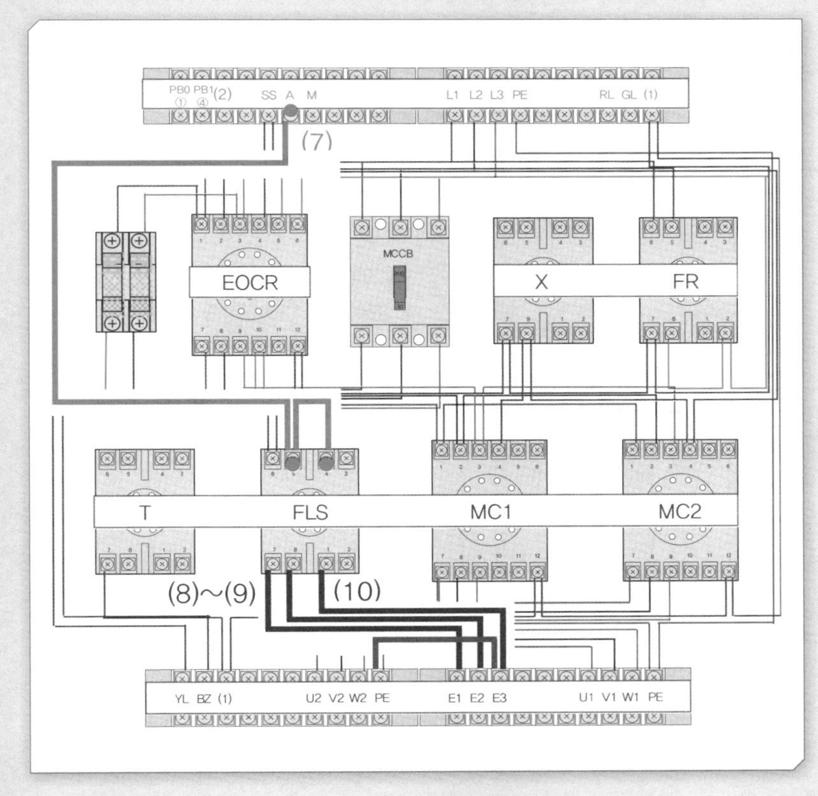

- **(7)번 회로**
  A ⇔ FLS-④ ⇔ FLS-⑤ 등 3개의 단자를 연결한다.
- **(8)번 회로**
  FLS-⑦ ⇔ E1단자를 연결한다.
- **(9)번 회로**
  FLS-⑧ ⇔ E2단자를 연결한다.
- **(10)번 회로**
  FLS-① ⇔ E3단자를 연결한다.
  E3단자 ⇔ PE단자를 연결(녹-황색)한다.

6 (11)~(13)번 회로

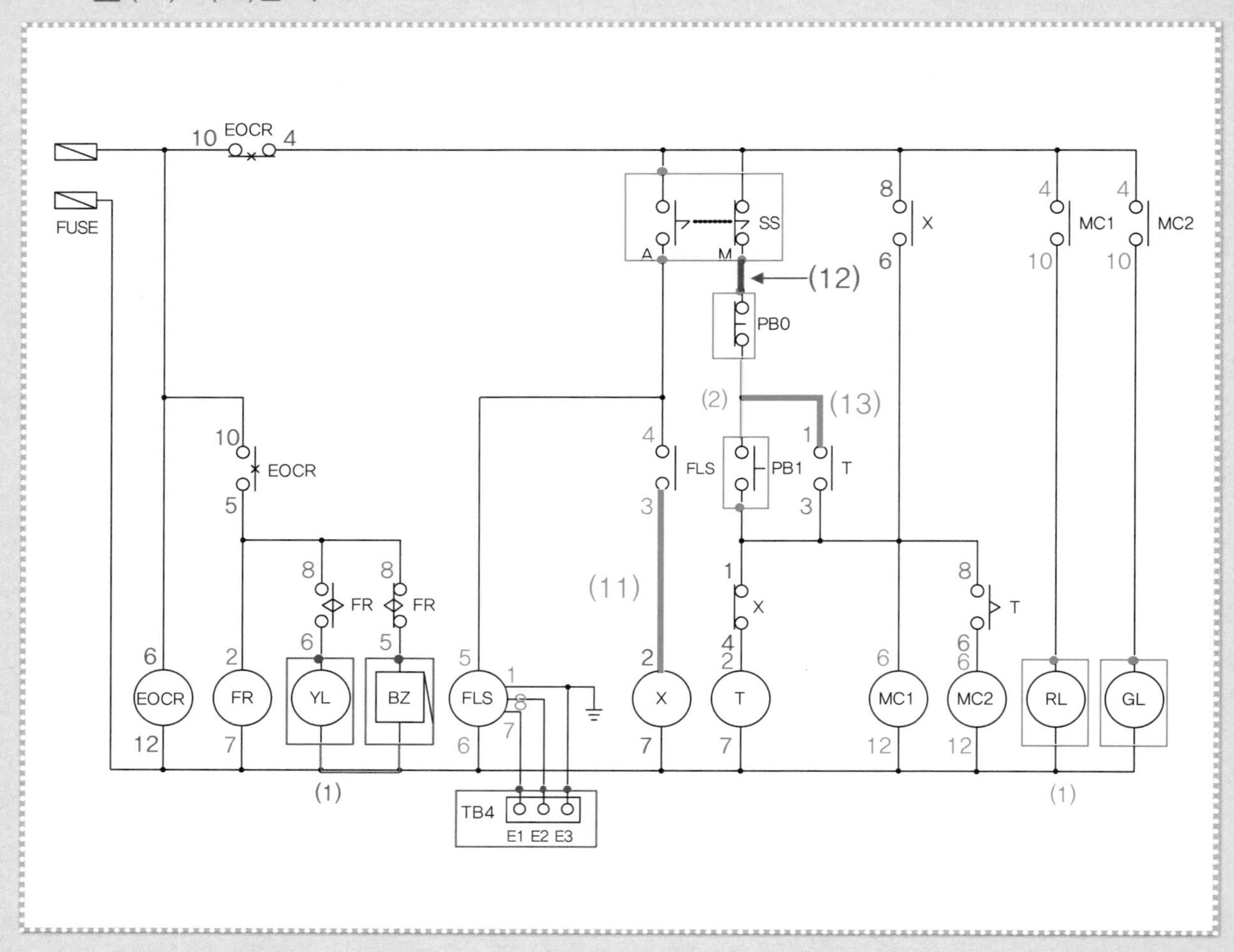

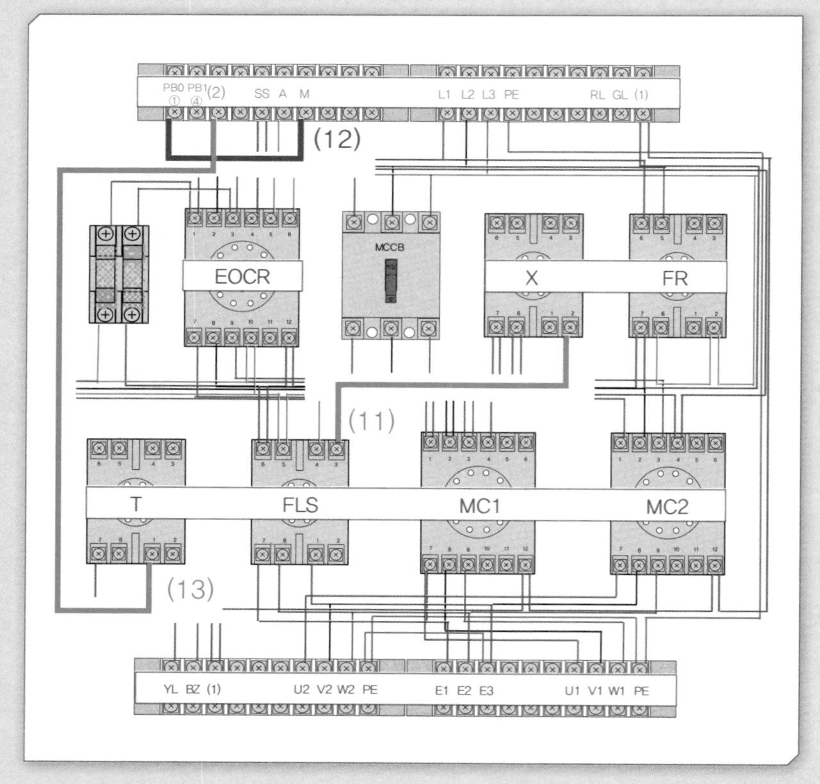

- **(11)번 회로**
  FLS-③ ⇔ X-②단자를 연결한다.
- **(12)번 회로**
  M ⇔ PB0-①단자를 연결한다.
- **(13)번 회로**
  공통(2) ⇔ T-①단자를 연결한다.
- (2)는 PB0-②와 PB1-③을 연결한 공통 단자 번호이다.

7 (14)번 회로

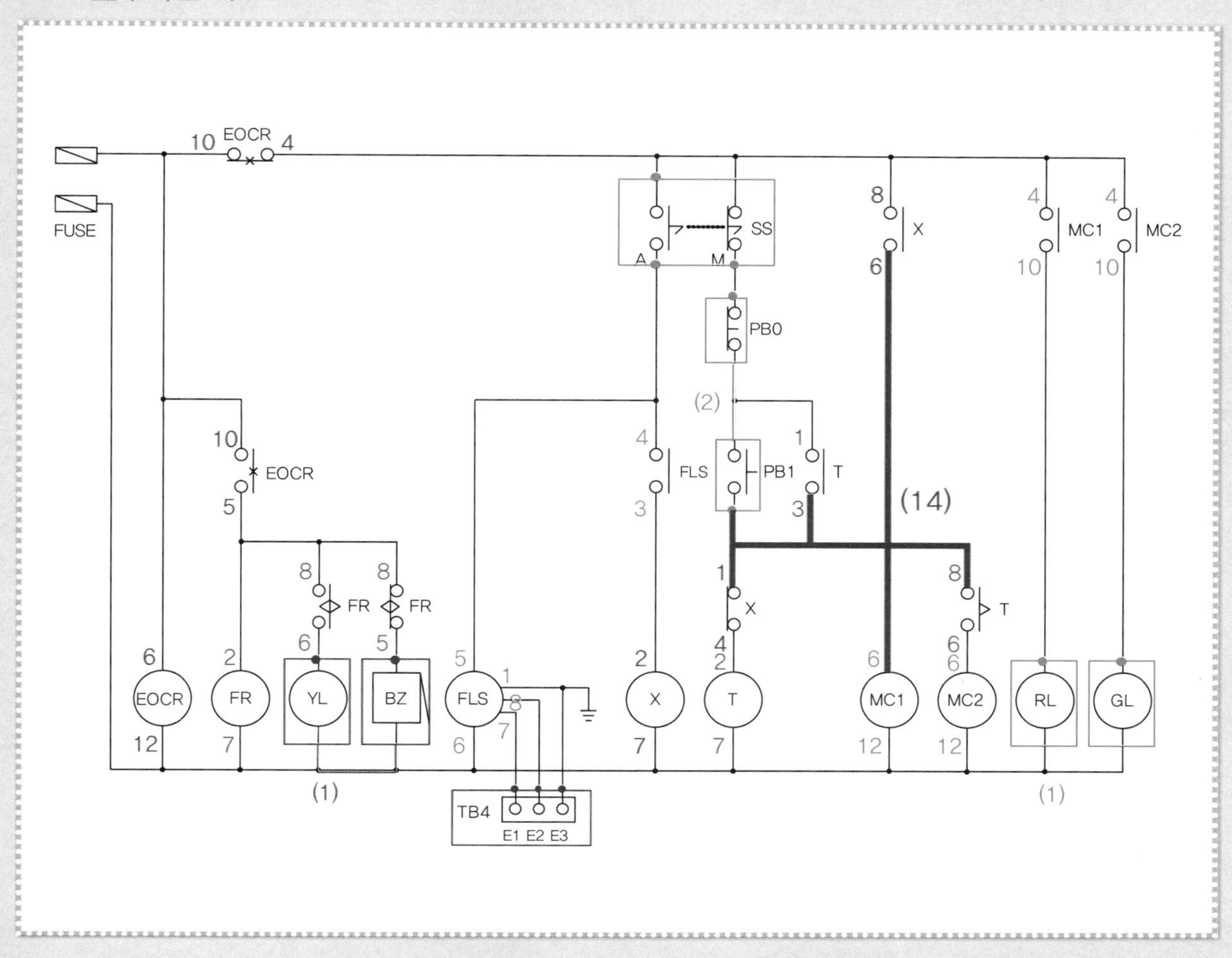

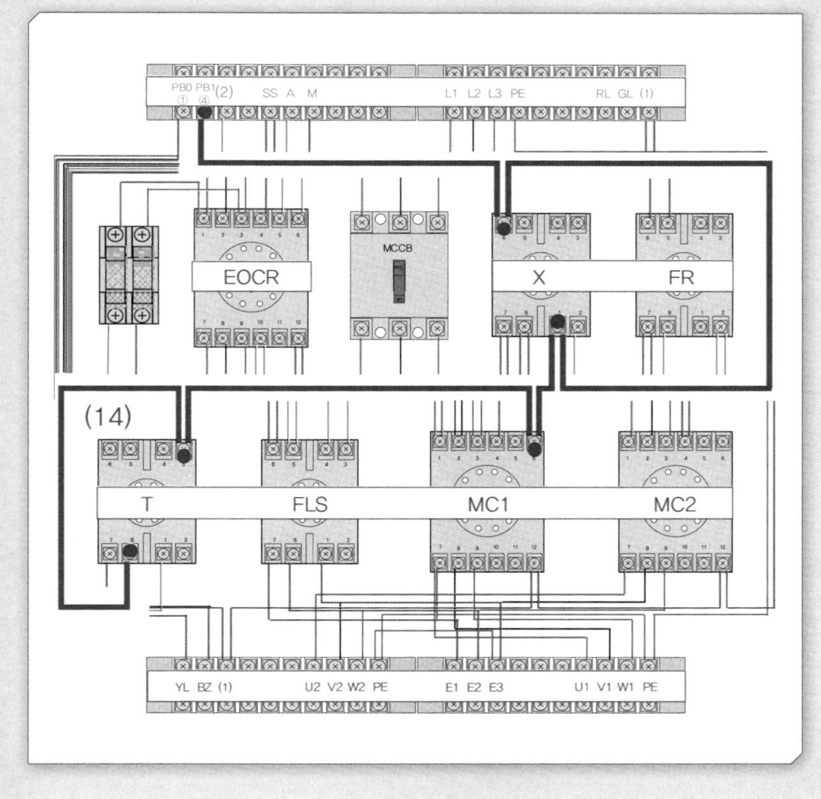

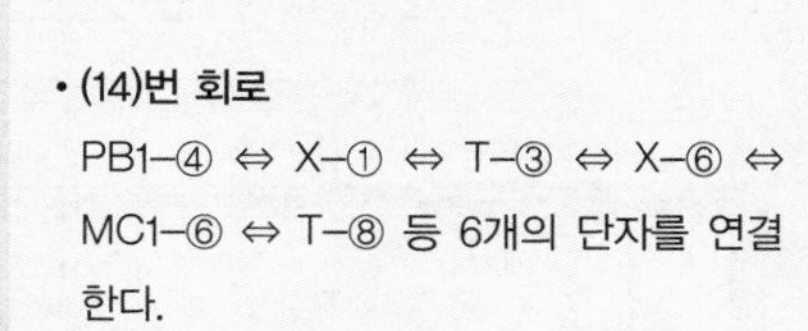

- **(14)번 회로**

  PB1–④ ⇔ X–① ⇔ T–③ ⇔ X–⑥ ⇔ MC1–⑥ ⇔ T–⑧ 등 6개의 단자를 연결한다.

8 (15) · (16)번 회로

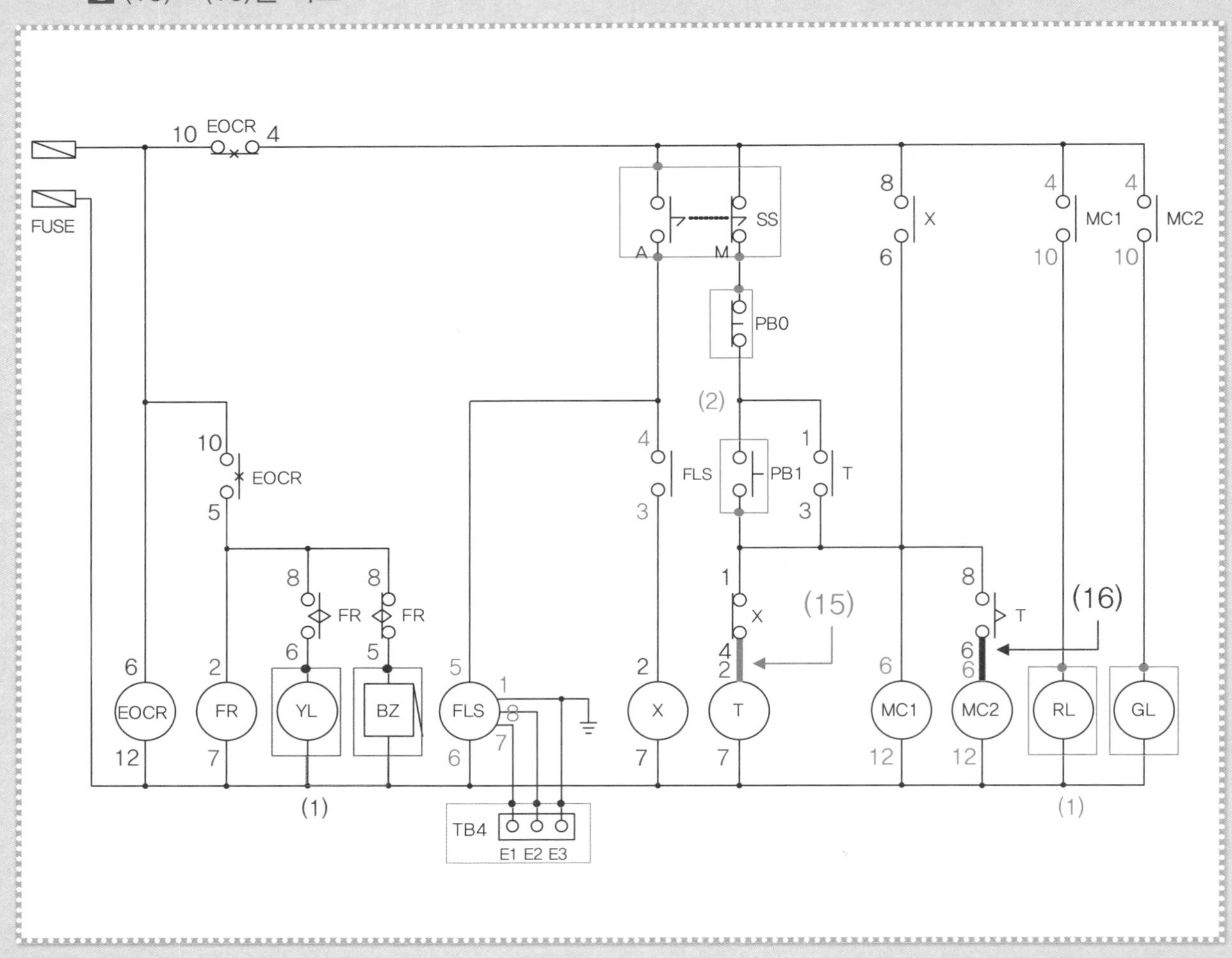

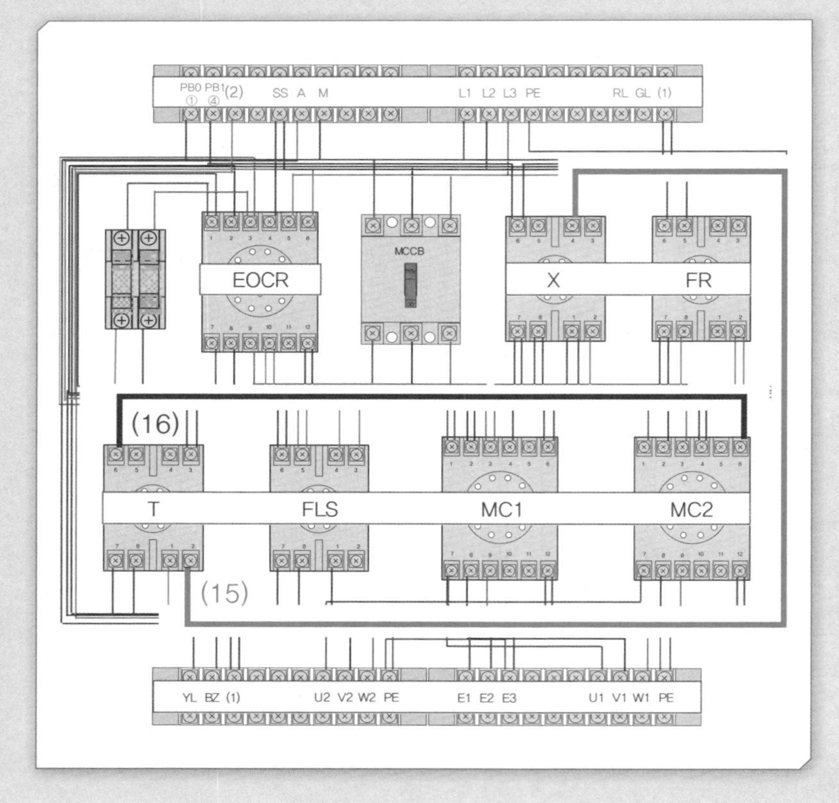

- **(15)번 회로**
  X–④ ⇔ T–②단자를 연결한다.
- **(16)번 회로**
  T–⑥ ⇔ MC2–⑥단자를 연결한다.

9 (17) · (18)번 회로

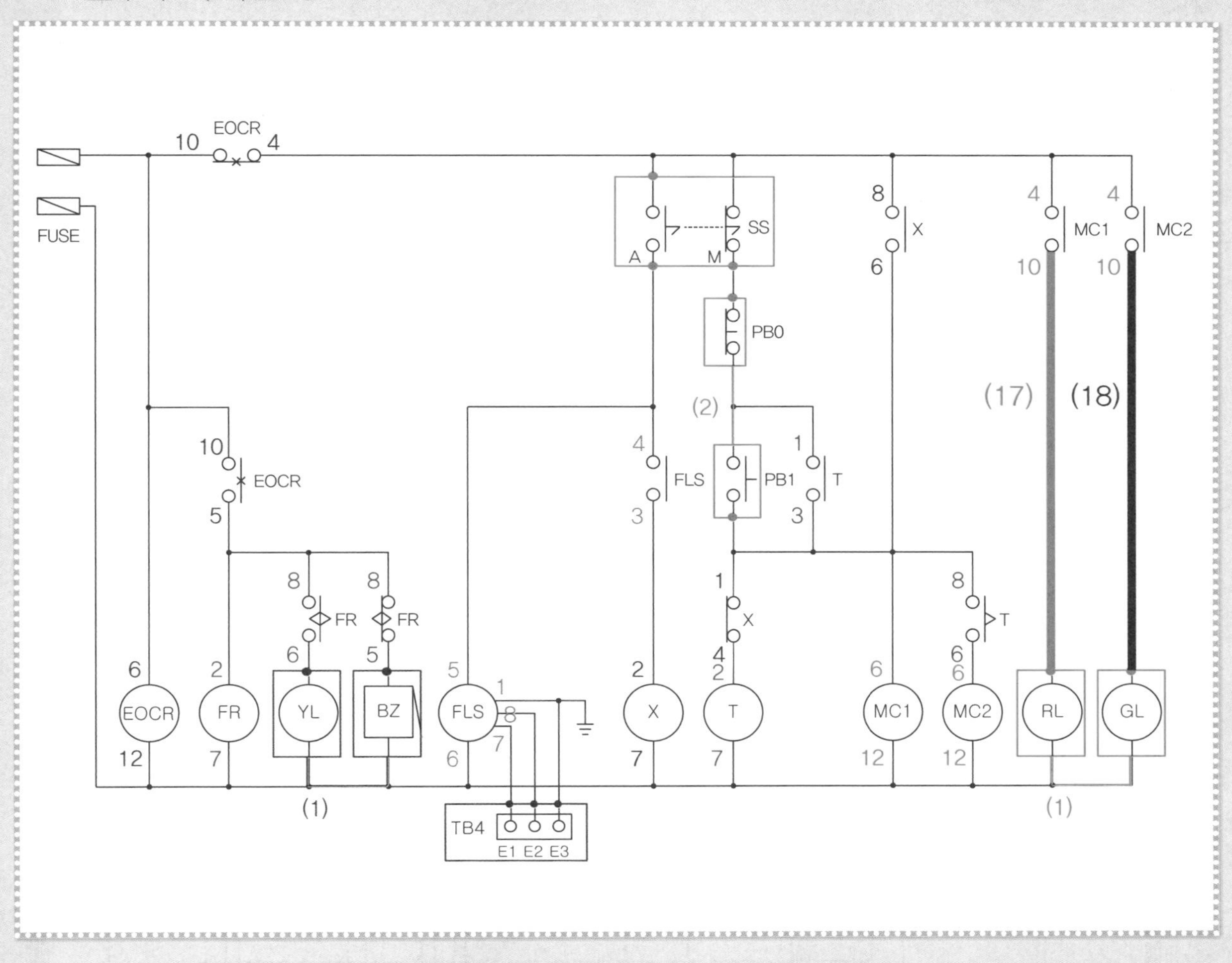

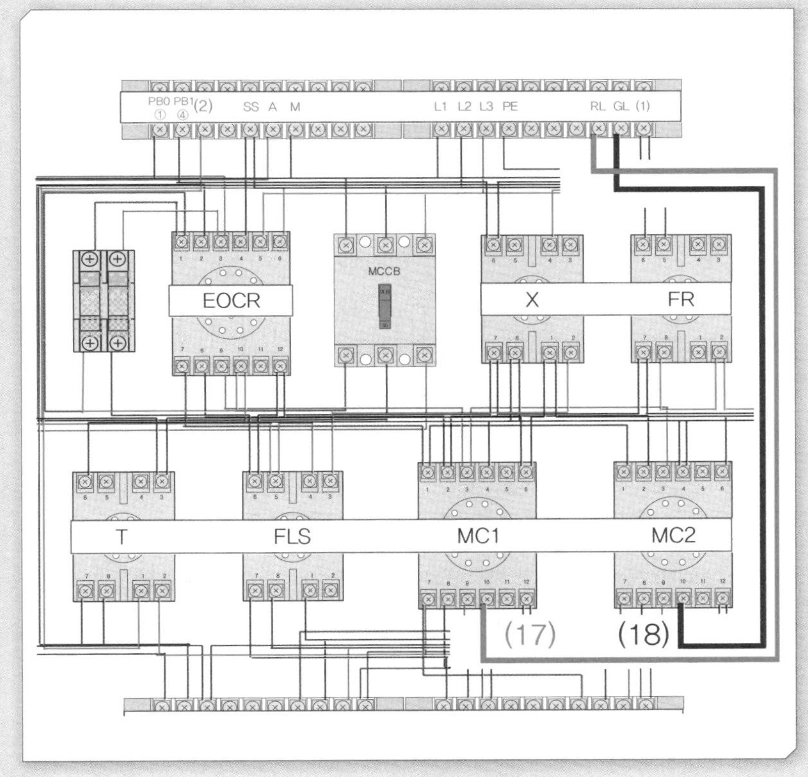

- (17)번 회로
  MC1–⑩ ⇔ RL단자를 연결한다.
- (18)번 회로
  MC2–⑩ ⇔ GL단자를 연결한다.

09 제어함 점검

제어함 배선이 끝나면 회로를 점검한다.

1 육안점검

(1) 단자대 이름이 부여된 곳에 전선 연결이 누락된 곳이 있는지 확인한다.

(2) 계전기의 전원단자와 접점이 잘 사용되었는지 확인한다.

2 벨 시험기로 점검

회로도를 보면서 아래쪽 모선, 위쪽 모선, 가운데 회로 순서로 회로를 점검한다.

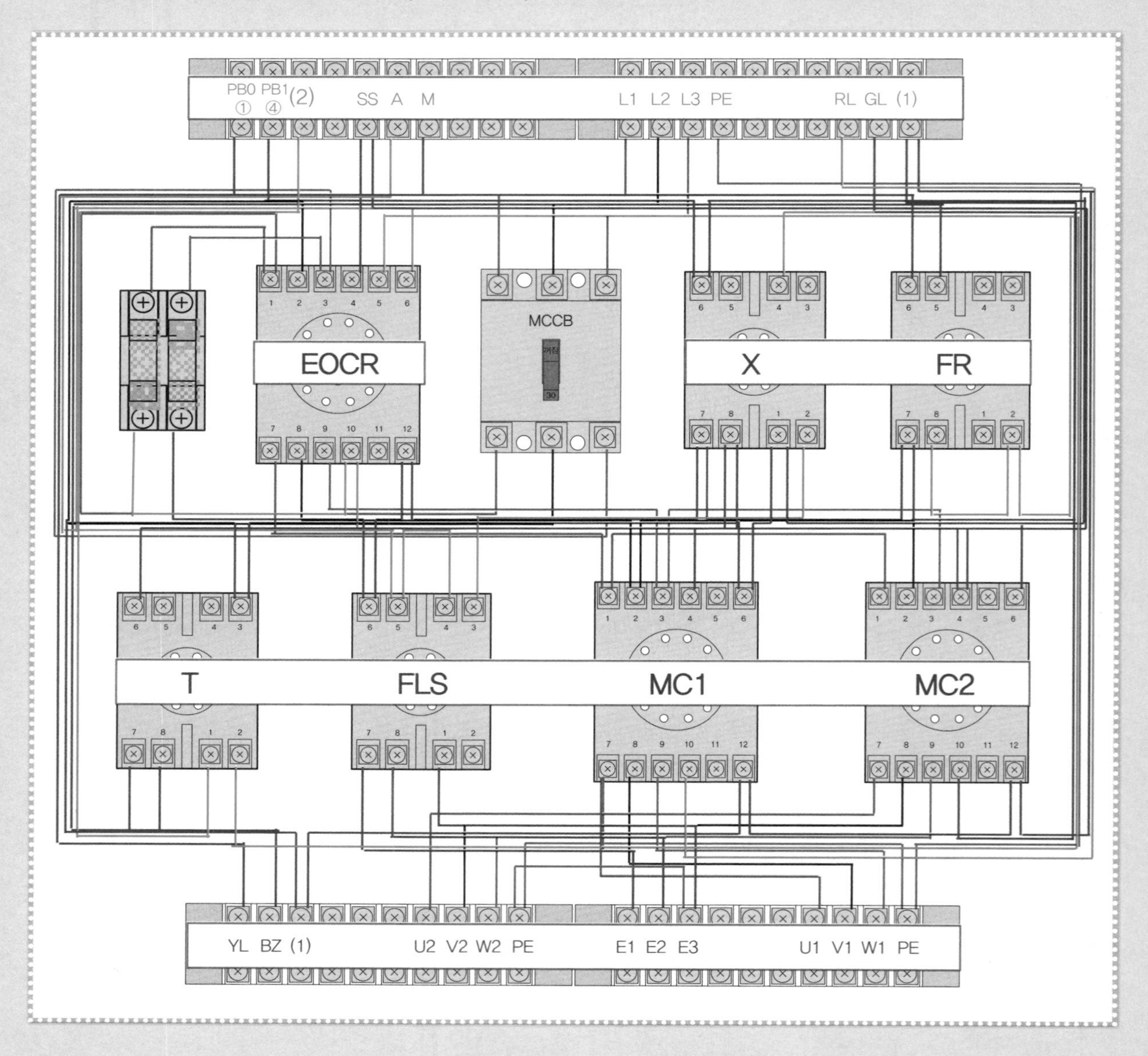

10 배관 및 입선작업 순서

(1) 제어판의 상단을 어깨 정도의 높이로 작업판에 부착한다.

(2) 배관할 위치를 도면의 치수에 맞게 제도하고 기구를 부착한다(단자대, 컨트롤 박스 등).

(3) 새들의 위치를 표시하고 배관의 종류에 맞게 커넥터를 조립한 후 배관을 실시한다.

(4) 배관에 입선할 전선 가닥수를 산출하여 입선한다. 제어함이나 컨트롤 박스 내부에서 결선할 전선의 길이를 여유있게 계산해 주어야 한다.

(5) TB1은 4C 케이블을 사용한다(갈, 흑, 회, 녹-황).

(6) TB2, TB3는 2.5[mm^2] 전선을 사용한다(갈색, 흑색, 회색, 녹-황색 전선을 사용).

(7) 이 과제에서 배관은 생략하고 제어판의 외부에 기구를 연결하여 동작하는 것으로 한다.

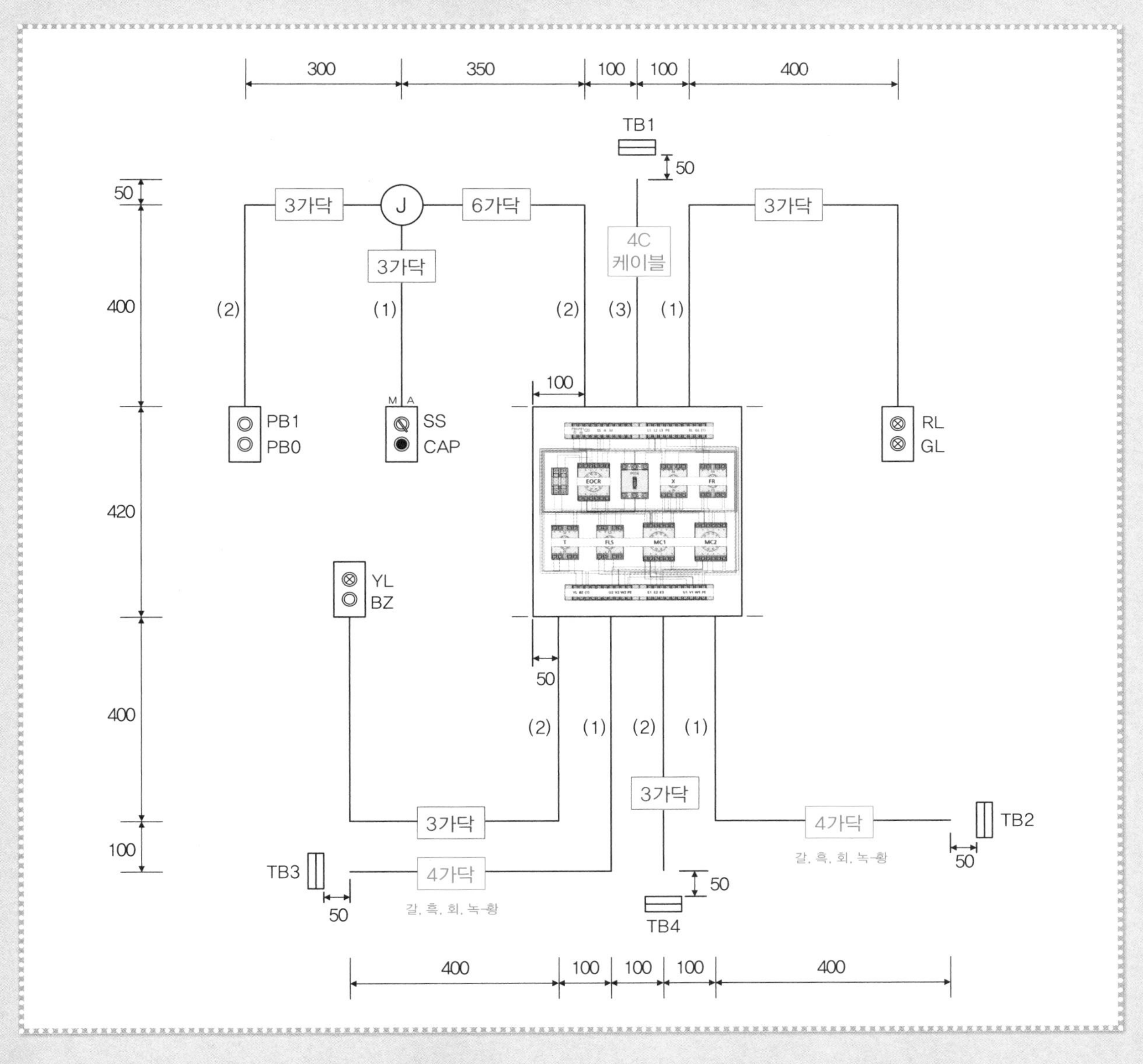

11 결선작업

1 위쪽 단자대 결선작업

2구 박스의 뚜껑에 푸시버튼 스위치 PB1(녹), PB0(적), 셀렉터 스위치 SS와 CAP, 표시등 RL과 GL을 각각 조립하고 공통단자를 연결해 놓는다(PB는 NC, NO단자에 주의).

(1) **PB1·PB0 결선** : 입선한 3선을 제어함 단자쪽을 먼저 연결하고, 벨 시험기로 (2)번 선을 찾아 푸시버튼 스위치의 공통단자에 연결한다. PB1과 PB0의 선을 찾아 각각 푸시버튼 스위치에 연결한다.

(2) **셀렉터 스위치 결선** : 입선한 3선을 제어함 단자쪽을 먼저 연결하고, 벨 시험기로 SS선을 찾아 셀렉터 스위치의 공통단자에 연결한다. 스위치를 왼쪽으로 돌려 놓고, M선은 공통단자와 NO, NC단자에 벨 시험기의 리드선을 접촉하여 소리가 나는 단자에 연결하고, 다른 선은 A단자에 연결한다. 아래쪽의 CAP은 사용하지 않는 홀이므로 홀마개를 구멍에 끼워 놓는다.

(3) **TB1 결선** : 케이블을 사용하며, 단자대의 왼쪽부터 L1상(갈색), L2상(흑색), L3상(회색), PE(녹-황색) 순서로 결선한다. 전원측 단자대는 동작시험을 할 수 있도록 전원선의 색상에 맞춰 100[mm] 정도 인출하고, 피복은 전선 끝에서 10[mm] 정도 벗겨 놓는다.

(4) **RL·GL 결선** : 입선한 3선을 제어함 단자대에 먼저 연결하고, 벨 시험기로 (1)번 선을 찾아 표시등의 공통단자에 연결한다. RL과 GL선을 찾아 각각 표시등에 연결한다.

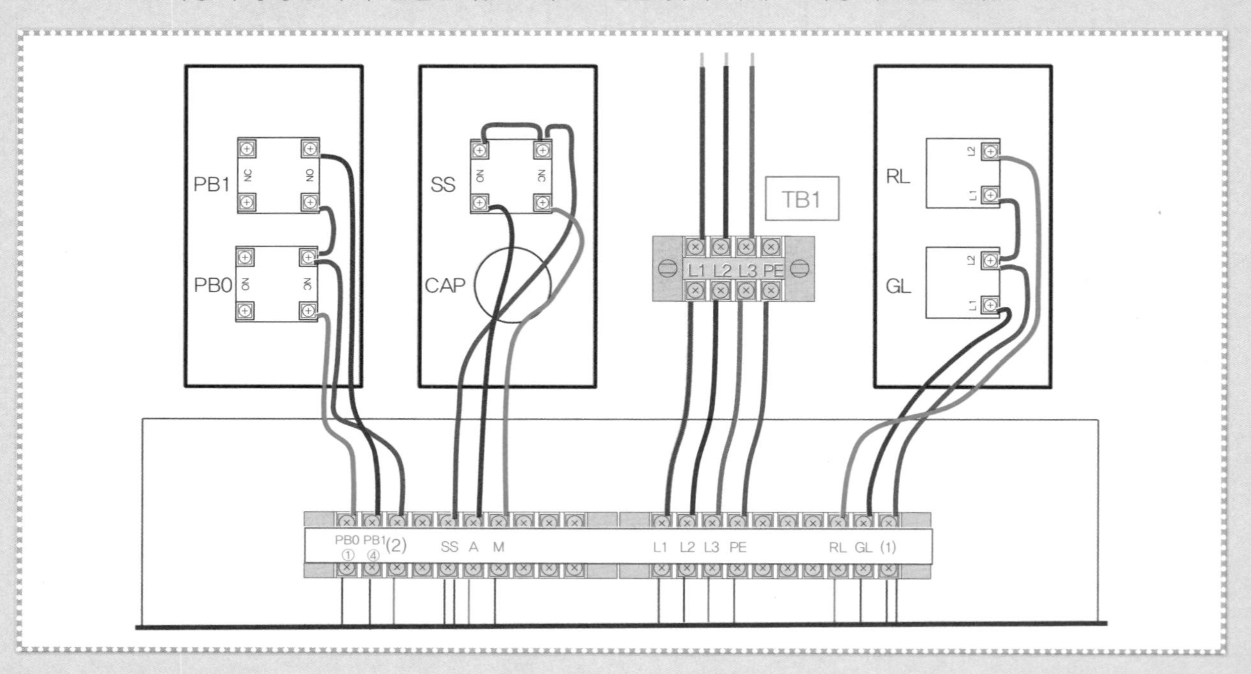

2 푸시버튼 스위치 점검

(1) **PB1 확인** : 뚜껑을 닫은 상태에서 제어함 단자대의 PB1-④번 단자와 (2)번 단자에 벨 시험기의 리드선을 접촉하고 스위치를 누르면 '삐' 소리가 나고, 손을 떼면 벨 소리가 정지하면 정상이다.

(2) **PB0 확인** : PB0-①번 단자와 (2)번 단자에 벨 시험기의 리드선을 대면 '삐' 소리가 나고, 누르면 벨 소리가 정지하면 정상이다.

3 셀렉터 스위치 점검

(1) SS를 왼쪽으로 돌리고 제어함 단자대의 SS단자와 M단자에 벨 시험기를 대면 '삐' 소리가 난다. 손잡이를 오른쪽으로 돌리면 벨 소리가 정지된다.

(2) 손잡이를 오른쪽으로 돌리고 SS단자와 A단자에 벨 시험기를 대면 '삐' 소리가 난다. 손잡이를 왼쪽으로 돌리면 벨 소리가 정지된다.

4 아래쪽 단자대 결선작업

(1) YL·BZ 결선 : 2구 뚜껑에 YL과 BZ를 고정하고, YL단자와 BZ단자를 하나씩 연결하여 공통단자를 연결해 놓는다. 입선한 3선을 제어함 단자대에 먼저 연결하고, 벨 시험기로 (1)번 선을 찾아 공통단자에 연결하며, YL과 BZ선을 찾아 각각 표시등과 버저에 연결한다.

(2) TB3 결선 : 제어함 단자대는 왼쪽부터, 부하측 단자대는 위쪽부터 U2(갈색), V2(흑색), W2(회색), PE(녹-황색) 순서로 결선한다.

(3) TB4 결선 : 왼쪽부터 E1, E2, E3의 순서로 결선하되 동작시험을 위해 E1은 100[mm], E2는 150[mm], E3는 200[mm] 정도의 선을 인출하고 피복은 전선 끝에서 약 10[mm] 정도 벗겨 놓는다.

(4) TB2 결선 : 제어함 단자대는 왼쪽부터, 부하측 단자대는 위쪽부터 U1(갈색), V1(흑색), W1(회색), PE(녹-황색) 순서로 결선한다.

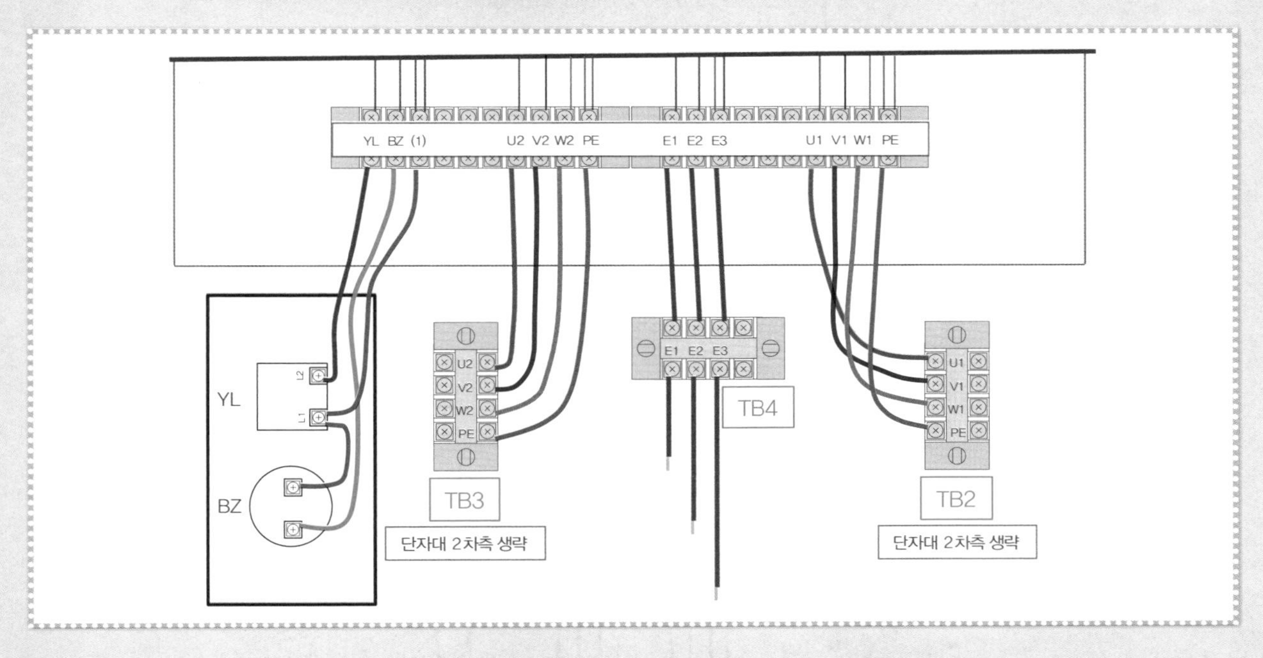

5 결선 완료 후 확인

기구의 결선이 완료되면 다음 순서와 같이 확인한다.

(1) TB1 단자대, TB4 단자대에 전선을 연결하고 피복을 벗겨 놓았는지 확인한다.

(2) 퓨즈를 끼우고 차단기를 올린 후 벨 시험기로 전원측 TB1에 인출해 놓은 L1단자와 퓨즈의 2차측 단자(왼쪽)를 확인한다. '삐' 소리가 나면 정상이며, L3단자와 퓨즈의 2차측 단자(오른쪽)를 확인한다.

(3) 배관 및 기구 배치도를 확인해 기구의 위치와 색상 등이 맞는지 다시 한번 확인한다.

(4) 단자대와 소켓 위에 붙여 놓은 종이테이프를 제거한다.

12 마무리 작업

점검 후 이상이 없으면 케이블 타이를 사용해 전선이 흐트러지지 않도록 적당한 간격으로 묶어준다.

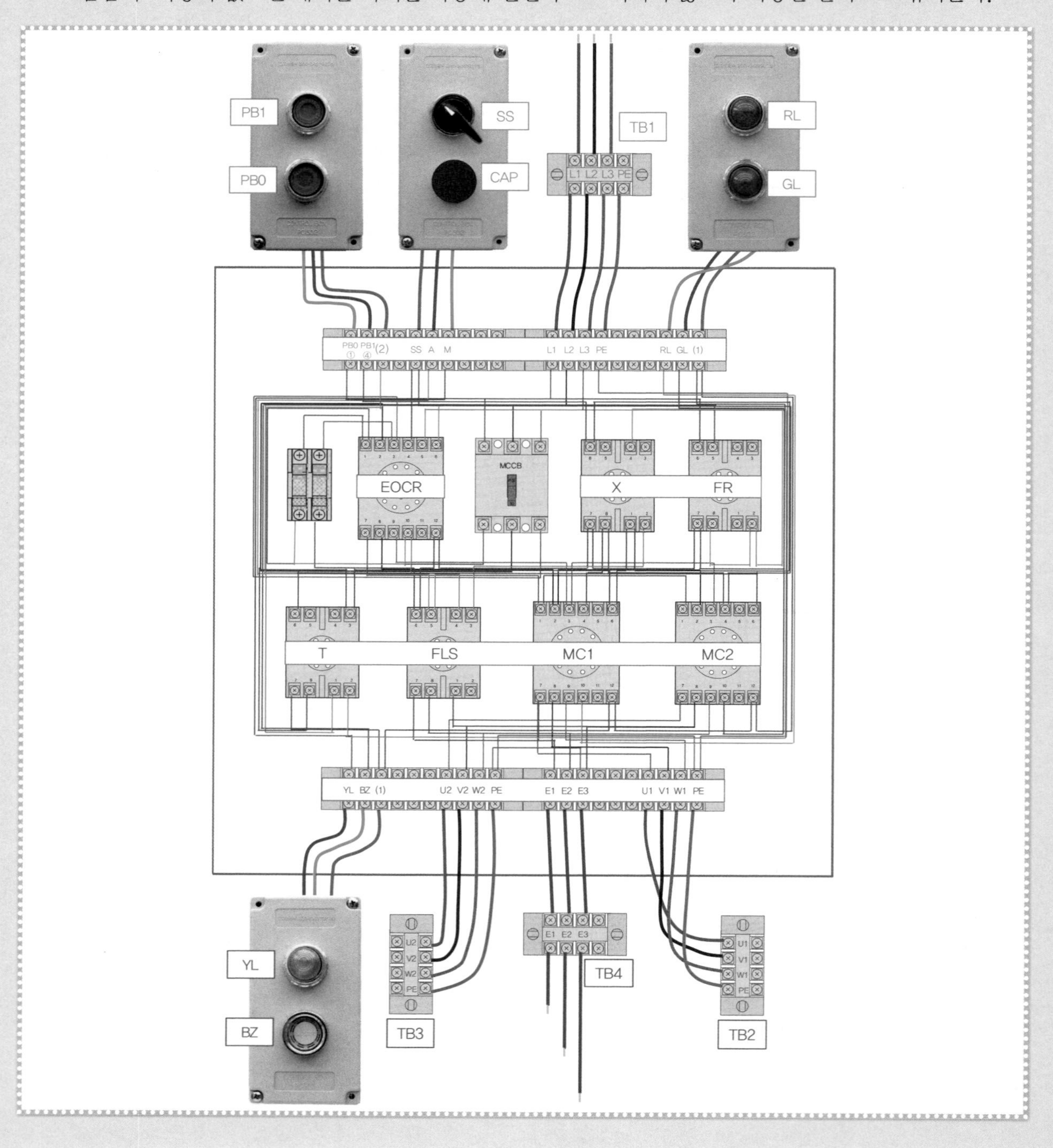

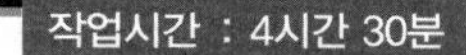

SECTION

04 [공개문제 5] 전기 설비의 배선 및 배관 공사

요구사항

지급된 재료와 시험장 시설을 사용하여 제한시간 내에 주어진 과제를 안전에 유의하여 완성하시오.
(단, 지급된 재료와 도면에서 요구하는 재료가 서로 상이할 수 있으므로 도면을 참고하여 필요한 재료를 지급된 재료에서 선택하여 작품을 완성하시오)

1. 배관 및 기구 배치 도면에 따라 배관 및 기구를 배치하시오.

(단, 제어판을 제어함이라고 가정하고 전선관 및 케이블을 접속하시오)

2. 전기설비 운전 제어회로 구성

가) 제어회로의 도면과 동작사항을 참고하여 제어회로를 구성하시오.

나) 전원방식 : 3상 3선식 220[V]

다) 전동기의 접속은 생략하고 접속할 수 있게 단자대까지 배선하시오.

3. 동작사항

가) MCCB를 통해 전원을 투입하면 전자식 과전류계전기 EOCR에 전원이 공급된다.

나) 자동 운전 동작사항

(1) 셀렉터 스위치 SS를 A(자동) 위치에 놓으면 플로트레스 스위치 FLS에 전원이 공급되고, 플로트레스 스위치 FLS의 수위 감지가 동작되면 타이머 T, 릴레이 X, 플리커 릴레이 FR이 여자되고, 플리커 릴레이 FR의 설정시간 간격으로 전자접촉기 MC1과 MC2가 교대로 여자되어 전동기 M1, 램프 RL과 전동기 M2, 램프 GL이 교대로 동작한다.

(2) 타이머 T의 설정시간 t초 후에 플리커 릴레이 FR이 소자되고, 전자접촉기 MC1, MC2가 여자되어 전동기 M1, M2가 회전하고 램프 RL, GL이 점등된다.

(3) 전동기가 운전하는 중 플로트레스 스위치 FLS의 수위 감지가 해제되거나 셀렉터 스위치 SS를 M(수동) 위치에 놓으면 제어회로 및 전동기의 동작은 모두 정지된다.

다) 수동 운전 동작사항

(1) 셀렉터 스위치 SS를 M(수동) 위치에 놓은 상태에서 푸시버튼 스위치 PB1을 누르면 타이머 T, 릴레이 X, 플리커 릴레이 FR이 여자되고, 플리커 릴레이 FR의 설정시간 간격으로 전자접촉기 MC1과 MC2가 교대로 여자되어 전동기 M1, 램프 RL과 전동기 M2, 램프 GL이 교대로 동작한다.

(2) 자동 운전 동작사항 나)의 (2)와 같다.

(3) 전동기가 운전하는 중 푸시버튼 스위치 PB0를 누르거나 셀렉터 스위치 SS를 A(자동) 위치에 놓으면 제어회로 및 전동기의 동작은 모두 정지된다.

라) EOCR 동작사항

(1) 전동기가 운전 중 전동기의 과부하로 과전류가 흐르면 전자식 과전류계전기 EOCR이 동작되어 전동기는 정지하고, 버저 BZ가 동작되고, 램프 YL이 점등된다.

(2) 전자식 과전류계전기 EOCR을 리셋(reset)하면 제어회로는 초기 상태로 복귀된다.

01 배관 및 기구 배치도

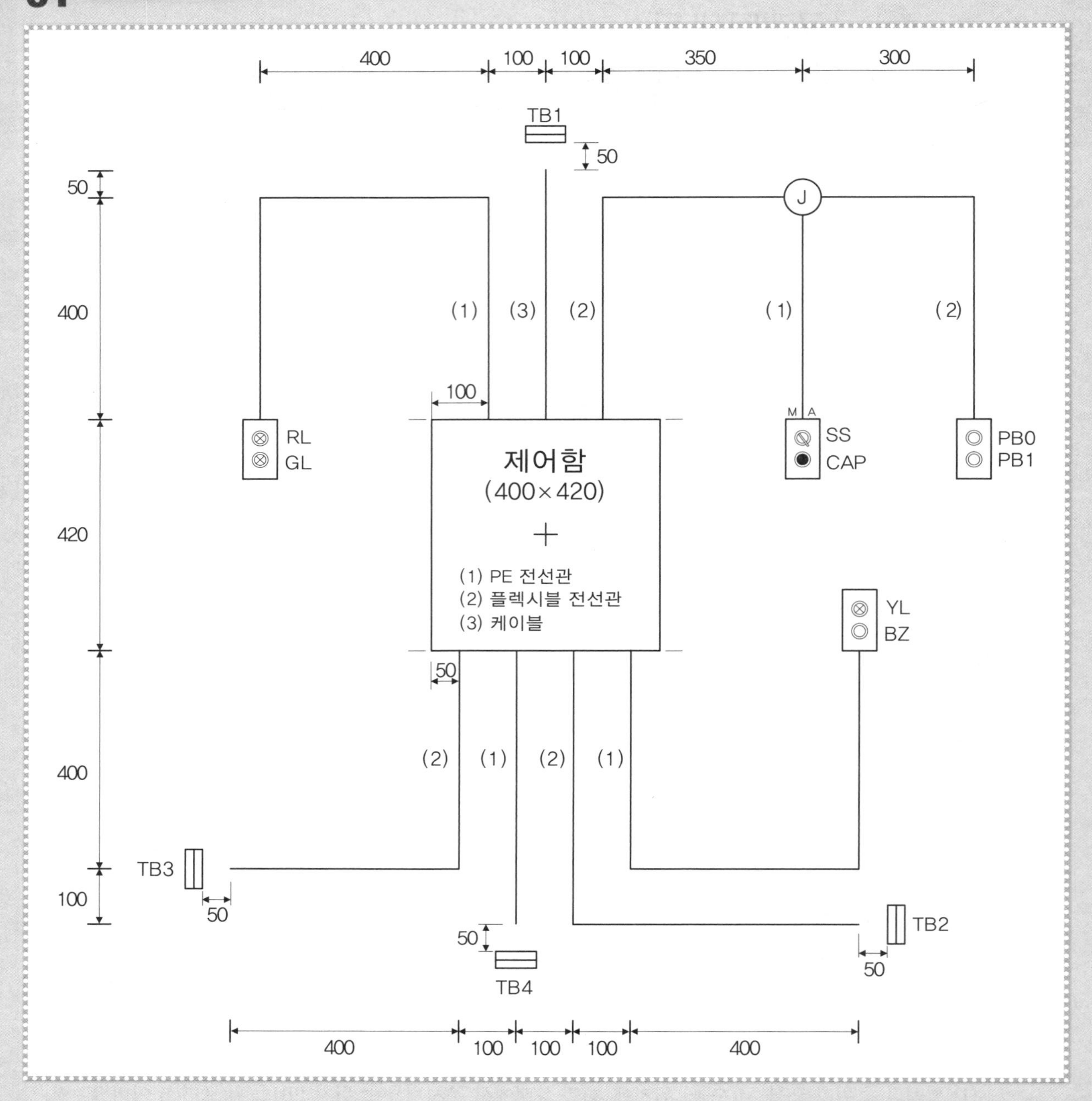

400
100
100
350
300
TB1
50
J
(1)
(3)
(2)
(1)
(2)
100
RL
GL
제어함
(400×420)
(1) PE 전선관
(2) 플렉시블 전선관
(3) 케이블
M A
SS
CAP
PB0
PB1
YL
BZ
420
50
(2)
(1)
(2)
(1)
TB3
TB4
TB2

02 제어함 내부 기구 배치도

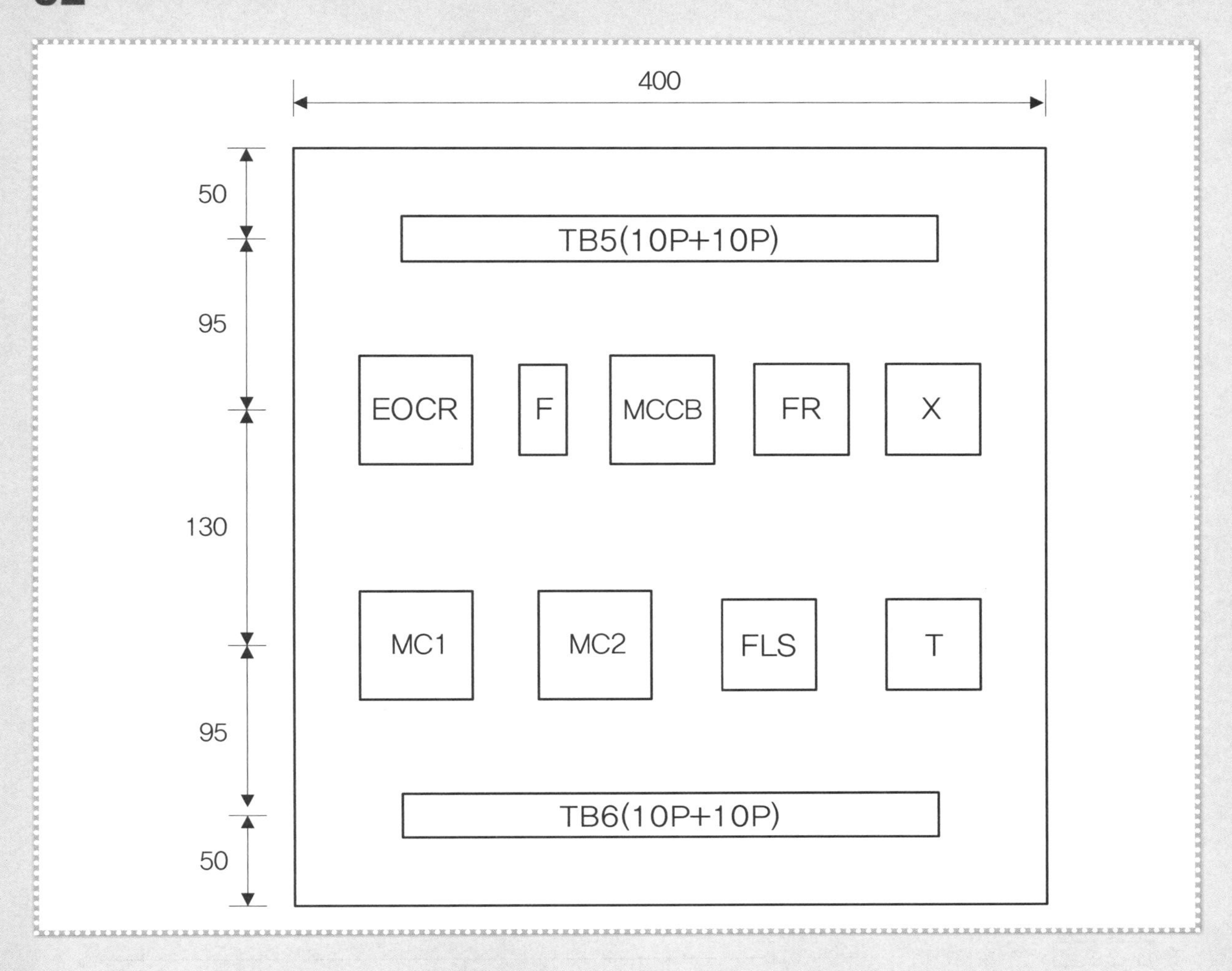

[범례]

기호	명칭	기호	명칭
TB1	전원(단자대 4P)	PB0	푸시버튼 스위치(적색)
TB2, TB3	전동기(단자대 4P)	PB1	푸시버튼 스위치(녹색)
TB4	플로트레스(단자대 4P)	SS	셀렉터 스위치
TB5, TB6	단자대(10P+10P)	YL	램프(황색)
MC1, MC2	전자접촉기(12P)	GL	램프(녹색)
EOCR	EOCR(12P)	RL	램프(적색)
X	릴레이(8P)	BZ	버저
T	타이머(8P)	CAP	홀마개
FR	플리커 릴레이(8P)	Ⓙ	8각 박스
FLS	플로트레스 스위치(8P)	F	퓨즈 및 퓨즈 홀더
MCCB	배선용 차단기		

03 기구의 내부 결선도 및 구성도

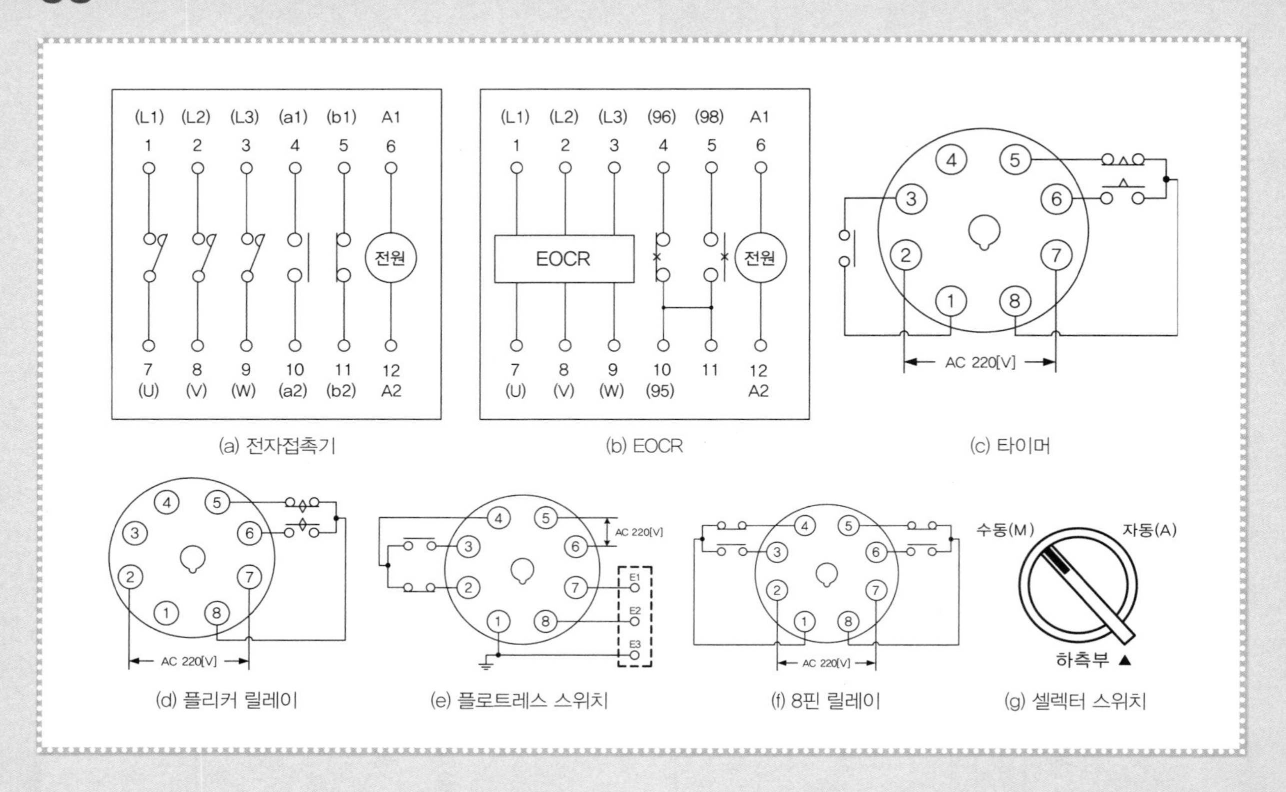

04 회로도

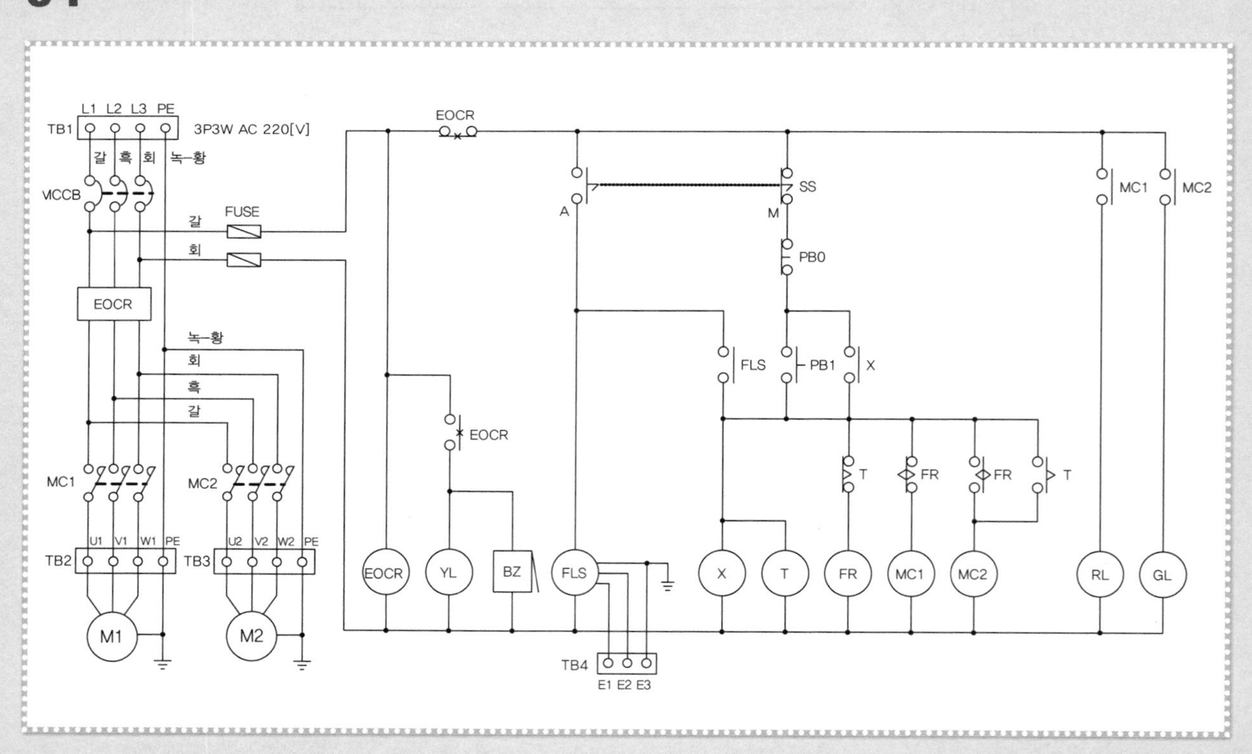

05 계전기 접점번호 부여하기

1 주회로 부분

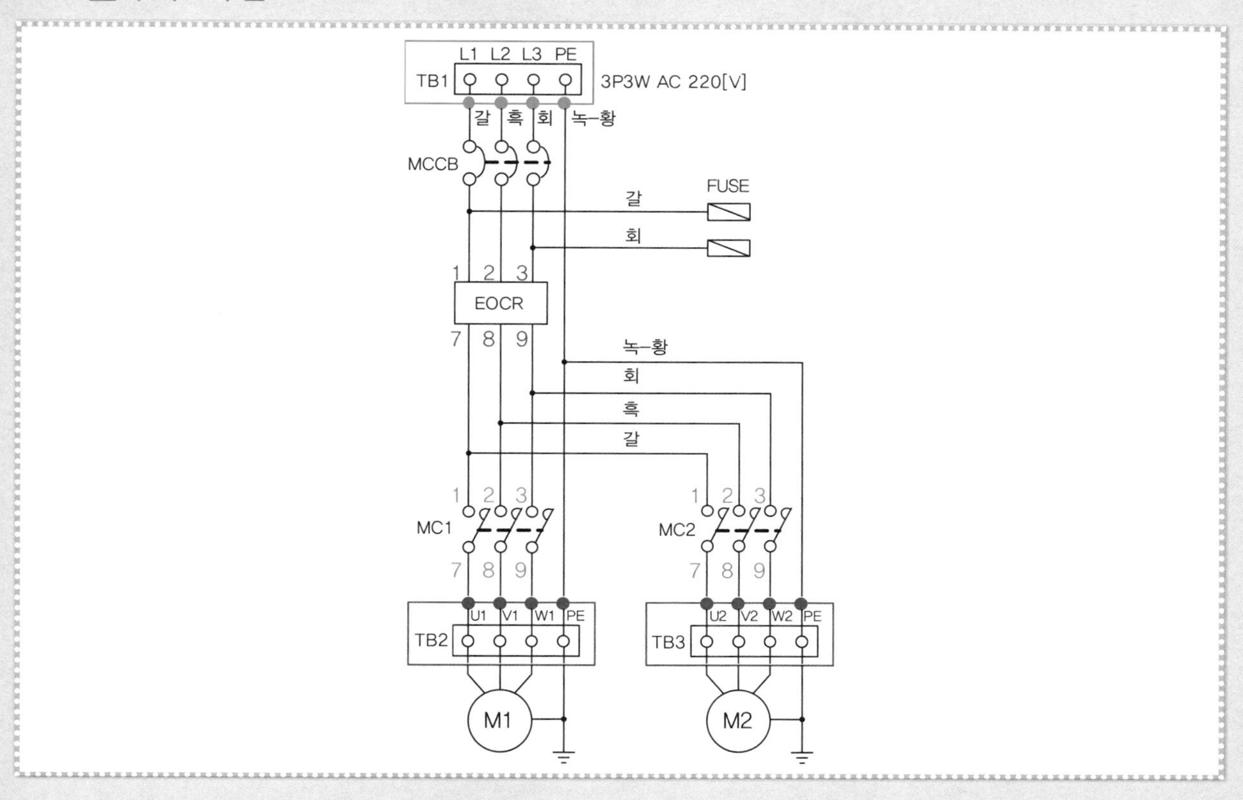

2 제어회로 부분

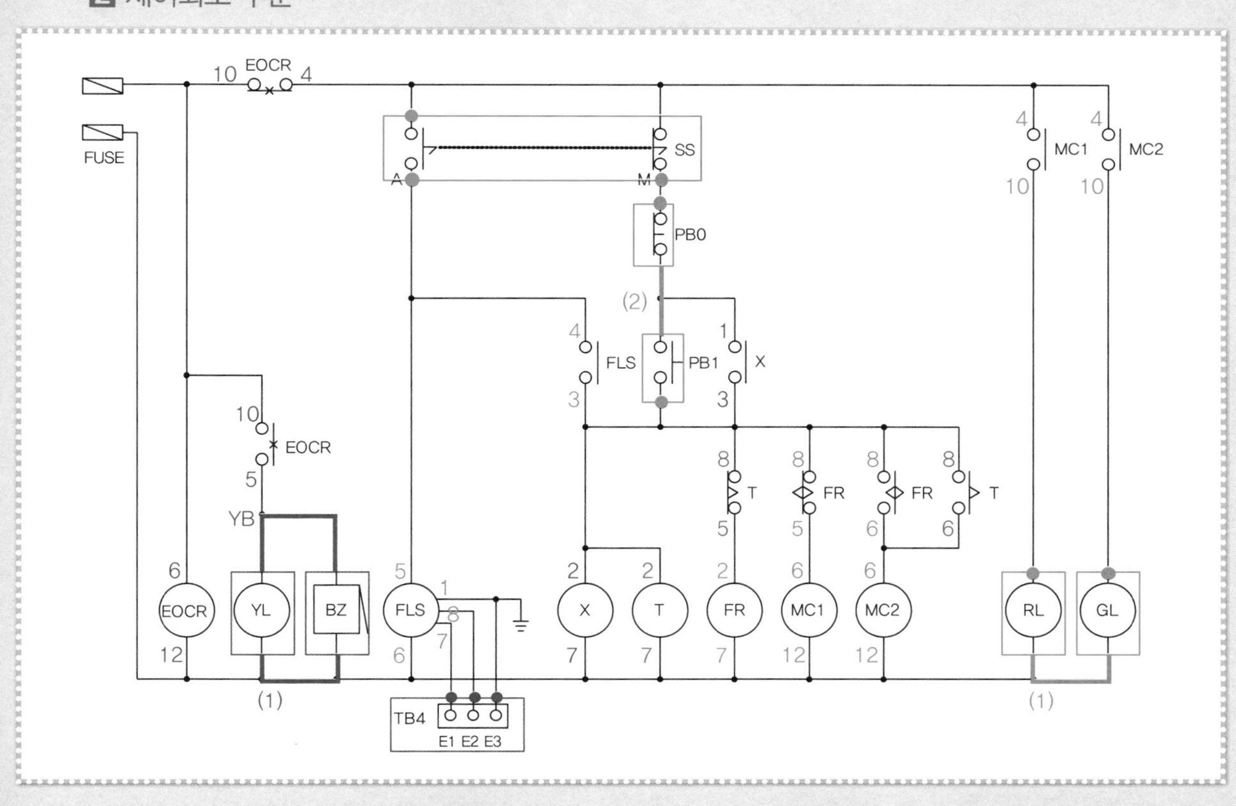

06 단자대 이름 부여하기

배관 및 기구 배치도를 참고하여 회로도에 인출할 기구를 표시하고 단자대 위쪽의 왼쪽 배관에 연결되어 있는 기구부터 차례대로 이름을 붙여준다.

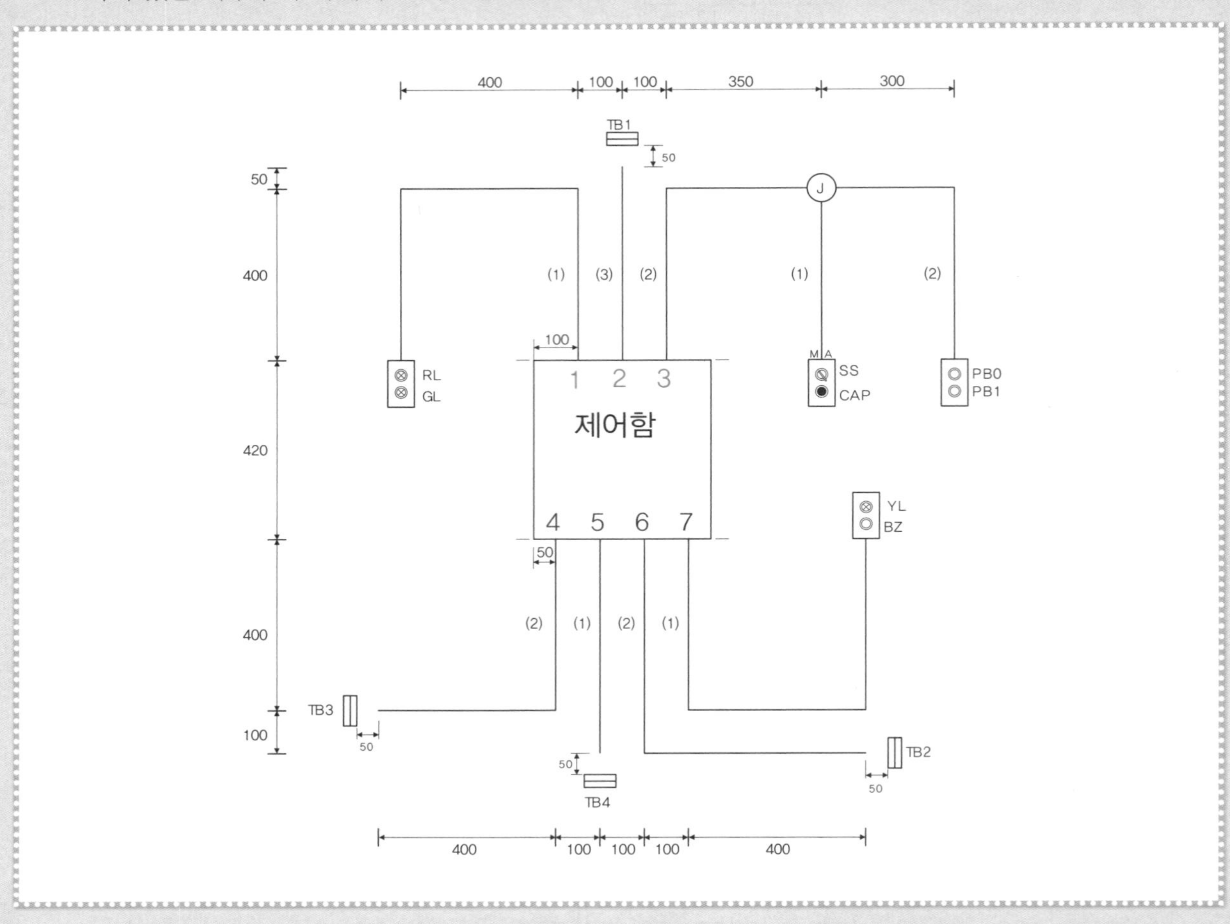

1 위쪽 단자대 이름 부여

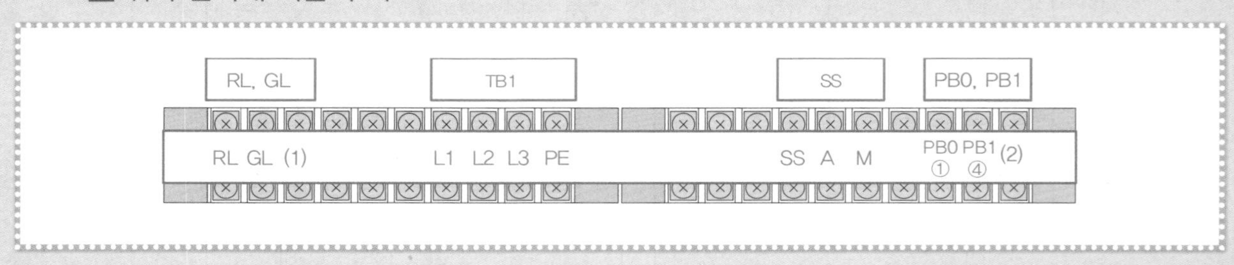

2 아래쪽 단자대 이름 부여

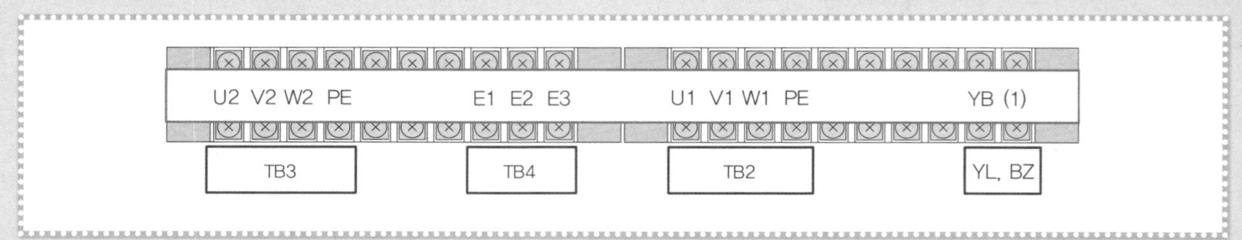

07 주회로 배선

1 (가) · (나)회로

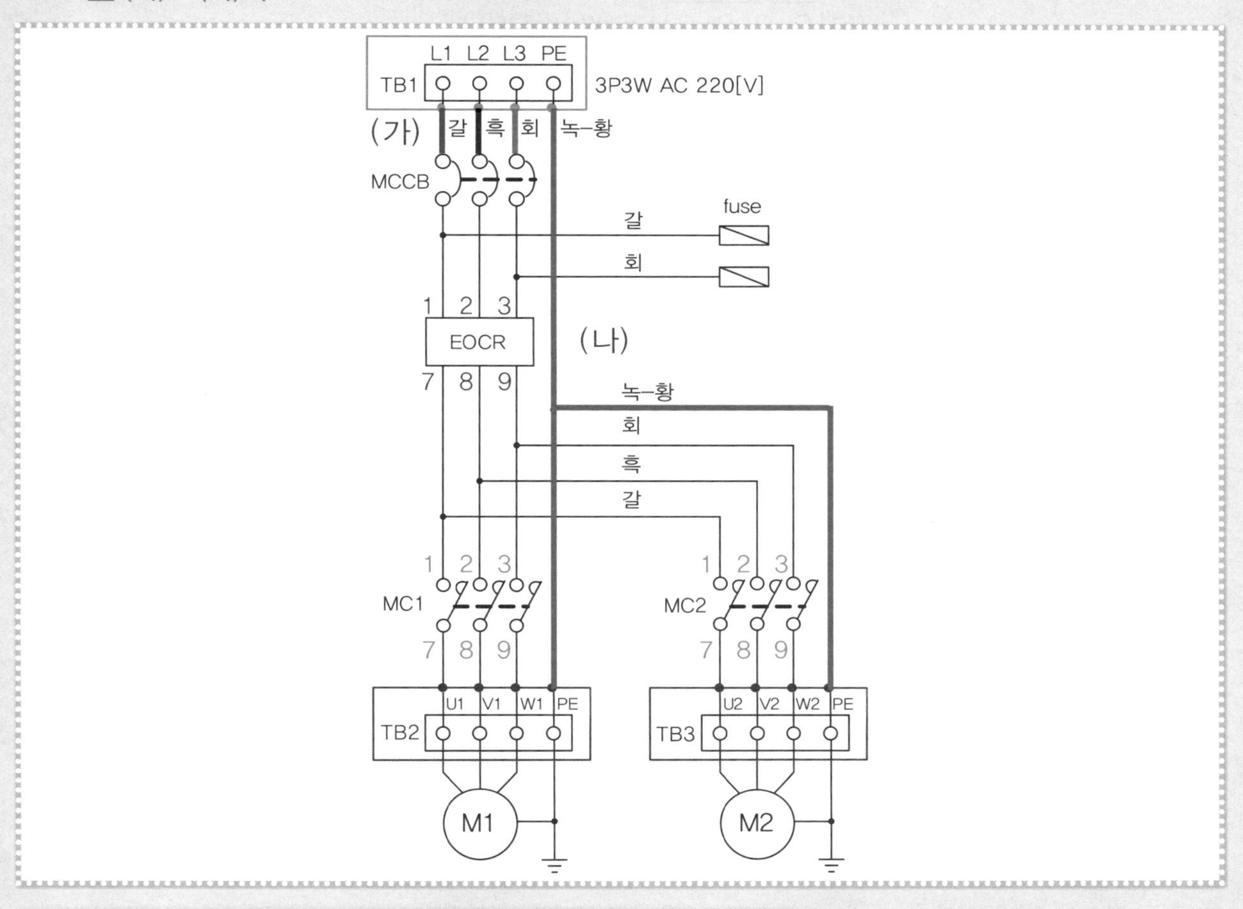

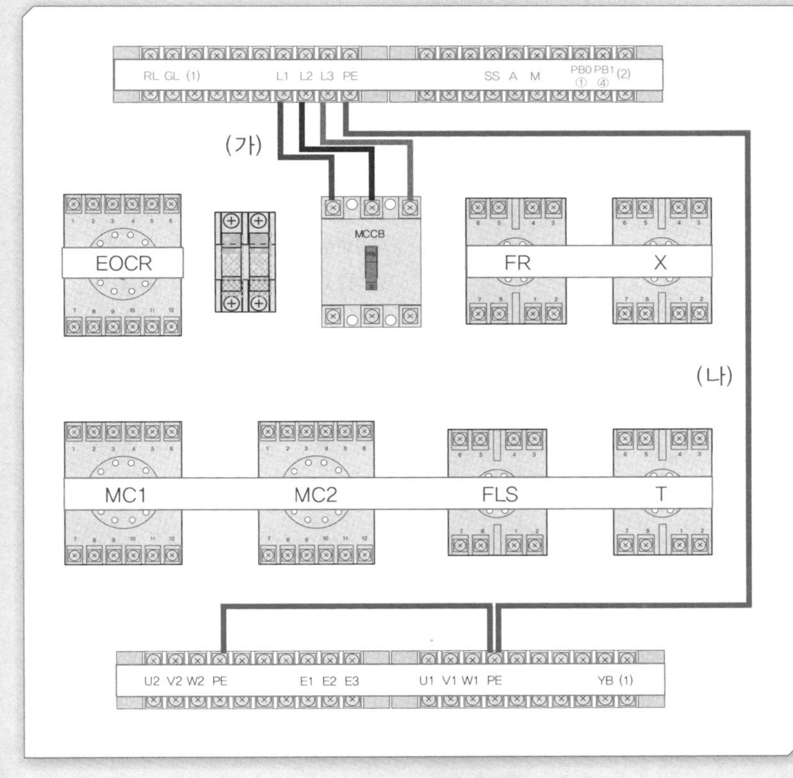

- 주회로는 모두 2.5[mm²] 전선을 사용하여 배선한다.
  L1상 : 갈색
  L2상 : 흑색
  L3상 : 회색
  PE(접지) : 녹–황색
- **(가)회로**
  갈색 : L1 ⇔ 차단기 1차측 L1상
  흑색 : L2 ⇔ 차단기 1차측 L2상
  회색 : L3 ⇔ 차단기 1차측 L3상
- **(나)회로(녹–황색 전선)**
  TB1–PE ⇔ TB2–PE ⇔ TB3–PE

2 (다) · (라)회로

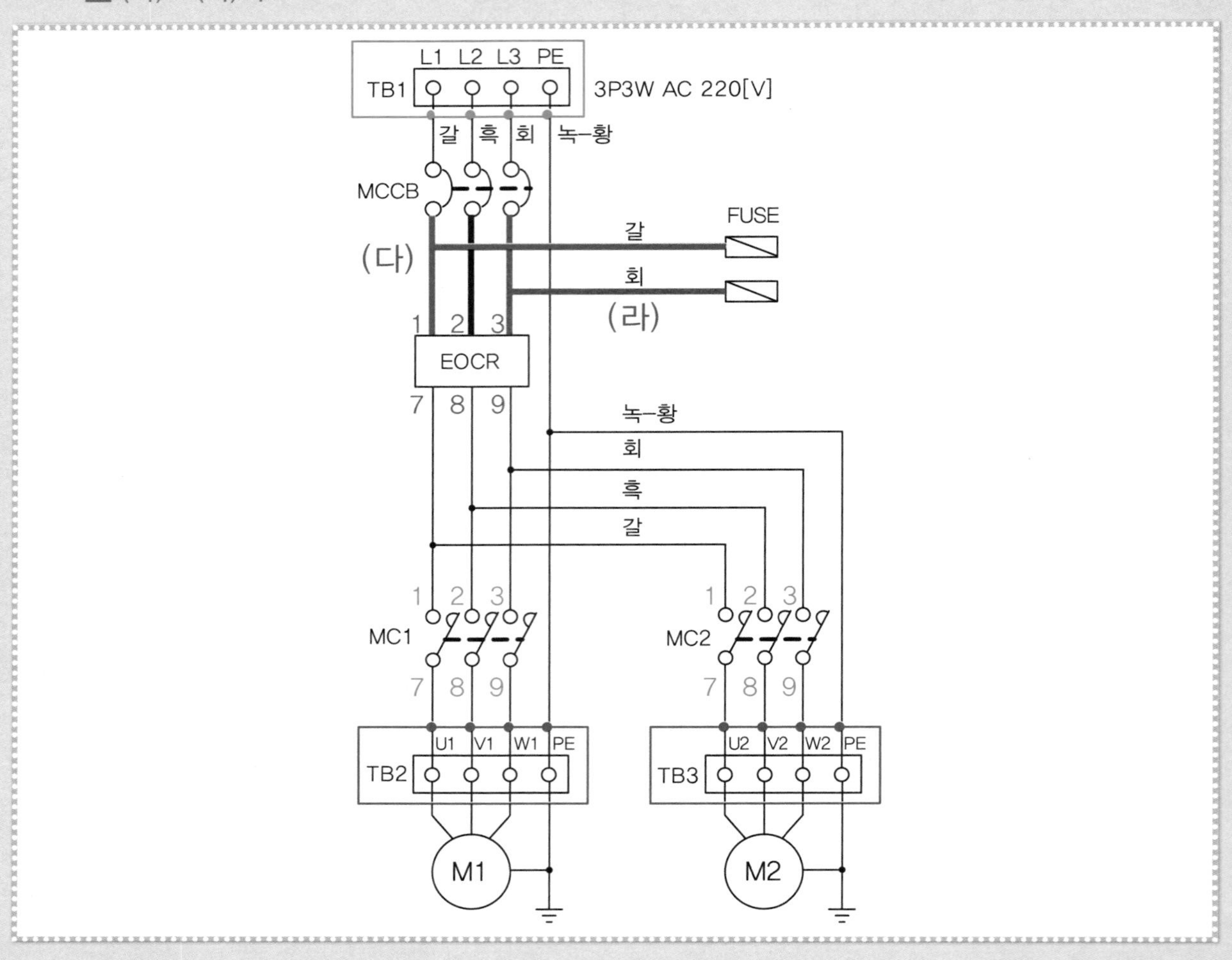

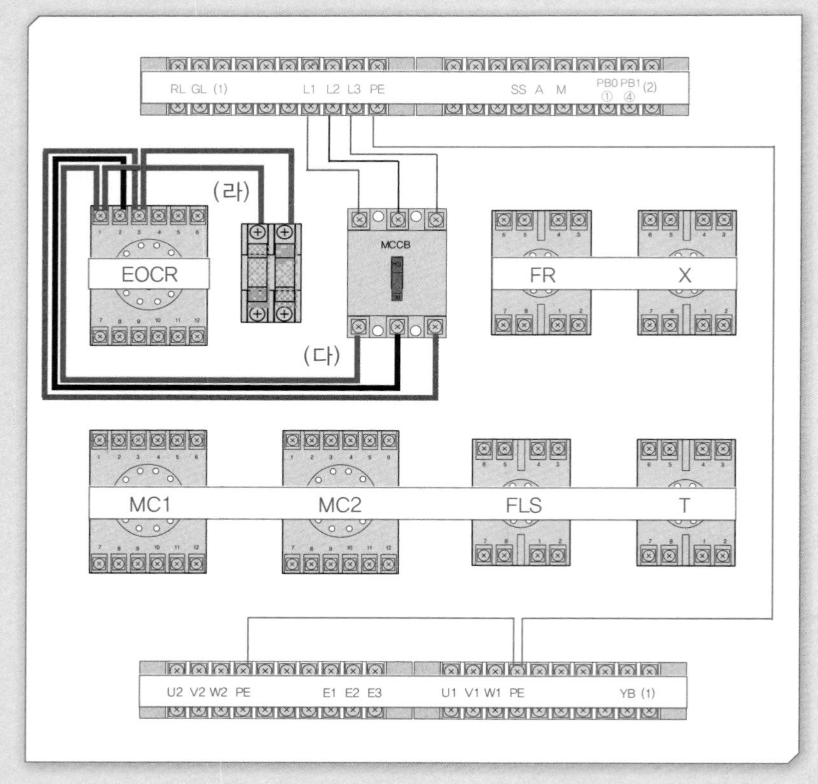

- **(다)회로**
  갈색 : 차단기 2차측 L1상 ⇔ EOCR-①
  흑색 : 차단기 2차측 L2상 ⇔ EOCR-②
  회색 : 차단기 2차측 L3상 ⇔ EOCR-③
- **(라)회로**
  갈색 : EOCR-① ⇔ 퓨즈 1차측
  회색 : EOCR-③ ⇔ 퓨즈 1차측

3 (마)회로

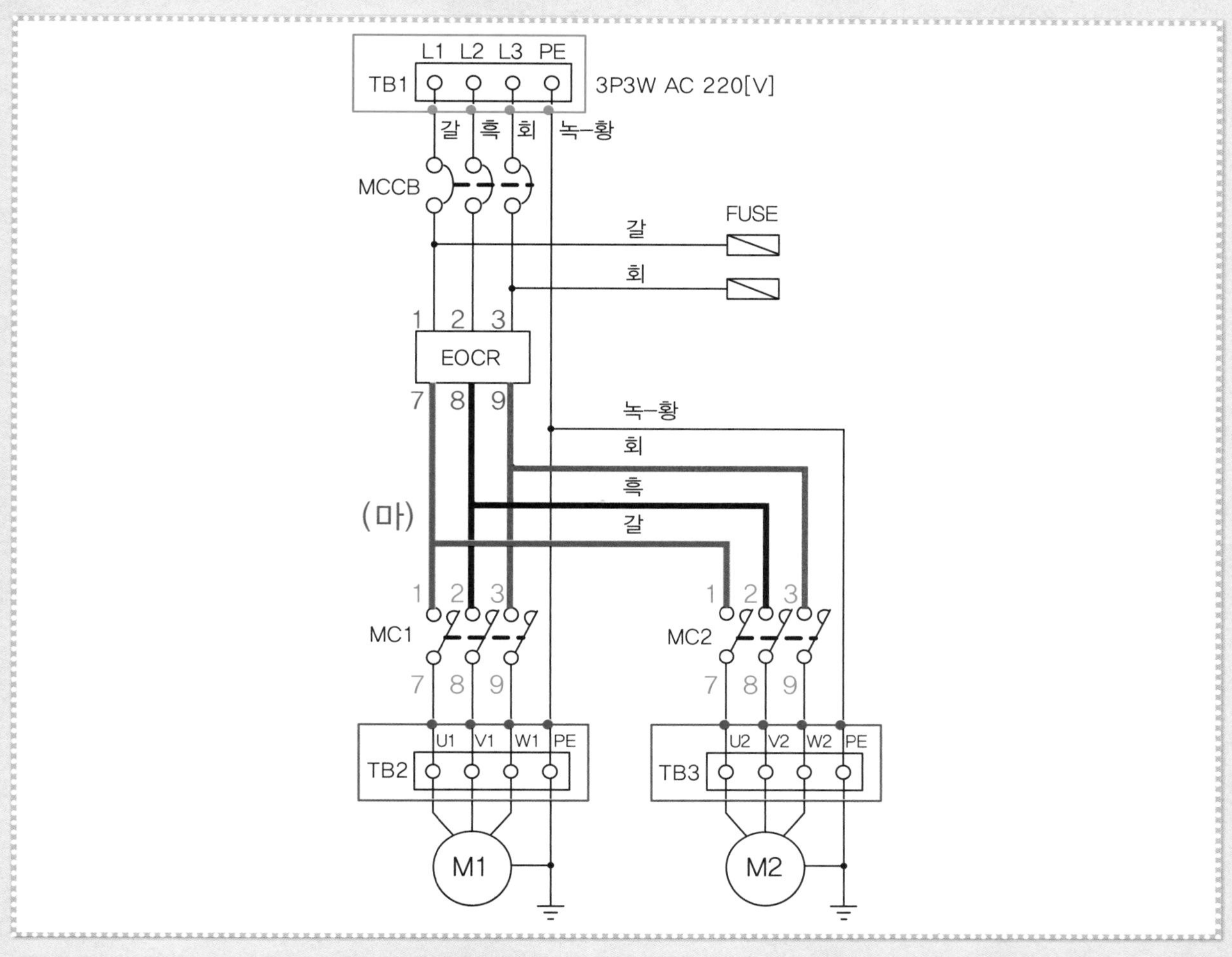

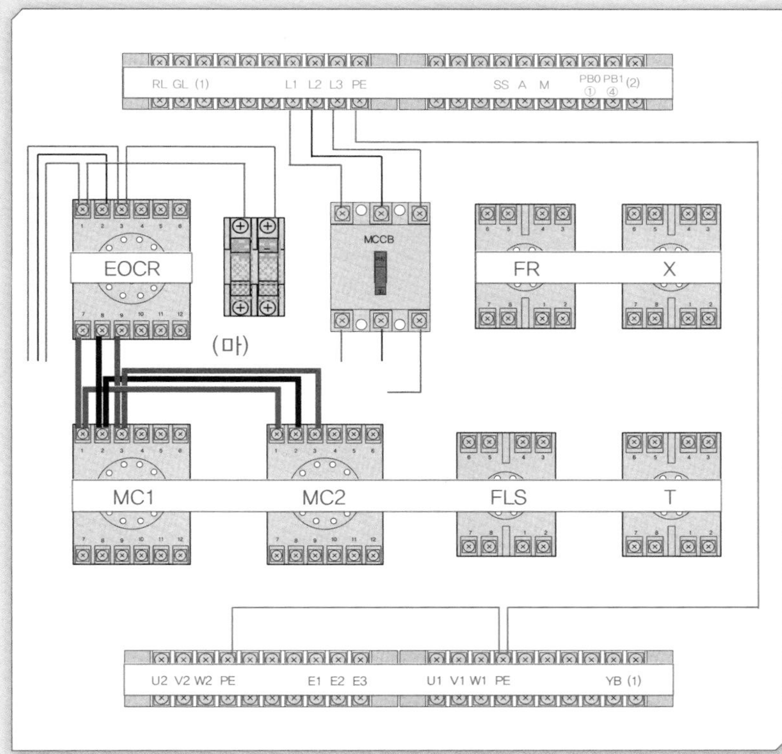

- **(마)회로**
  갈색 : EOCR-⑦ ⇔ MC1-① ⇔ MC2-①
  흑색 : EOCR-⑧ ⇔ MC1-② ⇔ MC2-②
  회색 : EOCR-⑨ ⇔ MC1-③ ⇔ MC2-③

4 (바) · (사)회로

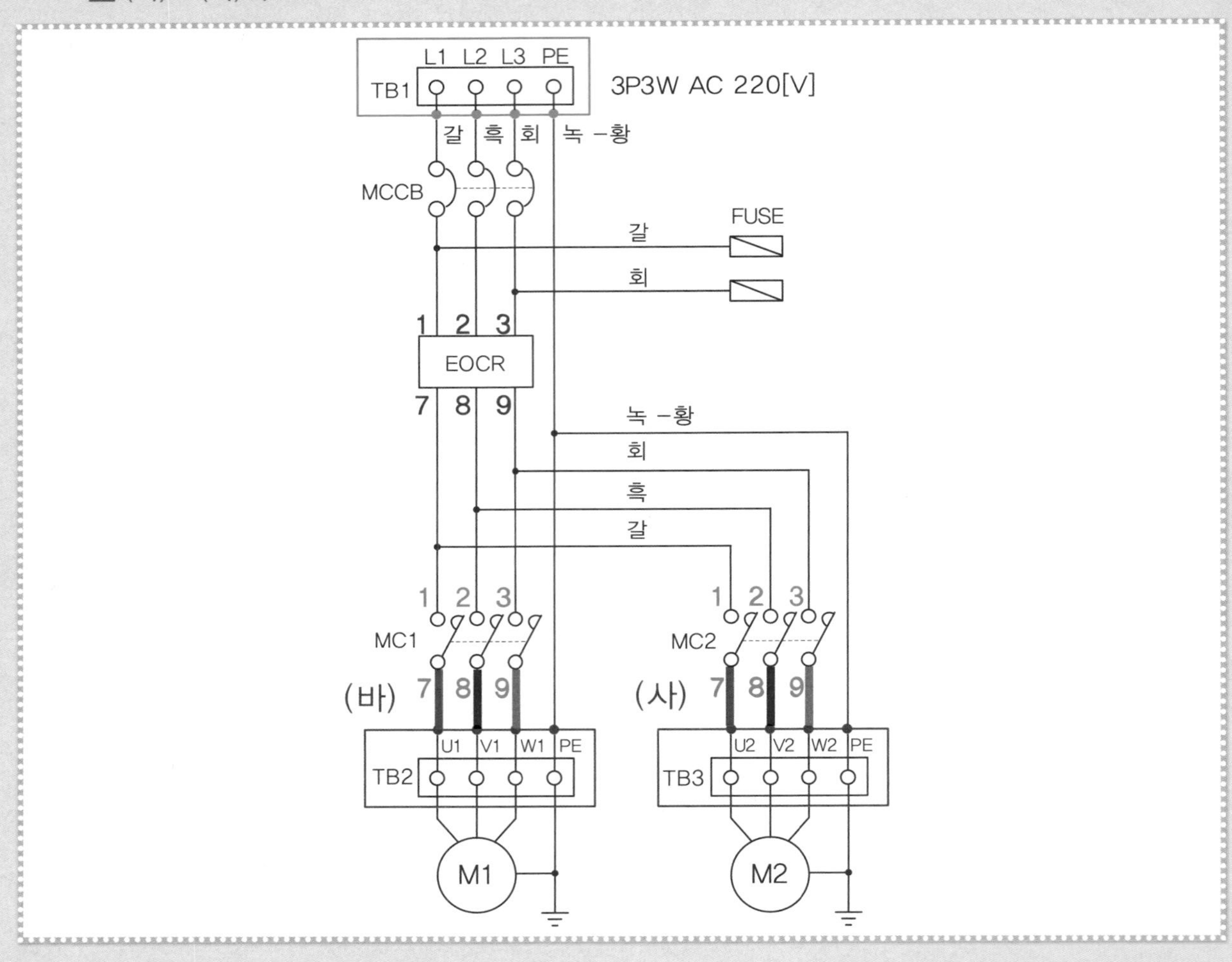

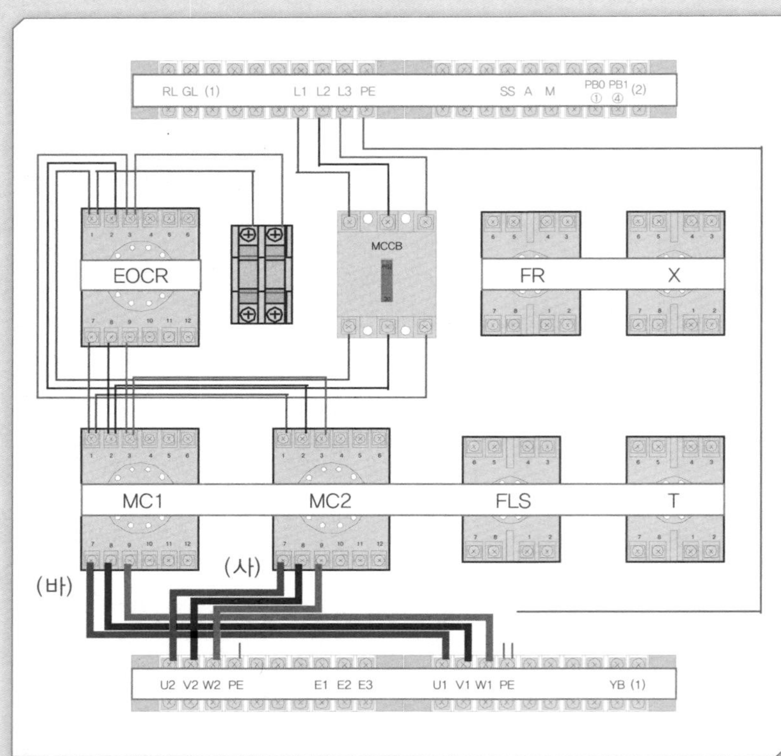

- **(바)회로**
  갈색 : MC1–⑦ ⇔ TB2–U1
  흑색 : MC1–⑧ ⇔ TB2–V1
  회색 : MC1–⑨ ⇔ TB2–W1
- **(사)회로**
  갈색 : MC2–⑦ ⇔ TB3–U2
  흑색 : MC2–⑧ ⇔ TB3–V2
  회색 : MC2–⑨ ⇔ TB3–W2

08 제어회로 배선

1 (1)번 회로

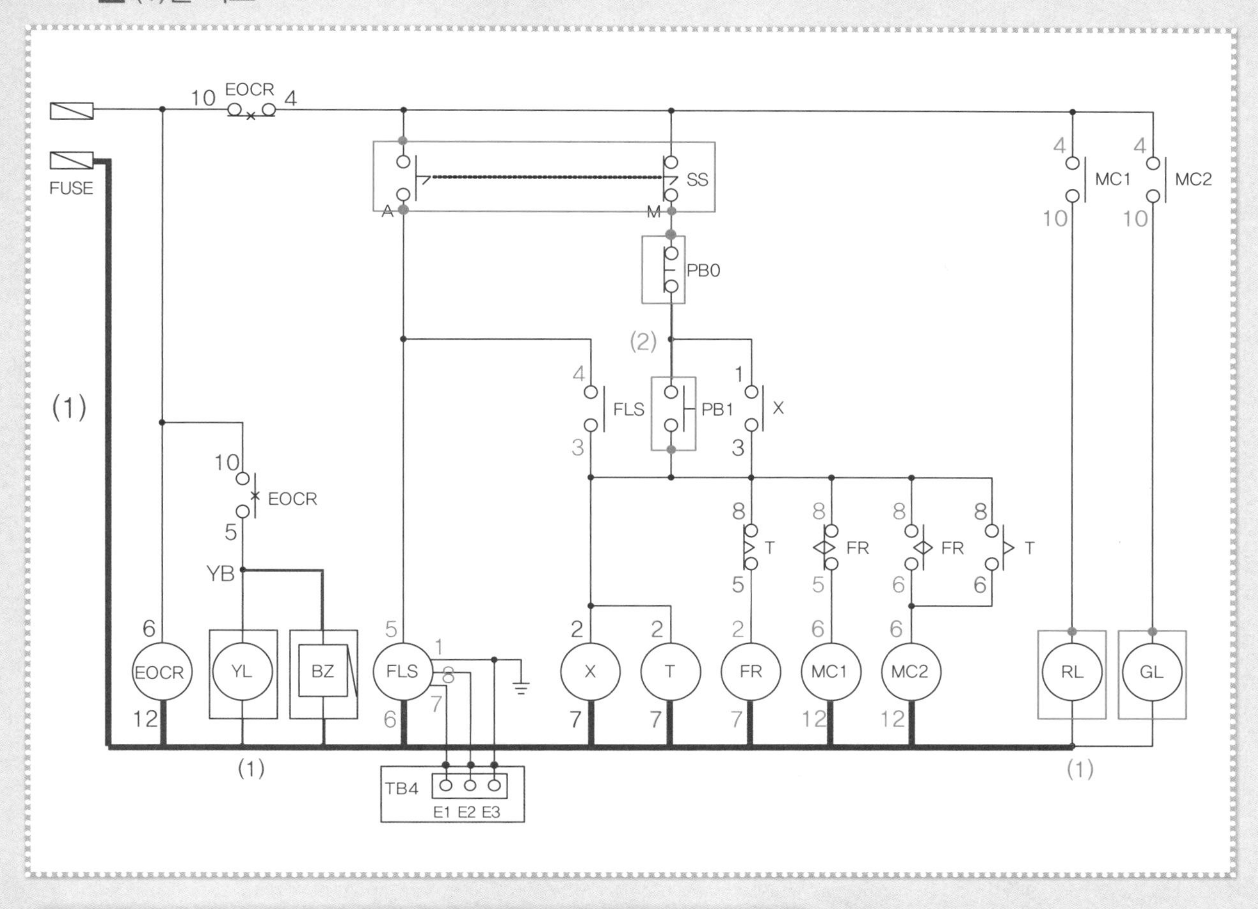

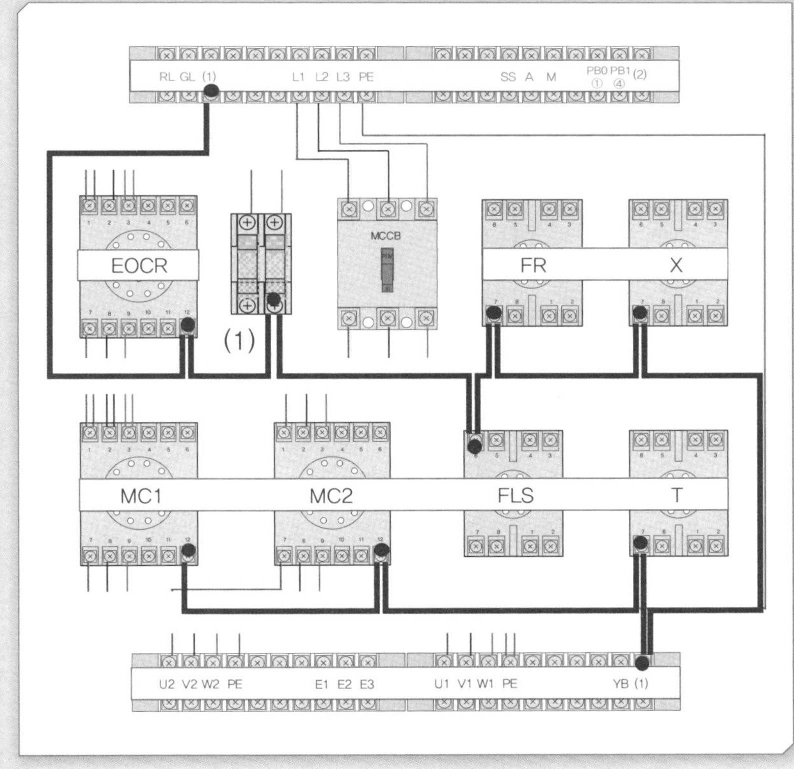

- 제어회로는 황색 전선을 사용한다. 연결해야 할 단자가 많은 경우 제어회로도를 보고 순서대로 표시한 후 최단 거리로 연결한다(종이테이프를 잘라 붙이면 편리함).
- **(1)번 회로**
  퓨즈 2차 ⇔ EOCR-⑫ ⇔ (1) ⇔ FLS-⑥ ⇔ X-⑦ ⇔ T-⑦ ⇔ FR-⑦ ⇔ MC1-⑫ ⇔ MC2-⑫ ⇔ (1) 등 10개의 단자를 연결한다.
- 앞쪽의 (1)은 YL과 BZ을 연결한 공통단자 번호이고, 뒷쪽의 (1)은 RL과 GL을 연결한 공통단자 번호이다.

2 (2)번 회로

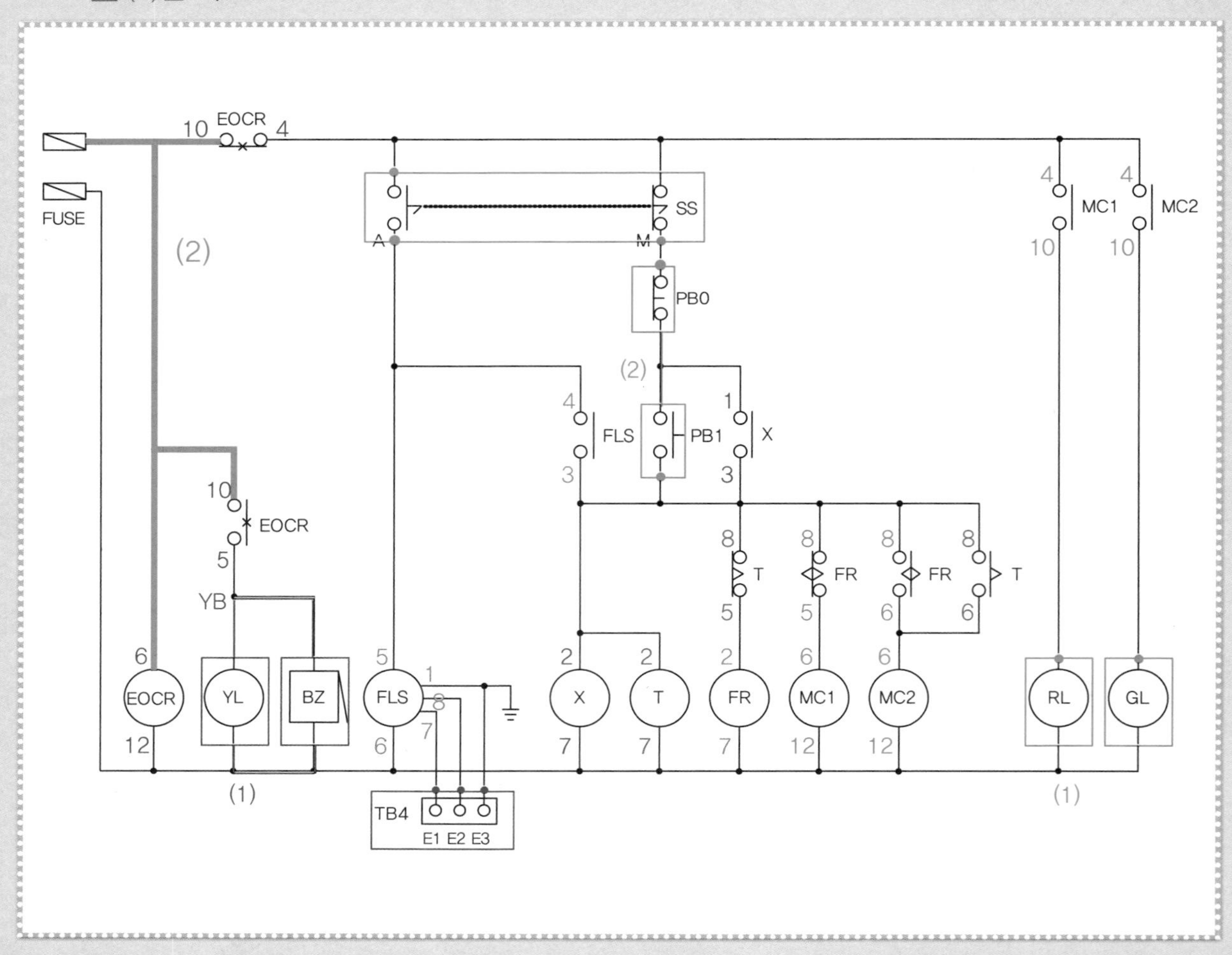

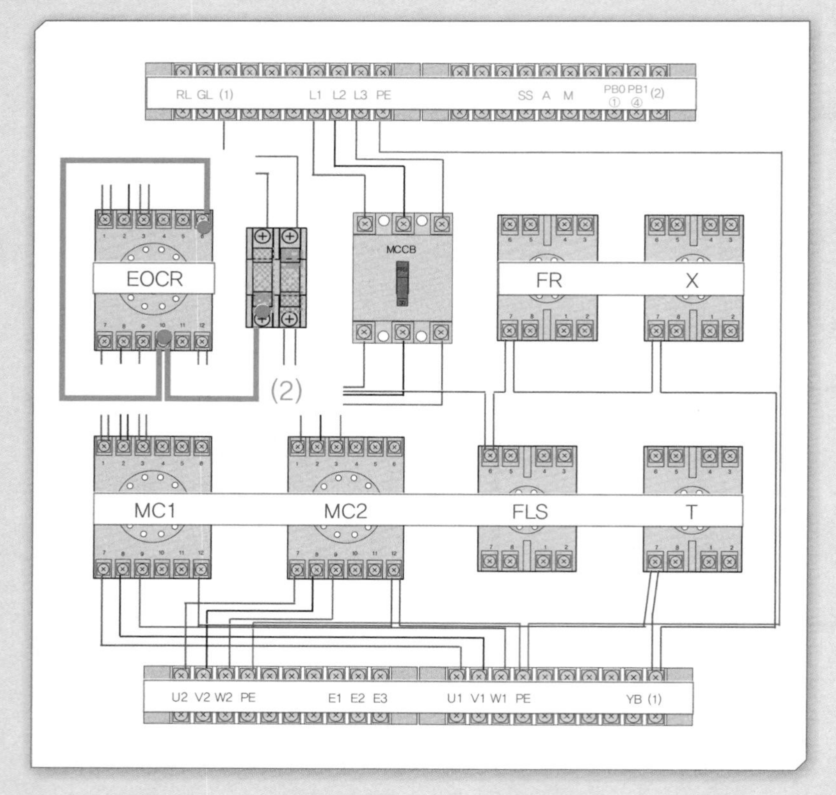

- **(2)번 회로**
  퓨즈 2차 ⇔ EOCR–⑩ ⇔ EOCR–⑥ 등 3개의 단자를 표시해 놓고 최단 거리로 연결한다.

3 (3)번 회로

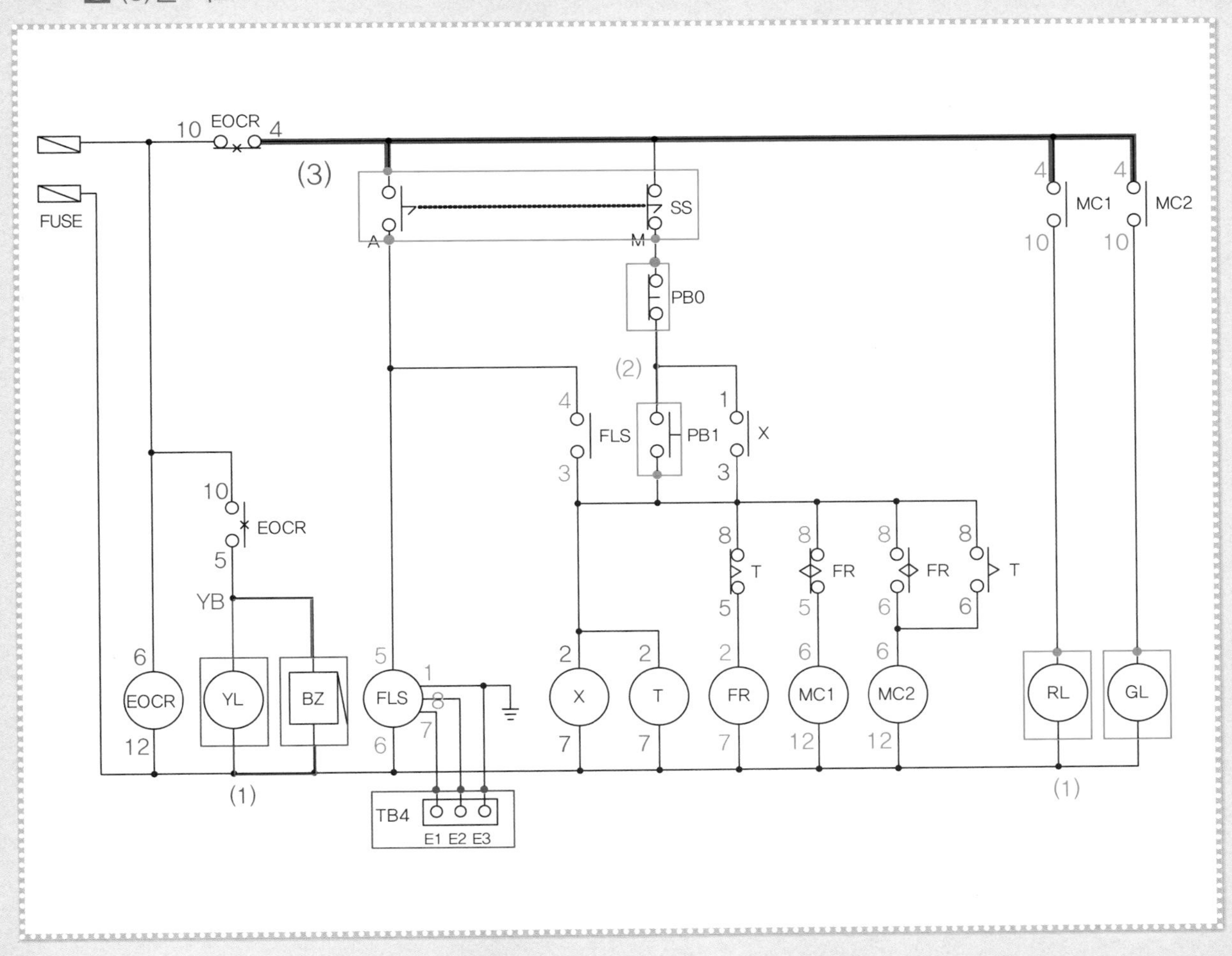

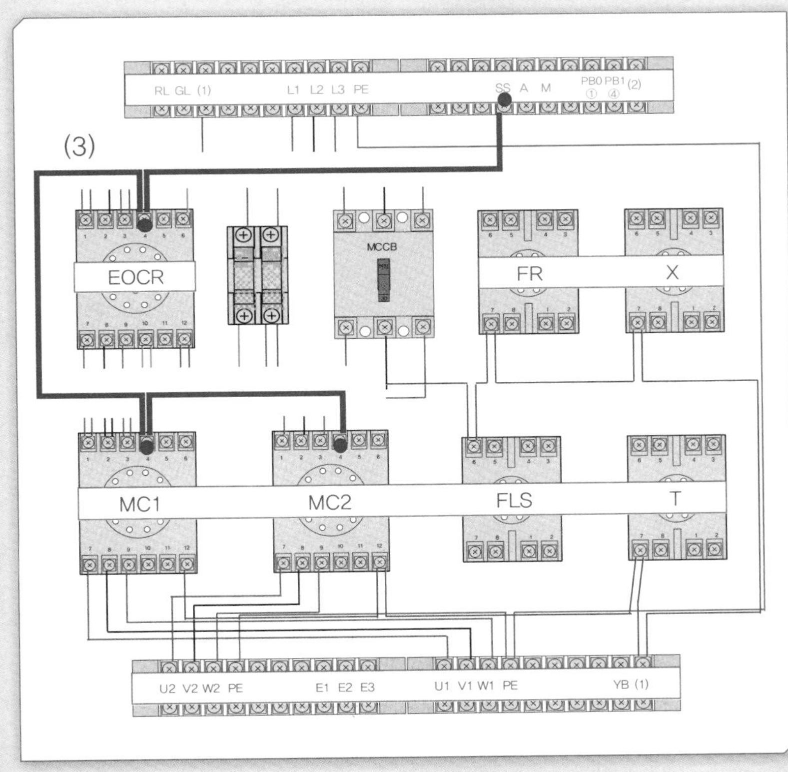

- **(3)번 회로**
  EOCR–④ ⇔ SS ⇔ MC1–④ ⇔ MC2–④ 등 4개의 단자를 연결한다.
- SS는 셀렉터 스위치의 두 단자를 연결한 공통단자이다.

4 (4) · (5)번 회로

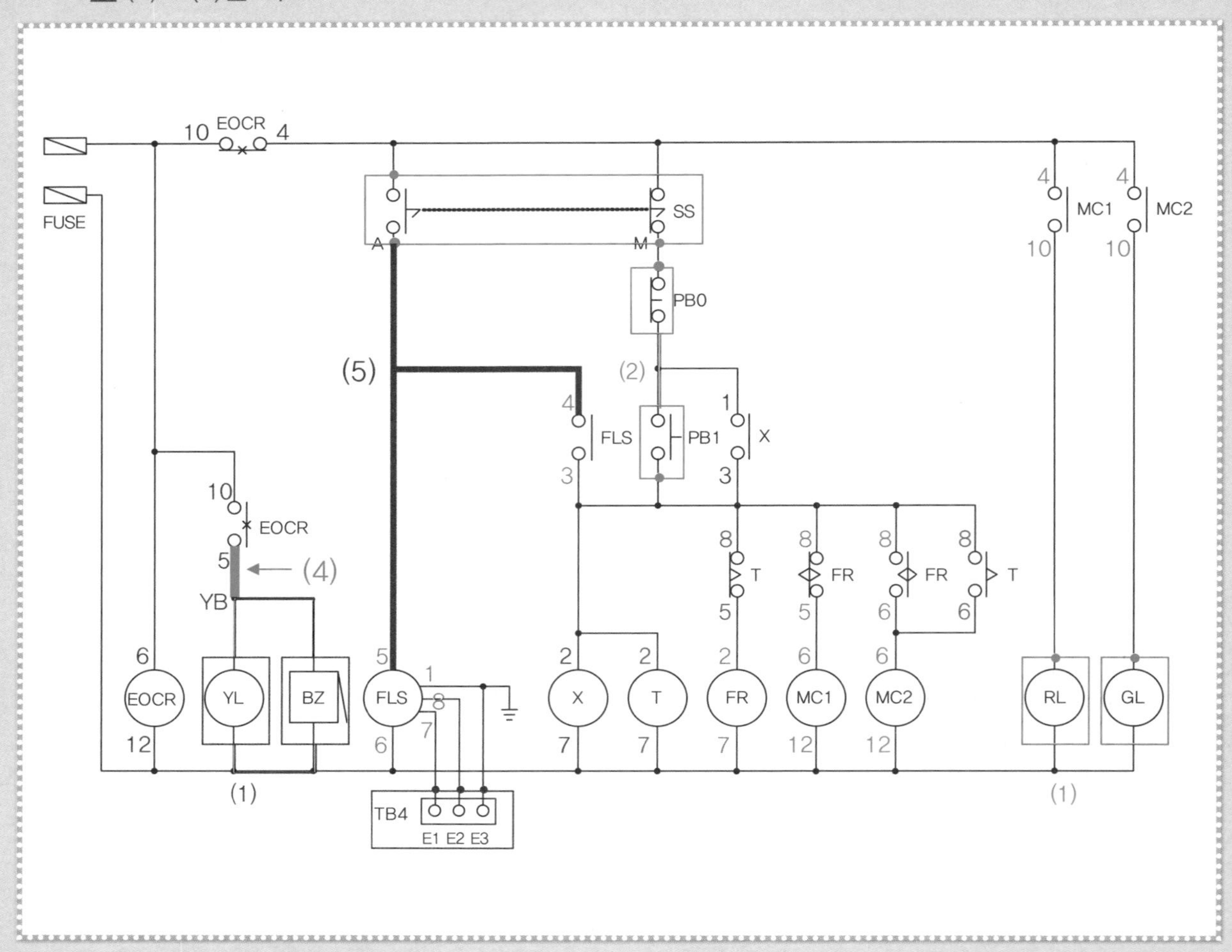

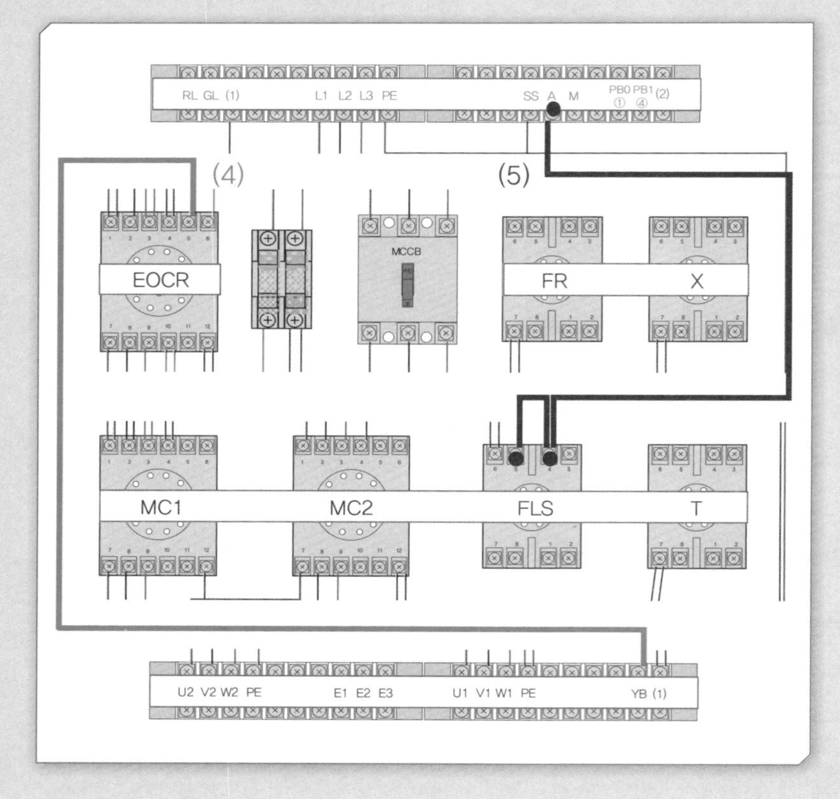

- **(4)번 회로**
  EOCR-⑤ ⇔ YB단자를 연결한다.
- YB단자는 YL과 BZ의 위쪽을 연결한 공통 단자 이름이다.
- **(5)번 회로**
  A ⇔ FLS-⑤ ⇔ FLS-④ 등 3개의 단자를 연결한다.

5 (6)~(8)번 회로

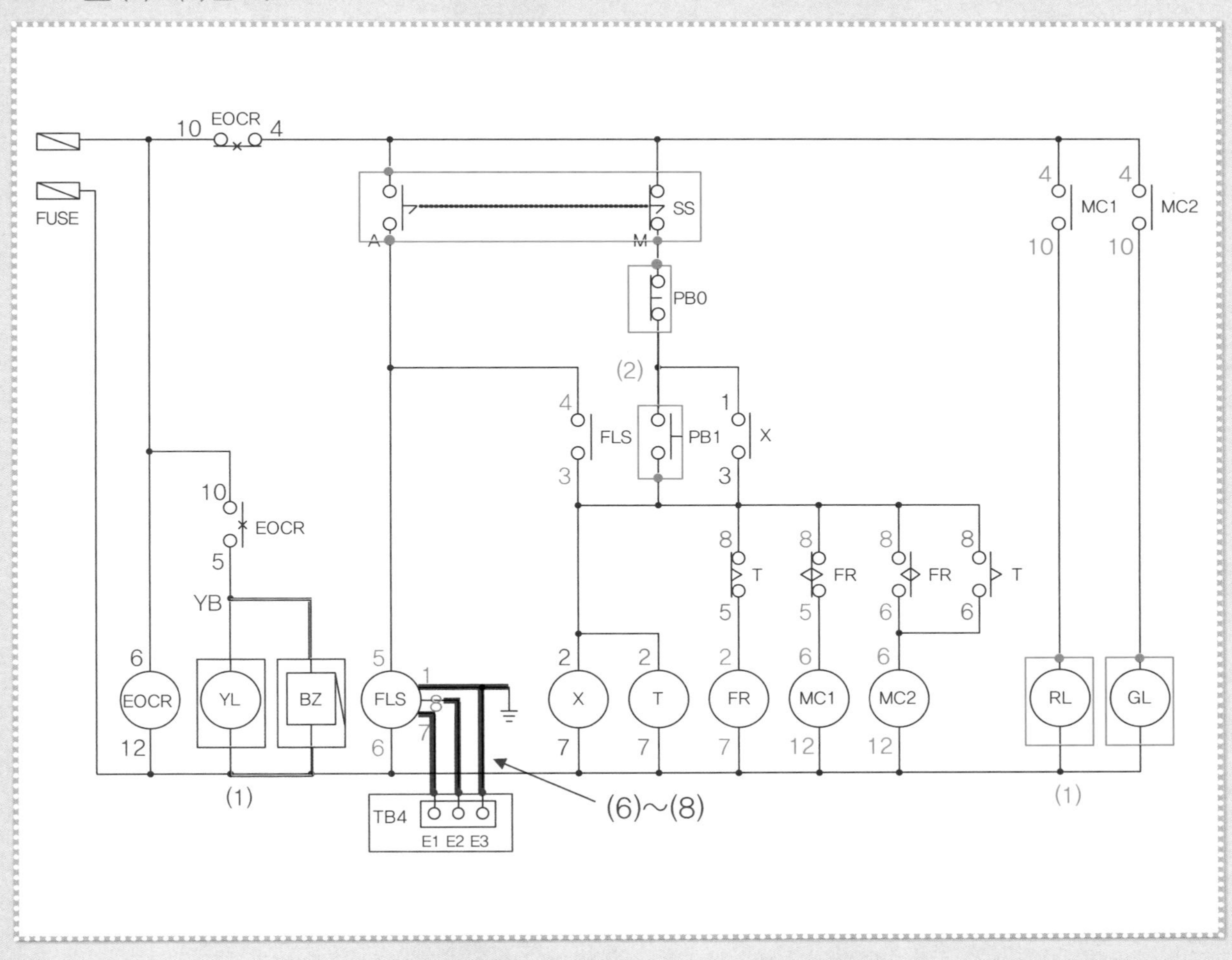

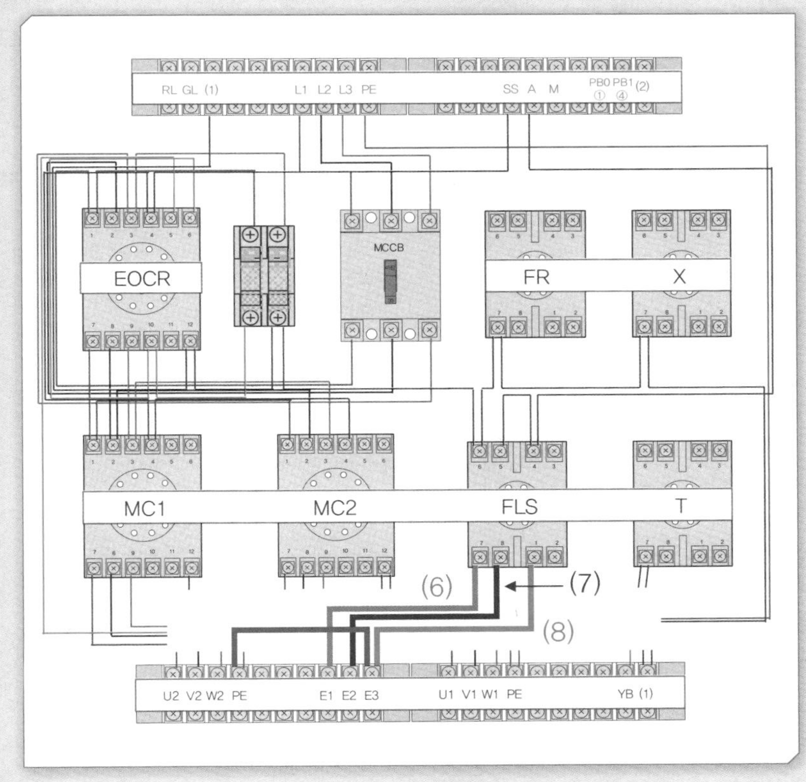

- **(6)번 회로**
  FLS–⑦ ⇔ E1단자를 연결한다.
- **(7)번 회로**
  FLS–⑧ ⇔ E2단자를 연결한다.
- **(8)번 회로**
  FLS–① ⇔ E3단자를 연결한다.
  E3단자 ⇔ PE단자를 연결(녹–황색)

6 (9) · (10)번 회로

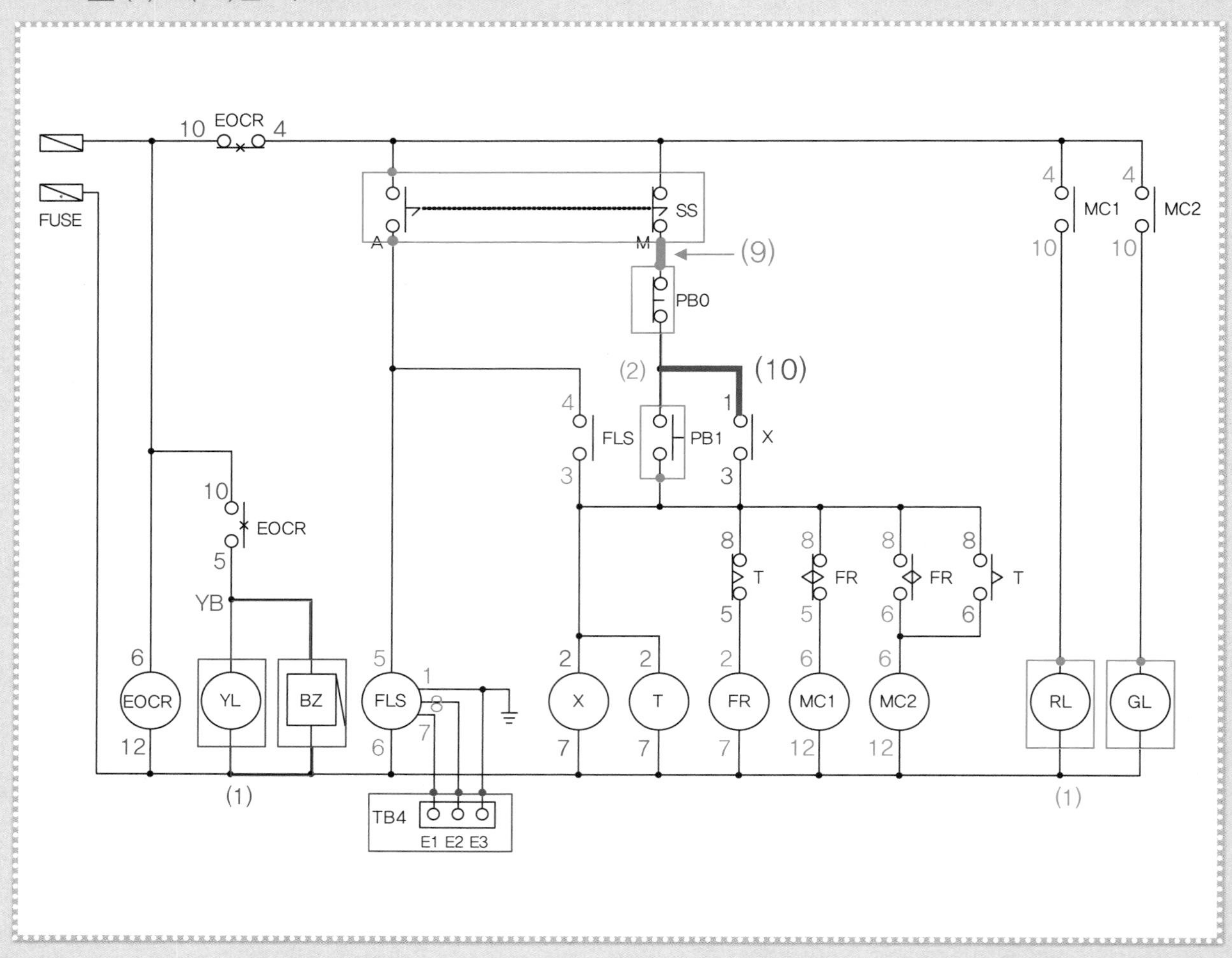

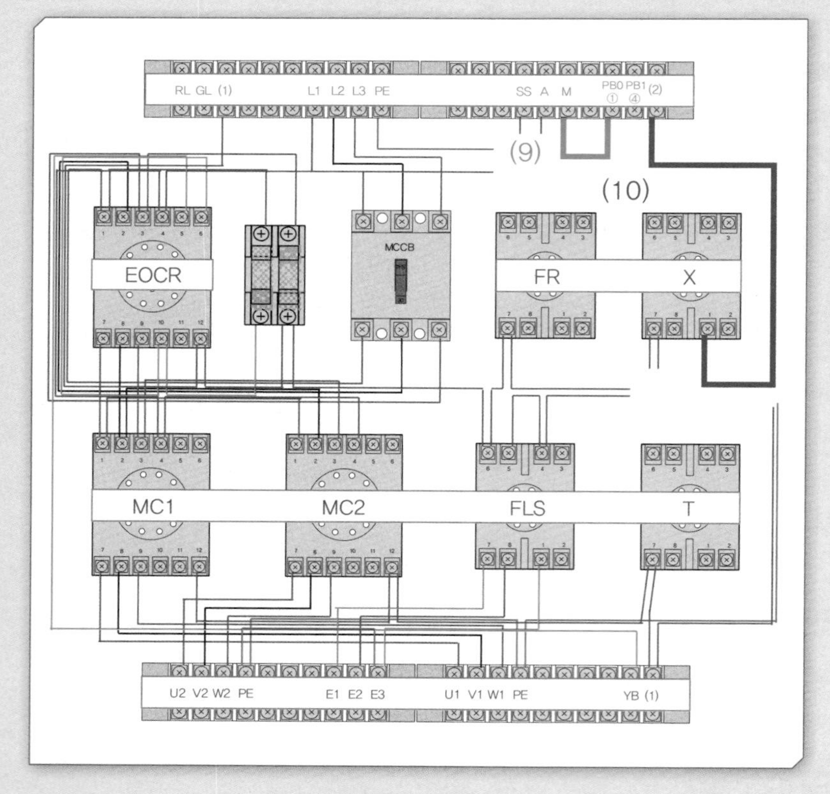

- **(9)번 회로**
  M ⇔ PB0-①단자를 연결한다.
- **(10)번 회로**
  공통(2) ⇔ X-①단자를 연결한다.
- (2)는 PB0-②와 PB1-③을 연결한 공통 단자 번호이다.

7 (11)번 회로

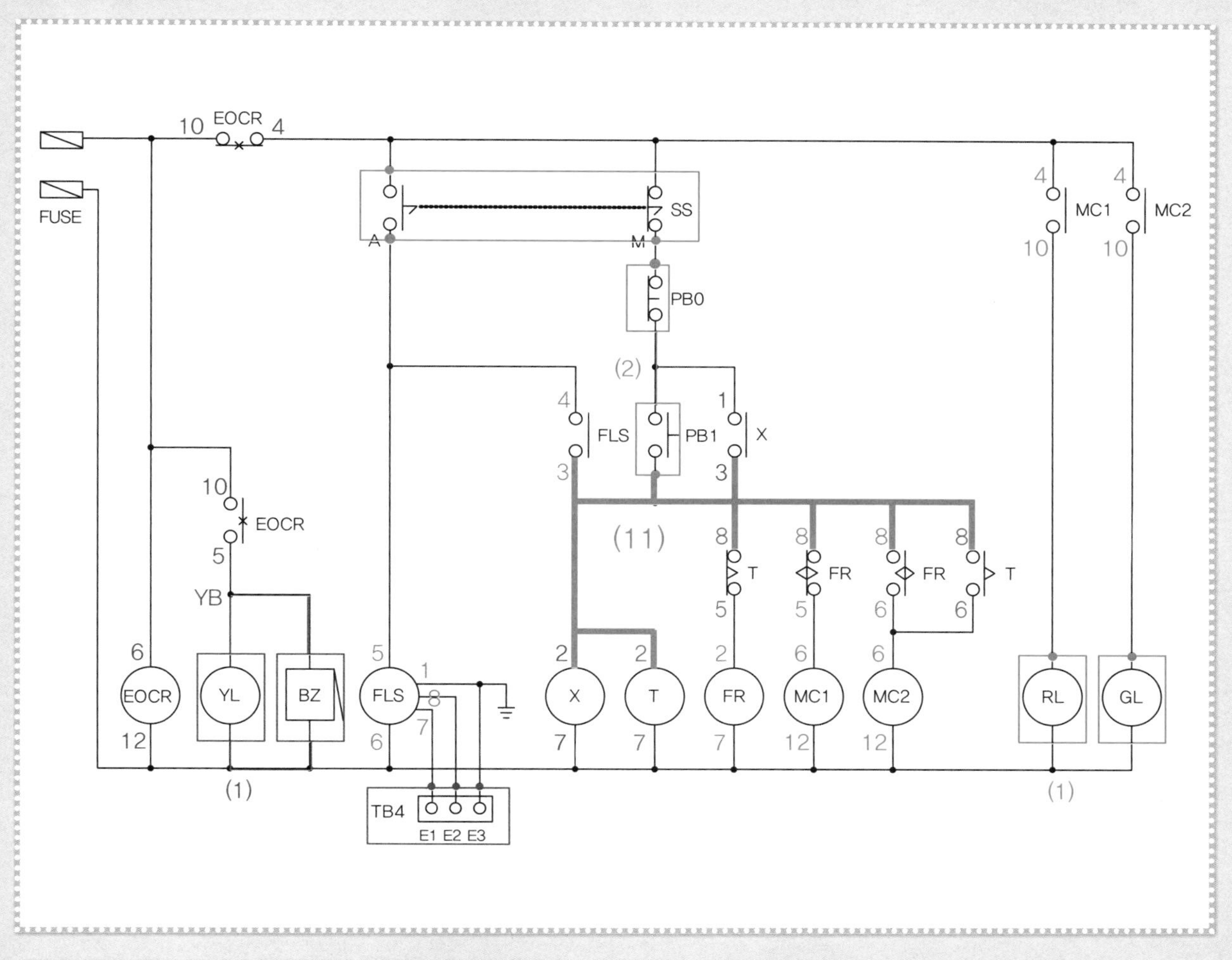

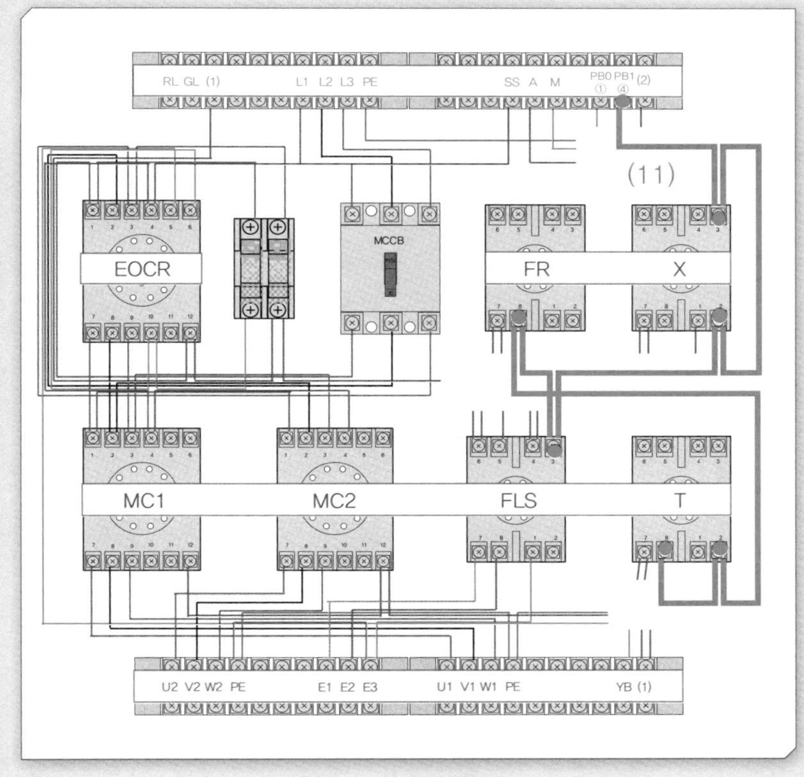

- **(11)번 회로**
  FLS–③ ⇔ X–② ⇔ T–② ⇔ PB1–④ ⇔ X–③ ⇔ T–⑧ ⇔ FR–⑧ 등 7개의 단자를 연결한다.
- T–⑧, FR–⑧은 각각 2개의 단자가 있으나 공통단자이므로 한 번만 연결하면 된다.

8 (12)~(14)번 회로

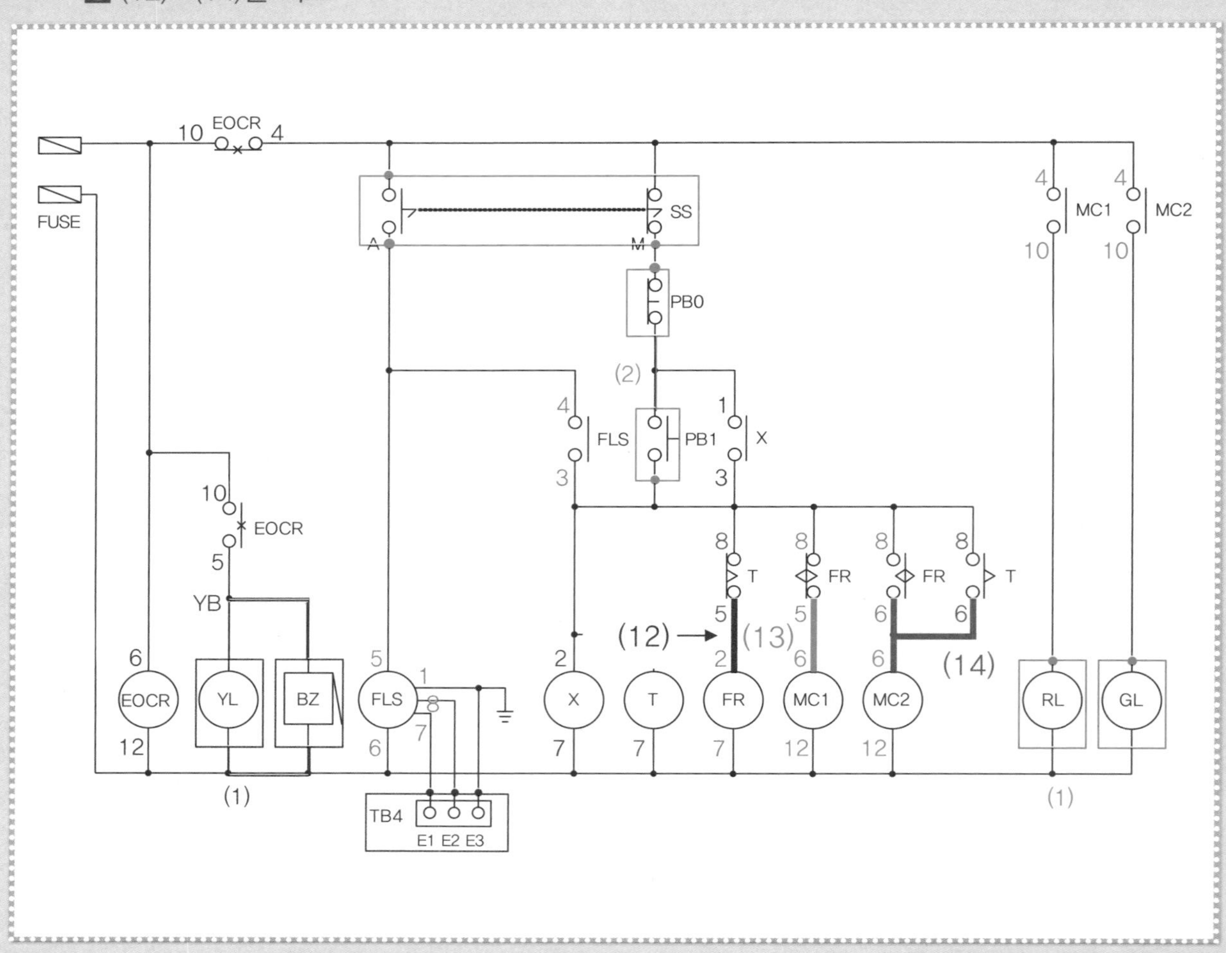

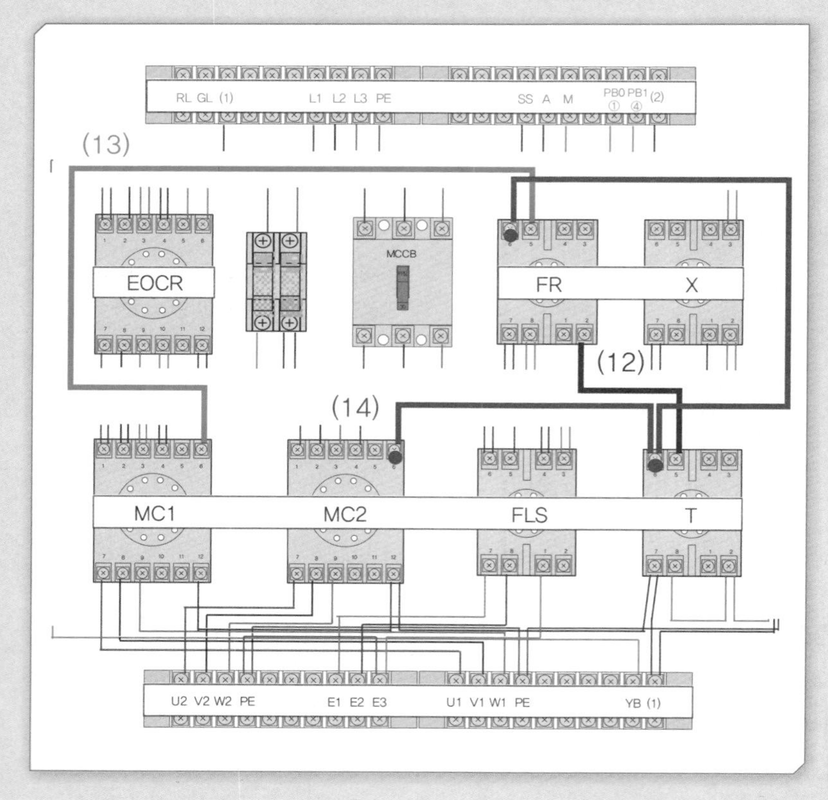

- **(12)번 회로**
  T–⑤ ⇔ FR–②단자를 연결한다.
- **(13)번 회로**
  FR–⑤ ⇔ MC1–⑥단자를 연결한다.
- **(14)번 회로**
  FR–⑥ ⇔ MC2–⑥ ⇔ T–⑥ 등 3개의 단자를 연결한다.

9 (15) · (16)번 회로

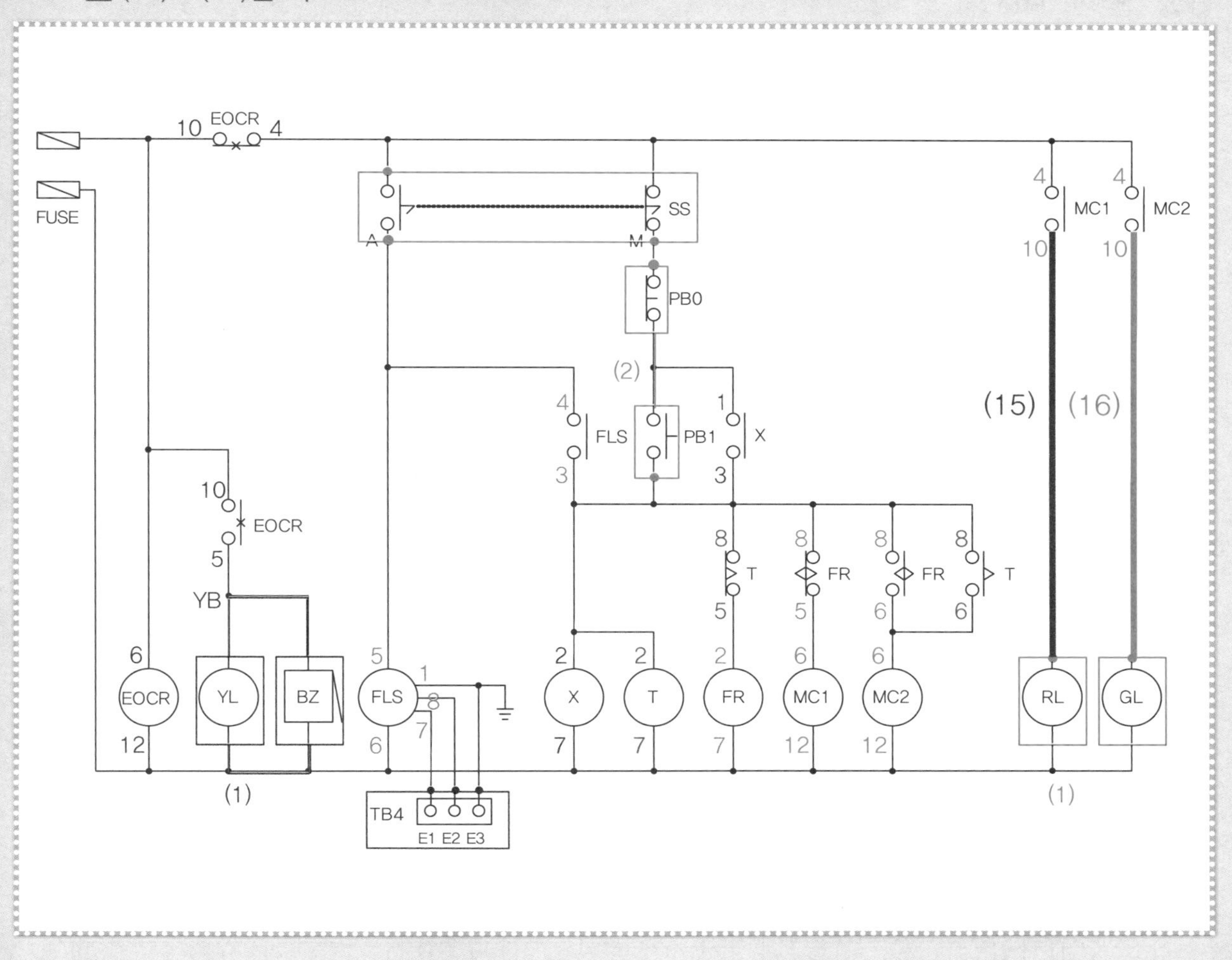

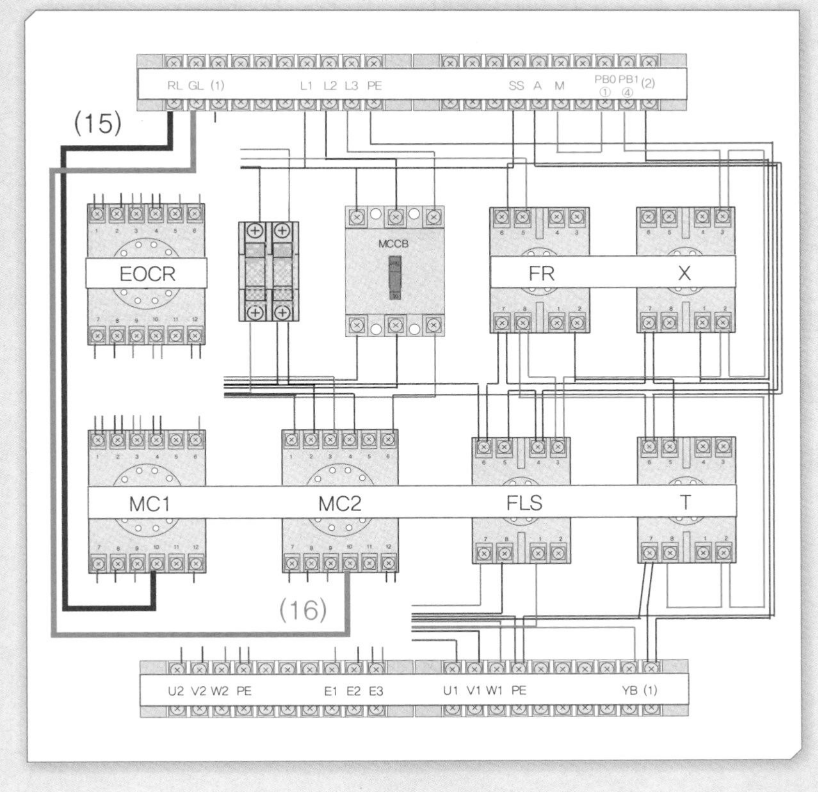

- **(15)번 회로**
  MC1–⑩ ⇔ RL단자를 연결한다.
- **(16)번 회로**
  MC2–⑩ ⇔ GL단자를 연결한다.

09 제어함 점검

제어함 배선이 끝나면 회로를 점검한다.

1 육안점검

(1) 단자대 이름이 부여된 곳에 전선 연결이 누락된 곳이 있는지 확인한다.

(2) 계전기의 전원단자와 접점이 잘 사용되었는지 확인한다.

2 벨 시험기로 점검

회로도를 보면서 아래쪽 모선, 위쪽 모선, 가운데 회로 순서로 회로를 점검한다.

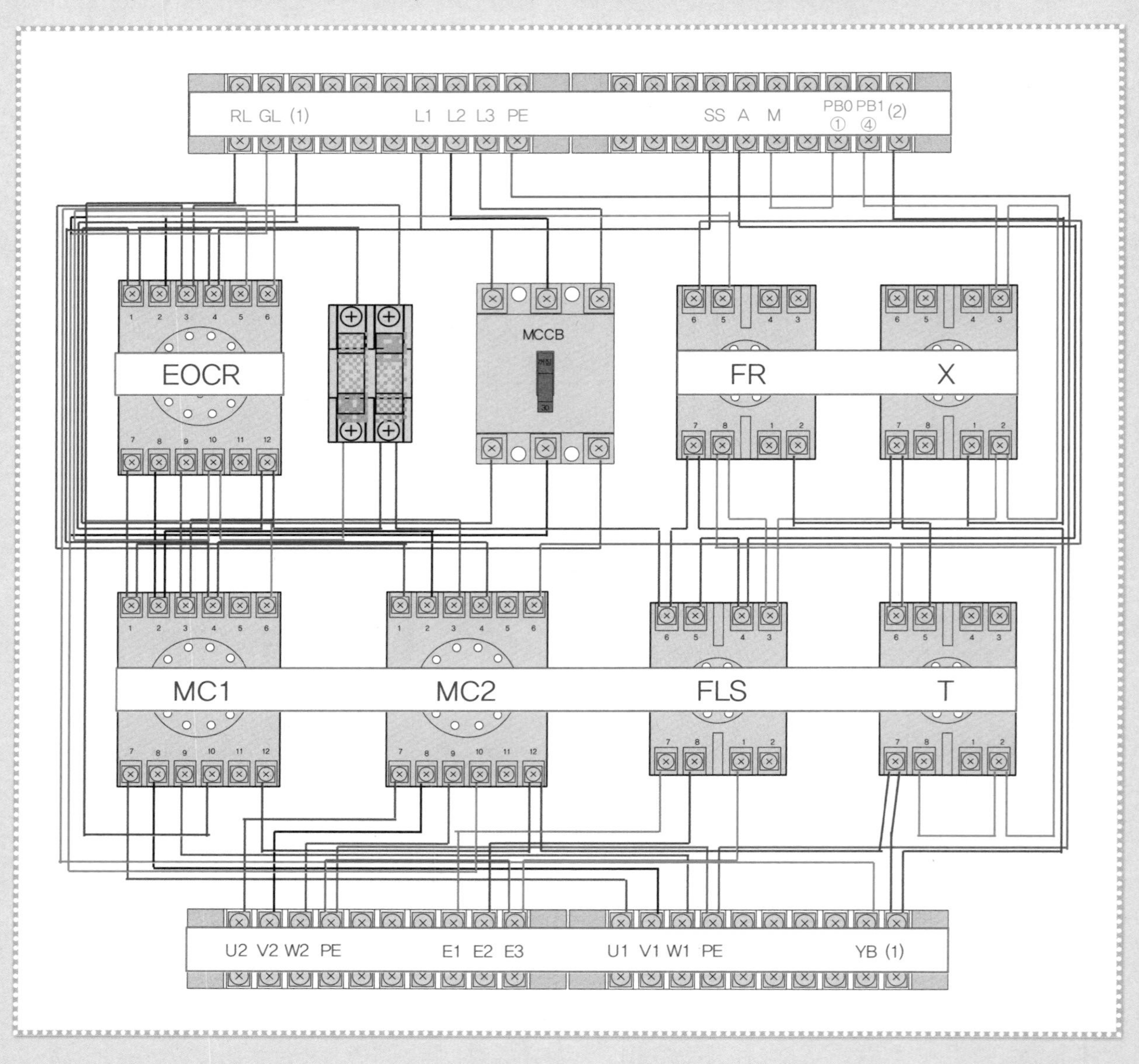

10 배관 및 입선작업 순서

(1) 제어판의 상단을 어깨 정도의 높이로 작업판에 부착한다.

(2) 배관할 위치를 도면의 치수에 맞게 제도하고 기구를 부착한다(단자대, 컨트롤 박스 등).

(3) 새들의 위치를 표시하고 배관의 종류에 맞게 커넥터를 조립한 후 배관을 실시한다.

(4) 배관에 입선할 전선 가닥수를 산출하여 입선한다. 제어함이나 컨트롤 박스 내부에서 결선할 전선의 길이를 여유있게 계산해 주어야 한다.

(5) TB1은 4C 케이블을 사용한다(갈, 흑, 회, 녹-황).

(6) TB2, TB3는 2.5[mm^2] 전선을 사용한다(갈색, 흑색, 회색, 녹-황색 전선을 사용).

(7) 이 과제에서 배관은 생략하고 제어판의 외부에 기구를 연결하여 동작하는 것으로 한다.

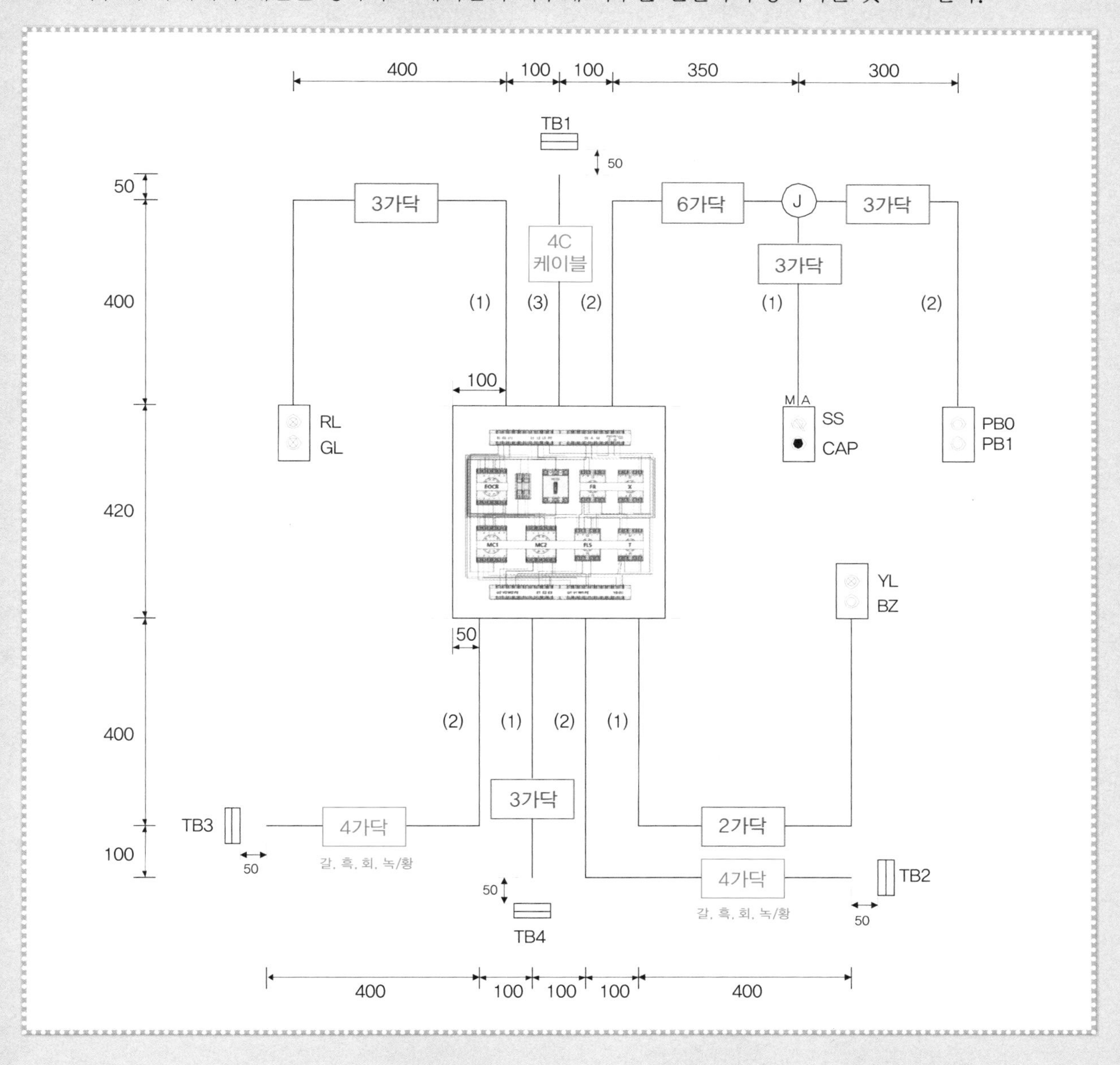

11 결선작업

1 위쪽 단자대 결선작업

2구 박스의 뚜껑에 표시등 RL과 GL, 셀렉터 스위치 SS와 CAP, 푸시버튼 스위치 PB1(녹), PB0(적)을 각각 조립하고 공통단자를 연결해 놓는다(PB는 NC, NO단자에 주의).

(1) **RL · GL 결선** : 입선한 3선을 제어함 단자대에 먼저 연결하고, 벨 시험기로 (1)번 선을 찾아 표시등의 공통단자에 연결한다. RL과 GL선을 찾아 각각 표시등에 연결한다.

(2) **TB1 결선** : 케이블을 사용하며, 단자대의 왼쪽부터 L1상(갈색), L2상(흑색), L3상(회색), PE(녹-황색) 순서로 결선한다. 전원측 단자대는 동작시험을 할 수 있도록 전원선의 색상에 맞춰 100[mm] 정도 인출하고, 피복은 전선 끝에서 10[mm] 정도 벗겨 놓는다.

(3) **셀렉터 스위치 결선** : 입선한 3선을 제어함 단자쪽을 먼저 연결하고, 벨 시험기로 SS선을 찾아 셀렉터 스위치의 공통단자에 연결한다. 스위치를 왼쪽으로 돌려 놓고, M선은 공통단자와 NO, NC단자에 벨 시험기의 리드선을 접촉하여 소리가 나는 단자에 연결하고, 다른 선은 A단자에 연결한다. 아래쪽의 CAP은 사용하지 않는 홀이므로 홀마개를 구멍에 끼워 놓는다.

(4) **PB1 · PB0 결선** : 입선한 3선을 제어함 단자쪽을 먼저 연결하고, 벨 시험기로 (2)번 선을 찾아 푸시버튼 스위치의 공통단자에 연결한다. PB0와 PB1의 선을 찾아 각각 푸시버튼 스위치에 연결한다.

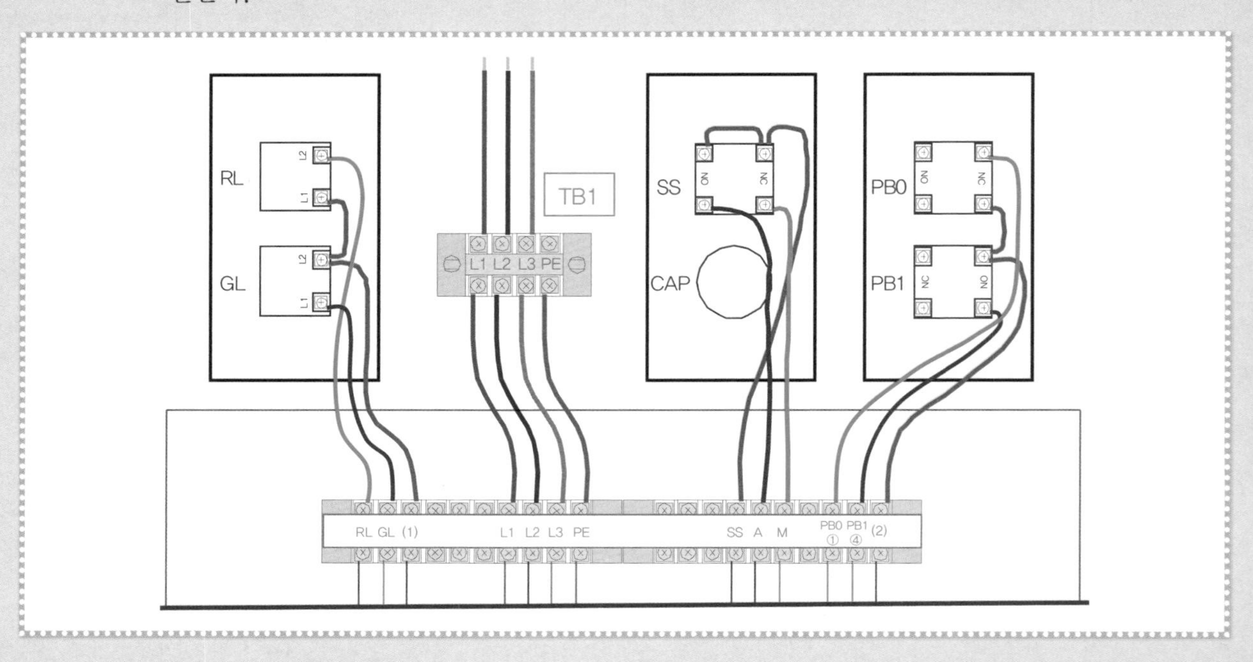

2 푸시버튼 스위치 점검

(1) **PB0 확인** : PB0-①번 단자와 (2)번 단자에 벨 시험기의 리드선을 대면 '삐' 소리가 나고, 눌렀을 때 벨 소리가 정지하면 정상이다.

(2) **PB1 확인** : 뚜껑을 닫은 상태에서 제어함 단자대의 PB1-④번 단자와 (2)번 단자에 벨 시험기의 리드선을 접촉하고 스위치를 누르면 '삐' 소리가 나고, 손을 뗐을 때 벨 소리가 정지하면 정상이다.

3 셀렉터 스위치 점검

(1) SS를 왼쪽으로 돌리고 제어함 단자대의 SS단자와 M단자에 벨 시험기를 대면 '삐' 소리가 난다. 손잡이를 오른쪽으로 돌리면 벨 소리가 정지된다.

(2) 손잡이를 오른쪽으로 돌리고 SS단자와 A단자에 벨 시험기를 대면 '삐' 소리가 난다. 손잡이를 왼쪽으로 돌리면 벨 소리가 정지된다.

4 아래쪽 단자대 결선작업

(1) TB3 결선 : 제어함 단자대는 왼쪽부터, 부하측 단자대는 위쪽부터 U2(갈색), V2(흑색), W2(회색), PE(녹－황색) 순서로 결선한다.

(2) TB4 결선 : 왼쪽부터 E1, E2, E3의 순서로 결선하되 동작시험을 위해 E1은 100[mm], E2는 150[mm], E3는 200[mm] 정도의 선을 인출하고 피복은 전선 끝에서 약 10[mm] 정도 벗겨 놓는다.

(3) TB2 결선 : 제어함 단자대는 왼쪽부터, 부하측 단자대는 위쪽부터 U1(갈색), V1(흑색), W1(회색), PE(녹－황색) 순서로 결선한다.

(4) YL · BZ 결선 : 2구 뚜껑에 YL과 BZ를 고정하고, YL단자와 BZ단자 하나씩을 각각 연결해 공통단자 2개를 만들어 놓는다. 입선한 두 선을 제어함 단자대측에 연결하고, 두 선을 YL의 두 단자에 연결한다.

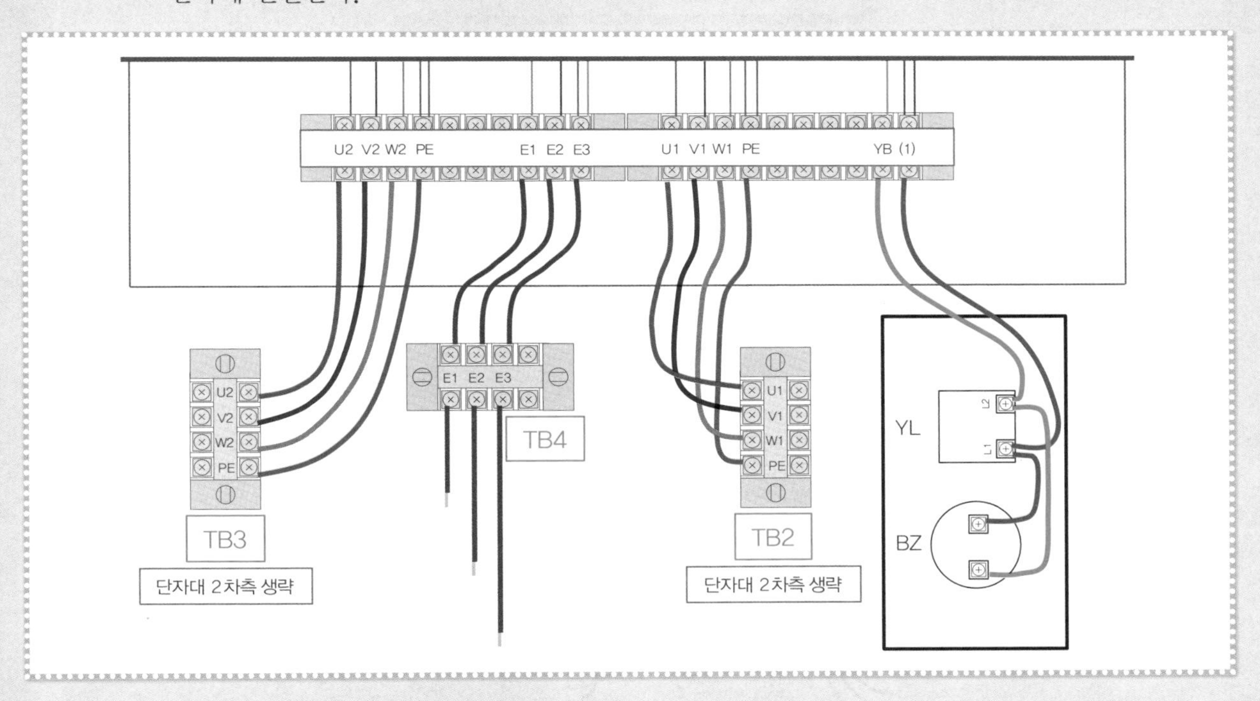

5 결선 완료 후 확인

기구의 결선이 완료되면 다음 순서와 같이 확인한다.

(1) TB1 단자대, TB4 단자대에 전선을 연결하고 피복을 벗겨 놓았는지 확인한다.

(2) 퓨즈를 끼우고 차단기를 올린 후 벨 시험기로 전원측 TB1에 인출해 놓은 L1단자와 퓨즈의 2차측 단자(왼쪽)를 확인한다. '삐' 소리가 나면 정상이며, L3단자와 퓨즈의 2차측 단자(오른쪽)를 확인한다.

(3) 배관 및 기구 배치도를 확인해 기구의 위치와 색상 등이 맞는지 다시 한번 확인한다.

(4) 단자대와 소켓 위에 붙여 놓은 종이테이프를 제거한다.

12 마무리 작업

점검 후 이상이 없으면 케이블 타이를 사용해 전선이 흐트러지지 않도록 적당한 간격으로 묶어준다.

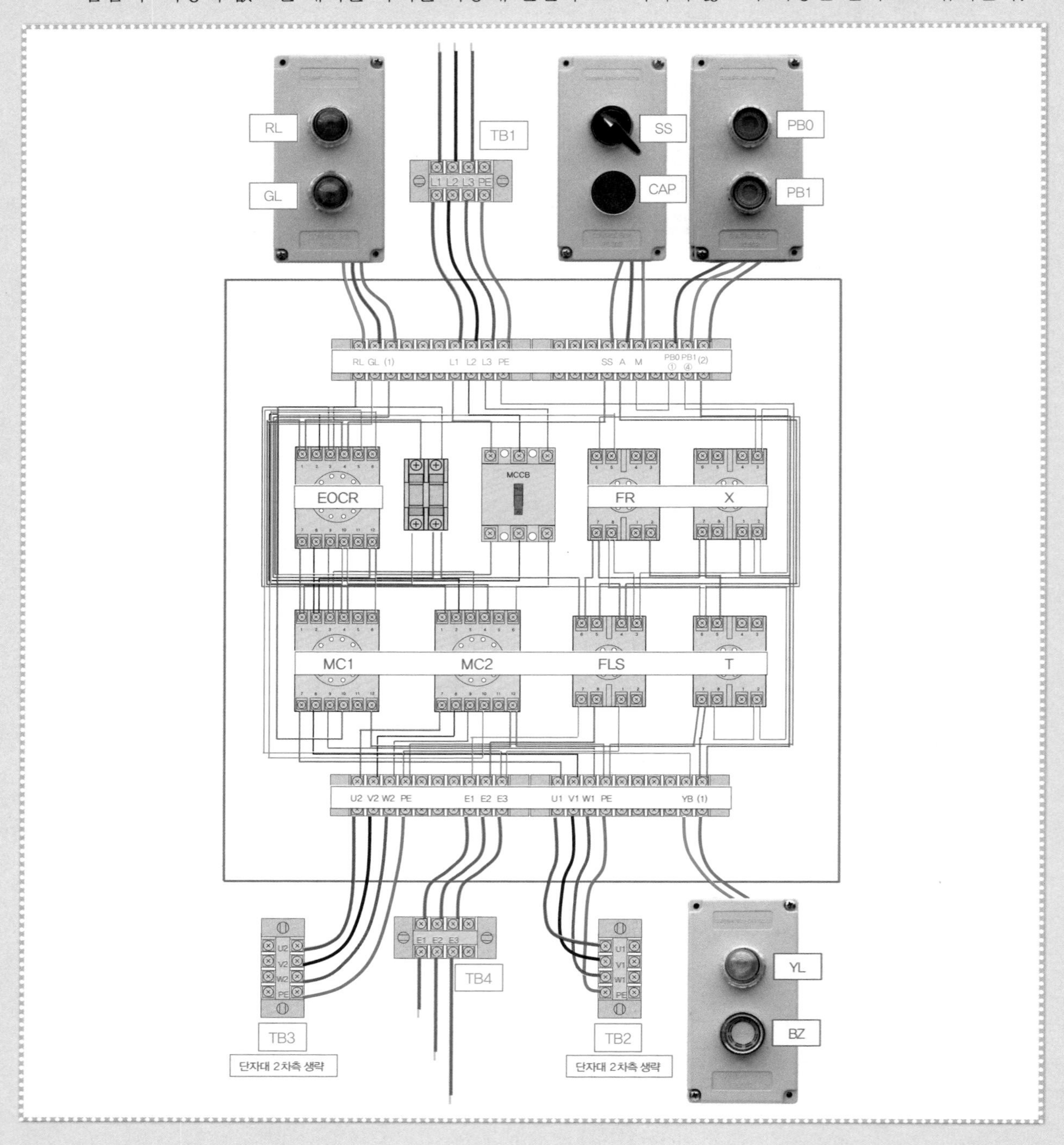

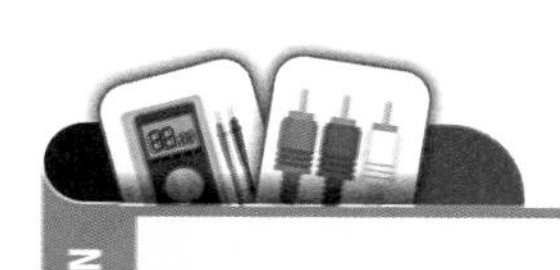

SECTION

작업시간 : 4시간 30분

05 [공개문제 10] 전기 설비의 배선 및 배관 공사

요구사항

지급된 재료와 시험장 시설을 사용하여 제한시간 내에 주어진 과제를 안전에 유의하여 완성하시오.
(단, 지급된 재료와 도면에서 요구하는 재료가 서로 상이할 수 있으므로 도면을 참고하여 필요한 재료를 지급된 재료에서 선택하여 작품을 완성하시오)

1. 배관 및 기구 배치 도면에 따라 배관 및 기구를 배치하시오.

(단, 제어판을 제어함이라고 가정하고 전선관 및 케이블을 접속하시오)

2. 전기설비 운전 제어회로 구성

가) 제어회로의 도면과 동작사항을 참고하여 제어회로를 구성하시오.
나) 전원방식 : 3상 3선식 220[V]
다) 전동기의 접속은 생략하고 접속할 수 있게 단자대까지 배선하시오.

3. 동작사항

가) MCCB를 통해 전원을 투입하면 전자식 과전류계전기 EOCR에 전원이 공급된다.
나) 푸시버튼 스위치 PB1 동작사항
(1) 푸시버튼 스위치 PB1을 누르면 릴레이 X1이 여자되어 램프 WL이 점등된다.
(2) 릴레이 X1이 여자된 상태에서 리밋 스위치 LS1이 감지되면 타이머 T1이 여자된다.
(3) 타이머 T1의 설정시간 $t1$초 후, 전자접촉기 MC1이 여자되어 전동기 M1이 회전하고, 램프 RL이 점등, 램프 WL이 소등된다.
(4) 전동기 M1이 회전하는 중, 리밋 스위치 LS1의 감지가 해제되면 타이머 T1, 전자접촉기 MC1이 소자되어 전동기 M1은 정지하고 램프RL은 소등, 램프 WL은 점등된다.
다) 푸시버튼 스위치 PB2 동작사항
(1) 푸시버튼 스위치 PB2를 누르면 릴레이 X2가 여자되어 램프 WL이 점등된다.
(2) 릴레이 X2가 여자된 상태에서 리밋 스위치 LS2가 감지되면 타이머 T2가 여자된다.
(3) 타이머 T2의 설정시간 $t2$초 후, 전자접촉기 MC2가 여자되어 전동기 M2가 회전하고, 램프 GL이 점등, 램프 WL이 소등된다.
(4) 전동기 M2가 회전하는 중, 리밋 스위치 LS2의 감지가 해제되면 타이머 T2,전자접촉기 MC2가 소자되어 전동기 M2는 정지하고 램프 GL은 소등, 램프 WL은 점등된다.
라) 제어회로가 동작하는 중 푸시버튼 스위치 PB0를 누르면 제어회로 및 전동기 동작은 모두 정지된다.
마) EOCR 동작사항
(1) 전동기가 운전하는 중 전동기의 과부하로 과전류가 흐르면 전자식 과전류계전기 EOCR이 동작되어 전동기는 정지하고, 램프 YL이 점등된다.
(2) 전자식 과전류계전기 EOCR을 리셋(reset)하면 제어회로는 초기 상태로 복귀된다.

01 배관 및 기구 배치도

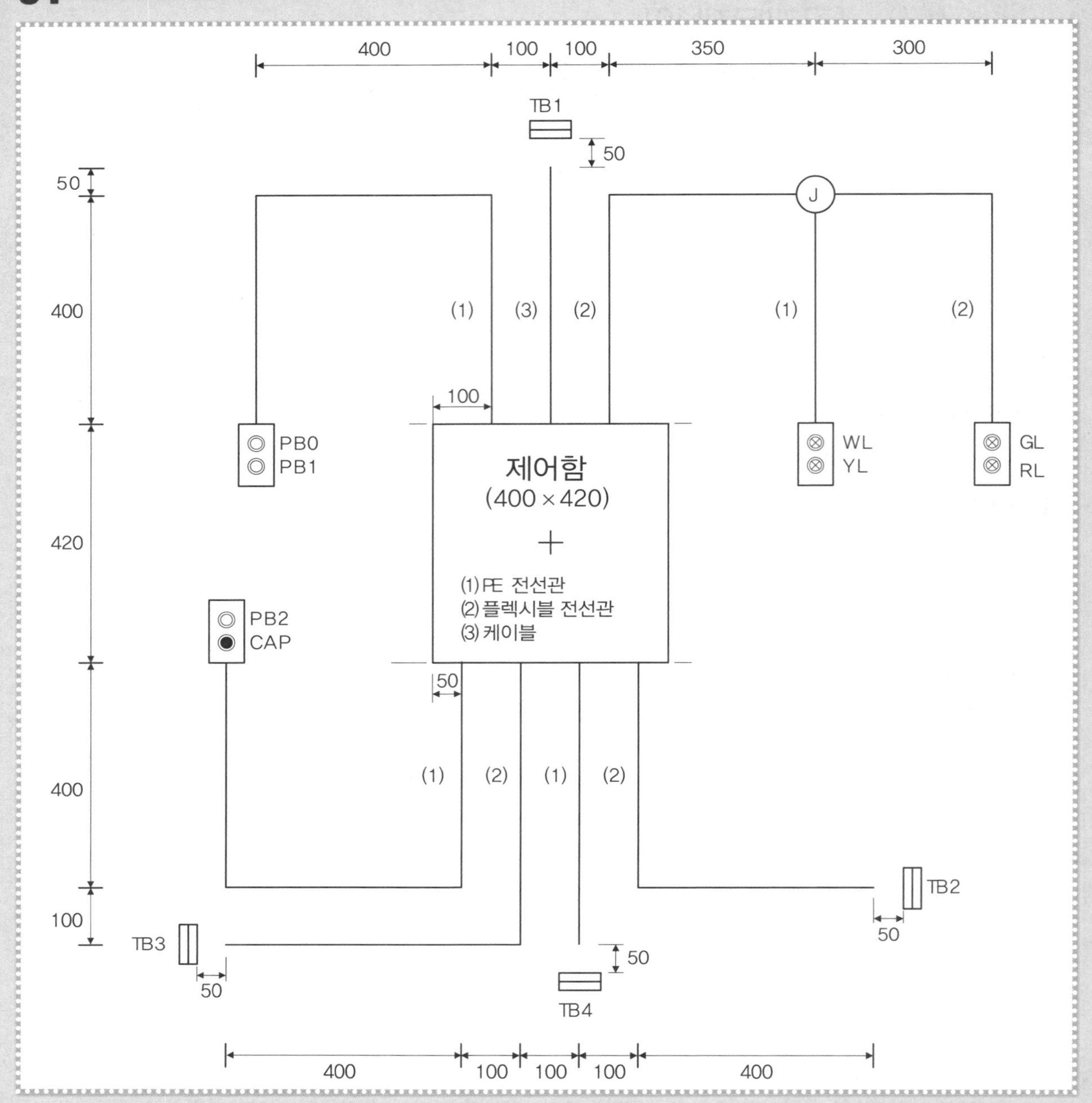

400
100
100
350
300
TB1
50
J
50
400
(1)
(3)
(2)
(1)
(2)
100
PB0
PB1
제어함
(400 × 420)
WL
YL
GL
RL
420
(1) PE 전선관
(2) 플렉시블 전선관
(3) 케이블
PB2
CAP
50
400
(1)
(2)
(1)
(2)
TB2
100
TB3
50
50
50
TB4
400
100
100
100
400

02 제어함 내부 기구 배치도

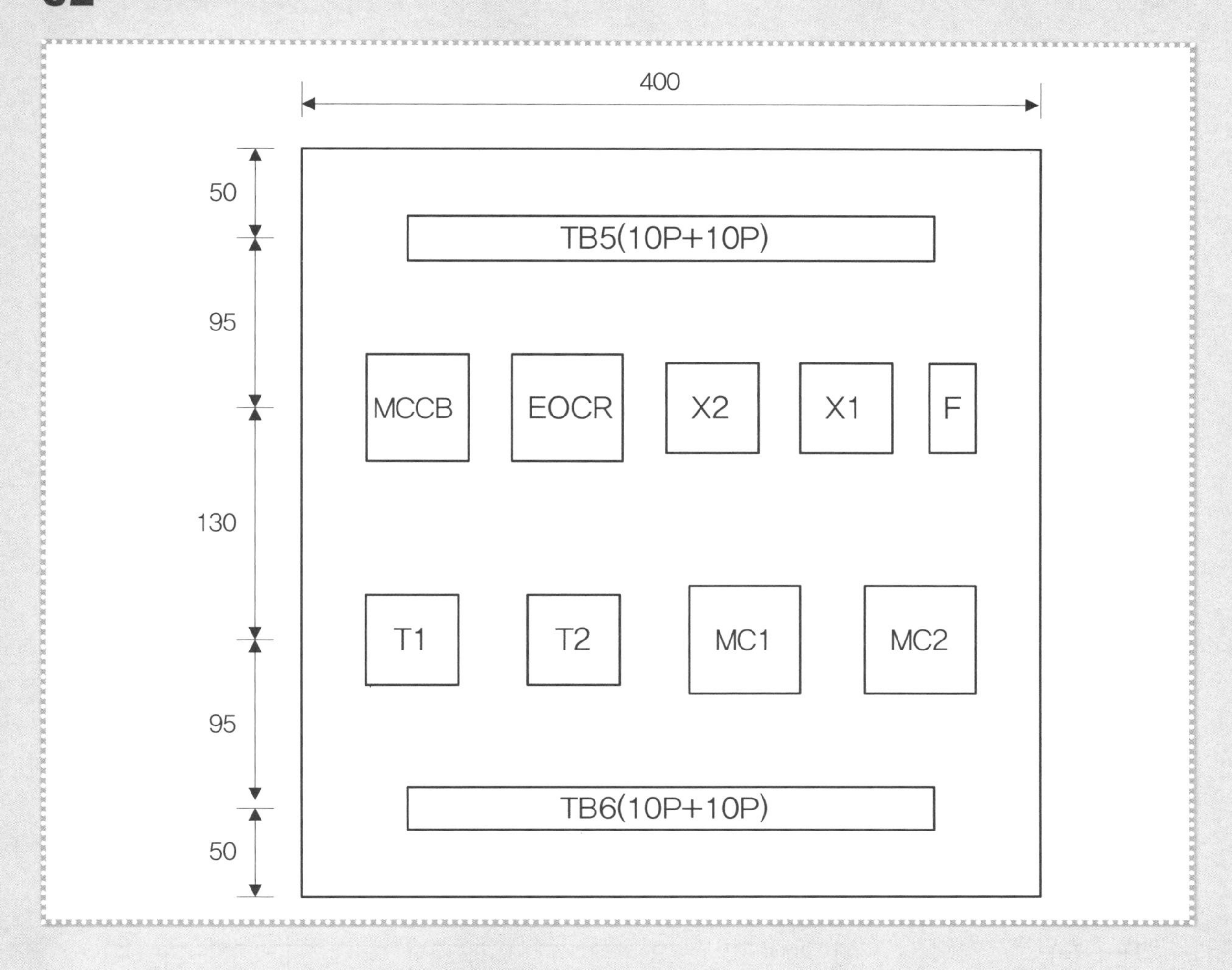

[범례]

기호	명칭	기호	명칭
TB1	전원(단자대 4P)	PB0	푸시버튼 스위치(적색)
TB2, TB3	전동기(단자대 4P)	PB1	푸시버튼 스위치(녹색)
TB4	LS1, LS2(단자대 4P)	PB2	푸시버튼 스위치(녹색)
TB5, TB6	단자대(10P+10P)	YL	램프(황색)
MC1, MC2	전자접촉기(12P)	GL	램프(녹색)
EOCR	EOCR(12P)	RL	램프(적색)
X1, X2	릴레이(8P)	WL	램프(백색)
T1, T2	타이머(8P)	CAP	홀마개
F	퓨즈 및 퓨즈 홀더	Ⓙ	8각 박스
MCCB	배선용 차단기		

03 기구의 내부 결선도 및 구성도

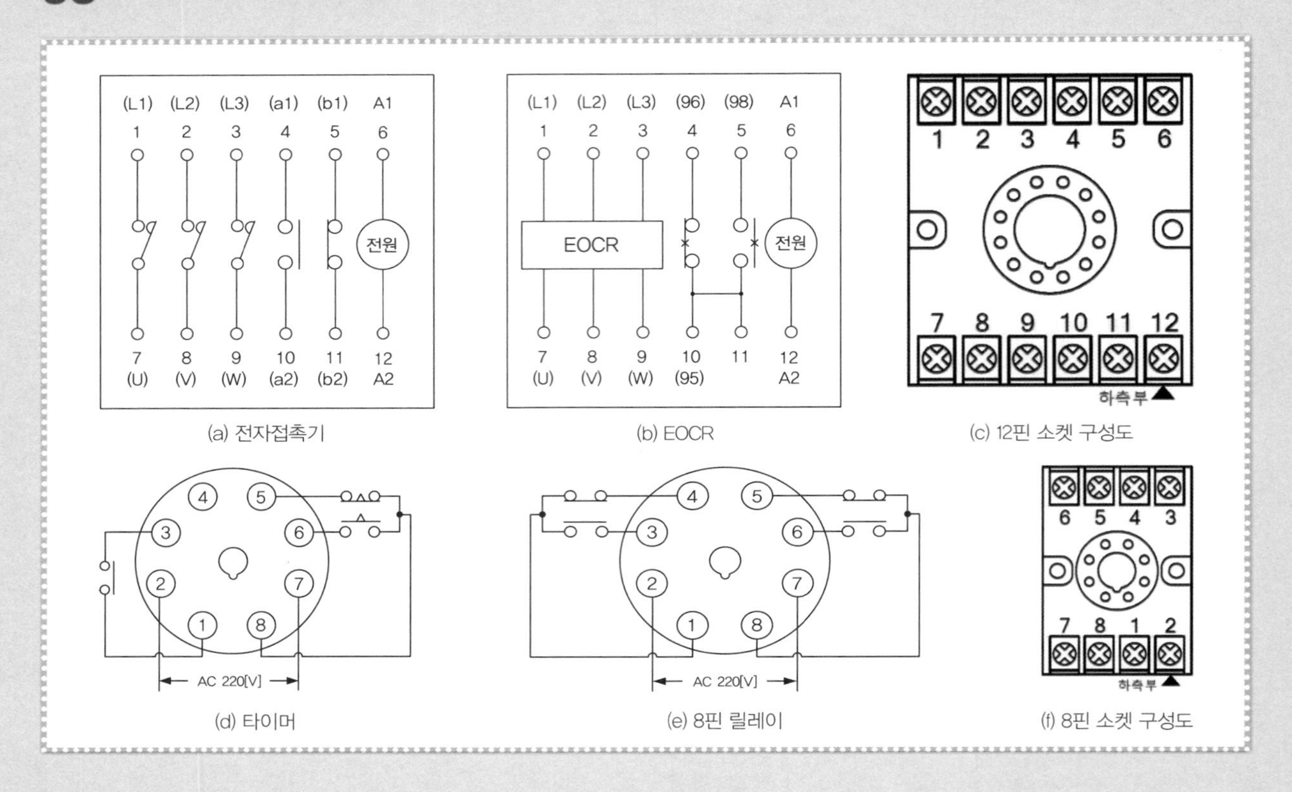

04 회로도

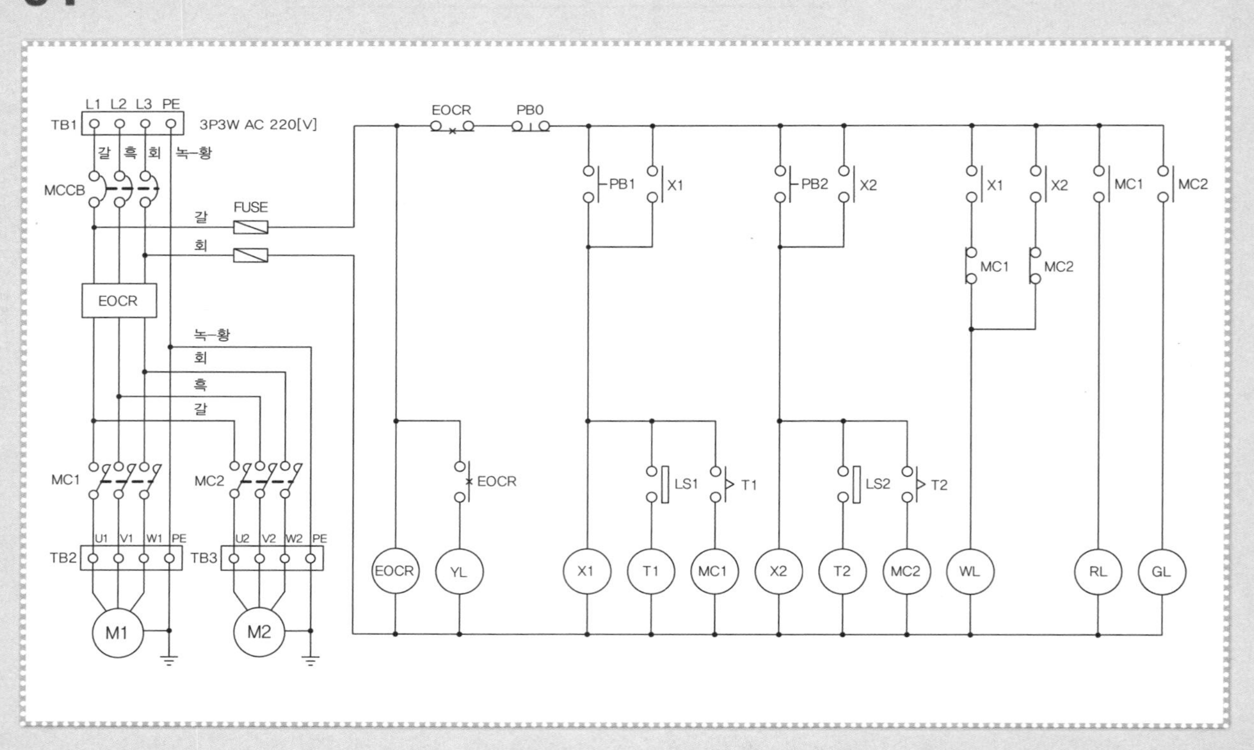

05 계전기 접점번호 부여하기

1 주회로 부분

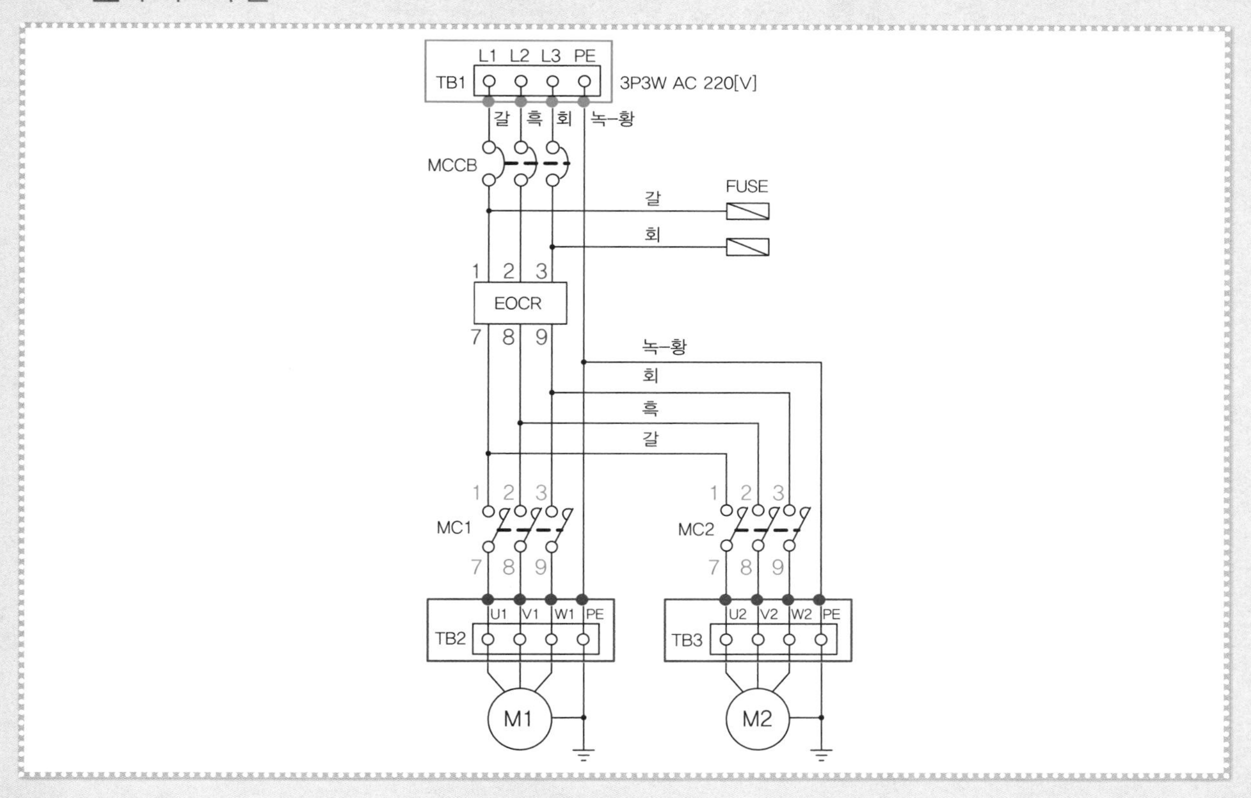

2 제어회로 부분

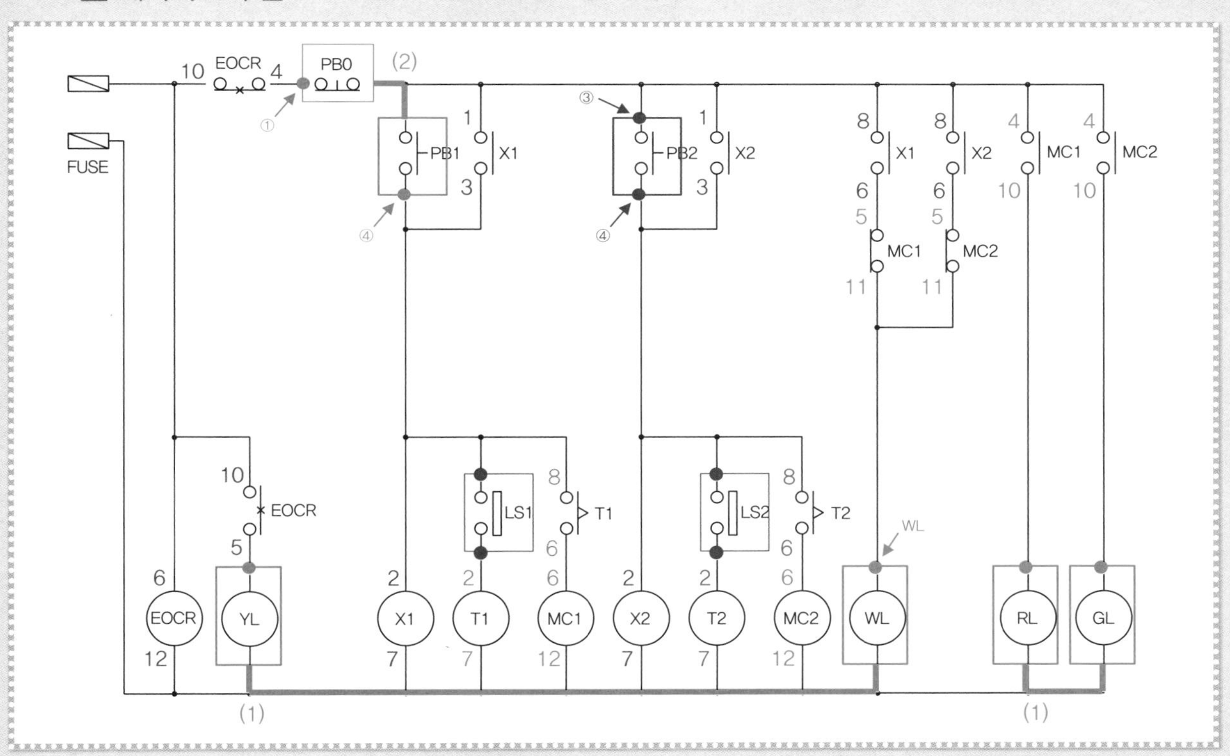

06 단자대 이름 부여하기

배관 및 기구 배치도를 참고하여 회로도에 인출할 기구를 표시하고 단자대 위쪽의 왼쪽 배관에 연결되어 있는 기구부터 차례대로 이름을 붙여준다.

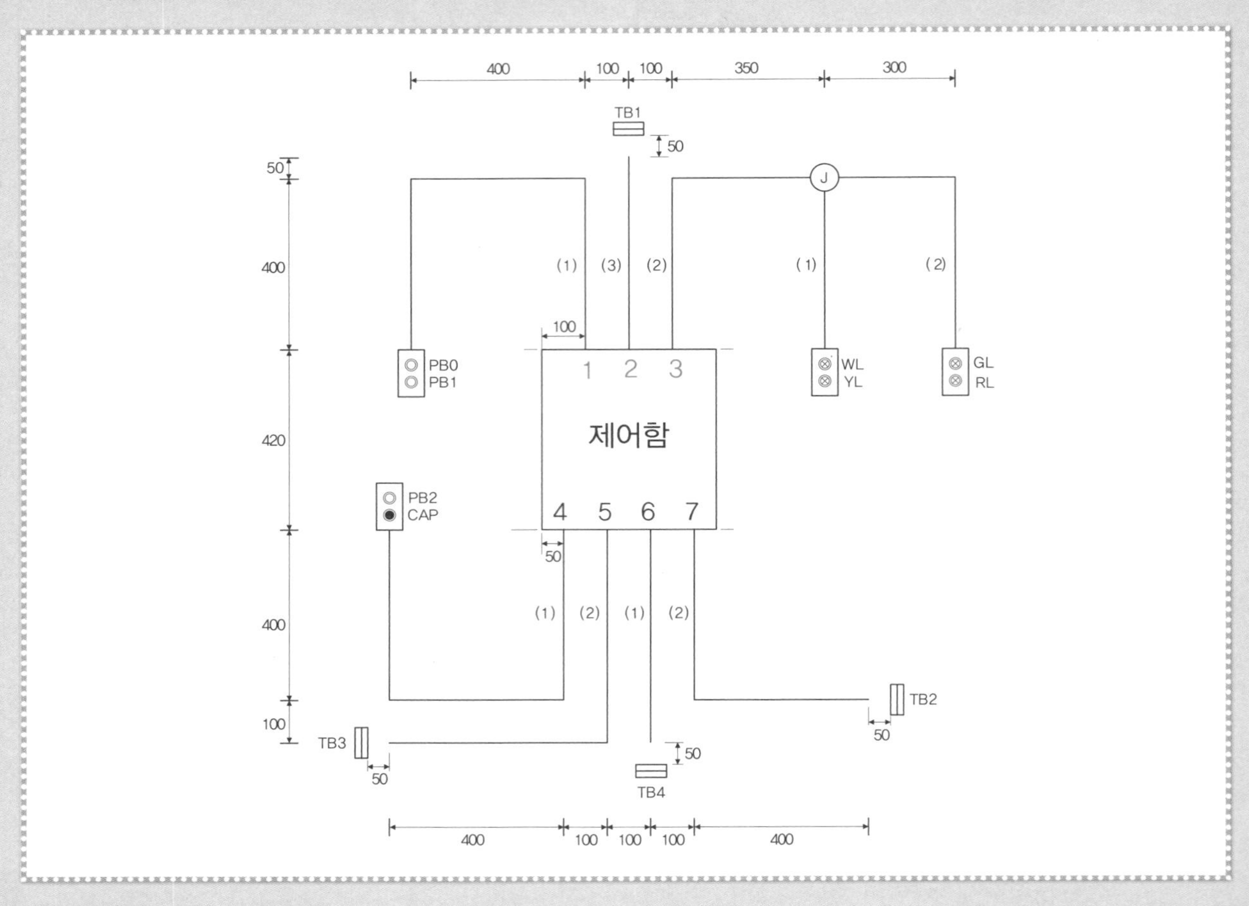

1 위쪽 단자대 이름 부여

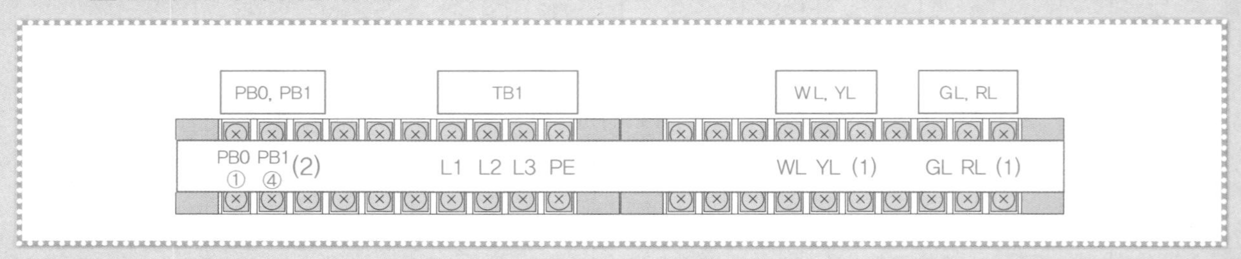

2 아래쪽 단자대 이름 부여

PB2 PB2 ③ ④ U2 V2 W2 PE LS1 LS1 LS2 LS2 ③ ④ ③ ④ U1 V1 W1 PE

PB2 TB3 TB4 TB2

07 주회로 배선

1 (가) · (나)회로

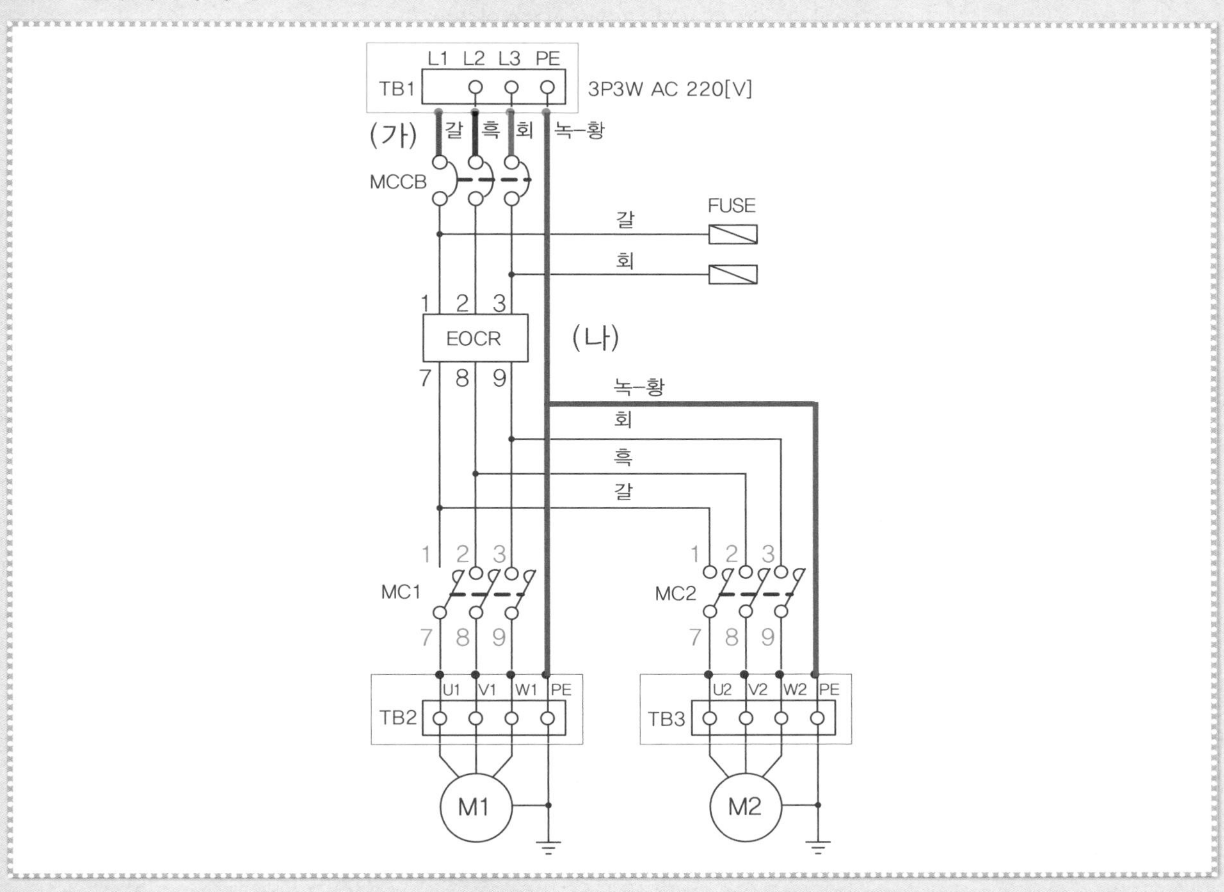

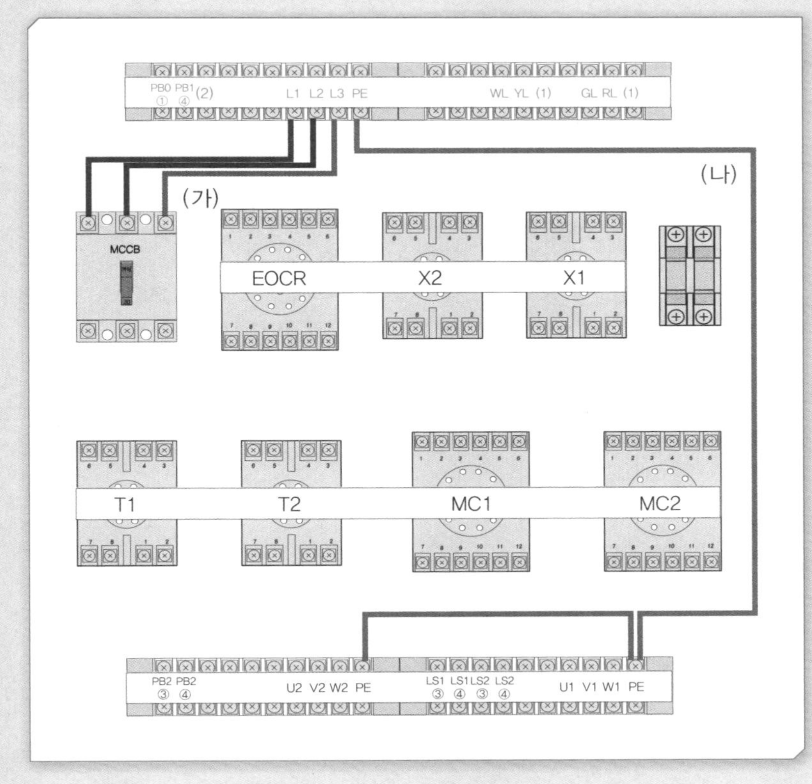

- 주회로는 모두 2.5[mm²] 전선을 사용하여 배선한다.
  L1상 : 갈색
  L2상 : 흑색
  L3상 : 회색
  PE(접지) : 녹-황색
- **(가)회로**
  갈색 : L1 ⇔ 차단기 1차측 L1상
  흑색 : L2 ⇔ 차단기 1차측 L2상
  회색 : L3 ⇔ 차단기 1차측 L3상
- **(나)회로(녹-황색 전선)**
  TB1-PE ⇔ TB2-PE ⇔ TB3-PE

2 (다) · (라)회로

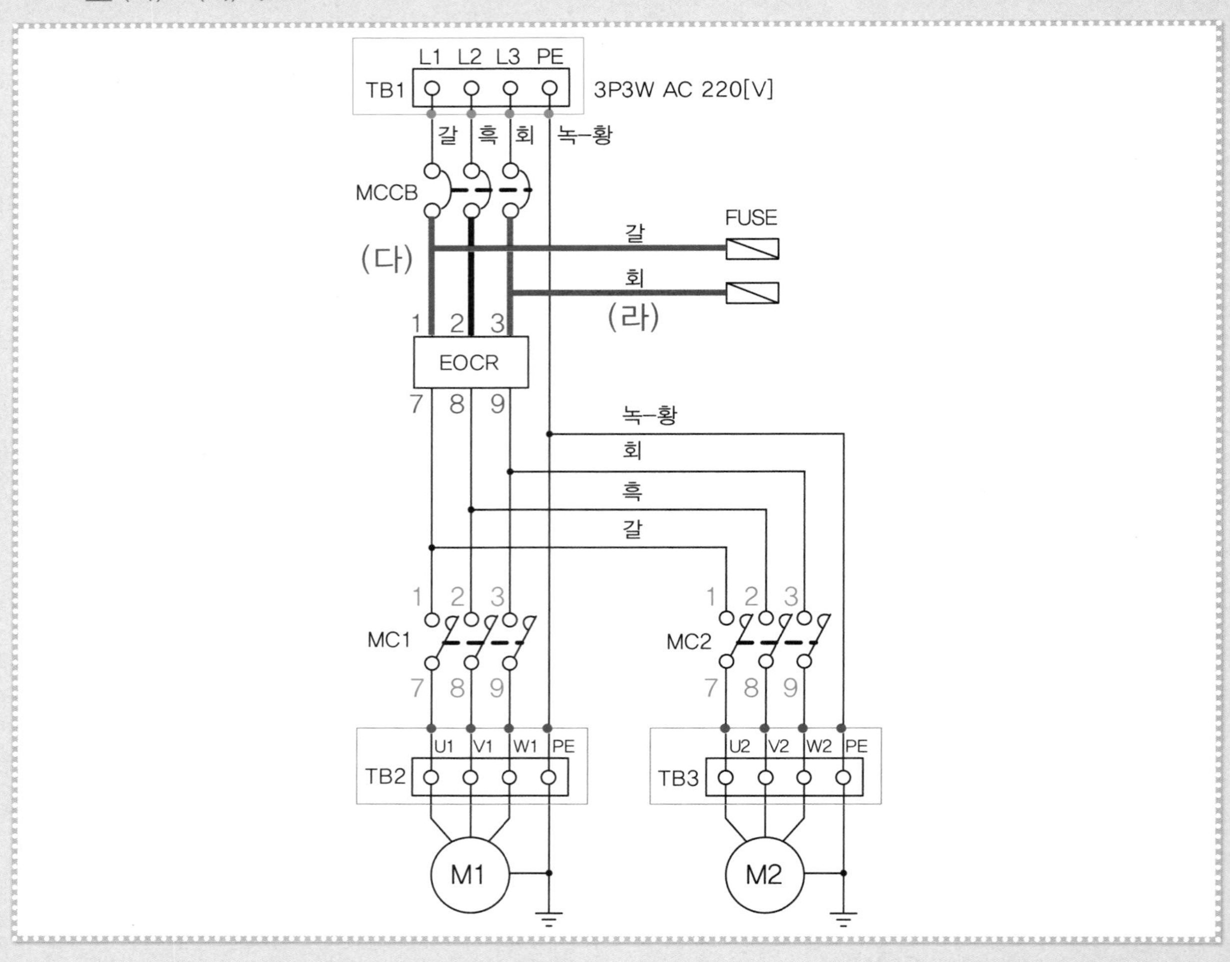

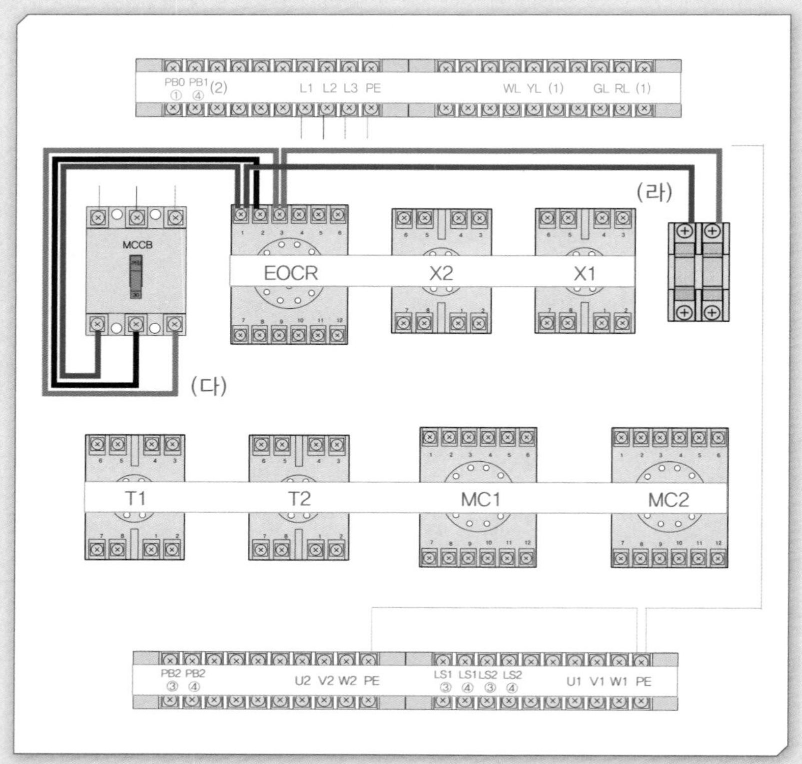

- **(다)회로**
  갈색 : 차단기 2차측 L1상 ⇔ EOCR-①
  흑색 : 차단기 2차측 L2상 ⇔ EOCR-②
  회색 : 차단기 2차측 L3상 ⇔ EOCR-③
- **(라)회로**
  갈색 : EOCR-① ⇔ 퓨즈 1차측
  회색 : EOCR-③ ⇔ 퓨즈 1차측

3 (마)회로

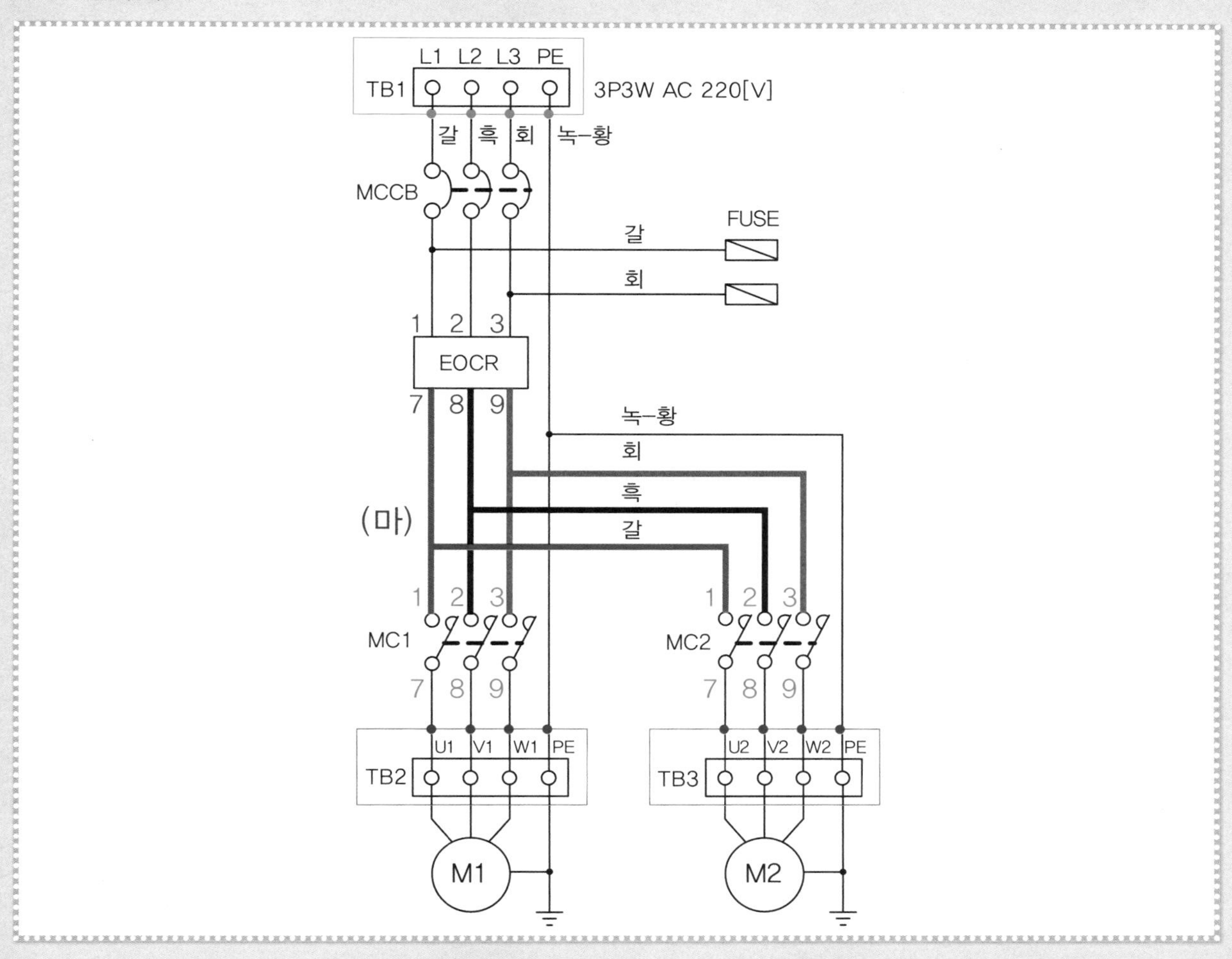

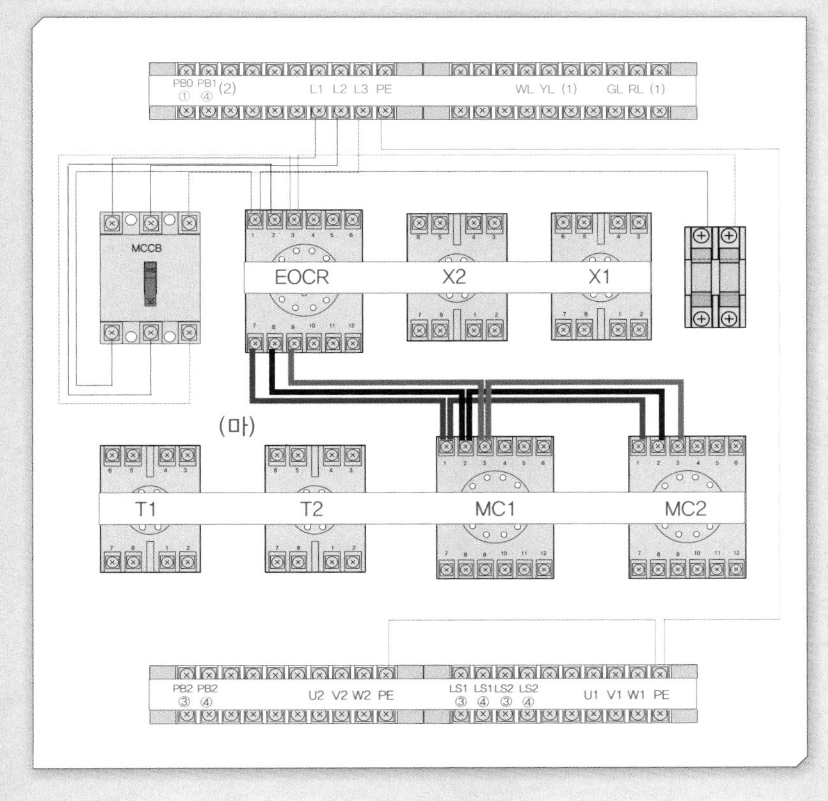

• (마)회로

갈색 : EOCR-⑦ ⇔ MC1-① ⇔ MC2-①

흑색 : EOCR-⑧ ⇔ MC1-② ⇔ MC2-②

회색 : EOCR-⑨ ⇔ MC1-③ ⇔ MC2-③

4 (바) · (사)회로

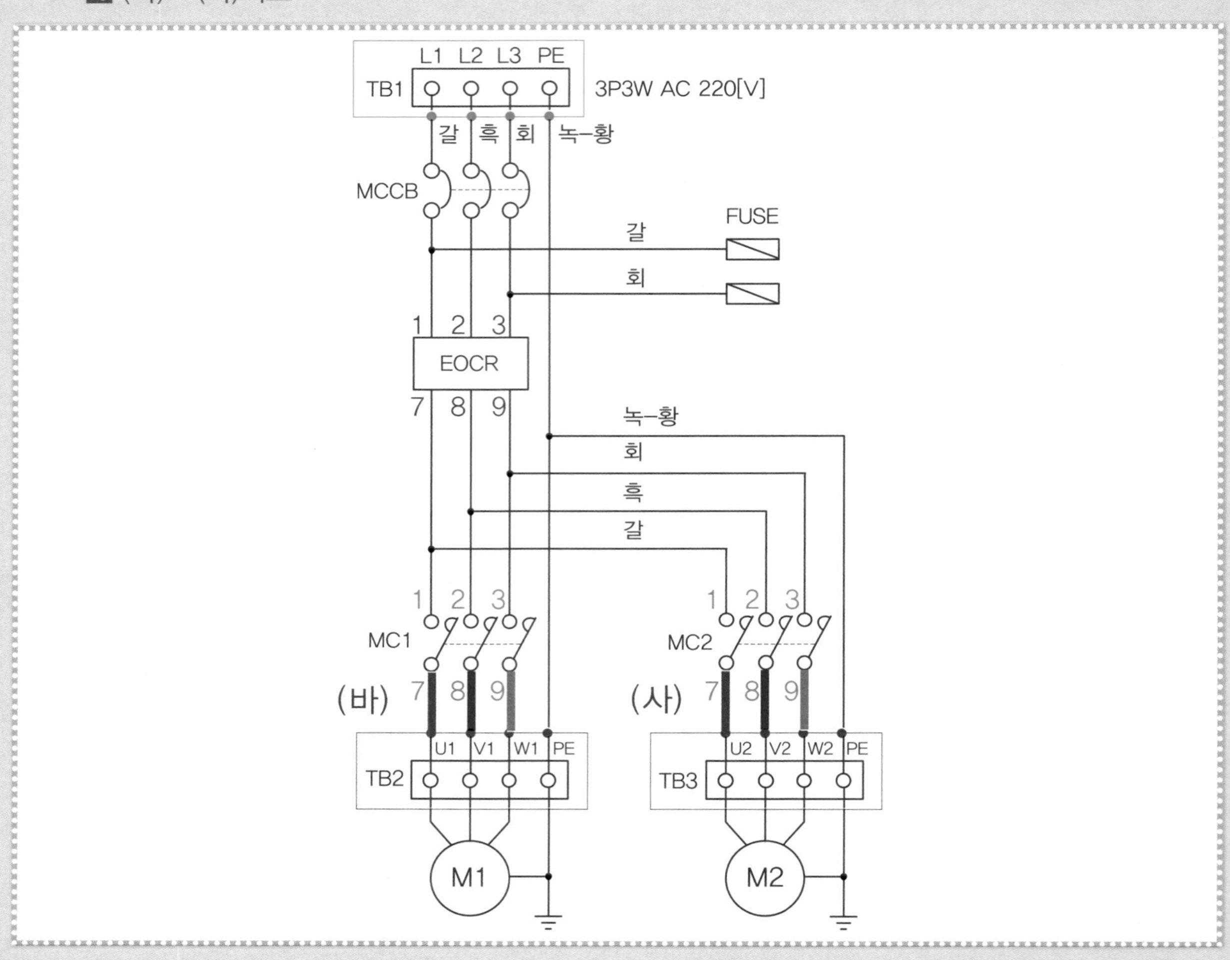

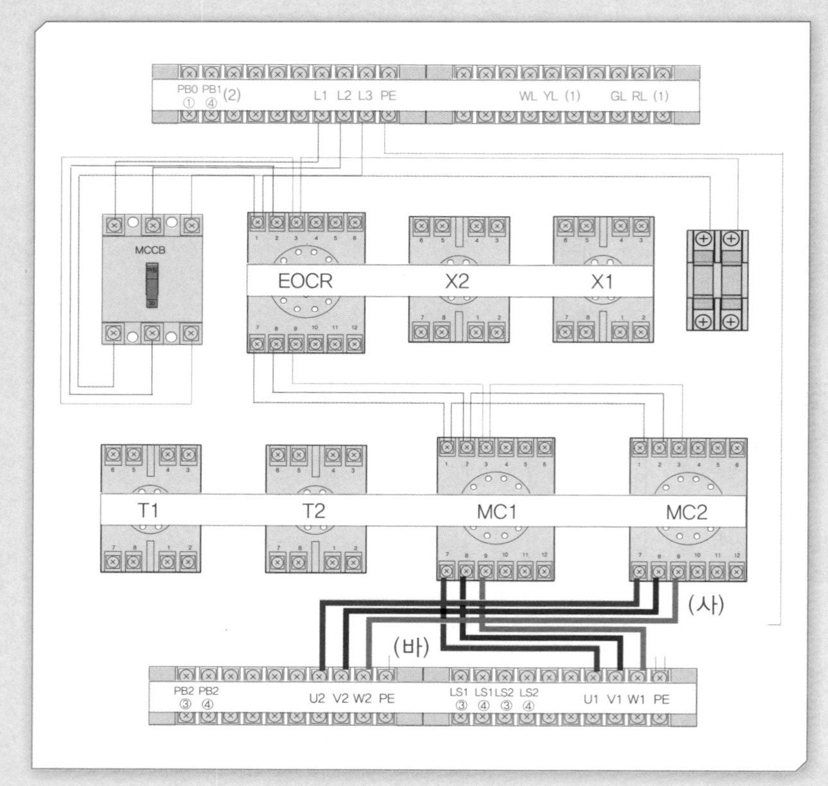

- **(바)회로**
  갈색 : MC1–⑦ ⇔ TB2–U1
  흑색 : MC1–⑧ ⇔ TB2–V1
  회색 : MC1–⑨ ⇔ TB2–W1
- **(사)회로**
  갈색 : MC2–⑦ ⇔ TB3–U2
  흑색 : MC2–⑧ ⇔ TB3–V2
  회색 : MC2–⑨ ⇔ TB3–W2

08 제어회로 배선

1 (1)번 회로

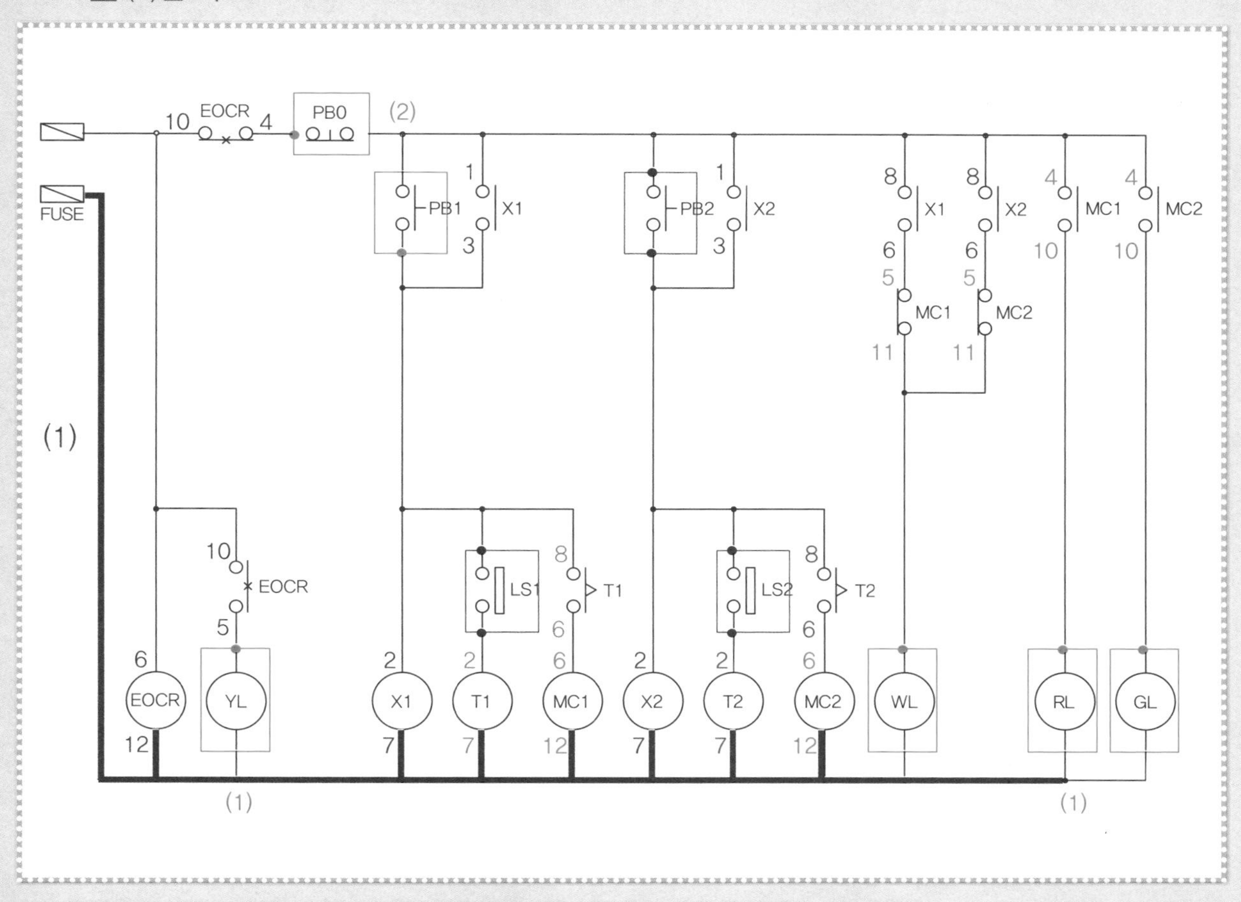

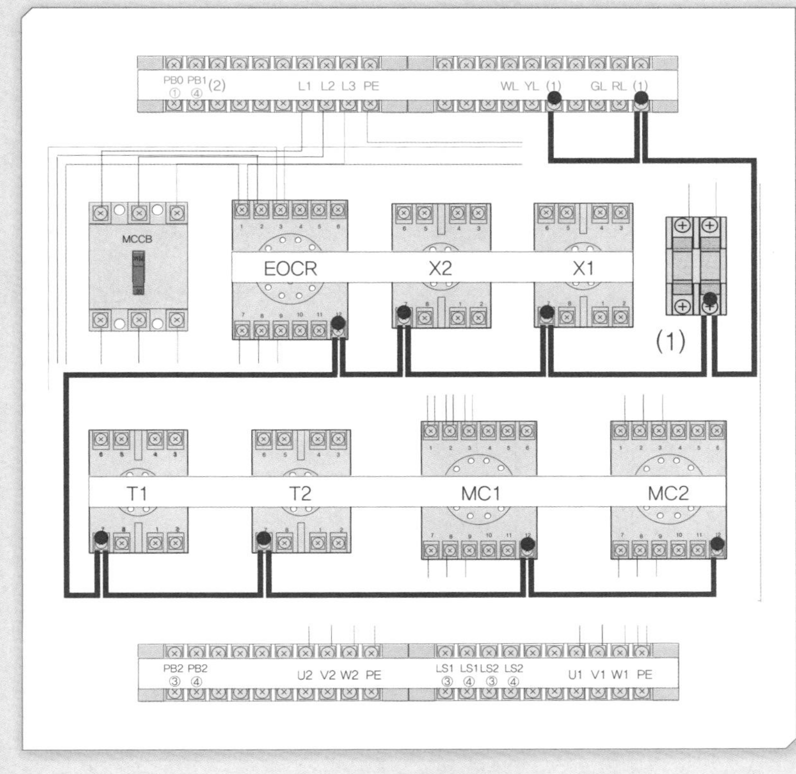

- 제어회로는 황색 전선을 사용한다. 연결해야 할 단자가 많은 경우 제어회로도를 보고 순서대로 표시한 후 최단 거리로 연결한다(종이테이프를 잘라 붙이면 편리함).
- **(1)번 회로**
  퓨즈 2차 ⇔ EOCR-⑫ ⇔ (1) ⇔ X1-⑦ ⇔ T1-⑦ ⇔ MC1-⑫ ⇔ X2-⑦ ⇔ T2-⑦ MC2-⑫ ⇔ (1) 등 10개의 단자를 연결한다(오른쪽 퓨즈 홀더의 단자에 2선을 연결하면 작업이 쉬워진다).
- 앞의 (1)은 YL과 WL을 연결한 공통단자 번호이고, 뒤의 (1)은 RL과 GL을 연결한 공통단자 번호이다.

2 (2) · (3)번 회로

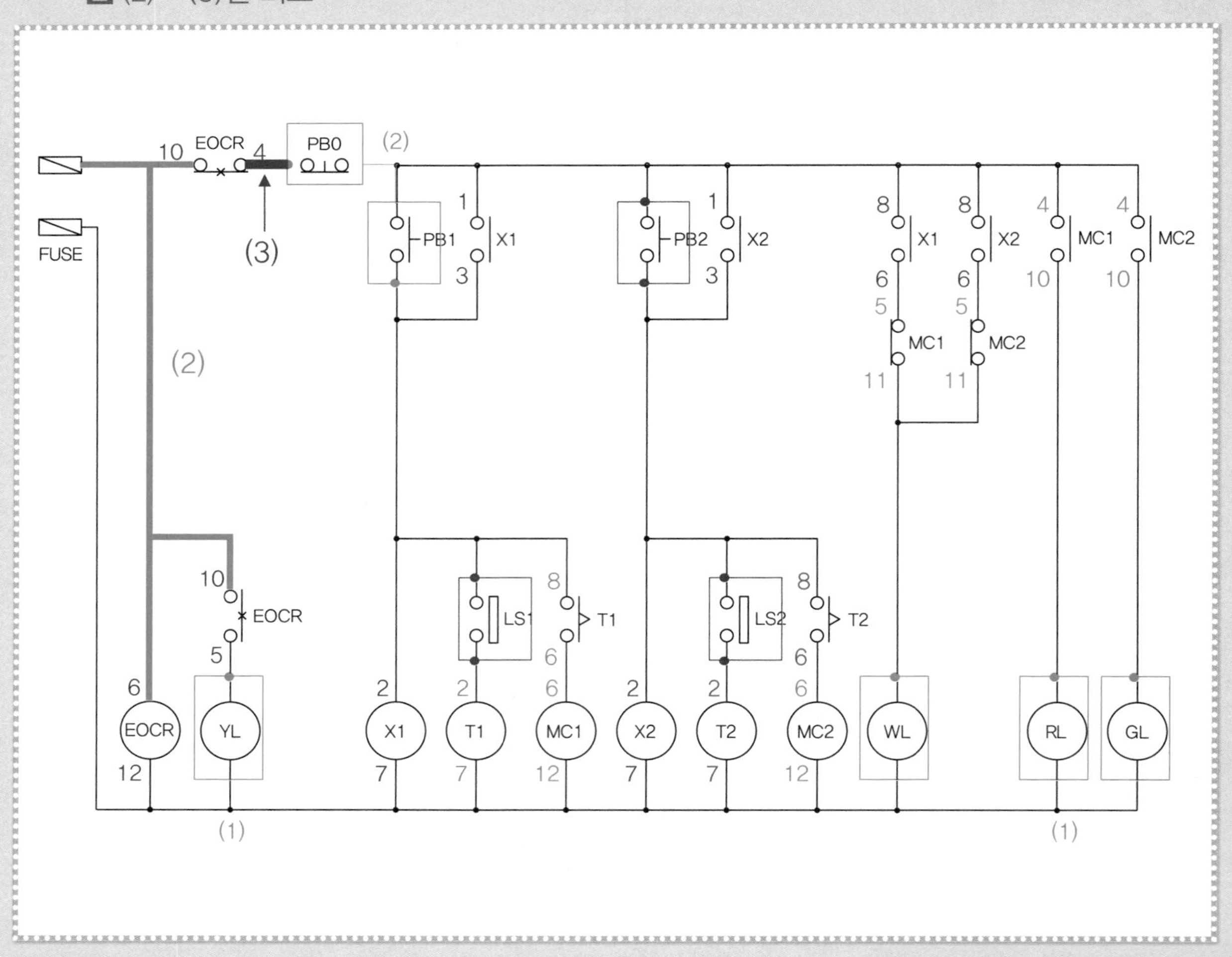

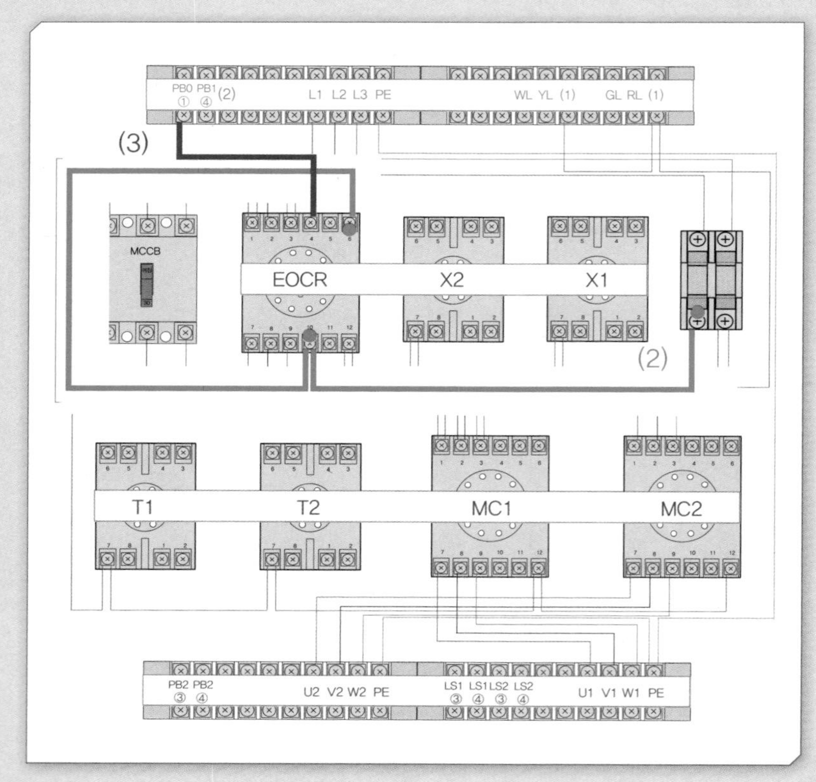

- **(2)번 회로**
  퓨즈 2차 ⇔ EOCR-⑩ ⇔ EOCR-⑥ 등 3개의 단자를 표시해 놓고 최단 거리로 연결한다.
- **(3)번 회로**
  EOCR-④ ⇔ PB0-①단자를 연결한다.

3 (4) · (5)번 회로

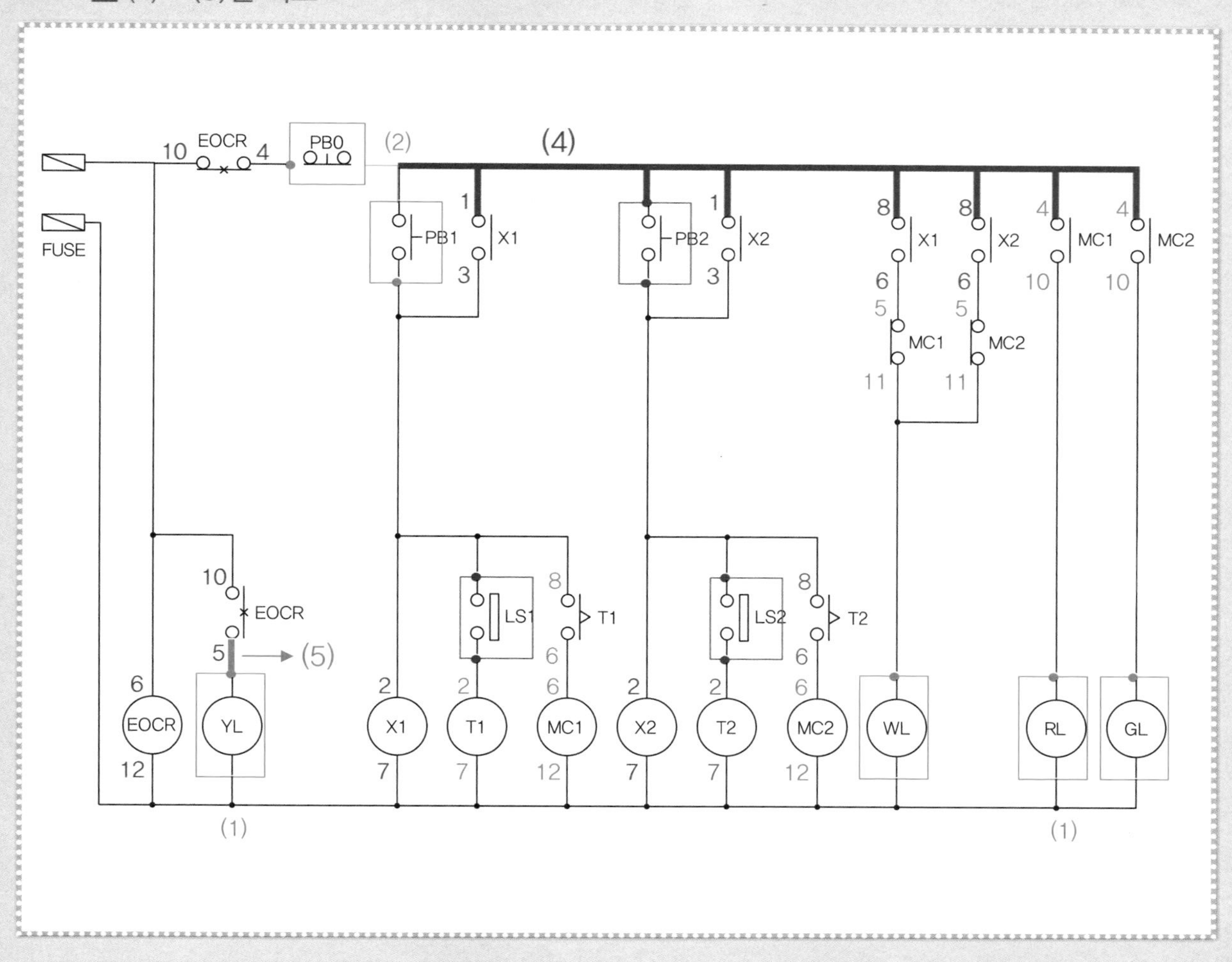

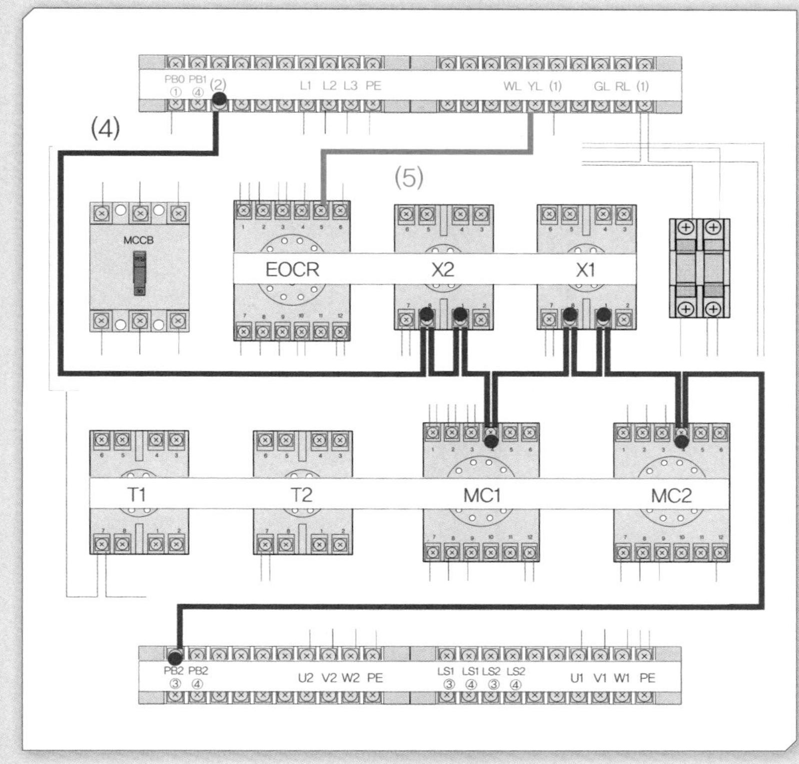

- **(4)번 회로**
  (2) ⇔ X1-① ⇔ PB2-③ ⇔ X2-① ⇔ X1-⑧ ⇔ X2-⑧ ⇔ MC1-④ ⇔ MC2-④ 등 8개의 단자를 연결한다.
- (2)는 PB0-②와 PB1-③을 연결한 공통 단자 번호이다.
- **(5)번 회로**
  EOCR-⑤ ⇔ YL단자를 연결한다.

4 (6)번 회로

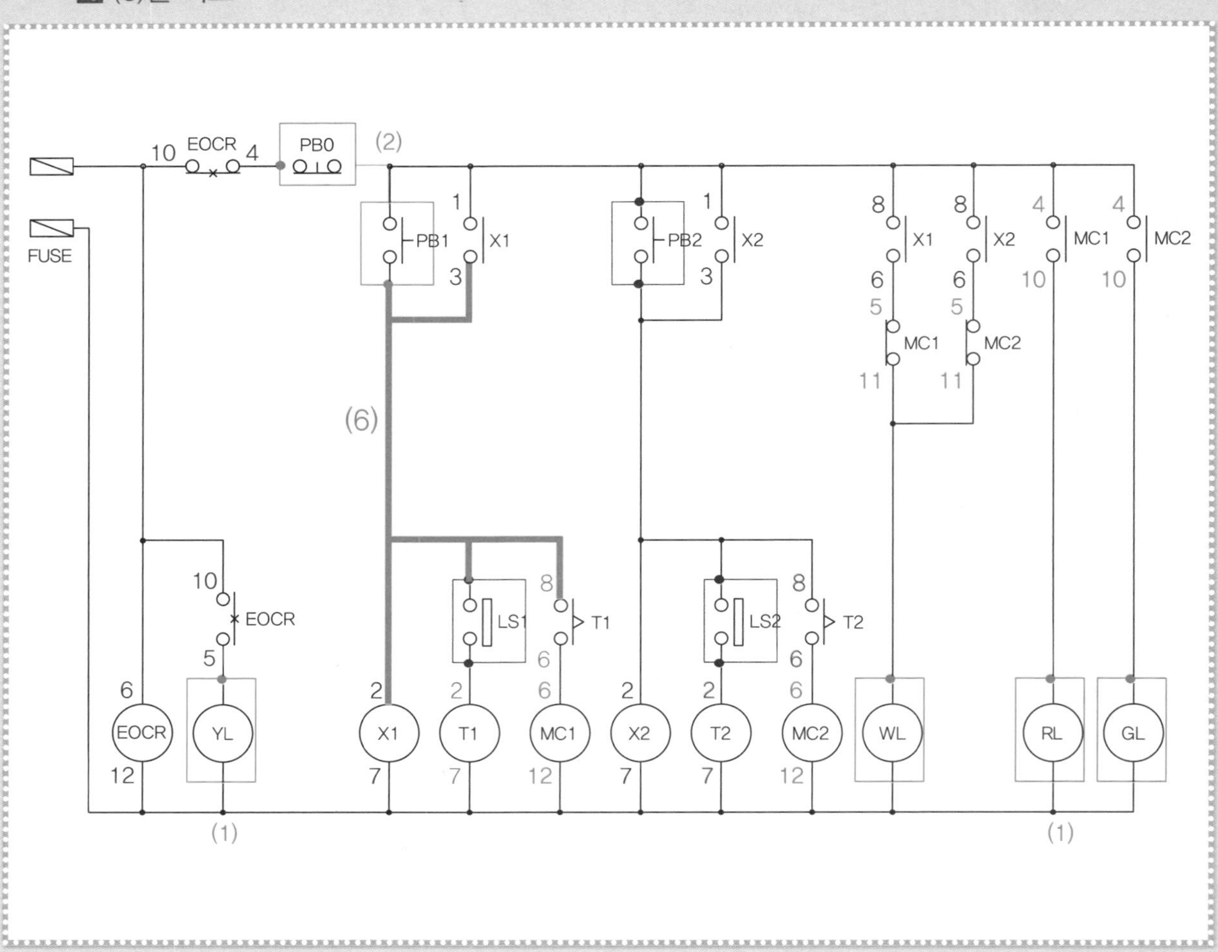

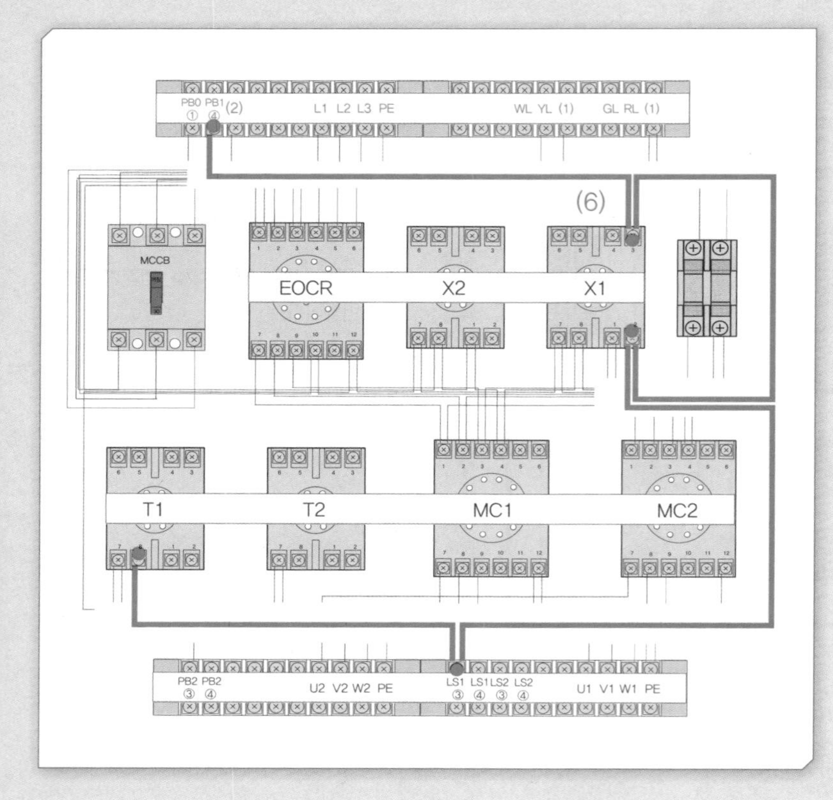

- (6)번 회로
  PB1–④ ⇔ X1–③ ⇔ X1–② ⇔ LS1–③ ⇔ T1–⑧ 등 5개의 단자를 연결한다.

5 (7) · (8)번 회로

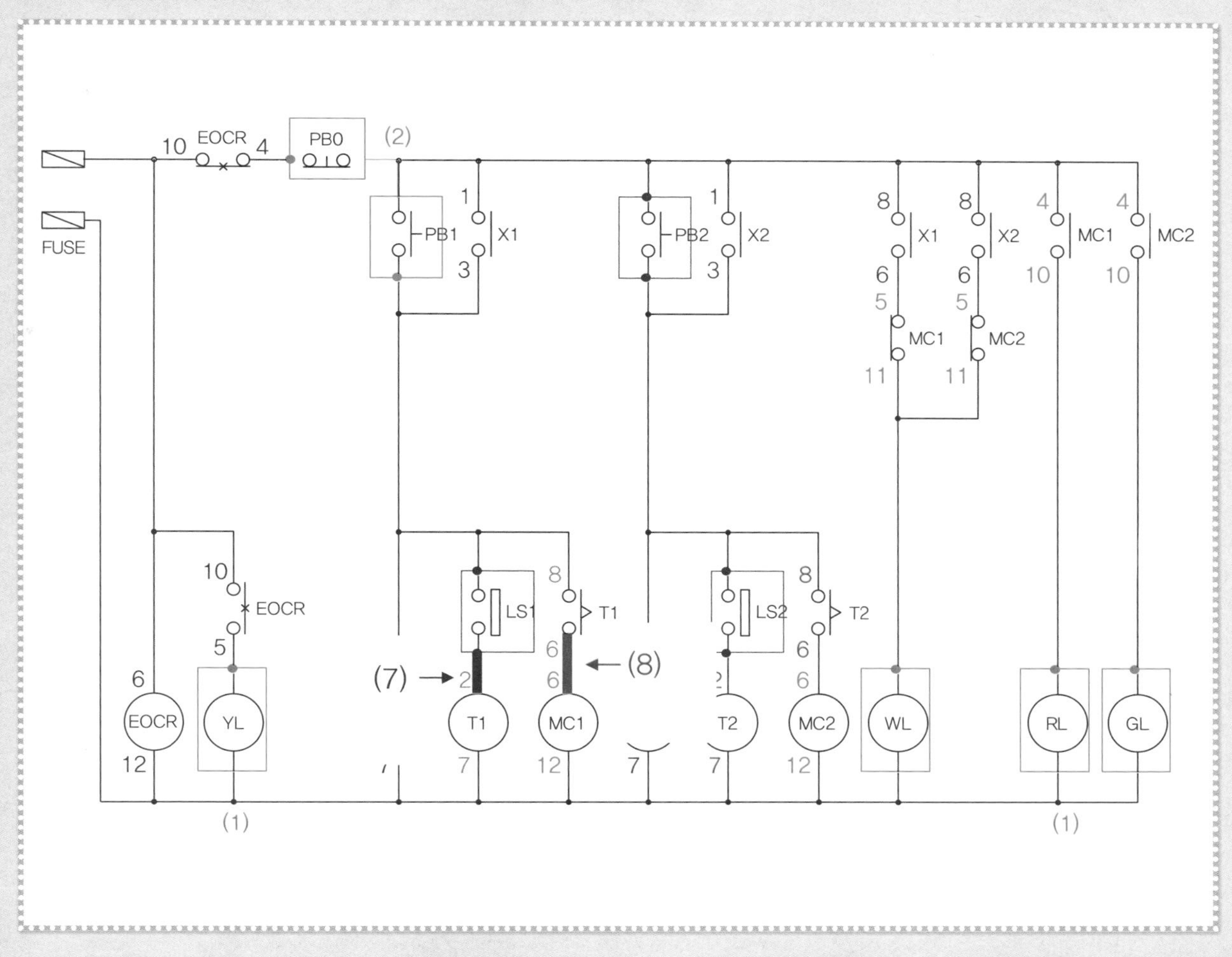

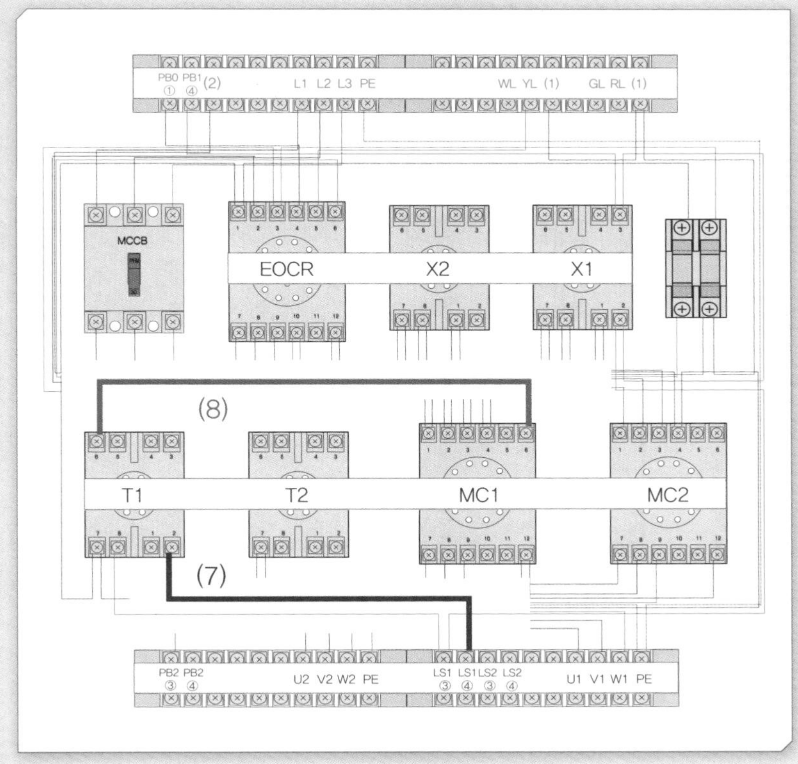

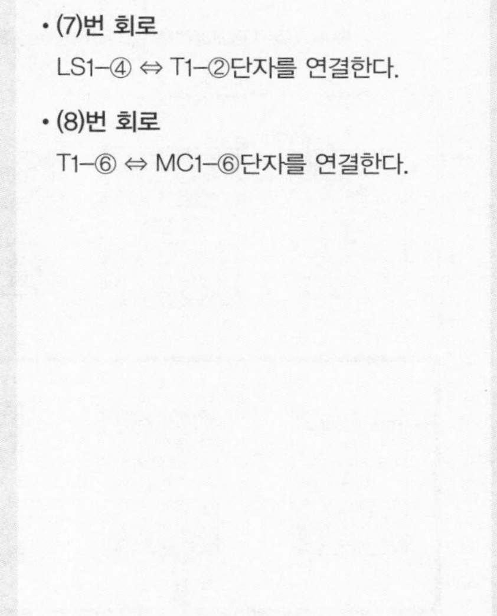

- **(7)번 회로**
  LS1–④ ⇔ T1–②단자를 연결한다.
- **(8)번 회로**
  T1–⑥ ⇔ MC1–⑥단자를 연결한다.

6 (9)번 회로

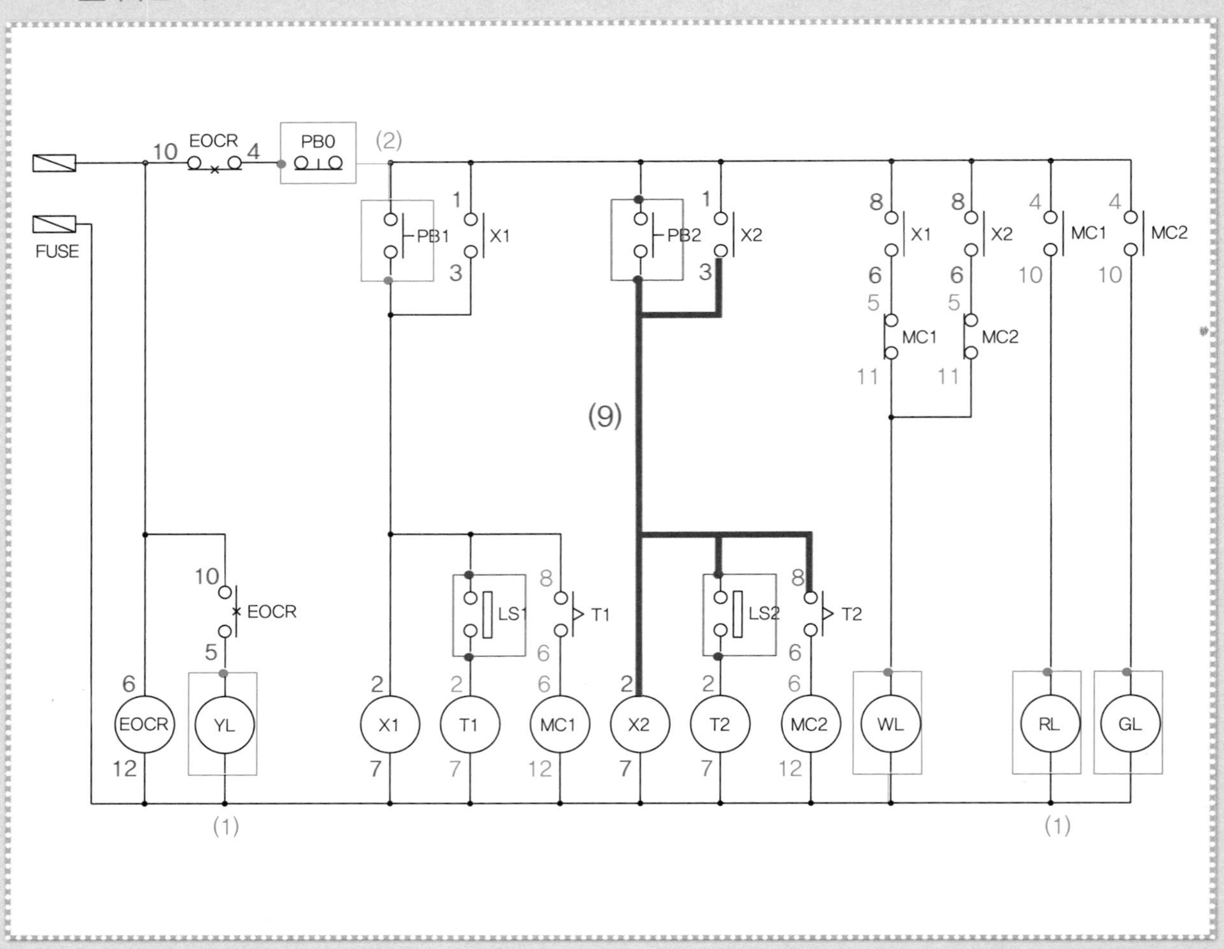

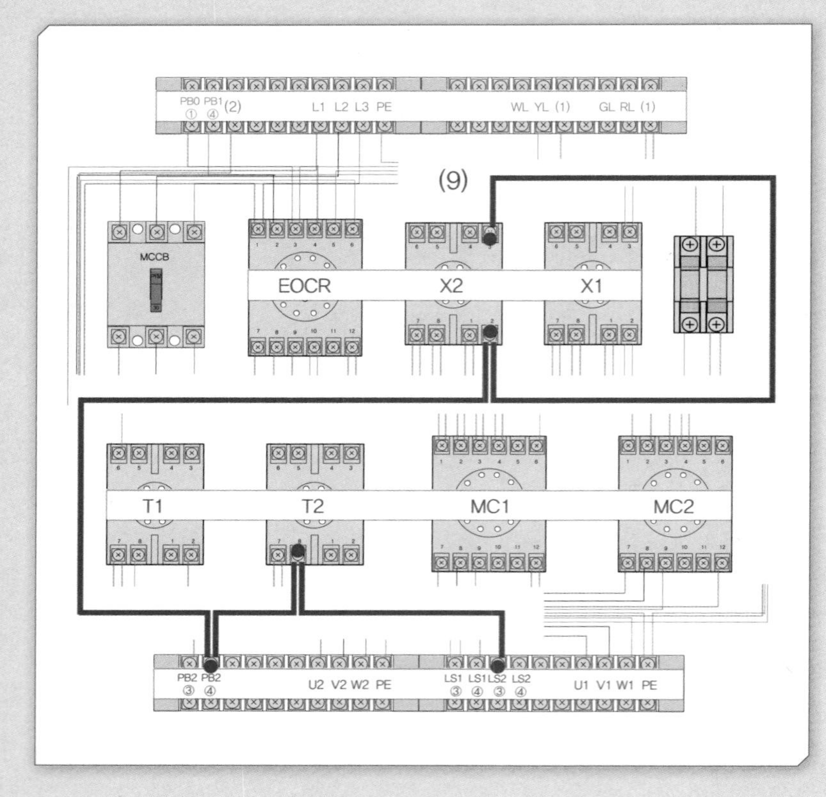

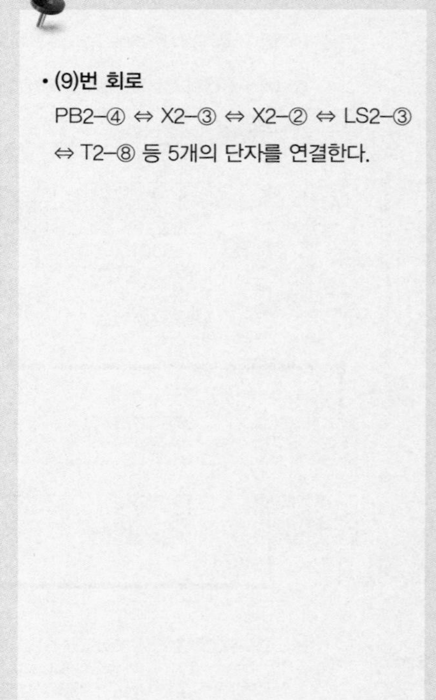

• **(9)번 회로**

PB2-④ ⇔ X2-③ ⇔ X2-② ⇔ LS2-③ ⇔ T2-⑧ 등 5개의 단자를 연결한다.

7 (10) · (11)번 회로

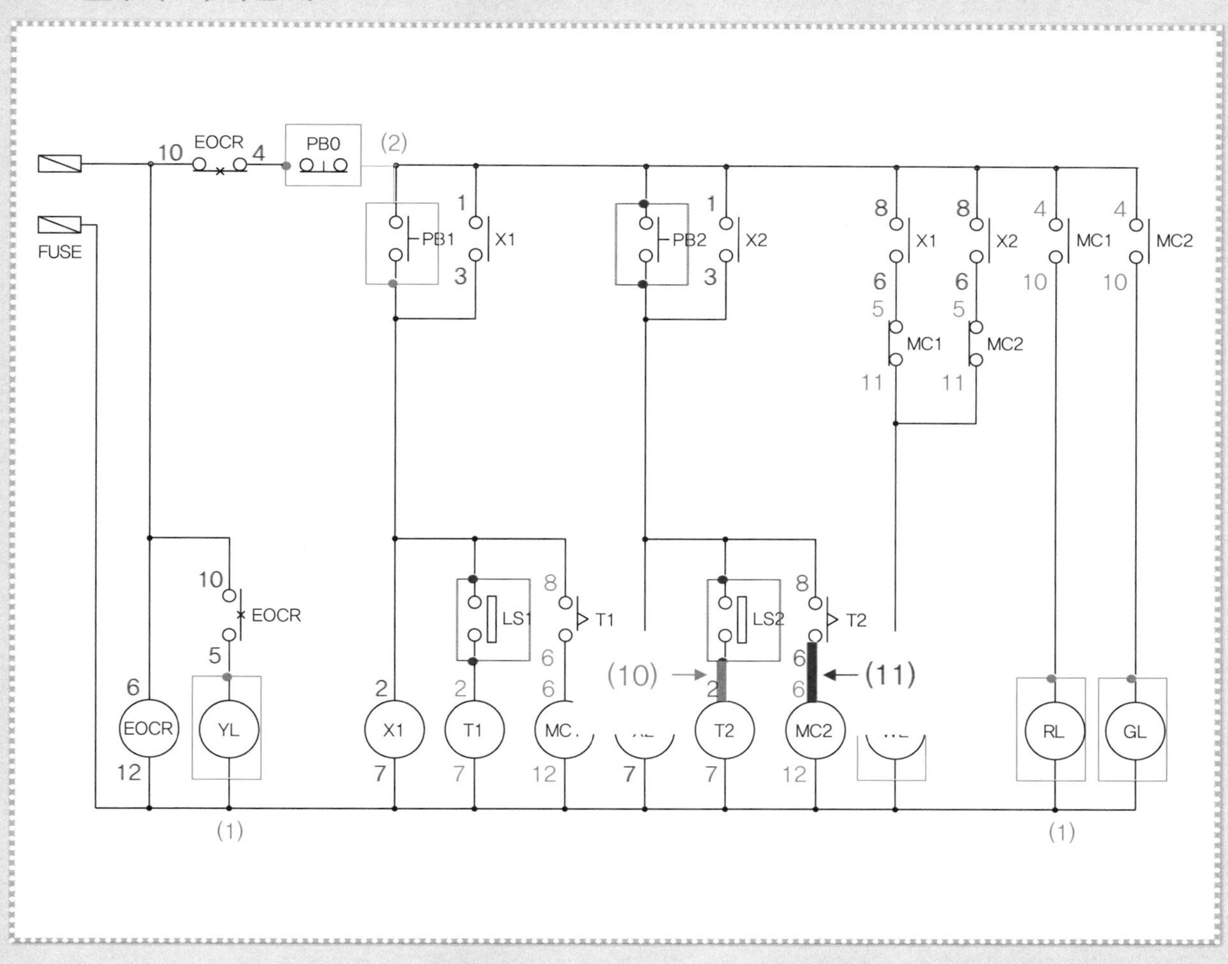

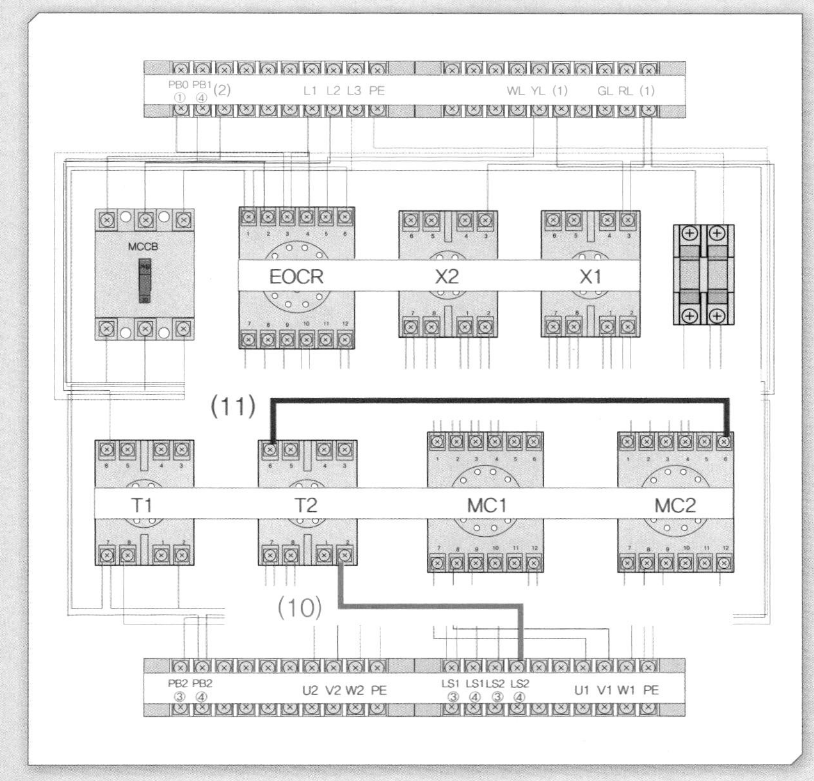

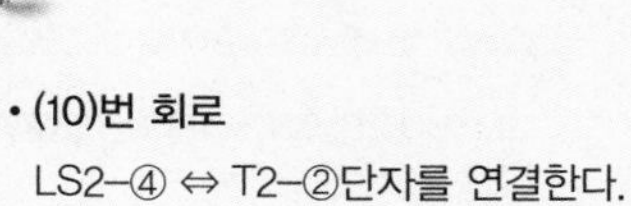

- **(10)번 회로**
  LS2-④ ⇔ T2-②단자를 연결한다.
- **(11)번 회로**
  T2-⑥ ⇔ MC2-⑥단자를 연결한다.

8 (12)~(14)번 회로

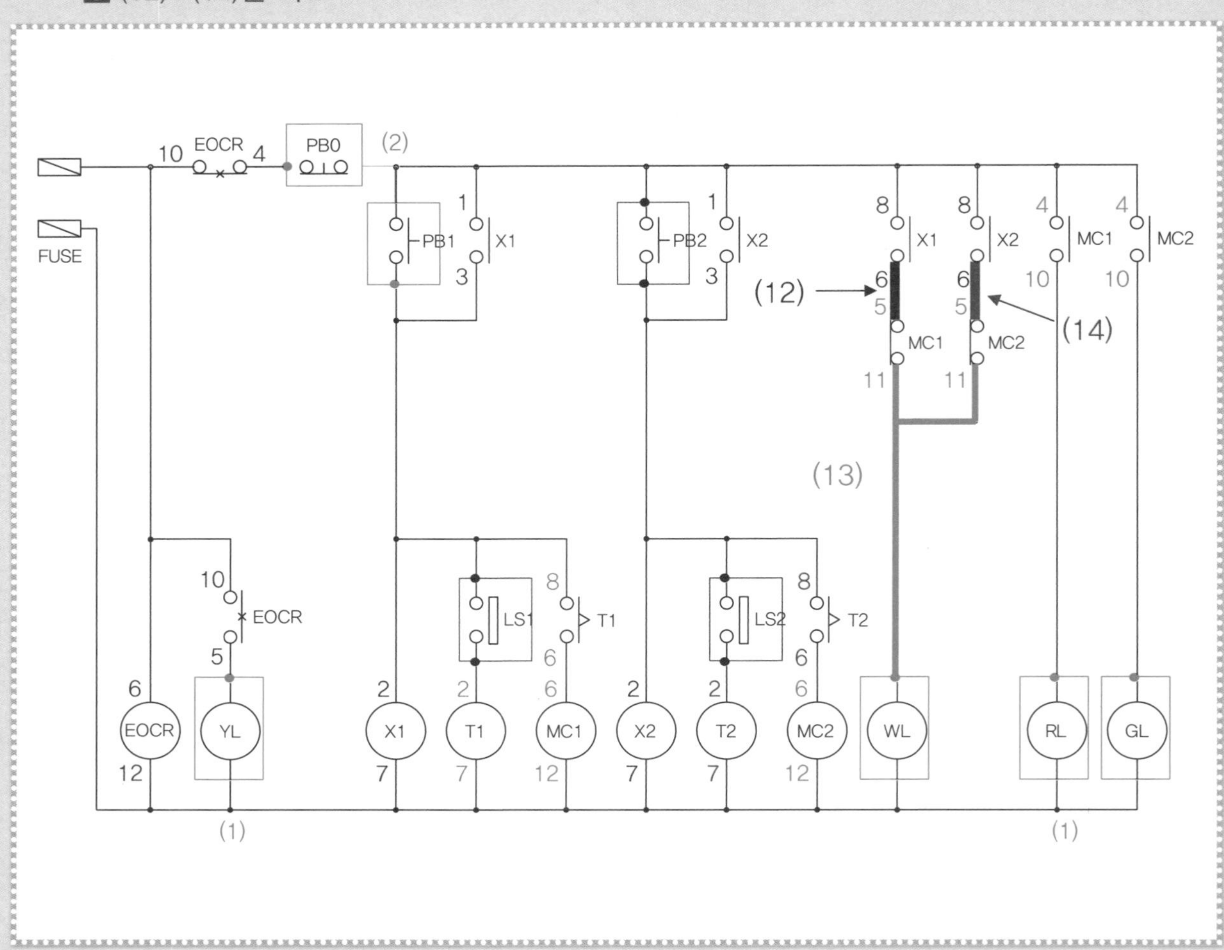

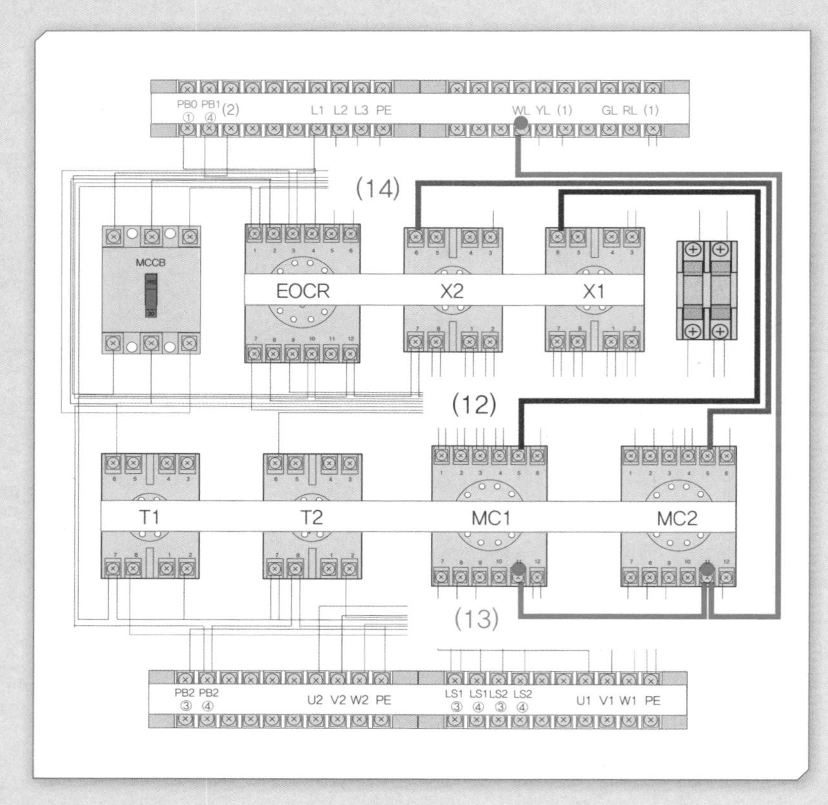

- **(12)번 회로**
  X1-⑥ ⇔ MC1-⑤단자를 연결한다.
- **(13)번 회로**
  MC1-⑪ ⇔ MC2-⑪ ⇔ WL 등 3개의 단자를 연결한다.
- **(14)번 회로**
  X2-⑥ ⇔ MC2-⑤단자를 연결한다.

9 (15) · (16)번 회로

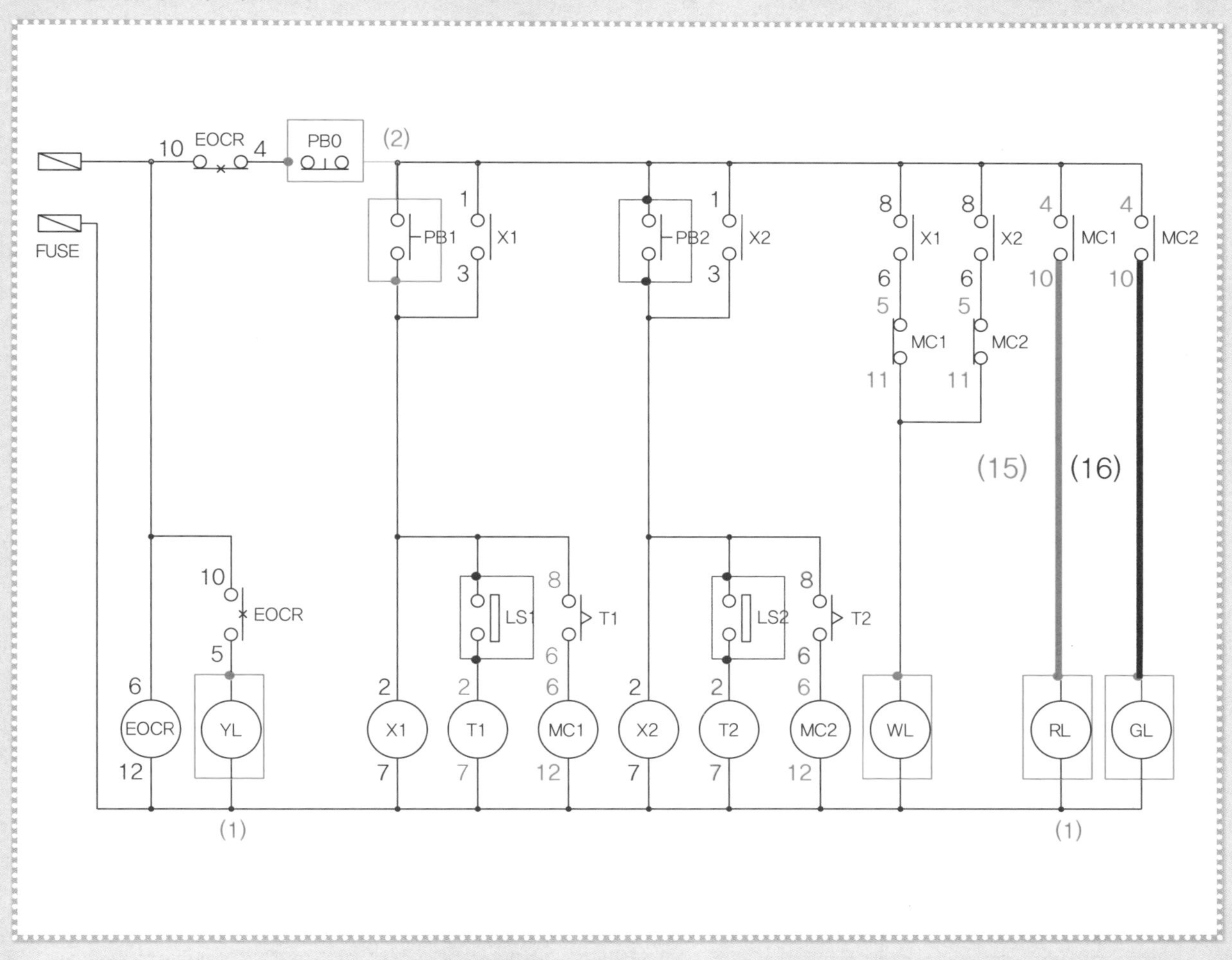

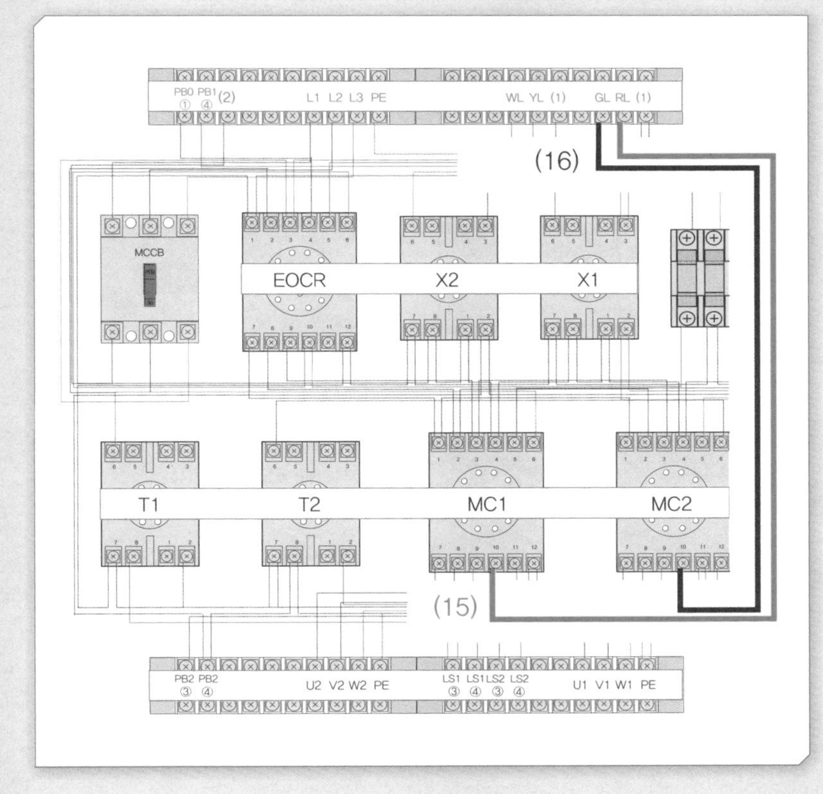

- (15)번 회로
  MC1-⑩ ⇔ RL단자를 연결한다.
- (16)번 회로
  MC2-⑩ ⇔ GL단자를 연결한다.

09 제어함 점검

제어함 배선이 끝나면 회로를 점검한다.

1 육안점검

(1) 단자대 이름이 부여된 곳에 전선 연결이 누락된 곳이 있는지 확인한다.

(2) 계전기의 전원단자와 접점이 잘 사용되었는지 확인한다.

2 벨 시험기로 점검

회로도를 보면서 아래쪽 모선, 위쪽 모선, 가운데 회로 순서로 회로를 점검한다.

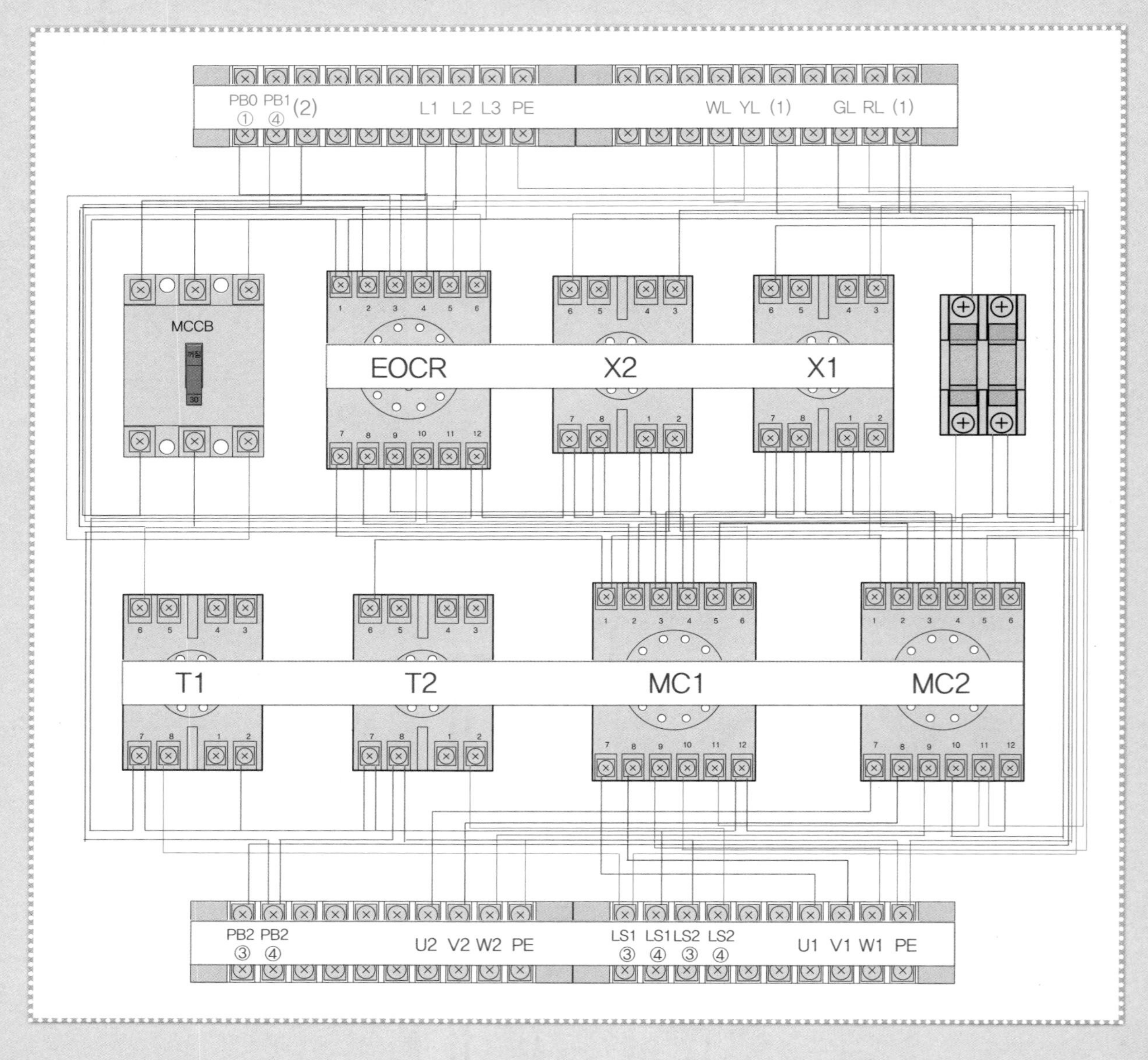

10 배관 및 입선작업 순서

(1) 제어판의 상단을 어깨 정도의 높이로 작업판에 부착한다.

(2) 배관할 위치를 도면의 치수에 맞게 제도하고 기구를 부착한다(단자대, 컨트롤 박스 등).

(3) 새들의 위치를 표시하고 배관의 종류에 맞게 커넥터를 조립한 후 배관을 실시한다.

(4) 배관에 입선할 전선 가닥수를 산출하여 입선한다. 제어함이나 컨트롤 박스 내부에서 결선할 전선의 길이를 여유있게 계산해 주어야 한다.

(5) TB1은 4C 케이블을 사용한다(갈, 흑, 회, 녹-황).

(6) TB2, TB3는 2.5[mm²] 전선을 사용한다(갈색, 흑색, 회색, 녹-황색 전선을 사용).

(7) 이 과제에서 배관은 생략하고 제어판의 외부에 기구를 연결하여 동작하는 것으로 한다.

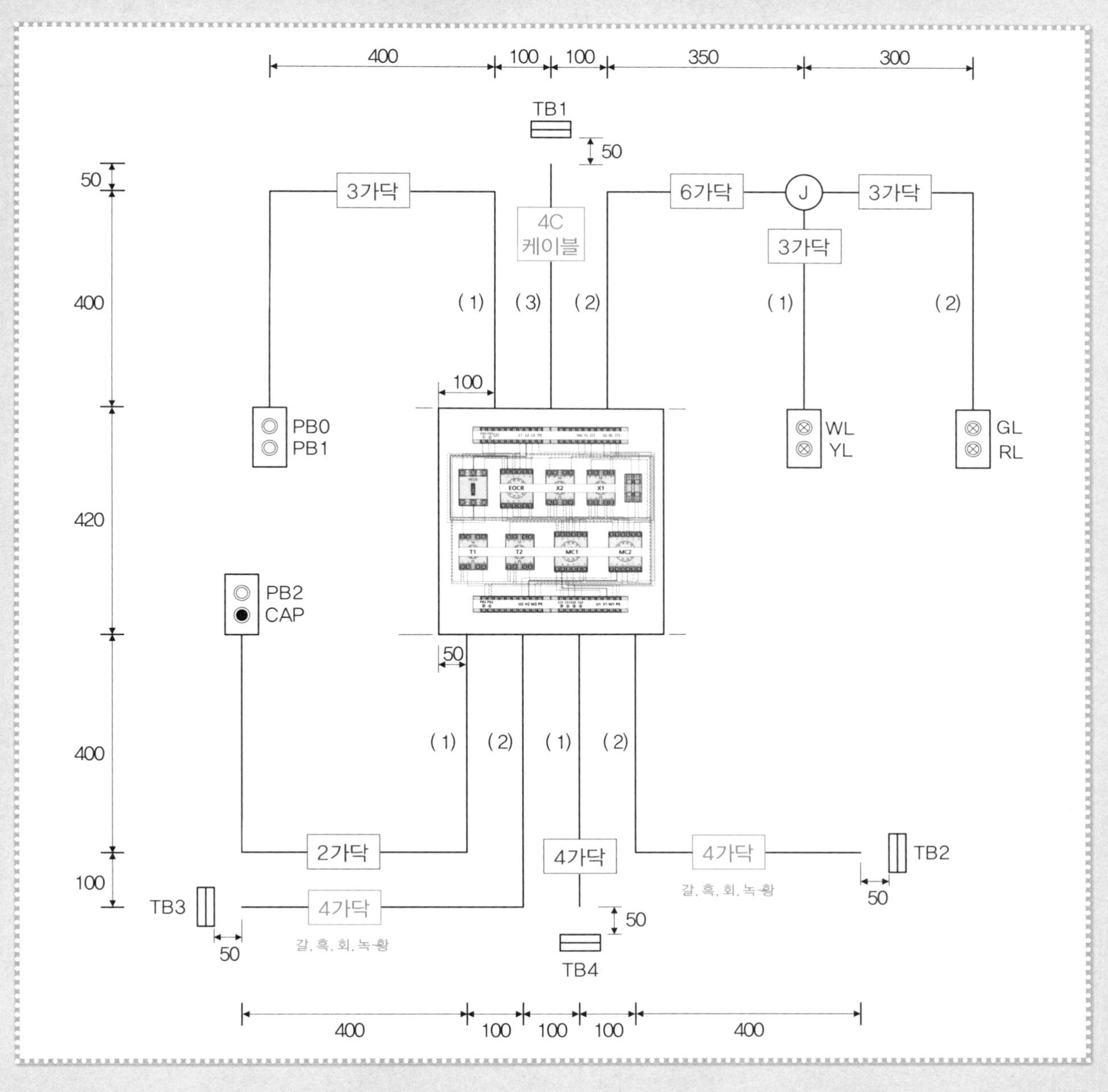

11 결선작업

1 위쪽 단자대 결선작업

2구 박스의 뚜껑에 푸시버튼 스위치 PB0(적), PB1(녹), 표시등 WL과 YL, 표시등 GL과 RL을 각각 조립하고 공통단자를 연결해 놓는다(PB는 NC, NO단자에 주의).

(1) **PB0, PB1 결선** : 입선한 3선을 제어함 단자쪽을 먼저 연결하고, 벨 시험기로 (2)번 선을 찾아 푸시버튼 스위치의 공통단자에 연결한다. PB0과 PB1의 선을 찾아 각각 푸시버튼 스위치에 연결한다.

(2) **TB1 결선** : 케이블을 사용하며, 단자대의 왼쪽부터 L1상(갈색), L2상(흑색), L3상(회색), PE(녹-황색) 순서로 결선한다. 전원측 단자대는 동작시험을 할 수 있도록 전원선의 색상에 맞춰 100[mm] 정도 인출하고, 피복은 전선 끝에서 10[mm] 정도 벗겨 놓는다.

(3) **WL · YL 결선** : 입선한 3선을 제어함 단자대에 먼저 연결하고, 벨 시험기로 (1)번 선을 찾아 표시등의 공통단자에 연결한다. WL과 YL선을 찾아 각각 표시등에 연결한다.

(4) **GL · RL 결선** : 입선한 3선을 제어함 단자대에 먼저 연결하고, 벨 시험기로 (1)번 선을 찾아 표시등의 공통단자에 연결한다. GL과 RL선을 찾아 각각 표시등에 연결한다.

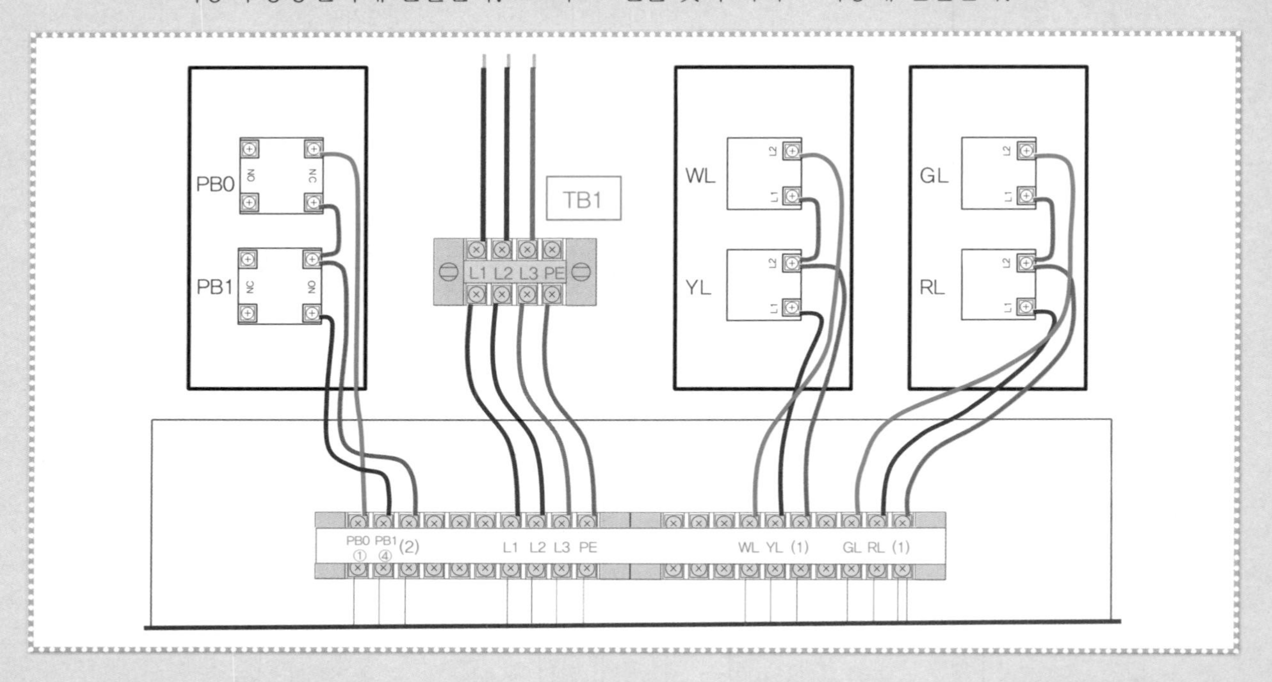

2 푸시버튼 스위치 점검

(1) **PB0 확인** : 뚜껑을 닫은 상태에서 제어함 단자대의 PB0-①번 단자와 (2)번 단자에 벨 시험기의 리드선을 대면 '삐' 소리가 나고, 눌렀을 때 벨 소리가 정지하면 정상이다.

(2) **PB1 확인** : PB1-④번 단자와 (2)번 단자에 벨 시험기의 리드선을 접촉하고 스위치를 누르면 '삐' 소리가 나고, 손을 뗐을 때 벨 소리가 정지하면 정상이다.

3 아래쪽 단자대 결선작업

(1) 2구 뚜껑에 녹색 푸시버튼 스위치의 NO단자가 오른쪽을 향하도록 고정한다. 단자 구분 없이 두 선을 NO단자에 연결한다. 아래쪽의 CAP은 사용하지 않는 구멍이므로 홀마개를 구멍에 끼워 놓는다.

(2) TB3은 위쪽부터 U2(갈색), V2(흑색), W2(회색), PE(녹-황색) 순서로 연결한다. 전동기의 접속은 생략하므로 단자대까지만 배선하면 된다.

(3) TB4의 단자대 2차측은 감독관이 요구하는 방법대로 처리하되 리밋 스위치의 단자대가 가로인 경우 왼쪽부터 각각 LS1, LS2의 순서로 결선한다(LS1, LS2 모두 a접점이므로 선을 하나씩만 붙였고, 동작시험 시 접촉해서 동작할 수 있도록 피복을 벗겨 놓았다).

(4) TB2는 위쪽부터 U1(갈색), V1(흑색), W1(회색), PE(녹-황색) 순서로 연결한다.

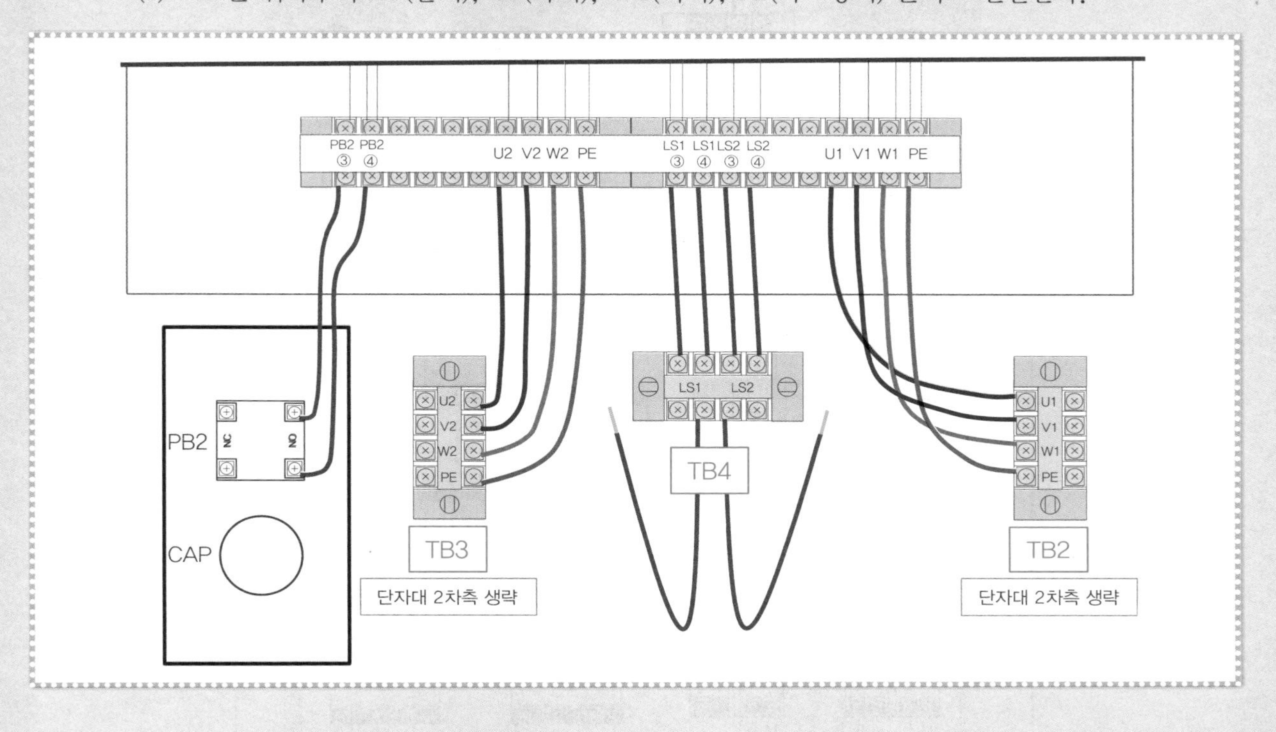

4 푸시버튼 스위치 점검(PB2 확인)

뚜껑을 닫은 상태에서 제어함 단자대의 PB2-③번 단자와 PB2-④번 단자에 벨 시험기의 리드선을 접촉하고 스위치를 누르면 '삐' 소리가 나고, 손을 떼면 벨 소리가 정지하면 정상이다.

5 결선 완료 후 확인

기구의 결선이 완료되면 다음 순서와 같이 확인한다.

(1) TB1 단자대, TB4 단자대에 전선을 연결하고 피복을 벗겨 놓았는지 확인한다.

(2) 퓨즈를 끼우고 차단기를 올린 후 벨 시험기로 전원측 TB1에 인출해 놓은 L1단자와 퓨즈의 2차측 단자(왼쪽)를 확인한다. '삐' 소리가 나면 정상이며, L3단자와 퓨즈의 2차측 단자(오른쪽)도 확인한다.

(3) 배관 및 기구 배치도를 확인해 기구의 위치와 색상 등이 맞는지 다시 한번 확인한다.

(4) 단자대와 소켓 위에 붙여 놓은 종이테이프를 제거한다.

12 마무리 작업

점검 후 이상이 없으면 케이블 타이를 사용해 전선이 흐트러지지 않도록 적당한 간격으로 묶어 준다.

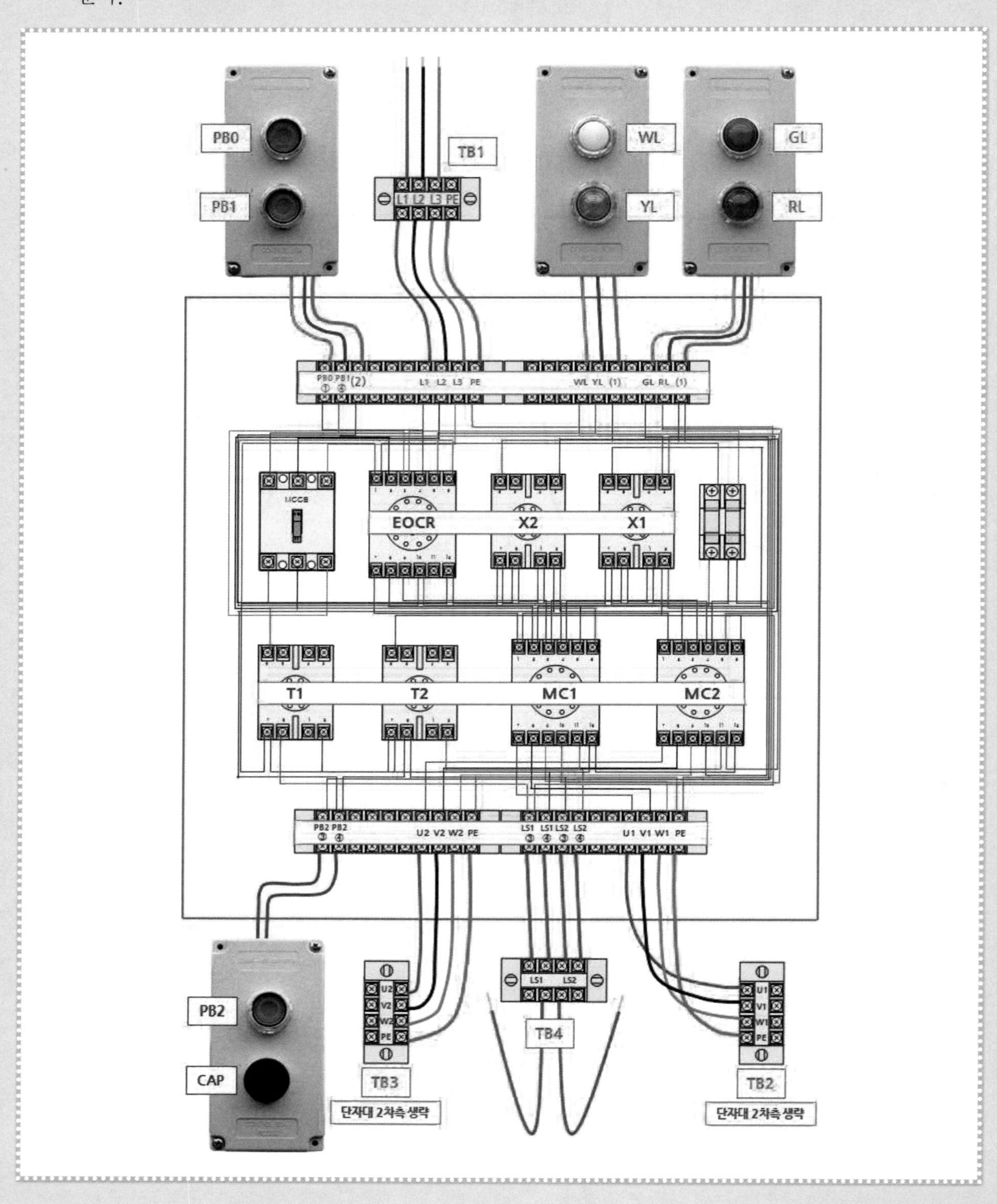

SECTION

작업시간 : 4시간 30분

06 [공개문제 15] 전기 설비의 배선 및 배관 공사

요구사항

지급된 재료와 시험장 시설을 사용하여 제한시간 내에 주어진 과제를 안전에 유의하여 완성하시오.
(단, 지급된 재료와 도면에서 요구하는 재료가 서로 상이할 수 있으므로 도면을 참고하여 필요한 재료를 지급된 재료에서 선택하여 작품을 완성하시오)

1. 배관 및 기구 배치 도면에 따라 배관 및 기구를 배치하시오.

(단, 제어판을 제어함이라고 가정하고 전선관 및 케이블을 접속하시오)

2. 전기설비 운전 제어회로 구성

가) 제어회로의 도면과 동작사항을 참고하여 제어회로를 구성하시오.
나) 전원방식 : 3상 3선식 220[V]
다) 전동기의 접속은 생략하고 접속할 수 있게 단자대까지 배선하시오.

3. 동작사항

가) MCCB를 통해 전원을 투입하면 전자식 과전류계전기 EOCR에 전원이 공급되고, 램프 WL이 점등된다.

나) 푸시버튼 스위치 PB1 동작사항

(1) 리밋 스위치 LS1 또는 LS2 중 어떤 하나 이상이 감지된 상태에서 푸시버튼 스위치 PB1을 누르면 타이머 T1, 전자접촉기 MC1이 여자되어 전동기 M1이 회전하고, 램프 RL이 점등, 램프 WL이 소등된다.

(2) 전동기 M1이 회전 상태

① 타이머 T1의 설정시간 *t*1초 후 타이머 T1, 전자접촉기 MC1이 소자되어 전동기 M1이 정지하고, 램프 RL이 소등, 램프 WL이 점등된다.

② 리밋 스위치 LS1과 LS2의 감지가 모두 해제되어도 동작의 변화는 없다.

다) 푸시버튼 스위치 PB2 동작사항

(1) 리밋 스위치 LS1과 LS2가 모두 감지된 상태에서 푸시버튼 스위치 PB2를 누르면 타이머 T2, 전자접촉기 MC2가 여자되어 전동기 M2가 회전하고, 램프 GL이 점등, 램프 WL이 소등된다.

(2) 전동기 M2가 회전상태

① 타이머 T2의 설정시간 *t*2초 후 타이머 T2, 전자접촉기 MC2가 소자되어 전동기 M2가 정지하고, 램프 GL이 소등, 램프 WL이 점등된다.

② 리밋 스위치 LS1과 LS2의 감지가 모두 해제되어도 동작의 변화는 없다.

라) 제어회로가 동작하는 중 푸시버튼 스위치 PB0를 누르면 제어회로 및 전동기 동작은 모두 정지된다.

마) EOCR 동작사항

(1) 전동기가 운전하는 중 전동기의 과부하로 과전류가 흐르면 전자식 과전류계전기 EOCR이 동작되어 전동기는 정지하고, 램프 YL이 점등된다.

(2) 전자식 과전류계전기 EOCR을 리셋(reset)하면 제어회로는 초기 상태로 복귀된다.

01 배관 및 기구 배치도

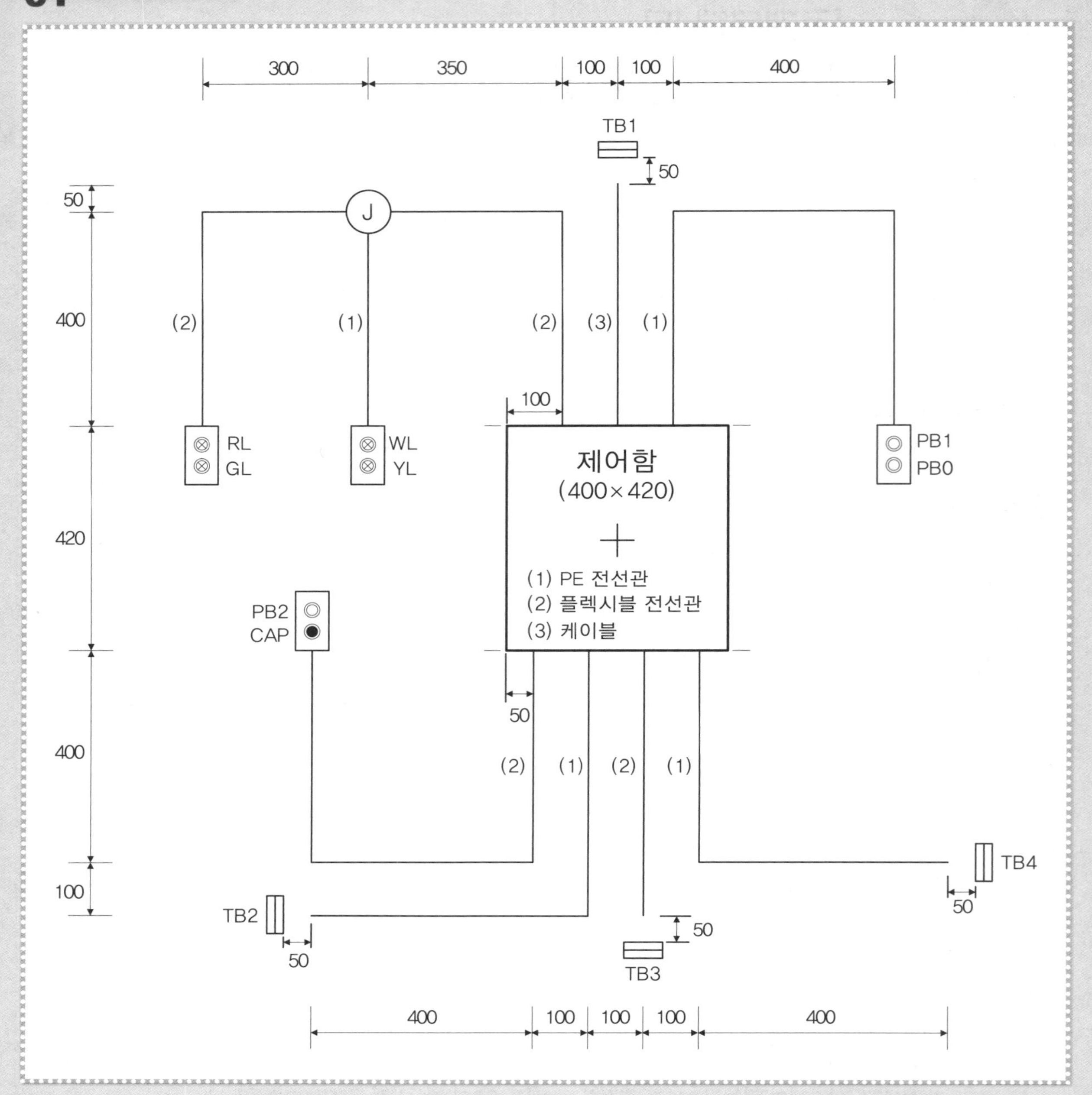
300
350
100
100
400
TB1
50
J
(2)
(1)
(2)
(3)
(1)
100
RL
GL
WL
YL
제어함
(400×420)
PB1
PB0
(1) PE 전선관
(2) 플렉시블 전선관
(3) 케이블
PB2
CAP
50
(2)
(1)
(2)
(1)
TB4
TB2
TB3
50
400
420
400
100
400
100
100
100
400

02 제어함 내부 기구 배치도

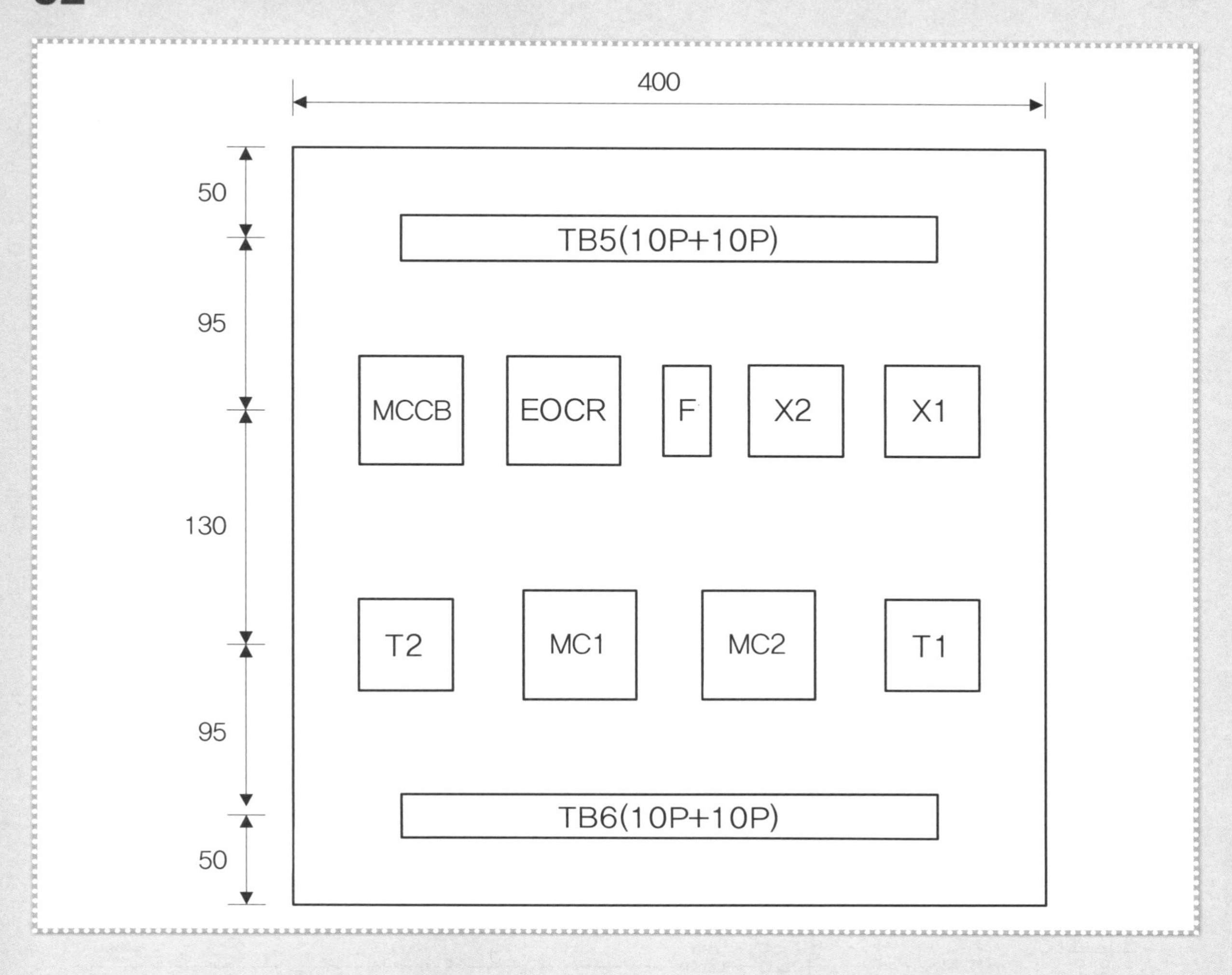

[범례]

기호	명칭	기호	명칭
TB1	전원(단자대 4P)	PB0	푸시버튼 스위치(적색)
TB2, TB3	전동기(단자대 4P)	PB1	푸시버튼 스위치(녹색)
TB4	LS1, LS2(단자대 4P)	PB2	푸시버튼 스위치(녹색)
TB5, TB6	단자대(10P+10P)	YL	램프(황색)
MC1, MC2	전자접촉기(12P)	GL	램프(녹색)
EOCR	EOCR(12P)	RL	램프(적색)
X1, X2	릴레이(8P)	WL	램프(백색)
T1, T2	타이머(8P)	CAP	홀마개
F	퓨즈 및 퓨즈 홀더	Ⓙ	8각 박스
MCCB	배선용 차단기		

03 기구의 내부 결선도 및 구성도

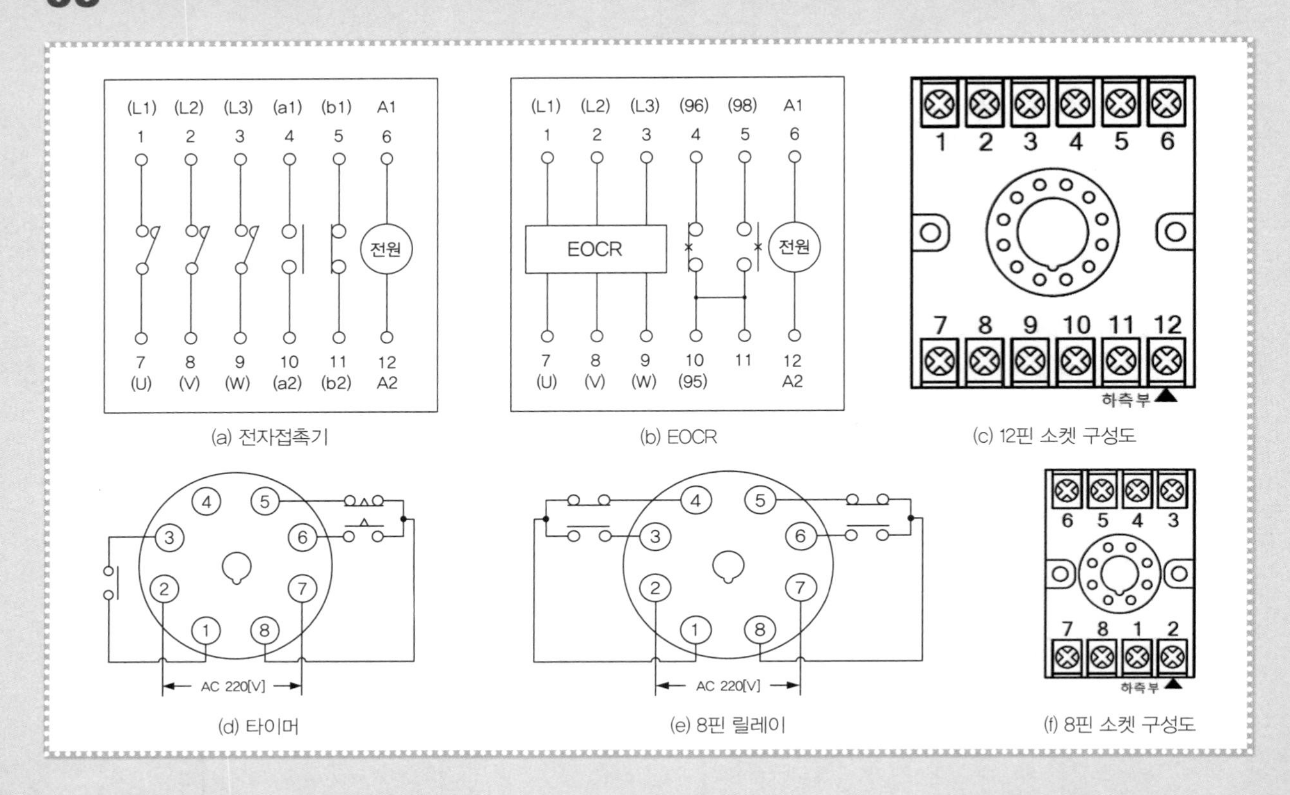

(a) 전자접촉기

(b) EOCR

(c) 12핀 소켓 구성도

(d) 타이머

(e) 8핀 릴레이

(f) 8핀 소켓 구성도

04 회로도

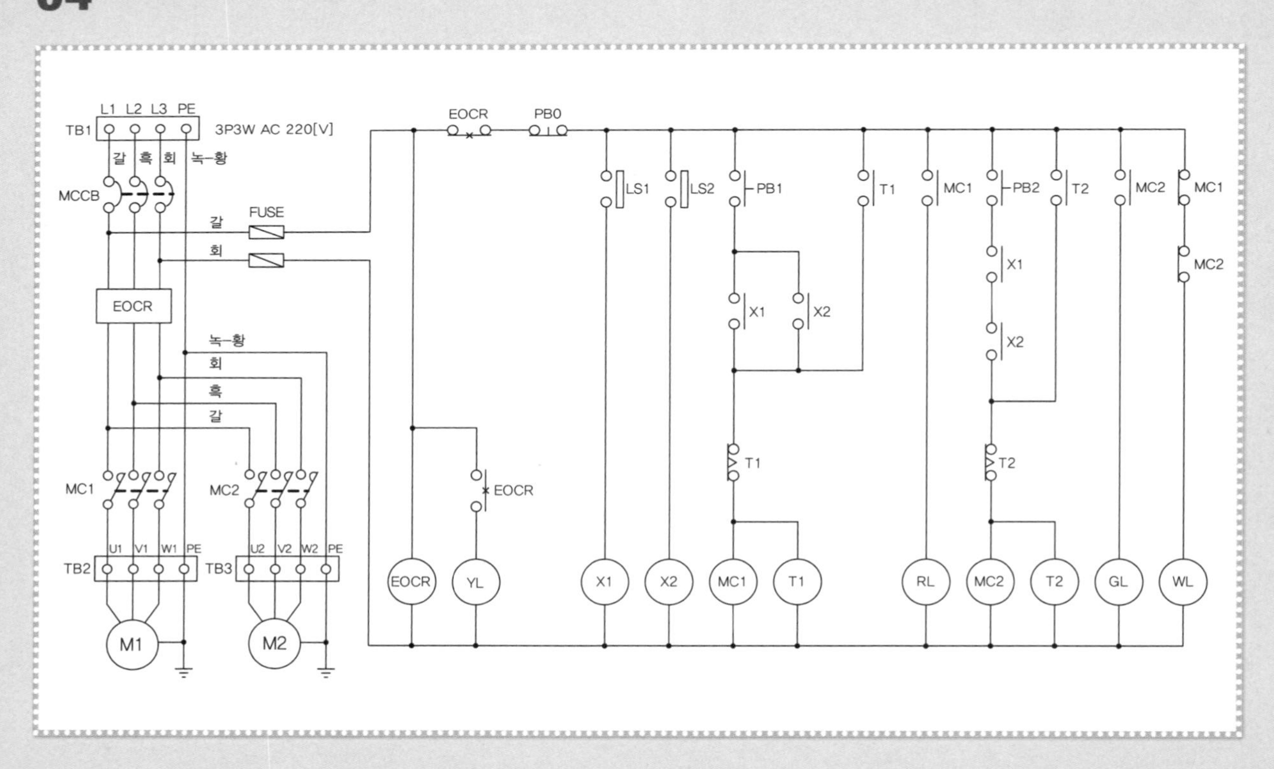

05 계전기 접점번호 부여하기

1 주회로 부분

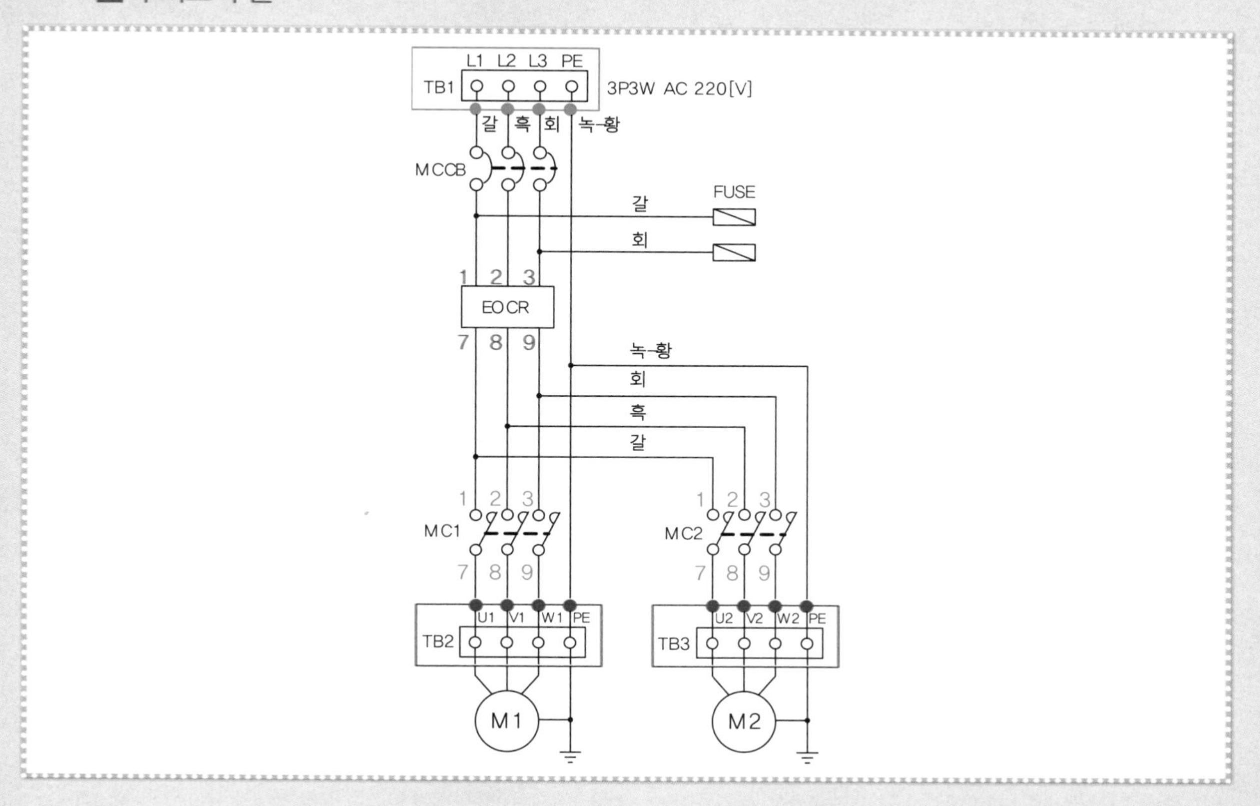

2 제어회로 부분

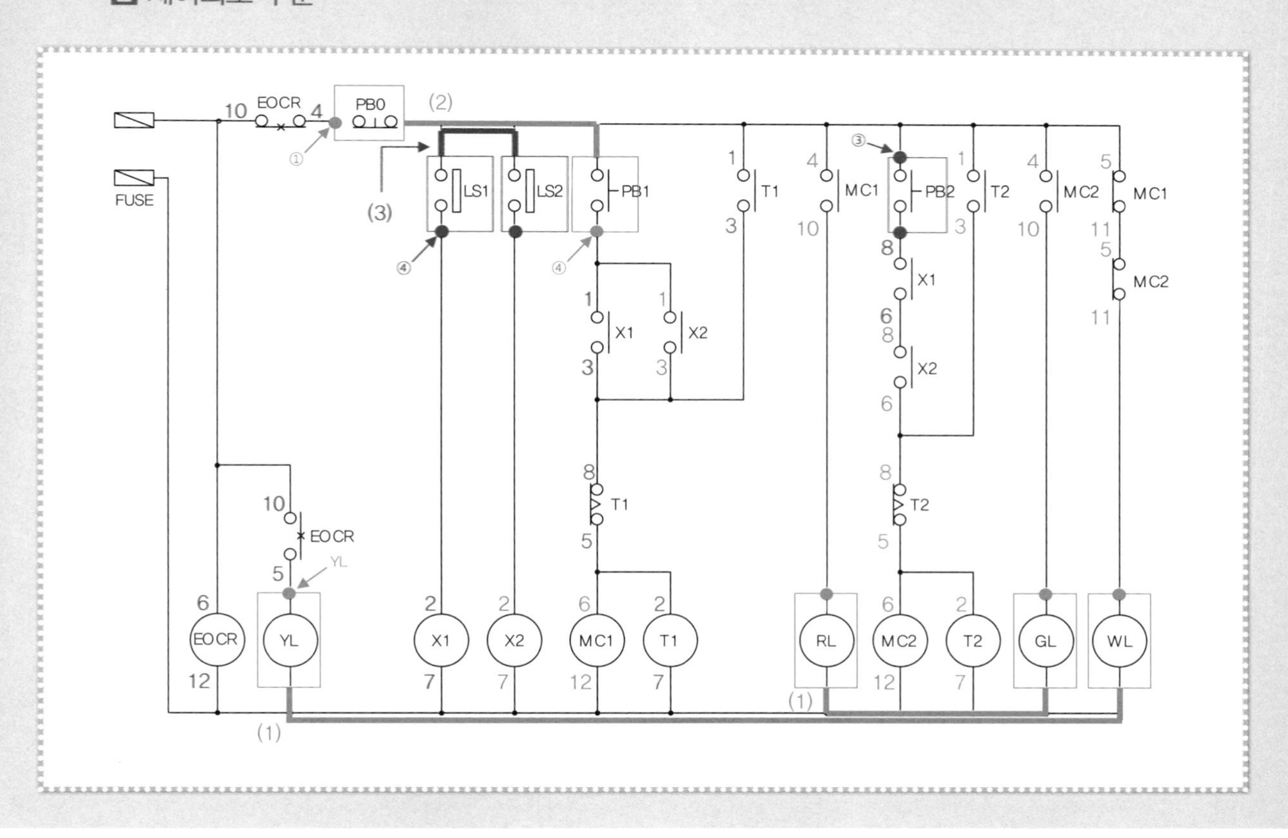

06 단자대 이름 부여하기

배관 및 기구 배치도를 참고하여 회로도에 인출할 기구를 표시하고 단자대 위쪽의 왼쪽 배관에 연결되어 있는 기구부터 차례대로 이름을 붙여준다.

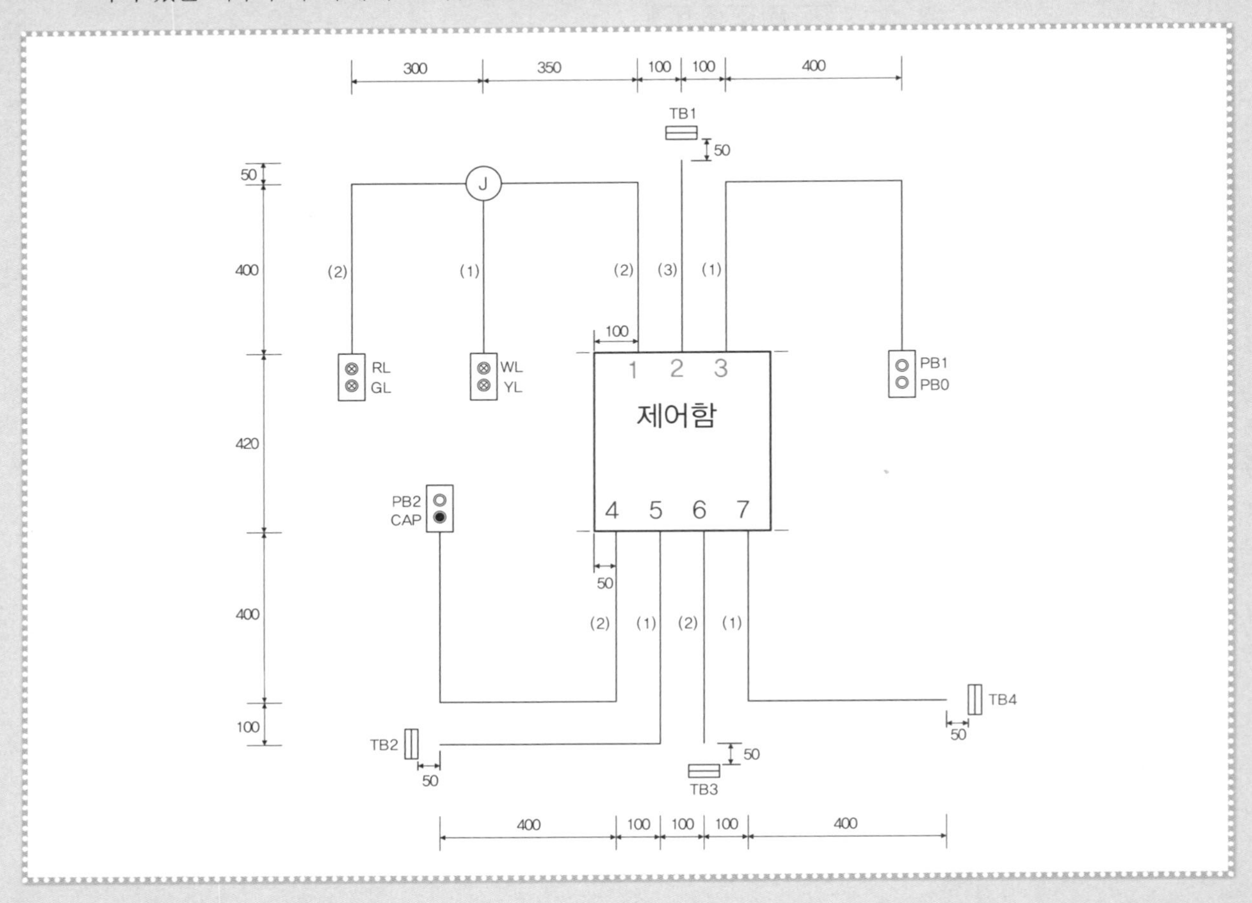

1 위쪽 단자대 이름 부여

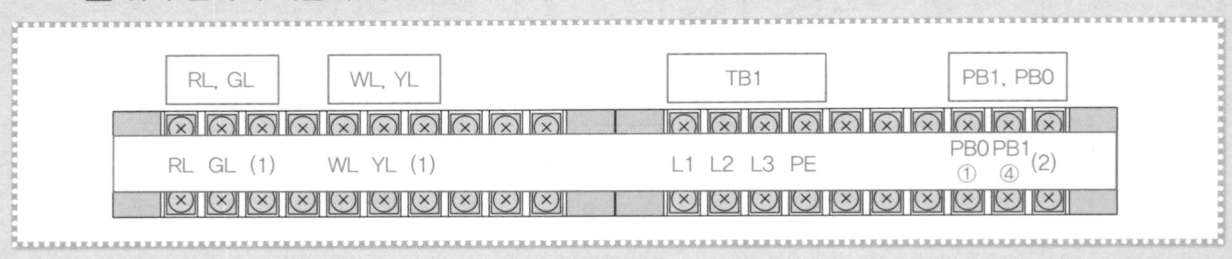

2 아래쪽 단자대 이름 부여

PB2 PB2
③ ④
U1 V1 W1 PE
U2 V2 W2 PE
LS1 LS2
④ ④ (3)
PB2
TB2
TB3
TB4

07 주회로 배선

1 (가) · (나)회로

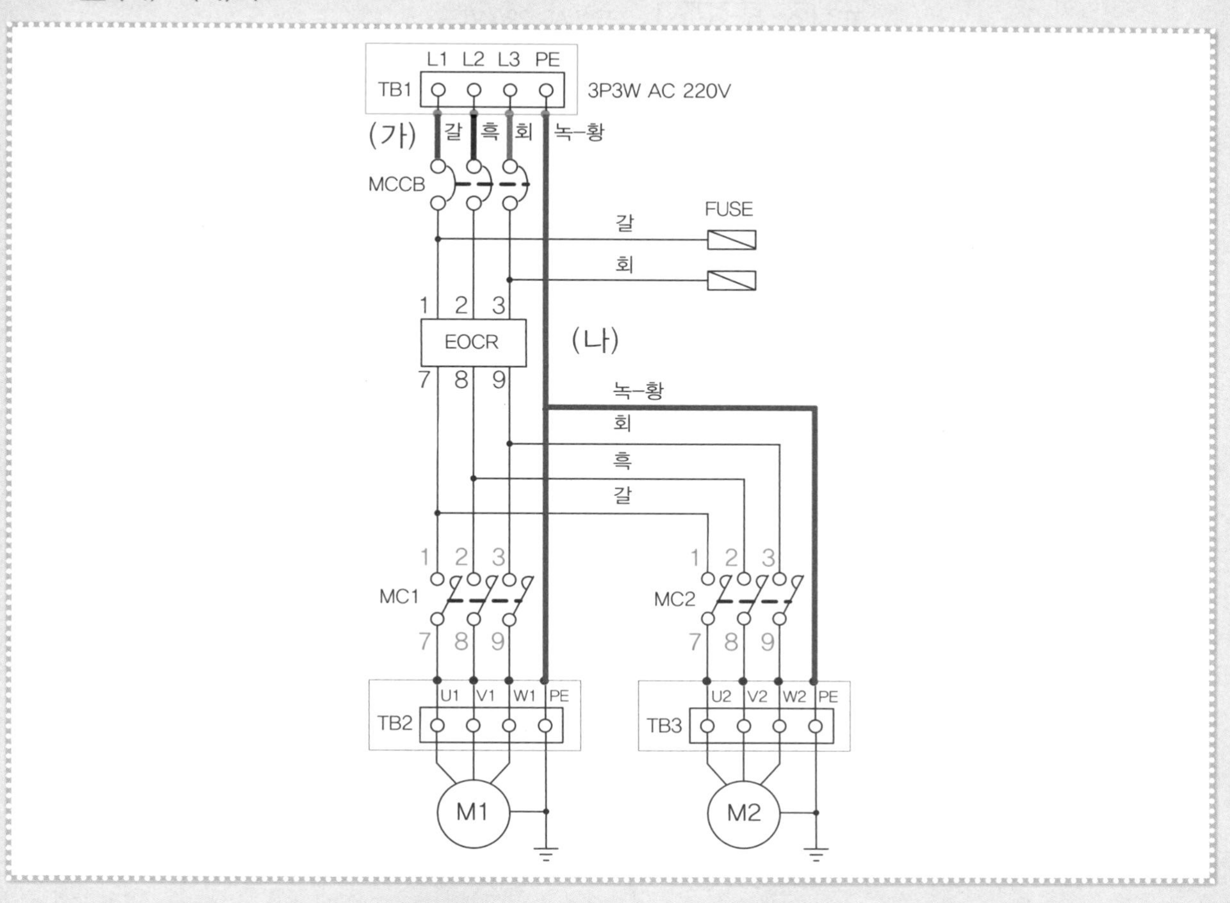

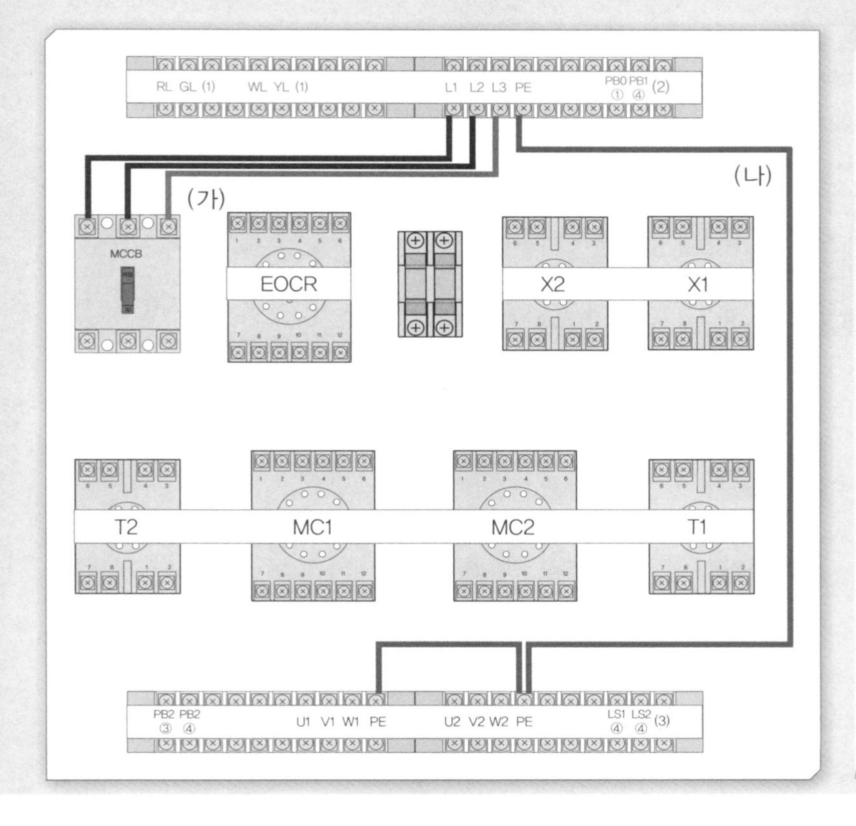

- 주회로는 모두 2.5[mm²] 전선을 사용하여 배선한다.
  L1상 : 갈색
  L2상 : 흑색
  L3상 : 회색
  PE(접지) : 녹-황색
- **(가)회로**
  갈색 : L1 ⇔ 차단기 1차측 L1상
  흑색 : L2 ⇔ 차단기 1차측 L2상
  회색 : L3 ⇔ 차단기 1차측 L3상
- **(나)회로(녹-황색 전선)**
  TB1-PE ⇔ TB2-PE ⇔ TB3-PE

2 (다) · (라)회로

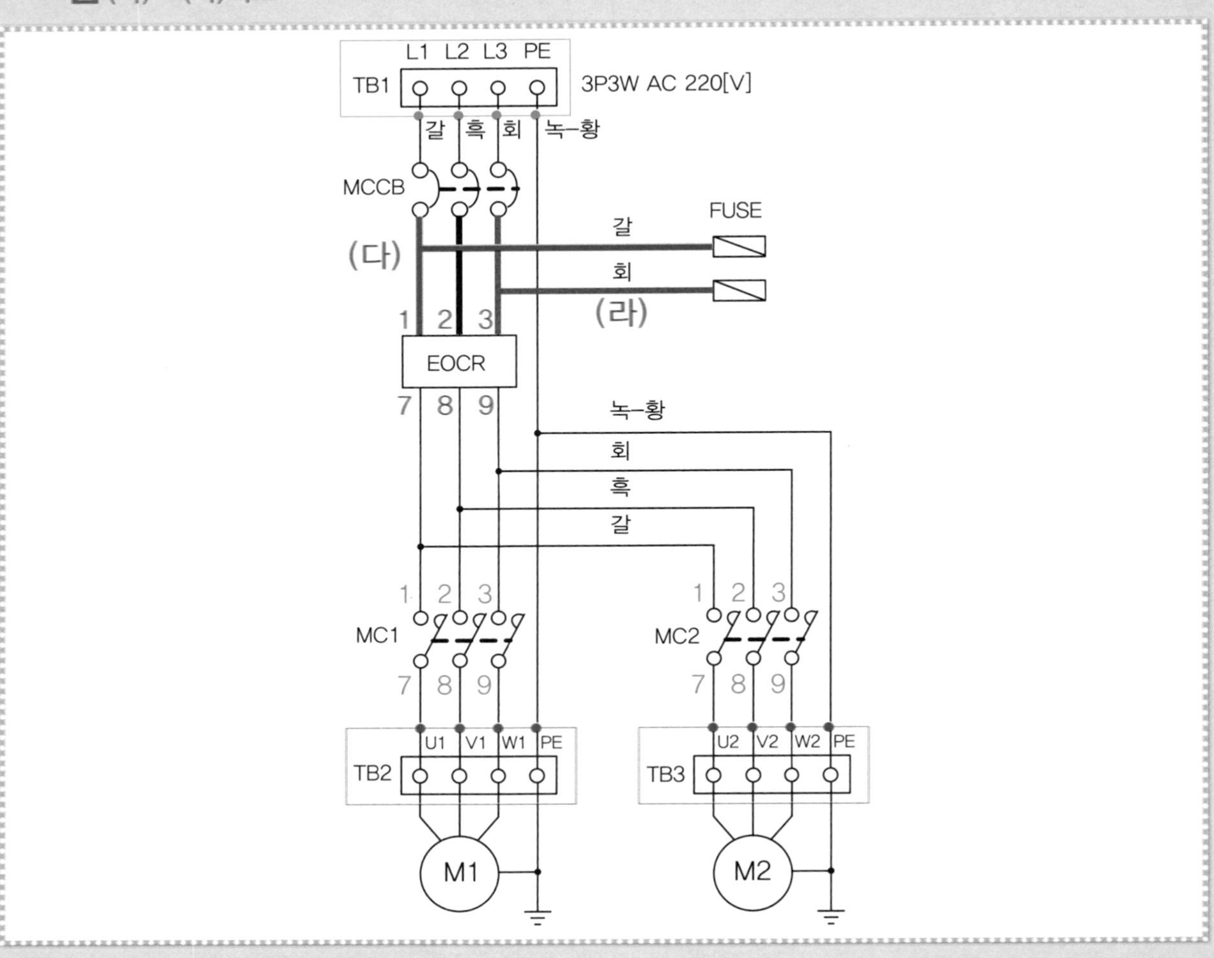

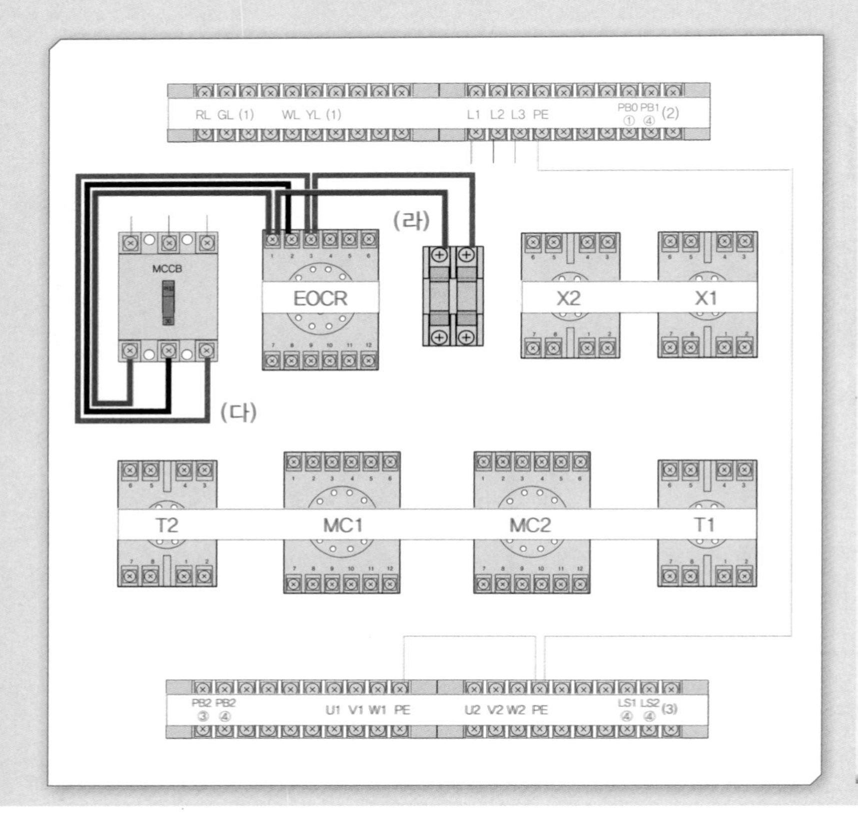

- **(다)회로**
  갈색 : 차단기 2차측 L1상 ⇔ EOCR-①
  흑색 : 차단기 2차측 L2상 ⇔ EOCR-②
  회색 : 차단기 2차측 L3상 ⇔ EOCR-③
- **(라)회로**
  갈색 : EOCR-① ⇔ 퓨즈 1차측
  회색 : EOCR-③ ⇔ 퓨즈 1차측

3 (마)회로

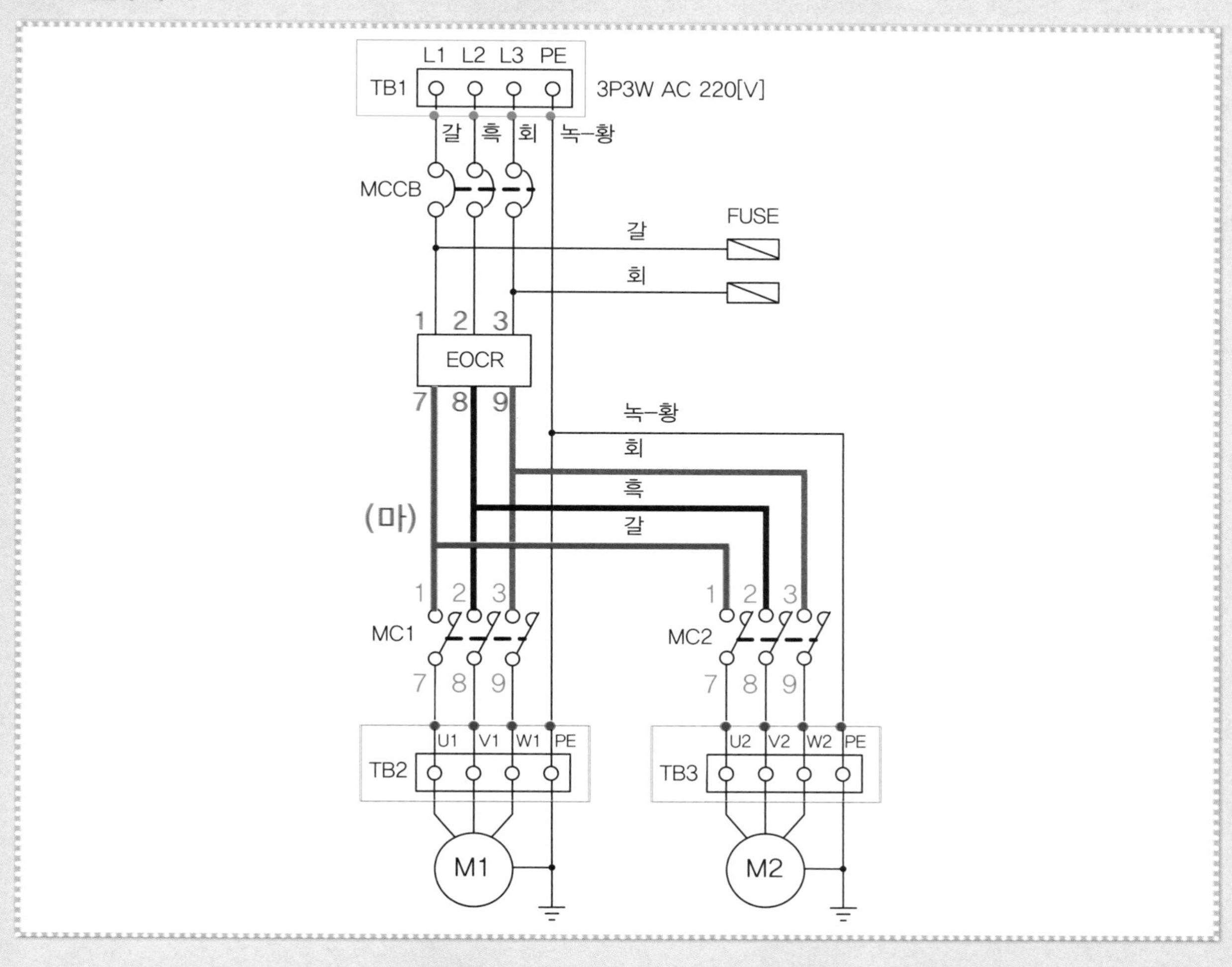

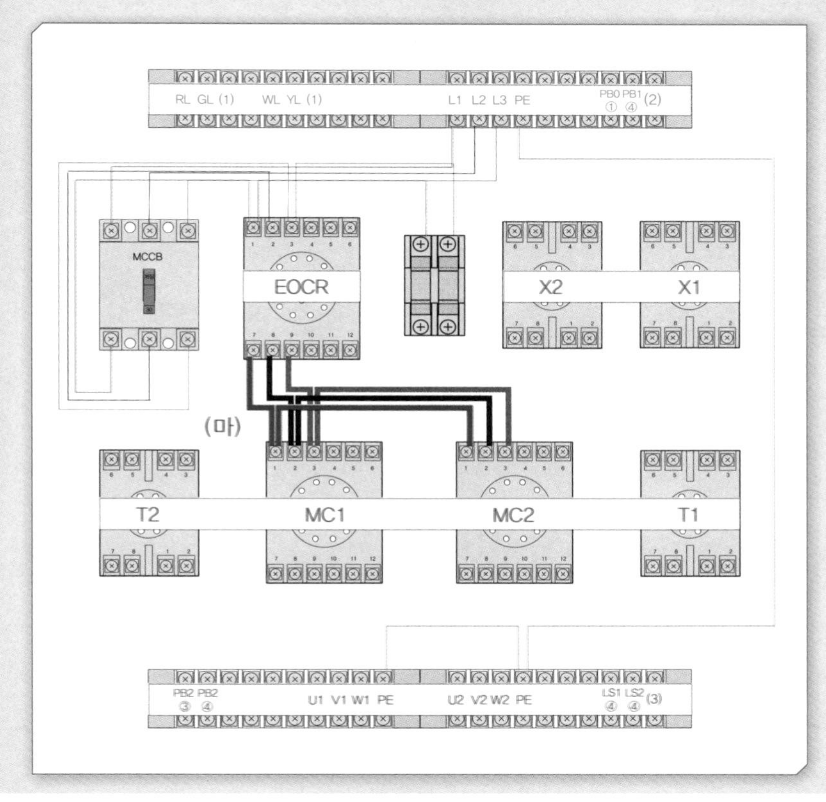

• (마)회로

갈색 : EOCR-⑦ ⇔ MC1-① ⇔ MC2-①

흑색 : EOCR-⑧ ⇔ MC1-② ⇔ MC2-②

회색 : EOCR-⑨ ⇔ MC1-③ ⇔ MC2-③

4 (바) · (사)회로

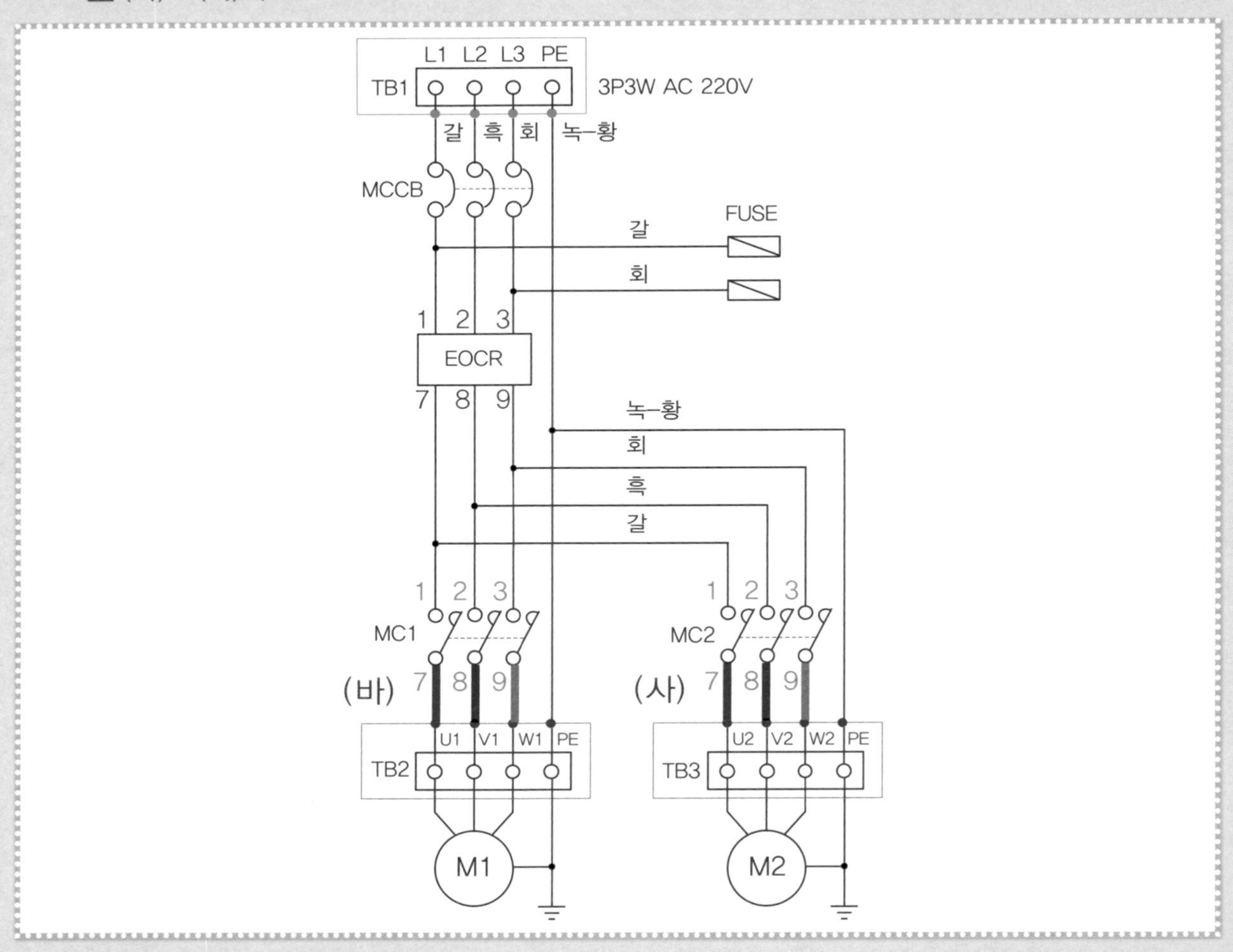

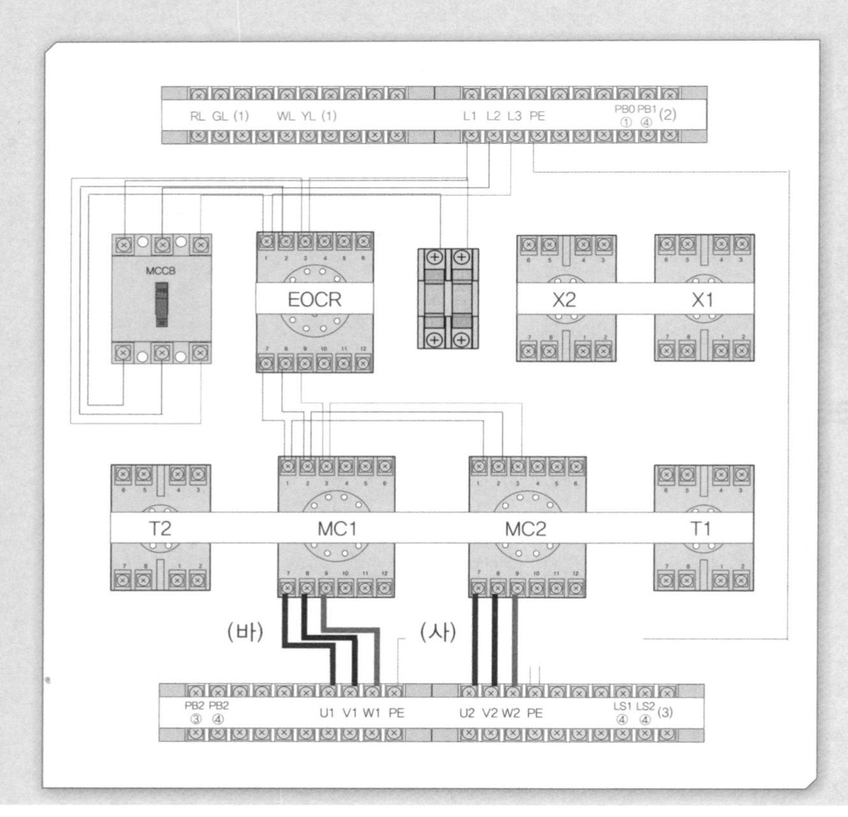

- **(바)회로**
  갈색 : MC1-⑦ ⇔ TB2-U1
  흑색 : MC1-⑧ ⇔ TB2-V1
  회색 : MC1-⑨ ⇔ TB2-W1
- **(사)회로**
  갈색 : MC2-⑦ ⇔ TB3-U2
  흑색 : MC2-⑧ ⇔ TB3-V2
  회색 : MC2-⑨ ⇔ TB3-W2

08 제어회로 배선

1 (1)번 회로

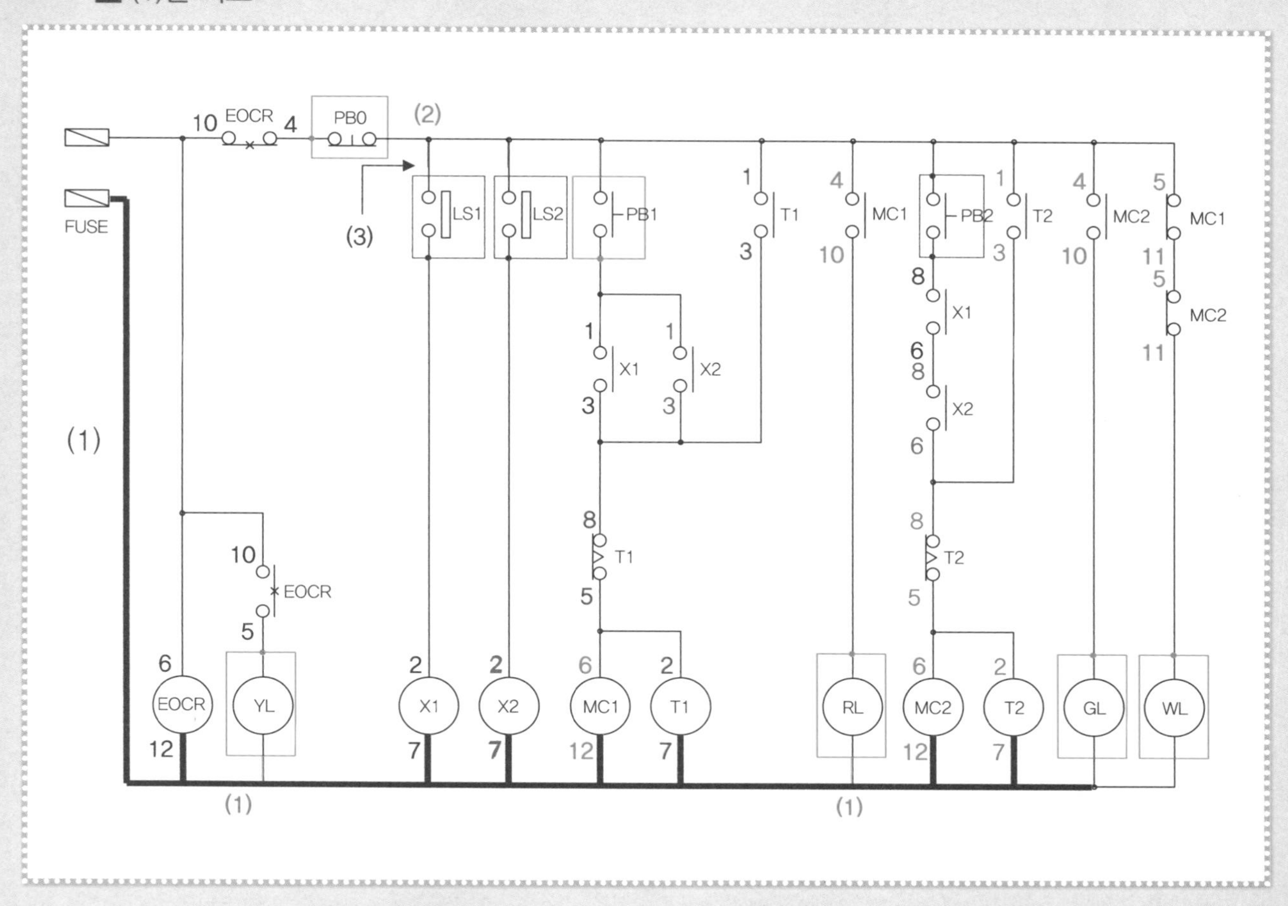

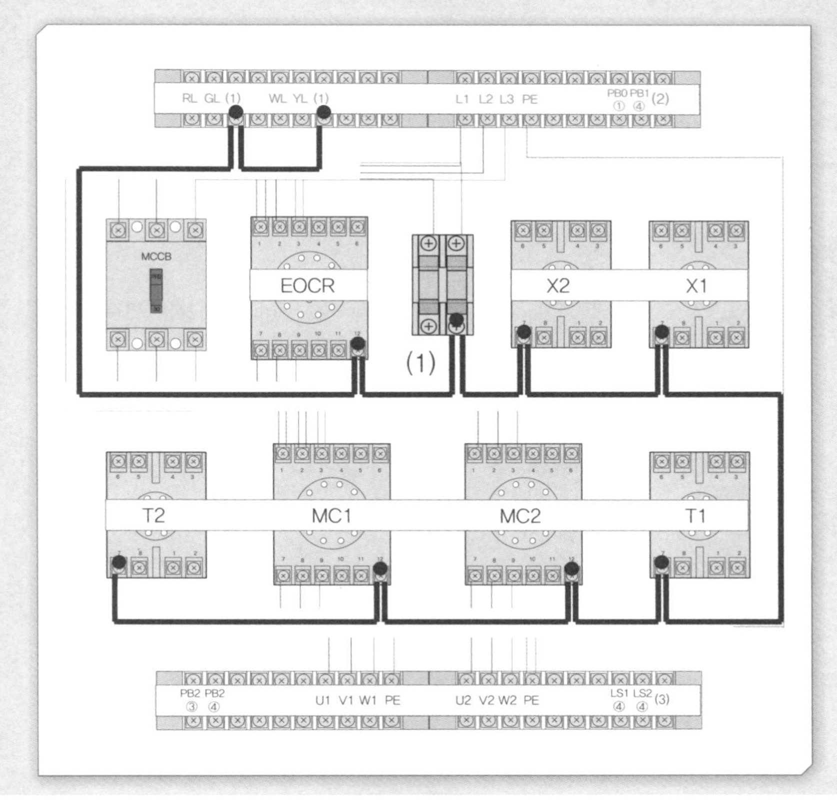

- 제어회로는 황색 전선을 사용한다. 연결해야 할 단자가 많은 경우 제어회로도를 보고 순서대로 표시한 후 최단 거리로 연결한다(종이테이프를 잘라 붙이면 편리함).
- **(1)번 회로**
  퓨즈 2차 ⇔ EOCR-⑫ ⇔ (1) ⇔ X1-⑦ ⇔ X2-⑦ ⇔ MC1-⑫ ⇔ T1-⑦ ⇔ (1) ⇔ MC2-⑫ ⇔ T2-⑦ 등 10개의 단자를 연결한다(오른쪽 퓨즈 홀더의 단자에 2선을 연결하면 작업이 쉬워진다).
- 앞의 (1)은 YL과 WL을 연결한 공통단자 번호이고, 뒤의 (1)은 RL과 GL을 연결한 공통단자 번호이다.

2 (2)·(3)번 회로

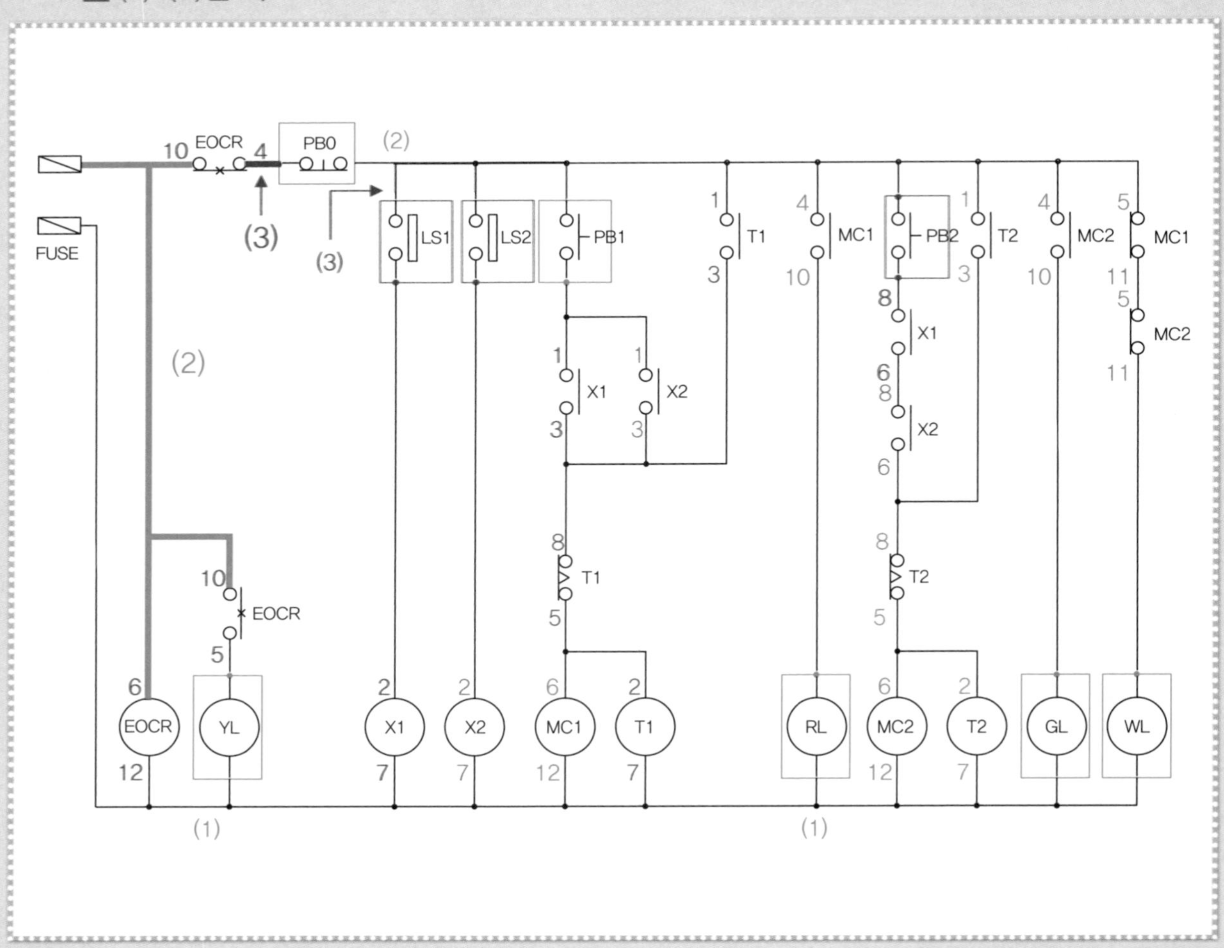

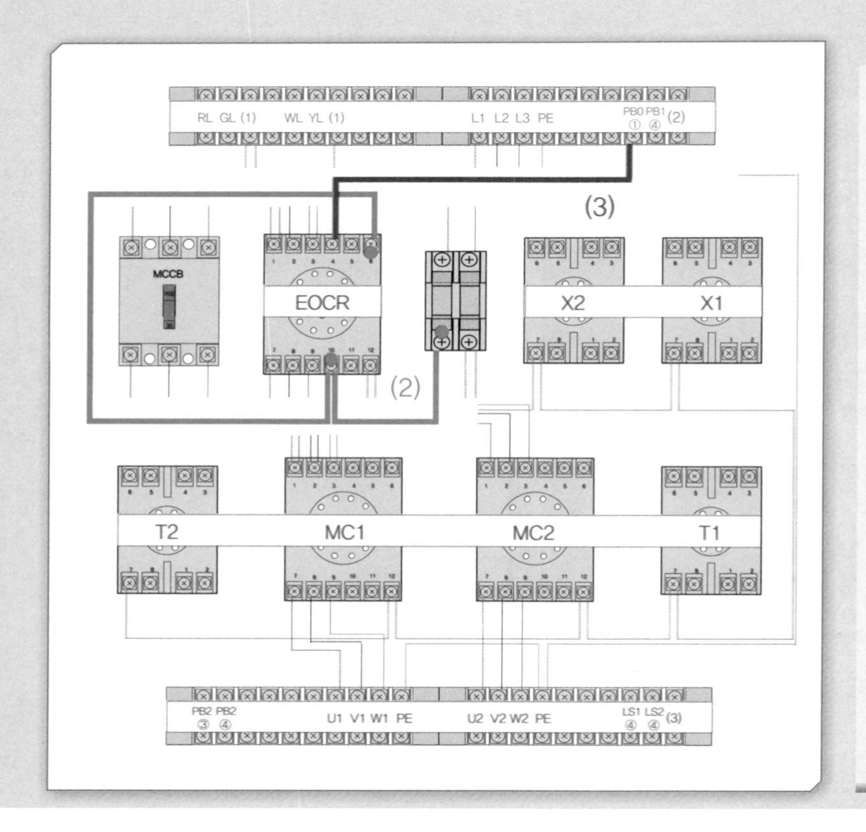

- **(2)번 회로**
  퓨즈 2차 ⇔ EOCR-⑩ ⇔ EOCR-⑥ 등 3개의 단자를 표시해 놓고 최단 거리로 연결한다.
- **(3)번 회로**
  EOCR-④ ⇔ PB0-①단자를 연결한다.

3 (4)번 회로

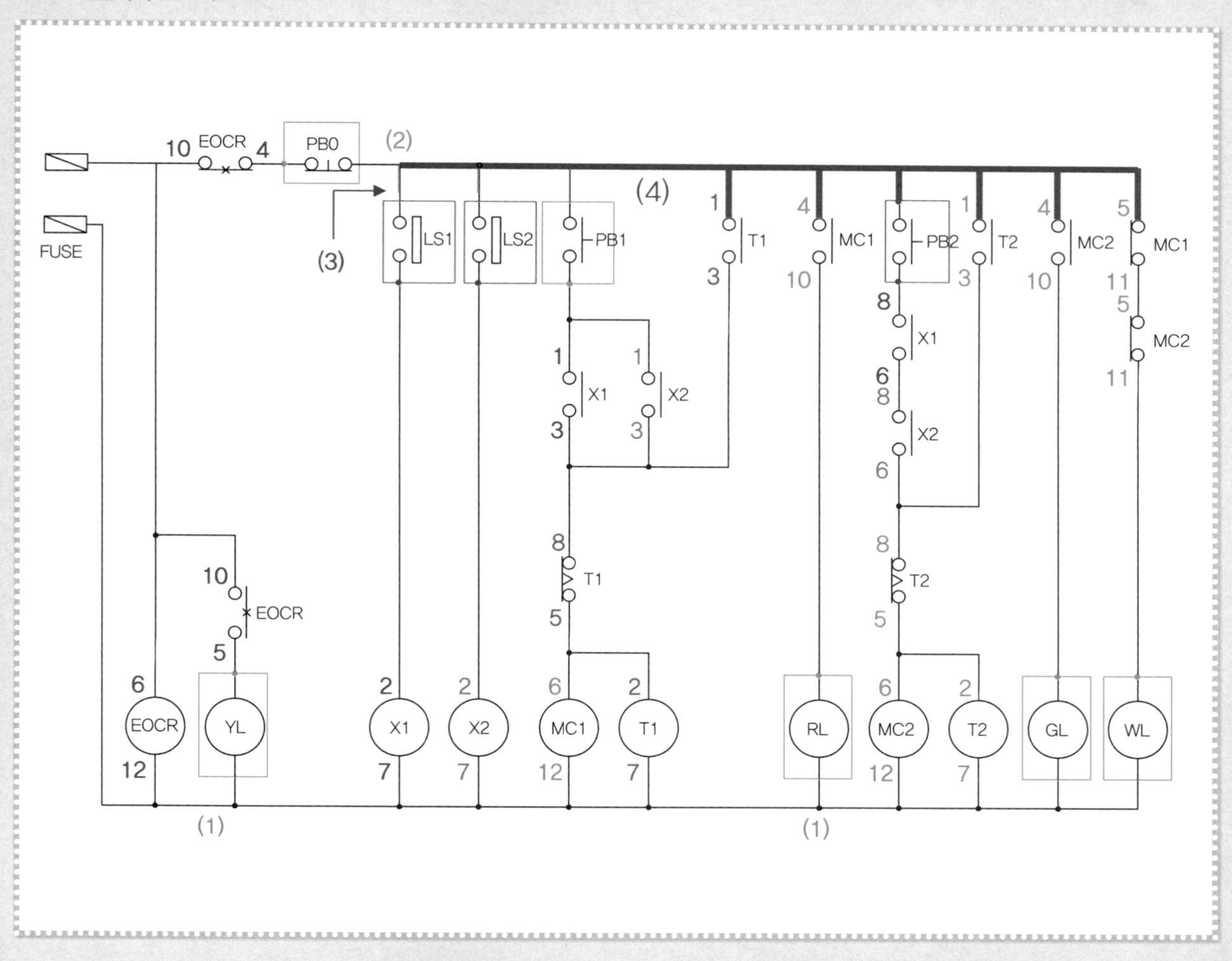

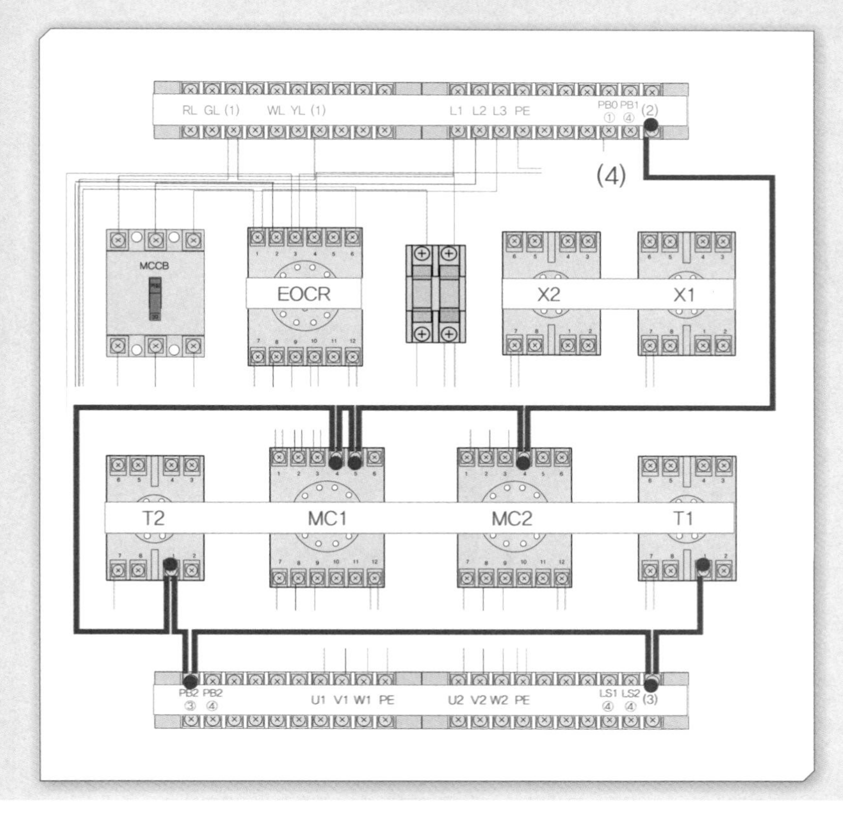

- **(4)번 회로**
  (2) ⇔ (3) ⇔ T1-① ⇔ MC1-④ ⇔ PB2-③ ⇔ T2-① ⇔ MC2-④ ⇔ MC1-⑤ 등 8개의 단자를 연결한다.
- (2)는 PB0-②와 PB1-③을 연결한 공통단자 번호이고, (3)은 LS1-③과 LS2-③을 연결한 공통단자 번호이다.

4 (5) · (6)번 회로

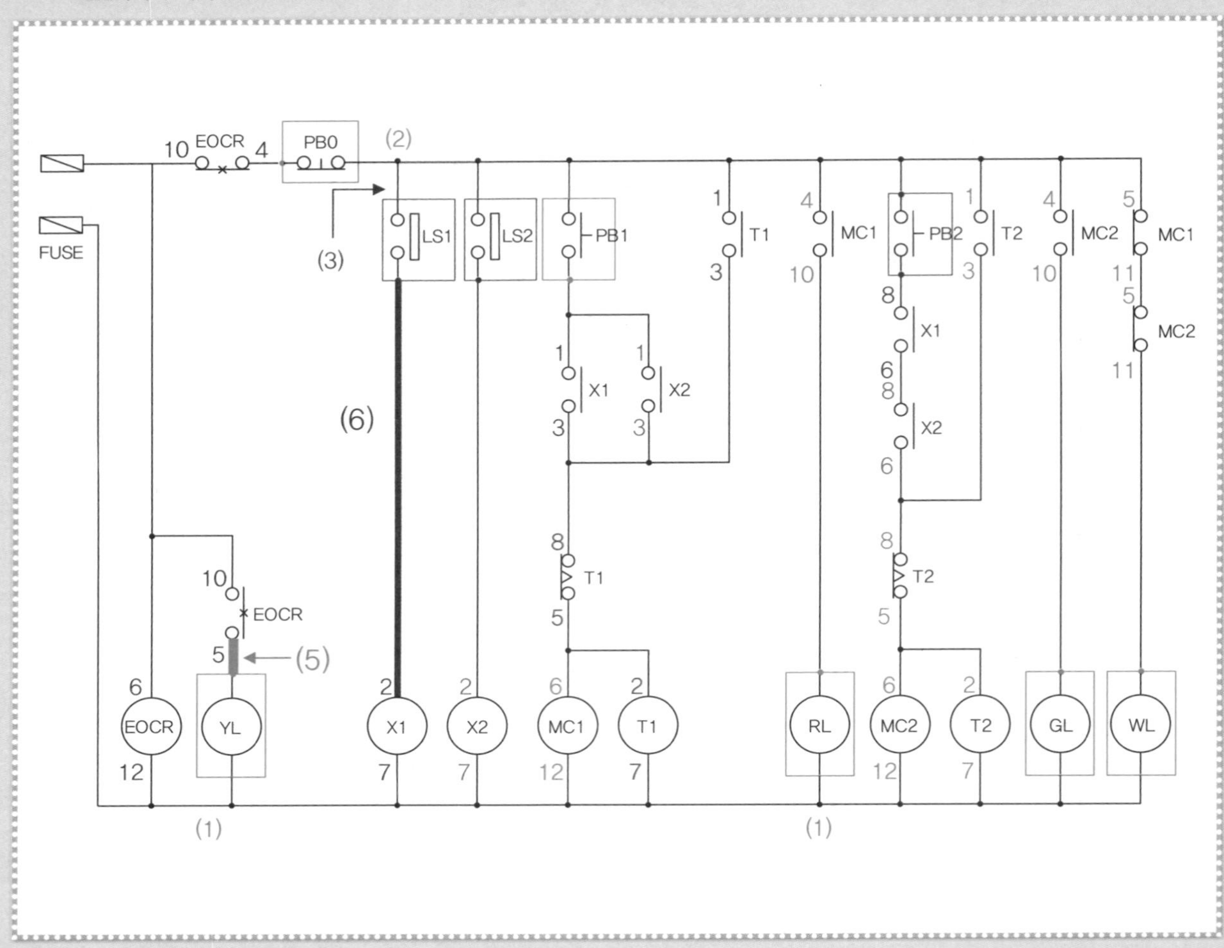

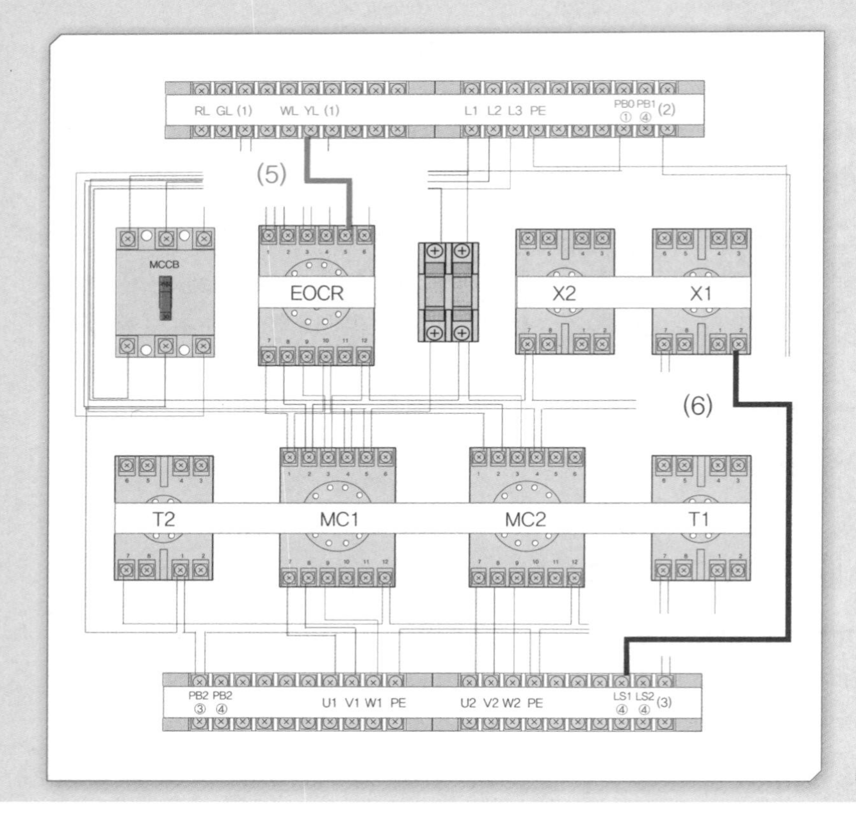

- **(5)번 회로**
  EOCR-⑤ ⇔ YL단자를 연결한다.
- **(6)번 회로**
  LS1-④ ⇔ X1-②단자를 연결한다.

5 (7) · (8)번 회로

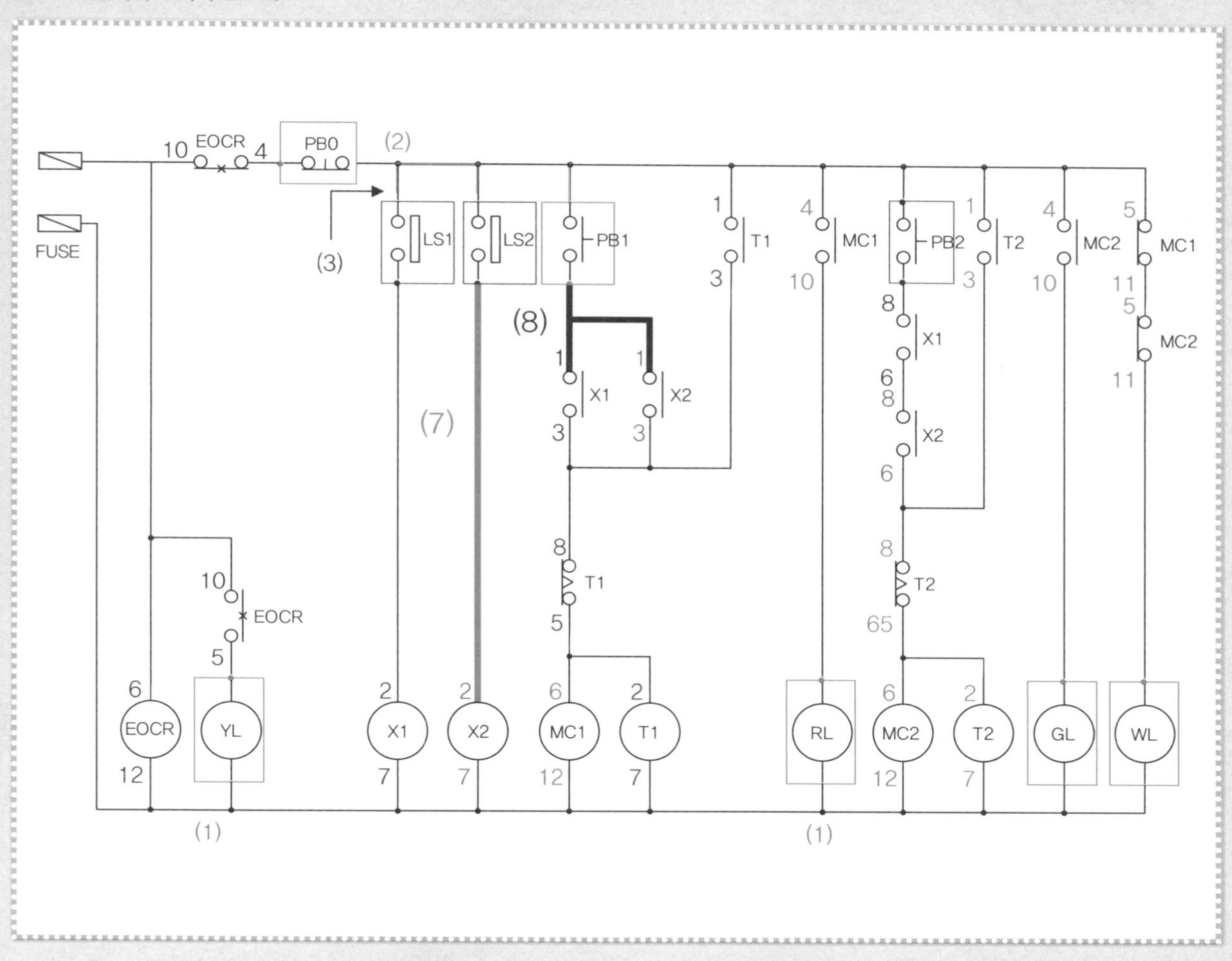

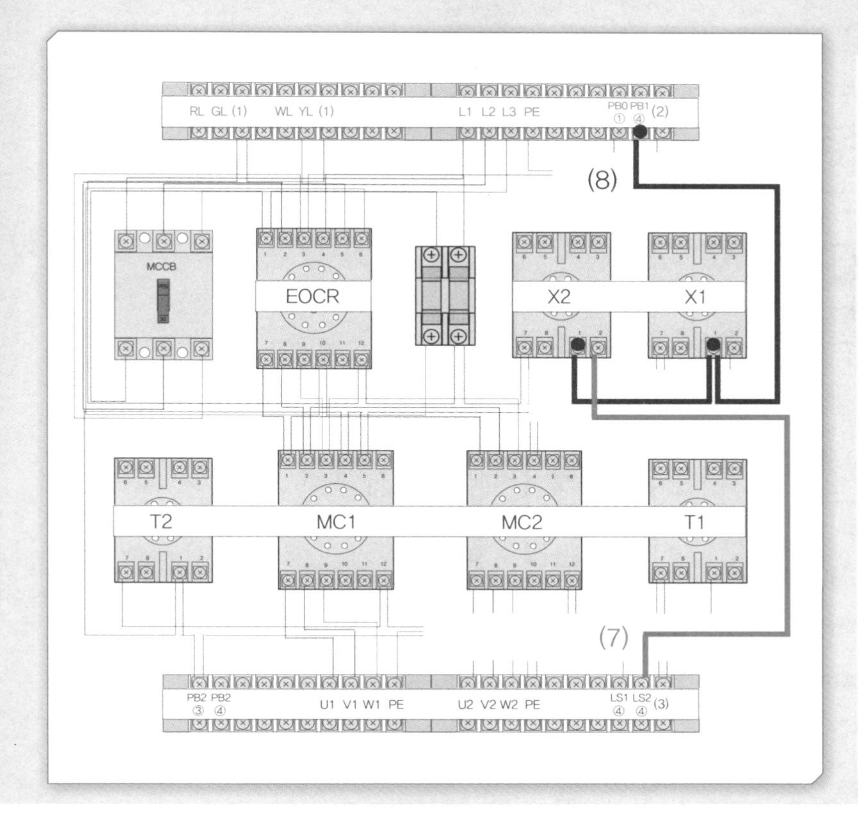

- **(7)번 회로**

  LS2-④ ⇔ X2-②단자를 연결한다.

- **(8)번 회로**

  PB1-④ ⇔ X1-① ⇔ X2-① 등 3개의 단자를 연결한다.

6 (9)번 회로

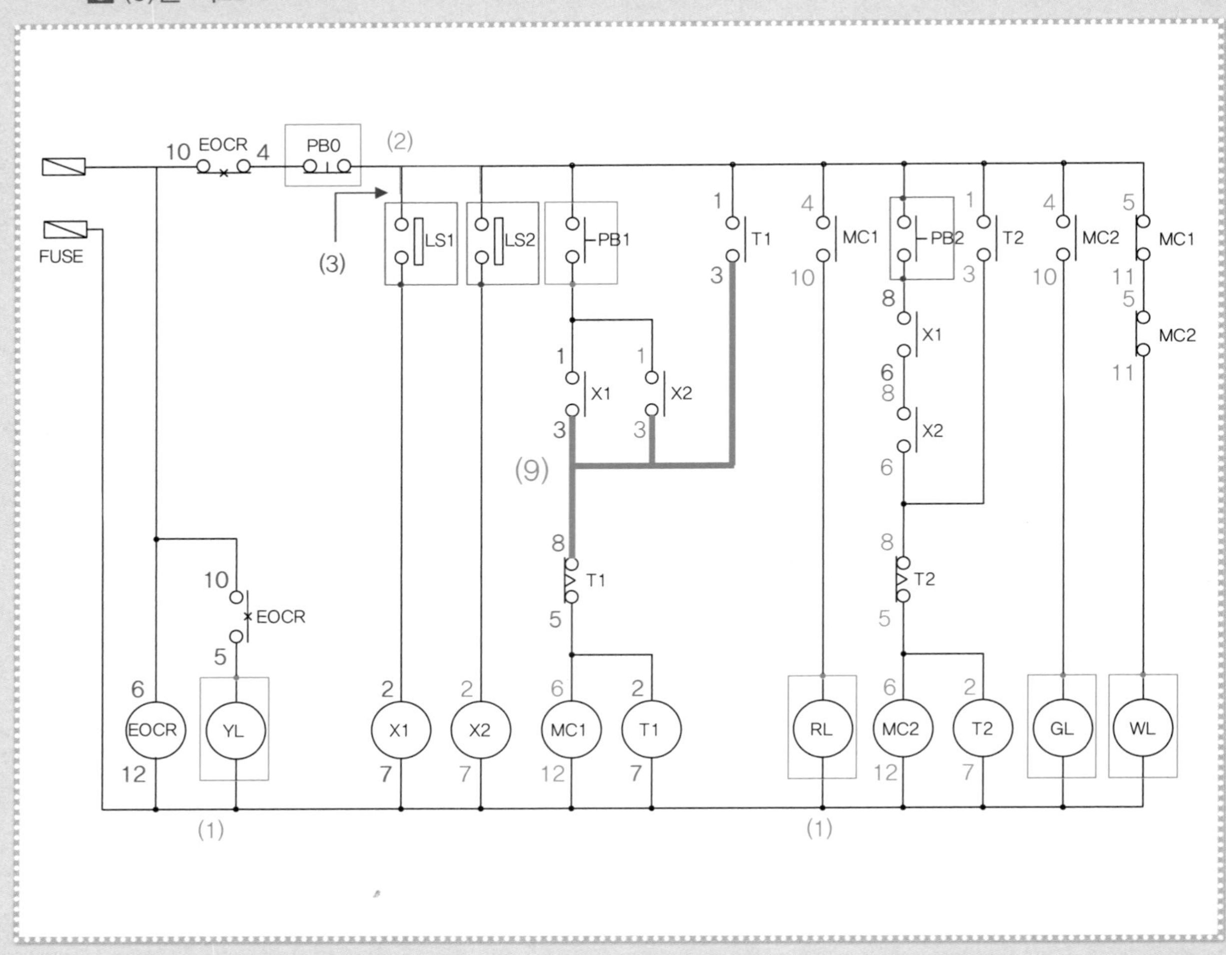

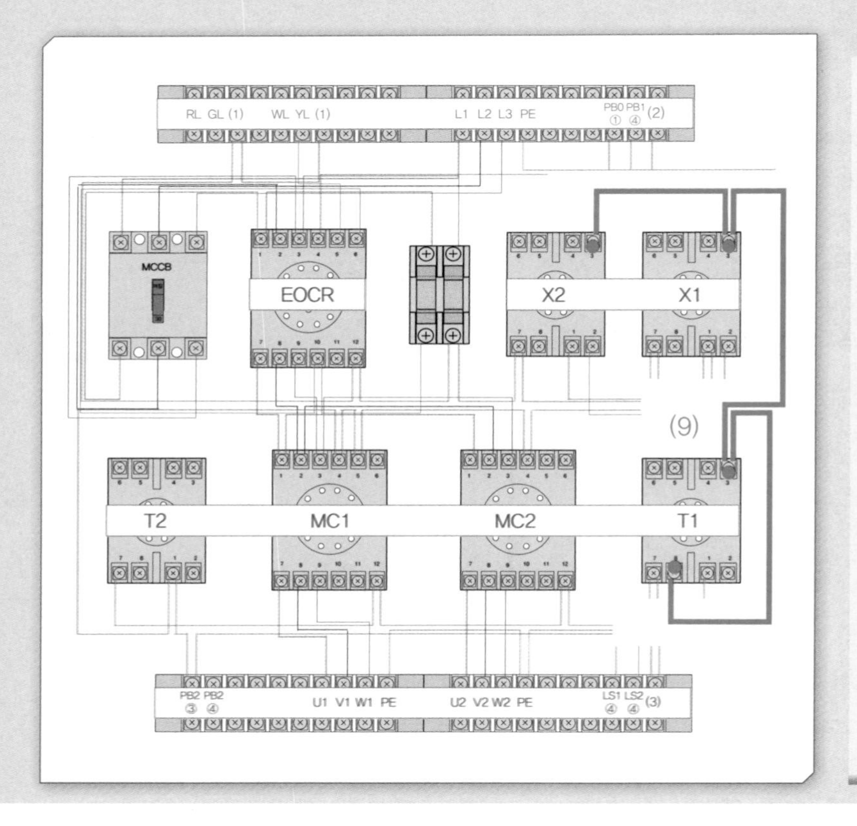

• **(9)번 회로**

X1–③ ⇔ T1–⑧ ⇔ X2–③ ⇔ T1–③ 등 4개의 단자를 연결한다.

7 (10) · (11)번 회로

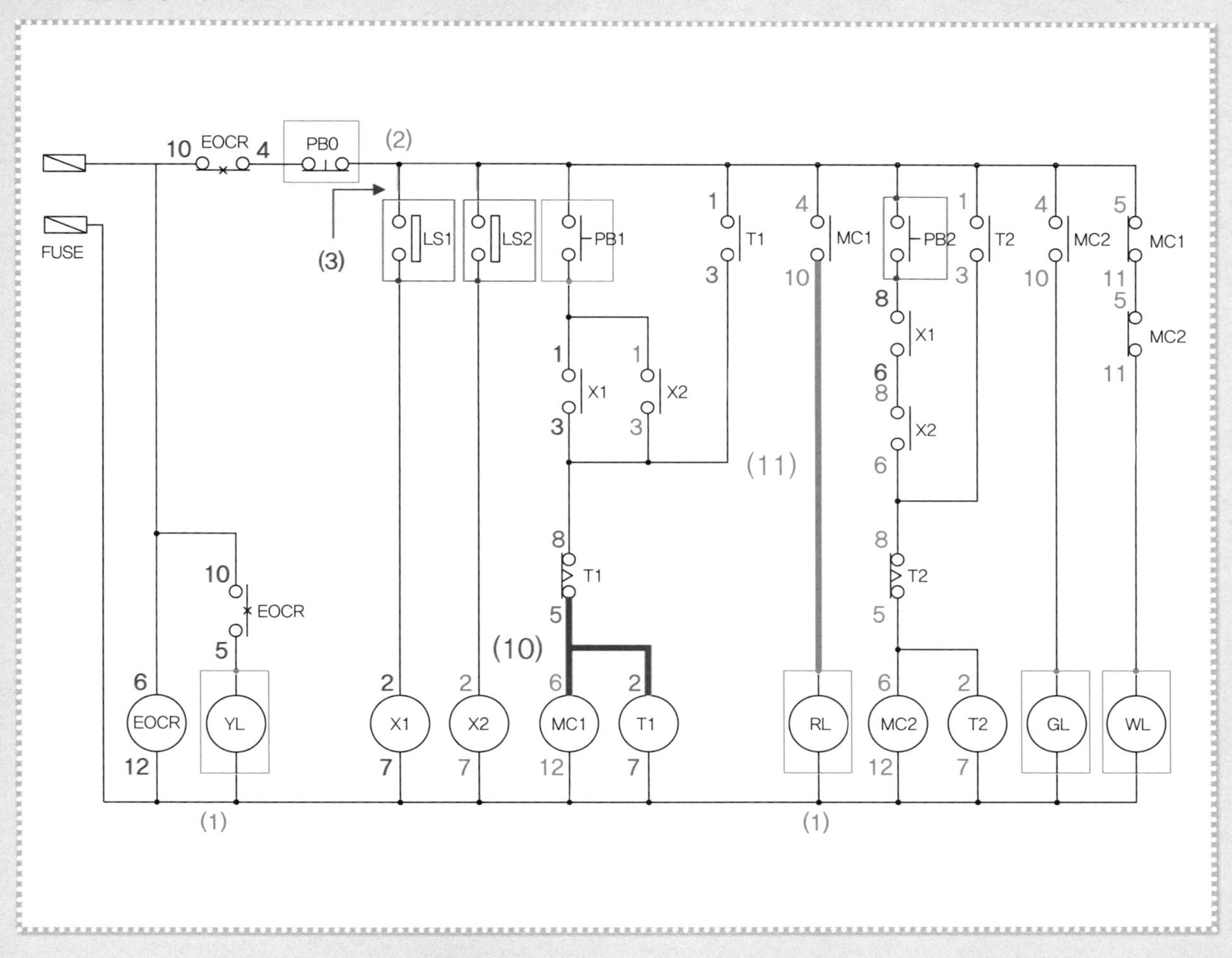

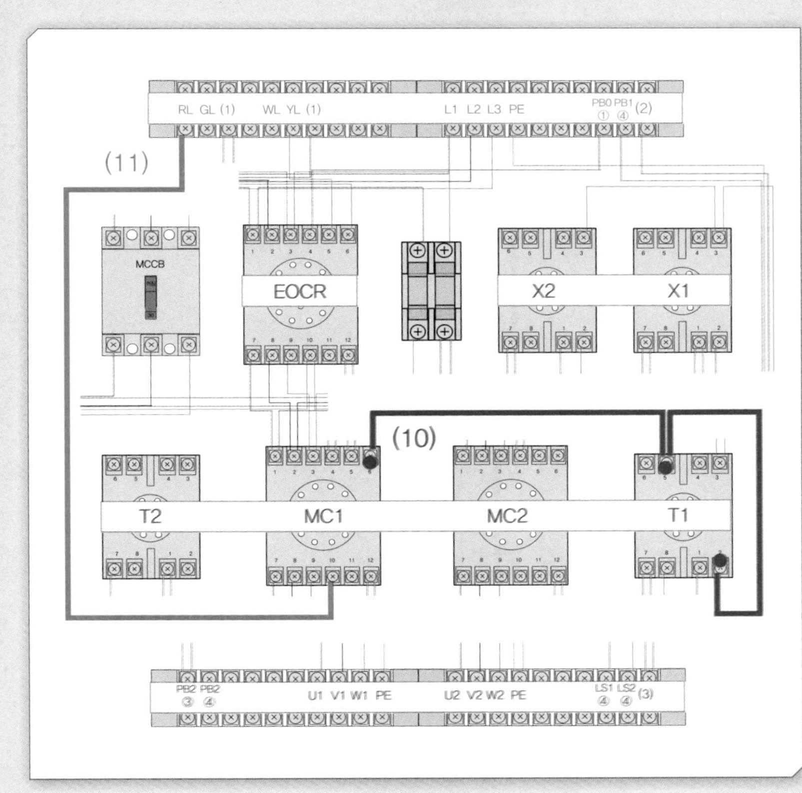

- **(10)번 회로**

  T1–⑤ ⇔ MC1–⑥ ⇔ T1–② 등 3개의 단자를 연결한다.

- **(11)번 회로**

  MC1–⑩ ⇔ RL단자를 연결한다.

8 (12)~(14)번 회로

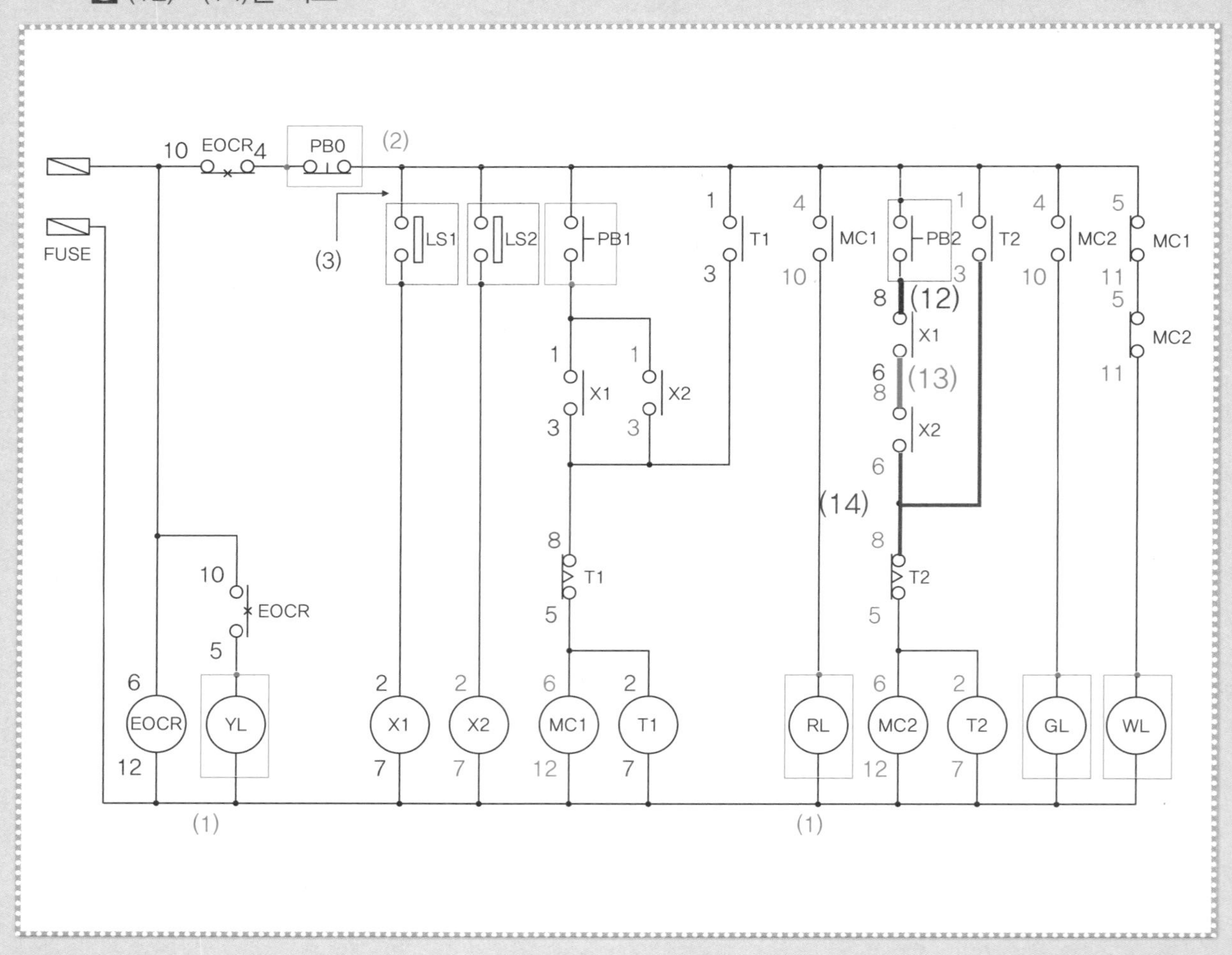

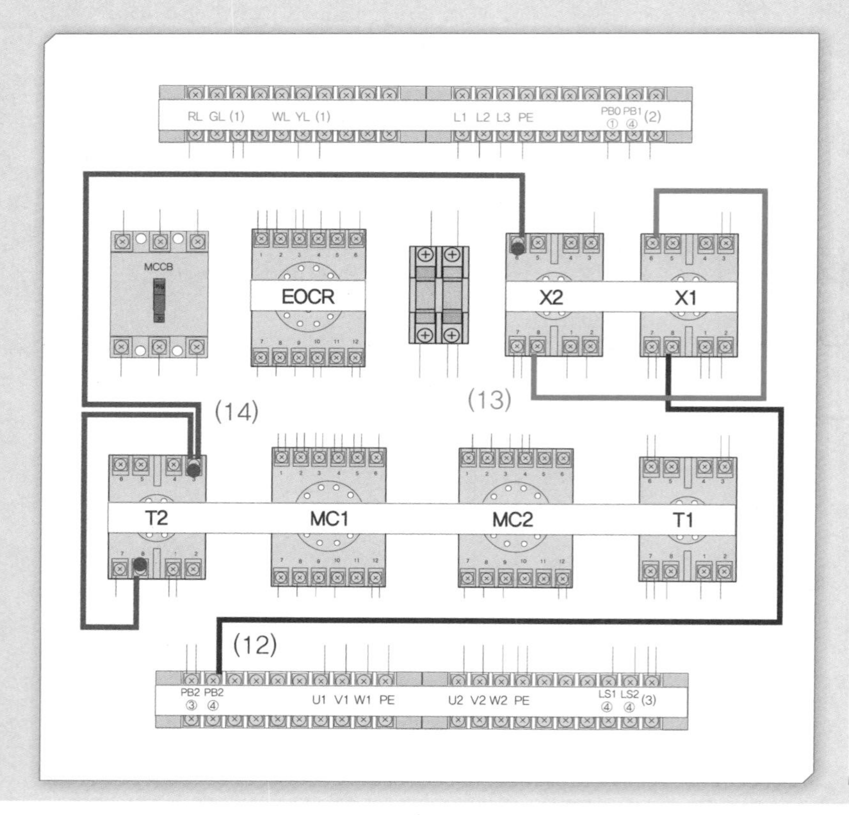

- **(12)번 회로**
  PB2-④ ⇔ X1-⑧단자를 연결한다.
- **(13)번 회로**
  X1-⑥ ⇔ X2-⑧단자를 연결한다.
- **(14)번 회로**
  X2-⑥ ⇔ T2-⑧ ⇔ T2-③ 등 3개의 단자를 연결한다.

9 (15)~(18)번 회로

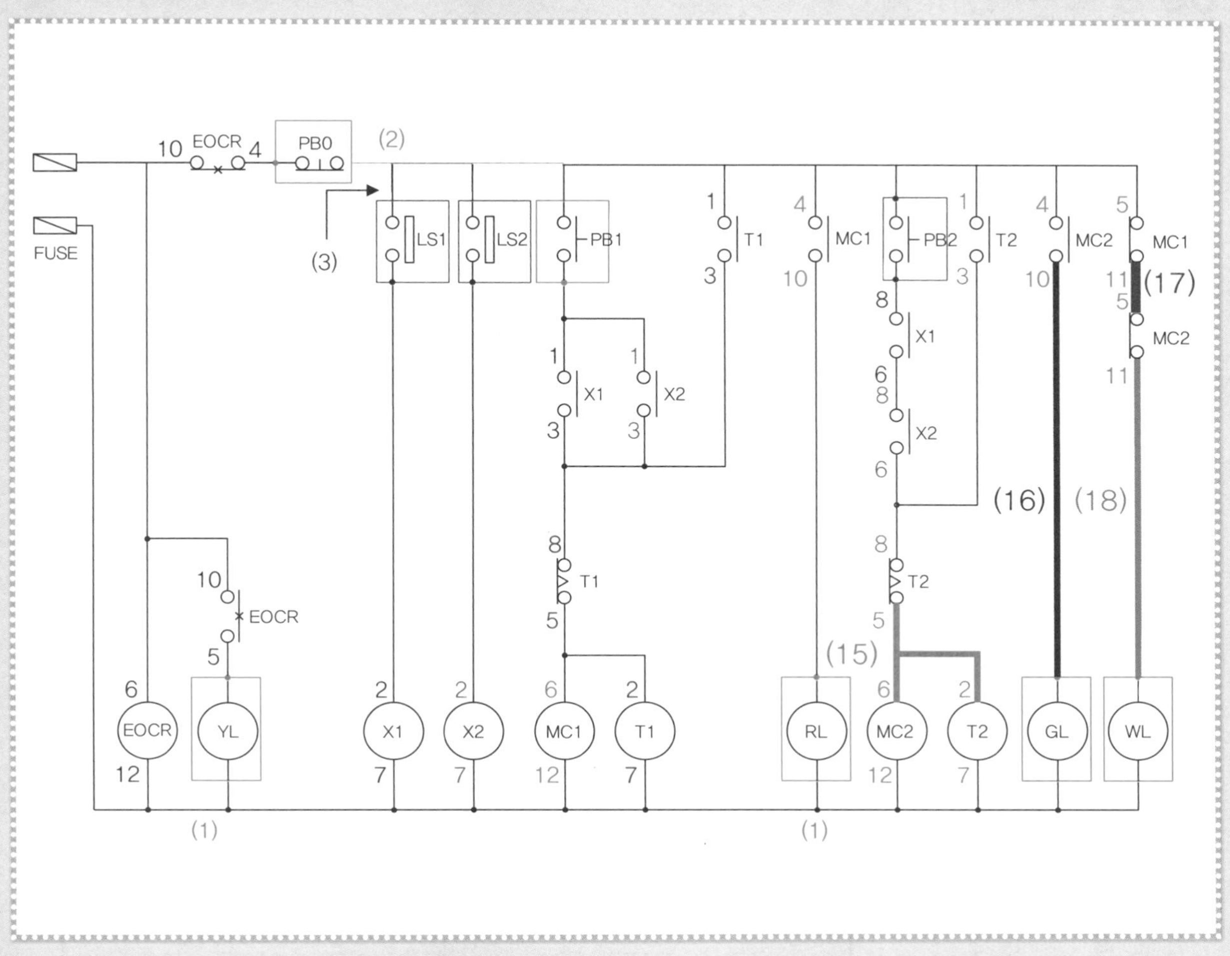

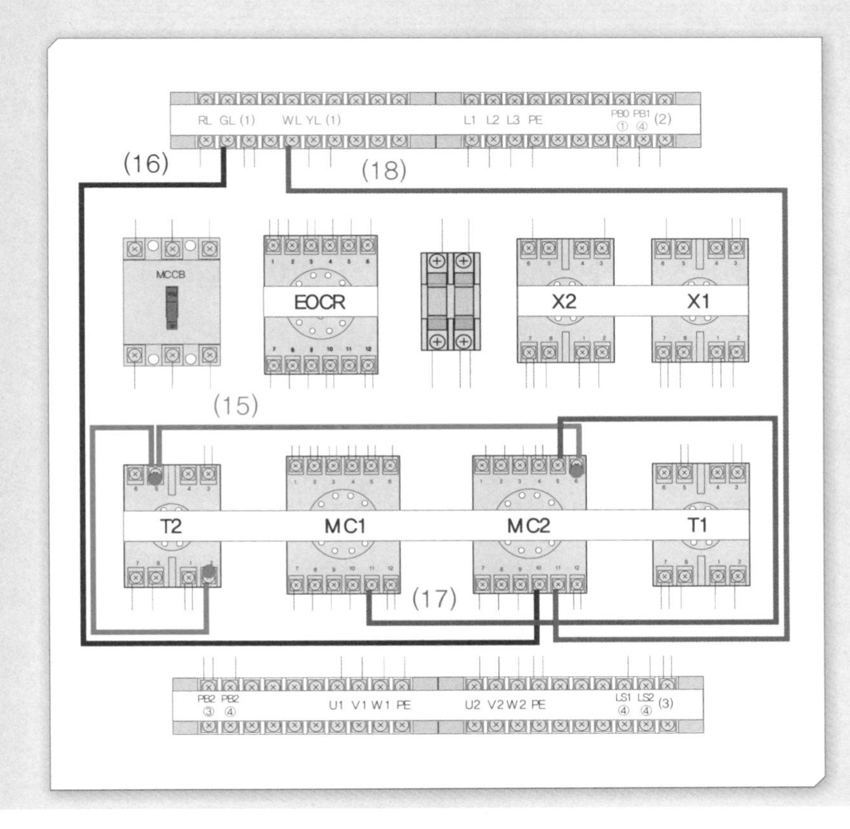

- **(15)번 회로**
  T2–⑤ ⇔ MC2–⑥ ⇔ T2–② 등 3개의 단자를 연결한다.
- **(16)번 회로**
  MC2–⑩ ⇔ GL단자를 연결한다.
- **(17)번 회로**
  MC1–⑪ ⇔ MC2–⑤단자를 연결한다.
- **(18)번 회로**
  MC2–⑪ ⇔ WL단자를 연결한다.

09 제어함 점검

제어함 배선이 끝나면 회로를 점검한다.

1 육안점검

(1) 단자대 이름이 부여된 곳에 전선 연결이 누락된 곳이 있는지 확인한다.

(2) 계전기의 전원단자와 접점이 잘 사용되었는지 확인한다.

2 벨 시험기로 점검

회로도를 보면서 아래쪽 모선, 위쪽 모선, 가운데 회로 순서로 회로를 점검한다.

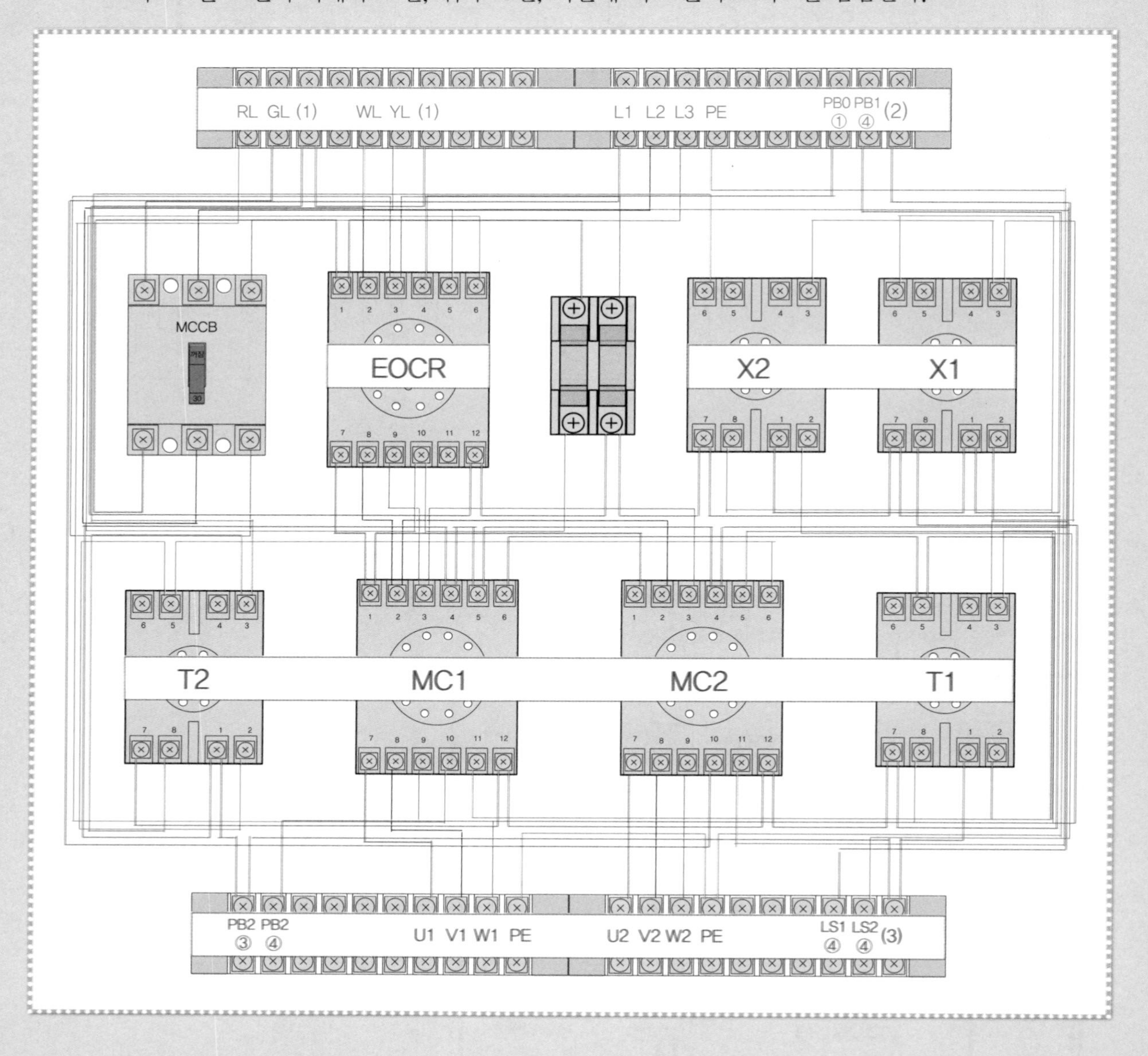

10 배관 및 입선 작업순서

(1) 제어판의 상단을 어깨 정도의 높이로 작업판에 부착한다.

(2) 배관할 위치를 도면의 치수에 맞게 제도하고 기구를 부착한다(단자대, 컨트롤 박스 등).

(3) 새들의 위치를 표시하고 배관의 종류에 맞게 커넥터를 조립한 후 배관을 실시한다.

(4) 배관에 입선할 전선 가닥수를 산출하여 입선한다. 제어함이나 컨트롤 박스 내부에서 결선할 전선의 길이를 여유있게 계산해 주어야 한다.

(5) TB1은 4C 케이블을 사용한다(갈, 흑, 회, 녹－황).

(6) TB2, TB3는 2.5[mm²] 전선을 사용한다(갈색, 흑색, 회색, 녹－황색 전선을 사용).

(7) 이 과제에서 배관은 생략하고 제어판의 외부에 기구를 연결하여 동작하는 것으로 한다.

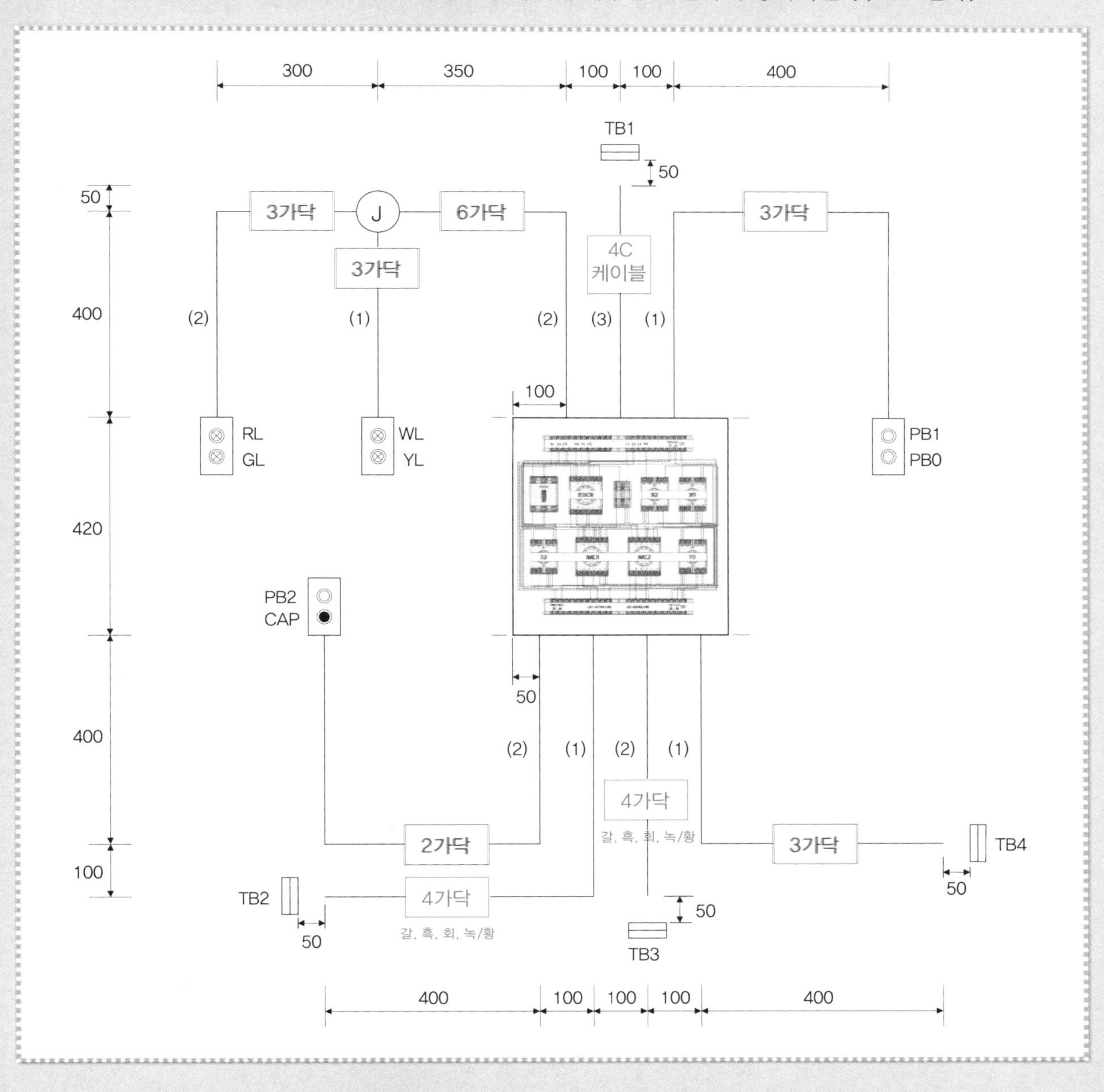

11 결선작업

1 위쪽 단자대 결선작업

2구 박스의 뚜껑에 표시등 RL과 GL, 표시등 WL과 YL, 푸시버튼 스위치 PB1(녹), PB0(적)을 각각 조립하고 공통단자를 연결해 놓는다(PB는 NC, NO 단자에 주의).

(1) RL · GL 결선 : 입선한 3선을 제어함 단자대에 먼저 연결하고, 벨 시험기로 (1)번 선을 찾아 표시등의 공통단자에 연결한다. RL과 GL선을 찾아 각각 표시등에 연결한다.

(2) WL · YL 결선 : 입선한 3선을 제어함 단자대에 먼저 연결하고, 벨 시험기로 (1)번 선을 찾아 표시등의 공통단자에 연결한다. WL과 YL선을 찾아 각각 표시등에 연결한다.

(3) TB1 결선 : 케이블을 사용하며, 단자대의 왼쪽부터 L1상(갈색), L2상(흑색), L3상(회색), PE(녹-황색) 순서로 결선한다. 전원측 단자대는 동작시험을 할 수 있도록 전원선의 색상에 맞춰 100[mm] 정도 인출하고, 피복은 전선 끝에서 10[mm] 정도 벗겨 놓는다.

(4) PB1 · PB0 결선 : 입선한 3선을 제어함 단자쪽을 먼저 연결하고, 벨 시험기로 (2)번 선을 찾아 푸시버튼 스위치의 공통단자에 연결한다. PB1과 PB0의 선을 찾아 각각 푸시버튼 스위치에 연결한다.

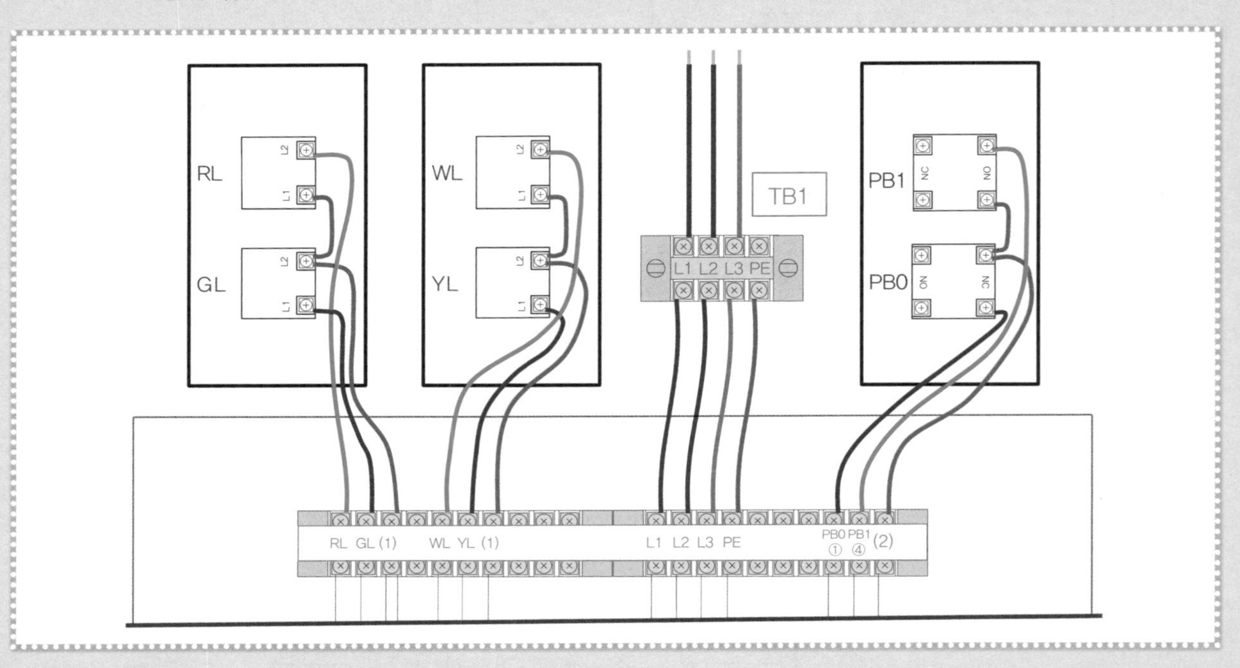

2 푸시버튼 스위치 점검

(1) PB1 확인 : 뚜껑을 닫은 상태에서 제어함 단자대의 PB1-④번 단자와 (2)번 단자에 벨 시험기의 리드선을 접촉하고 스위치를 누르면 '삐' 소리가 나고, 손을 떼면 벨 소리가 정지하면 정상이다.

(2) PB0 확인 : PB0-①번 단자와 (2)번 단자에 벨 시험기의 리드선을 대면 '삐' 소리가 나고, 누르면 벨 소리가 정지하면 정상이다.

3 아래쪽 단자대 결선작업

(1) PB2 결선 : 2구 박스의 뚜껑에 푸시버튼 스위치 PB2(녹색)을 NO단자가 오른쪽을 향하도록 조립한다. 제어함 단자대에 두 선을 연결하고, 단자 구분 없이 두 선을 NO단자에 연결한다. 아래쪽의 CAP은 사용하지 않는 홀이므로 홀마개를 구멍에 끼워놓는다.

(2) TB2 결선 : 제어함 단자대는 왼쪽부터, 부하측 단자대는 위쪽부터 U1(갈색), V1(흑색), W1(회색), PE(녹-황색) 순서로 결선한다.

(3) TB3 결선 : 제어함 단자대는 왼쪽부터 U2(갈색), V2(흑색), W2(회색), PE(녹-황색) 순서로 결선한다.

(4) TB4 결선 : 리밋 스위치의 2차측은 감독관이 요구하는 방법대로 처리한다. 리밋 스위치의 단자대가 세로인 경우 위쪽부터 각각 LS1, LS2의 순서로 결선한다(LS1, LS2 모두 a접점 이고, 공통선을 사용해 단자대의 1차측은 3가닥을, 동작시험용 2차측은 2개의 선을 연결하여 동작시험시 접촉해서 동작할 수 있도록 피복을 벗겨 놓았다).

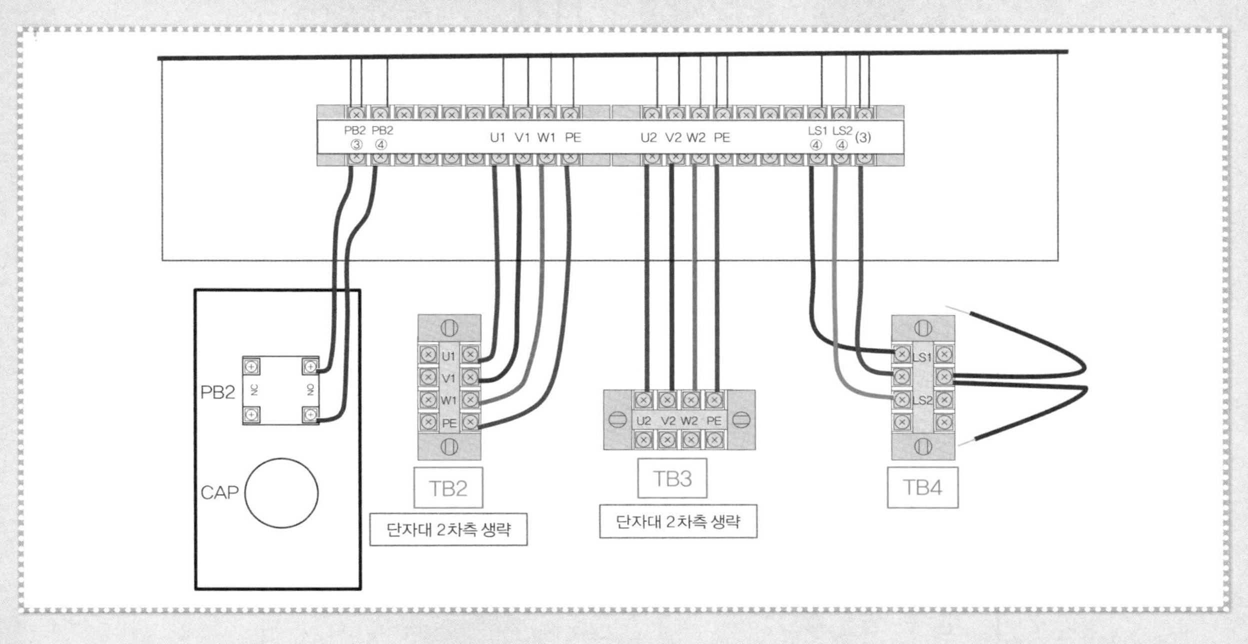

4 푸시버튼 스위치 점검

PB2를 확인하는데 뚜껑을 닫은 상태에서 제어함 단자대의 PB2-③번 단자와 PB2-④번 단자에 벨 시험기의 리드선을 접촉하고 스위치를 누르면 '삐' 소리가 나고, 손을 떼면 벨 소리가 정지하면 정상이다.

5 결선 완료 후 확인

기구의 결선이 완료되면 다음 순서와 같이 확인한다.

(1) TB1 단자대 TB4 단자대에 전선을 연결하고 피복을 벗겨 놓았는지 확인한다.

(2) 퓨즈를 끼우고 차단기를 올린 후 벨 시험기로 전원측 TB1에 인출해 놓은 L1단자와 퓨즈의 2차측 단자(왼쪽)를 확인한다. '삐' 소리가 나면 정상이며, L3단자와 퓨즈의 2차측 단자(오른쪽)도 확인한다.

(3) 배관 및 기구 배치도를 확인해 기구의 위치와 색상 등이 맞는지 다시 한번 확인한다.

(4) 단자대와 소켓 위에 붙여 놓은 종이테이프를 제거한다.

12 마무리 작업

점검 후 이상이 없으면 케이블 타이를 사용해 전선이 흐트러지지 않도록 적당한 간격으로 묶어 준다.

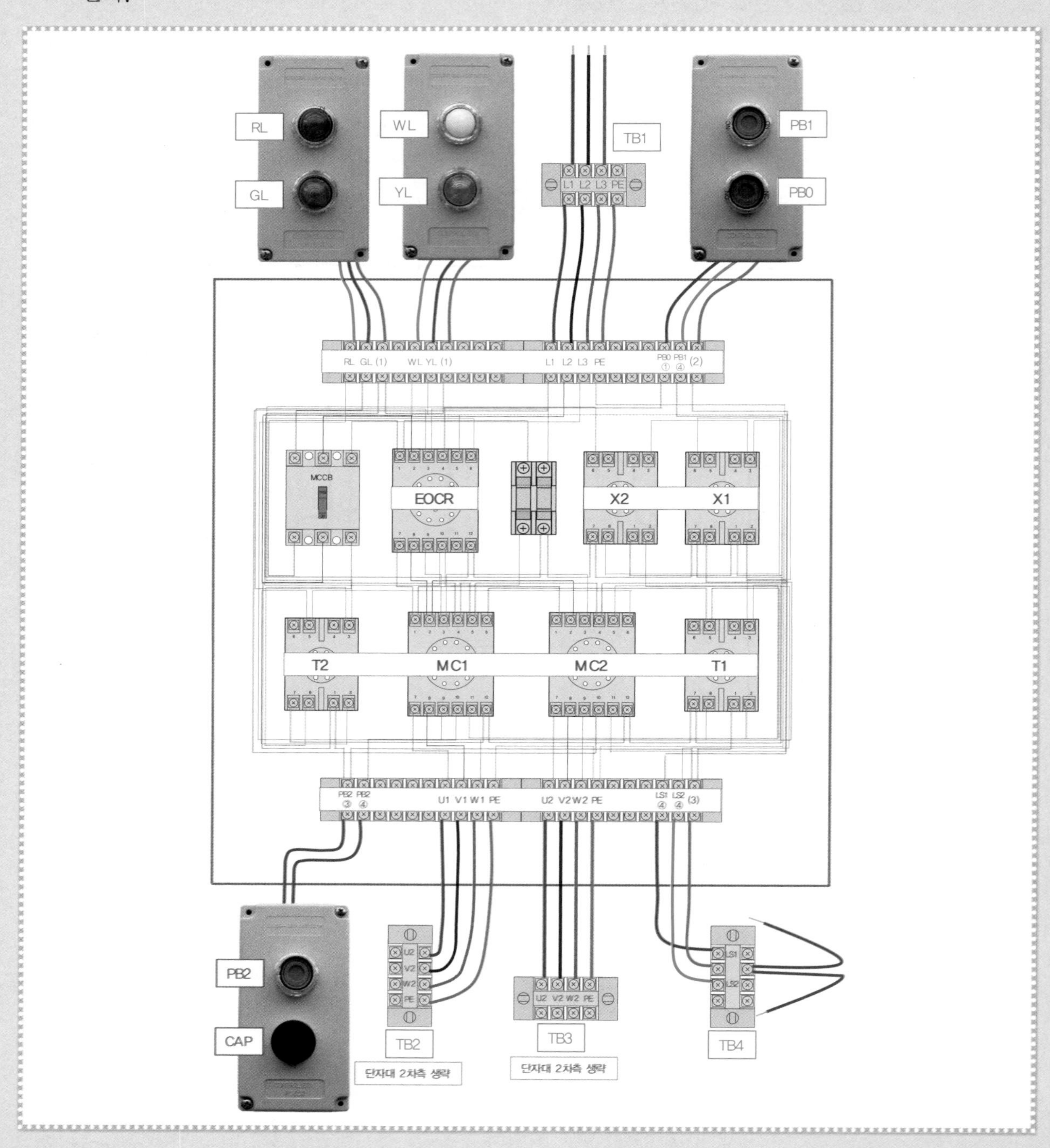